Wiederholen und Überprüfen

Mit den **Teste dich!** Aufgaben kannst du prüfen, ob du den neuen Stoff verstanden hast. (*Lösungen* findest du am Ende des Buches.)

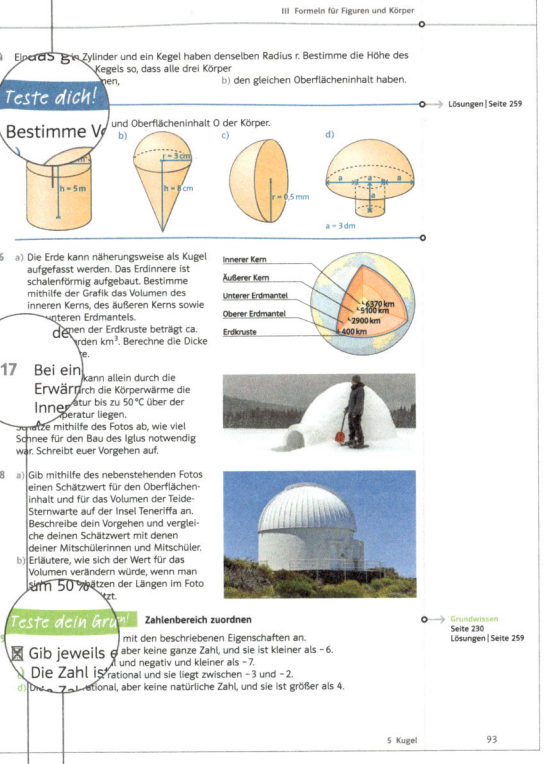

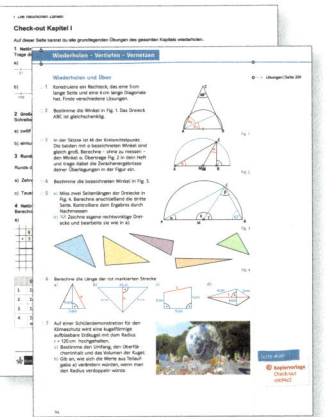

Check-out
Überprüfe, welche Kompetenzen du in diesem Kapitel erworben hast.

Wiederholen – Vertiefen – Vernetzen
Du kannst alle Inhalte des Kapitels wiederholen und trainieren.

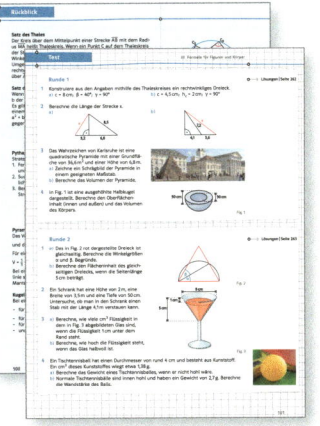

Rückblick
Zum schnellen Nachschlagen, was in dem Kapitel gemacht wurde.

Test
Bereite dich auf Klassenarbeiten vor. Für jede Testrunde hast du etwa 45 Minuten Zeit. (*Lösungen* findest du am Ende des Buches.)

Prüfe mit **Teste dein Grundwissen!**, ob du den Stoff aus früheren Kapiteln oder Klassen noch kannst. (*Lösungen* findest du am Ende des Buches.)

Grundwissen sichern

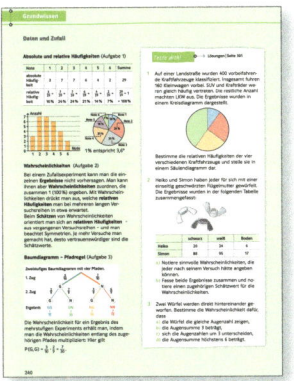

Grundwissen
Am Ende des Buches findest du Stoff aus früheren Klassen zum Nachschlagen und Wiederholen und weitere Aufgaben zum Üben.

Differenzierung
Die Symbole vor den Aufgaben kennzeichnen unterschiedliche Niveaustufen.
○ einfach, ◐ mittel, ● schwierig

weitere Symbole
- Partnerarbeit, Gruppenarbeit
- Diese Aufgabe soll ohne Hilfsmittel bearbeitet werden.
- Für diese Aufgabe benötigt man eine Tabellenkalkulation oder eine DGS; man kann auch mit dem GTR arbeiten.

Zusatzmaterialien zu diesem Band für Schülerinnen und Schüler:
– Arbeitsheft Lambacher Schweizer 9 (ISBN 978-3-12-733496-8)
– Arbeitsheft Lambacher Schweizer 9 mit Lernsoftware (ISBN 978-3-12-733495-1)
– Lösungen Lambacher Schweizer 9 (ISBN 978-3-12-733493-7)

Dr. Theophil Lambacher (13.04.1899 - 14.12.1981) und **Wilhelm Schweizer** (11.11.1901 – 23.07.1990) lehrten beide Mathematik an der Schule. Theophil Lambacher wurde danach Oberschulamtspräsident und Ministerialrat am Kultusministerium, Wilhelm Schweizer arbeitete als Schulleiter, Fachleiter am Seminar und Dozent an der Universität. Der erste Band des Lambacher Schweizer erschien 1946: Lambacher Schweizer Mathematik für höhere Schulen, Mittelstufe 1. Teil enthielt auf 91 Seiten Algebra und Geometrie für die Klasse 7.

1. Auflage   1 5 4 3 2 1 | 2024 23 22 21 20

Alle Drucke dieser Auflage sind unverändert und können im Unterricht nebeneinander verwendet werden.
Die letzte Zahl bezeichnet das Jahr des Druckes.
Das Werk und seine Teile sind urheberrechtlich geschützt. Jede Nutzung in anderen als den gesetzlich zugelassenen Fällen bedarf der vorherigen schriftlichen Einwilligung des Verlages. Hinweis § 60 a UrhG: Weder das Werk noch seine Teile dürfen ohne eine solche Einwilligung eingescannt und in ein Netzwerk eingestellt werden. Dies gilt auch für Intranets von Schulen und sonstigen Bildungseinrichtungen. Fotomechanische oder andere Wiedergabeverfahren nur mit Genehmigung des Verlages.

© Ernst Klett Verlag GmbH, Stuttgart 2020. Alle Rechte vorbehalten. www.klett.de
Das vorliegende Material dient ausschließlich gemäß § 60b UrhG dem Einsatz im Unterricht an Schulen.

Autorinnen und Autoren: Manfred Baum, Martin Bellstedt, Matthias Blank, Boris Boor, Dr. Dieter Brandt, Anke Braun, Thomas Breitschuh, Heidi Buck (†), Gunnar Demuth, Günther Dopfer, Dr. Detlef Dornieden, Christina Drüke-Noe, Prof. Rolf Dürr, Harald Eisfeld, Prof. Hans Freudigmann, Inga Giersemehl, Dieter Greulich, Matthias Grosche, Prof. Dr. Heiko Harborth, Dr. Frieder Haug, Edmund Herd, Prof. Dr. Stephan Hußmann, Thomas Jörgens, Klaus-Peter Jungmann, Thorsten Jürgensen-Engl, Karen Kaps, Andreas König, Dr. Stefanie Krivsky-Velten, Prof. Dr. Timo Leuders, Prof. Dr. Detlef Lind, Judith Lohmann, Prof. Dr. Hinrich Lorenzen, Dietmar Mutz, Jens Negwer, Kerstin Neubert, Peter Neumann, Prof. Dr. Reinhard Oldenburg, Jutta Parkan, Andreas Petermann, Marion Rauscher, Rolf Reimer, Dr. Günther Reinelt, Kathrin Richter, Dr. Wolfgang Riemer, Dr. Rebecca Roy, Guido von Saint-George, Rüdiger Sandmann, Dr. Torsten Schatz, Hartmut Schermuly (†), Reinhard Schmitt-Hartmann, Dr. Michael Schmitz, Ulrich Schönbach, Dr. Manfred Schwier, Raphaela Sonntag, Heike Spielmans, Andrea Stühler, Oliver Thomsen, Dr. Heike Tomaschek, Rainer Topp, Dr. Hanka Weber, Prof. Dr. Hartmut Wellstein, Dr. Peter Zimmermann, Dr. Anders Zmaila

Entstanden in Zusammenarbeit mit dem Projektteam des Verlages.

Gestaltung: Petra Michel, Essen
Umschlaggestaltung: Petra Michel, Essen
Illustrationen: Uwe Alfer, Alsterbro; Rudolf Hungreder, Leinfelden-Echterdingen; imprint, Zusmarshausen; Annette Liese, Dortmund; Anja Malz, Taunusstein; media office GmbH, Kornwestheim; tiff.any GmbH, Berlin
Satz: tiff.any GmbH, Berlin
Druck: DBM Druckhaus Berlin-Mitte GmbH, Berlin
Printed in Germany
ISBN 978-3-12-733491-3

Lambacher Schweizer
Mathematik für Gymnasien

9

Nordrhein-Westfalen

erarbeitet von

Anke Braun
Matthias Grosche
Thomas Jörgens
Thorsten Jürgensen-Engl
Judith Lohmann
Wolfgang Riemer
Reinhard Schmitt-Hartmann
Heike Spielmans

Ernst Klett Verlag
Stuttgart · Leipzig

Inhalt

I Quadratische Funktionen

	Erkundungen	6
1	Wiederholung: Lineare Funktionen	8
2	Quadratische Funktionen vom Typ $f(x) = ax^2$	12
3	Scheitelpunktform quadratischer Funktionen	16
4	Normalform und quadratische Ergänzung	21
5	Aufstellen quadratischer Funktionsgleichungen	26
	Wiederholen – Vertiefen – Vernetzen	31
	Exkursion: Ausgleichsgeraden und Ausgleichskurven	36
	Rückblick	38
	Test	39

II Ähnlichkeit

	Erkundungen	42
1	Zentrische Streckung	44
2	Ähnlichkeit	49
3	Strahlensätze	55
	Wiederholen – Vertiefen – Vernetzen	60
	Exkursion: Der Goldene Schnitt	64
	Rückblick	66
	Test	67

III Formeln für Figuren und Körper

	Erkundungen	70
1	Der Satz des Thales	72
2	Der Satz des Pythagoras	76
3	Pythagoras in Figuren und Körpern	80
4	Pyramiden und Kegel	85
5	Kugel	90
	Wiederholen – Vertiefen – Vernetzen	94
	Exkursion: Der Satz von Cavalieri	98
	Rückblick	100
	Test	101

IV Quadratische Gleichungen

	Erkundungen	104
1	Quadratische Gleichungen grafisch lösen	106
2	Lösen einfacher quadratischer Gleichungen	111
3	Linearfaktorzerlegung	115
4	Lösungsformel für quadratische Gleichungen	118
5	Probleme systematisch lösen	122
	Wiederholen – Vertiefen – Vernetzen	126
	Exkursion: Der Carlyle-Kreis zur Nullstellenbestimmung	130
	Rückblick	132
	Test	133

V Potenzen und exponentielles Wachstum

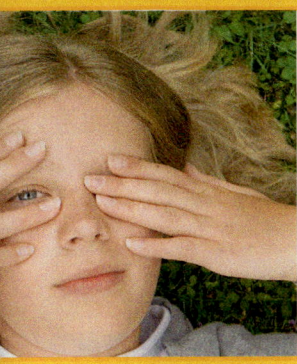

	Erkundungen	136
1	Potenzen mit ganzzahligen Exponenten	138
2	Zahlen mit Zehnerpotenzen schreiben	142
3	Geschicktes Rechnen mit Potenzen	146
4	Exponentielles Wachstum – Zinseszinsen	150
5	Exponentielle Wachstumsmodelle	154
	Wiederholen – Vertiefen – Vernetzen	159
	Exkursion: Die geometrische Verteilung	162
	Rückblick	164
	Test	165

VI Trigonometrie

	Erkundungen	168
1	Sinus und Kosinus	170
2	Tangens	175
3	Probleme lösen mit rechtwinkligen Dreiecken	179
4	Sinus und Kosinus am Einheitskreis	184
5	Die Sinusfunktion	188
	Wiederholen – Vertiefen – Vernetzen	193
	Exkursion: Der Sinus- und der Kosinussatz	196
	Rückblick	198
	Test	199

VII Daten und Zufall

	Erkundungen	202
1	Statistiken verstehen und beurteilen	204
2	Vierfeldertafel	209
	Wiederholen – Vertiefen – Vernetzen	213
	Exkursion: Chance und Risiko – Gewinn besigt Wahrheit	216
	Rückblick	218
	Test	219

Exkursion EXTRA: Nachgehakt und quergedacht	220
Check-in	222
Grundwissen zum Nacharbeiten	229
Lösungen zu den Kapiteln	241
Lösungen zu den Check-in Aufgaben	289
Lösungen zum Grundwissen	295
Register	302
Text- und Bildquellen	304
Mathematische Begriffe und Bezeichnungen	

Materialien zum Schülerbuch
mk94z2

I Quadratische Funktionen

Das kannst du schon
- Lineare Funktionen grafisch und in Wertetabellen darstellen
- Lineare Funktionen als Modell verwenden
- Binomische Formeln verwenden
- Lineare Gleichungssysteme lösen

Teste dich!

→ Check-in zu Kapitel I Seite 222

Das kannst du bald
- Den Graphen einer quadratischen Funktion zeichnen
- Die Funktionsgleichung einer quadratischen Funktion aufstellen
- Parabeln strecken, spiegeln und verschieben
- Quadratische Funktionen als Modell verwenden

Erkundungen

Von quadratischen Funktionen

Vorinformation:
Der Graph der Funktion f mit der Gleichung $f(x) = x^2$ heißt **Normalparabel**. Mithilfe einer Wertetabelle kann man den Verlauf des Graphen nachvollziehen.

x	−2	−1	−0,5	0	0,5	1	2
x^2	4	1	0,25	0	0,25	1	4

Der tiefste oder höchste Punkt einer Parabel heißt **Scheitelpunkt**.

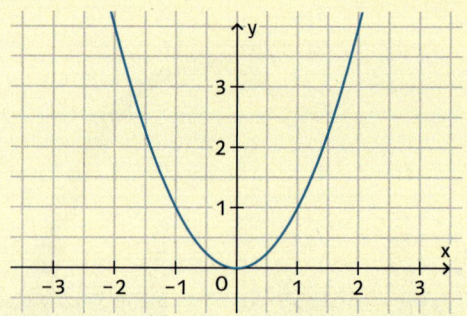

→ Lerneinheit 1, Seite 8
→ Lerneinheit 2, Seite 12

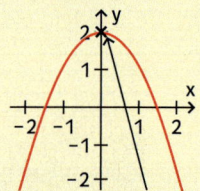

Hier ist der Scheitelpunkt der höchste Punkt des Graphen.

- Zeichnet den Graphen der Funktion f mit $f(x) = x^2$ und erstellt eine möglichst gute Schablone zum genauen Zeichnen des Graphen.

Forschungsauftrag 1
- Zeichnet in ein Koordinatensystem den Graphen der Funktion f mit $f(x) = x^2$.
- Zeichnet zusätzlich die Graphen der Funktionen mit den folgenden Gleichungen:
  $f_1(x) = x^2 + 2,$ $\quad f_2(x) = x^2 + 4$
  $f_3(x) = x^2 - 3,$ $\quad f_4(x) = x^2 - 1$
  $f_5(x) = x^2 - \frac{1}{2},$ $\quad f_6(x) = x^2 + 1,5$
- Gebt die Koordinaten der Scheitelpunkte an.
- Was kann man über den Verlauf des Graphen der Funktion f mit $f(x) = x^2 + e$ sagen, wobei e eine beliebige Zahl ist? Unterscheidet die Fälle $e < 0$ und $e > 0$.

Forschungsauftrag 2
- Zeichnet in ein Koordinatensystem den Graphen der Funktion f mit $f(x) = x^2$.
- Zeichnet zusätzlich die Graphen der Funktionen mit den folgenden Gleichungen:
  $f_1(x) = 2 \cdot x^2,$ $\quad f_2(x) = 3 \cdot x^2$
  $f_3(x) = 1,5 \cdot x^2,$ $\quad f_4(x) = -1 \cdot x^2$
  $f_5(x) = -2 \cdot x^2,$ $\quad f_6(x) = -\frac{1}{2} \cdot x^2$
- Gebt die Koordinaten der Scheitelpunkte an.
- Was kann man über den Verlauf des Graphen der Funktion f mit $f(x) = ax^2$ sagen, wobei a eine beliebige Zahl ist? Unterscheidet die Fälle $a < 0$ und $a > 0$.

Hinweis:
Die Forschungsaufträge 1 bis 3 können auch arbeitsteilig bearbeitet werden, beispielsweise als Gruppenpuzzle.

Forschungsauftrag 3
- Zeichnet in ein Koordinatensystem den Graphen der Funktion f mit $f(x) = x^2$.
- Zeichnet zusätzlich die Graphen der Funktionen mit den folgenden Gleichungen:
  $f_1(x) = (x - 1)^2,$ $\quad f_2(x) = (x - 2)^2$
  $f_3(x) = (x - 3)^2,$ $\quad f_4(x) = (x + 1)^2$
  $f_5(x) = (x + 2,5)^2,$ $\quad f_6(x) = \left(x + \frac{1}{2}\right)^2$
- Gebt die Koordinaten der Scheitelpunkte an.
- Was kann man über den Verlauf des Graphen der Funktion f mit $f(x) = (x - d)^2$ sagen, wobei d eine beliebige Zahl ist? Unterscheidet die Fälle $d < 0$ und $d > 0$.

Zum gemeinsamen Weiterforschen
- Beschreibt den Verlauf der Graphen mit den folgenden Funktionsgleichungen.
  $f_1(x) = (x - 1)^2 + 2,$ $\quad f_2(x) = 2 \cdot (x - 3)^2 + 4,$
  $f_3(x) = -2 \cdot (x - 4)^2 - 3,$ $\quad f_4(x) = 3 \cdot (x + 3)^2 - 1,$
  $f_5(x) = -(x + 1,5)^2 - 2,$ $\quad f_6(x) = 3,5 \cdot (x - 2,5)^2 + 5$
- Beschreibt den Einfluss von a, d und e auf den Verlauf des Graphen von f mit $f(x) = a(x - d)^2 + e$.
- Gebt den Scheitelpunkt allgemein an.
- Stellt eigene Beispiele für quadratische Funktionsgleichungen auf und beschreibt den Verlauf der Graphen.
- Zeichnet Graphen zu quadratischen Funktionen und lasst eure Gruppe die Funktionsgleichung aufstellen.

I Quadratische Funktionen

Basketballwürfe mit DGS analysieren

Felix übt Freiwürfe auf den Basketballkorb und filmt sich dabei. Mit einer App hat er mehrere Momentaufnahmen eines Treffers übereinandergelegt. Auf dem erzeugten Serienbild (auch Stroboskopaufnahme genannt) ist der Basketball in verschiedenen Positionen zu erkennen (Fig. 1). Anschließend hat Felix die Wurfbahn mithilfe einer dynamischen Geometriesoftware (DGS) mathematisch durch einen Funktionsgraphen und die zugehörige Funktionsgleichung beschrieben (Fig. 2).

→ Lerneinheit 5, Seite 26

Fig. 1

Fig. 2

Einsatz dynamischer Geometriesoftware
Wurfbahnen lassen sich mathematisch durch quadratische Funktionen beschreiben. Um zu einer Flugkurve eine passende Funktionsgleichung zu finden, kann man eine dynamische Geometriesoftware (DGS) verwenden. Zunächst fügt man eine Stroboskopaufnahme eines Ballwurfs, auf dem die verschiedenen Positionen erkennbar sind, als Hintergrundbild in das Koordinatensystem einer DGS-Datei ein. Anschließend markiert man die verschiedenen Positionen des Balls. Nun lässt sich diejenige quadratische Funktion bestimmen, deren Graph am besten zu den eingezeichneten Punkten passt. Dieses Verfahren wird quadratische Regression genannt. Jede DGS hat unterschiedliche Befehle. Informiert euch vorab, wie man mit eurer DGS eine quadratische Regression durchführt.
Zur näherungsweisen Beschreibung der aufgezeichneten Wurfbahn hat Felix die Gleichung $f(x) = -0{,}27x^2 - 0{,}07x + 3{,}8$ erhalten (Fig. 2). Der zugehörige Graph zeigt im gesamten Bereich zwischen Abwurf und Korb die näherungsweise Position des Balls an.

1. Punkte markieren:

2. Quadratische Regression durchführen:

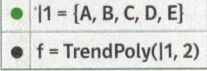

💻 Arbeitsaufträge

①. Erzeugt Serienbilder von eigenen Freiwürfen, in denen der aufsteigende Ball in verschiedenen Positionen zu sehen ist. Filmt hierzu zunächst eure Wurfversuche. Um die Kamera stabil in einer festen Position aufzustellen, kann ein Stativ hilfreich sein. Verwendet anschließend eine App zur Erstellung von Serienbildern. Tauscht die erhaltenen Bilder gegenseitig aus.

②. Beschreibt die in den Serienbildern dokumentierten Wurfbahnen, wie oben gezeigt, mithilfe einer DGS. Prüft, ob es sich bei den Würfen um Treffer handelt.

③. Vergleicht eure Ergebnisse: Kommen alle zum selben Fazit? Was könnten die Ursachen für eventuelle Unterschiede sein? Diskutiert die Grenzen des vorgestellten Analyseverfahrens.

Hinweis:
Statt selbst zu filmen, könnt ihr vorgefertigte Serienbilder verwenden. Eine Sammlung geeigneter Bilddateien findet ihr hier:

🌐 **Interaktives Üben**
Stroboskop-aufnahmen
mk94z2

1 Wiederholung: Lineare Funktionen

Piet ist mit seiner Mutter auf der Autobahn unterwegs. Bis nach Hause sind es genau 70 km. Vor 5 Minuten waren es noch 80 km. Piet vermutet: „In 35 Minuten müssten wir zu Hause sein." Nimm Stellung.

Funktionen beschreiben Zusammenhänge zwischen zwei Größen. Sie lassen sich durch Graphen, Wertetabellen und Gleichungen beschreiben. Für lineare Funktionen ist dies bereits bekannt. In diesem Kapitel werden quadratische Funktionen untersucht und ihre Unterschiede zu linearen Funktionen herausgestellt. Hierzu werden zunächst wesentlichen Eigenschaften linearer Funktionen anhand eines Beispiels wiederholt.

Eine Gruppe Rennradfahrer befindet sich auf einer 58 km langen Trainingsstrecke. Die Sportler sind bereits 16 km gefahren und haben momentan eine Geschwindigkeit von 24 km/h. Wenn sie dieses Tempo beibehalten, lässt sich die zurückgelegte Strecke in Abhängigkeit von der Zeit durch eine Funktion mit der Gleichung $s(t) = 24t + 16$ beschreiben. Dabei gibt t die ab jetzt gemessene Zeit in Stunden und s(t) die insgesamt gefahrene Strecke in Kilometern an. Die Funktion lässt sich auch durch eine Wertetabelle und einen Funktionsgraphen darstellen:

Wertetabelle

t (in h)	s(t) (in km)
0	16
0,25	22
0,5	28
0,75	34
1	40
1,25	46
1,5	52

Funktionsgraph

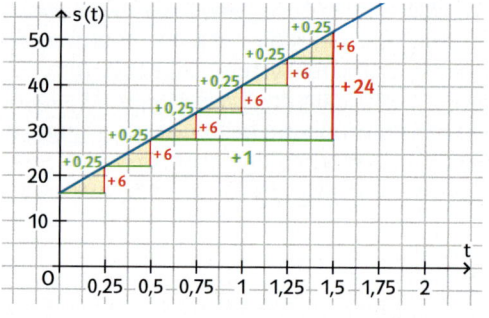

6 km pro **Viertelstunde** entsprechen einer Geschwindigkeit von 24 km/h.

Funktionen, deren Gleichung wie in diesem Beispiel von der Form $f(x) = mx + b$ sind, werden **lineare Funktionen** genannt.

Lineare Funktionen

Funktionen mit einer Gleichung der Form $f(x) = mx + b$ werden **lineare Funktionen** genannt. Der Graph einer linearen Funktion ist eine Gerade.
Der Wert b gibt den **y-Achsenabschnitt** der Geraden an, d.h. der Graph schneidet die y-Achse im Punkt (0 | b).
Der Wert m gibt die **Steigung** der Geraden an, d.h. wie sich der y-Wert verändert, wenn x um eine Einheit zunimmt.

Graph der Funktion f mit $f(x) = -1,5x + 2$

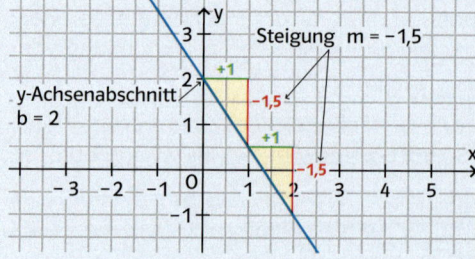

Steigung
1 nach rechts,
m nach oben bzw. unten

Beispiel 1 Graphen linearer Funktionen auswerten

Der Graph stellt die Wassermenge w(t) dar, die sich zum Zeitpunkt t in einer Badewanne befindet.
a) Beschreibe, was du dem Graphen entnehmen kannst.
b) Bestimme die zum Graphen gehörige Funktionsgleichung.

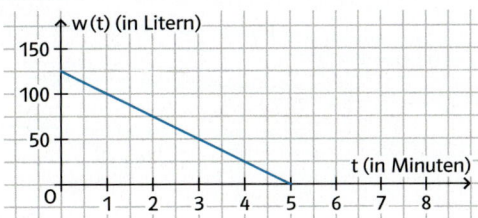

Lösung
a) Die Wassermenge wird in Litern, die Zeit wird in Minuten angegeben. Zu Beginn (bei 0 Minuten) sind 125 Liter in der Badewanne. Danach werden es gleichmäßig weniger. Pro Minute fließen 25 Liter Wasser ab. Nach 5 Minuten ist die Badewanne leer.

b) Die Gleichung hat die Form
w(t) = m t + b, weil der Graph eine Gerade ist. Der Graph schneidet die y-Achse im Punkt (0|125), daher ist b = 125. Geht man vom Punkt (0|125) um 1 nach rechts und um 25 nach unten, kommt man wieder auf die Gerade. Daher ist m = –25.
Gesuchte Gleichung: w(t) = –25 t + 125.

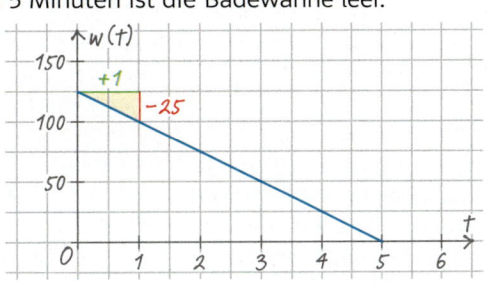

Beispiel 2 Gleichung einer linearen Funktion aufstellen

Der Graph der linearen Funktion f verläuft durch die Punkte P(–2|2) und Q(1|0,5). Ermittle die Funktionsgleichung von f. Mache für beide Punkte die Probe.

Lösung
Da f eine lineare Funktion ist, ist die gesuchte Funktionsgleichung von der Form
f(x) = m · x + b.

Für die Steigung m gilt: $m = \frac{y_2 - y_1}{x_2 - x_1}$.

Man erhält: $m = \frac{0,5 - 2}{1 - (-2)} = \frac{-1,5}{3} = -0,5$.

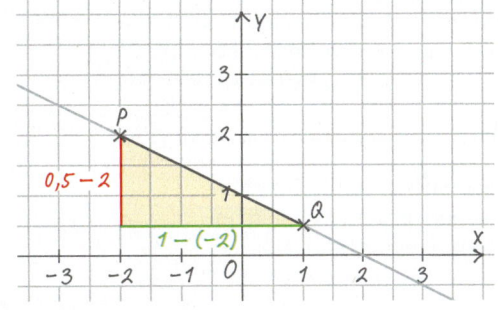

Einsetzen von (1|0,5) ergibt:
0,5 = –0,5 · 1 + b | + 0,5
  1 = b

Gesuchte Gleichung: f(x) = –0,5 x + 1.
Probe für (1|0,5):
0,5 = –0,5 · 1 + 1
0,5 = –0,5 + 1   (wahr)

Probe für (–2|2):
2 = –0,5 · (–2) + 1
2 = 1 + 1   (wahr)

Aufgaben

○ 1 a) Gib zu jedem Graphen G_1 bis G_4 den y-Achsenabschnitt b an.
b) Notiere zu jedem Graphen G_1 bis G_4 die Steigung m.
Die Lösungen findest du auf den Kärtchen auf dem Rand. Die Buchstaben ergeben in geeigneter Reihenfolge jeweils ein Lösungswort.

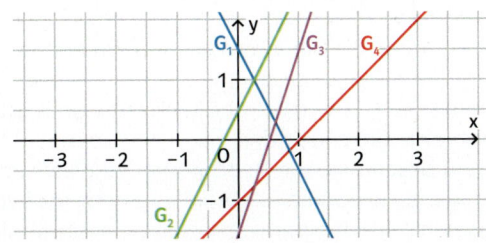
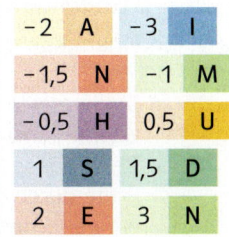

○ 2 ☒ Ordne jeder Funktionsgleichung den zugehörigen Graphen G_1 bis G_4 und die passende Wertetabelle W_1 bis W_4 zu.

$f(x) = 2x - 1$ $g(x) = x - 2$
$h(x) = -x + 2$ $k(x) = -0,5x + 1$

W_1	x	-2	-1	0	1	2
	y	-4	-3	-2	-1	0

W_2	x	-2	-1	0	1	2
	y	4	3	2	1	0

W_3	x	-2	-1	0	1	2
	y	-5	-3	-1	1	3

W_4	x	-2	-1	0	1	2
	y	2	1,5	1	0,5	0

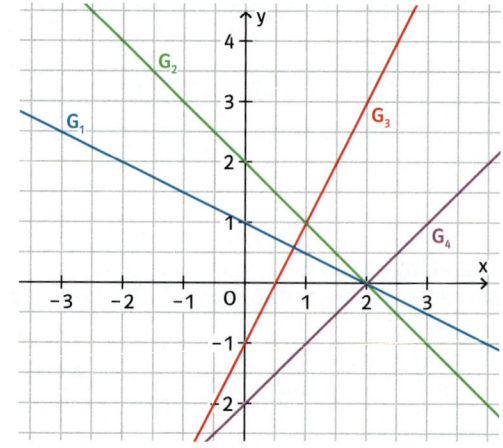

○ 3 ☒ Erstelle eine Wertetabelle für die Funktion f und zeichne den Graphen. Veranschauliche die Steigung durch ein Steigungsdreieck.
a) $f(x) = 3x - 2$ b) $f(x) = -x + 2$

○ 4 ☒ Bestimme die Gleichungen der linearen Funktionen f, g, h und k anhand der in Fig. 1 dargestellten Graphen.

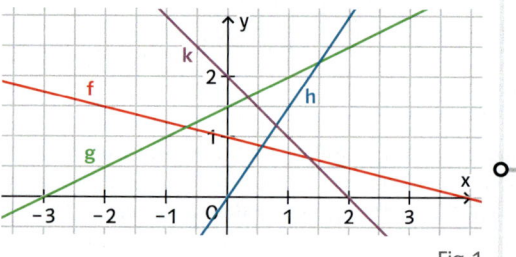

→ Du findest Hilfe in Beispiel 1, Seite 9.

Fig. 1

○ 5 Der Graph der linearen Funktion f verläuft durch die Punkte P und Q. Ermittle die Funktionsgleichung von f. Führe für beide Punkte eine Probe durch.
a) P(1|3) und Q(2|5)   b) P(0,5|3) und Q(2,5|1)   c) P(-1|-6) und Q(3,5|-1,5)

→ Du findest Hilfe in Beispiel 2, Seite 9.

Teste dich! ○

6 ☒ Erstelle eine Wertetabelle für die Funktion f und zeichne den Graphen. Veranschauliche die Steigung durch ein Steigungsdreieck.
a) $f(x) = 0,5x - 1$ b) $f(x) = -2x + 1,5$

7 ☒ Bestimme die Gleichungen der linearen Funktionen f, g, h und k anhand der rechts dargestellten Graphen.

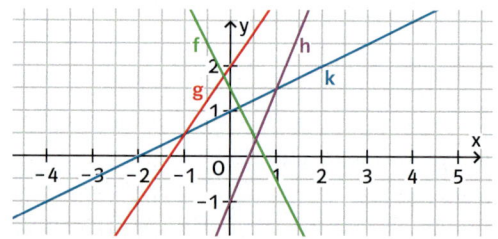

→ Lösungen | Seite 241

⊖ 8 Fatima hat schon 32 € gespart, wöchentlich legt sie weitere 3 € zurück.
a) Berechne, wie viel Geld Fatima in 9 Wochen gespart hat.
b) Gib einen Term für den angesparten Geldbetrag g (in €) in x Wochen an.

⊖ 9 In einem Kochtopf steht das Wasser 12 cm hoch. Beim Kochen sinkt der Wasserspiegel durch Verdampfen pro Minute um ca. 7 mm.
a) Stelle den Zusammenhang zwischen der Kochzeit t (in min) und dem Wasserspiegel w(t) (in cm) durch eine Gleichung dar.
b) Berechne w(3) und beschreibe die Bedeutung des Werts im Sachzusammenhang.
c) Prüfe durch ein eigenes Experiment, ob die in einem Topf vorhandene Wassermenge während des gesamten Verdampfungsprozesses linear abnimmt.

10 Drei Gefäße werden gleichmäßig mit Wasser gefüllt. Rechts sind die Füllhöhen der Gefäße in Abhängigkeit von der Zeit dargestellt. Erläutere, welche Informationen man der Grafik entnehmen kann.

Du findest Hilfe in Beispiel 1, Seite 9.

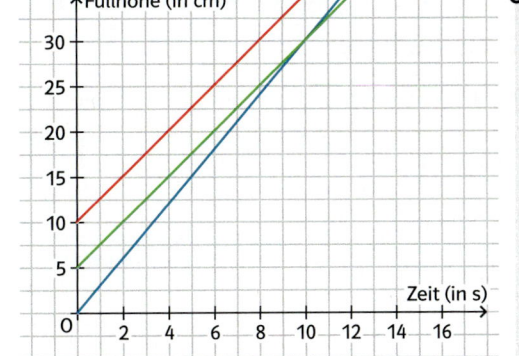

11 Gegeben ist die Funktion f mit der Funktionsgleichung $f(x) = \frac{3}{4}x - 3$.
Ermittle, ob der Punkt P auf dem Graphen, oberhalb oder unterhalb des Graphen von f liegt.
a) $P(-4 \mid -5)$ b) $P(4 \mid 0)$
c) $P(2 \mid -1{,}6)$ d) $P(-7 \mid -9)$

12 In einer Klinik wird einem Patienten aus einer Infusionsflasche eine Kochsalzlösung gleichmäßig zugeführt. Nach einer halben Stunde sind noch 0,8 l in der Flasche, nach zwei Stunden sind es nur noch 0,2 l.
a) Gib einen Term für das in der Flasche vorhandene Volumen V der Kochsalzlösung (in Litern) nach x Stunden an.
b) Ermittle, nach wie vielen Stunden die Infusionsflasche vollständig verbraucht ist.

Teste dich!

Lösungen | Seite 241

13 Eine anfangs 8,5 cm hohe Kerze brennt pro Stunde um 1,2 cm ab.
a) Gib einen Term für die Höhe h der Kerze nach x Stunden Brenndauer an.
b) Berechne die Länge der Kerze nach zweistündiger Brenndauer mithilfe des Terms aus Teilaufgabe a).

14 Sina geht in gleichmäßigem Tempo von 4,5 km/h spazieren. Jannik startet eine Viertelstunde später vom selben Ort und versucht Sina einzuholen. Jannik beeilt sich, er hat eine konstante Geschwindigkeit von 6,5 km/h.
a) Gib für Sina und Jannik jeweils eine Gleichung an, mit der die zurückgelegte Strecke in Kilometern in Abhängigkeit von der Zeit t (in Stunden seit Janniks Start) angegeben werden kann.
b) Ermittle, nach wie vielen Minuten Jannik Sina eingeholt hat.

15 Alex radelt mit einer gleichbleibenden Geschwindigkeit von 20 km/h, Ina kommt ihm auf der 10 km langen Strecke mit einer Geschwindigkeit von 16 km/h entgegen. Beide sind gleichzeitig gestartet. Nach 10 Minuten erhöht Ina ihre Geschwindigkeit auf 20 km/h. Ermittle durch Zeichnen geeigneter Graphen, nach wie vielen Minuten sich Alex und Ina treffen.

Teste dein Grundwissen!

Binomische Formeln anwenden

Grundwissen Seite 234
Lösungen | Seite 241

G 16 Ergänze im Heft für ■ eine Zahl so, dass man eine binomische Formel anwenden kann.
a) $a^2 + \blacksquare \cdot ab + b^2$
b) $x^2 - 6ax + \blacksquare \cdot a^2$
c) $16y^2 + \blacksquare \cdot xy + 4x^2$
d) $\blacksquare e^2 + 12ef + 4f^2$
e) $\frac{1}{4}x^2 + \blacksquare xy + y^2$
f) $4a^2 + \frac{4}{3}ab + \blacksquare b^2$

2 Quadratische Funktionen vom Typ $f(x) = ax^2$

In der Fahrschule lernt man: Wenn man die Geschwindigkeit (in km/h) durch 10 dividiert und das Ergebnis quadriert, so ergibt sich der Bremsweg in Metern.

William behauptet: „Bei einer Geschwindigkeit von 50 km/h ist der Bremsweg ungefähr 25 Meter lang, bei 100 km/h also 50 Meter." Nimm Stellung.

Zur Beschreibung vieler Sachzusammenhänge reichen lineare Funktionen nicht aus. Wenn man bei Funktionen die Variable quadriert, entstehen gekrümmte Funktionsgraphen. Dies wird im Folgenden an ersten Beispielen vorgestellt.

Der Brückenbogen der abgebildeten Brücke kann durch die Funktion h mit der Gleichung $h(x) = 0,5x^2$ beschrieben werden. Hierbei ist x die waagerechte Strecke vom Mittelpunkt der Brücke (in m) und $h(x)$ die zugehörige Höhe des Brückenbogens (in m).
Man erhält die folgende Wertetabelle:

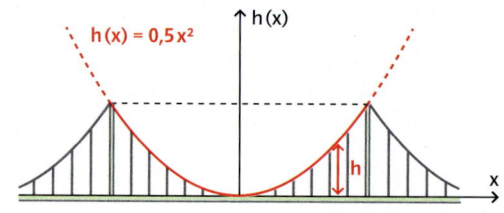

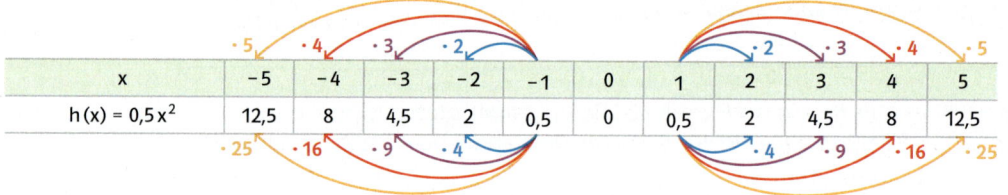

x	−5	−4	−3	−2	−1	0	1	2	3	4	5
$h(x) = 0,5x^2$	12,5	8	4,5	2	0,5	0	0,5	2	4,5	8	12,5

Die Funktionswerte wachsen immer schneller, je mehr sich die x-Werte von 0 entfernen: Wenn man den x-Wert verdoppelt, vervierfacht sich der Funktionswert. Wenn man den x-Wert verdreifacht, verneunfacht sich der Funktionswert. Allgemein gilt: Dem n-Fachen des x-Werts, wird das n^2-Fache des Funktionswerts zugeordnet.
Diese Beobachtung lässt sich auch bei anderen Funktionen mit Gleichungen der Form $f(x) = ax^2$ machen:

x	−2	−1	0	1	2	3
$g(x) = x^2$	4	1	0	1	4	9
$h(x) = 0,5x^2$	2	0,5	0	0,5	2	4,5
$k(x) = -0,1x^2$	−0,4	−0,1	0	−0,1	−0,4	−0,9

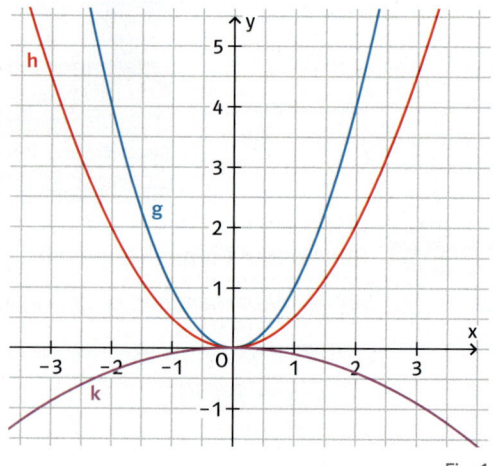

Diese Wachstumseigenschaft gibt den zugehörigen Graphen eine charakteristische Form (Fig. 1): Es sind **Parabeln**. Den höchsten bzw. tiefsten Punkt einer Parabel nennt man **Scheitelpunkt**. Bei allen hier betrachteten Beispielen ist der Punkt (0 | 0) der Scheitelpunkt.

Fig. 1

> **Quadratische Funktionen vom Typ $f(x) = ax^2$**
> Funktionen mit Gleichungen der Form $f(x) = ax^2$ sind Beispiele für **quadratische Funktionen** und haben die folgenden Eigenschaften:
> 1. Dem n-Fachen des x-Werts wird das n^2-Fache des Funktionswerts zugeordnet.
> 2. Die zugehörigen Graphen sind **Parabeln** mit dem **Scheitelpunkt** (0|0).

Die spezielle Form der zu $f(x) = ax^2$ gehörigen Parabel hängt vom Faktor a ab.
Die zu $a = 1$ gehörige Parabel wird als **Normalparabel** bezeichnet.
Im Vergleich zur Normalparabel ist die Parabel der Funktion g mit der Gleichung $g(x) = 2x^2$ in y-Richtung gestreckt. Daher bezeichnet man den Faktor a in der Funktionsgleichung $f(x) = ax^2$ als **Streckfaktor der Parabel**.

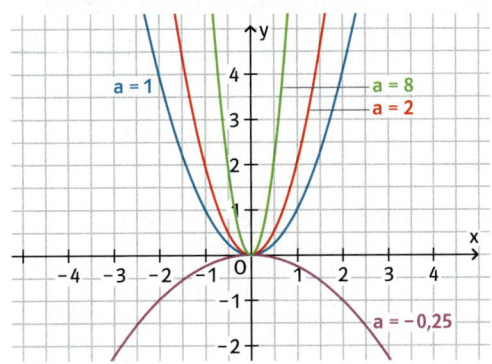

Für Funktionen mit der Gleichung $f(x) = a \cdot x^2$ gilt:
Ist der Streckfaktor a positiv, ist die Parabel **nach oben geöffnet** und der Scheitelpunkt ist der tiefste Punkt der Parabel.
Ist der Streckfaktor a negativ, ist die Parabel **nach unten geöffnet** und der Scheitelpunkt ist der höchste Punkt der Parabel.
Für $-1 < a < 1$ ist die Parabel breiter als die Normalparabel (**gestauchte Parabel**).
Für $a < -1$ oder $a > 1$ ist die Parabel enger als die Normalparabel (**gestreckte Parabel**).

Beispiel 1 Parabel zeichnen
Gegeben ist die quadratische Funktion f mit $f(x) = -0,5x^2$. Fertige eine Wertetabelle von f an und zeichne den Funktionsgraphen.
Lösung
Wertetabelle:

x	f(x)
-3	-4,5
-2	-2
-1	-0,5
-0,5	-0,125
0	0
0,5	-0,125
1	-0,5
2	-2
3	-4,5

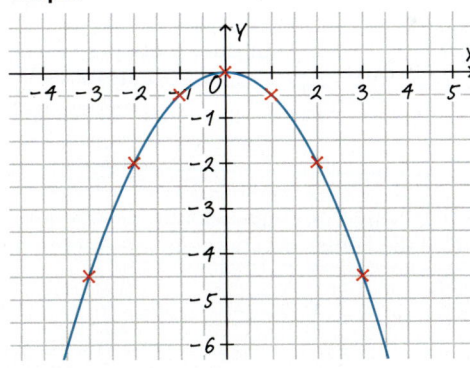

Vom Scheitelpunkt:
– 1 Einheit nach rechts oder links:
1a Einheiten nach oben oder unten.
– 2 Einheiten nach rechts oder links:
4a Einheiten nach oben oder unten.
– 3 Einheiten nach rechts oder links:
9a Einheiten nach oben oder unten.

Beispiel 2 Funktionswerte berechnen und Punktprobe durchführen
Gegeben ist die Funktion f mit $f(x) = 0,2 \cdot x^2$.
a) Berechne die Funktionswerte $f(3)$ und $f(-1)$.
b) Prüfe rechnerisch, ob der Punkt $P(-8|13)$ auf der Parabel von f liegt.
Lösung
a) $f(3) = 0,2 \cdot 3^2 = 0,2 \cdot 9 = 1,8$ $f(-1) = 0,2 \cdot (-1)^2 = 0,2 \cdot 1 = 0,2$
b) Es gilt: $f(-8) = 0,2 \cdot (-8)^2 = 0,2 \cdot 64 = 12,8 \neq 13$.
   Der Punkt P liegt also nicht auf der Parabel.

Aufgaben

1 ▣ Erstelle zur quadratischen Funktion f mit der Gleichung $f(x) = x^2$ eine Wertetabelle mit x-Werten von −4 bis 4. Wähle im Bereich zwischen −1 und 1 eine Schrittweite von 0,2 und ansonsten von 0,5. Zeichne den Graphen der Funktion f auf ein eigenes DIN-A4-Blatt. Verwende 1 cm für eine Einheit.

Tipp: Wenn du die Parabel ausschneidest und auf Pappe aufklebst, kannst du eine Schablone einer Normalparabel herstellen.

2 ▣ Zeichne die zugehörige Parabel im Bereich von −2 bis 2.
a) $f(x) = 0,5x^2$ b) $f(x) = -1,5x^2$ c) $f(x) = -2x^2$ d) $f(x) = 2,5x^2$

→ Du findest Hilfe in Beispiel 1, Seite 13.

3 ▣ Prüfe rechnerisch, ob der Punkt P auf dem Graphen der Funktion f liegt.
a) $f(x) = 0,5x^2$ b) $f(x) = -1,5x^2$ c) $f(x) = -2x^2$ d) $f(x) = 2,5x^2$
   P(20|100)   P(5|37,5)   P(−8|128)   P(0,1|0,025)

→ Du findest Hilfe in Beispiel 2, Seite 13.

4 Ordne der Parabel die passende Funktionsgleichung auf dem Rand zu.

a) 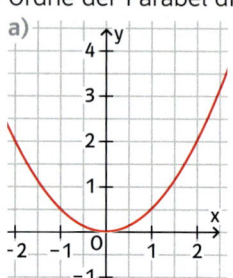   b) 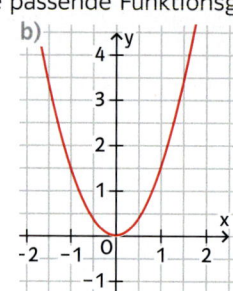   c) 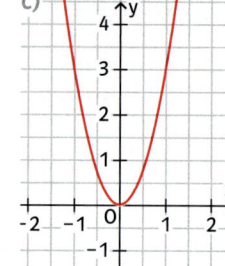   d)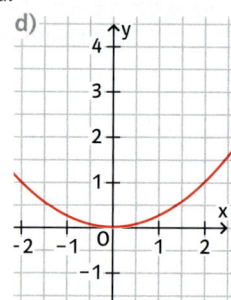

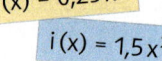

$f(x) = 0,5x^2$

$g(x) = 3x^2$

$h(x) = 0,25x^2$

$i(x) = 1,5x^2$

5 ▣ Zeichne zu jeder Parabel aus Aufgabe 4 die an der x-Achse gespiegelte Parabel und gib eine passende Funktionsgleichung an.

Teste dich!

→ Lösungen | Seite 241

6 ▣ Zeichne die zugehörige Parabel im Bereich von −3 bis 3.
a) $f(x) = -0,5x^2$ b) $f(x) = 0,25x^2$ c) $f(x) = -x^2$ d) $f(x) = -0,25x^2$

7 ▣ Prüfe rechnerisch, ob der Punkt P auf der Parabel der Funktion f liegt.
a) $f(x) = -5x^2$ b) $f(x) = 3x^2$ c) $f(x) = -x^2$ d) $f(x) = -0,25x^2$
   P(0,1|−0,05)   P(2|36)   P(0,5|−0,5)   P(2|−1)

8 Finde den Fehler!
Pia und Leon haben Normalparabeln gezeichnet. Beschreibe, was sie jeweils falsch gemacht haben und weise die Fehler durch geeignete Rechnungen nach.

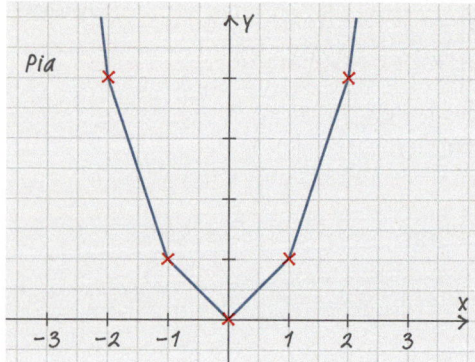
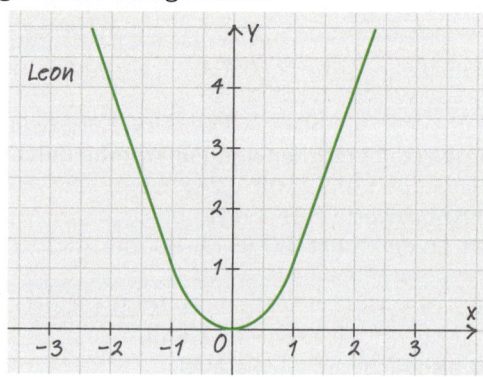

1 Quadratische Funktionen

9 Die Höhe eines Turms kann man mithilfe einer Uhr bestimmen. Für den freien Fall eines Gegenstands gilt näherungsweise die Gleichung $s(t) = 5t^2$, wobei t die Fallzeit in Sekunden und s die Fallstrecke in Metern angibt.
a) Berechne die Höhe des rechts abgebildeten Turms.
b) Ermittle, in welcher Höhe sich das obere und das mittlere Fenster befinden.

10 Die Faustregel für den Bremsweg lautet: Wenn man die Geschwindigkeit v (in km/h) durch 10 dividiert und das Ergebnis quadriert, so ergibt sich der Bremsweg b in Metern. Auf schneebedeckter Fahrbahn ist der Bremsweg etwa viermal so lang.
a) Begründe, dass bei Schnee die Gleichung $b(v) = 0{,}04\,v^2$ gilt.
b) Berechne den Bremsweg bei Geschwindigkeiten von 30 km/h, 50 km/h und 70 km/h auf schneebedeckter Fahrbahn.

11 Der Graph der Funktion f mit $f(x) = ax^2$ verläuft durch den Punkt P. Bestimme den Wert für a. Setze hierzu die Koordinaten des Punktes P in die Funktionsgleichung ein und löse nach a auf. Notiere abschließend die Funktionsgleichung.
a) P(1|3)   b) P(−1|−2)   c) P(5|−2)   d) P(−3|2,7)

12 Prüfe, ob die Punkte auf dem Graphen einer gemeinsamen quadratischen Funktion f mit $f(x) = ax^2$ liegen.
a) P(1|4), Q(−2|16)
b) P(2|0,4), Q(−3|0,5)
c) P(−1|3), Q(5|75), R(11|360)

13 Gib die Funktionsgleichungen zu den Parabeln aus Fig. 1 an. Erläutere dein Vorgehen.

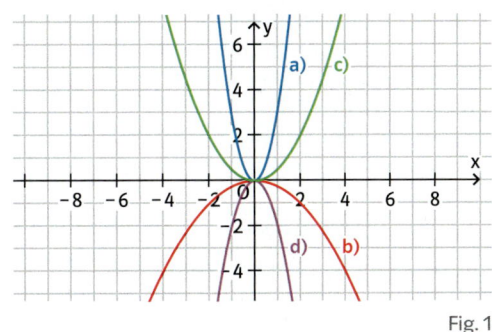

Fig. 1

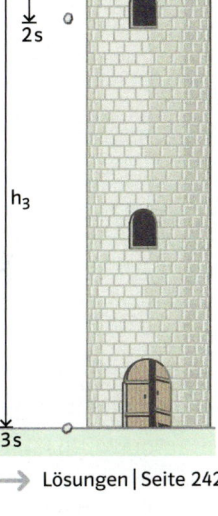

Teste dich!

14 Der Graph der Funktion f mit der Funktionsgleichung $f(x) = ax^2$ geht durch den Punkt P(−1,5|9). Bestimme den Wert für a und notiere die Funktionsgleichung.

15 Gib die Funktionsgleichungen zu den Parabeln aus Fig. 2 an.

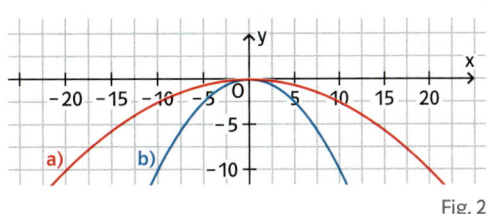

Fig. 2

→ Lösungen | Seite 242

16 Gilt immer – gilt nie – es kommt darauf an
Überprüfe, ob die folgenden Aussagen immer gelten, nie stimmen oder nur in bestimmten Fällen richtig sind. Begründe und gib gegebenenfalls die Bedingungen an.
a) Je größer der Streckfaktor a ist, desto stärker ist die zugehörige Parabel im Vergleich zur Normalparabel in y-Richtung gestreckt.
b) Sei P ein Punkt der Normalparabel. Wenn man die x-Koordinate von P um 2 und die y-Koordinate um 4 vergrößert, dann erhält man einen weiteren Punkt der Normalparabel.

Teste dein Grundwissen! Summen mit binomischen Formeln faktorisieren

→ Grundwissen Seite 234
Lösungen | Seite 242

G 17 Forme durch Anwenden der binomischen Formeln in ein Produkt um.
a) $a^2 - 2ab + b^2$ b) $x^2 + 4x + 4$ c) $9x^2 - 6x + 1$ d) $0{,}25a^2 + ab + b^2$

2 Quadratische Funktionen vom Typ $f(x) = ax^2$

3 Scheitelpunktform quadratischer Funktionen

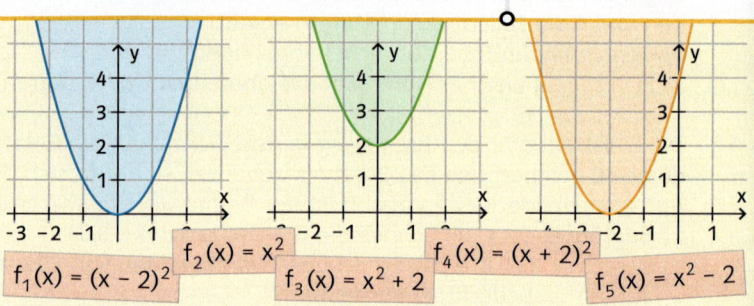

Welche Gleichung passt zu welchem Graphen?
Wie sehen die Graphen zu den übrigen Funktionsgleichungen aus?
Überprüfe deine Vermutung mit dem GTR oder am Computer.

$f_1(x) = (x - 2)^2$ $f_2(x) = x^2$ $f_3(x) = x^2 + 2$ $f_4(x) = (x + 2)^2$ $f_5(x) = x^2 - 2$

Alle bisher betrachteten Parabeln hatten den Scheitelpunkt $(0|0)$. Wie sich die Funktionsgleichung beim Verschieben einer Parabel verändert, wird im Folgenden untersucht.

Verschiebung der Normalparabel in y-Richtung

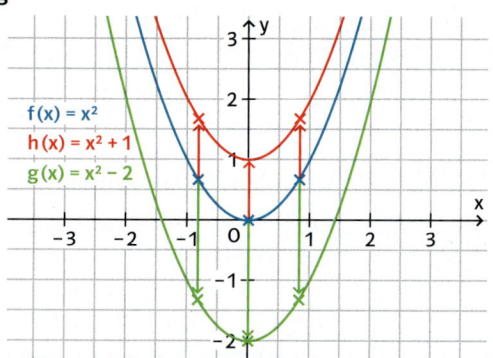

Die grüne Parabel ist gegenüber der blauen Normalparabel um 2 Einheiten nach unten verschoben. Ihr Scheitelpunkt ist daher $(0|-2)$. Diese Verschiebung bewirkt, dass alle Funktionswerte um 2 verringert werden. Die neue Funktionsgleichung lautet daher $g(x) = x^2 - 2$.
Auf dieselbe Weise erhält man durch Verschiebung der Normalparabel um 1 Einheit nach oben eine Parabel mit dem Scheitelpunkt $(0|1)$ und der zugehörigen Funktionsgleichung $h(x) = x^2 + 1$.

Allgemein: Verschiebt man die Normalparabel um e Einheiten in y-Richtung, so erhält man eine Parabel mit dem Scheitelpunkt $S(0|e)$. Die zugehörige Funktionsgleichung ist $f(x) = x^2 + e$. Positive Werte für e verschieben die Normalparabel nach oben, negative nach unten.

Verschiebung der Normalparabel in x-Richtung

Die grüne Parabel ist gegenüber der blauen Normalparabel um 1 Einheit nach rechts verschoben. Ihr Scheitelpunkt ist daher $(1|0)$.
Man erhält die folgende Wertetabelle:

x	-1	0	1	2	3	4
f(x)	1	0	1	4	9	16
g(x)	4	1	0	1	4	9

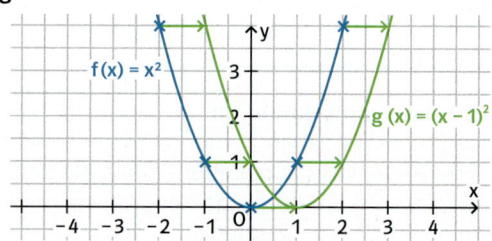

Da alle Punkte der Normalparabel um 1 nach rechts verschoben wurden, gilt:
$g(0) = f(-1)$, $g(1) = f(0)$, $g(2) = f(1)$ usw., also $g(x) = f(x - 1) = (x - 1)^2$.
Auf dieselbe Weise erhält man durch Verschiebung der Normalparabel um 2 Einheiten nach links eine Parabel mit dem Scheitelpunkt $(-2|0)$ und der zugehörigen Funktionsgleichung $h(x) = (x + 2)^2$.

Allgemein: Verschiebt man die Normalparabel um d Einheiten in x-Richtung, so erhält man eine Parabel mit dem Scheitelpunkt $(d|0)$. Die zugehörige Funktionsgleichung ist $g(x) = (x - d)^2$. Positive Werte für d verschieben die Parabel nach rechts, negative nach links.

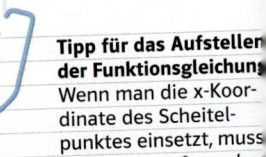

Tipp für das Aufstellen der Funktionsgleichung
Wenn man die x-Koordinate des Scheitelpunktes einsetzt, muss die Klammer 0 ergeben.

1 Quadratische Funktionen

Verschiebung beliebiger Parabeln in x- und y-Richtung

Auch gestreckte Parabeln können in x- und y-Richtung verschoben werden. In der Grafik wird der Graph der Funktion f mit $f(x) = 0{,}5x^2$ zunächst um -3 Einheiten in x-Richtung und anschließend um 2 Einheiten in y-Richtung verschoben. Man erhält eine Parabel mit dem Scheitelpunkt $(-3|2)$.

Wie sich die Verschiebungen auf die Funktionsgleichung auswirken, wurde bereits oben gezeigt:

x	−3	−2	−1	0	1	2
$f(x) = 0{,}5x^2$	4,5	2	0,5	0	0,5	2
$g(x) = 0{,}5(x+3)^2$	0	0,5	2	4,5	8	12,5
$h(x) = 0{,}5(x+3)^2 + 2$	2	2,5	4	6,5	10	14,5

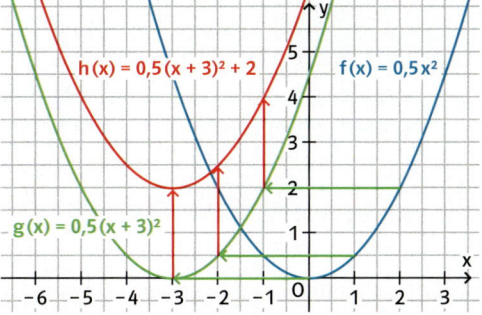

Die Scheitelpunktform einer quadratischen Funktion
Eine quadratische Funktionen mit dem Streckfaktor a und dem Scheitelpunkt $S(d|e)$ kann man durch die Funktionsgleichung $f(x) = a \cdot (x - d)^2 + e$ beschreiben.
Diese Gleichung wird **Scheitelpunktform** genannt.

Beispiel 1 Parabel anhand der zugehörigen Scheitelpunktform zeichnen
Gegeben ist die Funktion f mit der Gleichung $f(x) = (x+1)^2 - 2$. Fertige eine Wertetabelle an und zeichne den Graphen von f.
Lösung
Wertetabelle:
Der Scheitelpunkt ist $(-1|-2)$. Um den Graphen gut zeichnen zu können, werden rechts und links vom Scheitelpunkt jeweils 2 Punkte ermittelt.

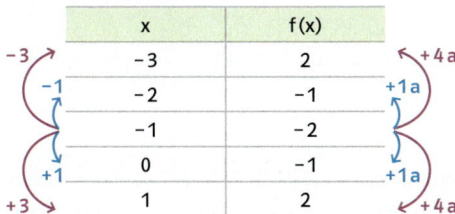

Graph:

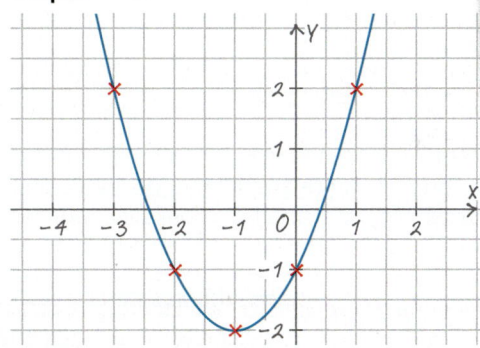

Vom Scheitelpunkt:
– 1 Einheit nach rechts oder links: 1a Einheiten nach oben
– 2 Einheiten nach rechts oder links: 4a Einheiten nach oben

Beispiel 2 Scheitelpunktform anhand der zugehörigen Parabel ermitteln
Gegeben ist der Graph der Funktion f.
Ermittle die Scheitelpunktform von f.
Lösung
Der Scheitelpunkt ist $S(-2|3)$, also $d = -2$ und $e = 3$. Bewegt man sich vom Scheitelpunkt eine Einheit nach rechts und zwei Einheiten nach unten, erreicht man wieder einen Punkt der Parabel. Also ist $a = -2$.
Durch Einsetzen von a, d und e in die Scheitelpunktform erhält man
$f(x) = -2(x - (-2))^2 + 3 = -2(x+2)^2 + 3$.

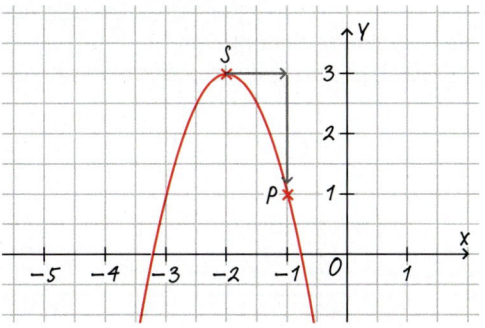

3 Scheitelpunktform quadratischer Funktionen

Aufgaben

1 Ordne jeder Parabel (1) bis (4) den passenden Scheitelpunkt zu. Verwende die Kärtchen. Die übriggebliebenen Buchstaben ergeben von links nach rechts ein Lösungswort.

(1) 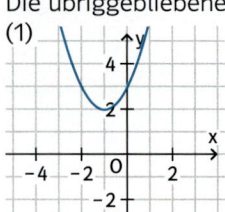 (2) 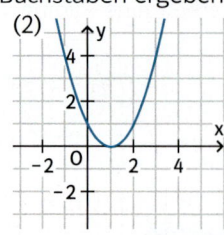 (3) 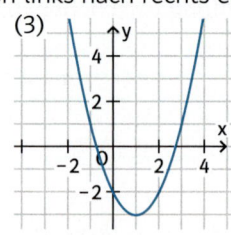 (4)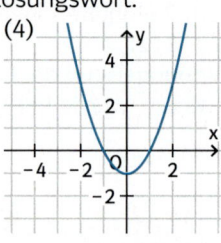

H(−1|3)   O(1|−3)   A(−3|1)   S(−2|1)   M(1|0)   K(−1|2)   E(2|−2)   R(0|−1)

2 Ordne jeder Funktionsgleichung ihren Graphen (1) bis (4) und ihre Wertetabelle (A) bis (D) zu.

$f(x) = (x-2)^2 + 1$ 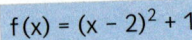 $g(x) = (x+2)^2 - 1$ 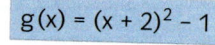 $h(x) = x^2 - 2$ 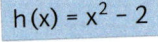 $k(x) = (x-2)^2$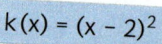

(1) 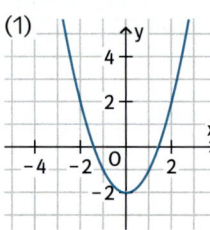 (2) 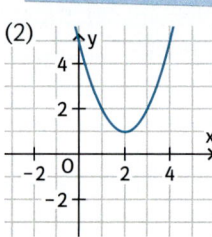 (3) 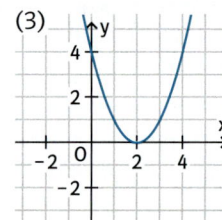 (4)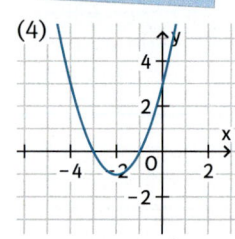

(A)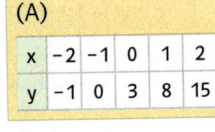

x	−2	−1	0	1	2
y	−1	0	3	8	15

(B)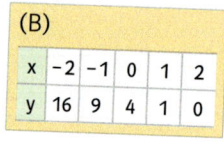

x	−2	−1	0	1	2
y	16	9	4	1	0

(C)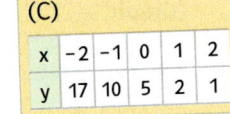

x	−2	−1	0	1	2
y	17	10	5	2	1

(D)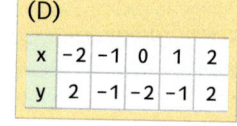

x	−2	−1	0	1	2
y	2	−1	−2	−1	2

3 Der Graph von f ist eine verschobene Normalparabel mit dem Scheitelpunkt S. Gib die Funktionsgleichung von f an. Führe anschließend eine Punktprobe mit dem Scheitelpunkt S durch, um zu kontrollieren, ob deine Funktionsgleichung richtig ist.
   a) S(−4|2)   b) S(5|−1)   c) S(2,5|1)   d) S(0,1|2,7)

→ Du findest Hilfe in Beispiel 2, Seite 17.

4 Gegeben ist die Gleichung der quadratischen Funktion f. Ermittle den Scheitelpunkt S der zugehörigen Parabel, fertige eine Wertetabelle an und zeichne die Parabel.
   a) $f(x) = (x+1)^2 + 1$ b) $f(x) = (x-3)^2$ c) $f(x) = (x+1)^2 - 2$

→ Du findest Hilfe in Beispiel 1, Seite 17.

5 Beschreibe, wie der Graph von f aus der Normalparabel entsteht und gib den Scheitelpunkt an. Notiere die Funktionsgleichung von f und führe eine Punktprobe mit einem beliebigen Punkt des Graphen durch, um zu kontrollieren, ob deine Ergebnisse stimmen können.

Tipp: Bei den Aufgaben 4, 6, 7, 8, 11 und 13 kannst du deine Ergebnisse mit dem GTR oder einer DGS kontrollieren.

a) 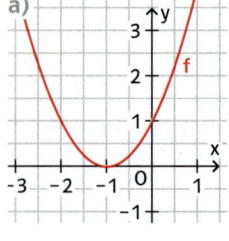 b) 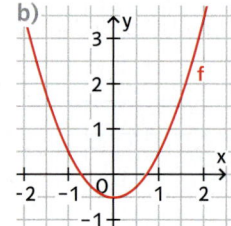 c) 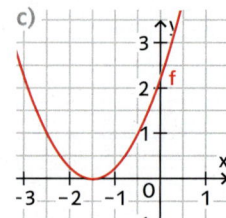 d)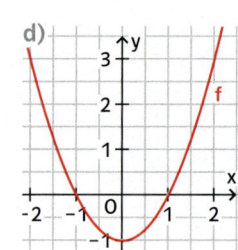

Teste dich!

Lösungen | Seite 242

6 ✏ Gegeben ist die Gleichung der quadratischen Funktion f. Ermittle den Scheitelpunkt S der zugehörigen Parabel, fertige eine Wertetabelle an und zeichne die Parabel.
a) $f(x) = (x + 2)^2 - 2$
b) $f(x) = (x + 2)^2$
c) $f(x) = (x - 3)^2 - 3$

7 ✏ Beschreibe, wie der Graph von f aus der Normalparabel entsteht und gib den Scheitelpunkt S an. Notiere die Funktionsgleichung von f und führe eine Punktprobe mit einem beliebigen Punkt des Graphen durch, um zu kontrollieren, ob deine Ergebnisse stimmen können.

a) 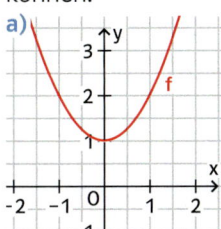 b) 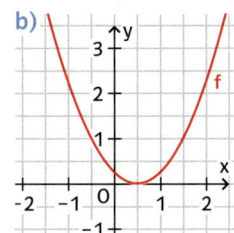 c) 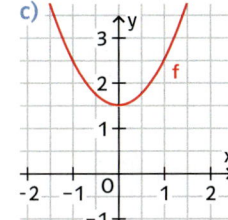 d)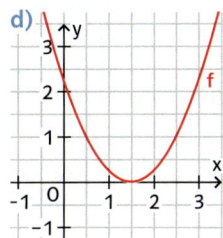

8 ✏ Ordne jeder Funktionsgleichung den passenden Graphen G_1 bis G_4 zu.

$f(x) = 2(x - 1)^2$ $h(x) = -2x^2 + 1$

$g(x) = (x + 2)^2 - 1$ $k(x) = -(x - 1)^2 + 2$

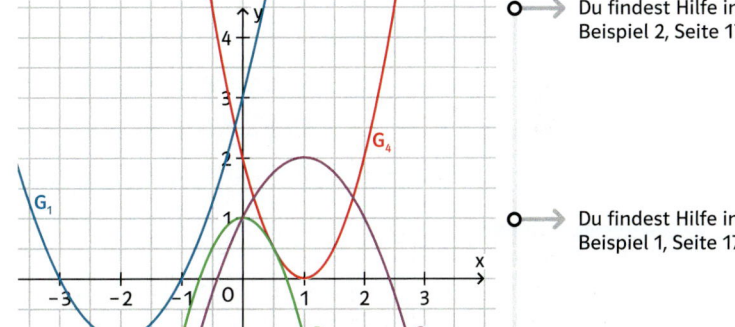

Du findest Hilfe in Beispiel 2, Seite 17.

9 Gegeben ist die Gleichung der Funktion f. Ermittle den Scheitelpunkt S der zugehörigen Parabel, fertige eine Wertetabelle an und zeichne die Parabel.
a) $f(x) = -2(x - 3)^2 + 6$
b) $f(x) = 0{,}5(x + 1)^2 - 1{,}5$

Du findest Hilfe in Beispiel 1, Seite 17.

10 👥 **Spiel für 4 Personen im Kreis**
Zur Vorbereitung erhält jeder Spieler ein kariertes DIN-A4-Blatt, das in vier gleich große Teilstücke geknickt wird (Fig. 1). Nach jedem Schritt wird das Blatt reihum weitergegeben.
1. Schritt: Jeder Spieler überlegt sich eine Funktionsgleichung einer quadratischen Funktion und schreibt diese auf das oberste Teilstück seines geknickten Blattes. Anschließend wird das Blatt an den jeweils rechts Sitzenden weitergegeben.
2. Schritt: Dieser erstellt auf dem zweiten Teilstück ein Koordinatensystem, in das der Graph der auf dem ersten Teilstück notierten Funktionsgleichung gezeichnet werden soll. In dem Graphen müssen die Koordinaten von drei Punkten notiert werden. Vor dem Weitergeben an den nächsten Schüler wird die Funktionsgleichung auf dem ersten Teilstück so weggefaltet, dass man nur noch den Graphen im zweiten Teilstück sehen kann (Fig. 1).
3. Schritt: Mithilfe des Graphen versucht der dritte Schüler erneut eine Funktionsgleichung aufzustellen und faltet nun den Graphen auf dem zweiten Teilstück nach hinten, sodass der vierte Schüler nur die letzte Funktionsgleichung auf dem dritten Teilstück sehen kann (Fig. 1).
4. Schritt: Der jeweils letzte Schüler in der Kette zeichnet den Graphen zu der Funktionsgleichung auf dem dritten Teilstück und gibt das Blatt an den Eigentümer zurück.
5. Schritt: Der Erfinder der ersten Funktionsgleichung bespricht mit den anderen Gruppenmitgliedern alle Teilstücke – die Inhalte der Teilstücke 1 und 3 bzw. 2 und 4 müssten übereinstimmen! Gegebenenfalls werden Fehler gemeinsam korrigiert.

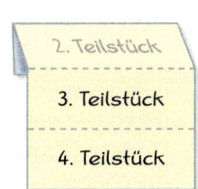

Fig. 1

Kopiervorlage
Spiel
mk94z2

11 Beschreibe mithilfe der Kärtchen, wie die Parabel aus der Normalparabel entstanden ist.

(1) „In y-Richtung mit ... gestreckt." (2) „In x-Richtung um ... verschoben."

(3) „In y-Richtung um ... verschoben."

a) $f(x) = 2(x-5)^2 + 7$
b) $f(x) = 0{,}1(x+2)^2 - 8$
c) $f(x) = -2(x-5)^2 + 7$
d) $f(x) = -(x-1)^2 - 1$

12 Der Punkt P liegt auf einer verschobenen Normalparabel mit dem Scheitelpunkt S. Bestimme die fehlende y-Koordinate.
a) S(1|5), P(2|▯)   b) S(6|0), P(5|▯)   c) S(−5|5), P(−3|▯)   d) S(4|−8), P(7|▯)

13 Gilt immer – gilt nie – es kommt darauf an
Untersuche, ob die folgenden Aussagen immer gelten, nie stimmen oder nur in bestimmten Fällen richtig sind. Begründe und gib gegebenenfalls die Bedingungen an.
a) Der Graph der Funktion f mit $f(x) = a(x-2)^2 + 1$ hat genau zwei Schnittpunkte mit der x-Achse.
b) Eine verschobene Normalparabel, die den Scheitelpunkt (d|−4) hat, hat genau zwei Schnittpunkte mit der x-Achse.

14 Gib jeweils drei mögliche Gleichungen der Funktionen f, g und h an.

Der größte Funktionswert der Funktion f ist 3.

Der Graph von g verläuft nur für x-Werte zwischen −1 und 1 oberhalb der x-Achse.

Der Graph von h verläuft durch die Punkte (−3|1) und (1|1).

Teste dich!

→ Lösungen | Seite 243

15 Der Punkt P liegt auf einer Parabel mit dem Streckfaktor a und dem Scheitelpunkt S. Bestimme die fehlende y-Koordinate von P.
a) a = −1, S(−3|0), P(−1|▯)
b) a = 3, S(1|−4), P(−2|▯)
c) a = 0,25; S(−2|1), P(2|▯)
d) a = −0,1; S(−2|0), P(−7|▯)

16 Auf einer verschobenen Normalparabel liegen die Punkte P(−1|100) und Q(9|100). Ermittle den Scheitelpunkt der Parabel.

17 Eine verschobene Normalparabel verläuft durch die beiden rechts eingezeichneten Punkte. Ermittle die zugehörige Funktionsgleichung.

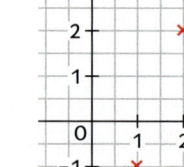
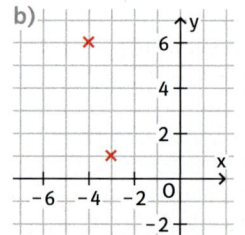

18 Lorena behauptet: „Mit meiner Schablone der Normalparabel kann ich den passenden Graphen zu jeder beliebigen Scheitelpunktform zeichnen. Ich muss nur die Achsen passend skalieren."
a) Erkläre Lorenas Aussage.
b) Zeichne mit Lorenas Methode den Graphen der Funktion f mit der Gleichung $f(x) = 0{,}25(x-3)^2 - 1$.

Teste dein Grundwissen!   Terme zusammenfassen

→ **Grundwissen** Seite 234
Lösungen | Seite 243

G 19 Löse die Klammern auf und vereinfache.
a) $3(x-3) - 2$ b) $(a-3) \cdot (a-2)$ c) $1 - 2(4-2b)$ d) $-(y-2) - 3 \cdot y$

4 Normalform und quadratische Ergänzung

Tim hat mit seiner DGS den Graphen zur Funktionsgleichung $f(x) = x^2 - 2x - 3$ gezeichnet.
„Der Graph sieht nach einer Parabel aus. Wenn ich einzelne Punkte ablese, passt alles haargenau!", stellt Tim fest.
„Stimmt, aber ich hätte den Term $(x - 1)^2 - 4$ eingegeben," antwortet Lea.

Prüfe und finde ähnliche Beispiele.

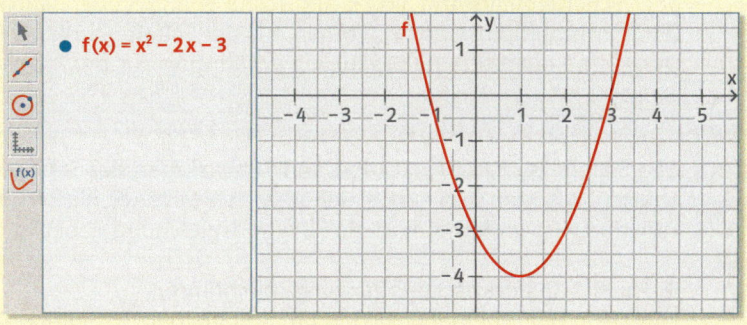

Häufig werden die Gleichungen quadratischer Funktionen nicht in der Scheitelpunktform $f(x) = a(x - d)^2 + e$, sondern in der sogenannten Normalform $f(x) = ax^2 + bx + c$ angegeben. Wie man von der einen Darstellung zur anderen kommt, wird im Folgenden erklärt.

Von der Scheitelpunktform zur Normalform

$$\begin{aligned}
f(x) &= 3 \cdot (x - 2)^2 - 8 \\
&= 3 \cdot (x^2 - 4x + 4) - 8 &&\text{Binomische Formel anwenden}\\
&= 3 \cdot x^2 - 12x + 12 - 8 &&\text{Klammer ausmultiplizieren}\\
&= 3 \cdot x^2 - 12x + 4 &&\text{Zusammenfassen}
\end{aligned}$$

Durch Ausmultiplizieren und Zusammenfassen erhält man aus der Scheitelpunktform eine Gleichung der Form $f(x) = ax^2 + bx + c$. Diese wird als **Normalform** bezeichnet.

Die Rechnung $f(0) = a \cdot 0^2 + b \cdot 0 + c = c$ lässt erkennen, dass der Summand c die Schnittstelle des Graphen mit der y-Achse angibt.
Außerdem kann man an der Normalform den Streckfaktor a der zugehörigen Parabel ablesen. Die Koordinaten des Scheitelpunktes lassen sich an der Normalform hingegen nicht unmittelbar erkennen.

Von der Normalform zur Scheitelpunktform
Ist nur die Normalform einer quadratischen Funktion bekannt, kann man durch Anwenden einer binomischen Formel die Scheitelpunktform ermitteln:

$$\begin{aligned}
g(x) &= 2x^2 - 10x + 15 &&\text{Den Faktor } a = 2 \text{ aus den ersten beiden}\\
&&&\text{Summanden ausklammern}\\
&= 2 \cdot [x^2 - 5x] + 15\\
&= 2 \cdot [\underline{x^2 - 2 \cdot 2{,}5 \cdot x + 2{,}5^2} - 2{,}5^2] + 15 &&2{,}5^2 \text{ addieren, damit eine binomische For-}\\
&&&\text{mel angewendet werden kann, gleichzeitig}\\
&&&2{,}5^2 \text{ subtrahieren, damit sich der Wert des}\\
&&&\text{Terms nicht ändert}\\
&= 2 \cdot [(x - 2{,}5)^2 - 2{,}5^2] + 15 &&\text{Binomische Formel anwenden}\\
&= 2 \cdot [(x - 2{,}5)^2 - 6{,}25] + 15 &&2{,}5^2 \text{ berechnen}\\
&= 2 \cdot (x - 2{,}5)^2 - 12{,}5 + 15 &&\text{Äußere Klammer ausmultiplizieren}\\
&= 2 \cdot (x - 2{,}5)^2 + 2{,}5 &&\text{Zusammenfassen}
\end{aligned}$$

Dieses Verfahren wird **quadratische Ergänzung** genannt.

Zur Erinnerung:
$a^2 + 2 \cdot a \cdot b + b^2 = (a + b)^2$
$a^2 - 2 \cdot a \cdot b + b^2 = (a - b)^2$

Die verschiedenen Darstellungsformen quadratischer Funktionen

Die Gleichung einer quadratischen Funktion kann in **Normalform** $f(x) = ax^2 + bx + c$ oder **Scheitelpunktform** $f(x) = a(x - d)^2 + e$ angegeben werden.
Durch Ausmultiplizieren erhält man aus der Scheitelpunktform die Normalform.
Durch eine **quadratische Ergänzung** erhält man aus der Normalform die Scheitelpunktform.

Den Scheitelpunkt einer Parabel kann man nur an der Scheitelpunktform unmittelbar ablesen. Will man den maximalen bzw. minimalen Funktionswert einer quadratischen Funktion wissen, formt man die Funktionsgleichung daher in die Scheitelpunktform um.

Beispiel 1 Quadratische Ergänzung durchführen
Wandle in die Scheitelpunktform um und gib den Scheitelpunkt S der zugehörigen Parabel an. Mache die Probe, indem du die Koordinaten von S in die Normalform einsetzt.

a) $f(x) = x^2 - 8 \cdot x + 5$
b) $f(x) = -4x^2 - 4x + 1{,}5$

Lösung

a) $f(x) = x^2 - 2 \cdot 4 \cdot x + 5$
$= x^2 - 2 \cdot 4 \cdot x + 4^2 - 4^2 + 5$
$= (x - 4)^2 - 16 + 5$
$= (x - 4)^2 - 11$

Scheitelpunkt: S(4|−11).
Probe: $4^2 - 8 \cdot 4 + 5 = -11$
$16 - 32 + 5 = -11$ (wahr)

b) $f(x) = -4x^2 - 4x + 1{,}5$
$= -4[x^2 + x] + 1{,}5$
$= -4[x^2 + 2 \cdot 0{,}5 \cdot x] + 1{,}5$
$= -4[x^2 + 2 \cdot 0{,}5 \cdot x + 0{,}5^2 - 0{,}5^2] + 1{,}5$
$= -4[(x + 0{,}5)^2 - 0{,}25] + 1{,}5$
$= -4(x + 0{,}5)^2 + 1 + 1{,}5$
$= -4(x + 0{,}5)^2 + 2{,}5$

Scheitelpunkt: S(−0,5|2,5)
Probe: $-4 \cdot (-0{,}5)^2 - 4 \cdot (-0{,}5) + 1{,}5 = 2{,}5$
$-1 + 2 + 1{,}5 = 2{,}5$
(wahr)

> Ist der Streckfaktor a ≠ 1, muss erst ausgeklammert werden.

Beispiel 2 Quadratische Funktionen als Modell nutzen
Die Flugbahn eines Basketballs wird durch die quadratische Funktion f mit $f(x) = -0{,}4x^2 + 1{,}6x + 1{,}8$ beschrieben, wobei x für alle Werte zwischen 0 und 3 die horizontale Entfernung vom Abwurfpunkt in Metern und f(x) die Höhe des Balls in Metern angibt.

a) Bestimme mithilfe der Funktion f die Höhe, in der der Basketball abgeworfen wird.
b) Ermittle mithilfe der Funktion f die maximale Höhe des Balls.

Lösung

a) Aus $f(0) = 1{,}8$ ergibt sich eine Abwurfhöhe von 1,80 Metern.

b) Am Streckfaktor a = −0,4 erkennt man, dass der Graph von f eine nach unten geöffnete Parabel ist, ihr Scheitelpunkt ist daher der höchste Punkt. An der Scheitelpunktform der Funktionsgleichung (siehe rechte Spalte) kann man den Scheitelpunkt S(2|3,4) ablesen. Die maximale Höhe des Balls beträgt also 3,40 Meter.

$f(x) = -0{,}4x^2 + 1{,}6x + 1{,}8$
$= -0{,}4[x^2 - 4x] + 1{,}8$
$= -0{,}4[x^2 - 2 \cdot 2x] + 1{,}8$
$= -0{,}4[x^2 - 2 \cdot 2x + 2^2 - 2^2] + 1{,}8$
$= -0{,}4[(x - 2)^2 - 4] + 1{,}8$
$= -0{,}4(x - 2)^2 + 1{,}6 + 1{,}8$
$= -0{,}4(x - 2)^2 + 3{,}4$

Scheitelpunkt: S(2|3,4)
Probe: $3{,}4 = -0{,}4 \cdot 2^2 + 1{,}6 \cdot 2 + 1{,}8$
$3{,}4 = -1{,}6 + 3{,}2 + 1{,}8$ (wahr)

Aufgaben

1 Ordne dem Term die passende Zahl so zu, dass man eine binomische Formel anwenden kann. Die zugehörigen Buchstaben ergeben in passender Reihenfolge einen Fachbegriff aus den Naturwissenschaften als Lösungswort.
a) $x^2 - 2x + \square$
b) $x^2 + x + \square$
c) $x^2 + 14x + \square$
d) $x^2 - 8x + \square$

16	A		1	M		42	D		36	S	
	2	U		0,5	E		49	O		0,25	T

2 Ergänze die Gleichung der Funktion f durch einen passenden Wert, sodass man eine binomische Formel anwenden kann. Gib den Scheitelpunkt S der zugehörigen Parabel an. Mache die Probe, indem du die Koordinaten von S in die Normalform einsetzt.
a) $f(x) = x^2 - 6x + \square$
b) $f(x) = x^2 + 4x + \square$
c) $f(x) = x^2 + x + \square$
d) $f(x) = x^2 + 5x + \square$
e) $f(x) = x^2 - 3x + \square$
f) $f(x) = x^2 + 1,6x + \square$

3 Forme in die Scheitelpunktform um und gib den Scheitelpunkt S der zugehörigen Parabel an. Mache die Probe, indem du die Koordinaten von S in die Normalform einsetzt.
a) $f(x) = x^2 - 2x + 1$
b) $f(x) = x^2 + 10x$
c) $f(x) = x^2 - 4x + 5$
d) $f(x) = x^2 + 6x$
e) $f(x) = x^2 - 1,2x + 1,6$
f) $f(x) = x^2 + 10x + 20$

→ Du findest Hilfe in Beispiel 1a), Seite 22.

4 Forme in die Normalform um.
a) $f(x) = (x - 3)^2 + 9$
b) $f(x) = 2(x - 4)^2$
c) $f(x) = -3(x + 2)^2 - 11$

5 Entscheide, welche zwei Funktionsgleichungen jeweils zusammengehören. Begründe.

$f(x) = (x + 3)^2 + 4$	$g(x) = x^2 + 14 \cdot x + 102$	$h(x) = (x - 7)^2 - 53$
$i(x) = 2 \cdot (x + 4)^2 + 9$	$j(x) = 2(x - 3)^2 + 9$	$k(x) = -2(x + 3)^2 + 7$
$l(x) = 2x^2 - 12x + 27$	$m(x) = x^2 - 14x - 4$	$n(x) = x^2 + 6x + 13$
$o(x) = (x + 7)^2 + 53$	$p(x) = -2x^2 - 12x - 11$	$q(x) = 2x^2 + 16x + 41$

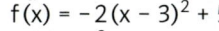

→ Lösungen | Seite 243

6 Forme in die Scheitelpunktform um und gib den Scheitelpunkt S der zugehörigen Parabel an. Mache die Probe, indem du die Koordinaten von S in die Normalform einsetzt.
a) $f(x) = x^2 + 8x + 16$
b) $f(x) = x^2 - 4x$
c) $f(x) = x^2 + 6x + 1$

7 Wandle in die Normalform um.
a) $f(x) = (x - 5)^2 - 14$
b) $f(x) = 5(x + 1)^2$
c) $f(x) = -2(x - 3)^2 + 14$

8 Ordne den folgenden Funktionsgleichungen jeweils den passenden Graphen G_1 bis G_5 zu.
$f(x) = -2(x - 3)^2 + 5$
$g(x) = x^2 - 2x + 3$
$h(x) = 0,5(x + 4)^2 - 2$
$i(x) = -2x^2 - 5x + 4$
$j(x) = -0,25x^2 - 2x + 1$

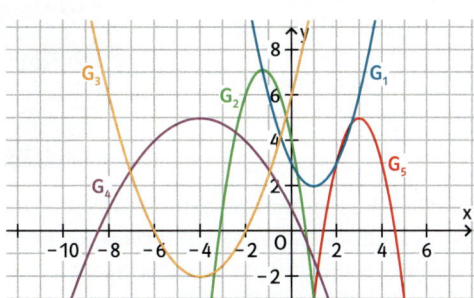

9 Wandle in die Scheitelpunktform um und gib den Scheitelpunkt S der zugehörigen Parabel an. Mache die Probe, indem du die Koordinaten von S in die Normalform einsetzt.

a) $f(x) = x^2 - 7x + 20{,}25$ b) $f(x) = x^2 + 18x + 80\frac{1}{2}$ c) $f(x) = x^2 - 9x - 9\frac{3}{4}$

d) $f(x) = 3x^2 + 15x + 6$ e) $f(x) = 5x^2 - 10x - 15$ f) $f(x) = 2x^2 + 8x + 3$

g) $f(x) = 10x^2 - 70x + 40$ h) $f(x) = -x^2 + 16x + 2$ i) $f(x) = -x^2 - 4x - 5$

j) $f(x) = -3x^2 + 12x + 9$ k) $f(x) = -4x^2 - 36x + 32$ l) $f(x) = -4x^2 - 8x - 8$

> Du findest Hilfe in Beispiel 1, Seite 22.
>
> **Tipp:** Du kannst deine Lösungen mit dem GTR oder einer DGS kontrollieren.

10 Finde den Fehler!
Die Funktionsgleichung der quadratischen Funktion f soll in die Scheitelpunktform umgewandelt werden. Erkläre, was falsch gemacht wurde, und korrigiere im Heft.

a)
$$\begin{aligned} f(x) &= -4[x^2 + 0{,}5 \cdot x] + 2 \\ &= -4[x^2 + 0{,}5 \cdot x + 0{,}25 - 0{,}25] + 2 \\ &= -4[(x + 0{,}5)^2 - 0{,}25] + 2 \\ &= -4(x + 0{,}5)^2 + 1 + 2 \\ &= -4(x + 0{,}5)^2 + 3 \end{aligned}$$

b)
$$\begin{aligned} f(x) &= 2x^2 - 6 \cdot x + 3 \\ &= 2(x^2 - 3 \cdot x + 2{,}25 - 2{,}25) + 3 \\ &= 2(x - 1{,}5)^2 - 2{,}25 + 3 \\ &= 2(x - 1{,}5)^2 + 0{,}75 \end{aligned}$$

11 Erläutere, welche Eigenschaften der zugehörigen Parabel man unmittelbar aus der Funktionsgleichung ablesen kann.

a) $f(x) = 1{,}5(x - 2)^2 + 1$ b) $g(x) = -2x^2 + 2x - 1$ c) $h(x) = (x - 2)^2$

d) $i(x) = 3x^2$ e) $j(x) = -(x - 6)^2 + 4$ f) $k(x) = 0{,}5x^2 - 1$

12 Die Flugkurve einer Feuerwerksrakete ist parabelförmig und lässt sich näherungsweise durch die quadratische Funktion f mit $f(x) = -0{,}5x^2 + 24x$ beschreiben. Dabei gibt x die horizontale Entfernung vom Abschussort der Rakete (in m) und h(x) die Höhe über dem Boden (in m) an. Ermittle, welche maximale Höhe die Feuerwerksrakete erreicht.

> Du findest Hilfe in Beispiel 2, Seite 22.

13 Noel springt im Freibad vom Sprungbrett. Seine Flugbahn entspricht ungefähr einer Parabel mit der Funktionsgleichung $h(x) = -5x^2 + 2x + 3$. Hierbei ist x die horizontale Entfernung vom Absprungpunkt (in m) und h(x) die Höhe über dem Wasser (in m).
a) Ermittle die Höhe, in der Noel abgesprungen ist.
b) Berechne Noels höchste Höhe während des Sprungs.
c) Gib eine Funktionsgleichung für einen Sprung aus einer anderen Höhe an. Notiere, welche Annahme du dabei machst.

> Du findest Hilfe in Beispiel 2, Seite 22.

14 Ein Unternehmen bietet Reithelme zu einem Verkaufspreis von aktuell 39,00 € an. Aufgrund einer Marktanalyse geht man davon aus, dass der tägliche Gewinn des Unternehmens durch folgende Gleichung beschrieben werden kann:
$G(x) = -x^2 + 70x - 1000$, wobei x den Verkaufspreis in Euro und G(x) den täglichen Gewinn in Euro angibt.
a) Berechne den ungefähren Gewinn, den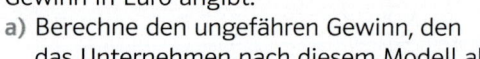
das Unternehmen nach diesem Modell aktuell täglich erzielt.
b) Ermittle, zu welchem Kaufpreis das Unternehmen die Reithelme anbieten sollte, um nach diesem Modell einen maximalen Gewinn zu erzielen. Gib an, mit welchem Gewinn man laut Modell dann täglich rechnen kann.

Teste dich!

Lösungen | Seite 243

15 Ermittle die Scheitelpunktform der quadratischen Funktion f durch quadratische Ergänzung. Gib den Scheitelpunkt der zugehörigen Parabel an.
a) $f(x) = x^2 - 2{,}2x$
b) $f(x) = 2x^2 - 2{,}8x + 0{,}6$
c) $f(x) = 3x^2 - 12x + 2{,}5$

16 Die Leistung P einer Turbine hängt von der Drehzahl n ab. Der Zusammenhang wird durch die Gleichung $P(n) = 300n - 0{,}8n^2$ modelliert, wobei P(n) die Leistung der Turbine in Watt bei einer Drehzahl von n angibt.
Ermittle, bei welcher Drehzahl die Turbine betrieben werden sollte, damit eine maximale Leistung erzielt werden kann. Gib die maximale Leistung der Turbine an.

17 Gib an, was sich über eine quadratische Funktion f anhand der gegebenen Eigenschaften der zugehörigen Parabel sagen lässt. Begründe deine Aussagen.
a) Die Parabel schneidet die x-Achse in den Punkten (−1|0) und (3|0).
b) Die Parabel hat genau einen gemeinsamen Punkt mit der x-Achse.
c) Die Parabel hat keinen Punkt mit der y-Koordinate −10.
d) Die zugehörige Parabel hat den Scheitelpunkt S(−4|1) und schneidet die x-Achse im Punkt (−3|0).

18 Die Tabelle gibt den durchschnittlichen Benzinverbrauch eines Mittelklasseautos bei verschiedenen Geschwindigkeiten an. Man kann ihn angenähert durch die Funktion f mit $f(x) = 0{,}0007x^2 - 0{,}07x + 5{,}8$ beschreiben.

Geschwindigkeit in km/h	70	100	140
Benzinverbrauch in Liter/100 km	4,3	5,8	9,8

a) Zeige, dass die Funktion f die Daten gut beschreibt.
b) Berechne den ungefähren Benzinverbrauch bei einer Geschwindigkeit von 120 km/h mithilfe der Modellfunktion f. Ermittle, um wie viel Prozent der Benzinverbrauch dem Modell zufolge bei einer Geschwindigkeit von 160 km/h höher wäre.
c) Sportwagen sind speziell für hohe Geschwindigkeiten konstruiert. Vergleiche die Daten des Mittelklasseautos mit einem Sportwagen, bei dem der Benzinverbrauch näherungsweise mit der Gleichung $g(x) = 0{,}0006x^2 - 0{,}048x + 8$ beschrieben werden kann. Erläutere dabei die Bedeutung der Scheitelpunkte.

19 Wird eine Kugel mit einer Abwurfgeschwindigkeit von 8 m/s nach oben geworfen, so kann man ihre Höhe (in m) mit der Gleichung $h(t) = -5t^2 + 8t$ näherungsweise beschreiben. Dabei ist t die Zeit seit dem Abwurf (in s).
a) Ermittle die maximale Höhe der Kugel und nach welcher Zeit sie diese erreicht.
b) Ermittle, nach welcher Zeit die Kugel wieder auf der Anfangshöhe ist.

Teste dein Grundwissen!   Terme zusammenfassen

Grundwissen
Seite 234
Lösungen | Seite 243

20 Löse die Klammern auf und fasse wenn möglich zusammen.
a) $(3x - 1) \cdot (4x - 3)$
b) $(x - 3) \cdot (1 - x)$
c) $2 - 4(-x + 8)$
d) $\left(a - \frac{1}{3}\right) \cdot \left(\frac{1}{6} - a\right)$
e) $4{,}5 - 0{,}1 \cdot (b - 4)$
f) $\left(y - \frac{1}{5}\right) \cdot 3 - \frac{1}{3}y$

5 Aufstellen quadratischer Funktionsgleichungen

Vor der Klassenfahrt nach Barcelona hat die Klasse 9 c das Thema Parabeln behandelt. Jakob fragt sich, ob die Öffnung des abgebildeten Fensters die Form einer Parabel besitzt.
Wie kann man das prüfen?

Die Gleichung einer linearen Funktion kann man aufstellen, wenn man beispielsweise zwei Punkte des Graphen kennt. Wie man dabei vorgeht, ist bereits bekannt.
Im Folgenden wird vorgestellt, wie man die Gleichung einer quadratischen Funktion ermittelt, wenn man nur einzelne Punkte des Graphen kennt.

Aufstellen von Funktionsgleichungen mithilfe der Scheitelpunktform
Sind vom Graphen einer quadratischen Funktion f der Scheitelpunkt S und ein weiterer Punkt P bekannt, kann man die Funktionsgleichung in der Scheitelpunktform aufstellen.
Beispiel: $S(2|-4)$ und $P(5|14)$

1. Einsetzen der Koordinaten des Scheitelpunktes $S(2|-4)$
   $f(x) = a(x-d)^2 + e$ wird zu
   $f(x) = a(x-2)^2 - 4$
2. Einsetzen der Koordinaten des Punktes $P(5|14)$ zur Bestimmung von a
   $14 = a(5-2)^2 - 4$ $\quad |+4$
   $18 = a \cdot 9$ $\quad |:9$
   $2 = a$
3. Aufstellen der Funktionsgleichung
   $f(x) = 2(x-2)^2 - 4$
4. Probe durchführen
   $-4 = 2 \cdot (2-2)^2 - 4 = 2 \cdot 0 - 4$ (wahr)
   $14 = 2 \cdot (5-2)^2 - 4 = 2 \cdot 9 - 4$ (wahr)

Aufstellen von Funktionsgleichungen mithilfe der Normalform
Sind vom Graphen einer quadratischen Funktion f der Schnittpunkt $(0|c)$ mit der y-Achse sowie zwei weitere Punkte P und Q bekannt, kann man die Funktionsgleichung in der Normalform aufstellen.
Beispiel: $c = 3$, $P(1|4)$ und $Q(2|6)$

1. Einsetzen von c
   $f(x) = ax^2 + bx + c$ $\quad$ wird zu
   $f(x) = ax^2 + bx + 3$
2. Einsetzen der Koordinaten von $P(1|4)$ und $Q(2|6)$ in die Funktionsgleichung ergibt ein Gleichungssystem mit zwei Gleichungen und zwei Variablen
   $P(1|4)$ liefert I: $4 = a \cdot 1^2 + b \cdot 1 + 3$
   $Q(2|6)$ liefert II: $6 = a \cdot 2^2 + b \cdot 2 + 3$
3. Vereinfachen der Gleichungen und Lösen des Gleichungssystems
   Ia: $\quad a + b = 1$
   IIa: $\quad 4a + 2b = 3$
   $a = 0{,}5$ und $b = 0{,}5$
4. Aufstellen der Funktionsgleichung
   $f(x) = 0{,}5 x^2 + 0{,}5 x + 3$
5. Probe durchführen
   $4 = 0{,}5 \cdot 1^2 + 0{,}5 \cdot 1 + 3$
   $4 = 0{,}5 + 0{,}5 + 3$ $\quad$ (wahr)
   $6 = 0{,}5 \cdot 2^2 + 0{,}5 \cdot 2 + 3$
   $6 = 2 + 1 + 3$ $\quad$ (wahr)

1 Quadratische Funktionen

> **Aufstellen von Gleichungen quadratischer Funktionen**
> - Sind der Scheitelpunkt S und ein weiterer Punkt P einer Parabel bekannt, kann man die zugehörige **Scheitelpunktform** berechnen.
> - Sind von einer Parabel der Schnittpunkt mit der y-Achse und zwei weitere Punkte bekannt, kann man die zugehörige **Normalform** berechnen.

Beispiel 1 Funktionsgleichung einer quadratischen Funktion ermitteln
Gegeben sind die drei Punkte $P(-1|0)$, $Q(0|5)$ und $R(3|-4)$ des Graphen einer quadratischen Funktion f. Bestimme die Funktionsgleichung von f und führe eine Probe durch.
Lösung
Es sind der Schnittpunkt des Graphen mit der y-Achse (Punkt Q) und zwei weitere Punkte bekannt. Daher kann die Normalform von f ermittelt werden.

1. Einsetzen von $c = 5$ $\quad\quad\quad\quad\quad\quad\quad\quad f(x) = ax^2 + bx + 5$
2. Durch Einsetzen der Koordinaten von $\quad$ I: $\quad 0 = a \cdot (-1)^2 + b \cdot (-1) + 5 \quad |-5$
   $P(-1|0)$ und $R(3|-4)$ erhält man $\quad$ II: $\quad -4 = a \cdot 3^2 + b \cdot 3 + 5 \quad |-5$
3. Vereinfachen der Gleichungen und Lösen $\quad$ Ia: $\quad 1 \cdot a - 1 \cdot b = -5 \quad |+b$
   des Gleichungssystems $\quad\quad\quad\quad\quad\quad\quad$ IIa: $\quad 9 \cdot a + 3 \cdot b = -9$

   > Die erhaltene Gleichung I b: $a = b - 5$ ist nach a aufgelöst, daher kann das Einsetzungsverfahren genutzt werden

   $\quad\quad\quad\quad\quad\quad\quad\quad\quad\quad\quad\quad\quad$ Ib: $a = b - 5$ in IIa:
   $\quad\quad\quad\quad\quad\quad\quad\quad\quad\quad\quad\quad\quad\quad\quad 9(b-5) + 3b = -9$
   $\quad\quad\quad\quad\quad\quad\quad\quad\quad\quad\quad\quad\quad\quad\quad 9b - 45 + 3b = -9 \quad |+45$
   $\quad\quad\quad\quad\quad\quad\quad\quad\quad\quad\quad\quad\quad\quad\quad\quad\quad 12b = 36 \quad |:12$
   $\quad\quad\quad\quad\quad\quad\quad\quad\quad\quad\quad\quad\quad\quad\quad\quad\quad\quad b = 3$
   $\quad\quad\quad\quad\quad\quad\quad\quad\quad\quad\quad\quad\quad$ Einsetzen in Ib: $a = 3 - 5$
   $\quad\quad\quad\quad\quad\quad\quad\quad\quad\quad\quad\quad\quad\quad\quad\quad\quad\quad a = -2$
4. Funktionsgleichung $\quad\quad\quad\quad\quad\quad\quad f(x) = -2x^2 + 3x + 5$
   Probe für P $\quad\quad\quad\quad\quad\quad\quad\quad\quad\quad 0 = -2 \cdot (-1)^2 + 3 \cdot (-1) + 5$ (wahr)
   Probe für R $\quad\quad\quad\quad\quad\quad\quad\quad\quad -4 = -2 \cdot 3^2 + 3 \cdot 3 + 5$ (wahr)

Beispiel 2 Quadratische Funktionen als Modell nutzen

a) Der abgebildete Brückenbogen ist parabelförmig. Ermittle die Gleichung einer quadratischen Funktion f, die den Verlauf des Brückenbogens beschreibt. Lege hierzu den Scheitelpunkt S in den Punkt $(0|5)$ des Koordinatensystems.
b) Prüfe rechnerisch, ob ein 3,50 m hoher und 3,40 m breiter Lkw unter dem Brückenbogen hindurchfahren kann.

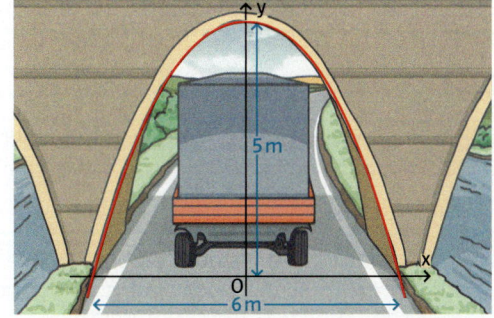

Lösung

a) Einsetzen der Koordinaten von S in die Scheitelpunktform: $f(x) = ax^2 + 5$.
   Aus der Zeichnung kann man folgern, dass der Graph von f durch den Punkt $P(3|0)$ verlaufen muss.
   Einsetzen der Koordinaten von P:
   $0 = a \cdot 3^2 + 5 \quad |-5$
   $-5 = 9a \quad |:9$
   $-\frac{5}{9} = a$
   Funktionsgleichung: $f(x) = -\frac{5}{9}x^2 + 5$.

b) Wenn der Lkw genau in der Mitte unter dem Brückenbogen hindurchfahren würde, entspräche dies im Modell dem Bereich zwischen $x = -1{,}7$ und $x = 1{,}7$. Es gilt:

   $f(1{,}7) = -\frac{5}{9} \cdot \left(\frac{17}{10}\right)^2 + 5 = -\frac{289}{180} + 5$

   $= \frac{611}{180} \approx 3{,}39 < 3{,}50$

   Der Lkw kann also nicht unter dem Brückenbogen hindurchfahren.

5 Aufstellen quadratischer Funktionsgleichungen

Aufgaben

1. Prüfe, ob der Graph der Funktion f durch den Punkt P verläuft.
   a) $f(x) = 2(x - 1)^2 - 2$
      P(4|16)
   b) $f(x) = 2(x - 1)^2 - 10$
      P(1|0)
   c) $f(x) = \frac{1}{2}(x + 2)^2 + 1$
      P(-6|9)

2. Der Graph der quadratischen Funktion f hat den Scheitelpunkt S und verläuft durch den Punkt P. Bestimme die Scheitelpunktform von f. Führe eine Probe durch.
   Die Streckfaktoren der zugehörigen Parabeln findest du zur Kontrolle auf den Kärtchen.
   a) S(-1|-3), P(1|5)
   b) S(0|6), P(-3|1,5)
   c) S(1|-10), P(-3|6)
   d) S(5|2), P(4|-1)

   Du findest Hilfe im Lehrtext, Seite 26.

   | a = 1 | a = -0,5 |
   | a = -3 | a = 2 |

3. Ermittle die Lösung des Gleichungssystems. Führe eine Probe durch.
   a) I: a + b = 5
      II: 4a + 2b = 8
   b) I: 3a + b = 10
      II: 2a - 3b = -8
   c) I: 3a + 2b = -11
      II: -2a - 2b = 10
   d) I: -a + b = 7
      II: a + 3b = -3

4. Ordne der Information über den Graphen einer quadratischen Funktion f mit der Normalform $f(x) = ax^2 + bx + c$ die passende Gleichung G1 bis G6 zu.
   a) Der Graph von f verläuft durch den Punkt (1|4).
   b) Der Graph von f schneidet die y-Achse an der Stelle 2.
   c) Der Graph von f verläuft durch den Punkt (2|1).
   d) Der Graph von f schneidet die y-Achse im Punkt (0|1).
   e) Der Graph von f schneidet die x-Achse im Punkt (1|0).
   f) Der Streckfaktor ist 2.

G1	$1 = 4a + 2b + c$
G2	$a = 2$
G3	$4 = a + b + c$
G4	$c = 2$
G5	$0 = a + b + c$
G6	$c = 1$

5. Der Graph der quadratischen Funktion f schneidet die y-Achse an der Stelle c und verläuft durch die Punkte P und Q. Bestimme die Normalform von f und führe eine Probe durch.
   a) c = -3, P(1|-2), Q(2|3)
   b) c = 1, P(1|4), Q(4|1)
   c) c = 2, P(2|2), Q(4|6)

   Du findest Hilfe im Beispiel 1, Seite 27.

Teste dich!

Lösungen | Seite 244

6. Der Graph der quadratischen Funktion f hat den Scheitelpunkt S und verläuft durch den Punkt P. Bestimme die Scheitelpunktform von f und führe eine Probe durch.
   a) S(1|2), P(4|-7)
   b) S(-3|-5), P(-1|3)
   c) S(-2|-3), P(-6|5)

7. Der Graph der quadratischen Funktion f schneidet die y-Achse an der Stelle c und verläuft durch die Punkte P und Q. Bestimme die Normalform von f und führe eine Probe durch.
   a) c = 5, P(1|3), Q(2|-5)
   b) c = 1, P(1|5), Q(3|1)
   c) c = 8, P(-2|10), Q(3|-10)

8. Bestimme anhand der Informationen über den Graphen der quadratischen Funktion f ihre Normalform $f(x) = ax^2 + bx + c$ und führe eine Probe durch.
   a) Der Streckfaktor ist a = 2, und der Graph von f verläuft durch P(1|-1) und Q(3|22).
   b) Es ist b = 4, und die Punkte P(-1|-8) und Q(2|-5) liegen auf dem Graphen von f.
   c) Es ist c = 3, und die Punkte P(2|-8) und Q(-1|4) liegen auf dem Graphen von f.
   d) Die Punkte P(0|0), Q(-2|33) und R(10|795) liegen auf dem Graphen von f.
   e) Die Punkte P(-2|-2), Q(0|6) und R(4|10) liegen auf dem Graphen von f.
   f) Der Graph von f geht durch Verschiebung des Graphen von g mit $g(x) = -2x^2$ hervor. Er schneidet die y-Achse im Punkt P(0|1) und verläuft durch den Punkt Q(2|-3).

9 Die Brückenbögen der Doppelbrücke „Ponte di salti" im Tessin haben näherungsweise die Form einer Parabel.
Ermittle die Gleichung einer quadratischen Funktion f, mit der man den Verlauf eines Brückenbogens näherungsweise beschreiben kann. Lege hierzu den Scheitelpunkt in (0|0).

Du findest Hilfe im Beispiel 2, Seite 27.

10 Das Klippenspringen in Acapulco gilt als gefährlich, weil der Felsen in 35 m Höhe nicht überhängend ist: Man muss kräftig abspringen, um bis zur Landung im Wasser eine waagerechte Distanz von ca. 8 m zu überwinden. Die Sprungbahn ist parabelförmig.
Ein Springer kommt waagerecht genau 8 m weit. Bestimme die Gleichung der zugehörigen Sprungbahn. Lege hierzu den Scheitelpunkt in (0|35).

11 Beim Sportfest des Albert-Schweitzer-Gymnasiums ist eine Disziplin der Ballwurf. Die Flugbahn des Balles hat die Form einer Parabel. Daniela wirft ihren Ball in 2 m Höhe ab, der Scheitelpunkt der Wurfparabel ist etwa S(23|12,5).
a) Gib die zugehörige Gleichung der Wurfparabel an.
b) Prüfe rechnerisch, ob Daniela ihren bisherigen Rekord von 47 Metern übertrifft.

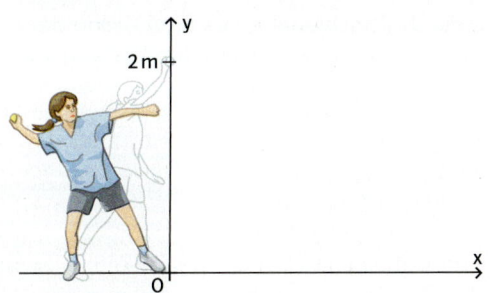

12 Riesenkängurus können bis zu 10 m weit und 3 m hoch springen. Die Sprungbahn ist eine Parabel.
a) Bestimme die Gleichung einer Parabel für einen 10 m weiten und 3 m hohen Sprung. Lege hierzu zunächst die Koordinaten des Scheitelpunktes fest.
b) Prüfe rechnerisch, ob ein Riesenkänguru über einen Kleinbus von 2 m Breite und 2,50 m Höhe springen kann.

Du findest Hilfe im Beispiel 2, Seite 27.

13 Kai liest im Urlaub eine Broschüre: „Der Triumphbogen ist parabelförmig und hat eine Höhe von 7 Metern." Kai hat Zweifel und misst zur Kontrolle drei Punkte des Bogens: P(0|0), Q(1|2,2) und R(11|0).
a) Stelle die Gleichung der Parabel auf, die durch die Punkte P, Q und R verläuft.
b) Beurteile, ob Kai die Angaben aus der Broschüre zurecht anzweifelt.

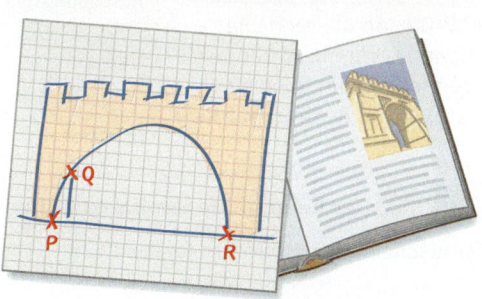

Teste dich! → Lösungen | Seite 244

14 Bestimme die Funktionsgleichung von f anhand der gegebenen Informationen.
a) Der Graph von f schneidet die y-Achse an der Stelle 3 und hat den Scheitelpunkt S (1|1).
b) Der Graph von f hat den Streckfaktor 0,5. Er schneidet die x-Achse unter anderem im Punkt (3|0) und die y-Achse im Punkt (0|1,5).

15 Bei der Analyse eines Vorhandschlags einer Tennisspielerin werden folgende Daten ermittelt: Der Ball wird genau über der T-Linie in einer Höhe von 50 cm getroffen (siehe auch Fig. 1) und hat seine maximale Höhe von 2 m beim Netz erreicht. Prüfe, ob der Ball im Tennisfeld auftrifft.

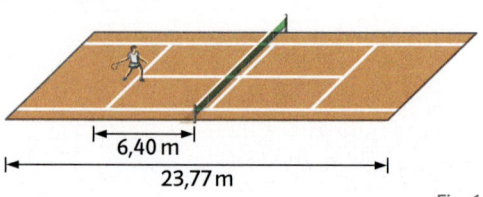

Fig. 1

16 Prüfe, ob es genau eine Parabel mit den angegebenen Eigenschaften gibt. Falls es mehrere geeignete Parabeln gibt, formuliere eine zusätzliche Bedingung und erläutere deine Angaben.
a) Die Parabel ist eine in x-Richtung verschobene Normalparabel und geht durch den Punkt (1|4).
b) Die Parabel geht durch Verschiebung aus dem Graph der Funktion f mit $f(x) = -4x^2$ hervor. Sie schneidet die x-Achse zweimal im Abstand von 4 Längeneinheiten.

17 Bei Fallschirmspringern unterscheidet man je nach Ausbildungsgrad „Anfänger", „Fortgeschrittene" und „Experten". In der „Personalverordnung für Luftfahrtverkehr" ist gesetzlich geregelt, bei welcher Höhe der Fallschirmspringer seinen Fallschirm öffnen muss (Tabelle). Die verlorene Höhe während des freien Falls lässt sich in den ersten vier Sekunden annähernd mit dem Term $-5t^2$ beschreiben, wobei t die Freifallzeit in Sekunden ist. Anschließend nimmt die Geschwindigkeit nicht mehr zu. Bis zum Öffnen des Fallschirms hat der Springer einen gleichbleibenden Höhenverlust von ca. 34 m pro Sekunde.

a) Ein Fortgeschrittener und eine Expertin springen gleichzeitig in 2000 m Höhe ab. Die Expertin sagt zum Fortgeschrittenen: „Der freie Fall dauert bei mir doppelt so lang wie bei dir." Prüfe, ob sie recht hat.
b) Ermittle, aus welcher Höhe ein Anfänger, ein Fortgeschrittener bzw. ein Experte abspringen müsste, um 10 Sekunden frei zu fallen.

Ausbildungsgrad	Mindesthöhe zum Öffnen des Schirms	Empfohlene Absprunghöhe
Anfänger	1200 m	ca. 1500 m
Fortgeschrittene	1200 m	ca. 2000 m
Experten	700 m	ca. 4000 m

Teste dein Grundwissen! **Terme mithilfe der binomischen Formeln faktorisieren** → Grundwissen Seite 234 Lösungen | Seite 245

G 18 Forme mit den binomischen Formeln in ein Produkt um.
a) $a^2 - 36$
b) $4x^2 - 25y^2$
c) $0{,}25 - 0{,}01x^2$

Wiederholen – Vertiefen – Vernetzen

I Quadratische Funktionen

Wiederholen und Üben

Lösungen | Seite 245

1 Gib den Scheitelpunkt der zugehörigen Parabel an. Fertige eine Wertetabelle von f an und zeichne den Funktionsgraphen.
a) $f(x) = -0{,}3 \cdot x^2$
b) $f(x) = -(x-1)^2 + 4$
c) $f(x) = 2x^2 - 8{,}5$
d) $f(x) = 0{,}4 \cdot (x+2)^2$

2 Prüfe rechnerisch, welche Punkte Gregor beim Zeichnen der Normalparabel in der Abbildung rechts falsch eingezeichnet hat. Notiere die richtigen y-Werte für die vorhandenen x-Werte.

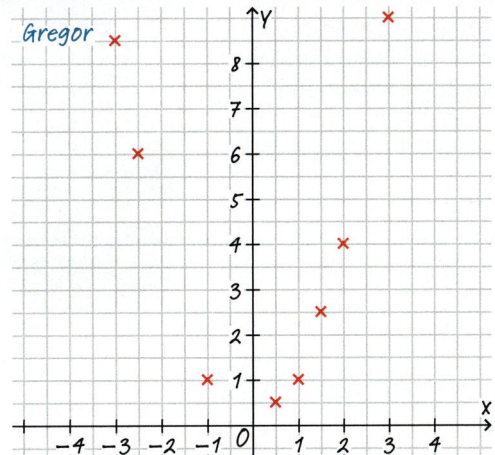

3 Ordne jeder Funktionsgleichung (A) bis (H) den passenden Funktionsgraphen (1) bis (8) zu. Begründe deine Entscheidung.
(A) $f(x) = x^2 - 2$
(B) $f(x) = -x^2 - 2$
(C) $f(x) = -(x-1)^2 + 2$
(D) $f(x) = -(x+1)^2 + 2$
(E) $f(x) = 2x - 2$
(F) $f(x) = -x^2 + 2$
(G) $f(x) = -2x - 2$
(H) $f(x) = 2(x-0)^2 + 2$

(1)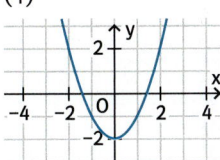
(2)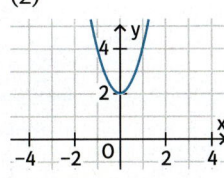
(3)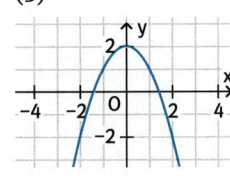
(4)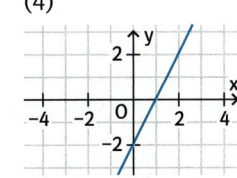

(5)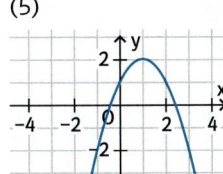
(6)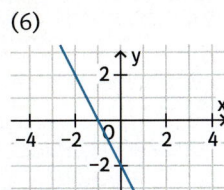
(7)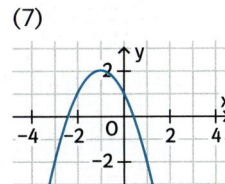
(8)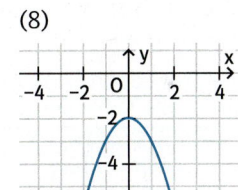

4 Gegeben ist die quadratische Funktion f mit $f(x) = 5(x-3)^2 - 1$. Bestimme die Scheitelpunkte und Gleichungen der Funktionen g, h und k anhand der Kärtchen.

> Der Graph von g entsteht, wenn man den Graphen von f an der x-Achse spiegelt.

> Verschiebt man den Graphen von f um 3 Einheiten nach rechts und 4 Einheiten nach oben, erhält man den Graphen von h.

> Der Graph von k entsteht, wenn man den Graphen von f an der y-Achse spiegelt.

5 Forme in die Scheitelpunktform um und gib den Scheitelpunkt S der zugehörigen Parabel an. Mache die Probe, indem du die Koordinaten von S in die Normalform einsetzt.
a) $f(x) = x^2 - 12x$
b) $g(x) = x^2 + x + 0{,}25$
c) $h(x) = x^2 - 20x + 95$
d) $i(x) = 3x^2 - 12x + 1$
e) $j(x) = -2x^2 + x - 4$
f) $k(x) = 4x^2 + 10x + 21$

Teste dich!

Kopiervorlage
Check-out
mk94z2

Wiederholen – Vertiefen – Vernetzen

6 Die Müngstener Brücke bei Solingen wird in einem Buch über Brücken als Beispiel für eine parabelförmige Bogenbrücke erläutert. Zur mathematischen Beschreibung des unteren Brückenbogens kann man daher quadratische Funktionen verwenden. In dem Buch sind zwei Funktionsgleichungen angegeben:
$f(x) = -0{,}011x^2 + 1{,}76x - 1{,}1$ und
$f(x) = -0{,}011(x - 80)^2 + 69{,}3$.
Untersuche rechnerisch, ob dem Verlag ein Fehler unterlaufen ist.

7 Gib zu den Parabeln in Fig. 1 jeweils die zugehörige Scheitelpunktform an. Beschreibe dein Vorgehen.

8 Die Wertetabelle W1 und W2 gehören jeweils zu einer quadratischen Funktion.
a) Bestimme die zu den Wertetabellen passenden Funktionsgleichungen.
b) 🖥 Kontrolliere deine Lösungen aus Teilaufgabe a) mit dem GTR oder einer DGS.

W1

x	−5	−4	−3	−2	−1	0	1	2	3	4	5
f(x)	10	5	2	1	2	5	10	17	26	37	50

W2

x	−5	−4	−3	−2	−1	0	1	2	3	4	5
g(x)	59	44	31	20	11	4	−1	−4	−5	−4	−1

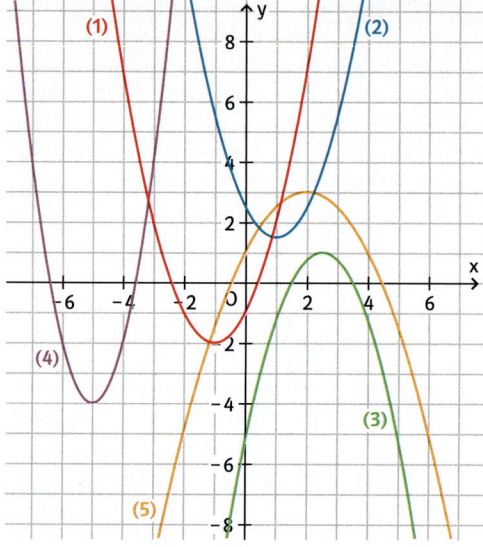

Fig. 1

9 🔲 Der Graph der quadratischen Funktion f hat den Scheitelpunkt S und verläuft durch den Punkt P. Bestimme die Scheitelpunktform von f. Führe eine Probe durch.
a) S(−1|4), P(3|12)
b) S(4|26), P(−2|10)
c) S(−3|1,5), P(2|−1)
d) S(4|−3), P(1|15)

10 Ermittle die Lösung des Gleichungssystems. Führe eine Probe durch.
a) I: a − b = 3
 II: 2a + 5b = −1
b) I: −2a + b = −1
 II: 4a − b = 5
c) I: 4a + 3b = 3
 II: a − 3b = 4,5
d) I: −6a + 3b = 6
 II: 2a − 3b = 6

11 🔲 Der Graph der quadratischen Funktion f schneidet die y-Achse an der Stelle c und verläuft durch die Punkte P und Q. Bestimme die Normalform von f. Führe eine Probe durch.
a) c = 9, P(−1|14), Q(1|−2)
b) c = 1, P(1|1,5), Q(2|−2)
c) c = −6, P(−2|8), Q(4|10)

12 🔲 Bestimme anhand der Informationen über den Graphen der quadratischen Funktion f ihre Normalform $f(x) = ax^2 + bx + c$. Führe eine Probe durch.
a) Der Streckfaktor ist a = 2, und der Graph von f hat den Scheitelpunkt S(3|−5).
b) Es ist b = −1, und die Punkte P(1|6) und Q(0|4) liegen auf dem Graphen von f.
c) Es ist c = 5, und die Punkte P(−1|4) und Q(2|−5) liegen auf dem Graphen von f.
d) Die Punkte P(0|6), Q(−1|−2) und R(2|10) liegen auf dem Graphen von f.
e) Die Punkte P(−2|8), Q(0|4) und R(1|0,5) liegen auf dem Graphen von f.

Vertiefen und Anwenden

13 In Fig. 1 ist eine verschobene Normalparabel dargestellt.
  a) Gib die zugehörige Funktionsgleichung an, wenn der Ursprung des Koordinatensystems im Punkt A bzw. B bzw. C liegt.
  b) Ermittle, wo der Ursprung des Koordinatensystem liegt, wenn die dazugehörige Funktionsgleichung $f(x) = (x - 4)^2 - 2$ ist.

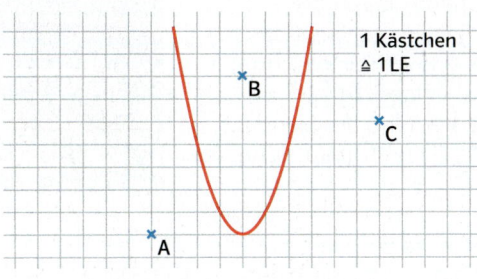

Fig. 1

14 👥 Der Bogen der Kölnarena in Köln entspricht laut Angaben einer Parabel. Sandra, Kira, Johannes und Paul wollen dies kontrollieren. Dazu nehmen sie ein Foto der Kölnarena und zeichnen je ein Koordinatensystem. Bestimmt die Funktionsgleichung für den Bogen der Kölnarena unter Berücksichtigung der unterschiedlich angelegten Koordinatensysteme. Vergleicht und kontrolliert eure Ergebnisse.

Sandra

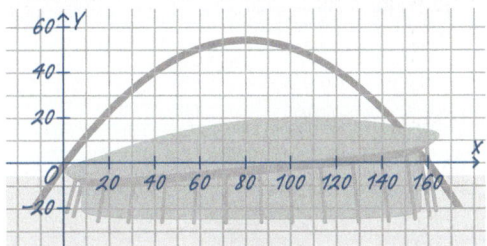

Kira

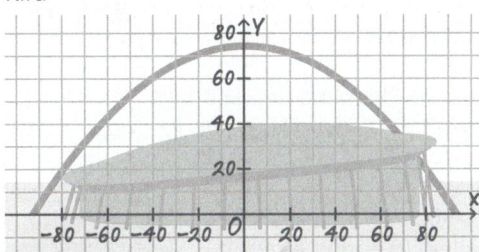

Johannes

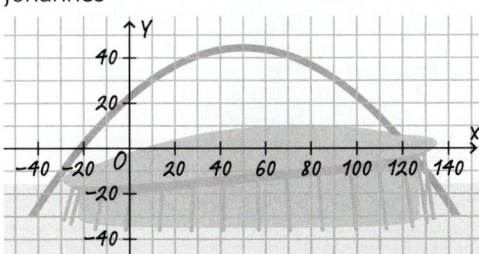

Paul

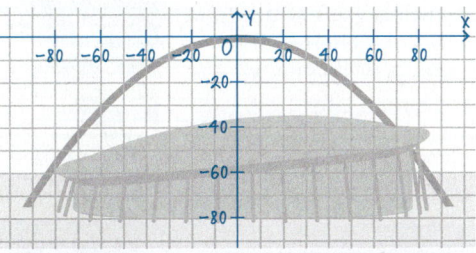

15 1998 wurde in Japan die Akashi Kaikyo Brücke fertiggestellt. Mit ihrer gewaltigen Spannweite zwischen den beiden Brückenpfeilern von 1991 m ist sie die längste Brücke der Welt. Legt man den Ursprung eines Koordinatensystems auf den Schnittpunkt der Straße mit dem linken Pfeiler, so lässt sich der Brückenbogen zwischen den Pfeilern durch eine Parabel annähern mit $h(x) = 0{,}000\,203\,(x - 995{,}5)^2 + 15$.
Hierbei ist x die waagerechte Entfernung zum linken Brückenpfeiler (in m) und h(x) die Höhe über der Straße (in m).

  a) Ermittle die größte und die kleinste Höhe des Brückenbogens über der Straße.
  b) Stelle die Funktionsgleichung auf, wenn man den Ursprung des Koordinatensystems in den tiefsten Punkt der Parabel legt.

Wiederholen – Vertiefen – Vernetzen

16 Die Flugbahn eines Fußballs nach einem Freistoß kann annähernd durch die Funktion f mit der Funktionsgleichung $f(x) = -0{,}00625 x^2 + 0{,}15 x + 2{,}5$ beschrieben werden. Hierbei entspricht x (in m) der horizontalen Entfernung des Balls zur „Spielermauer" und f(x) (in m) der Höhe des Balls.

a) Notiere, welche vereinfachenden Modellannahmen getroffen wurden.
b) Bestimme die maximale Höhe des Balls.
c) Begründe, warum das Foto die Situation nicht darstellen kann.

17 Der Flug eines Golfballs kann näherungsweise durch eine Parabel beschrieben werden. Der Graph ist in Fig. 1 abgebildet.
a) Prüfe, welche der folgenden Gleichungen die Flugbahn beschreibt:
$f(x) = -0{,}007 x^2 + 0{,}9 x$,
$g(x) = 0{,}007 x^2 + 0{,}9 x$ oder
$h(x) = -0{,}07 x^2$.

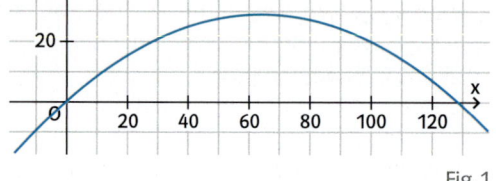

Fig. 1

b) Ermittle die maximale Flughöhe des Golfballs.
c) Untersuche, ob ein Ball, dessen Flugbahn durch die Punkte P(0|0), Q(10|10,3) und R(20|19,2) geht, höher bzw. weiter geht als der oben beschriebene Golfball. Begründe.

18 Charles Lindbergh (1902–1974) flog 1927 als erster Mensch allein über den Atlantik von New York nach Paris. Er überlegte, bei welcher Fluggeschwindigkeit er am wenigsten Treibstoff verbrauchen würde. Er ging davon aus, dass sich die Strecke s (in Meilen), die er mit einem Liter Treibstoff bei einer Fluggeschwindigkeit v (in Meilen pro Stunde) fliegen konnte, mit der Formel $s(v) = -0{,}0013 v^2 + 0{,}25 v - 10$ bestimmen lässt.

a) Ermittle, bei welcher Fluggeschwindigkeit Lindbergh dem angegebenen mathematischen Modell zufolge am weitesten fliegen konnte.
b) Bestimme, mit welchem Gesamtverbrauch er auf der 3600-Meilen-Strecke mindestens rechnen musste.
c) Stelle eine Vermutung auf, warum Lindbergh mit einer höheren Geschwindigkeit geflogen ist als der in Teilaufgabe a) berechnete Wert.

19 Gilt immer – gilt nie – es kommt darauf an
Es sei f eine quadratische Funktion mit der Normalform $f(x) = a x^2 + b x + c$. Untersuche, ob die folgenden Aussagen immer gelten, nie stimmen oder nur in bestimmten Fällen richtig sind. Gib gegebenenfalls die Bedingungen an.
a) Verdoppelt man den x-Wert, so vervierfacht sich der Funktionswert f(x).
b) Ist b > 0, dann liegt der Scheitelpunkt links von der y-Achse.

Vernetzen und Erforschen

20 Der blaue und der rote Behälter haben beide eine quadratische Grundfläche mit der Seitenlänge a bzw. 2a (siehe Fig. 2). Der blaue Behälter ist doppelt so hoch wie der rote Behälter. Das Wasser des gefüllten roten Behälters wird in den leeren blauen Behälter geschüttet. Entscheide, ob der blaue Behälter das gesamte Wasser fasst. Begründe.

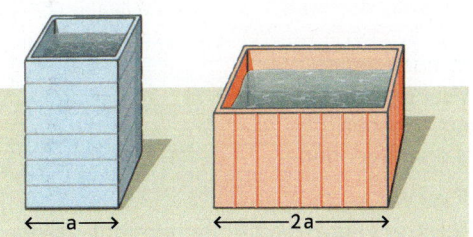

Fig. 2

21 Aus quadratischen Platten mit der Seitenlänge x (in dm) werden durch Abschneiden von Quadraten mit der Seitenlänge 2 dm an den Ecken Kartons hergestellt.
  a) Begründe, dass $V(x) = 2(x - 4)^2$ das Volumen eines Kartons (in dm³) angibt.
  b) Berechne das Volumen des Kartons, wenn die quadratische Platte eine Seitenlänge von 50 cm bzw. 2 m hat.

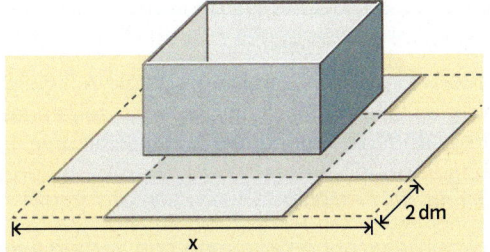

22 Eine Ponyweide soll mit einem 200 m langen Zaun rechteckig eingezäunt werden. Dabei benötigt man entlang des Flusses keinen Zaun.
Die Ponyweide soll einen möglichst großen Flächeninhalt haben. Ermittle, wie lang und breit die Weide dafür sein muss.

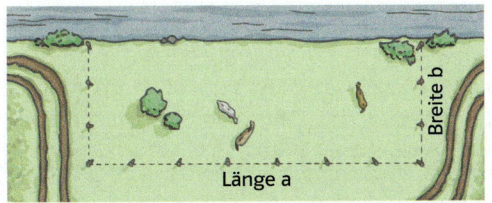

23 Familie Mehlert will mit einem 40 m langen Zaun einen rechteckigen Auslauf für ihre Hühner abstecken. An der Garagenwand wird kein Zaun benötigt. Die Hühner sollen eine möglichst große Fläche zur Verfügung haben.
Ermittle, wie lang und wie breit der Auslauf dafür sein muss.

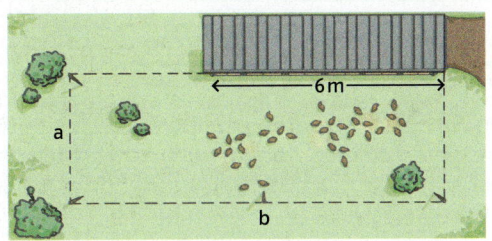

24 Auf den Seiten des Rechtecks ABCD wird auf jeder Seite die Strecke x abgetragen. Es entsteht das Viereck EFGH.
  a) Prüfe, welche besondere Form das Viereck EFGH hat. Begründe.
  b) Ermittle, für welche Länge x der Flächeninhalt des Vierecks am kleinsten ist.
  Tipp: Überlege, in welchem Fall die Restfläche des Rechtecks ABCD am größten ist.

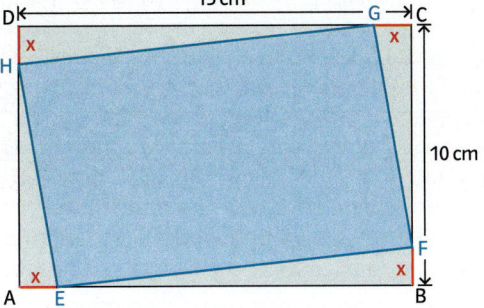

Exkursion

Ausgleichsgeraden und Ausgleichskurven

Um den Benzinverbrauch eines Sportwagens in Abhängigkeit von der Geschwindigkeit angeben zu können, wurden die folgenden Werte gemessen.

Geschwindigkeit (in km/h)	50	70	80	90	100	110	120
Verbrauch (in l/100 km)	7,1	7,6	8,0	8,5	9,2	10	10,9

Wenn man diese Daten als Punktdiagramm darstellt, erkennt man, dass die Punkte nicht auf einer Geraden liegen. Die blaue Ausgleichsgerade zeigt große Abweichungen. Man kann vermuten, dass die Punkte auf einer Parabel liegen. Dann muss es einen quadratischen Zusammenhang zwischen beiden Größen geben.

Mithilfe einer Tabellenkalkulation kann man sich die Ausgleichskurve sowie die Funktionsgleichung dieser Kurve anzeigen lassen. Dabei wählt das Programm die Parabel als Ausgleichskurve, bei dem die Abweichungen zu der Messreihe insgesamt am geringsten sind. Man erhält so $f(x) = 0{,}0006 \cdot x^2 - 0{,}0509 \cdot x + 8{,}1081$.

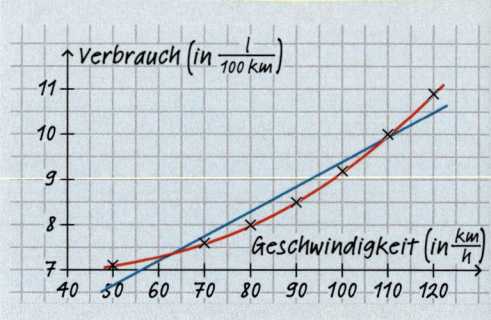

Mithilfe dieser Funktionsgleichung kann man nun Vorhersagen treffen: So würde das Auto bei einer Geschwindigkeit von 40 km/h ca. 7 Liter auf 100 km verbrauchen.

Laut Funktionsgleichung würde der Verbrauch bei 0 km/h bei 8,1081 Liter liegen. Dieser Wert ist nicht sinnvoll. Dementsprechend muss man berechnete Werte, die außerhalb der Messdaten liegen, dahingehend hinterfragen, ob sie sinnvoll sein können.

Zum Bestimmen einer Ausgleichsgeraden bzw. Ausgleichskurve, sagt man auch, dass man eine lineare Regression bzw. eine quadratische Regression durchführt.

Ausgleichskurven mit einem Tabellenkalkulationsprogramm bestimmen

Bei **Excel** gibt man zunächst die Daten ein und erstellt mithilfe des Diagrammassistenten einen Graphen. Nun markiert man auf dem Diagramm per Mausklick die Datenreihe und öffnet mit der rechten Maustaste die Registerkarte, in der man die „Trendlinie hinzufügen" kann.

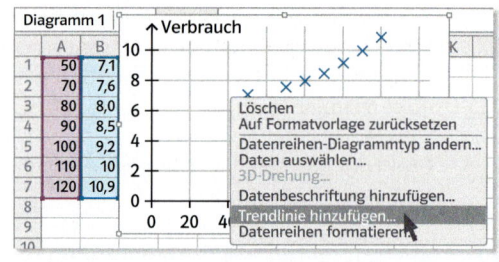

Es öffnet sich eine Registerkarte, in der man unter „Trendlinienoptionen" die Art der Trendlinie angeben kann. Glaubt man, dass ein linearer Zusammenhang vorliegt, klickt man „Linear" an. Vermutet man wie im obigen Beispiel, dass ein quadratischer Zusammenhang vorliegt, muss man „Polynomisch" (mit Grad 2) anklicken. Am Ende der Registerkarte kann man anklicken, dass der Funktionsterm direkt mit angegeben wird. Dazu setzt man per Mausklick im Feld vor dem Text „Formel im Diagramm anzeigen" ein Häkchen.

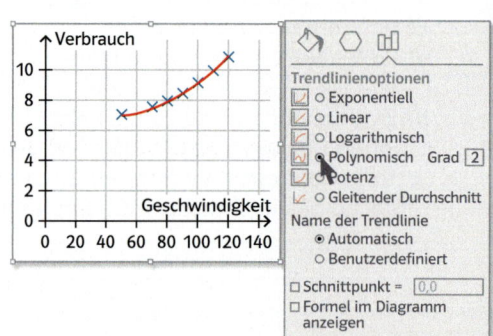

I Quadratische Funktionen

Aufgaben

1 Die Forschungsabteilung einer Autofirma führt Bremsversuche durch.

Geschwindigkeit (in km/h)	30	50	80	100
Bremsweg auf normaler Fahrbahn (in m)	4,46	13,35	35,58	56,33
Bremsweg auf nasser Fahrbahn (in m)	6,82	19,93	52,45	82,7
Bremsweg auf Glatteis (in m)	22,4	62,78	162,17	276,89

Überlege dir, wie lang der Bremsweg ist, wenn die Geschwindigkeit 0 km/h beträgt.

a) Vergleiche die Daten mit der Faustregel aus der Fahrschule: „Geschwindigkeit in km/h quadrieren, dann durch 100 teilen: Das ist der Bremsweg in Metern".
b) Bestimme für die unterschiedlichen Fahrbahnsituationen den Term, mit dem sich der Bremsweg näherungsweise berechnen lässt.
c) Gib eine Vorhersage für den zu erwartenden Bremsweg bei einer Geschwindigkeit von 120 km/h bzw. 160 km/h an.

2 Auf einem Hauptbahnhof wurde der Beschleunigungsvorgang von zwei ICE-Zügen untersucht.
Dazu stellten sich fünf Personen an vorher markierte Punkte, die eine Entfernung von 24,8 m, 49,6 m, 74,4 m, 99,2 m und 124 m zur Spitze des stehenden Zuges hatten. Nach dem Start des Zuges wurde gemessen, nach wie vielen Sekunden die Spitze des Zuges die markierten Punkte passierte.

Interaktives Üben mk94z2

Daten von weiteren Zügen sowie Dateien für die Auswertung mit Excel

Position	0 m	24,8 m	49,6 m	74,4 m	99,2 m	124 m
ICE 1	0 s	11,9 s	16,14 s	20 s	24,44 s	
ICE 2	0 s	16,81 s	26,39 s	34,9 s	43 s	50,8 s

a) Bestimme die Funktionsterme zur Beschreibung des Zusammenhanges.
b) Mache eine Vorhersage, nach wie vielen Sekunden die Spitze des Zuges 150 m, 200 m bzw. 1,5 km vom Startpunkt entfernt ist.

3 👥 Zeichnet auf ein Blatt Papier ein Koordinatensystem und heftet das Blatt an eine Wand. Nehmt einen Faden und haltet ihn an zwei Punkten fest. Bestimmt die Koordinaten mehrerer Punkte, durch die der Faden verläuft. Prüft, ob der Faden eine Parabel beschreibt.

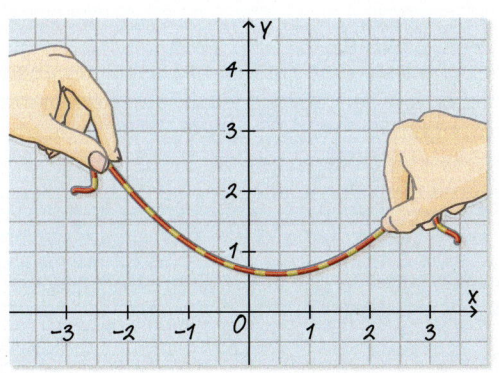

Anstelle des Festhaltens mit den Daumen, kann man den Faden auch mit kleinen Nadeln befestigen.

4 👥 Nehmt selbst Daten auf und analysiert, ob man diese mithilfe einer quadratischen oder linearen Funktion beschreiben kann.

Exkursion

Rückblick

Quadratische Funktionen vom Typ $f(x) = ax^2$

Quadratische Funktionen mit einer Gleichung der Form $f(x) = ax^2$ haben folgende Eigenschaften:

1. Dem n-Fachen des x-Werts wird das n^2-Fache des Funktionswerts zugeordnet.
2. Die Funktionsgraphen sind **Parabeln** mit dem **Scheitelpunkt** $S(0|0)$.
3. Falls $a > 0$, ist die Parabel **nach oben geöffnet** und der Scheitelpunkt $S(0|0)$ ist der tiefste Punkt der Parabel.
   Falls $a < 0$, ist die Parabel **nach unten geöffnet**, und der Scheitelpunkt $S(0|0)$ ist der höchste Punkt der Parabel.

Der Graph von $f(x) = x^2$ heißt **Normalparabel**.
Für $-1 < a < 1$ ist die Parabel breiter als die Normalparabel (**gestauchte Parabel**).
Für $a < -1$ oder $a > 1$ ist die Parabel enger als die Normalparabel (**gestreckte Parabel**).

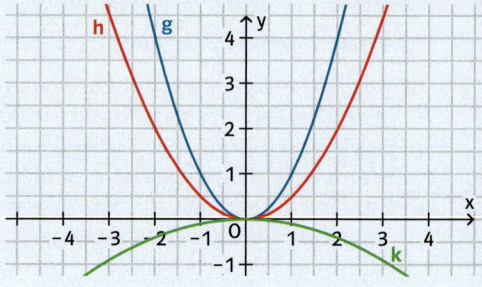

x	-3	-2	-1	0	1	2	3
$g(x) = x^2$	9	4	1	0	1	4	9
$h(x) = 0,5x^2$	4,5	2	0,5	0	0,5	2	4,5
$k(x) = -0,1x^2$	-0,9	-0,4	-0,1	0	-0,1	-0,4	-0,9

Die Scheitelpunktform einer quadratischen Funktion

Verschiebt man den Graphen der Funktion $g(x) = ax^2$ um d Einheiten in x-Richtung und um e Einheiten in y-Richtung, so hat die verschobene Parabel den Scheitelpunkt $S(d|e)$ und die Gleichung $f(x) = a(x - d)^2 + e$. Diese Gleichung bezeichnet man als die **Scheitelpunktform** der quadratischen Funktion f.

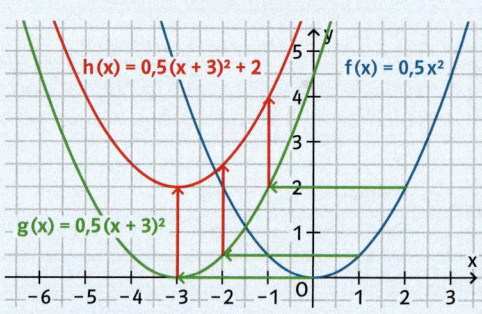

$h(x) = 0,5 \cdot (x + 3)^2 + 2$
Streckfaktor der Parabel: 0,5,
Scheitelpunkt der Parabel: $(-3|2)$

Die Normalform einer quadratischen Funktion

Die Gleichung jeder quadratischen Funktion f lässt sich neben der Scheitelpunktform $f(x) = a \cdot (x - d)^2 + e$ auch in der **Normalform** $f(x) = ax^2 + bx + c$ angeben.
An der Normalform kann man den Streckfaktor a und die Schnittstelle c der Parabel mit der y-Achse ablesen, nicht aber ihren Scheitelpunkt.

$h(x) = 0,5x^2 + 3x + 6,5$
Streckfaktor der Parabel: 0,5,
Schnittpunkt der Parabel mit der y-Achse: $(0|6,5)$

Die Normalform erhält man aus der Scheitelpunktform durch Ausmultiplizieren und Vereinfachen.

Von der Scheitelpunktform zur Normalform
$f(x) = 2 \cdot (x - 1)^2 + 1$
$\quad = 2 \cdot (x^2 - 2x + 1) + 1$
$\quad = 2x^2 - 4x + 3$

Die Scheitelpunktform erhält man aus der Normalform durch die **quadratische Ergänzung**.

Von der Normalform zur Scheitelpunktform
$f(x) = 2x^2 - 4x + 3$
$\quad = 2(x^2 - 2x) + 3$
$\quad = 2(x^2 - 2 \cdot 1 \cdot x + 1^2 - 1^2) + 3$
$\quad = 2(x - 1)^2 - 2 \cdot 1 + 3$
$\quad = 2(x - 1)^2 + 1$

Test

I | Quadratische Funktionen

Runde 1

→ Lösungen | Seite 251

1 Erstelle eine Wertetabelle der Funktion f mit $f(x) = 0{,}25 \cdot (x + 2)^2 - 1$ und skizziere den Graphen.

2 Gegeben ist die quadratische Funktion f mit der Normalform $f(x) = 2x^2 - 8x + 19$. Bestimme die Scheitelpunktform und gib die Koordinaten des Scheitelpunktes an.

3 Gegeben sind die Graphen der Funktionen f, g und k (Fig. 1). Gib die Gleichungen der Funktionen in der Scheitelpunktform an und bestimme die Normalform.

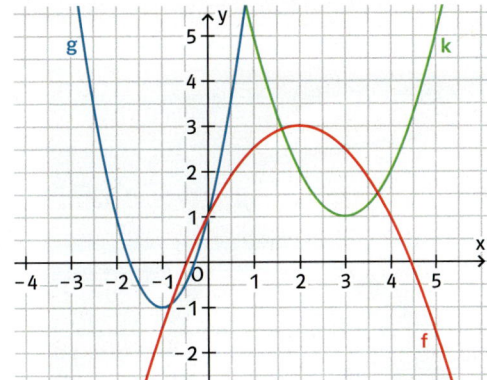

Fig. 1

4 Der Verlauf des Tragseils zwischen den Stützen der Hängebrücke wird mithilfe einer geeigneten quadratischen Funktion f beschrieben. Der Ursprung des Koordinatensystems wird hierzu in den tiefsten Punkt der Parabel gelegt.
Ermittle die Gleichung der Funktion f.

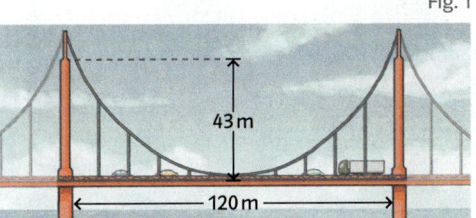

5 **Wahr oder falsch?**
Es sei f eine quadratische Funktion mit der Normalform $f(x) = ax^2 + bx + c$.
Gib an, ob die folgende Aussage wahr oder falsch ist und begründe: Haben a und c unterschiedliche Vorzeichen, schneidet der Graph von f die x-Achse zweimal.

Runde 2

→ Lösungen | Seite 251

1 Ergänze die y-Koordinate der Punkte $P(1|\blacksquare)$, $Q(-3|\blacksquare)$ und $R(8|\blacksquare)$, sodass sie auf der Parabel der Funktion f mit $f(x) = -(x + 2)^2 + 6$ liegen.

2 Ordne jedem Graphen G_1 bis G_4 eine passende Funktionsgleichung zu. Begründe.
(A) $f(x) = -2(x - 3)^2 + 2$ (B) $f(x) = x^2$ (C) $f(x) = 3x^2$ (D) $f(x) = -0{,}5(x + 3)^2 + 2$

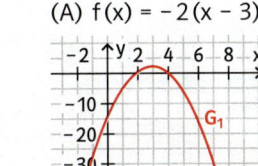 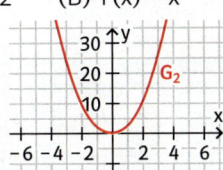 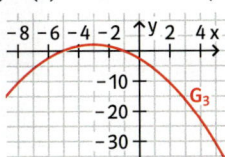 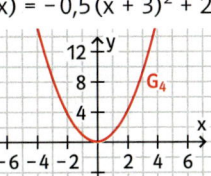

3 Die Parabel der quadratischen Funktion f schneidet die y-Achse an der Stelle -2 und verläuft durch die Punkte $P(-1|10)$ und $Q(2|-11)$. Ermittle die Normalform von f.

4 Rico wirft vom Ufer eines Sees einen Stein ins Wasser. Die Höhe des Steins kann durch die Gleichung $h(t) = -0{,}4t^2 + 2t + 1{,}5$ berechnet werden. Dabei gibt t die Zeit in Sekunden nach dem Abwurf an, und h(t) die Höhe in Metern über dem Wasserspiegel.
a) Gib die Bedeutung des Werts 1,5 im Sachzusammenhang an.
b) Ermittle, nach wie vielen Sekunden der Stein seine maximale Höhe erreicht hat und wie hoch der Stein dann ist.

II Ähnlichkeit

Ähnlichkeit ist die Identität der Qualitäten.

Immanuel Kant (1724–1804)

Das kannst du schon
- Kongruenzen von Figuren nachweisen und zum Begründen nutzen
- Wechsel-, Stufen- und Scheitelwinkel an sich schneidenden Geraden erkennen und zum Konstruieren und Begründen nutzen

Teste dich!

→ Check-in zu Kapitel II
Seite 223

Das kannst du bald
- Figuren durch eine zentrische Streckung vergrößern oder verkleinern
- Ähnlichkeiten von Figuren feststellen und zum Begründen nutzen
- Strahlensätze für Berechnungen nutzen

Erkundungen

DIN A4 – Maße mit Format

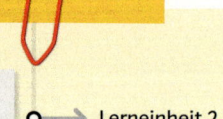
→ Lerneinheit 2, Seite 49

Forschungsauftrag 1: DIN-Formate
Zu Beginn des 20. Jahrhunderts gab es viele unterschiedliche Papierformate, die das Arbeiten vor allem in Bibliotheken deutlich erschwerten. Eine Vereinheitlichung gab es mit der Entwicklung der DIN-Formate. Als Ausgangspunkt dient hierbei das größte Format A0, dessen Flächeninhalt mit einem Quadratmeter festgelegt wurde. Die weiteren Formate ergeben sich dann immer durch die Halbierung der Seiten.

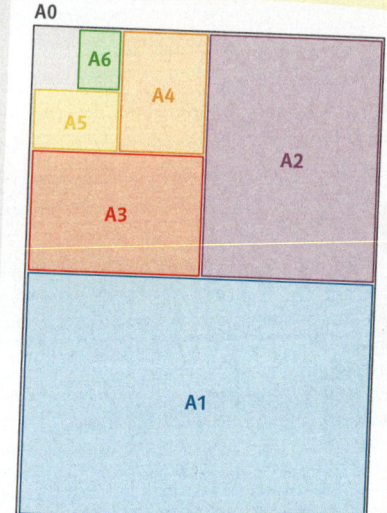

DIN heißt Deutsches Institut für Normung.

Entwickelt wurden die Papierformate vom Berliner Ingenieur Dr. Walter Porstmann. Normblatt DIN 476 legt fest, dass sich die Formate aus dem DIN-A0-Format entwickeln, das einen Flächeninhalt von 1 m² haben sollte.

Untersuche die Maße der Formate DIN A0, DIN A1, DIN A2, DIN A3 und DIN A4. Erstelle mit den Werten eine Tabelle.

Format	kurze Seite a	lange Seite b	a : b	b : a	Flächeninhalt
DIN A0	84,1 cm	118,9 cm			1 m²
DIN A1					
DIN A2					
DIN A3					
DIN A4					

1. Erläutere, welche Zusammenhänge man den Werten in der Tabelle entnehmen kann.
2. Möchte man mit einem Kopierer ein DIN-A4-Blatt auf ein DIN-A3-Blatt vergrößern, wählt man den Vergrößerungsfaktor 141 %. Erkläre, wie man diesen Faktor berechnen kann.
3. Bestimme, welchen Faktor man für eine Verkleinerung von DIN A4 auf DIN A5 wählen muss.

Forschungsauftrag 2 zum Weiterforschen: Falten
1. Falte und zerschneide ein DIN-A4-Blatt so, dass du ein DIN-A5-, ein DIN-A6- und ein DIN-A7-Blatt erhältst. Lege sie, wie in Fig. 1 angedeutet, aufeinander. Zeichne ein Koordinatensystem, das den Punkt (0|0) in der unteren linken Ecke aller Blätter hat. Die Verbindungslinie des Punktes (0|0) mit den rechten oberen Ecken kann als Graph einer linearen Funktion betrachtet werden.
2. Miss zunächst die Steigung m der Geraden; erläutere, warum $m = \frac{a}{b} = \frac{\frac{b}{2}}{a}$ gilt.
3. Berechne mit $\frac{a}{b} = \frac{\frac{b}{2}}{a}$ einen Wert für b, wenn a = 1 ist und begründe, dass $m = \frac{1}{\sqrt{2}}$ ist.

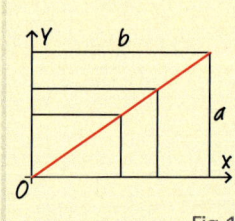
Fig. 1

II Ähnlichkeit

Zentrische Streckungen entdecken mit einem Geometrieprogramm

Ein geometrisches Objekt soll hier mit einem Geometrieprogramm gestreckt werden. → Lerneinheit 1, Seite 44

1. Zeichne ein Dreieck mit den Eckpunkten ABC, einen Schieberegler mit dem Namen k sowie einen Punkt S.

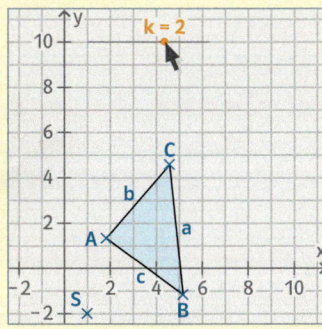

2. Wähle nun den Befehl „Strecke zentrisch" mit dem Streckzentrum S und dem Streckfaktor k und strecke das Dreieck.

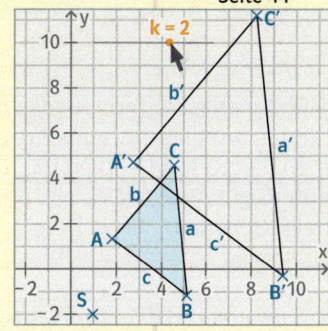

Man kann durch das Ziehen an dem Punkt S und dem Schieberegler experimentieren.
1. Untersuche, wie sich die gegenseitige Lage von Original und Bild zueinander ändert,
   – wenn die Lage des Streckzentrums verändert wird, der Streckfaktor aber gleich bleibt,
   – wenn der Streckfaktor verändert wird, das Streckzentrum aber gleich bleibt.
   Formuliere deine Erkenntnisse in Abhängigkeit vom Streckfaktor bzw. von der Lage des Punktes S.
2. Erkläre mithilfe der Beobachtungen am Rechner, wie eine zentrische Streckung durchgeführt wird. Fertige im Heft eine entsprechende Zeichnung mit Hilfslinien an.
3. Miss die Längen der Seiten und die Winkelgrößen und untersuche, wie sich die Längen und die Winkelgrößen durch die Streckung mit dem Streckfaktor k verhalten.

Nichts ist zu hoch …

→ Lerneinheit 3, Seite 55

Förster können die Höhe von Bäumen mithilfe eines Dreiecks, das rechtwinklig und gleichschenklig ist, bestimmen. Der Förster hält die beiden kürzeren Seiten des Geodreiecks parallel zum Stamm des Baumes bzw. zum Boden. Dann nähert er sich dem Baum so weit, bis er die Baumspitze über die längere Seite des Dreiecks anpeilen kann.

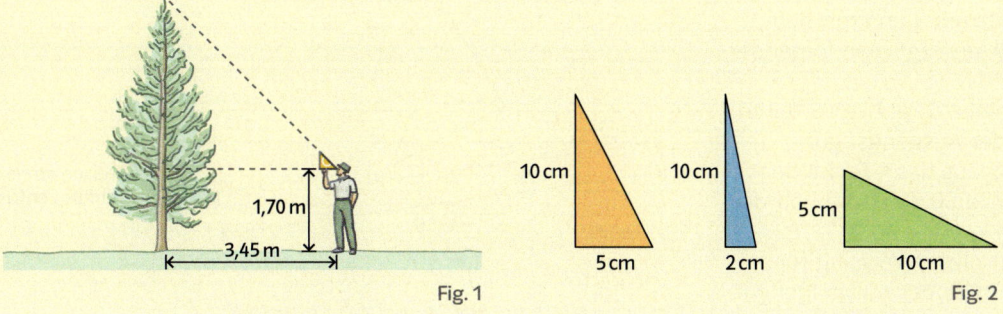

Fig. 1   Fig. 2

– Beschreibt, wie der Förster in Fig. 1 berechnen kann, dass der Baum ca. 5,15 m hoch ist. Begründet.
– Nehmt ein Geodreieck sowie ein Maßband oder einen Zollstock und bestimmt mit der „Förstermethode" die Höhen von Bäumen, Türmen und Gebäuden in eurer Umgebung.
– Statt eines Geodreiecks kann man auch die Dreiecke wie in Fig. 2 verwenden. Probiert es aus und überlegt, wann es sinnvoll ist, eines der Dreiecke zu verwenden.

1 Zentrische Streckung

Mithilfe eines Gummibandes mit einem Knoten, der hier rot markiert wurde, kann man vergrößerte Kopien von Zeichnungen anfertigen. Probiere es aus und erläutere dein Vorgehen.

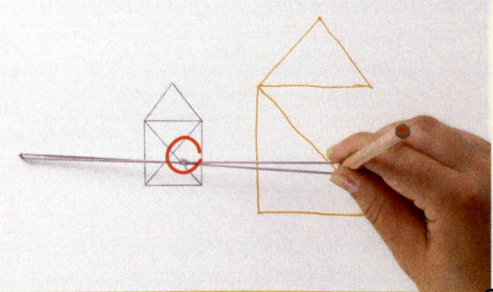

Mit digitalen Hilfsmitteln kann man Bilder schnell verkleinern oder vergrößern. Hier wird gezeigt, wie man maßstabsgetreue Verkleinerungen oder Vergrößerungen von Figuren mit Bleistift und Lineal durchführen kann.

Man kann eine Figur maßstabsgetreu vergrößern, indem man von einem festen Punkt S die Verbindungsstrecken zu den Ecken der Figur zeichnet. Verlängert man alle Verbindungsstrecken mit demselben Faktor k (z. B. k = 2), so erhält man die Eckpunkte der vergrößerten Figur.
Ist k > 1, wird eine Figur mit dem Streckfaktor vergrößert und für 0 < k < 1 wird die Figur verkleinert.
Eine solche Vergrößerung nennt man **zentrische Streckung** mit dem **Streckfaktor k** und dem **Streckzentrum S**. Die zentrische Streckung ordnet jedem Punkt der Ebene (Urbild) einen **Bildpunkt** zu.

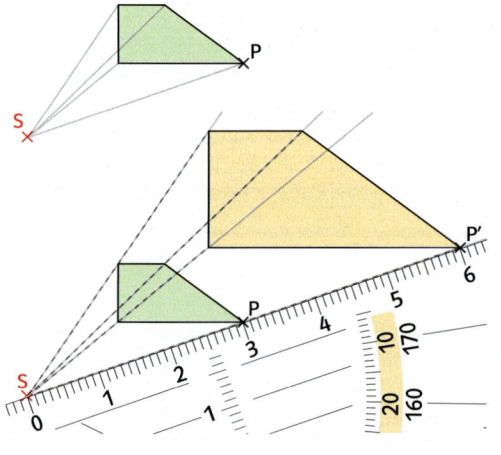

Es ist üblich, Bildpunkte mit einem Strich zu kennzeichnen. Zum Beispiel hat Punkt A den Bildpunkt A'.

Eine zentrische Streckung durchführen
Eine **zentrische Streckung** eines Punktes P mit dem **Streckzentrum S** und mit dem **Streckfaktor k > 0** erzeugt man folgendermaßen:
1. Man zeichnet einen Strahl von S durch einen Punkt P der Ausgangsfigur.
2. Man trägt von S aus das k-Fache der Länge der Strecke $\overline{SP}$ ab und erhält den Bildpunkt P'.
3. Man wiederholt diesen Vorgang für ausgewählte Punkte der Ausgangsfigur.

Bei Vielecken benutzt man die Eckpunkte. Ist k negativ, verlängert man den Strahl zu einer Geraden durch S und trägt die k-fache Länge der Strecke $\overline{SP}$ auf der anderen Seite von S ab.

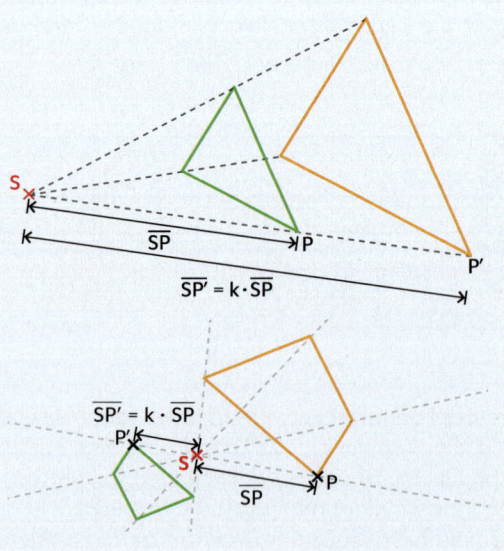

Bei Kreisen streckt man den Radius zentrisch.

II Ähnlichkeit

Eigenschaften von Vielecken bei zentrischen Streckungen

Wenn eine Figur durch eine zentrische Streckung entstanden ist, dann kann man zeigen, dass die folgenden Eigenschaften gelten.
- Die entsprechenden Winkelgrößen sind in beiden Figuren gleich groß.
- Die Seitenverhältnisse einander entsprechender Seiten sind gleich.
- Die Seiten der Bildfigur haben jeweils die k-fache Länge der entsprechenden Seite der Ausgangsfigur.
- Einander entsprechende Seiten in Ausgangs- und Bildfigur sind zueinander parallel.

> Die Gleichheit von Streckenverhältnissen bei zentrischen Streckungen wird für ein Dreieck in Aufgabe 18 auf Seite 48 gezeigt.

Beispiel 1 Zentrische Streckungen mit negativem Streckfaktor ausführen

Gegeben ist das Dreieck ABC mit den Eckpunkten A(3|4), B(5|1) und C(8|4) sowie der Punkt S(0|0). Führe in deinem Heft eine zentrische Streckung mit dem Streckzentrum S und dem Streckfaktor k = −0,5 durch.

Lösung
$\overline{SA}$ = 5; $\overline{SA'}$ ≈ 5 · (−0,5) = −2,5
$\overline{SB}$ ≈ 5,1; $\overline{SB'}$ ≈ 5,1 · (−0,5) = −2,55
$\overline{SC}$ ≈ 8,9; $\overline{SC'}$ ≈ 8,9 · (−0,5) = −4,45

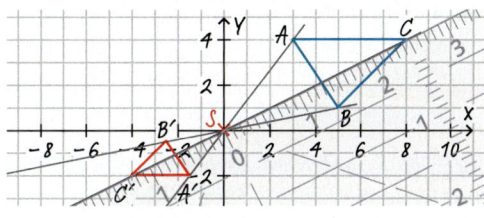

Beispiel 2 Bestimmung des Streckzentrums und des Streckfaktors

Die rote Figur ist durch eine zentrische Streckung aus der blauen hervorgegangen. Bestimme das Streckzentrum und gib den Streckfaktor k an.

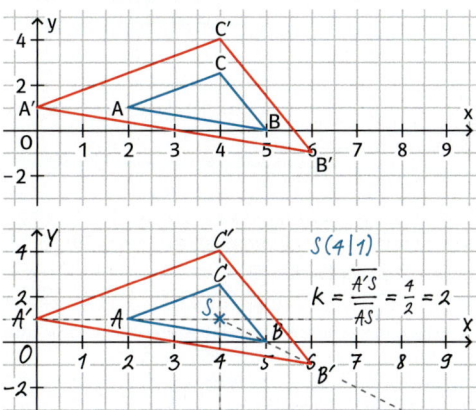

Lösung
Man zeichnet durch die Punkte und die entsprechenden Bildpunkte Geraden. Die Geraden schneiden sich im Streckzentrum S(4|1). Für den Streckfaktor k gilt
$k = \dfrac{\overline{A'S}}{\overline{AS}} = \dfrac{4}{2} = 2$.

Aufgaben

1 Die rote Figur ist aus der blauen Figur durch eine zentrische Streckung hervorgegangen. Ordne den Figuren die Streckzentren und die Streckfaktoren auf den Kärtchen zu.

> Du findest Hilfe in Beispiel 2, Seite 45.

a) 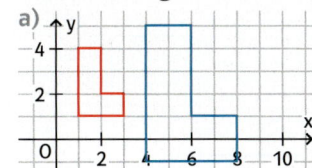   b) 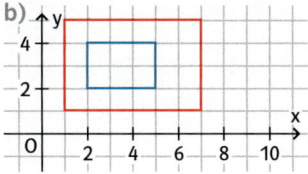   c)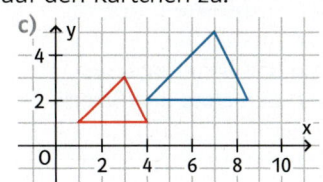

S(−5|−1)   k = 2
k = 0,5   S(−2|3)
S(3|3)   k = $\dfrac{2}{3}$

2 Zeichne das Viereck mit den Eckpunkten A(−2|−1), B(0|−2), C(0|0) und D(−2|1) in ein Koordinatensystem. Führe eine zentrische Streckung mit dem Streckzentrum S und dem Streckfaktor k durch. Wähle sowohl für die x-Achse als auch für die y-Achse 5 Längeneinheiten in jede Richtung.

a) S(−5|0), k = 2   b) S(0|−2), k = 2   c) S(−1|0,5), k = 2

1 Zentrische Streckung

3 Übertrage die Figur ins Heft. Führe eine zentrische Streckung mit dem Streckfaktor k durch. Miss nach, ob die Seiten der Bildfigur die k-fache Länge der entsprechenden Seite der Ausgangsfigur haben.

a) k = 3   b) k = 2   c) k = $\frac{1}{2}$

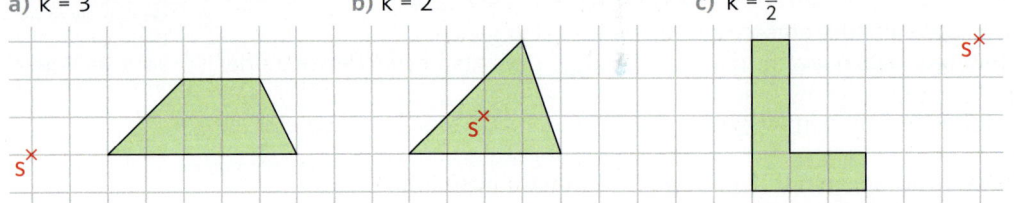

Für k > 1 wird eine Figur vergrößert, für 0 < k < 1 verkleinert.

4 Susanna hat auf einem Blatt den Anfangsbuchstaben ihres Namens zentrisch gestreckt.
a) Strecke andere Buchstaben ebenfalls zentrisch mit dem von dir gewählten Faktor k und überprüfe, ob entsprechende Seitenlängen sich um den Faktor k vervielfachen.
b) 👥 Vergleiche dein Ergebnis mit deinem Partner/deiner Partnerin und überprüfe seine Streckung.

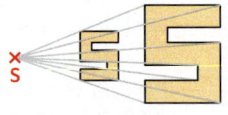

5 Die rote Figur ist durch eine zentrische Streckung aus der blauen entstanden. Übertrage die Figuren in dein Heft. Bestimme das Streckzentrum und berechne den Streckfaktor.

→ Du findest Hilfe in Beispiel 2, Seite 45.

a)   b)   c)

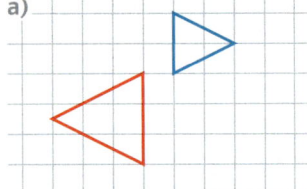 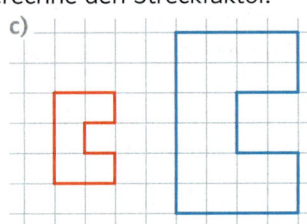

6 Zeichne das Dreieck ABC mit A(2|1), B(4|−1) und C(4|5) in ein Koordinatensystem. Führe eine zentrische Streckung mit dem Streckzentrum S und dem Streckfaktor k durch.
a) S(1|1), k = 2   b) S(4|1), k = 0,5   c) S(3|2), k = 3   d) S = B, k = 1,5

Teste dich!

→ Lösungen | Seite 252

7 Übertrage die nebenstehende Figur in dein Heft und führe eine zentrische Streckung mit dem Streckfaktor k = 3 durch.

8 Das Dreieck A'B'C' mit den Eckpunkten A'(−6|−3), B'(−15|−6) und C'(−3|−9) ist durch eine zentrische Streckung aus dem Dreieck ABC mit den Eckpunkten A(2|1), B(5|2) und C(1|3) entstanden.
Zeichne die Dreiecke und bestimme das Streckzentrum S und berechne den Streckfaktor k.

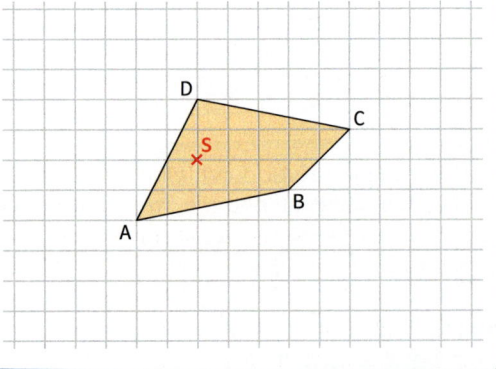

9 Zeichne das Viereck ABCD mit A(0|1), B(5|1), C(4|4) und D(1|3) in ein Koordinatensystem.
a) Strecke das Viereck ABCD am Streckzentrum S(1|1) mit k = −2.
b) Strecke das Viereck ABCD so, dass A auf A'(10|5) und B auf B'(5|5) abgebildet wird. Gib die Koordinaten des Streckzentrums und den Streckfaktor der Streckung an.

II Ähnlichkeit

10 🖳 **Große Fische – kleine Fische**
   a) Zeichne einen Fischschwarm, der durch zentrische Streckungen der gegebenen Figur entsteht.
   b) Untersuche, welche Blickrichtungen die Fische haben, wenn du das Streckzentrum oder den Streckfaktor veränderst.

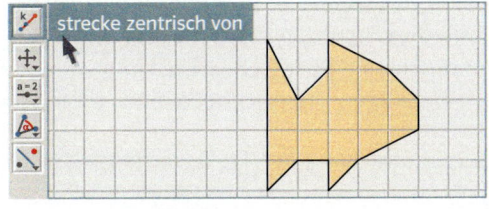

11 🖳 Die Punkte A(2|1), B(3|2) und C(2,5|3) bilden das Dreieck ABC. Das Dreieck wird zuerst mit dem Streckzentrum S(1|1) und dem Streckfaktor k = 2 gestreckt. Im Anschluss wird das neu entstandene Dreieck nochmals mit dem Streckzentrum S(1|1), diesmal aber mit dem Streckfaktor k = 0,25 gestreckt.

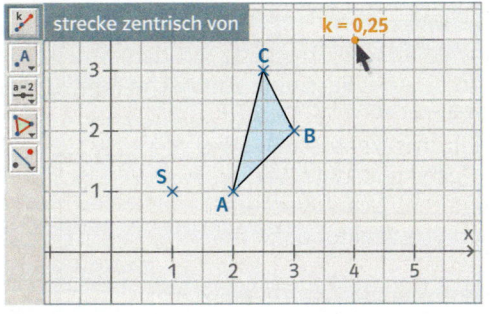

   a) Zeichne das Dreieck mit einem Geometrieprogramm und führe die zweifache Streckung durch.
   b) Prüfe, ob man die zweifache Streckung auch durch eine einzige Streckung ersetzen kann. Gib gegebenenfalls den neuen Streckfaktor k an.
   c) Formuliere deine Erkenntnis in Form eines Merksatzes.

12 Das rote Quadrat ist durch eine zentrische Streckung am Streckzentrum S aus dem blauen Quadrat hervorgegangen.
   a) Bestimme den Streckfaktor k und gib an, wie sich der Flächeninhalt verändert.
   b) Untersuche anhand von weiteren Beispielen mit unterschiedlichen Streckfaktoren, wie sich der Flächeninhalt verändert. Formuliere einen Merksatz.

(1) 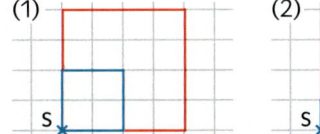 (2)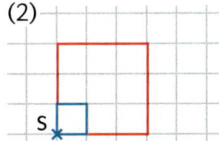

13 a) Untersuche jeweils, ob die blaue Figur durch eine zentrische Streckung aus der roten Figur entstanden sein kann. Begründe deine Entscheidung. Bestimme gegebenenfalls im Heft die Position des Streckzentrums S sowie den Streckfaktor k.

(1) 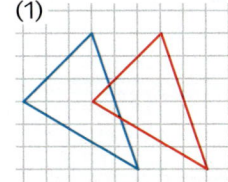 (2) 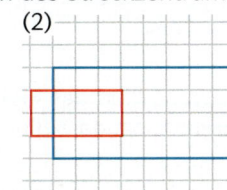 (3) 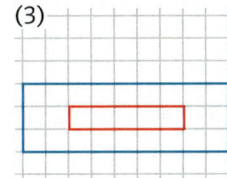 (4)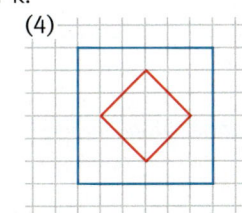

   b) 👥 Zeichne selbst Figuren wie in (1) bis (4) und lass sie von deinem Partner/deiner Partnerin untersuchen.

14 Die Punkte A' und C' sind durch eine zentrische Streckung aus den Eckpunkten des Dreiecks ABC entstanden.
Bestimme im Heft die Position des Streckzentrums S sowie den Streckfaktor k.
Strecke den Punkt B mit dem Streckfaktor k und dem Streckzentrum S.

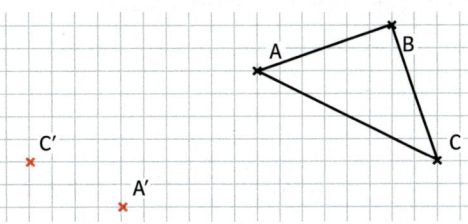

1 Zentrische Streckung

15 Wahr oder falsch?
Entscheide, ob die Aussage wahr oder falsch ist. Begründe.
a) Eine Gerade wird durch eine zentrische Streckung wieder zu einer Geraden.
b) Das Bild eines gleichseitigen Dreiecks nach einer zentrischen Streckung ist wieder ein gleichseitiges Dreieck.
c) Bei einer zentrischen Streckung mit k = 2 verdoppelt sich der Flächeninhalt jeder Figur.

Teste dich!   → Lösungen | Seite 252

16 Zeichne das Dreieck ABC mit A(0|0), B(0|3) und C(4|0) in ein Koordinatensystem.
a) Führe zuerst eine zentrische Streckung mit dem Streckzentrum A und dem Streckfaktor k = –2 durch und im Anschluss eine zentrische Streckung mit dem Streckzentrum A und dem Streckfaktor k = –1,5.
b) Das Bild der zweifachen zentrischen Streckung aus Teilaufgabe a) könnte man auch durch eine einzige zentrische Streckung erzeugen. Gib den Streckfaktor dafür an.

17 Übertrage die nebenstehende Figur in dein Heft und vervollständige die zentrische Streckung mit dem Streckzentrum S. Gib den Streckfaktor k an.

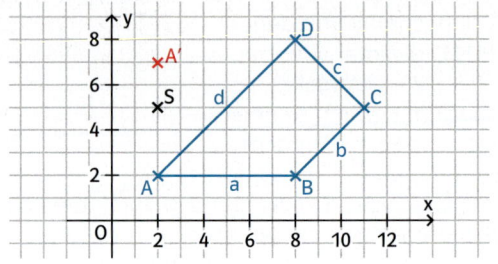

18 In der nebenstehenden Figur wurde die Strecke $\overline{AS}$ zentrisch mit dem Streckzentrum S und dem Streckfaktor k = 4 gestreckt. Man erhält $\overline{A'S}$.
a) Begründe mithilfe der Zeichnung und der Kongruenz- und Winkelsätze, dass die folgende Gleichung für das Beispiel k = 4 gilt: $\overline{SQ} = 4 \cdot \overline{SP} = \overline{SP'}$.
b) Begründe, dass entsprechende Winkel in der Ausgangsfigur und der Bildfigur gleich groß sind.

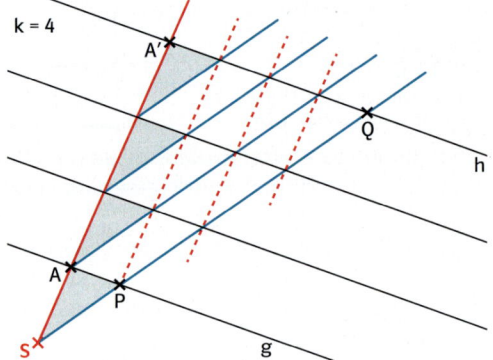

19 Nimm an, dass man von einer zentrischen Streckung mit k ≠ 1 nur weiß, dass das Bild einer Geraden g wieder eine Gerade g' ist. Zeige unter dieser Voraussetzung, dass die Gerade g parallel zu der Geraden g' ist.
Anleitung:
Nimm an, dass g und g' sich in einem Punkt Q schneiden.
Leite daraus einen Widerspruch her.

Teste dein Grundwissen!   **Größen im Kreis berechnen**   → Grundwissen Seite 235
Lösungen | Seite 253

G 20 Gegeben sind Größen eines Kreises. Übertrage die Tabelle in dein Heft und berechne näherungsweise die fehlenden Größen.
Rechne mit π ≈ 3.

Radius r	5 cm			
Durchmesser d		3 cm		
Umfang U				16 cm

48

2 Ähnlichkeit

In dem Bild von M.C. Escher sehen sich die Rochen „ähnlich". Erläutere, welche Bedeutung das Wort ähnlich hier hat.

Bisher wurden durch zentrische Streckungen Figuren verkleinert oder vergrößert. Im Folgenden werden diese Verkleinerungen oder Vergrößerungen sowie auch Verschiebungen, Drehungen und Spiegelungen dieser Figuren genauer untersucht.

In der Figur wird das blaue Viereck mit dem Streckzentrum S und dem Streckfaktor k = 1,5 gestreckt.
Es entsteht das rote Viereck. Das blaue und das rote Viereck sind nicht kongruent, da sie verschieden groß sind. Sie haben aber dieselbe Form.
Man sagt, die Vierecke sind **ähnlich**.

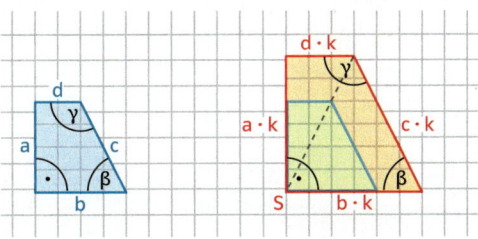

Ähnliche Figuren
Wenn man eine Figur F so zentrisch strecken kann, dass die Bildfigur F′ kongruent zu G ist, dann bezeichnet man die Figuren F und G als ähnlich zueinander.

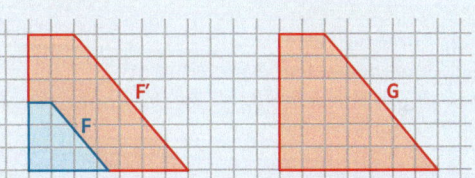

Für Vielecke kann man zeigen:
Zwei Vielecke sind genau dann ähnlich zueinander, wenn
(1) alle entsprechenden Winkel der Vielecke gleich groß (α = α′, β = β′, …) und
(2) alle Verhältnisse entsprechender Seiten der Vielecke gleich groß sind $\left(\frac{a'}{a} = \frac{b'}{b} = \ldots\right)$.

Untersucht man Figuren auf Ähnlichkeit, so reicht es bei den meisten Figuren nicht aus, nur eine Bedingung zu prüfen.

Ähnlichkeit bei Dreiecken
Zum Nachweis der Ähnlichkeit von Dreiecken gibt es die Besonderheit, dass nur eine der Bedingungen (1) oder (2) genügt. Dazu zeigt man:
1. Wenn bei zwei Dreiecken ABC und A′B′C′ einander entsprechende Winkel gleich groß sind, dann haben einander entsprechende Seiten das gleiche Seitenverhältnis.
2. Wenn bei zwei Dreiecken ABC und A′B′C′ einander entsprechende Seiten das gleiche Seitenverhältnis haben, dann sind einander entsprechende Winkel gleich groß.

Begründung zu 1.: Zum Dreieck ABC wird das kongruente Dreieck $A_1B_1C_1$ gezeichnet. Wegen $\beta = \beta'$ und $\gamma = \gamma'$ gilt $B_1C_1 \parallel B'C'$. Also gibt es eine zentrische Streckung, die B_1 auf B' und C_1 auf C' abbildet.

Also ist $\dfrac{\overline{AB'}}{\overline{AB}} = \dfrac{\overline{AC'}}{\overline{AC}} = \dfrac{\overline{B'C'}}{\overline{BC}}$.

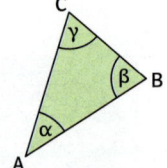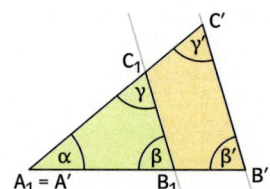

Stufenwinkel

Begründung zu 2.: Ist $\dfrac{\overline{AB'}}{\overline{AB}} = \dfrac{\overline{AC'}}{\overline{AC}} = \dfrac{\overline{B'C'}}{\overline{BC}}$ gegeben, kann man auf die entsprechende Weise auf $\alpha = \alpha'$, $\beta = \beta'$ und $\gamma = \gamma'$ schließen.

Ähnlichkeitssätze für Dreiecke
(1) Wenn zwei Dreiecke in allen drei Winkeln übereinstimmen, dann sind sie zueinander ähnlich.
(2) Wenn zwei Dreiecke in allen entsprechenden Seitenverhältnissen übereinstimmen, dann sind sie zueinander ähnlich.

Beispiel 1 Untersuchung auf Ähnlichkeit und ähnliche Figuren zeichnen
a) Untersuche, ob Fig. 1 und Fig. 2 und ob Fig. 1 und Fig. 3 zueinander ähnlich sind.
b) Zeichne ein zur Fig. 3 ähnliches Viereck mit dem Vergrößerungsfaktor 0,5.

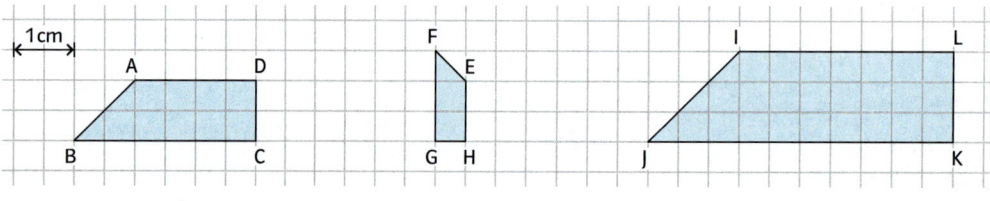

Fig. 1   Fig. 2   Fig. 3

Lösung
a) Vergleich von Fig. 1 und Fig. 2:
Winkel: Entsprechende Winkel sind gleich groß.
Dies erkennt man durch Vergleich der Kästchen oder durch Messen.
Untersuchung der Seitenverhältnisse:

$\dfrac{\overline{FG}}{\overline{BC}} = \dfrac{1{,}5\,\text{cm}}{3\,\text{cm}} = \dfrac{1}{2}$ $\dfrac{\overline{GH}}{\overline{CD}} = \dfrac{0{,}5\,\text{cm}}{1\,\text{cm}} = \dfrac{1}{2}$ $\dfrac{\overline{HE}}{\overline{DA}} = \dfrac{1\,\text{cm}}{2\,\text{cm}} = \dfrac{1}{2}$ $\dfrac{\overline{EF}}{\overline{AB}} = \dfrac{\sqrt{2}}{2 \cdot \sqrt{2}} = \dfrac{1}{2}$

Da alle Winkel gleich groß sind und die Seitenverhältnisse zueinander gleich sind, sind die Figuren in Fig. 1 und Fig. 2 zueinander ähnlich.

Vergleich von Fig. 1 und Fig. 3:
Winkel: Entsprechende Winkel sind gleich groß.
Dies erkennt man durch Vergleich der Kästchen oder durch Messen.
Untersuchung der Seitenverhältnisse:

$\dfrac{\overline{JK}}{\overline{BC}} = \dfrac{5\,\text{cm}}{3\,\text{cm}} = \dfrac{5}{3}$ $\dfrac{\overline{KL}}{\overline{CD}} = \dfrac{1{,}5\,\text{cm}}{1\,\text{cm}} = \dfrac{3}{2}$

Da die Seitenverhältnisse nicht gleich sind, sind Fig. 1 und Fig. 3 nicht ähnlich zueinander.

b) Alle Seitenlängen halbieren sich.
$\overline{J'K'} = 0{,}5 \cdot \overline{JK}$
$\overline{K'L'} = 0{,}5 \cdot \overline{KL}$
$\overline{L'I'} = 0{,}5 \cdot \overline{LI}$
$\overline{I'J'} = 0{,}5 \cdot \overline{IJ}$
Alle Winkel bleiben gleich groß.

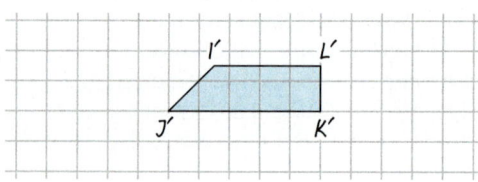

Beispiel 2 Mit ähnlichen Dreiecken begründen und rechnen
a) Untersuche, ob die Dreiecke ABC und DBE zueinander ähnlich sind.
b) Berechne die fehlenden Seitenlängen $\overline{AB}$ und $\overline{BC}$.

Lösung
a) Es wird gezeigt, dass die Dreiecke in allen Winkeln übereinstimmen.
   (1) Beide Dreiecke sind rechtwinklig.
   (2) Beide Dreiecke stimmen im Winkel β überein.
   (3) Aufgrund des Innenwinkelsummensatzes ist auch der dritte Winkel gleich groß.
   Da alle entsprechenden Winkel gleich sind, sind die Dreiecke ähnlich zueinander.
b) Einander entsprechende Seiten sind $\overline{BA}$ und $\overline{BD}$, $\overline{AC}$ und $\overline{DE}$ sowie $\overline{BC}$ und $\overline{BE}$. Da die Dreiecke ähnlich zueinander sind, sind die Verhältnisse entsprechender Seitenlängen gleich und es gilt: $\frac{\overline{AC}}{\overline{DE}} = \frac{3\,cm}{1,5\,cm} = 2$;

$\frac{\overline{BC}}{\overline{BE}} = 2$, also $\overline{BC} = 2 \cdot \overline{BE} = 5\,cm$

$\frac{\overline{BA}}{\overline{BD}} = 2$, also $\overline{BA} = 2 \cdot \overline{BD} = 4\,cm$

Die Seite $\overline{BC}$ ist 5 cm lang. Die Seite $\overline{AB}$ ist 4 cm lang.

Aufgaben

1 Auf den Karten sind Seitenlängen von Rechtecken gegeben. Ordne ähnliche Rechtecke den gegebenen drei Rechtecken zu.

(1) 2 cm × 1 cm
(2) 3 cm × 2 cm
(3) 5 cm × 0,5 cm

A a = 1,5 cm; b = 15 cm
B a = 3 cm; b = 6 cm
C a = 4 cm; b = 6 cm
D a = 3 cm; b = 4,5 cm
E a = 1 cm; b = 10 cm
F a = 5 cm; b = 10 cm

2 Untersuche, ob die Vielecke ähnlich zueinander sind.

→ Du findest Hilfe in Beispiel 1, Seite 50.

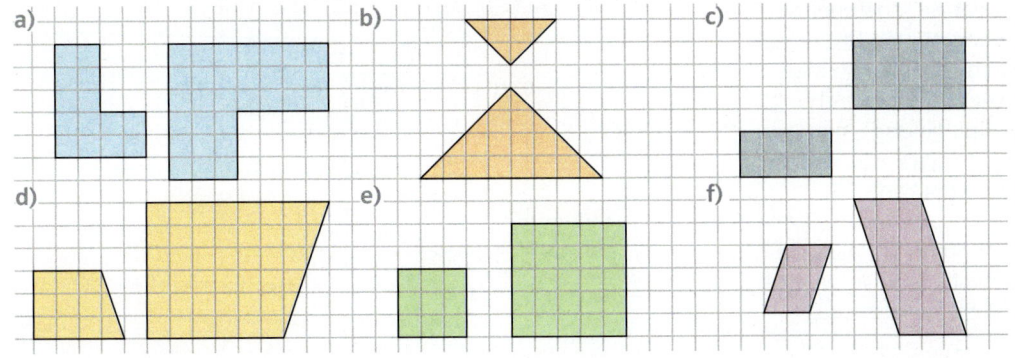

○ **3** Gegeben ist das nebenstehende Dreieck ABC und die Seitenlängen von weiteren Dreiecken auf den Kärtchen.
  a) Untersuche jeweils, ob die Dreiecke mit den angegebenen Seitenlängen zu dem Dreieck ABC ähnlich sind.
  b) Gib für die Dreiecke, die nicht ähnlich zu dem Dreieck ABC sind, die Seitenlängen ähnlicher Dreiecke an.

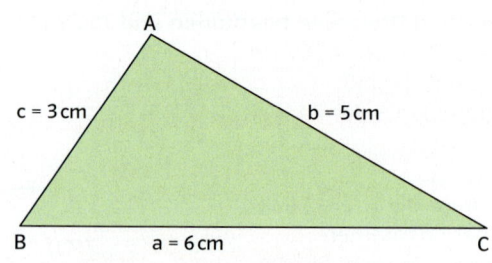

| A | 4 cm, 6 cm, 7 cm | | B | 10 cm, 6 cm, 12 cm | | C | 16 cm, 28 cm, 22 cm |
| D | 3 cm, 1,5 cm, 2,5 cm | | E | 9 cm, 15 cm, 12 cm | | F | 7,5 cm, 15 cm, 12,5 cm |

○ **4** Die Dreiecke in der Figur sind ähnlich zueinander.
  a) Ordne entsprechende Ecken der Dreiecke einander zu.
  b) Ergänze die fehlenden Angaben in deinem Heft.

$\dfrac{d}{b} = \dfrac{e}{\square}$ $\dfrac{f}{\square} = \dfrac{\triangle}{b}$ $\dfrac{\triangle}{a} = \dfrac{d}{\square}$

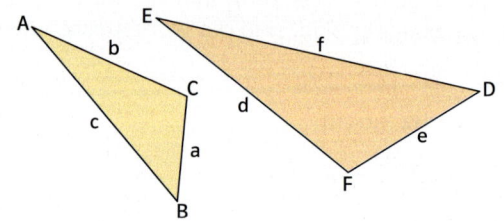

Es ist üblich die Bezeichnungen im Dreieck wie in der Figur zu wählen.

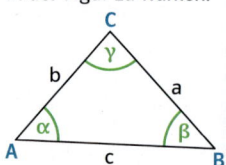

○ **5** Zeichne ein Dreieck mit den Seitenlängen a = 4 cm, b = 6 cm und dem Winkel γ = 80° und ein Dreieck A'B'C' mit den Seitenlängen a' = 5,2 cm, b' = 7,8 cm und dem Winkel γ' = 80°. Begründe, dass das Dreieck A'B'C' zum Dreieck ABC ähnlich ist.

Teste dich! ○

→ Lösungen | Seite 253

6 Untersuche, ob die beiden Vierecke in der nebenstehenden Figur ähnlich zueinander sind.

7 Zeichne ein Dreieck mit den Seitenlängen a = 3 cm, b = 4 cm und c = 5 cm und ein Dreieck mit den Seitenlängen a' = 4,5 cm, b' = 6 cm und c' = 7,5 cm. Begründe, dass das Dreieck A'B'C' zum Dreieck ABC ähnlich ist.

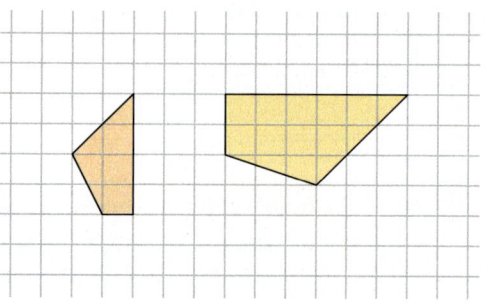

● **8** Das Dreieck ABC in der nebenstehenden Figur ist zu den beiden blauen Dreiecken ähnlich. Gib an, durch welche Abbildungen (zentrische Streckung und Drehung, Verschiebung oder Spiegelung) man das Dreieck ABC auf das Dreieck ADE und auf das Dreieck BGF abbilden kann.

● **9** Matilda sagt zu ihrer Freundin, dass sie ihrer Schwester ähnlich sieht. Vergleiche diesen Begriff „ähnlich" mit dem aus der Mathematik.

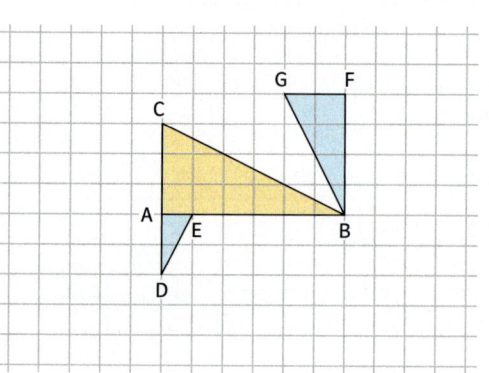

52

10 Finde den Fehler!

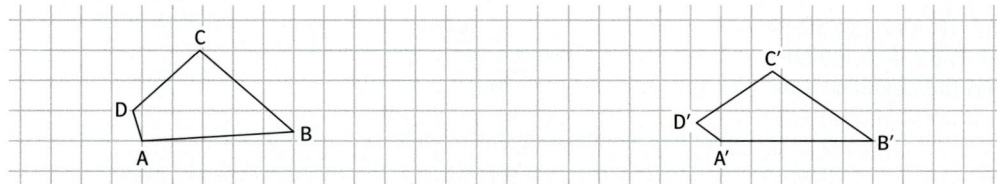

Tim: „Die beiden Vierecke ABCD und A'B'C'D' sind ähnlich zueinander."
Greta: „Die Vierecke sehen aber gar nicht ähnlich aus."
Tim: „Sie müssen aber ähnlich sein. Ich habe die Seitenlängen gemessen und alle sich entsprechenden Seitenlängen sind gleich."

Entscheide, wer recht hat. Begründe deine Entscheidung.

11

Bei dem Blickfeld des Menschen ist die Breite deutlich größer als die Höhe. Um diesem Verhältnis Rechnung zu tragen, wurde das Bildformat Cinemascope für die Projektion im Kino entwickelt.
Moderne Fernseher bieten die Möglichkeit, zwischen den unterschiedliche Filmformaten 16:9, 4:3 und 21:9 zu wählen.
Begründe, welche Formate gut zu dem Cinemascope-Format passen.

12 Gilt immer – gilt nie – es kommt darauf an

Überprüfe, ob die folgenden Aussagen immer gelten, nie stimmen oder nur in bestimmten Fällen richtig sind.
Begründe jeweils.
a) Rechtwinklige Dreiecke sind ähnlich zueinander.
b) Parallelogramme sind ähnlich zueinander.
c) Quadrate sind ähnlich zueinander.

13

In das nebenstehende rechtwinklige Dreieck ABC wird die Höhe h eingezeichnet. Der Fußpunkt der Höhe ist D. Begründe, dass die Dreiecke ABC, ADC und BCD ähnlich zueinander sind.

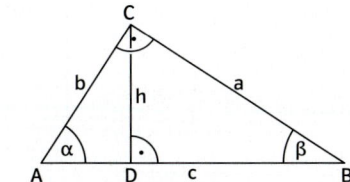

14

Gegeben ist das Rechteck ABCD.
a) Zeige, dass die Dreiecke I bis IV ähnlich zueinander sind.
b) Berechne die Seitenlängen der Dreiecke.
c) Bestimme die jeweiligen Vergrößerungsfaktoren.
d) Gib an, in welchem Verhältnis die Flächeninhalte der Dreiecke zueinanderstehen.

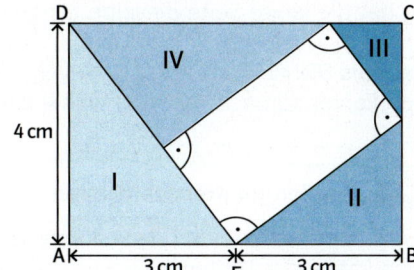

Teste dich!

Lösungen | Seite 253

15 Das Dreieck ABC und das Dreieck BDA in der nebenstehenden Figur sind gleichschenklig. Zeige, dass die Dreiecke zueinander ähnlich sind und berechne die Seitenlänge a_1.

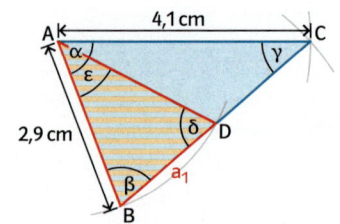

16 Zeichne ein Dreieck ABC mit a = 3 cm, b = 3,6 cm und c = 2 cm und ein dazu ähnliches Dreieck mit dem Umfang U′ = 17,2 cm.

17 Die Gerade g in der nebenstehenden Figur mit der Geradengleichung $y = -\frac{1}{2} \cdot x + 1$ kann man mithilfe des y-Achsenabschnittes und eines Steigungsdreiecks zeichnen. Hierfür startet man im Punkt P(0|1) und geht z. B. von dort aus 2 nach rechts und 1 nach unten oder von dem Punkt Q(2|0) 4 nach rechts und 2 nach unten, um jeweils einen weiteren Punkt der Geraden zu erhalten.
Begründe das Vorgehen mithilfe der Ähnlichkeit.

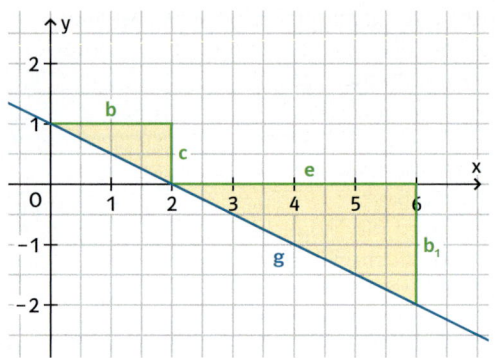

18 Zeige:

In jedem Dreieck gilt $\frac{h_a}{h_b} = \frac{b}{a}$ (siehe Fig. 1).

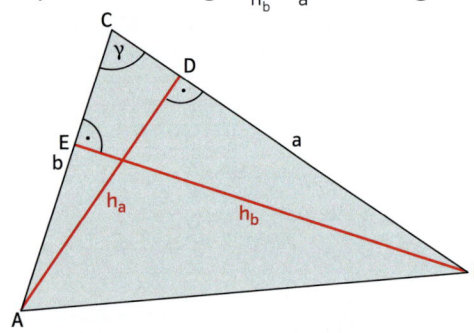

Fig. 1   Fig. 2

19 Das DIN-A4-Papier (Fig. 2) ist eine Vergrößerung des DIN-A5-Papiers.
Bei einem DIN-A5-Papier hat die lange Seite dieselbe Länge wie die kurze Seite eines DIN-A4-Papiers.
Piet möchte ein eingescanntes DIN-A5-Blatt auf DIN A4 vergrößern und stellt k = 200 % ein.
Begründe, dass Piet einen Fehler gemacht hat und wähle den richtigen Vergrößerungsfaktor.

Teste dein Grundwissen! Größen im Kreis berechnen

Grundwissen
Seite 235
Lösungen | Seite 253

G 20 Gegeben ist ein Kreis K mit dem Radius r und dem Durchmesser d. Berechne jeweils die Fläche des Kreises und die Länge des Umfangs.
    a) Der Radius beträgt r = 1,5 cm.
    b) Der Radius beträgt 2 m.
    c) Der Durchmesser beträgt 7 m.
    d) Der Durchmesser beträgt 1 km.

3 Strahlensätze

Mithilfe eines Stabes lässt sich die Höhe der Pyramide bestimmen. Mittags funktioniert das nicht immer.
Erläutere, wie man dabei vorgehen kann und warum das Verfahren mittags nicht funktioniert.

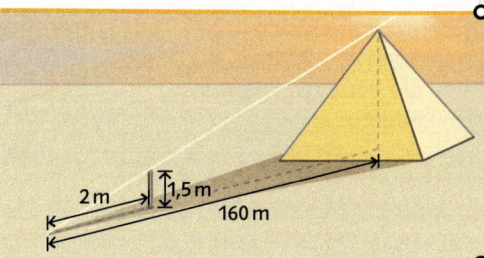

Mithilfe der Ähnlichkeit von Dreiecken kann man Größen, z.B. die Höhe eines Baumes, berechnen, die sonst nicht zugänglich sind. Im Folgenden wird die Ähnlichkeit genutzt, um Formeln herzuleiten, die das Bestimmen unbekannter Größen erleichtern.

Der Baum in Fig. 1 wirft einen Schatten von 4,50 m. Der Schatten der 1,80 m großen Person ist 1,50 m lang.
Geht man davon aus, dass die Sonnenstrahlen parallel verlaufen, dann sind die Winkel in beiden Dreiecken gleich groß und somit sind die Dreiecke ASB und A'SB' ähnlich zueinander.
Da in ähnlichen Dreiecken die Seitenverhältnisse übereinstimmen, kann man mithilfe der gegebenen Werte die Höhe h des Baumes berechnen:

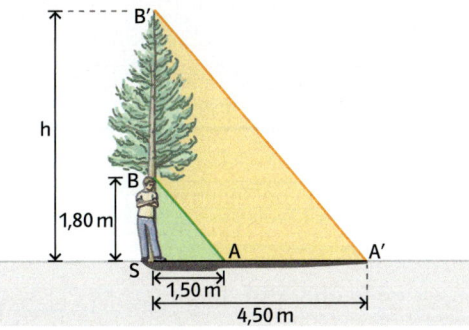

Fig. 1

Die Höhe des Baumes und die Größe der Person stehen im gleichen Verhältnis zueinander wie die Längen der Schatten, also: $\frac{h}{SB} = \frac{SA'}{SA}$ (vgl. Fig. 1).

Setzt man nun die gegebenen Seitenlängen ein, so erhält man

$\frac{h}{1,80\,m} = \frac{4,50\,m}{1,50\,m}$ $| \cdot 1,80\,m$

$h = \frac{4,50\,m}{1,50\,m} \cdot 1,80\,m = 5,40\,m$.

Der Baum ist 5,40 m hoch.

Eine solche Rechnung lässt sich immer dann durchführen,
(1) wenn zwei Strahlen mit einem gemeinsamen Anfangspunkt S gegeben sind, die von zwei parallelen Geraden g und g' geschnitten werden (Fig. 2),
(2) wenn zwei Geraden mit einem gemeinsamen Punkt S gegeben sind, die von zwei parallelen Geraden g und g' geschnitten werden (Fig. 3).
In den beiden Figuren sind die Dreiecke ASB und A'SB' ähnlich zueinander, da sie in allen drei Winkeln übereinstimmen. Aus diesem Grund ist das Verhältnis entsprechender Seiten gleich. Die Figuren bezeichnet man als **Strahlensatzfiguren**.

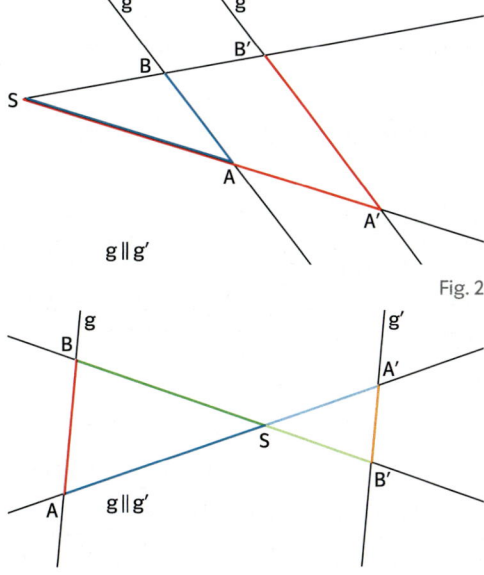

Fig. 2

Fig. 3

Strahlensätze

1. Strahlensatz
In Strahlensatzfiguren verhalten sich die von S aus gemessenen Abschnitte auf einem Strahl wie die entsprechenden Abschnitte auf dem anderen:

$$\frac{\overline{SA'}}{\overline{SA}} = \frac{\overline{SB'}}{\overline{SB}}$$

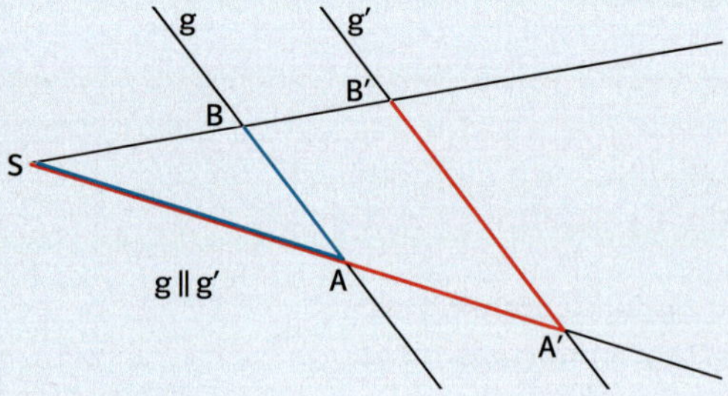

Fig. 1

2. Strahlensatz
In Strahlensatzfiguren verhalten sich die Abschnitte auf den Parallelen wie die von S aus gemessenen entsprechenden Abschnitte auf jedem Strahl:

$$\frac{\overline{A'B'}}{\overline{AB}} = \frac{\overline{SA'}}{\overline{SA}} \quad \text{und} \quad \frac{\overline{A'B'}}{\overline{AB}} = \frac{\overline{SB'}}{\overline{SB}}$$

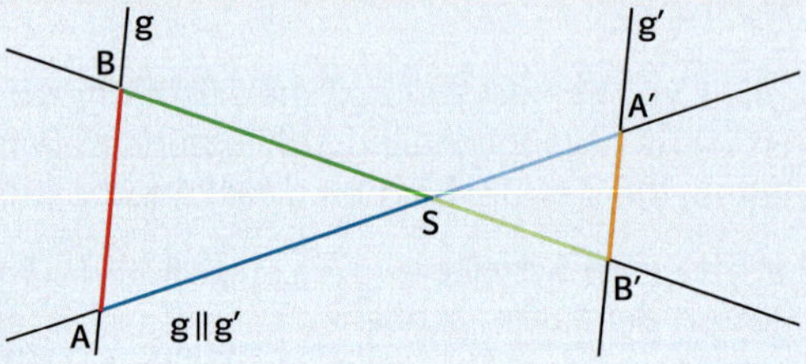

Fig. 2

Erweiterung der Strahlensätze

Es lassen sich auch Beziehungen von Teilstrecken herleiten. Man kann zeigen, dass $\frac{\overline{AA'}}{\overline{SA}} = \frac{\overline{BB'}}{\overline{SB}}$.

Da $\overline{SA'} = \overline{SA} + \overline{AA'}$ und $\overline{SB'} = \overline{SB} + \overline{BB'}$, folgt aus dem ersten Strahlensatz

$$\frac{\overline{SA} + \overline{AA'}}{\overline{SA}} = \frac{\overline{SB} + \overline{BB'}}{\overline{SB}}$$

$$\frac{\overline{SA}}{\overline{SA}} + \frac{\overline{AA'}}{\overline{SA}} = \frac{\overline{SB}}{\overline{SB}} + \frac{\overline{BB'}}{\overline{SB}} \quad | \text{ Kürzen}$$

$$1 + \frac{\overline{AA'}}{\overline{SA}} = 1 + \frac{\overline{BB'}}{\overline{SB}} \quad | - 1$$

$$\frac{\overline{AA'}}{\overline{SA}} = \frac{\overline{BB'}}{\overline{SB}}.$$

Beispiel 1 Berechnung von Seitenlängen in Strahlensatzfiguren

In der Figur sind die Geraden g und h parallel zueinander.
Berechne die Länge der Strecke a und der Strecke b.

Lösung
Nach dem 2. Strahlensatz gilt

$$\frac{b}{2{,}4\,\text{cm}} = \frac{4\,\text{cm} + 2\,\text{cm}}{4\,\text{cm}} \quad | \cdot 2{,}4\,\text{cm}$$

$$b = \frac{6 \cdot 2{,}4\,\text{cm}^2}{4\,\text{cm}} = 3{,}6\,\text{cm}.$$

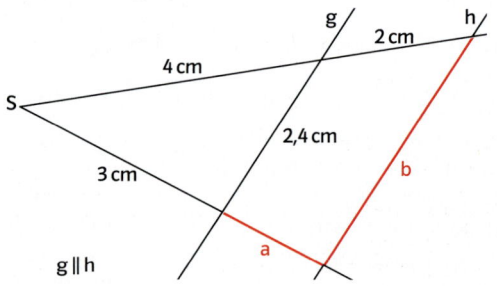

Nach dem 1. Strahlensatz gilt

$$\frac{a + 3\,\text{cm}}{3\,\text{cm}} = \frac{4\,\text{cm} + 2\,\text{cm}}{4\,\text{cm}} \quad | \cdot 3\,\text{cm}$$

$$a + 3\,\text{cm} = \frac{6}{4} \cdot 3\,\text{cm}.$$

Es gilt also $a = 1{,}5 \cdot 3\,\text{cm} - 3\,\text{cm} = 4{,}5\,\text{cm} - 3\,\text{cm} = 1{,}5\,\text{cm}.$

Beispiel 2 Anwendung eines Strahlensatzes

In ein Dachgeschoss mit einer Höhe von 4,80 m wird auf einer Höhe von 3,20 m eine Decke eingezogen. Berechne, wie lang ein durchgängiger Dachbalken sein muss.

Lösung

In der Zeichnung sind die Decke und der Boden parallel zueinander.
Mit dem 2. Strahlensatz erhält man

$$\frac{x}{3,6\,m} = \frac{4,8\,m - 3,2\,m}{4,8\,m}$$

$$x = \frac{1,6\,m}{4,8\,m} \cdot 3,6\,m = 1,2\,m.$$

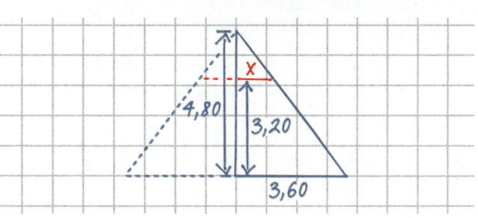

Der Dachbalken muss also $2 \cdot 1,2\,m = 2,40\,m$ lang sein.

Aufgaben

1 Übertrage die Kärtchen in dein Heft und ergänze die Gleichungen so, dass sie für die nebenstehende Zeichnung gelten.

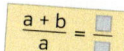

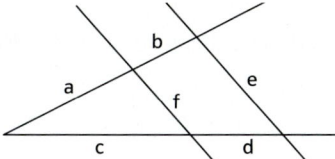

2 ⊠ In der Zeichnung ist g parallel zu h. Berechne die fehlende Länge x.

a)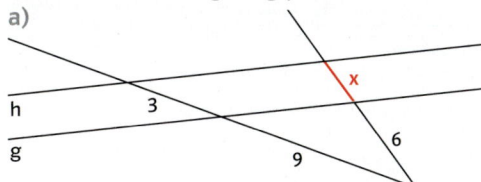

b)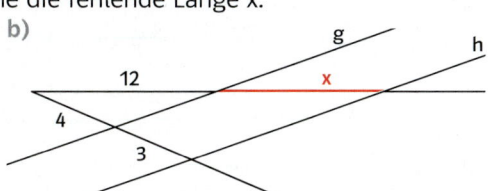

3 ⊠ In der Zeichnung ist g parallel zu h. Berechne die fehlende Länge x.

a)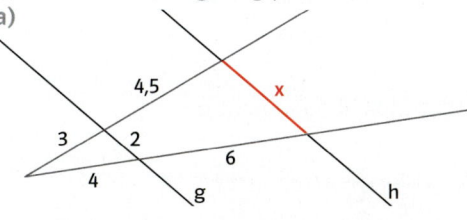

b)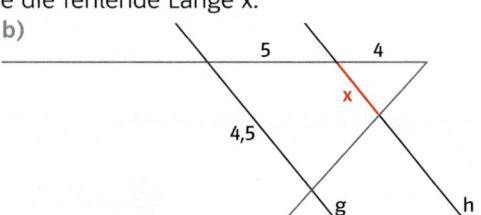

4 Der Baum in der nebenstehenden Figur wirft einen Schatten der Länge 4,2 m. Die danebenstehende Person von 1,7 m Größe hat einen Schatten von 1,4 m. Berechne die Höhe des Baumes.
Die beiden roten Strecken sind parallel.

5 Berechne die Länge der Strecke $\overline{AB}$ über den See in Fig. 1.

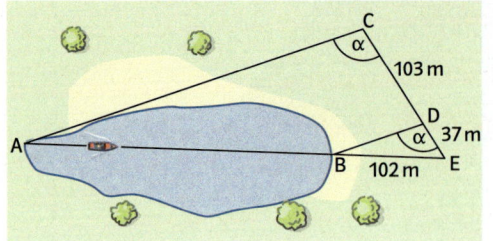

Fig. 1 Fig. 2

6 Um die Höhe des Kirchturms in Fig. 2 zu ermitteln, werden zwei Stäbe $\overline{AB}$ und $\overline{CD}$ mit den Längen 1,4 m und 2,1 m so aufgestellt, dass über sie die Spitze des Kirchturmes angepeilt werden kann. Die Abstände $\overline{AC}$ = 1,5 m und $\overline{CE}$ = 200 m wurden gemessen. Berechne die Höhe des Kirchturmes.

Teste dich!   Lösungen | Seite 25

7 Die Geraden g und h in Fig. 3 sind parallel zueinander. Berechne die fehlenden Längen.

8 Berechne die Höhe des Fernsehturms in Fig. 4, wenn d = 1,8 cm, g = 64 cm und e = 2,6 km ist.

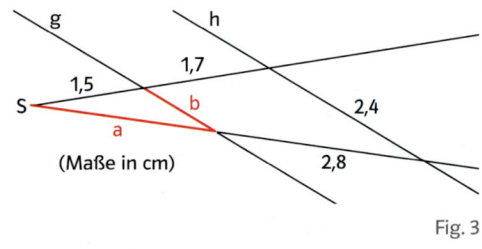

Fig. 3 Fig. 4

9 Die Parallelen g und h werden von zwei Geraden geschnitten. Berechne die fehlenden Längen.

a) 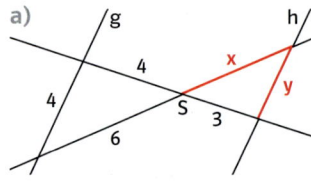   b)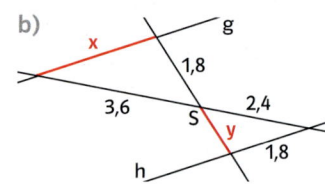

10 In der Zeichnung sind g, h und i parallel zueinander. Gib an, welche Gleichungen richtig sind.

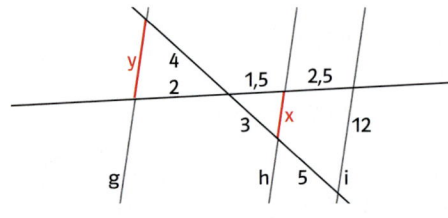

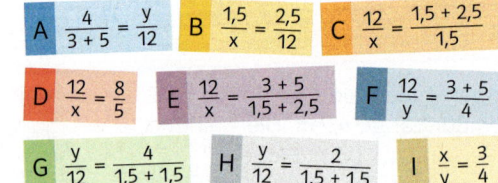

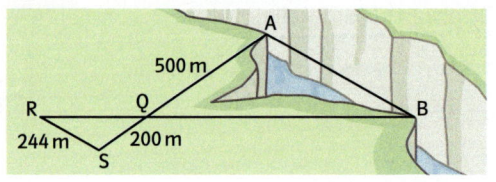

11 Die Punkte A und B liegen am Rand einer Schlucht. Im ebenen Gelände wurden Messungen zur Berechnung des Abstandes der Punkte durchgeführt (Fig. 5).
Berechne den Abstand zwischen den Felspunkten A und B.

Fig. 5

12 Leonardo da Vinci (1452–1519) schlug vor, die Breite eines Flusses nach der nebenstehenden Zeichnung zu bestimmen. Erläutere das Verfahren, mit dem man die Breite berechnen kann, und bestimme die Flussbreite, wenn die folgenden Größen gemessen werden:
$\overline{BC}$ = 1 m, $\overline{AB}$ = 20 cm, $\overline{AD}$ = 1,5 m

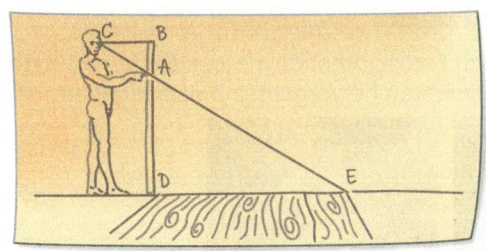

13 Faris hat die Strecke $\overline{AB}$ in der nebenstehenden Figur in fünf gleich große Abschnitte eingeteilt, indem er auf der Hilfsstrecke immer gleich lange Abschnitte markiert hat. Teile wie in der Figur eine 10 cm lange Strecke in sieben gleich lange Abschnitte.

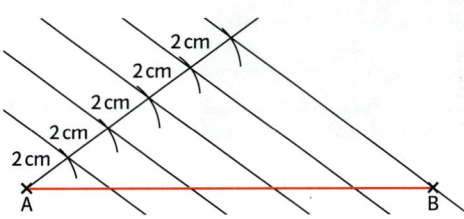

Teste dich! → Lösungen | Seite 253

14 Die Geraden g, h und k sind parallel zueinander.
Berechne die Längen der Strecken x, y und z.

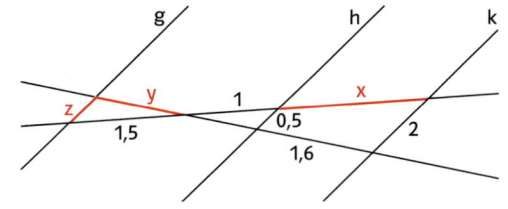

15 Die Figur zeigt den Strahlenverlauf zur Bildentstehung an einer Sammellinse. Dabei ist g die Gegenstandsweite, b die Bildweite, G die Gegenstandsgröße und B die Bildgröße. Die Brennweite f wird durch Form und Glasart der Linse bestimmt.

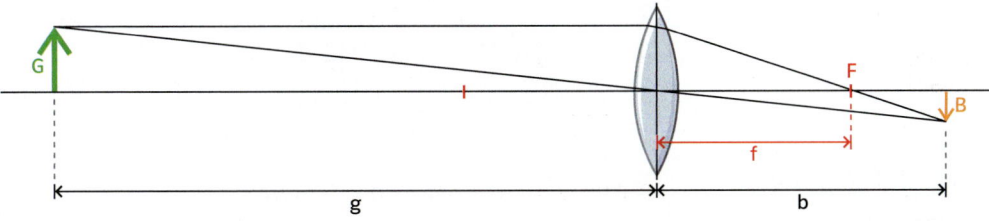

a) Suche nach Strahlensatzfiguren, die für eine Berechnung an der Sammellinse nutzbar sind.
b) Berechne, wie weit ein Gegenstand von der Sammellinse mit der Brennweite 20 mm entfernt sein muss, damit von einem 1,6 m hohen Gegenstand ein Bild der Größe 36 mm entsteht.

Teste dein Grundwissen!   **Größen im Kreis berechnen**   → **Grundwissen** Seite 235
Lösungen | Seite 253

16 Bestimme den Flächeninhalt und den Umfang der blau gefärbten Flächen.

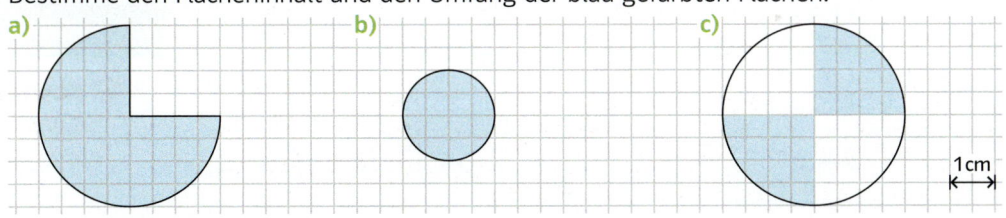

Wiederholen – Vertiefen – Vernetzen

Wiederholen und Üben

→ Lösungen | Seite 25

1 Betrachte die beiden Fotos unten. Bestimme den Vergrößerungsfaktor, mit dem das zweite Bild aus dem ersten hervorgeht, möglichst genau.

  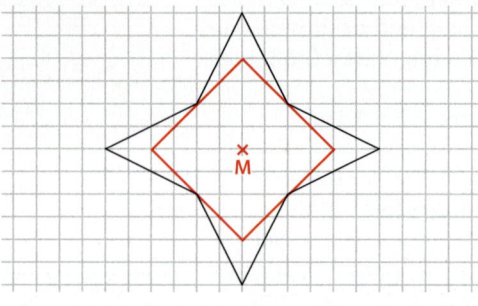

Fig. 1

2 a) Strecke den Stern in Fig. 1 vom Mittelpunkt aus mit dem Faktor $\frac{1}{2}$ und 2.
b) Zeichne eine eigene Figur, die du mit mindestens zwei Faktoren streckst. Überlege vor dem Zeichnen, wie viel Platz die Figur braucht.

3 a) Überprüfe, ob die Vierecke I und II ähnlich zueinander sind.
b) Überprüfe, ob die Dreiecke III und IV ähnlich zueinander sind.

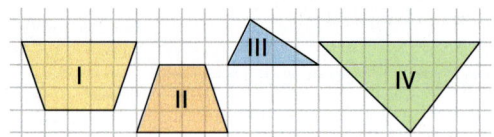

4 Gegeben sind zwei Dreiecke durch ihre Seitenlängen a, b und c. Ordne den beiden gegebenen Dreiecken die Karten mit ähnlichen Dreiecken zu.

(1) 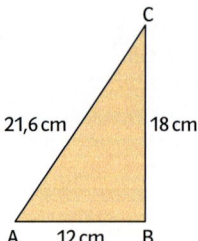 (2)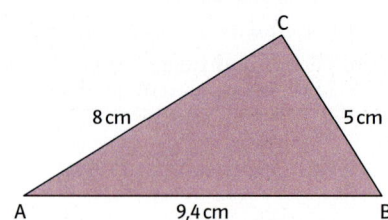

A d = 4 cm, e = 2,5 cm und f = 4,7 cm
B d = 7,2 cm, e = 6 cm und f = 4 cm
C d = 5,4 cm, e = 3 cm und f = 4,5 cm
D d = 1,88 cm, e = 1 cm und f = 1,6 cm

5 Prüfe, ob das Dreieck mit den angegebenen Winkeln zu einem Dreieck mit den Winkeln $\alpha = 55°$ und $\beta = 30°$ ähnlich ist.
a) $\alpha' = 75°$, $\beta' = 55°$ **b)** $\beta' = 30°$, $\gamma' = 95°$ **c)** $\alpha' = 55°$, $\gamma' = 105°$

6 In der Zeichnung sind g und h parallel zueinander. Berechne die fehlenden Seitenlängen.

a) 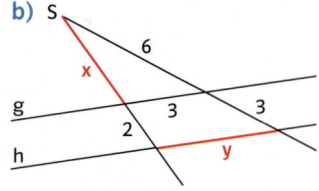 **b) c)**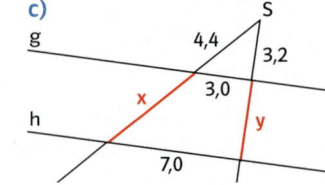

Teste dich!
Kopiervorlage
Check-out
mk94z2

II Ähnlichkeit

7 Die beiden roten Seiten sind parallel zueinander. Begründe, dass die Dreiecke TSR und TPQ ähnlich zueinander sind. Berechne die Länge der Strecke über dem See.

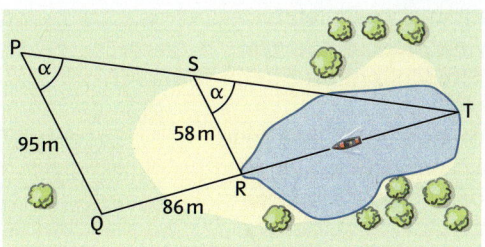

Vertiefen und Anwenden

8 Falte ein DIN-A4-Blatt wie in der Anleitung und wiederhole die Schritte auch für die linke Seite.
a) Markiere auf deinem Blatt zwei ähnliche Dreiecke und begründe die Ähnlichkeit. Tausche nun mit deinem Partner/deiner Partnerin das Blatt.
b) Überprüfe, ob es noch weitere ähnliche Dreiecke gibt.

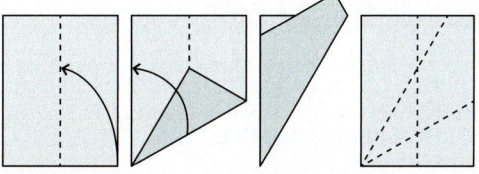

9 Zeichne das nebenstehende Rechteck ABCD und das blaue Dreieck in dein Heft und bezeichne die Winkel und Ecken.
a) Zeige, dass das Dreieck ACD und das blaue Dreieck ähnlich sind.
b) Berechne die Länge der Strecke $\overline{PC}$.

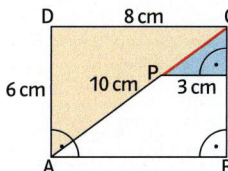

10 Zeichne ein Dreieck ABC mit $a = 6\,cm$, $b = 4\,cm$ und $c = 7\,cm$. Konstruiere mithilfe der Seite $\overline{AC}$ ein ähnliches Dreieck ACD, sodass der Seite $\overline{AB}$ im Dreieck ABC die Seite $\overline{AC}$ im Dreieck ACD entspricht. Gib den Vergrößerungsfaktor an, mit dem das Dreieck ACD gezeichnet wurde. Untersuche, wie sich die Flächeninhalte der beiden Dreiecke zueinander verhalten.

11 Skizziere zu jeder der Gleichungen jeweils zwei verschiedene passende Strahlensatzfiguren.

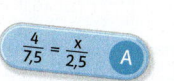 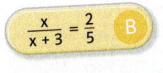

12 Die Abbildung zeigt einen Förster mit einem Försterdreieck.
a) Beschreibe, wie man mithilfe eines Försterdreiecks die Baumhöhe bestimmen kann.
b) Bestimme die Baumhöhe für $a = 1{,}6\,m$, $b = 2\,cm$, $c = 24\,cm$ und $e = 20\,m$.

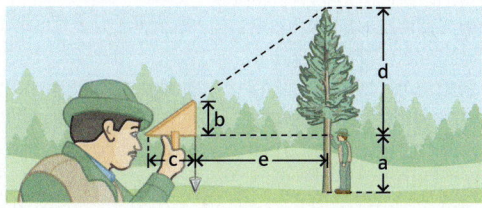

13 Die beiden Kreise haben die Durchmesser $d = 3\,cm$ und $d' = 2{,}4\,cm$. Die Sehne s ist 2 cm lang. Berechne die Länge von s'.

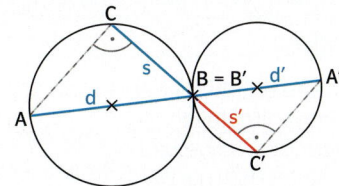

Wiederholen – Vertiefen – Vernetzen

14 Ein Polizeiauto steht in einer Einfahrt.
a) Berechne, wie viele Meter der gegenüberliegenden Straßenfront die Streife überblicken kann.
b) Untersuche zeichnerisch und begründe mithilfe des Strahlensatzes, ob die Polizisten mehr oder weniger sehen können, wenn sie das Auto bei gleichem Abstand zur Straße einen Meter weiter nach rechts in die Einfahrt stellen.

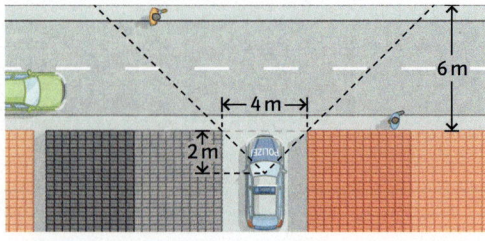

15 Zwei runde Säulen mit 2 m und 1,5 m Durchmesser haben einen Abstand (lichte Weite) von 7 m. Bestimme, in welcher Entfernung zur Säule ein Betrachter stehen muss, für den die dünnere Säule gerade die dickere Säule verdeckt.

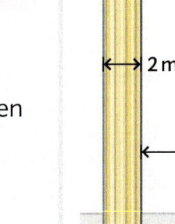

16 Daumensprung
Entfernungen im Gelände können mit dem sogenannten Daumensprung abgeschätzt werden. Dabei peilt man einen Gegenstand nacheinander mit dem linken und dem rechten Auge an. Ist eine Geländegröße bekannt, lässt sich die zweite mittels Augenabstand und Armlänge abschätzen.
a) Wie weit steht Anke vom Dorf entfernt, wenn sie es mit zwei Daumensprüngen abdeckt? Augenabstand $a = 6\,\text{cm}$, Armlänge $l = 58\,\text{cm}$, Dorfbreite $z = 1,4\,\text{km}$.
b) Miss deine Armlänge und deinen Augenabstand und schätze Entfernungen im Gelände.

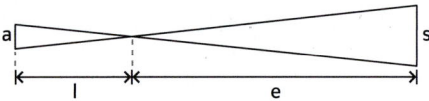

17 Eine Erbse von 6 mm Durchmesser verdeckt gerade den Vollmond, wenn man sie 66 cm vom Auge entfernt hält (Fig. 1).
Bei einer totalen Sonnenfinsternis verdeckt der Mond die Sonne, weil der Mond seinen Schatten auf die Erde wirft. Die Größe dieses Schattens hängt von der genauen Stellung der Himmelskörper ab (Fig. 2).
a) Berechne den Durchmesser des Mondes.
b) Berechne die Entfernung e_S der Sonne von der Erde, wenn der Schatten des Mondes auf der Erde einen Durchmesser von 245 km hat, und sich der Mond in 384 000 km Entfernung e_M von der Erdoberfläche befindet (Fig. 2). Monddurchmesser siehe a).

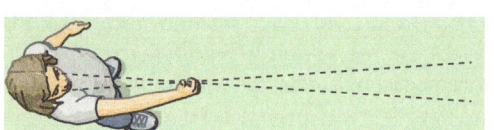

Fig. 1

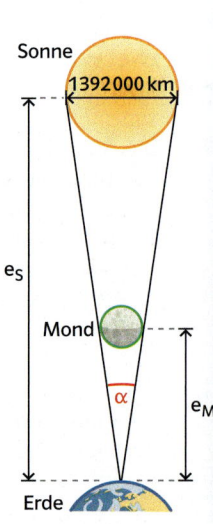

Vernetzen und Erforschen

18 Zeichne ein Trapez ABCD einschließlich der beiden Diagonalen. Bestimme in dieser Figur eine Strahlensatzfigur und beweise, dass sich die Diagonalen im Verhältnis der Grundlinien a und c teilen.

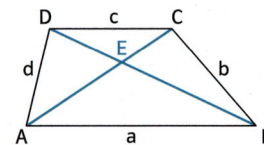

19 Der direkte Weg zum Baum ist versperrt. Berechne aus den gemessenen Längen die Höhe des Baumes.

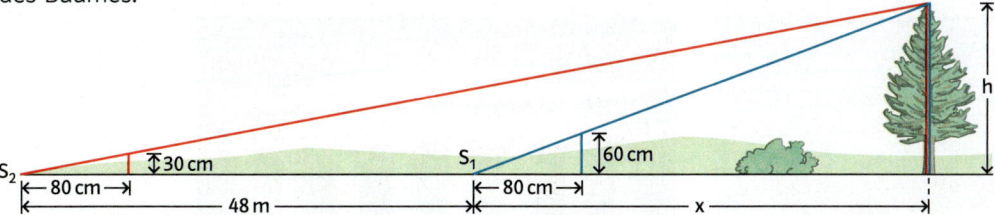

20 👥 Sebastian und Katharina haben aus einem Quadrat aus Pappe ein „Visierquadrat" hergestellt (vgl. Fig. 1).
Damit messen sie die Höhen von großen Gegenständen, wie z. B. Bäumen, Masten und Häusern.
Katharina peilt das Ziel über die Visierkante an, und Sebastian liest ab, über welcher Skalenlinie der Faden längt:
Ist das Ziel 80 m entfernt, und ist der Skalenwert $\frac{3}{10}$, so beträgt die Höhe 24 m.
Dazu addieren sie nun noch Katharinas Augenhöhe von 1,60 m.

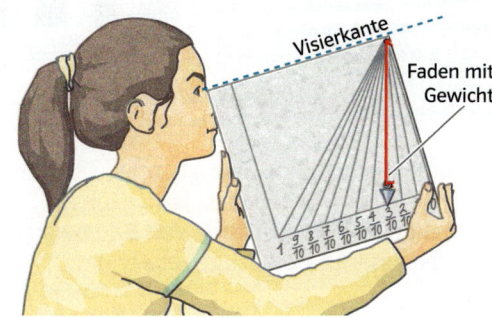

Fig. 1

a) Stellt das Gerät her, sucht geeignete Gegenstände und führt gemeinsam einige Höhenmessungen in eurer Umgebung aus.

b) Fig. 2 zeigt eine vereinfachte und mit Hilfslinien versehene Darstellung des Visierquadrats und einer damit angepeilten Höhe.
Begründet mithilfe dieser Darstellung, wie das Gerät funktioniert.

c) Benennt Stärken und Schwächen dieser Messmethode.

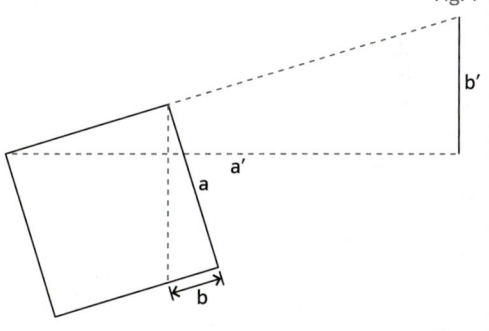

Fig. 2

21 Wörtlich übersetzt heißt Pantograph Alleschreiber. Dieses Gerät ist bis ins 20. Jahrhundert hinein zum Vergrößern und Verkleinern von Abbildungen genutzt worden. Der Pantograph besteht aus vier Leisten, die durch Gelenke miteinander verbunden werden, und zwar so, dass diese paarweise parallel verlaufen (vgl. Fig. 3). Er besitzt zudem einen Stift zum Nachfahren und einen zum Zeichnen.

a) Baue mithilfe der Beschreibung und des Bildes (Fig. 3) deinen eigenen Pantographen und verkleinere oder vergrößere eine Zeichnung.

b) Erkläre, warum der Pantograph beim Vergrößern und Verkleinern eine zentrische Streckung durchführt.

Fig. 3

Kopiervorlage
Pantograph
Bauanleitung
mk94z2

Exkursion

Der Goldene Schnitt

Fig. 1

Fig. 2

Bei vielen Gebäuden und Kunstwerken, aber auch bei Objekten in der Natur, kann man ein besonderes Teilverhältnis entdecken, das ästhetisch als besonders ansprechend gilt: den sogenannten **Goldenen Schnitt**. Er wurde von Baumeistern und Künstlern besonders in der Antike und der Renaissance bevorzugt verwendet.

1 Miss in Fig. 1 und Fig. 2 jeweils die Strecken a und b und berechne die Teilverhältnisse $\frac{a}{b}$ und $\frac{a+b}{a}$. Beschreibe deine Beobachtungen.

Der Turm des Alten Rathauses in Leipzig (Fig. 1) steht gerade so, dass sich die längere Teilstrecke zur kürzeren Teilstrecke genauso verhält wie die Gesamtstrecke zur längeren Teilstrecke: $\frac{a}{b} = \frac{a+b}{a}$ (Bedingung für den Goldenen Schnitt).
Man sagt, dass die Rathausfront vom Turm im Goldenen Schnitt geteilt wird.
Entsprechend teilt beim Parthenon die Unterkante der Säulenauflage die Höhe des Tempels im Goldenen Schnitt (Fig. 2).

Das Teilverhältnis $k = \frac{a}{b}$ hat in der Kunst und in der Architektur eine große Bedeutung. Wir wollen es uns näher anschauen.

Aus der Bedingung $\frac{a}{b} = \frac{a+b}{a}$ folgt $\frac{a}{b} = \frac{a+b}{a} = \frac{a}{a} + \frac{b}{a} = 1 + \frac{b}{a}$, also $\frac{a}{b} = 1 + \frac{b}{a}$.

Da $k = \frac{a}{b}$ ist und weiterhin $\frac{1}{k} = \frac{b}{a}$ gilt, folgt $k = 1 + \frac{1}{k}$.

2 Die Front des Alten Rathauses in Leipzig ist 90 m breit (Fig. 1). Berechne mithilfe der Bedingung für den Goldenen Schnitt die Längen der Teilstrecken a und b.

3 Multipliziere die Gleichung $k = 1 + \frac{1}{k}$ mit k und bestätige den folgenden Satz.
Die entstehende quadratische Gleichung hat die positive Lösung $k = \frac{1+\sqrt{5}}{2} \approx 1{,}62$.
Diese Zahl $\frac{1+\sqrt{5}}{2}$ wird mit dem griechischen Buchstaben Φ (Phi) bezeichnet. Φ ist eine irrationale Zahl.

4 Auch am menschlichen Körper findet man den Goldenen Schnitt.
Untersuche die entsprechenden Teilverhältnisse.

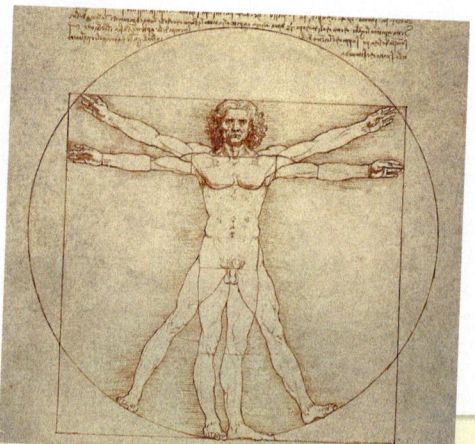

II Ähnlichkeit

Goldene Rechtecke

Legt man um die Vorderseite des Parthenons (Fig. 1) oder um das Bild eines Hühnereis (Fig. 2) ein Rechteck, so gilt für das Verhältnis der längeren Seite zur kürzeren Seite $\frac{a}{b} = \frac{1+\sqrt{5}}{2}$. Man spricht daher von einem **Goldenen Rechteck**. Auch die Front des UNO-Gebäudes in New York (Fig. 4) bildet ein Goldenes Rechteck.

Fig. 1

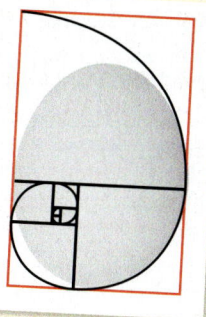
Fig. 2

Fig. 3

Fig. 4

5   Finde (z. B. im Internet) weitere Beispiele aus dem Alltag, wie zum Beispiel die Biene (Fig. 5), in denen der Goldene Schnitt oder die Zahl Φ eine Rolle spielen.

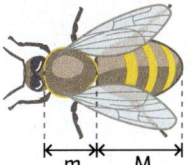
Fig. 5

Der Goldene Schnitt in der Geometrie

6   Der Goldene Schnitt lässt sich auch durch geometrische Konstruktionen durchführen. Fig. 6 zeigt beispielhaft, wie eine Strecke $\overline{PQ}$ im Goldenen Schnitt geteilt werden kann. Beschreibe die Konstruktion und führe sie für eine selbst gewählte Strecke $\overline{PQ}$ durch.

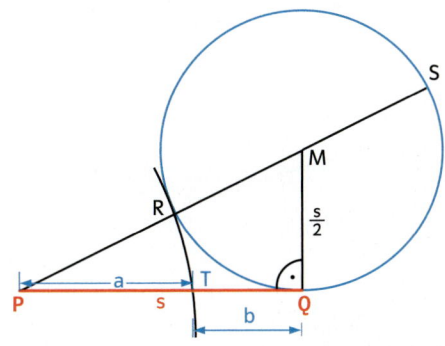
Fig. 6

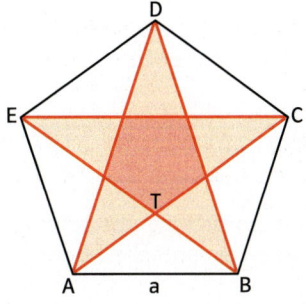
Fig. 7

7   Der Goldene Schnitt tritt auch beim regelmäßigen Fünfeck, dem Pentagramm, auf, und zwar teilt jeder Schnittpunkt zweier Diagonalen diese im Goldenen Schnitt (vgl. Fig. 7). Konstruiere ein regelmäßiges Fünfeck nur mit Zirkel und Lineal (ohne Geodreieck!). Entnimm hierzu Fig. 6 die Seitenlängen s und a. Starte beispielsweise mit der Strecke s und den Eckpunkten C und E. Finde die anderen Eckpunkte des Fünfecks durch Konstruieren von geeigneten Schnittpunkten der Kreise mit den Radien s bzw. a.

Tipp: Wenn ihr zu zweit arbeitet, könnt ihr zwei Zirkel benutzen und einen auf die Länge s und einen auf die Länge a einstellen.

Exkursion

Rückblick

Eine zentrische Streckung durchführen
Eine **zentrische Streckung** eines Punktes P mit dem **Streckzentrum S** und mit dem **Streckfaktor k > 0** erzeugt man folgendermaßen:
1. Man zeichnet einen Strahl von S durch einen Punkt P der Ausgangsfigur.
2. Man trägt von S aus das k-Fache der Länge der Strecke $\overline{SP}$ ab und erhält den Bildpunkt P'.
3. Man wiederholt diesen Vorgang für ausgewählte Punkte der Ausgangsfigur.
   Bei Vielecken benutzt man die Eckpunkte.

Ist k negativ, verlängert man den Strahl zu einer Geraden durch S und trägt die k-fache Länge der Strecke $\overline{SP}$ auf der anderen Seite von S ab.

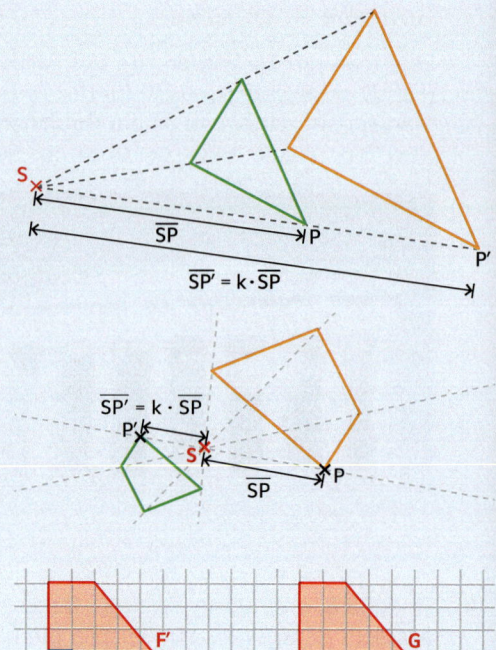

Ähnliche Figuren
Wenn man eine Figur F so zentrisch strecken kann, dass die Bildfigur F' kongruent zu G ist, dann bezeichnet man die Figuren F und G als ähnlich zueinander.

Ähnlichkeitssätze für Dreiecke
(1) Wenn zwei Dreiecke in allen drei Winkeln übereinstimmen, dann sind sie ähnlich zueinander.
(2) Wenn zwei Dreiecke in allen entsprechenden Seitenverhältnissen übereinstimmen, dann sind sie ähnlich zueinander.

Strahlensätze
1. Strahlensatz
In Strahlensatzfiguren verhalten sich die von S aus gemessenen Abschnitte auf einem Strahl wie die entsprechenden Abschnitte auf dem anderen:
$$\frac{\overline{SA'}}{\overline{SA}} = \frac{\overline{SB'}}{\overline{SB}}$$

2. Strahlensatz
In Strahlensatzfiguren verhalten sich die Abschnitte auf den Parallelen wie die von S aus gemessenen entsprechenden Abschnitte auf jedem Strahl:
$$\frac{\overline{A'B'}}{\overline{AB}} = \frac{\overline{SA'}}{\overline{SA}} \quad \text{und} \quad \frac{\overline{A'B'}}{\overline{AB}} = \frac{\overline{SB'}}{\overline{SB}}$$

Weiterhin lässt sich aus dem 1. Strahlensatz herleiten, dass
$$\frac{\overline{AA'}}{\overline{SA}} = \frac{\overline{BB'}}{\overline{SB}}.$$

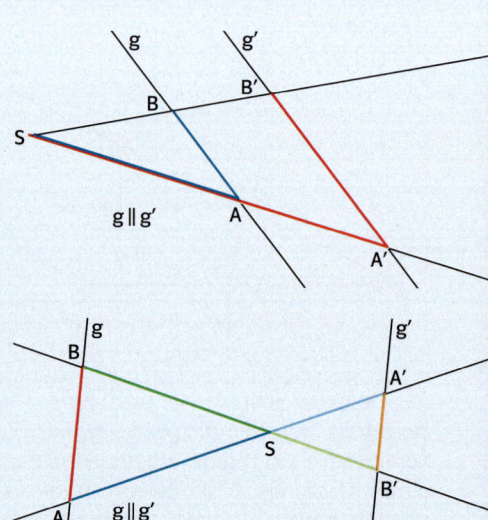

Test

II Ähnlichkeit

Runde 1

→ Lösungen | Seite 256

1 Zeichne in ein Koordinatensystem das Dreieck ABC mit A(4|1), B(2|4) und C(4|6). Führe eine zentrische Streckung mit dem Streckzentrum S(1|1) und dem Streckfaktor k = 2,5 für das Dreieck aus.

2 ▣ Die Geraden g und h in Fig. 1 sind parallel zueinander. Berechne die Längen der Strecken x und y (Maße in cm).

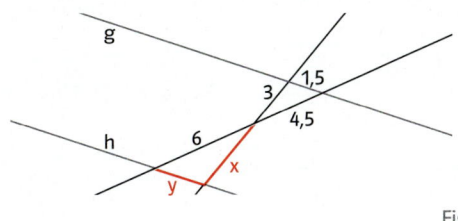

Fig. 1

3 In das Rechteck ABCD wurde ein rechter Winkel eingezeichnet.
a) Zeige, dass die Dreiecke DAE, DEC und EBC ähnlich sind.
b) Berechne die fehlenden Längenangaben (Maße in cm).

4 Im Gebirge sieht man häufig Straßenschilder, die die Steigung bzw. das Gefälle der Straße in Prozent angeben.
a) Berechne, welchen Höhenunterschied die Straße auf den 2,3 km überwindet.
b) Erläutere, welche Bedeutung eine Steigung von 100 % hat.
c) Berechne das Gefälle einer Straße, die auf 3,8 km einen Höhenunterschied von 285 m überwindet.

Runde 2

→ Lösungen | Seite 257

1 Zeichne in ein Koordinatensystem das Dreieck ABC mit A(4|1), B(6|3) und C(0|5).
a) Strecke das Dreieck ABC am Punkt S(0|1) mit dem Streckfaktor $k = \frac{1}{2}$.
b) Führe eine zentrische Streckung des Dreiecks ABC mit dem Streckzentrum S'(4|0) so aus, dass A auf A'(4|−1) abgebildet wird. Gib den Streckfaktor k' an.

2 Ein Haus wirft einen 12 m langen Schatten, eine daneben stehende 2,50 m hohe Säule einen Schatten von 50 cm Länge. Fertige eine Skizze an und berechne die Höhe des Hauses.

3 Das nebenstehende Rechteck hat die Seitenlängen a = 8 cm und b = 6 cm. Zeichnet man zur Diagonale senkrechte Geraden durch die Punkte A und C, so erhält man verschiedene Dreiecke. Gib an, welche Dreiecke ähnlich zueinander sind. Weise die Ähnlichkeit nach.

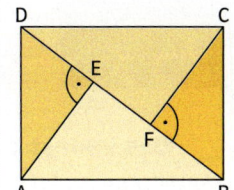

4 ▣ Die Geraden g und h sind parallel zueinander. Berechne jeweils die Länge der Strecke x.
a)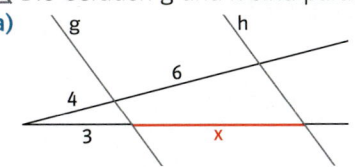
b)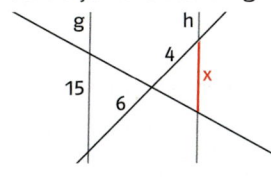

III Formeln für Figuren und Körper

Das kannst du schon
- Konstruktionen durchführen
- Mit Quadratwurzeln rechnen
- Das Volumen und den Oberflächeninhalt eines Quaders berechnen

Teste dich!

→ Check-in zu Kapitel III Seite 224

Das kannst du bald
- Den Satz des Thales und den Satz des Pythagoras verstehen und anwenden
- Längen in Körpern berechnen
- Das Volumen und den Oberflächeninhalt von Pyramiden, Kegeln und Kugeln bestimmen

Erkundungen

Der Satz des Thales

In den beiden Erkundungen auf dieser Doppelseite werden zwei bedeutende Sätze der Mathematik behandelt, die auf die griechischen Mathematiker und Philosophen Thales von Milet (624–547 v. Chr.) und Pythagoras von Samos (570–510 v. Chr.) zurückgehen. Bei beiden Sätzen spielen rechtwinklige Dreiecke eine entscheidende Rolle.

Diese Erkundung lässt sich auch gut als Gruppenpuzzle durchführen.
→ Lerneinheit 1, Seite 72

Ein ganz besonderer Kreis

Untersuchung an Beispielen
In den abgebildeten Figuren ist der Punkt $M_{\overline{AB}}$ der Mittelpunkt der Strecke $\overline{AB}$ und der Mittelpunkt des roten Kreises, auf dem die Punkte A, B und C liegen.

Bildet sechs Gruppen und bestimmt in euren Gruppen, wie groß die grünen Winkel in jeweils einer Figur sind. Beachtet, dass einige Strecken gleich lang sind und sich so besondere Dreiecke ergeben.

Schreibt auf, wie ihr jeweils auf die Winkelgrößen gekommen seid. Jeder in der Gruppe sollte in der Lage sein, die Ergebnisse eurer Arbeit zu erklären.

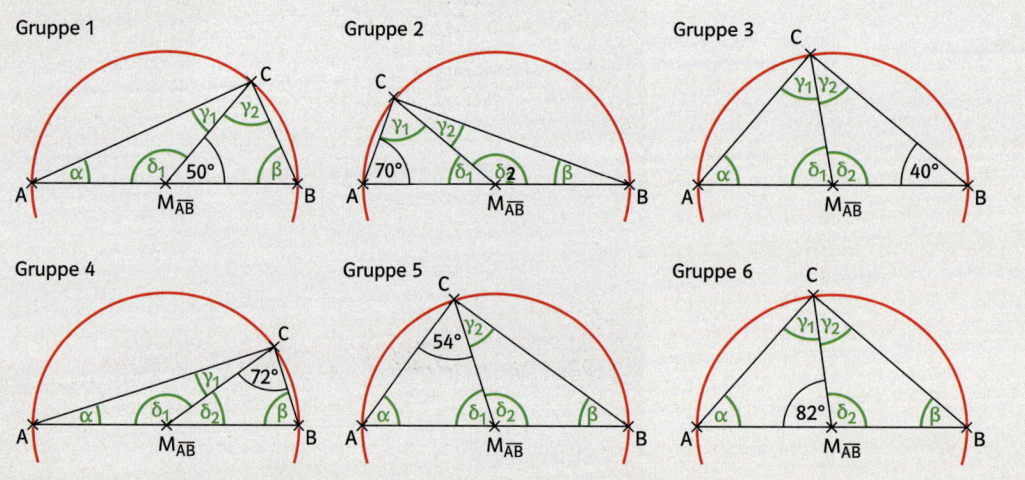

Vorstellung der Ergebnisse
Bildet neue Gruppen, und stellt euch die Ergebnisse und eure Vorgehensweisen der ersten Gruppenarbeit gegenseitig vor.

Von Beispielen zu allgemeinen Zusammenhängen
Untersucht, welche Gemeinsamkeit die Dreiecke ABC haben. Zeigt, dass diese Besonderheit allgemein gilt. Nutzt hierfür die Zusammenhänge zwischen α und γ_1 bzw. β und γ_2. Schreibt eure Ergebnisse auf.

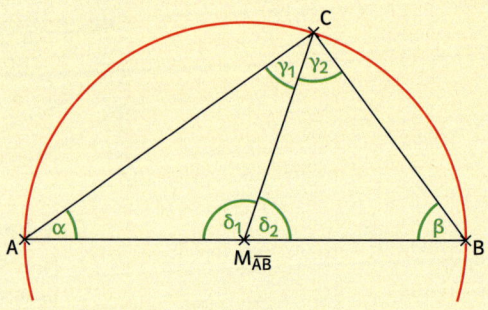

III Formeln für Figuren und Körper

Der Satz des Pythagoras

Quadrate an einem Dreieck

Vermutung aufstellen
Zeichnet ein beliebiges rechtwinkliges Dreieck. Zeichnet wie in der Abbildung rechts an jede Seite des Dreiecks ein Quadrat. Untersucht, ob es einen Zusammenhang zwischen den Flächeninhalten der Quadrate gibt und schreibt eure Vermutung auf. Überprüft eure Vermutung anschließend an weiteren rechtwinkligen Dreiecken und untersucht, ob eure Vermutung auch bei Dreiecken gilt, die nicht rechtwinklig sind.

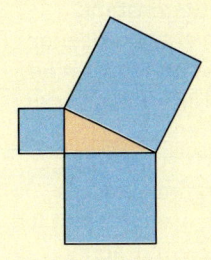
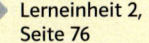
Lerneinheit 2, Seite 76

Vermutung nachweisen
Schneidet vier gleiche rechtwinklige Dreiecke mit den Seiten a und b am rechten Winkel und der Seite c gegenüber dem rechten Winkel aus. Damit ihr die Dreiecke später gut legen könnt, sollten die Seitenlängen mindestens 2 cm und höchstens 10 cm betragen.

Schneidet auch drei Quadrate mit den Seitenlängen a, b und c aus, sodass ihr die Quadrate wie in Fig. 1 an das Dreieck legen könnt.

Zeichnet ein Quadrat mit der Seitenlänge a + b in euer Heft. Legt das gezeichnete Quadrat mit der Seitenlänge a + b mit den ausgeschnittenen Dreiecken und Quadraten so aus, dass das gesamte Quadrat ausgelegt ist, und sich die Figuren nicht überlappen. Es gibt zwei Legemöglichkeiten, bei denen das gelingt. In beiden Fällen bleiben eine oder mehrere Figuren übrig. Überlegt, welcher Zusammenhang zwischen den Flächeninhalten der Figuren besteht, die jeweils zum Auslegen nicht benötigt werden. Begründet diesen Zusammenhang schriftlich.

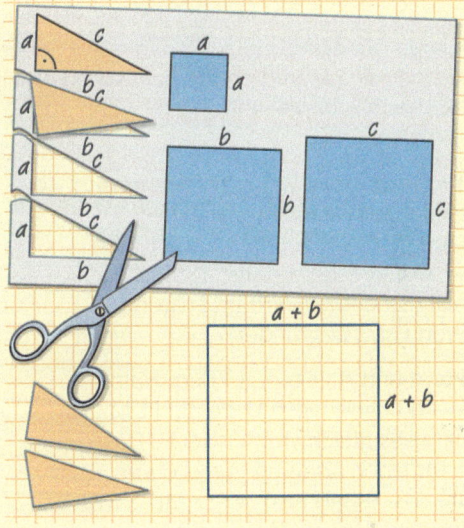

Überlegt, warum die Dreiecke bei diesem Nachweis rechtwinklig sein müssen.

Satz formulieren
Erstellt ein Plakat, auf dem ihr den oben gefundenen Zusammenhang als „Satz des Pythagoras" übersichtlich darstellt. Zur Verdeutlichung könnt ihr auch Beispiele aufführen und Zeichnungen erstellen. Ihr könnt weiter recherchieren, wer Pythagoras war, wann er gelebt hat und warum er so bedeutend war.

Zum Weiterforschen
Überlegt euch, wozu man diesen wichtigen Satz der Mathematik nutzen kann. Formuliert Aufgaben, die mit dem Satz des Pythagoras gelöst werden können. Begründet in eigenen Worten, warum der Satz des Pythagoras für diese Aufgaben notwendig bzw. hilfreich ist.

Erkundungen

1 Der Satz des Thales

Zeichne in dein Heft zwei Punkte A und B. Lege einen rechteckigen Gegenstand (Buch, Heft…) so, dass zwei angrenzende Seiten jeweils auf den beiden Punkten liegen. Markiere in deinem Heft an der Ecke der beiden Seiten einen Punkt P. Wiederhole dies mit verschiedenen Lagen des Gegenstandes und ergänze jeweils den Punkt P. Schreibe auf, was dir auffällt. Vergleiche deine Ergebnisse mit denen deiner Mitschülerinnen und Mitschüler.

Rechtwinklige Dreiecke spielen bei Konstruktionen und Vermessungen eine wichtige Rolle. Ein besonderer Zusammenhang zwischen einem Kreis und rechtwinkligen Dreiecken wird im Folgenden dargestellt. Dieser kann auch zur Konstruktion rechtwinkliger Dreiecke genutzt werden.

Zeichnet man in einen Halbkreis mehrere Dreiecke ein, die wie in Fig. 1 alle die Seite $\overline{AB}$ gemeinsam haben, so stellt man fest, dass alle so gezeichneten Dreiecke rechtwinklig sind. Dies wird im Folgenden mithilfe von Fig. 2 begründet.

Die Punkte A und B liegen auf dem Halbkreis und sind daher vom Mittelpunkt M des Halbkreises gleich weit entfernt. Das gilt auch für jeden anderen Punkt C auf dem Halbkreis. Es gilt also $\overline{MA} = \overline{MB} = \overline{MC}$. Daher sind das Dreieck AMC und das Dreieck MBC in Fig. 2 gleichschenklig. Im Dreieck AMC sind die Winkel γ_1 und α gleich groß und im Dreieck MBC die Winkel γ_2 und β. Die Winkelsumme in Dreiecken beträgt 180°.
Also gilt: $\alpha + \beta + \gamma_1 + \gamma_2 = 180°$
Wenn man in dieser Gleichung $\alpha = \gamma_1$ und $\beta = \gamma_2$ einsetzt, erhält man
$\gamma_1 + \gamma_2 + \gamma_1 + \gamma_2 = 2 \cdot (\gamma_1 + \gamma_2) = 180°$ bzw. $\gamma_1 + \gamma_2 = 90°$. Der Winkel bei C beträgt also 90°.

Zur Erinnerung:
In einem gleichschenkligen Dreieck sind die Basiswinkel gleich groß.

Satz des Thales

Wenn der Punkt C eines Dreiecks ABC auf einem Kreis mit dem Durchmesser $\overline{AB}$ und dem Mittelpunkt $M_{\overline{AB}}$ liegt, dann hat das Dreieck bei C einen rechten Winkel.

Der Kreis über dem Durchmesser $\overline{AB}$ heißt **Thaleskreis** über $\overline{AB}$.

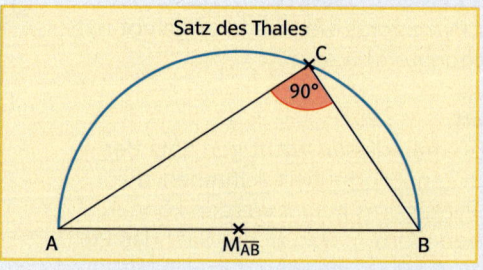

Es gilt auch die **Umkehrung des Satzes des Thales**: Wenn ein Punkt C mit zwei Punkten A und B ein rechtwinkliges Dreieck bildet, dann liegt C auf dem Thaleskreis über $\overline{AB}$. Dass dies gilt, kann man sehen, wenn man die Ecke C des roten Dreiecks ABC auf dem Strahl g bewegt. Nach dem Satz des Thales ist der Winkel bei C ein rechter Winkel.

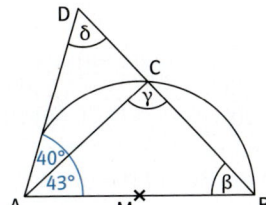

Das lässt sich auch mit einem DGS ausprobieren.

Sobald man nun den Eckpunkt C auf dem Strahl g ins Innere des Halbkreises auf den Mittelpunkt M zubewegt, vergrößert sich der Winkel bei C. Bewegt man C umgekehrt von M weg, so verkleinert sich der Winkel.

Beispiel 1 Winkel mit dem Satz des Thales bestimmen

M ist der Mittelpunkt des Kreises. Bestimme die Winkel in der Figur.

Lösung
1. Da C auf dem Thaleskreis über $\overline{AB}$ liegt, gilt $\gamma = 90°$ (Satz des Thales).
2. $\beta = 180° - 90° - 43° = 47°$
   (Winkelsumme im Dreieck ABC)
3. $\delta = 180° - 40° - 43° - 47° = 50°$
   (Winkelsumme im Dreieck ABD) *oder*
   Für den Nebenwinkel von γ gilt $180° - 90° = 90°$. Damit folgt mit der Winkelsumme im Dreieck ACD $\delta = 180° - 40° - 90° = 50°$.

Beispiel 2 Mit dem Satz des Thales konstruieren

Gegeben ist eine Strecke $\overline{AB} = 6\,cm$. Konstruiere ein rechtwinkliges Dreieck mit $\gamma = 90°$ und der Höhe $h_c = 2\,cm$. Beschreibe, wie du vorgehst.

Lösung
1. Zeichne die Strecke $\overline{AB}$.
2. Zeichne um den Mittelpunkt M der Strecke $\overline{AB}$ einen Kreis durch die Punkte A und B.
3. Zeichne die beiden Parallelen der Strecke $\overline{AB}$ im Abstand von 2 cm.
4. Zeichne das Dreieck ABC mit einem der vier Schnittpunkte des Kreises mit den beiden Parallelen.

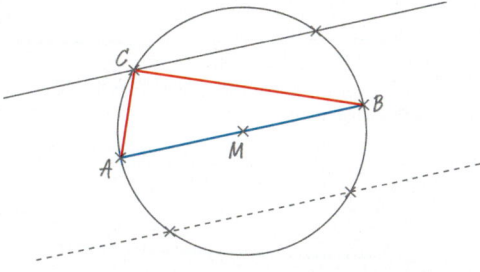

Aufgaben

1 a) Zeichne fünf Dreiecke mit $\overline{AB} = 5\,cm$ und $\gamma = 90°$.
b) Zeichne einen Kreis mit dem Radius 4 cm. Bestimme drei Punkte A, B und C auf dem Kreis so, dass das Dreieck ABC rechtwinklig ist.

2 Ordne die Kärtchen den Abbildungen zu.

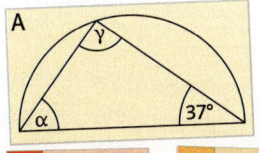 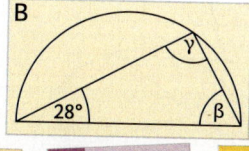 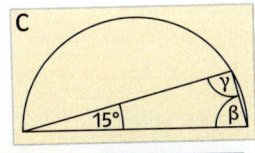

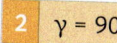  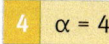  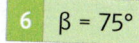

3 Bestimme die Größe der bezeichneten Winkel.

a)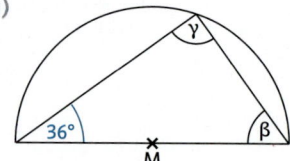
b)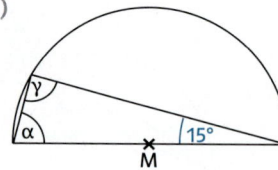
c)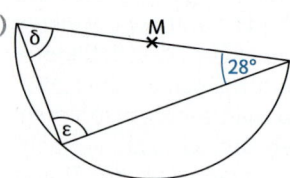

4 **Finde den Fehler!**
Lasse hat den Winkel α = 32° gemessen und anschließend die Größe des Winkels β mithilfe des Satzes von Thales mit 58° bestimmt. Gib an, welcher Fehler ihm dabei unterlaufen ist.

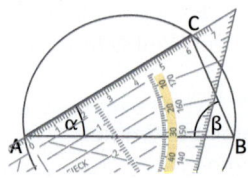

β = 90° − 32° = 58°
...wegen Satz des Thales.

5 Zeichne zuerst eine Planfigur. Konstruiere ein Dreieck ABC mit den angegebenen Werten.
a) $\overline{AB}$ = 9 cm; $\overline{AC}$ = 6 cm; γ = 90°
b) $\overline{AC}$ = 7 cm; $\overline{AB}$ = 6 cm; β = 90°
c) $\overline{AB}$ = 5 cm; h_c = 2 cm; γ = 90°
d) $\overline{BC}$ = 8 cm; h_a = 1 cm; α = 90°

6 Das rote Dreieck ist gleichseitig. Bestimme die angegebenen Winkel in der Figur.

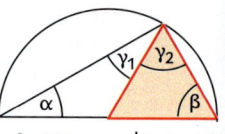

Teste dich!

7 Zeichne zuerst eine Planfigur. Konstruiere ein Dreieck ABC aus.
a) $\overline{AB}$ = 7,5 cm; $\overline{AC}$ = 4 cm; γ = 90°
b) $\overline{BC}$ = 3 cm; $\overline{AC}$ = 6 cm; β = 90°
c) $\overline{AB}$ = 8 cm; h_c = 1 cm; γ = 90°
d) $\overline{AC}$ = 4 cm; h_b = 2 cm; β = 90°

8 In der Figur ist M der Mittelpunkt des Halbkreises. Bestimme die Winkel in der Figur.

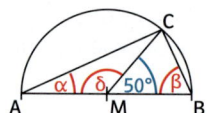

9 Das Dreieck ABC ist gleichschenklig mit der Basis $\overline{AB}$. Bestimme die Größe der Winkel und gib jeweils eine Begründung an.

a)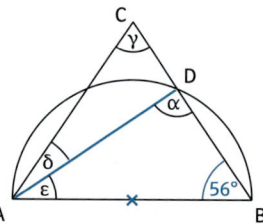
b)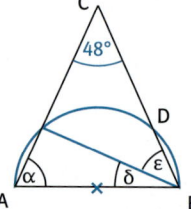

10 a) Berechne die bezeichneten Winkel in Fig. 1.
b) Begründe, dass die Winkel α und β in Fig. 2 gleich groß sind.

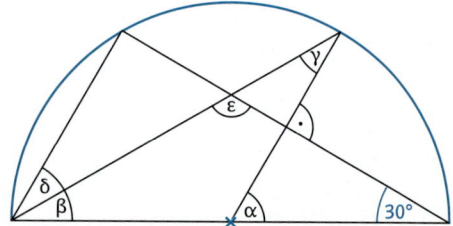

Fig. 1

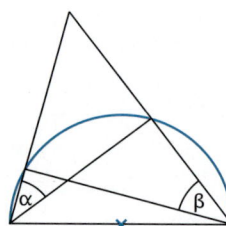

Fig. 2

III Formeln für Figuren und Körper

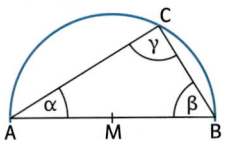

11 Ordne die Kärtchen mit dem Nachweis des Satzes des Thales in die richtige Reihenfolge.

A	und damit α + β = 90°.
B	Die Winkelsumme im Dreieck ABC beträgt 180°.
C	weil die Punkte A, B und C auf dem Halbkreis mit Mittelpunkt M liegen.
D	Zeichne die Dreiecke AMC und CMB.
E	ist der Winkel γ bei C 90° groß.
F	Also sind im Dreieck AMC die Winkel bei A und C und im Dreieck CMB die Winkel bei C und B gleich groß.
G	Da α + β dem Winkel γ bei C entspricht,
H	Man betrachtet ein Dreieck, bei dem der Punkt C auf dem Halbkreis mit dem Mittelpunkt M und dem Durchmesser AB liegt.
I	Die Dreiecke sind gleichschenklig,
J	Mit dem Winkel α bei A und β bei B erhält man also α + α + β + β = 180°

12 Erläutere, wie man mithilfe des Heftes den Mittelpunkt des Kreises bestimmen kann.

Teste dich!   Lösungen | Seite 257

13 In Fig. 1 ist M die Mitte der Strecke $\overline{AB}$ und $\overline{AQ} = \overline{QR}$. Berechne die Größen der eingezeichneten Winkel.

14 Verbindet man zwei gleich lange Holzleisten in der Mitte und umspannt sie mit einer Schnur, so bildet die Schnur ein Viereck. Begründe mithilfe des Satzes des Thales, dass das Viereck ein Rechteck ist.

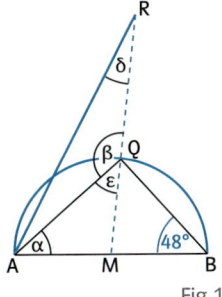

Fig. 1

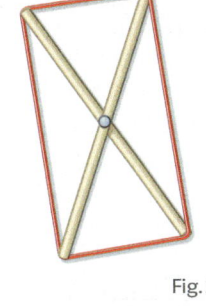

Fig. 2

15 Beim dargestellten Kran wird die Höhe des Arms über die linke Rolle gesteuert. Der rechte Fuß ist fest am Boden fixiert. Erläutere mithilfe des Satzes des Thales, wie sich das Gewicht am Arm bewegt, wenn man die Rolle nach links bzw. nach rechts bewegt.

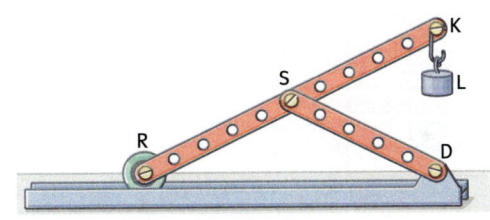

16 a) Führe folgende Schritte mithilfe einer dynamischen Geometriesoftware aus:
   1. Zeichne einen Punkt A auf der x-Achse zwischen (0|0) und (10|0).
   2. Konstruiere einen Punkt B auf der y-Achse, der von A den Abstand 10 hat.
   3. Konstruiere den Mittelpunkt M der Strecke $\overline{AB}$.
   b) Stelle mithilfe der Spurfunktion eine Vermutung auf, wo der Punkt M liegt, wenn man A zwischen (0|0) und (10|0) verschiebt. Begründe mithilfe des Satzes von Thales.

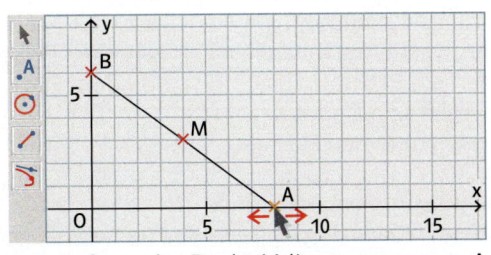

Teste dein Grundwissen!   Wurzel ziehen   **Grundwissen**
                                                                Seite 231
                                                                Lösungen | Seite 257

G 17 Bestimme die Wurzel und führe eine Probe durch.

a) $\sqrt{6400}$ b) $\sqrt{0{,}09}$ c) $\sqrt{\frac{144}{49}}$ d) $\sqrt{2{,}56}$

1 Der Satz des Thales   75

2 Der Satz des Pythagoras

Rechts wurde vergeblich versucht, mit acht Streichhölzern ein rechtwinkliges Dreieck zu legen. Wenn das Dreieck rechtwinklig sein soll, bleibt eine Lücke. Probiert aus, ob es möglich ist, mit 10, 11 oder 12 Streichhölzern ein rechtwinkliges Dreieck zu legen.

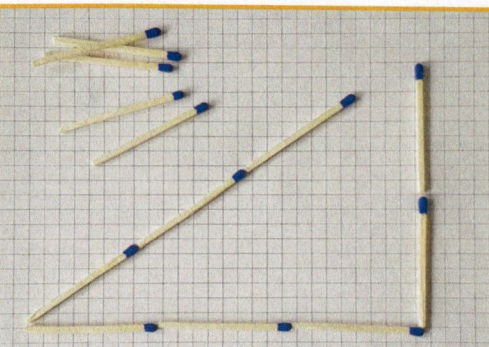

Rechtwinklige Dreiecke wurden bisher wie z. B. beim Satz des Thales mithilfe von Konstruktionen mit Zirkel und Lineal untersucht. Man kann aber auch Größen in solchen Dreiecken berechnen. Die berechneten Werte sind meist genauer als die konstruierten und abgelesenen Werte.

Eines der wichtigsten Hilfsmittel zur Berechnung von Größen im rechtwinkligen Dreieck ist der Satz des Pythagoras. Mithilfe dieses Satzes kann man bei zwei bekannten Seitenlängen im rechtwinkligen Dreieck die dritte Seitenlänge berechnen.

In Fig. 1 und Fig. 2 sind vier kongruente rechtwinklige Dreiecke mit den Seiten a, b und c unterschiedlich angeordnet. In beiden Fällen füllen die Dreiecke Teile der gleich großen rot umrandeten Quadrate aus. Die verbleibenden weißen Flächen des Quadrats müssen somit gleich groß sein.

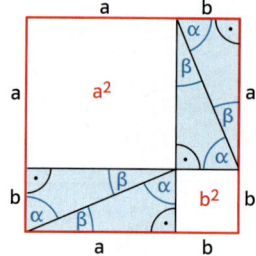

Fig. 1

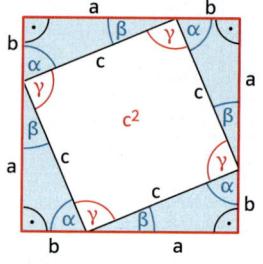

Fig. 2

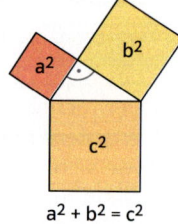

$a^2 + b^2 = c^2$

Da die Winkelsumme in den rechtwinkligen gelben Dreiecken 180° beträgt, gilt $\alpha + \beta = 90°$. Jeweils zwei der rechtwinkligen Dreiecke bilden ein Rechteck. Die beiden weißen Vierecke sind Quadrate mit den Seiten a bzw. b und den Flächeninhalten a^2 bzw. b^2.

Mit $\alpha + \beta + \gamma = 180°$ und $\alpha + \beta = 90°$ erhält man $\gamma = 90°$. Das weiße Viereck ist daher ein Quadrat mit der Seitenlänge c und dem Flächeninhalt c^2.

Da die Flächen übereinstimmen, erhält man $a^2 + b^2 = c^2$. Die Seite c, die dem rechten Winkel gegenüberliegt, ist die längste Seite des rechtwinkligen Dreiecks und heißt **Hypotenuse**. Die beiden kürzeren Seiten a und b heißen **Katheten**. Damit gilt:

Satz des Pythagoras

Wenn ein Dreieck rechtwinklig ist, dann gilt für die Längen a und b der Katheten und für die Länge c der Hypotenuse: $a^2 + b^2 = c^2$

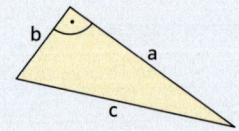

Pythagoras von Samos
(etwa 570 v. Chr. - 475 v. Chr.)

Es gilt auch die **Umkehrung des Satzes des Pythagoras**: Wenn in einem Dreieck für die Seitenlängen a, b und c die Gleichung $a^2 + b^2 = c^2$ erfüllt ist, dann hat das Dreieck gegenüber der Seite c einen rechten Winkel.
Mit der Umkehrung des Satzes des Pythagoras kann man alleine durch eine Rechnung entscheiden, ob ein Dreieck rechtwinklig ist oder nicht.

Beispiel 1 Katheten und Hypotenusen erkennen und berechnen
a) Formuliere den Satz des Pythagoras für das abgebildete Dreieck.
b) Berechne s, wenn r = 6,5 cm und t = 3,8 cm ist.
c) Berechne t, wenn r = 4,3 cm und s = 12,1 cm ist.

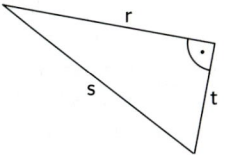

Lösung
a) Das Dreieck ist rechtwinklig mit der Hypotenuse s und den Katheten r und t. Damit gilt $r^2 + t^2 = s^2$.
b) Für die Hypotenuse gilt: $s = \sqrt{r^2 + t^2} = \sqrt{(6{,}5\,cm)^2 + (3{,}8\,cm)^2} = \sqrt{56{,}69\,cm^2} \approx 7{,}5\,cm$.
c) Aus $r^2 + t^2 = s^2$ folgt:
$t^2 = s^2 - r^2$ bzw. $t = \sqrt{s^2 - r^2} = \sqrt{(12{,}1\,cm)^2 - (4{,}3\,cm)^2} = \sqrt{127{,}92\,cm^2} \approx 11{,}3\,cm$.

Man kann die **Rechnung mit und ohne Einheiten** notieren. Es ist dann sinnvoll, die Einheiten wegzulassen, wenn die Rechnung dadurch übersichtlicher wird. Grundsätzlich muss man bei der Rechnung darauf achten, die Einheiten anzupassen.

Beispiel 2 Ein Dreieck auf Rechtwinkligkeit überprüfen
Überprüfe, ob das Dreieck mit den angegebenen Seitenlängen rechtwinklig ist und gib gegebenenfalls an, an welcher Ecke der rechte Winkel liegt.
a) a = 17 mm, b = 8 mm und c = 15 mm
b) a = 7 m, b = 12 m und c = 900 cm

Lösung
a) Da a die längste Seite ist, kann nur a die Hypotenuse sein. Es gilt $b^2 + c^2 = 8^2 + 15^2 = 289$ und $a^2 = 17^2 = 289$, also $b^2 + c^2 = a^2$. Das Dreieck ist rechtwinklig. Der rechte Winkel liegt bei A.

b) Da b die längste Seite ist, kann nur b die Hypotenuse sein.
Es gilt $a^2 + c^2 = 7^2 + 9^2 = 130$ und $b^2 = 12^2 = 144$. Da $130 \neq 144$ ist, ist das Dreieck nicht rechtwinklig.

Aufgaben

1 Jede Gleichung gehört zu einem Dreieck. Ordne zu.

A $u^2 = v^2 + w^2$
B $w^2 - u^2 = v^2$
C $u^2 + w^2 = v^2$
E $u^2 = v^2 - w^2$
D $u^2 + v^2 = w^2$
F $u^2 - w^2 = v^2$

2 ⊠ Berechne die Länge der Hypotenuse.

a) 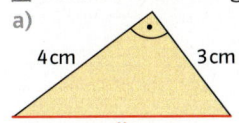 4 cm, 3 cm, x
b) 6 mm, 8 mm, x
c) 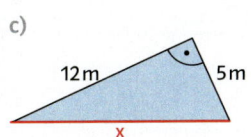 12 m, 5 m, x
d) 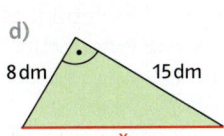 8 dm, 15 dm, x

→ Du findest Hilfe in Beispiel 1, Seite 77.

3 Berechne die fehlende Kathetenlänge. Runde auf zwei Nachkommastellen.

a) 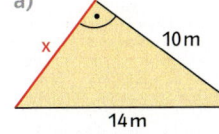 x, 10 m, 14 m
b) 20 cm, x, 23 cm
c) 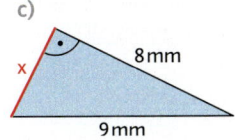 x, 8 mm, 9 mm
d) 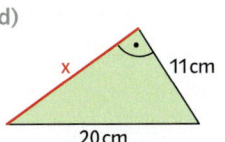 x, 11 cm, 20 cm

→ Du findest Hilfe in Beispiel 1, Seite 77.

○ **4** Berechne die fehlende Seitenlänge.

a) 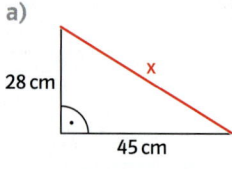   b) 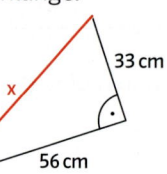   c) 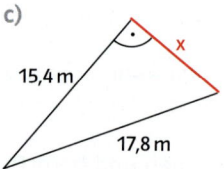   d)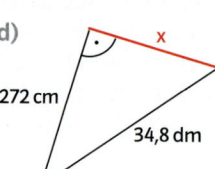

Du findest Hilfe in Beispiel 1, Seite 77.

○ **5** Prüfe, ob das Dreieck mit den angegebenen Seiten rechtwinklig ist.
a) a = 5 cm, b = 12 cm, c = 13 cm
b) a = 4 cm, b = 6 cm, c = 5 cm
c) a = 7 cm, b = 25 cm, c = 24 cm
d) a = 8 cm, b = 9 cm, c = 12 cm

Du findest Hilfe in Beispiel 2, Seite 77.

○ **6** Eine Leiter der Länge 1,5 m wird an eine Wand gelehnt. Der Abstand der Fußpunkte der Leiter bis zur Wand beträgt 30 cm. Berechne, wie hoch die Leiter an der Wand steht.

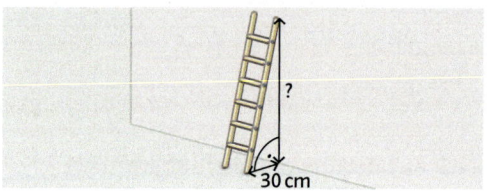

Teste dich!

Lösungen | Seite 257

7 Berechne die Länge der Seite x im Dreieck in der Figur.

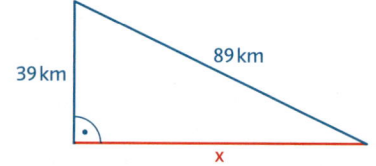

8 Prüfe, ob das Dreieck mit den Seitenlängen a = 10 m, b = 13 m und c = 8 m rechtwinklig ist.

9 Nach den Herstellerangaben hat ein Monitor eine Breite von 48 cm und eine Höhe von 32 cm. Berechne mit diesen Angaben die Länge der Bildschirmdiagonale.

10 Berechne, in welcher Höhe über dem Erdboden sich der Drache befindet, wenn das Mädchen seine Hand auf einer Höhe von 1,50 m hält.

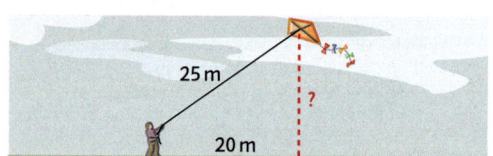

11 Ein Bild wird mithilfe einer Schnur der Länge 70 cm aufgehängt. Der Abstand a der beiden Aufhängepunkte beträgt 50 cm. Berechne den Durchhang h der Schnur, wenn man für die Befestigung der Schnur am Rahmen 10 cm Schnur benötig.

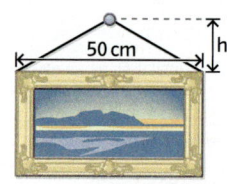

12 Finde den Fehler!
Erkläre, was falsch gemacht wurde, und korrigiere im Heft.

a) 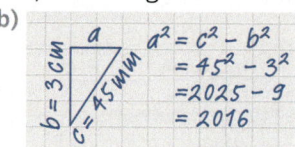   b)   c)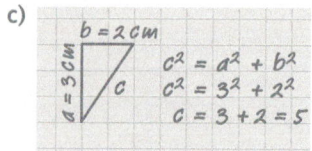

13 Wahr oder falsch?
Sind die folgenden Aussagen wahr oder falsch? Begründe deine Entscheidung.
a) Es gibt ein gleichschenkliges Dreieck mit den Seitenlängen a, b und c, sodass $a^2 + b^2 = c^2$ gilt.
b) Es gibt ein gleichseitiges Dreieck mit den Seitenlängen a, b und c, sodass $a^2 + b^2 = c^2$ gilt.
c) Es gibt ein rechtwinkliges Dreieck mit den Seitenlängen a, b und c, sodass $a^2 + c^2 = b^2$ gilt.

14 Abstand von Punkten im Koordinatensystem
a) Berechne mit dem Satz des Pythagoras den Abstand der beiden Punkten A und B in der Grafik rechts. Übertrage sie anschließend in dein Heft und kontrolliere den berechneten Abstand durch eine Messung.
b) Beschreibe ein Verfahren, mit dem man allgemein mithilfe des Satzes des Pythagoras den Abstand d zweier Punkte in einem Koordinatensystem bestimmen kann. Gib an, welche Vorteile das rechnerische Verfahren gegenüber dem Ablesen hat.
c) Berechne den Abstand der beiden Punkte durch Messung und Rechnung.
  (1) A(1|1) und B(4|7)   (2) C(2|3) und D(5|4)   (3) E(8|6) und F(3|2)
  (4) G(-3|1) und H(4|6)   (5) I(7|-4) und J(-3|2)   (6) K(0|-8) und L(-2|-1)

Tipp: Eine Skizze kann helfen.

Teste dich!
Lösungen | Seite 257

15
Berechne, wie hoch eine Klappleiter von 3,10 m Länge reicht, wenn für einen sicheren Stand eine Standbreite von 1,40 m vorgeschrieben ist.

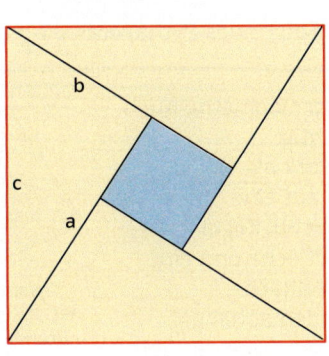

16
Berechne den Abstand der beiden Punkte.
a) A(2|6) und B(4|8)   b) C(3|9) und D(5|2)

17
Rechts sind vier rechtwinklige kongruente Dreiecke so zusammengesetzt, dass sie ein Quadrat umschließen. Drücke den Flächeninhalt des umschlossenen blauen Quadrats mithilfe der Katheten a und b aus. Drücke anschließend den Flächeninhalt des blauen Quadrats mithilfe der Fläche des rotumrandeten Quadrats und den Flächen der vier kongruenten Dreiecke aus. Setze die beiden Gleichungen gleich und leite durch Umformungen den Satz des Pythagoras her.

Teste dein Grundwissen! Wurzeln geschickt im Kopf berechnen und überschlagen
Grundwissen Seite 231
Lösungen | Seite 257

G 18
Berechne bzw. überschlage im Kopf, indem du die Rechenregeln für Wurzeln anwendest.
a) $\sqrt{576}$ b) $\sqrt{1296}$ c) $\frac{\sqrt{27}}{\sqrt{12}}$ d) $\sqrt{2 \cdot 98}$

3 Pythagoras in Figuren und Körpern

Ein 9,5 cm hohes Glas hat am Boden einen Durchmesser von 4 cm und am oberen Glasrand einen Durchmesser von 6,5 cm. Ein Trinkhalm schaut 5 cm aus dem Glas heraus.
Wie lang muss der Strohhalm sein, damit er 5 cm aus dem Glas herausragt?

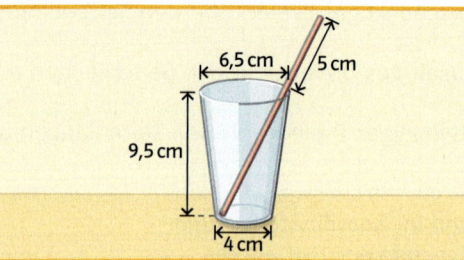

Mithilfe des Satzes des Pythagoras können in rechtwinkligen Dreiecken Seitenlängen berechnet werden. Um in Figuren und Körpern Streckenlängen zu berechnen, kann man geeignete rechtwinklige Dreiecke suchen und deren Seitenlängen dann mit dem Satz des Pythagoras berechnen. Wie man dabei vorgeht, wird an einem Beispiel gezeigt.

Raumdiagonale in einem Quader
Um bei einem Quader mit den Kantenlängen a, b und c die Länge der Raumdiagonale d zu bestimmen, kann man zunächst die Diagonale d_1 der Grundfläche bestimmen. Da das blau dargestellte Dreieck ABC bei B einen rechten Winkel hat, erhält man mithilfe des Satzes des Pythagoras $d_1^2 = a^2 + b^2$.

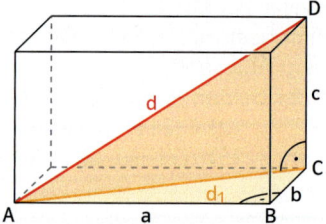

Das grün dargestellte Dreieck ist ebenfalls rechtwinklig mit dem rechten Winkel bei C. Daher kann man den Satz des Pythagoras <u>ein zweites</u> Mal anwenden und erhält $d^2 = d_1^2 + c^2 = a^2 + b^2 + c^2$ und damit $d = \sqrt{a^2 + b^2 + c^2}$.

Strategie zur Berechnung von Streckenlängen in der Ebene und im Raum
1. Fertige eine Skizze an und beschrifte sie mit den gegebenen und gesuchten Streckenlängen.
2. Suche nach rechtwinkligen Dreiecken. Eventuell sind zusätzliche Hilfslinien nötig. Beschrifte auch diese.
3. Berechne mithilfe des Satzes des Pythagoras die gesuchten Streckenlängen.

Neben Quadern sind in der Geometrie auch Kegel und Pyramiden wichtig.
Pyramiden haben ein Vieleck als Grundfläche; die Kanten laufen auf eine Spitze außerhalb der Grundfläche zu. **Kegel** haben eine Kreisfläche als Grundfläche und eine Spitze außerhalb der Grundfläche.
Pyramiden und Kegel werden abhängig von der Grundfläche und der Lage der Spitze unterschiedlich bezeichnet. Bei einer **schiefen Pyramide** oder einem **schiefen Kegel** liegt die Spitze nicht senkrecht über dem Mittelpunkt der Grundfläche.

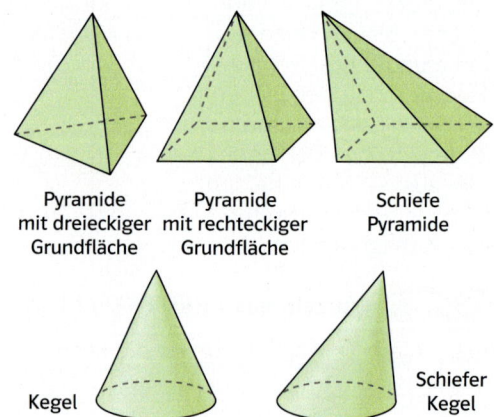

Beispiel Rechtwinklige Dreiecke in Körpern – Lösungswege beschreiben

Das Dach eines Kirchturms hat die Form einer quadratischen Pyramide mit den Grundkanten a = 4 m und der Höhe h = 3 m.
a) Zeichne ein Schrägbild des Daches im Maßstab 1:100.
b) Zeichne ein geeignetes rechtwinkliges Dreieck ein, mit dessen Hilfe man die Dachfläche berechnen kann. Berechne den Flächeninhalt des Daches.
c) Berechne die Länge der Seitenkanten s der Pyramide auf zwei verschiedene Arten.

Lösung

a) Beim Maßstab 1:100 entspricht 1 m = 100 cm in der Wirklichkeit 1 cm in der Abbildung. Die Grundkanten a der Pyramide wurden daher in der Abbildung 4 cm lang gezeichnet, wobei die schräg nach hinten laufenden Kanten verkürzt dargestellt werden. Um die Spitze der Pyramide einzuzeichnen, zeichnet man zunächst die beiden Diagonalen der Grundfläche und geht dann vom Schnittpunkt P aus 3 cm nach oben.

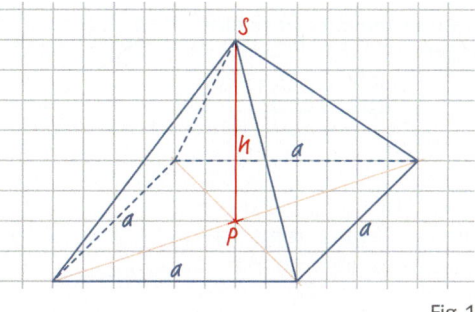
Fig. 1

b) Das Dreieck MPS ist rechtwinklig mit den Katheten $\frac{a}{2}$ und h und der Hypotenuse h_1 (vgl. Fig. 2). Mithilfe des Satzes des Pythagoras erhält man

$h_1^2 = \left(\frac{a}{2}\right)^2 + h^2$ und damit

$h_1 = \sqrt{\left(\frac{a}{2}\right)^2 + h^2} = \sqrt{(2\,m)^2 + (3\,m)^2} \approx 3{,}6\,m.$

Für den Flächeninhalt des Daches gilt dann

$A = 4 \cdot \left(\frac{1}{2} \cdot a \cdot h_1\right) \approx 2 \cdot 4\,m \cdot 3{,}6\,m = 28{,}8\,m^2.$

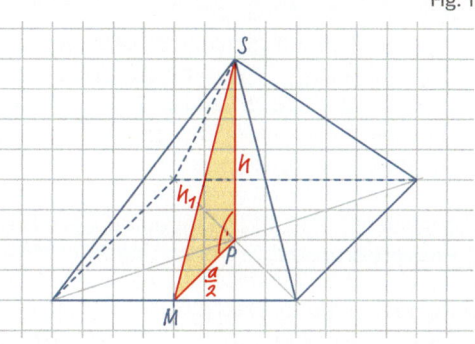
Fig. 2

c) 1. Möglichkeit:
Das Dreieck AMS ist rechtwinklig mit den Katheten $\frac{a}{2}$ und h_1 und der Hypotenuse s (vgl. Fig. 3). Mithilfe des Satzes des Pythagoras erhält man

$s^2 = \left(\frac{a}{2}\right)^2 + h_1^2$ und damit

$s = \sqrt{\left(\frac{a}{2}\right)^2 + h_1^2} = \sqrt{(2\,m)^2 + (3{,}6\,m)^2} \approx 4{,}1\,m.$

2. Möglichkeit:
Das Dreieck APS ist rechtwinklig mit den Katheten h und $\overline{AP}$.
Die Strecke $\overline{AP}$ ist halb so lang wie die Hypotenuse $\overline{AC}$ im rechtwinkligen Dreieck ABC (vgl. Fig. 4).

Es gilt $\overline{AC}^2 = a^2 + a^2 = 2a^2$, also $AC = \sqrt{2}\,a.$

Mit $\overline{AP} = \frac{\overline{AC}}{2} = \frac{\sqrt{2}\,a}{2} = \frac{a}{\sqrt{2}}$ erhält man

$s^2 = \overline{AP}^2 + h^2$ und damit

$s = \sqrt{\overline{AP}^2 + h^2} = \sqrt{\left(\frac{a}{\sqrt{2}}\right)^2 + h^2} = \sqrt{\frac{a^2}{2} + h^2}$

$= \sqrt{\frac{(4\,m)^2}{2} + (3\,m)^2} \approx 4{,}1\,m.$

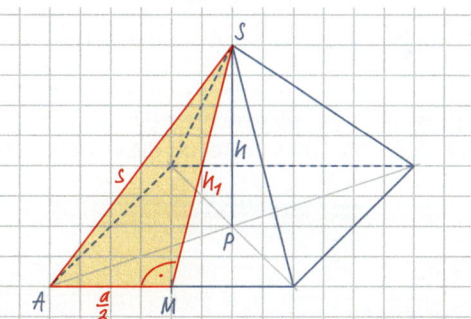
Fig. 3

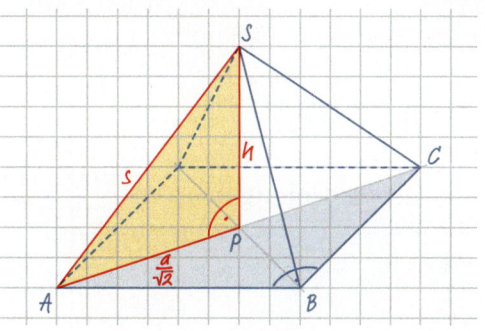
Fig. 4

Aufgaben

1 a) Ein Rechteck ist 15,5 cm lang und 7,2 cm breit. Berechne die Längen der Diagonalen.
b) Die Diagonalen eines Quadrats sind 7 cm lang. Zeichne das Quadrat. Miss seine Seitenlänge. Kontrolliere dein Ergebnis durch eine Rechnung.
c) In einem gleichschenkligen Dreieck ist die Basis 5 cm lang, die Schenkel sind 8 cm lang. Berechne die Höhe zur Basis und den Flächeninhalt des Dreiecks. Erstelle eine geeignete Skizze.

→ Du findest Hilfe im Beispiel, Seite 81.

Zur Erinnerung:

2 ⊠ Ordne jeder Aufgabe mögliche Dreiecke zu und löse die Aufgabe.
a) Eine Leiter ist 4,50 m lang. Sie muss mindestens 1,50 m von der Wand entfernt aufgestellt werden. Bestimme die Höhe der Leiter.
b) Eine Klappleiter ist 2,50 m lang. Für einen sicheren Stand ist eine Standbreite von 1,20 m vorgeschrieben. Bestimme die Höhe der Leiter.
c) Zwischen zwei Häusern wird ein Seil gespannt. In die Seilmitte wird eine Lampe gehängt. Die beiden Haken sind auf gleicher Höhe angebracht und 4,50 m voneinander entfernt. Das Seil ist 5,10 m lang. Bestimme die Höhe des Durchhangs.
d) Ein Fahnenmast wird mit Drahtseilen an der Erde befestigt. Sie sind 5,10 m lang und werden am Mast in einer Höhe von 4,50 m angebracht. Bestimme, wie groß der Platz um den Mast mindestens sein muss.

3 Untersuche, ob es möglich ist, eine 3,2 m lange und 2,1 m breite rechteckige Holzplatte durch eine Tür zu transportieren, die 2 m hoch und 80 cm breit ist.

4 Berechne zunächst die Länge der Strecke a. Berechne anschließend damit die Länge der Strecke b.

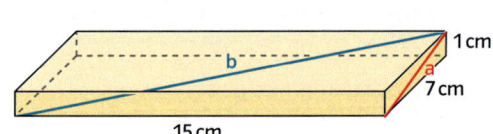

→ Du findest Hilfe im Beispiel, Seite 81.

5 ⊠ Unten ist das Schrägbild einer senkrechten Pyramide mit rechteckiger Grundfläche dargestellt. Dabei ist $\overline{AB} \neq \overline{BC}$. Überprüfe, ob die Formeln auf den Kärtchen stimmen.

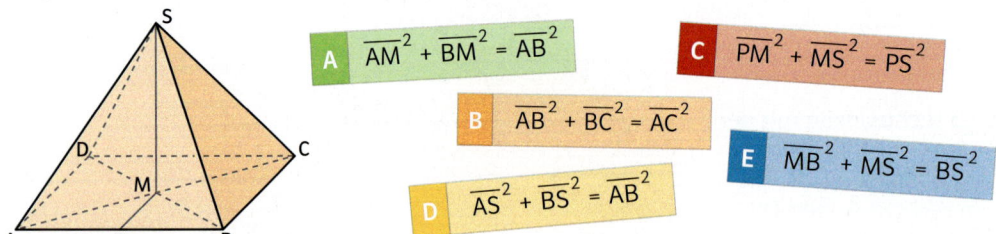

6 Rechts ist ein Körper aus zwei Kegeln mit dem Radius 8 cm und mit einer Seitenlänge s dargestellt.
a) Berechne die Länge der rot dargestellten Höhe h für s = 12 cm.
b) Berechne die Länge s für h = 36 cm.

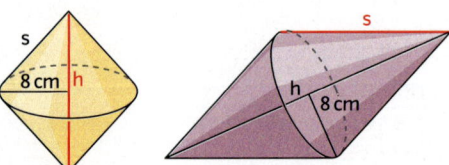

Teste dich!

Lösungen | Seite 258

7 Zeichne ein Rechteck mit den Seitenlängen 6 cm und 4 cm. Verbinde die vier Mittelpunkte der vier Seiten. Berechne die Seitenlängen des entstandenen Vierecks.

8 a) Zeichne das Schrägbild einer quadratischen Pyramide mit der Grundkante a = 8 cm und der Höhe h = 6 cm.
b) Markiere im Schrägbild den Mittelpunkt M einer Grundkante und zeichne die Verbindungsstrecke von M zur Spitze S. Berechne die Länge der Strecke $\overline{MS}$.
c) Berechne die Länge der vier Seitenkanten der Pyramide.

9 a) Bestimme den Flächeninhalt eines gleichseitigen Dreiecks mit einem Umfang von 1 m.
b) Bestimme den Umfang eines gleichseitigen Dreiecks mit einem Flächeninhalt von 1 m².

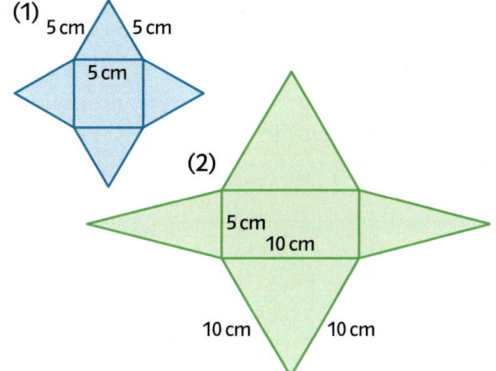

10 a) Erstelle Pyramiden mit den angegebenen Netzen und miss die Höhen der Pyramiden. Kontrolliere anschließend die Höhen durch eine Rechnung.
b) Berechne die Oberflächeninhalte der Pyramiden.

11 Zeichne das Schrägbild eines Quaders mit den Kantenlängen 8 cm, 5 cm und 3 cm.
a) Zeichne zwei verschieden lange Diagonalen in die Seitenflächen ein und berechne deren Längen.
b) Zeichne eine Raumdiagonale ein und berechne deren Länge.
c) Gib einen Schätzwert für die längste Strecke in deinem Klassenzimmer an. Miss die nötigen Größen und berechne sie anschließend.

12 a) Ein quaderförmiger Karton hat die Maße 60 cm × 40 cm × 30 cm. Zeichne ein Schrägbild im Maßstab 1 : 10.
b) Berechne, wie lang ein Stab höchstens sein dürfte, damit er in den Karton passt.
c) Bestimme, wie lang die Kantenlänge eines würfelförmigen Kartons mindestens sein müsste, damit ein Stab der Länge 10 cm hineinpasst.

13 Vor rund 4500 Jahren wurde die größte ägyptische Pyramide erbaut.
a) Die quadratische Grundfläche der Cheopspyramide hatte ursprünglich eine Seitenlänge von 230 m. Die Seitenkante der Pyramide war 219 m lang. Berechne die ursprüngliche Höhe.
b) Zeichne ein Schrägbild der Pyramide im Maßstab 1 : 2000.
c) Durch Verwitterung haben sich die Maße verändert: Heute hat die Cheopspyramide eine Grundkante von 227,5 m und eine Seitenkante von 211 m. Berechne, um wie viele Meter die Pyramide niedriger geworden ist.

14 Ben möchte möglichst schnell am Fähranleger sein, denn er ist schon spät dran. Auf Asphalt kann er $3\frac{m}{s}$ laufen, auf Sand schafft er nur $2\frac{m}{s}$. Er entscheidet sich für den direkten Weg über den Strand. Beurteile, ob das eine gute Wahl war.

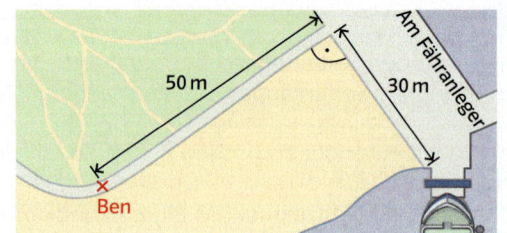

15 Der Körper rechts besteht aus einem Würfel und einer aufgesetzten Pyramide. Alle Kanten des Körpers haben die gleiche Länge $a = 4\,cm$.
a) Berechne die Höhe des Körpers.
b) Berechne die Länge $\overline{AS}$.
c) Berechne den Oberflächeninhalt des zusammengesetzten Körpers.

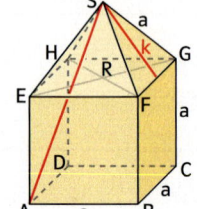

Teste dich!

→ Lösungen | Seite 258

16 Von einem Walmdach kennt man die Kantenlängen $a = 9\,m$, $b = 6\,m$, $c = 6\,m$ und $d = 7\,m$.
a) Zur Stabilisierung soll ein Balken B eingezogen werden, der mit zwei Stahlschnüren zusätzlich gesichert werden soll. Berechne die Länge des Balkens und der beiden Stahlschnüre.
b) Berechne den Flächeninhalt der gesamten Dachfläche.

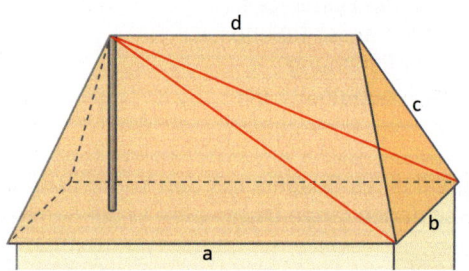

17 Die Deutsche Post bietet für die Versendung von kleineren Gegenständen preisgünstige Warensendungen an. Die Maße einer solchen Sendung dürfen maximal $35{,}3\,cm \times 25\,cm \times 5\,cm$ betragen. Vincent behauptet, er könne eine LP (Langspielplatte) mit einem Durchmesser von 12 Zoll (1 Zoll = 2,54 cm) als Warensendung versenden. Nimm dazu Stellung.

18 Nebenstehend sind drei Würfel mit einer Kantenlänge von 1 cm übereinander abgebildet.
a) Berechne die Raumdiagonalen d_1, d_2 und d_3.
b) Bestimme eine allgemeine Formel für d_n und berechne damit d_{10}.
c) Bestimme eine allgemeine Formel für d_n, wenn a die Kantenlänge der Würfel ist.

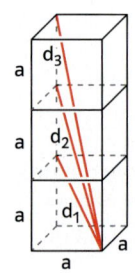

Teste dein Grundwissen! Quadratwurzeln überschlagen

→ Grundwissen Seite 237
Lösungen | Seite 258

G 19 Gib an, in welchem der markierten Bereiche die Wurzel liegt. Begründe.
a) $-\sqrt{2}$
b) $\sqrt{2{,}5}$
c) $\sqrt{50}$
d) $\sqrt{19}$
e) $\sqrt{75}$
f) $\sqrt{\frac{16}{3}}$

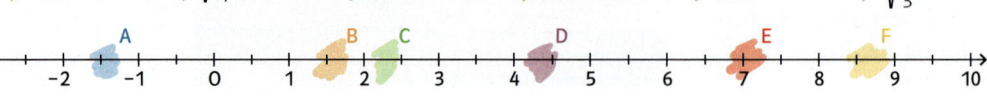

III Formeln für Figuren und Körper

4 Pyramiden und Kegel

Fabian schenkt auf einer Party kelchförmige Gläser zunächst bis zum Rand mit Orangensaft ein. Mit einer Flasche kann er sieben Gläser füllen. Da der Saft so nicht für alle Gäste reicht, schenkt er mit der nächsten Flasche die Gläser nur noch halb so hoch ein.
Nimm Stellung zu den drei Aussagen. Überprüfe gegebenenfalls durch Überlegungen oder ein geeignetes Experiment.

In der letzten Lerneinheit wurde gezeigt, wie man mithilfe des Satzes des Pythagoras Strecken in Pyramiden und Kegeln berechnen und damit z. B. Oberflächeninhalte von Pyramiden bestimmen kann. Jetzt wird gezeigt, wie man den Oberflächeninhalt von Kegeln und die Volumina von Pyramiden und Kegeln berechnen kann.

Pyramiden
Zur Herleitung einer Formel für das Volumen einer Pyramide wird als Spezialfall ein Würfel in sechs gleiche Pyramiden mit einer quadratischen Grundfläche zerlegt. Diese hat den Grundflächeninhalt $G = a^2$

und die Höhe $h = \frac{a}{2}$. Für das Volumen der

Pyramide gilt $V = \frac{1}{6} \cdot a^3$.

Wenn man das Volumen mithilfe der Grundfläche $G = a^2$ und der Höhe $h = \frac{a}{2}$ ausdrückt, erhält man

$V = \frac{1}{6} \cdot a^3 = \frac{1}{6} \cdot a^2 \cdot 2 \cdot \frac{a}{2} = \frac{1}{6} \cdot G \cdot 2 \cdot h = \frac{1}{3} \cdot G \cdot h$.

Man kann zeigen, dass diese Formel für alle Pyramiden gilt.

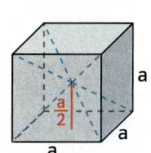
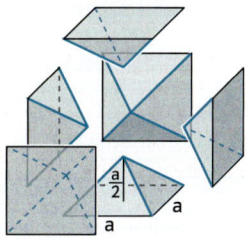

Die Herleitung für beliebige Pyramiden findest du in der Exkursion auf Seite 98.

Kegel
Verbindet man alle Punkte einer Kreislinie mit einem Punkt S außerhalb des Kreises, entsteht ein **Kegel** mit der **Spitze** S. Die Strecke s von der Spitze zur Kreislinie heißt **Mantellinie**. Einen Kegel kann man näherungsweise durch eine einbeschriebene Pyramide annähern. Je höher die Anzahl der Ecken dabei ist, desto besser wird die Pyramide angenähert und desto stärker nähert sich die Grundfläche einem Kreis an. Für das Volumen des Kegels gilt dann

$V = \frac{1}{3} \cdot G \cdot h = \frac{1}{3} \cdot \pi r^2 \cdot h$.

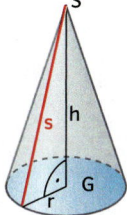
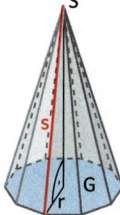

Das Netz einer Pyramide besteht aus der Grundfläche und den dreieckigen Seitenflächen. Betrachtet man das Netz eines Kegels, so erhält man neben der Grundfläche G einen Kreisausschnitt; dieser bildet die Mantelfläche des Kegels. Der

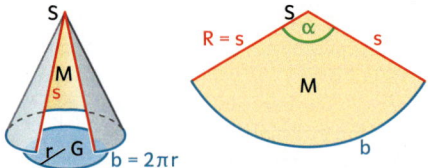

Bogen b des Kreisausschnitts entspricht dem Umfang des Grundkreises: $b = 2\pi r$.

Außerdem gilt $b = 2\pi s \cdot \frac{\alpha}{360°}$, denn die Mantelfläche ist ein Kreisausschnitt mit dem Radius s und dem Mittelpunktswinkel α. Durch Gleichsetzen erhält man

$2\pi r = 2\pi s \cdot \frac{\alpha}{360°} \quad \big| \cdot \frac{360°}{2\pi s}$. Daraus folgt $\frac{r}{s} \cdot 360° = \alpha$.

Für den Inhalt M der Mantelfläche gilt somit $M = \frac{\alpha}{360°} \pi \cdot s^2 = \frac{\frac{r}{s} \cdot 360°}{360°} \cdot \pi s^2 = r \cdot s \cdot \pi$.

Mit der Grundfläche $G = \pi \cdot r^2$ erhält man $O = G + M = \pi \cdot r^2 + \pi \cdot r \cdot s = \pi \cdot r \cdot (r + s)$.

Volumen von Pyramiden und Kegeln
Für das Volumen von Pyramiden und Kegeln mit der Grundfläche G und der Höhe h gilt
$V = \frac{1}{3} \cdot G \cdot h$.

Für einen Kegel mit dem Radius r und der Höhe h gilt insbesondere $V = \frac{1}{3} \cdot \pi r^2 \cdot h$.

Oberflächeninhalt eines Kegels
Bei einem Kegel mit dem Radius r, der Höhe h und der Mantellinie s gilt für den Oberflächeninhalt $O = \pi \cdot r \cdot (r + s)$ und für den a $M = \pi \cdot r \cdot s$.

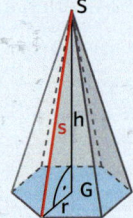 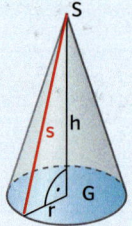

Beispiel Pyramide und Kegel
Eine Pyramide hat die Höhe $h = 3\,cm$. Ihre Grundfläche ist ein Quadrat mit der Seitenlänge $a = 4\,cm$.
a) Berechne das Volumen der Pyramide.
b) Die Pyramide kann in einen Kegel einbeschrieben werden (siehe Fig. 1). Berechne den Oberflächeninhalt des Kegels und überprüfe mit einem Überschlag.

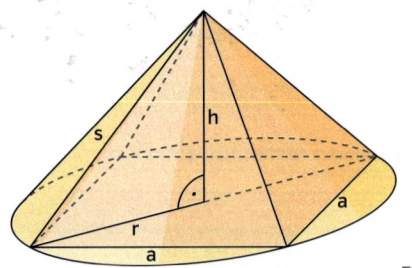

Fig. 1

Lösung
a) $V_{Pyramide} = \frac{1}{3} \cdot G \cdot h = \frac{1}{3} \cdot a^2 \cdot h = \frac{1}{3} \cdot (4\,cm)^2 \cdot 3\,cm = \frac{1}{3} \cdot 16\,cm^2 \cdot 3\,cm = 16\,cm^3$

b) Der Radius des Kegels lässt sich mit dem Satz des Pythagoras berechnen:

Mit $r^2 = \left(\frac{a}{2}\right)^2 + \left(\frac{a}{2}\right)^2$ erhält man $r = \sqrt{\left(\frac{a}{2}\right)^2 + \left(\frac{a}{2}\right)^2} = \sqrt{(2\,cm)^2 + (2\,cm)^2} = \sqrt{8}\,cm$.

Damit erhält man für die Mantellinie
$s^2 = r^2 + h^2$, also $s = \sqrt{r^2 + h^2} = \sqrt{(\sqrt{8}\,cm)^2 + (3\,cm)^2} = \sqrt{8\,cm^2 + 9\,cm^2} = \sqrt{17}\,cm$.

Für den Oberflächeninhalt gilt $O = \pi \cdot r \cdot (r + s) = \pi \cdot \sqrt{8}\,cm \cdot (\sqrt{8}\,cm + \sqrt{17}\,cm) \approx 61{,}77\,cm^2$.
Als Überschlag erhält man mit $\pi \approx 3$, $\sqrt{8} \approx 3$ und $\sqrt{17} \approx 4$
$O \approx 3 \cdot 3\,cm \cdot (3\,cm + 4\,cm) = 63\,cm^2$. Das Ergebnis des Überschlags stimmt gut mit dem berechneten Wert überein, also kann die Rechnung stimmen.

Aufgaben

1 Ordne die Formelkärtchen den Körpern zu.

(1) (2) (3) (4) (5) (6)

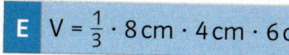

| A | $V = \frac{1}{3} \pi \cdot (4\,cm)^3$ | B | $V = \frac{1}{3} \pi \cdot (2\,cm)^2 \cdot 6\,cm$ | C | $V = \frac{1}{3} \cdot (6\,cm)^2 \cdot 4\,cm$ |
| D | $V \approx \frac{1}{3} \cdot 3{,}1 \cdot (6\,cm)^2 \cdot 2\,cm$ | E | $V = \frac{1}{3} \cdot 8\,cm \cdot 4\,cm \cdot 6\,cm$ | F | $V = \frac{1}{3} \cdot \frac{6\,cm \cdot 2\,cm}{2} \cdot 4\,cm$ |

→ Du findest Hilfe im Beispiel, Seite 86.

2 Die Abbildungen zeigen das Schrägbild und das Netz eines Kegels. Ordne einander entsprechende Linien in Netz und Schrägbild zu.

3 Berechne das Volumen einer Pyramide mit der Grundfläche G und der Höhe h. Die Lösungen findest du auf den Kärtchen.
 a) G = 30 cm²; h = 75 cm
 b) G = 81 m²; h = 10 m
 c) G = 10 cm²; h = 24 cm
 d) G = 6 cm²; h = 4 cm

| A | $V = 8\,cm^3$ | B | $V = 270\,m^3$ | C | $V = 750\,cm^3$ | D | $V = 80\,cm^3$ |

4 Berechne das Volumen einer Pyramide mit rechteckiger Grundfläche mit den Seitenlängen a und b sowie der Höhe h.
 a) a = 6 cm; b = 40 mm; h = 0,5 dm
 b) a = 7 m; b = 50 dm; h = 300 cm
 c) a = 10 cm; b = 5 dm; h = 6 m
 d) a = 2 dm; b = 1,5 m; h = 0,5 m

→ Du findest Hilfe im Beispiel, Seite 86.

5 a) Zeichne ein Netz einer quadratischen Pyramide mit den Seitenlängen a = 2,5 cm und der Höhe der Seitendreiecke h_a = 4 cm.
 b) Bestimme das Volumen und den Oberflächeninhalt der Pyramide.
 c) Bestimme das Volumen einer quadratischen Pyramide mit s = 3,5 cm und h = 3 cm.

6 Berechne das Volumen und den Oberflächeninhalt des Kegels mit dem Radius r und der Höhe h.
 a) r = 8 cm; h = 9 cm
 b) r = 12 m; h = 7 m
 c) r = 20 dm; h = 3,5 m
 d) r = 0,02 m; h = 45 mm

7 Überlege, welche Gegenstände die Form eines Kegels oder einer Pyramide haben. Schätze die Höhe, die Seitenlängen bzw. den Radius und fertige eine beschriftete Skizze an. Lass deinen Partner das Volumen berechnen und kontrolliere anschließend.

Teste dich!

Lösungen | Seite 25

8 Berechne das Volumen und den Oberflächeninhalt der beiden Körper.

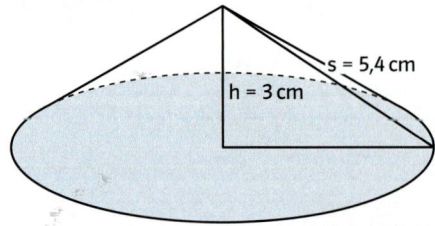
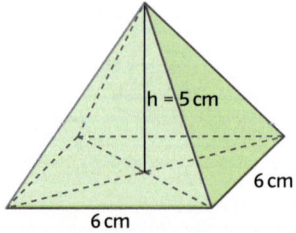

9 a) Berechne das Volumen eines Kegels mit dem Radius r = 6 cm und der Höhe h = 10 cm.
b) Untersuche, wie sich das Volumen des Kegels verändert, wenn man den Radius und die Höhe halbiert bzw. verdoppelt.

10 Ein Kegel hat den Radius 4 cm und die Höhe 7 cm.
a) Berechne sein Volumen.
b) Bestimme den Mittelpunktswinkel α des zur Mantelfläche gehörenden Kreisausschnitts.
c) Berechne die Mantelfläche und die Oberfläche des Kegels.

11 a) Berechne die Höhe einer quadratischen Pyramide mit der Grundfläche G = 20 cm² und dem Volumen V = 150 cm³.
b) Berechne den Radius eines Kegels mit der Höhe h = 10 cm und dem Volumen V = 1 dm³.
c) Berechne die Höhe eines Kegels mit dem Radius r = 4 cm und der Mantellinie s = 6 cm.

12 Der Buddenturm ist der älteste noch erhaltene Teil der ehemaligen Stadtbefestigung der westfälischen Stadt Münster. Die Gesamthöhe des Turmes beträgt ca. 30 m, davon entfallen 5 m auf die Höhe des kegelförmigen Daches. Der Radius des Turmes beträgt ca. 5 m.
a) Berechne mit diesen Angaben das Gesamtvolumen des Turmes.
b) Für die Dachdeckung des Kegeldaches veranschlagt eine Firma 175 € pro qm. Berechne die Gesamtkosten für eine Neueindeckung des Turmdaches.

13 Gilt immer – gilt nie – es kommt darauf an
Entscheide, ob die folgenden Aussagen immer gelten, nie stimmen oder nur in bestimmten Fällen richtig sind. Begründe.
a) Wenn man bei einer Pyramide die Höhe verdoppelt, so verdoppelt sich das Volumen.
b) Wenn man bei einer Pyramide die Höhe unverändert lässt und die Seitenlänge der quadratischen Grundfläche verdoppelt, so verdoppelt sich das Volumen.
c) Wenn man bei einem Kegel die Höhe beibehält und den Radius verdoppelt, so vervierfacht sich das Volumen.
d) Wenn man bei einem Kegel den Radius beibehält und die Höhe verdoppelt, so verdoppelt sich die Mantelfläche.

Teste dich!

Lösungen | Seite 258

14 Berechne Volumen und Oberflächeninhalt der Behälter einschließlich der Deckenflächen.

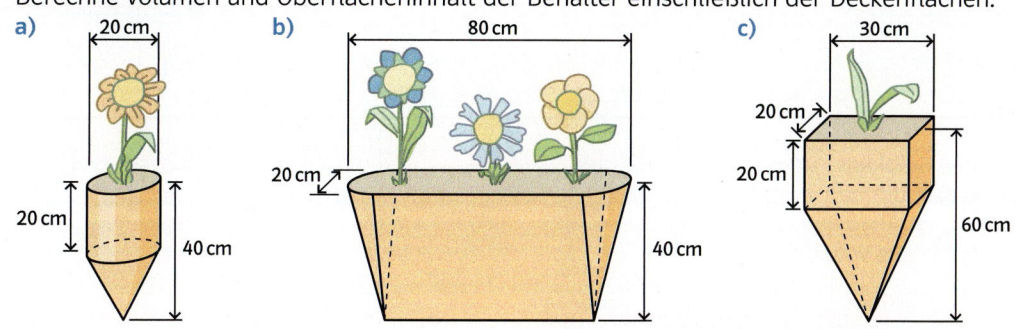

15 Auf einer Kuppe bei Bottrop steht eine Stahlkonstruktion in Form eines Tetraeders mit einer Seitenlänge von 60 m.
 a) Berechne das Volumen des Tetraeders.
 b) Berechne die Höhe der gesamten Konstruktion, wenn die vier Betonpfeiler 9 m hoch sind.
 c) Die Konstruktion ähnelt einer Sierpinski-Pyramide, bei der im ersten Schritt aus einem Tetraeder vier kleine Tetraeder mit halber Kantenlänge entstehen. Im zweiten Schritt wird jeder der vier Tetraeder erneut in vier Tetraeder zerlegt. Bestimme das Volumen und den Oberflächeninhalt einer Sierpinski-Pyramide der Stufe 3 mit einer anfänglichen Kantenlänge von a = 1 m.

Sierpinsky-Pyramide

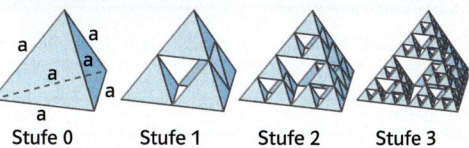

Stufe 0   Stufe 1   Stufe 2   Stufe 3

Zur Erinnerung:
Ein Tetraeder ist eine Pyramide, deren vier Seitenflächen kongruente gleichseitige Dreiecke sind.

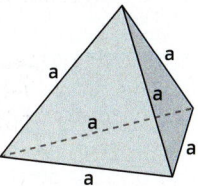

16 Wenn man von einer Pyramide parallel zur Grundfläche die Spitze abschneidet, erhält man einen Pyramidenstumpf. Der Pyramidenstumpf in der Abbildung hat eine quadratische Grundfläche. Für Pyramidenstümpfe mit quadratischer Grundfläche findet man in Formelsammlungen die Volumenformel:
$V = \frac{1}{3} \cdot h \cdot (a^2 + ab + b^2)$.

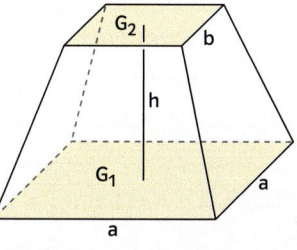

 a) Berechne mithilfe der angegebenen Volumenformel das Volumen eines Pyramidenstumpfes mit quadratischer Grundfläche, der 12 cm hoch ist, dessen untere Grundfläche die Seitenlänge 17 cm hat und dessen obere Fläche die Seitenlänge 9 cm hat. Berechne das Volumen des Pyramidenstumpfes.
 b) Weise mithilfe des Strahlensatzes die angegebene Volumenformel für quadratische Pyramidenstümpfe nach.

Teste dein Grundwissen! Quadratische Gleichungen

Grundwissen
Seite 233 und 234
Lösungen | Seite 259

17 Bestimme die Lösung.
 a) $x^2 = \frac{25}{81}$
 b) $x^2 = \frac{12}{75}$
 c) $-x^2 = -0{,}01$
 d) $x^2 - 4 = 60$

5 Kugel

Die Wassermenge in der Halbkugel und im Kegel reicht gerade so aus, um den Zylinder zu füllen.
Was kann man hieraus für das Volumen der Halbkugel folgern?

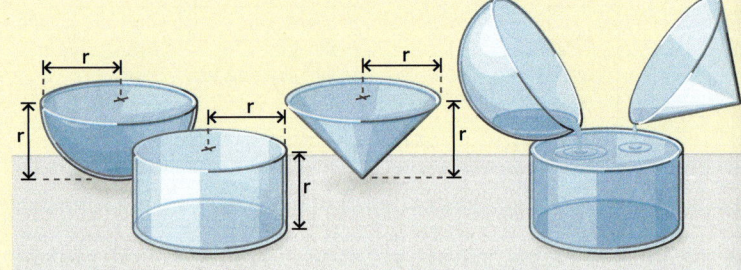

Bisher haben wir Volumenformeln für Kegel und Pyramiden verwendet. Auch für Kugeln gibt es Formeln zur Berechnung des Volumens und der Oberfläche.

Für eine Kugel findet man in einer Formelsammlung folgende Formeln.

> **Formeln für Kugeln**
> Bei einer Kugel mit dem Radius r gilt
> für das Volumen: $V = \frac{4}{3} \cdot \pi \cdot r^3$,
> für den Oberflächeninhalt: $O = 4 \cdot \pi \cdot r^2$,
> für den Inhalt der Querschnittsfläche: $A = \pi \cdot r^2$
> und für den Umfang: $U = 2 \cdot \pi \cdot r$.

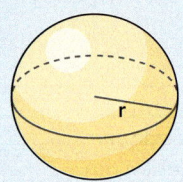

Eine Herleitung der Volumenformel findest du in der Exkursion auf Seite 99.

Beispiel 1 Volumen, Oberflächeninhalt, Inhalt der Querschnittsfläche und Umfang einer Kugel

a) Berechne für eine Kugel mit dem Durchmesser d = 3,8 m das Volumen, den Oberflächeninhalt, den Inhalt der Querschnittsfläche und den Umfang.
b) Bei einem Überschlag rechnet Tim das Volumen und den Oberflächeninhalt für d ≈ 4 m und π ≈ 3 aus. Berechne jeweils, um wie viel Prozent der Überschlag vom richtigen Ergebnis abweicht.

Lösung
a) Mit dem Durchmesser erhält man den Radius $r = \frac{d}{2} = \frac{3,8\,m}{2} = 1,9\,m$. Damit folgt:

Volumen: $V = \frac{4}{3} \cdot \pi \cdot (1,9\,m)^3 \approx 28,73\,m^3$

Oberflächeninhalt: $O = 4 \cdot \pi \cdot (1,9\,m)^2 \approx 45,36\,m^2$
Inhalt der Querschnittsfläche: $A = \pi \cdot (1,9\,m)^2 \approx 11,34\,m^2$
Umfang: $U = 2 \cdot \pi \cdot 1,9\,m \approx 11,94\,m$

b) Mit d ≈ 4 m bzw. r ≈ 2 m erhält Tim für das Volumen

$V = \frac{4}{3} \cdot \pi \cdot r^3 \approx \frac{4}{3} \cdot 3 \cdot (2\,m)^3 = 4 \cdot 8\,m^3 = 32\,m^3$.

Dieser Näherungswert weicht etwa $32\,m^3 - 28,73\,m^3 = 3,27\,m^3$ von dem in a) berechneten Wert ab. Das entspricht einer prozentualen Abweichung von $\frac{3,27\,m^3}{28,73\,m^3} \approx 0,11 = 11\,\%$.
Für den Oberflächeninhalt erhält Tim als Überschlag
$O = 4 \cdot \pi \cdot r^2 \approx 4 \cdot 3 \cdot (2\,m)^2 = 12 \cdot 4\,m^2 = 48\,m^2$.
Dieser Näherungswert weicht etwa $48\,m^3 - 45,36\,m^3 = 2,64\,m^3$ von dem in a) berechneten Wert ab. Das entspricht einer prozentualen Abweichung von $\frac{2,64\,m^3}{45,36\,m^3} \approx 0,06 = 6\,\%$.

Beispiel 2 Volumen zusammengesetzter Körper
a) Die Abbildung zeigt die Grundform einer Sternwarte. Sie ist insgesamt 14 m hoch und hat einen Umfang von 25 m. Berechne ihr Volumen.
b) Berechne, welchen Radius die aufgesetzte Kuppel hat, wenn der Oberflächeninhalt des Aufsatzes 300 m² beträgt.

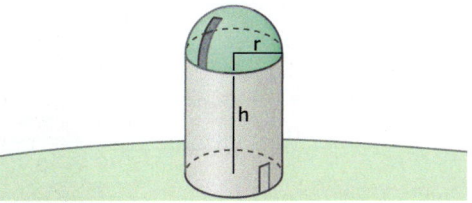

Lösung
a) Das Gebäude setzt sich aus einer Halbkugel und einem Zylinder zusammen. Den Radius erhält man aus dem Umfang. Für das Volumen V und den Oberflächeninhalt O einer Kugel mit dem Radius r gelten die Formeln $V = \frac{4}{3}\pi r^3$ und $O = 4\pi r^2$.

In einem Kreis gilt $U = 2\pi r$, also $r = \frac{U}{2\pi} = \frac{25\,m}{2\pi} \approx 3{,}98\,m$. $h = 14\,m - r \approx 10{,}02\,m$.

Halbkugel: $V_{HK} = \frac{2}{3}\pi r^3 \approx 132\,m^3$. Zylinder: $V_Z = \pi r^2 h \approx 498\,m^3$.

Das Gebäudevolumen beträgt $V_Z + V_{HK} \approx 630\,m^3$.

b) Bei einer Kugel gilt $O = 4\pi r^2$. Folglich gilt für die aufgesetzte Halbkugel
$O = 2\pi r^2 = 300\,m^2$ und somit $r = \sqrt{\frac{300\,m^2}{2\pi}} = \sqrt{\frac{150}{\pi}}\,m \approx 6{,}91\,m$.

Aufgaben

1 Ermittle, welche Karten zum gegebenen Radius gehören.
a) r = 5,4 cm   b) r = 6,1 cm   c) r = 4,9 cm   d) r = 5,1 cm   e) r = 7,5 cm   f) r = 4,4 cm

d = 10,2 cm	d = 10,8 cm	d = 12,2 cm	d = 15 cm	d = 8,8 cm	d = 9,8 cm
O ≈ 467,59 cm²	O ≈ 366,44 cm²	O ≈ 301,72 cm²	O ≈ 326,85 cm²	O ≈ 243,28 cm²	O ≈ 706,86 cm²
V ≈ 950,78 cm³	V ≈ 356,82 cm³	V ≈ 659,58 cm³	V ≈ 555,65 cm³	V ≈ 492,81 cm³	V ≈ 1767,15 cm³

2 Berechne für eine Kugel mit dem Radius r = 8 cm den Durchmesser, das Volumen, den Oberflächeninhalt, den Inhalt der Querschnittsfläche und den Umfang.

3 Berechne das Volumen der Kugel.
a) r = 10 cm   b) d = 17 mm   c) r = 0,2 m   d) d = 1,1 mm

4 Bestimme den Oberflächeninhalt der Kugel näherungsweise im Kopf mit π ≈ 3.
a) r = 4 cm   b) r = 7 cm   c) d = 2 m   d) d = 16 dm

5 Das höchste Bauwerk Deutschlands ist mit 368 m Höhe der Berliner Fernsehturm. Oben befindet sich eine Kugel mit einem Durchmesser von 32 m. Bestimme das Volumen und den Oberflächeninhalt der Kugel und überprüfe dein Ergebnis anschließend mit einem Überschlag.

6 Die Erde kann näherungsweise als Kugel mit einem Umfang von 40 000 km betrachtet werden. Berechne
a) den Erdradius,   b) die Erdoberfläche,   c) das Volumen der Erde.

○ 7 Ein nahezu kugelförmiger Gaskessel hat einen Außendurchmesser von 36 m und einen Innendurchmesser von 35,2 m.
   a) Der Kessel erhält einen neuen Außenanstrich. Überschlage, wie viele Quadratmeter zu streichen sind. Berechne anschließend.
   b) Berechne das Volumen, das für das Gas zur Verfügung steht.

→ Du findest Hilfe in Beispiel 1, Seite 90.

Teste dich!

→ Lösungen | Seite 25

8 a) Berechne das Volumen einer Kugel mit dem Radius $r = 8\,dm$.
   b) Berechne den Oberflächeninhalt einer Kugel mit $d = 32\,m$.
   c) Berechne den Radius einer Kugel mit dem Volumen $V = 5000\,dm^3$.
   d) Berechne den Radius einer Kugel mit dem Oberflächeninhalt $O = 440\,cm^2$.

● 9 Berechne das Volumen und den Oberflächeninhalt einer Kugel mit den angegebenen Maßen.
   a) Radius $r = 16\,cm$ b) Radius $r = 0,5\,m$
   c) Durchmesser $d = 16\,cm$ d) Durchmesser $d = 3,8\,m$
   e) Umfang $U = 1\,m$ f) Inhalt der Querschnittsfläche $A = 20\,m^2$

● 10 a) Berechne das Volumen einer Kugel mit
      (1) dem Oberflächeninhalt $O = 2\,m^2$,   (2) dem Umfang $U = 5\,m$.
   b) Berechne den Oberflächeninhalt einer Kugel mit
      (1) dem Volumen $V = 4,2\,m^3$,   (2) dem Querschnittsflächeninhalt $A = 1\,m^2$.

● 11 Berechne das Volumen und den Oberflächeninhalt.

a) 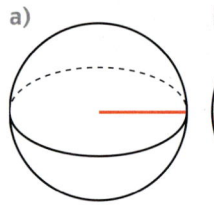 b) 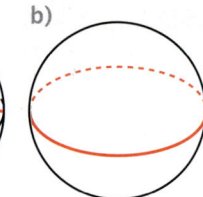 c) 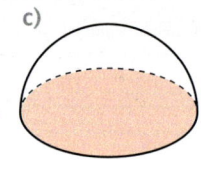 d) 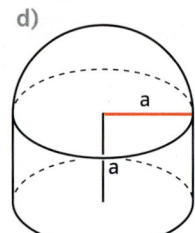 e)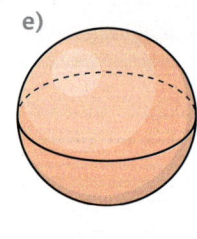

Radius 6,5 cm   Umfang 12,3 m   Kreisfläche 270 cm²   Radius 7,2 cm   Oberfläche 500 cm²

● 12 Aus einer würfelförmigen Kerze mit der Kantenlänge 1 dm soll eine Kerze in der Form einer Halbkugel gegossen werden. Berechne die Höhe und den Oberflächeninhalt der halbkugelförmigen Kerze.

● 13 **Wahr oder falsch?**
   Gib an, ob folgende Aussage wahr oder falsch ist. Begründe deine Entscheidung.
   a) Verdoppelt man bei einer Kugel den Radius, so verdoppelt sich das Volumen.
   b) Verdreifacht man bei einer Kugel den Durchmesser, so verneunfacht sich die Oberflächeninhalt.
   c) Vervierfacht man bei einer Kugel den Radius, so vervierfacht sich der Umfang.
   d) Vervierfacht man bei einer Kugel den Oberflächeninhalt, so verachtfacht sich das Volumen.

14 Eine Kugel, ein Zylinder und ein Kegel haben denselben Radius r. Bestimme die Höhe des Zylinders und des Kegels so, dass alle drei Körper
a) das gleiche Volumen,   b) den gleichen Oberflächeninhalt haben.

Teste dich!

Lösungen | Seite 259

15 Bestimme Volumen V und Oberflächeninhalt O der Körper.

a) 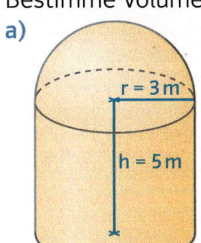 b) 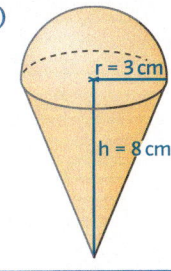 c) 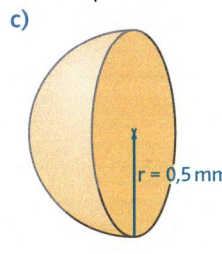 d)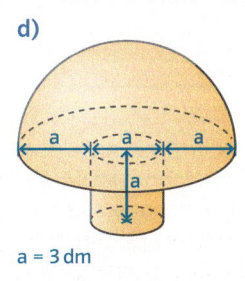

a) $r = 3\,\text{m}$, $h = 5\,\text{m}$
b) $r = 3\,\text{cm}$, $h = 8\,\text{cm}$
c) $r = 0{,}5\,\text{mm}$
d) $a = 3\,\text{dm}$

16 a) Die Erde kann näherungsweise als Kugel aufgefasst werden. Das Erdinnere ist schalenförmig aufgebaut. Bestimme mithilfe der Grafik das Volumen des inneren Kerns, des äußeren Kerns sowie des unteren Erdmantels.
b) Das Volumen der Erdkruste beträgt ca. 21,45 Milliarden km³. Berechne die Dicke der Erdkruste.

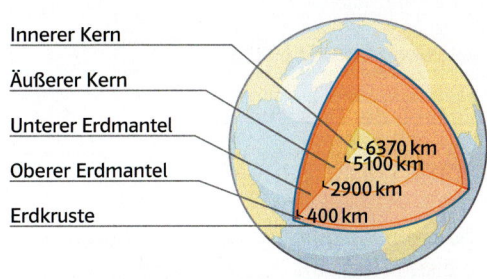

Innerer Kern
Äußerer Kern
Unterer Erdmantel
Oberer Erdmantel
Erdkruste

6370 km
5100 km
2900 km
400 km

17 Bei einem Iglu kann allein durch die Erwärmung durch die Körperwärme die Innentemperatur bis zu 50 °C über der Außentemperatur liegen.
Schätze mithilfe des Fotos ab, wie viel Schnee für den Bau des Iglus notwendig war. Schreibt euer Vorgehen auf.

18 a) Gib mithilfe des nebenstehenden Fotos einen Schätzwert für den Oberflächeninhalt und für das Volumen der Teide-Sternwarte auf der Insel Teneriffa an. Beschreibe dein Vorgehen und vergleiche deinen Schätzwert mit denen deiner Mitschülerinnen und Mitschüler.
b) Erläutere, wie sich der Wert für das Volumen verändern würde, wenn man sich beim Schätzen der Längen im Foto um 50 % verschätzt.

Teste dein Grundwissen! Zahlenbereich zuordnen

Grundwissen
Seite 230
Lösungen | Seite 259

19 Gib jeweils eine Zahl mit den beschriebenen Eigenschaften an.
a) Die Zahl ist rational, aber keine ganze Zahl, und sie ist kleiner als –6.
b) Die Zahl ist rational und negativ und kleiner als –7.
c) Die Zahl ist nicht rational und sie liegt zwischen –3 und –2.
d) Die Zahl ist rational, aber keine natürliche Zahl, und sie ist größer als 4.

Wiederholen – Vertiefen – Vernetzen

Wiederholen und Üben

→ Lösungen | Seite 25

1 Konstruiere ein Rechteck, das eine 5 cm lange Seite und eine 6 cm lange Diagonale hat. Finde verschiedene Lösungen.

2 Bestimme die Winkel in Fig. 1. Das Dreieck ABC ist gleichschenklig.

Fig. 1

3 In der Skizze ist M der Kreismittelpunkt. Die beiden mit α bezeichneten Winkel sind gleich groß. Berechne – ohne zu messen – den Winkel α. Übertrage Fig. 2 in dein Heft und trage dabei die Zwischenergebnisse deiner Überlegungen in der Figur ein.

Fig. 2

4 Bestimme die bezeichneten Winkel in Fig. 3.

5 a) Miss zwei Seitenlängen der Dreiecke in Fig. 4. Berechne anschließend die dritte Seite. Kontrolliere dein Ergebnis durch Nachmessen
b) 👥 Zeichne eigene rechtwinklige Dreiecke und bearbeite sie wie in a).

Fig. 3

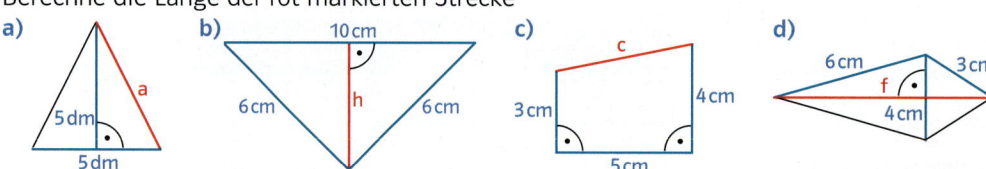

Fig. 4

6 Berechne die Länge der rot markierten Strecke
a) b) c) d)

7 Auf einer Schülerdemonstration für den Klimaschutz wird eine kugelförmige aufblasbare Erdkugel mit dem Radius r = 120 cm hochgehalten.
a) Bestimme den Umfang, den Oberflächeninhalt und das Volumen der Kugel.
b) Gib an, wie sich die Werte aus Teilaufgabe a) verändern würden, wenn man den Radius verdoppeln würde.

Teste dich!

Kopiervorla Check-out mk94z2

Vertiefen und Anwenden

8 Untersuche, ob die Maus ein 2-€-Stück, das einen Durchmesser von 25,75 mm hat, durch ihr rechteckiges Mauseloch transportieren kann.

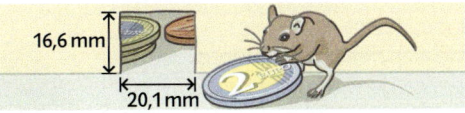

9 Ein 15 Meter hoher Baum ist umgeknickt. Seine Spitze berührt 6 m vom Stamm entfernt den Boden. In welcher Höhe ist der Baum umgeknickt? (vgl. Figur auf dem Rand)

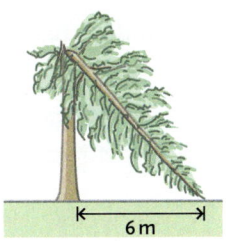

10 Aus einem chinesischen Rechenbuch (13. Jh. n. Chr.):
Fünf Fuß vom Ufer eines Teiches entfernt rage ein Schilfrohr einen Fuß über das Wasser empor. Man ziehe seine Spitze an das Ufer wie in der Abbildung, dann berühre sie gerade den Wasserspiegel.
Wie tief ist der Teich?

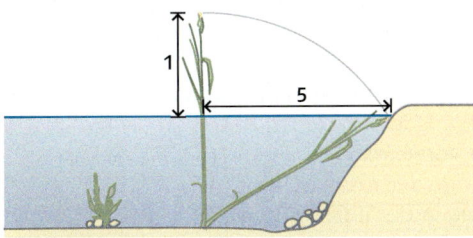

11 Im Innenhof des Louvre in Paris befindet sich eine 21,65 m hohe Glaspyramide mit einer quadratischen Grundfläche. Die Seitenlänge der Grundfläche beträgt 35 m.
a) Berechne die Länge der Kanten der Pyramide, also die Länge der Strecke von einer der Ecken der quadratischen Grundfläche zur Spitze.
b) Berechne, wie viele Quadratmeter Glas für den Bau der Pyramide benötigt wurden.

12 a) Berechne das Volumen und die Oberfläche des Körpers für a = 1 m.
b) Stelle einen Term für das Volumen des Körpers in Abhängigkeit von a auf.
c) Bestimme den Wert von a, für den das Volumen 8 m³ beträgt.

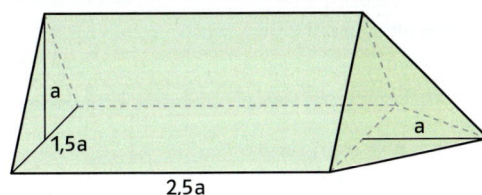

13 Ein Glasgefäß hat die Form einer quadratischen Pyramide mit der Grundkante a = 12 cm und der Höhe h = 12 cm. Das Gefäß wird mit der Spitze nach unten bis zu einer Höhe von 8 cm gefüllt. Dann wird das Gefäß mit abgedeckter Grundfläche umgedreht. Berechne, wie hoch das Wasser nun steht.

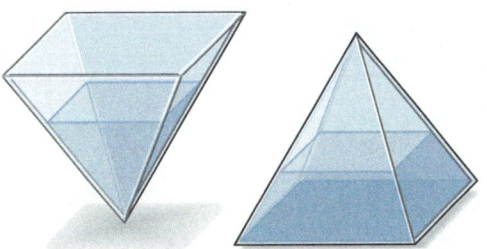

14 Ein Fußball in der Bundesliga muss einen Umfang zwischen 68 cm und 70 cm haben. Berechne, zwischen welchen Werten das Volumen und der Oberflächeninhalt des Balles dann schwanken darf.

Wiederholen – Vertiefen – Vernetzen

15 Für die Expo 2000 in Hannover wurden Rasenkegel aufgebaut.
  a) Schätze mithilfe des Fotos die Höhe und den Durchmesser der abgebildeten Kegel. Begründe, wie du auf die Schätzwerte gekommen bist.
  b) Berechne mithilfe der Schätzwerte aus a), wie groß jeweils die mit Rasen bepflanzte Fläche eines Kegels ist. Berechne anschließend die Volumina der Kegel.

16 Fig. 1 zeigt die Seitenansicht einer Dose mit drei Tennisbällen. Jeder Tennisball hat einen Durchmesser von 6,6 cm.
  a) Berechne die Länge der roten Schnur, wenn man sie wie in der linken Abbildung einmal von unten nach oben um die Dose wickelt.
  b) Berechne die Länge der roten Schnur, wenn man sie zweimal, dreimal oder n-mal von unten nach oben um die Dose wickelt.
  c) Berechne die Länge der roten Schnur, wenn man sie einmal um eine Dose mit n Kugeln wickelt.
  d) Berechne den prozentualen Anteil der Dose, der leer bleibt.

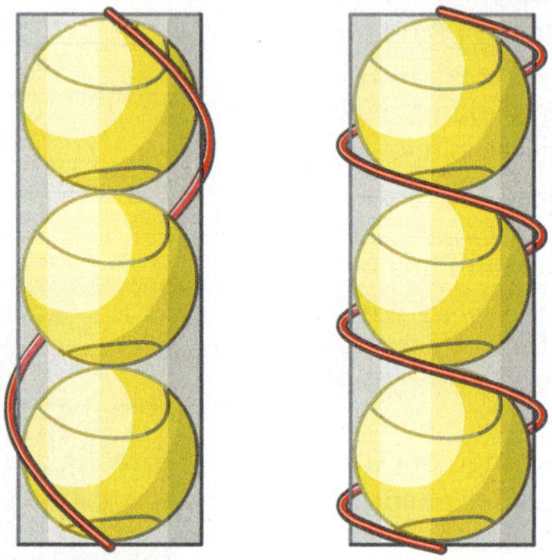

einmal gewickelt dreimal gewickelt

Fig. 1

17 Pythagoras-Bäume
  a) Figuren wie Fig. 2 und 3 nennt man auch Pythagoras-Bäume. Beschreibe, was ein Pythagoras-Baum ist.
  b) Bestimme den Flächeninhalt der gelben Quadrate in Fig. 3.
  c) Fig. 4 bis 7 stellen dar, wie man einen Pythagoras-Baum konstruieren kann. Erkläre, warum durch die Konstruktion mithilfe der roten Halbkreise jeweils rechtwinklige Dreiecke entstehen und beschreibe das dargestellte Verfahren mit eigenen Worten.
  d) Konstruiere selbst solche Pythagoras-Bäume.

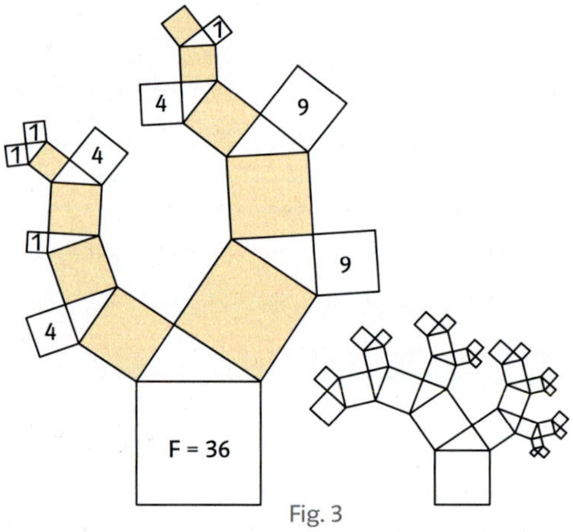

F = 36

Fig. 3

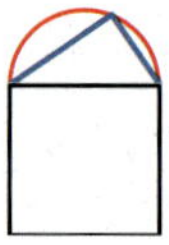

Fig. 4 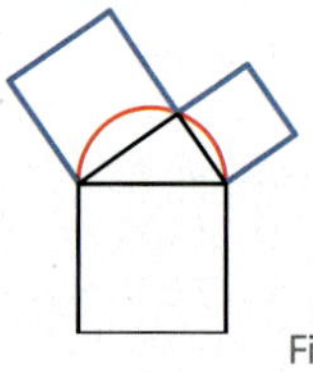   Fig. 5 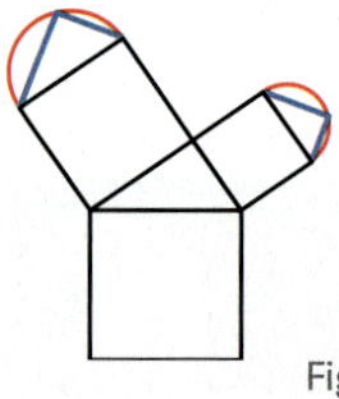   Fig. 6 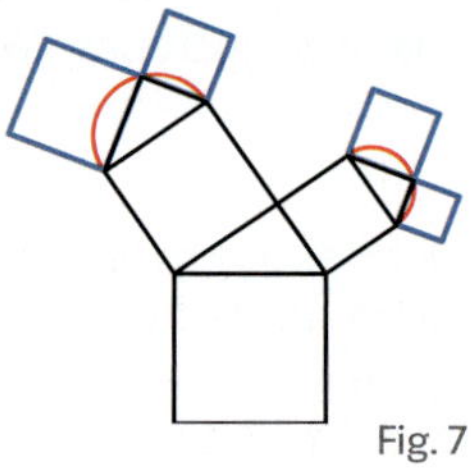   Fig. 7

Vernetzen und Erforschen

18 Wie ein Präsident beweist

James Abram Garfield (1831–1881) war der 20. Präsident der Vereinigten Staaten von Amerika. Während seiner Zeit als Kongressabgeordneter entdeckte er einen Beweis des Satzes von Pythagoras. Dabei werden zunächst zwei kongruente Dreiecke mit den Katheten a und b und der Hypotenuse c wie in Fig. 1 aneinandergelegt. Durch die Verbindung von P und Q entsteht das blau dargestellte Dreieck PQR.

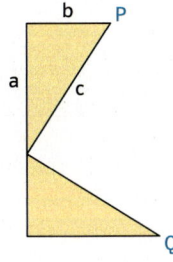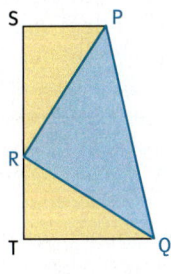

Fig. 1

a) Begründe, dass das blau dargestellte Dreieck rechtwinklig und gleichschenklig ist.
b) Begründe, dass das Viereck QPST ein Trapez ist und berechne mithilfe der Flächenformel für Trapeze seinen Flächeninhalt. Berechne die Summe der Flächeninhalte der beiden gelben Dreiecke und des blauen Dreiecks.
c) Die Summe der Dreiecksflächen und der Flächeninhalt des Trapezes sind gleich groß. Setze diese Flächen gleich und vereinfache die Gleichung so, dass man die bekannte Pythagorasgleichung erhält.

19 Eine Süßwarenfirma verpackt Bonbons in pyramidenförmigen Verpackungen. Die Verpackungen haben eine quadratische Grundfläche mit einem Flächeninhalt von 144 cm². Die Strecke von den Ecken des Quadrats zur Spitze der Pyramide ist 19 cm lang.

a) Zeige, dass die Höhe h der Pyramide 17 cm beträgt, und berechne das Volumen.
b) Berechne, wie viele cm² Verpackungsmaterial (ohne Klebeflächen) notwendig sind.
c) In der Verpackung befinden sich 300 runde Bonbons mit dem Durchmesser d = 1 cm. Berechne, wie viel Prozent des Volumens in der Verpackung leer ist.
d) Eine Konkurrenzfirma verkauft ähnliche runde Bonbons mit dem gleichen Durchmesser in Verpackungen, die die Form eines Tetraeders haben – also einer Pyramide mit dreieckiger Grundfläche, bei der alle Kanten gleich lang sind. Es gibt zwei unterschiedliche Packungsgrößen: Die Mini-Packung mit einer Kantenlänge von 7 cm enthält 20 Bonbons. Berechne, wie viel Prozent des Volumens dieser Packungen mit Luft gefüllt ist.
e) Die Konkurrenzfirma möchte auch eine Maxi-Packung in Form eines Tetraeders mit einer Kantenlänge von 14 cm verkaufen. Begründe, weshalb sich in der Maxi-Packung achtmal so viele Bonbons befinden müssen wie in der Mini-Packung, damit der Anteil des Volumens in der Packung gleich bleibt, der mit Bonbons gefüllt ist.

20 Vierzehn gleich große Kugeln mit dem Radius r = 5 cm werden wie in Fig. 2 aufeinandergeschichtet, sodass sich benachbarte Kugeln berühren.

a) Bestimme das Gesamtgewicht des Kugelturms, wenn die Kugeln aus Styropor mit der Dichte 0,05 $\frac{g}{cm^3}$ bestehen.
b) Berechne, wie hoch der Stapel ist.

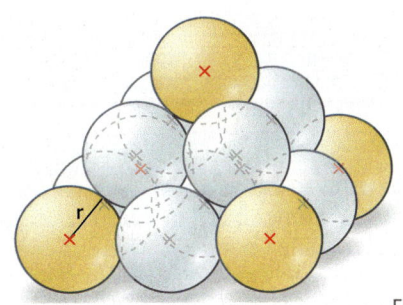

Fig. 2

21 Ein Kirchturmdach (Fig. 3) besteht aus einem Pyramidenstumpf mit quadratischer Grundfläche und einer aufgesetzten quadratischen Pyramide. Das Dach ist insgesamt 12 m hoch. Berechne das vom Dach eingeschlossene Volumen.

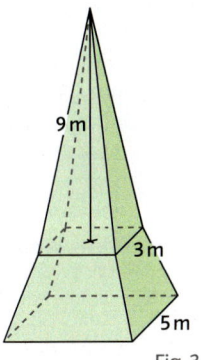

Fig. 3

Exkursion

Der Satz von Cavalieri

Ein Stapel quadratischer Notizblätter bildet einen Würfel mit dem Volumen $V = 1000 \text{ cm}^3$. Verformt man den Stapel so, dass die einzelnen Blätter weiterhin parallel zueinanderliegen, so bleiben die zur Grundfläche parallelen Querschnittsflächen gleich. Auch die Höhe des Stapels bleibt unverändert. Da kein Blatt hinzugefügt oder weggenommen wurde, bleibt das Volumen des Stapels ebenfalls gleich.

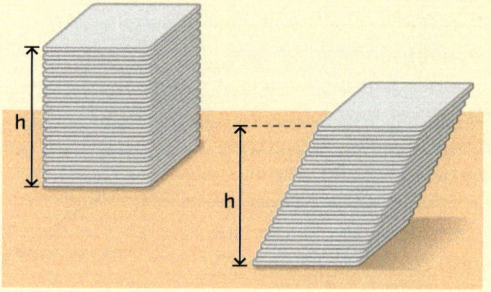

Fig. 1

Nach dem **Satz von Cavalieri** lässt sich dieser Zusammenhang allgemein beim Vergleich der Volumina zweier Körper nutzen: Zwei verschiedene Körper besitzen das gleiche Volumen, wenn in jeder Schnitthöhe die Schnittfiguren beider Körper den gleichen Flächeninhalt haben.
Wenn also wie bei den beiden in Fig. 2 dargestellten Körpern die beiden Grundflächen G_1 und G_2, die beiden Deckflächen A_1 und A_2 und die Schnittflächen S_1 und S_2 in jeder Höhe den gleichen Flächeninhalt haben, dann haben die beiden Körper nach dem Satz von Cavalieri das gleiche Volumen. Dabei müssen die Schnittflächen nicht die gleiche Form besitzen.

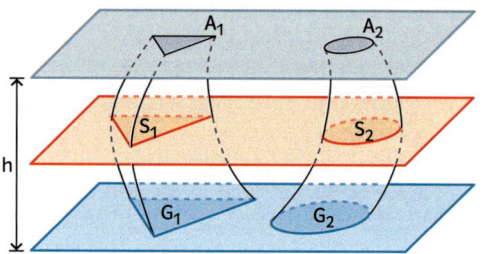

Fig. 2

1 Berechne das Volumen der Körper.

a)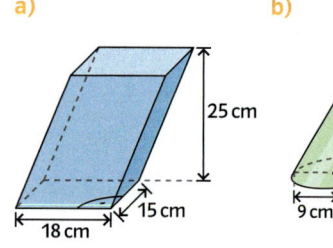

b)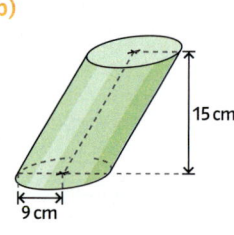

c)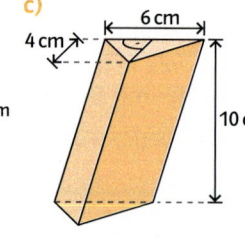

d)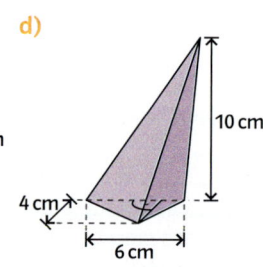

e)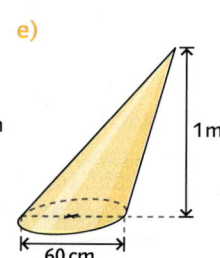

2 Der Cayan Tower ist ein Wolkenkratzer in Dubai. Die Höhe des Turms beträgt bei 76 Stockwerken 306 Meter, seine Gestalt zeichnet sich durch eine 90-Grad-Drehung nach oben hin aus. Bestimme das Volumen des Gebäudes, wenn jedes Stockwerk eine Fläche von 111 m^2 hat.

III Formeln für Figuren und Körper

Der Satz von Cavalieri und die Volumenformel für Pyramiden
Für besondere quadratische gerade Pyramiden mit der Grundfläche G und der Höhe h wurde auf Seite 85 gezeigt, dass sich das Volumen mit der Formel $V = \frac{1}{3} \cdot G \cdot h$ berechnen lässt.

3   Bewegt man, wie in Fig. 1 dargestellt, bei einer geraden Pyramide die Spitze parallel zur Grundfläche, so erhält man eine schiefe Pyramide.
Begründe mithilfe des Strahlensatzes, dass in diesem Fall die zur Grundfläche parallelen Schnittflächen S_1 und S_2 den gleichen Flächeninhalt haben. Begründe damit und mit dem Satz von Cavalieri, dass auch für eine schiefe Pyramide die Volumenformel $V = \frac{1}{3} G h$ gilt.

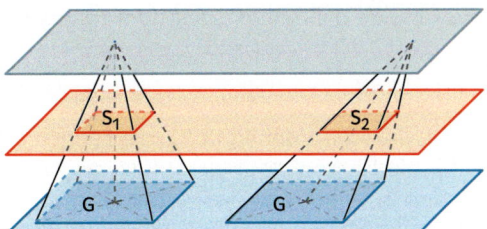
Fig. 1

4   In Fig. 2 sind zwei Pyramiden mit unterschiedlich geformter aber gleich großer Grundfläche und gleicher Höhe dargestellt. Begründe und mit dem Satz von Cavalieri, dass dann auch die Schnittflächen in gleicher Höhe parallel zur Grundfläche gleiche Flächeninhalte haben. Begründe damit, dass die Volumenformel $V = \frac{1}{3} G h$ für Pyramiden allgemein gilt.

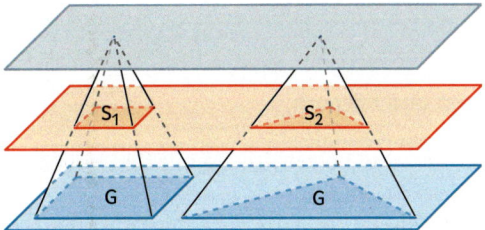
Fig. 2

Der Satz von Cavalieri und die Volumenformel für Kugeln
Der Satz von Cavalieri kann zur Herleitung einer Formel für das Volumen einer Kugel verwendet werden. Hierzu vergleicht man eine Halbkugel mit dem Radius r (Fig. 3) mit dem Restkörper, der entsteht, wenn man aus einem Zylinder mit dem Radius r und der Höhe r einen Kegel (Fig. 4) herausbohrt.

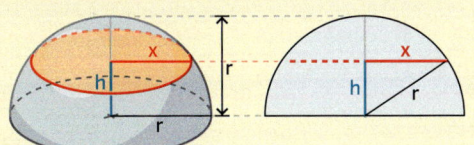
Fig. 3

Betrachtet man bei beiden Körpern die Schnittflächen in gleicher Höhe h parallel zur Grundfläche, so erhält man bei der Halbkugel eine Kreisfläche als Schnittfläche und beim ausgebohrten Zylinder einen Kreisring.

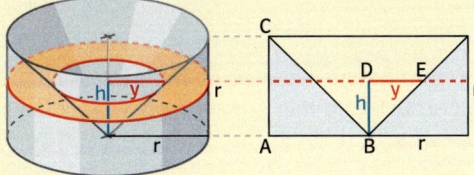
Fig. 4

5   Zeige mithilfe des Satzes des Pythagoras und Ähnlichkeitsbeziehungen, dass der Flächeninhalt bei beiden Schnittflächen $A = \pi \cdot (r^2 - h^2)$ beträgt.
Man kann das Volumen des ausgebohrten Zylinders als Differenz des Zylinder- und des Kegelvolumens berechnen. Begründe mit dem Satz von Cavalieri, dass man für die Halbkugel die Volumenformel $V_{\text{Halbkugel}} = \frac{2}{3} \pi r^3$ und damit für die Kugel die Volumenformel $V_{\text{Kugel}} = \frac{4}{3} \pi r^3$ erhält.

Exkursion

Rückblick

Satz des Thales
Der Kreis über dem Mittelpunkt einer Strecke $\overline{AB}$ mit dem Radius $\overline{MA}$ heißt Thaleskreis. Wenn ein Punkt C auf dem Thaleskreis der Strecke $\overline{AB}$ liegt, so hat das Dreieck ABC bei C einen rechten Winkel.
Umgekehrt gilt: Wenn ein Punkt C mit zwei Punkten A und B ein rechtwinkliges Dreieck bildet, dann liegt C auf dem Thaleskreis über $\overline{AB}$.

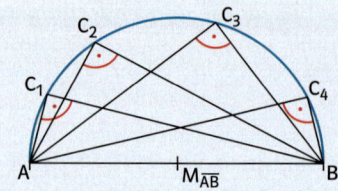

Satz des Pythagoras
Wenn ein Dreieck rechtwinklig ist, dann gilt für die Längen a und b der Katheten und für die Länge c der Hypotenuse $a^2 + b^2 = c^2$.
Es gilt auch die Umkehrung des Satzes des Pythagoras: Wenn in einem Dreieck für die Seitenlängen a, b und c die Gleichung $a^2 + b^2 = c^2$ erfüllt ist, dann ist das Dreieck rechtwinklig und hat gegenüber der Seite c einen rechten Winkel.

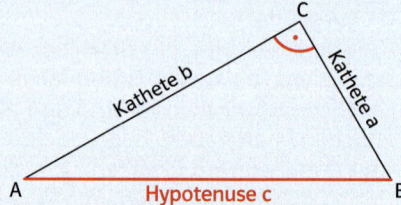

Mit $a = 3\,cm$ und $b = 4\,cm$ gilt:
$c^2 = (3\,cm)^2 + (4\,cm)^2 = 25\,cm^2$
also $c = 5\,cm$

Pythagoras in Figuren und Körpern
Strategie zur Berechnung von Streckenlängen:
1. Fertige eine Skizze an und beschrifte sie mit den gegebenen und gesuchten Streckenlängen.
2. Suche nach rechtwinkligen Dreiecken. Eventuell sind zusätzliche Hilfslinien nötig. Beschrifte auch diese.
3. Berechne mithilfe des Satzes des Pythagoras die gesuchten Streckenlängen.

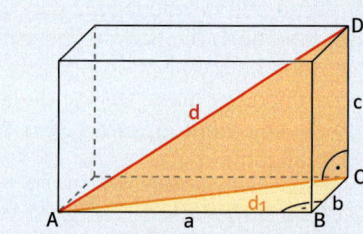

Mit $a = 5$, $b = 2$ und $c = 3$ erhält man
$d_1 = \sqrt{5^2 + 2^2} = \sqrt{25 + 4} = \sqrt{29}$ und damit
$d = \sqrt{\sqrt{29}^2 + 3^2} = \sqrt{29 + 9} = \sqrt{38} \approx 6{,}2$

Pyramide und Kegel
Das Volumen für Pyramide und Kegel mit der Grundfläche G und der Höhe h kann berechnet werden mit $V = \frac{1}{3} \cdot G \cdot h$.

Für einen Kegel mit dem Radius r und der Höhe h gilt
$V = \frac{1}{3} \cdot \pi \cdot r^2 \cdot h$.

Bei einem Kegel mit dem Radius r, der Höhe h und der Mantellinie s gilt für den Oberflächeninhalt $O = \pi \cdot r \cdot (r + s)$ und für die Mantelfläche $M = \pi \cdot r \cdot s$.

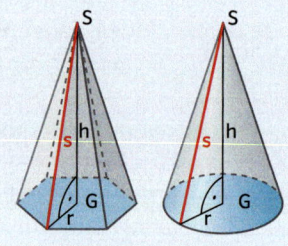

Kugel
Bei einer Kugel mit dem Radius r gilt
- für das Volumen: $V = \frac{4}{3} \cdot \pi \cdot r^3$,
- für den Oberflächeninhalt: $O = 4 \cdot \pi \cdot r^2$,
- für den Inhalt der Querschnittsfläche: $A = \pi \cdot r^2$,
- und für den Umfang: $U = 2 \cdot \pi \cdot r$.

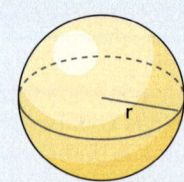

Test

III Formeln für Figuren und Körper

Runde 1

Lösungen | Seite 262

1 Konstruiere aus den Angaben mithilfe des Thaleskreises ein rechtwinkliges Dreieck.
  a) $c = 8\,cm;\ \beta = 40°;\ \gamma = 90°$
  b) $c = 4{,}5\,cm;\ h_c = 2\,cm;\ \gamma = 90°$

2 Berechne die Länge der Strecke x.
  a)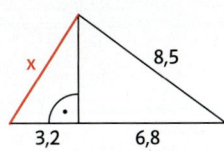
  b)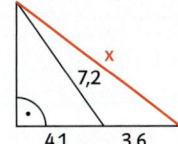

3 Das Wahrzeichen von Karlsruhe ist eine quadratische Pyramide mit einer Grundfläche von 36,6 m² und einer Höhe von 6,8 m.
  a) Zeichne ein Schrägbild der Pyramide in einem geeigneten Maßstab.
  b) Berechne das Volumen der Pyramide.

4 In Fig. 1 ist eine ausgehöhlte Halbkugel dargestellt. Berechne den Oberflächeninhalt (innen und außen) und das Volumen des Körpers.

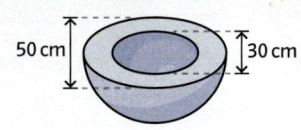

Fig. 1

Runde 2

Lösungen | Seite 263

1 a) Das in Fig. 2 rot dargestellte Dreieck ist gleichseitig. Berechne die Winkelgrößen α und β. Begründe.
  b) Berechne den Flächeninhalt des gleichseitigen Dreiecks, wenn die Seitenlänge 5 cm beträgt.

Fig. 2

2 Ein Schrank hat eine Höhe von 2 m, eine Breite von 3,5 m und eine Tiefe von 50 cm. Untersuche, ob man in den Schrank einen Stab mit der Länge 4,1 m verstauen kann.

3 a) Berechne, wie viele cm³ Flüssigkeit in dem in Fig. 3 abgebildeten Glas sind, wenn die Flüssigkeit 1 cm unter dem Rand steht.
  b) Berechne, wie hoch die Flüssigkeit steht, wenn das Glas halbvoll ist.

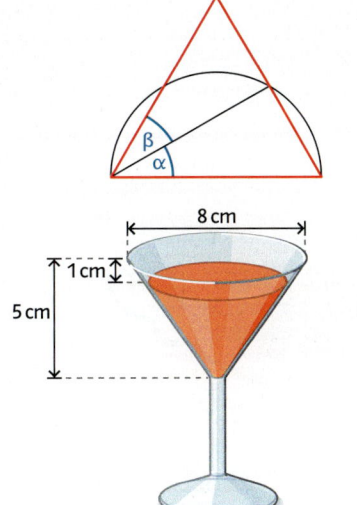

Fig. 3

4 Ein Tischtennisball hat einen Durchmesser von rund 4 cm und besteht aus Kunststoff. Ein cm³ dieses Kunststoffes wiegt etwa 1,38 g.
  a) Berechne das Gewicht eines Tischtennisballes, wenn er nicht hohl wäre.
  b) Normale Tischtennisbälle sind innen hohl und haben ein Gewicht von 2,7 g. Berechne die Wandstärke des Balls.

IV Quadratische Gleichungen

Das kannst du schon
- Quadratische Funktionen grafisch darstellen
- Quadratische Ergänzungen durchführen
- Nullstellen linearer Funktionen erkennen und berechnen
- Quadratwurzeln bestimmen

Teste dich!

Check-in
zu Kapitel IV
Seite 225

Das kannst du bald

- Quadratische Gleichungen grafisch lösen
- Quadratische Gleichungen rechnerisch lösen
- Mithilfe von quadratischen Gleichungen Probleme lösen

Erkundungen

Flugkurven und quadratische Gleichungen

Gegeben sind sechs Situationen mit je einer Fragestellung (S1 bis S6), sechs Graphen (G1 bis G6), sechs Funktionsgleichungen (F1 bis F6), sechs Lösungsansätzen (L1 bis L6) und sechs Antwortsätzen (A1 bis A6).

S1 Beim Diskuswurf wird der Diskus in einer Höhe von 1,44 m abgeworfen. Nach 10 m horizontaler Entfernung zum Abwurfpunkt erreicht er eine Höhe von 13,64 m. Wie weit fliegt der Diskus?

S2 Beim Hammerwurf wird der Hammer in einer Höhe von 1,54 m abgeworfen. Nach 30 m horizontaler Entfernung zum Abwurfpunkt erreicht er eine Höhe von 15,04 m. Wie weit fliegt der Hammer?

S3 Beim Kugelstoßen wird die Kugel in einer Höhe von 1,80 m abgeworfen. Nach 10 m horizontaler Entfernung zum Abwurfpunkt erreicht sie eine Höhe von 4,80 m. Wie weit fliegt die Kugel?

S4 Eine Feuerwerksrakete wird in einer Höhe von 2 m abgeschossen. Nach 10 m horizontaler Entfernung zum Startpunkt erreicht sie eine Höhe von 92 m. In welcher horizontalen Entfernung zum Startpunkt ist sie 20 m hoch?

S5 Beim Fußball wird ein Freistoß geschossen. Nach 10 m horizontaler Entfernung zum Abschusspunkt erreicht er eine Höhe von 2,5 m. Wie weit fliegt der Ball?

S6 Ein Golfball wird geschlagen. Nach 10 m horizontaler Entfernung zum Abschlagpunkt erreicht er eine Höhe von 8,96 m. In welcher horizontalen Entfernung zum Abschlagpunkt erreicht der Ball eine Höhe von 20 m?

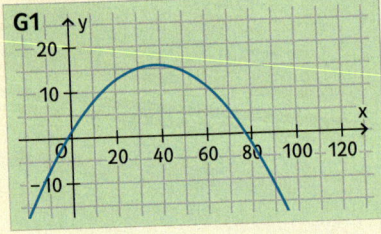
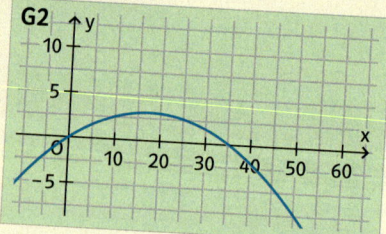
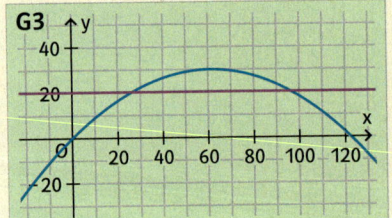
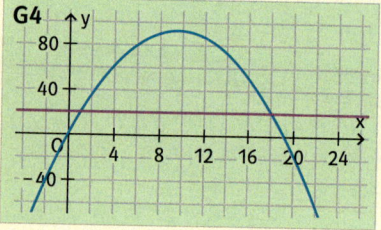
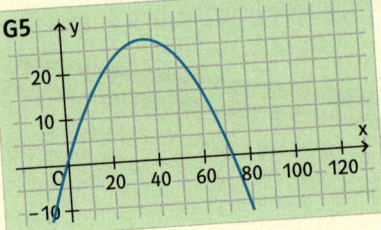
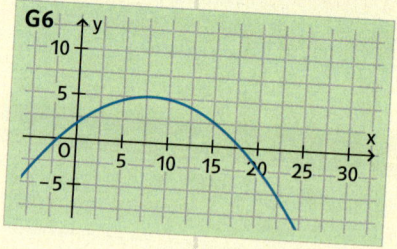

IV Quadratische Gleichungen

F1 $f_1(x) = -0{,}05x^2 + 0{,}80x + 1{,}80$

F2 $f_2(x) = -0{,}01x^2 + 0{,}35x$

F3 $f_3(x) = -0{,}01x^2 + 0{,}75x + 1{,}54$

F4 $f_4(x) = -0{,}02x^2 + 1{,}42x + 1{,}44$

F5 $f_5(x) = -0{,}008x^2 + 0{,}976x$

F6 $f_6(x) = -x^2 + 19x + 2$

L1 $-0{,}02x^2 + 1{,}42x + 1{,}44 = 0$

L2 $-0{,}008x^2 + 0{,}976x = 20$

L3 $-x^2 + 19x + 2 = 20$

L4 $-0{,}05x^2 + 0{,}80x + 1{,}80 = 0$

L5 $-0{,}01x^2 + 0{,}35x = 0$

L6 $-0{,}01x^2 + 0{,}75x + 1{,}54 = 0$

A1 Der Landepunkt ist ca. 77 m horizontal vom Startpunkt entfernt.

A2 Ca. 1 m und ca. 18 m in horizontaler Entfernung zum Startpunkt beträgt die Höhe ca. 20 m.

A3 Der Landepunkt ist ca. 18 m horizontal vom Startpunkt entfernt.

A4 Der Landepunkt ist ca. 35 m horizontal vom Startpunkt entfernt.

A5 Der Landepunkt ist ca. 72 m horizontal vom Startpunkt entfernt.

A6 Ca. 26 m und ca. 96 m horizontaler Entfernung zum Startpunkt ist die Höhe ca. 20 m.

Forschungsauftrag 1
Je ein Graph (G), eine Funktionsgleichung (F), ein Lösungsansatz (L) und ein Antwortsatz (A) gehören zu einer der Situationen (S), weil sie die Situation näherungsweise beschreiben bzw. die entsprechende Fragestellung näherungsweise beantworten.
- Notiert, was jeweils zusammengehört.
- Begründet eure Entscheidungen. Verwendet dazu die folgenden Begriffe.

→ Lerneinheit 1, Seite 106

Schnittpunkt	x-Achse	Nullstelle
y-Achsenabschnitt	Lösung der Gleichung	Höhe

Forschungsauftrag 2
Die Gleichungen in L1 bis L6 wurden so umgeformt, dass sie in einer Produktschreibweise vorliegen (P1 bis P6). Diese sechs Gleichungen sind unsortiert notiert:

→ Lerneinheit 3, Seite 115

P1 $-0{,}01 \cdot (x + 2) \cdot (x - 77) = 0$

P2 $-0{,}02 \cdot (x + 1) \cdot (x - 72) = 0$

P3 $-0{,}01 \cdot (x - 35) \cdot x = 0$

P4 $-0{,}05 \cdot (x + 2) \cdot (x - 18) = 0$

P5 $-0{,}008 \cdot (x - 122) \cdot x = 20$

P6 $-(x - 1) \cdot (x - 18) = 20$

- Ordnet jeder Gleichung von P1 bis P6 eine der sechs Situationen S1 bis S6 zu, deren Fragestellung mithilfe der Gleichung gelöst werden kann. Begründet.
- Erläutert, bei welchen der Gleichungen P1 bis P6 man die Antwort zur Fragestellung der zugehörigen Situation ablesen kann und wie man dabei vorgeht. Bei welchen Gleichungen kann man die Lösung nicht einfach ablesen? Warum?

Ihr könnt eure Ergebnisse aus den Forschungsaufträgen 1 und 2 mithilfe eines Funktionsplotters kontrollieren.

1 Quadratische Gleichungen grafisch lösen

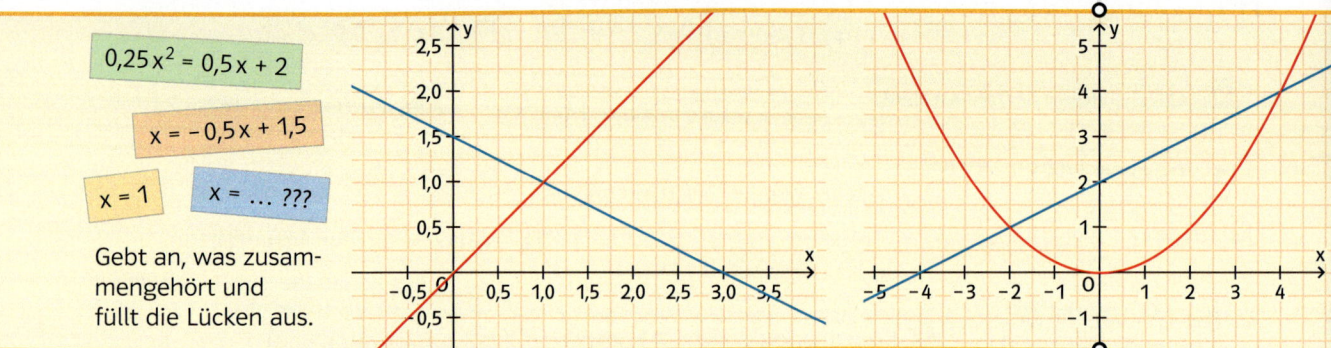

$0,25x^2 = 0,5x + 2$

$x = -0,5x + 1,5$

$x = 1$ $x = \ldots$???

Gebt an, was zusammengehört und füllt die Lücken aus.

Quadratische Funktionen und ihre Graphen sind bereits bekannt. Bisher wurden überwiegend Aufgaben behandelt, bei denen zu einem bekannten x-Wert Funktionswerte bestimmt werden mussten. Wie man vorgeht, wenn nun umgekehrt der Funktionswert gegeben ist und man den zugehörigen x-Wert sucht, wird im Folgenden gezeigt. Dabei wird die Lösung zunächst zeichnerisch mithilfe des Funktionsgraphen ermittelt.

Gleichungen wie $x^2 - x - 2 = 0$ heißen **quadratische Gleichungen**, weil die Variable mit der 2. Potenz vorkommt (hier: x^2). Eine Lösung dieser Gleichung kann man näherungsweise mithilfe des Graphen ermitteln.

Grafisches Lösen der Gleichung mithilfe eines Funktionenplotters
Man fasst die linke Seite der Gleichung $x^2 - x - 2 = 0$ als Funktionsterm der Funktion f auf und zeichnet den Graphen von f mit $f(x) = x^2 - x - 2$.

Nun bestimmt man, für welche x-Werte der Funktionswert $f(x) = 0$ erreicht wird (Nullstellen). Dies ist für $x_1 = -1$ oder $x_2 = 2$ der Fall. Diese x-Werte sind die **Lösungen der Gleichung** $x^2 - x - 2 = 0$. Die Schreibweise x_1 bzw. x_2 gibt an, dass die Gleichung zwei Lösungen hat.

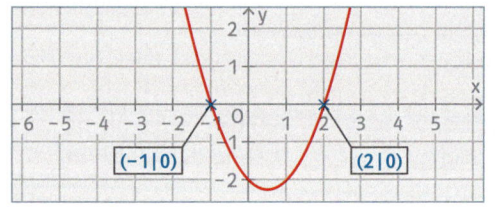

Man kann den Graphen auch näherungsweise mithilfe einer Wertetabelle zeichnen.

Grafisches Lösen der Gleichung mithilfe einer Schablone
Man formt die Gleichung $x^2 - x - 2 = 0$ so um, dass x^2 alleine auf einer Seite der Gleichung steht. Man erhält $x^2 = x + 2$. Nun fasst man die linke Seite der Gleichung als Funktionsterm der Funktion f und die rechte Seite als Funktionsterm der Funktion g auf:
  f mit $f(x) = x^2$ (der Graph von f ist die Normalparabel) und
  g mit $g(x) = x + 2$ (der Graph von g ist eine Gerade).
An den Stellen, an denen sich die Graphen schneiden, sind die Funktionswerte gleich. Diese x-Werte sind demnach die Lösung der Gleichung $x^2 = x + 2$ und somit auch die Lösung der Gleichung $x^2 - x - 2 = 0$.

Mithilfe einer Normalparabelschablone und einem Lineal kann man die Graphen der beiden Funktionen f und g zeichnen und die **Schnittpunkte** beider Graphen näherungsweise ablesen: die Schnittpunkte liegen bei $x = -1$ und $x = 2$.
Die Lösungen der Gleichung $x^2 - x - 2 = 0$ sind demnach $x_1 = -1$ und $x_2 = 2$.

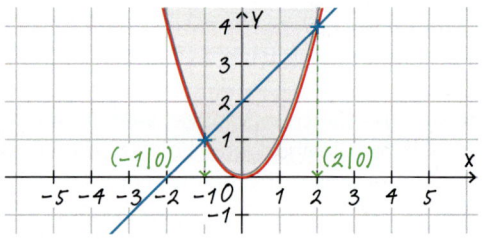

Beide Lösungsverfahren liefern die Lösungen $x_1 = -1$ oder $x_2 = 2$.

Nicht jede quadratische Gleichung ist lösbar. Eine quadratische Gleichung der Form $x^2 + px + q = 0$ besitzt entweder zwei Lösungen, eine Lösung oder keine Lösung, da die zugehörige quadratische Funktion f mit $f(x) = x^2 + px + q$ entweder zwei Nullstellen, eine Nullstelle oder keine Nullstelle besitzt.

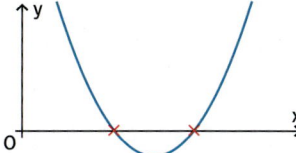
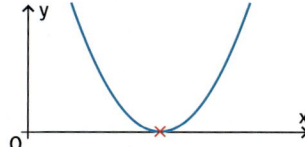
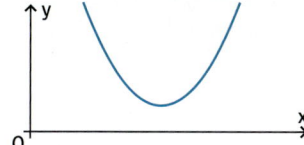

Funktion: zwei Nullstellen
Gleichung: zwei Lösungen

Funktion: eine Nullstelle
Gleichung: eine Lösung

Funktion: keine Nullstelle
Gleichung: keine Lösung

Quadratische Gleichungen grafisch lösen
Eine quadratische Gleichung der Form $x^2 + px + q = 0$ kann man grafisch lösen, indem man
- die Schnittpunkte des Graphen der Funktion f mit $f(x) = x^2 + px + q$ mit der x-Achse abliest (x-Werte der Schnittpunkte sind die **Nullstellen** der Funktion f) oder
- die Gleichung in die Form $x^2 = -px - q$ umformt und die **Schnittpunkte** der Normalparabel der Funktion h mit $h(x) = x^2$ mit der Geraden g mit $g(x) = -px - q$ bestimmt.

Die x-Werte der Schnittpunkte sind jeweils die Lösungen der quadratischen Gleichung.

Eine quadratische Gleichung hat entweder zwei Lösungen, eine Lösung oder keine Lösung.

Der zweite Lösungsweg kann zeichnerisch mithilfe einer Normalparabelschablone gelöst werden.

Um die allgemeine quadratische Gleichung der Form $ax^2 + bx + c = 0$ (mit $a \neq 0$) zu lösen, kann man die Gleichung durch a dividieren und erhält die Form $x^2 + \frac{b}{a}x + \frac{c}{a} = 0$. Wenn man diese Form mit der Darstellung $x^2 + px + q = 0$ vergleicht, entspricht der Faktor $\frac{b}{a}$ dem p und der Summand $\frac{c}{a}$ dem q.

Beispiel 1 🖥 **Anwendungsaufgabe mit einem Funktionenplotter lösen**
Die Flugkurve eines Balles bei einem Ballwurf soll näherungsweise durch die Funktion f mit $f(x) = -0{,}02x^2 + 0{,}25x + 1{,}75$ beschrieben werden. Dabei beschreibt f die Höhe des Balles über dem Boden und x die horizontale Entfernung des Balles zum Abwurfpunkt bei $x = 0$ (jeweils in Metern). Bestimme, wie weit der Ball fliegt.
Lösung
Da die Flugbahn des Balles bei $x = 0$ startet und $f(x)$ die Höhe des Balles über dem Boden angibt, entspricht der x-Wert des Schnittpunktes des Graphen von f mit der x-Achse der Weite des Fluges. Somit führt das Problem zu der Gleichung $-0{,}02x^2 + 0{,}25x + 1{,}75 = 0$. Ein Funktionenplotter liefert die Schnittpunkte $S_1(-5|0)$ und $S_2(17{,}5|0)$.
Hier muss man auf eine geeignete Fenstereinstellung achten, damit die Schnittpunkte zu erkennen sind.

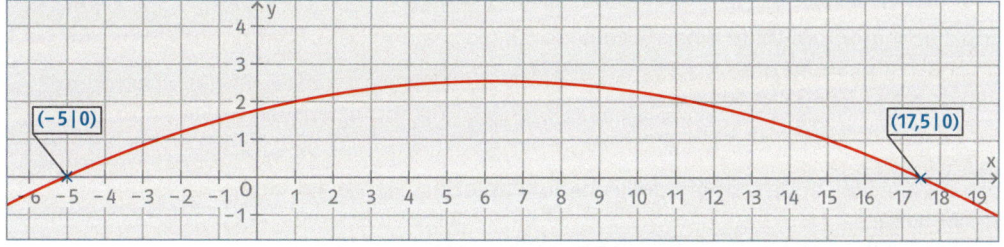

Im Sachkontext ist nur die Lösung $x = 17{,}5$ relevant. Der Ball fliegt ca. 17,5 m weit.

Beispiel 2 Quadratische Gleichung mit einer Schablone lösen
a) Löse die Gleichung $1{,}5x^2 + 1{,}5x = 3$ grafisch mithilfe einer Normalparabelschablone.
b) Überprüfe rechnerisch, ob die abgelesenen Lösungen richtig sind.

Lösung

a) 1. Man formt die Gleichung so um, dass x^2 alleine auf einer Seite steht:
$1{,}5x^2 + 1{,}5x = 3 \qquad | :1{,}5$
$\qquad x^2 + x = 2 \qquad | -x$
$\qquad\qquad x^2 = -x + 2$.

2. Man zeichnet die Normalparabel der Funktion f mit $f(x) = x^2$ und die Gerade mit der Gleichung $g(x) = -x + 2$ in ein Koordinatensystem und liest die x-Koordinaten der Schnittpunkte ab:
$x_1 = -2$ und $x_2 = 1$ sind die Lösungen der Gleichung $1{,}5x^2 + 1{,}5x = 3$.

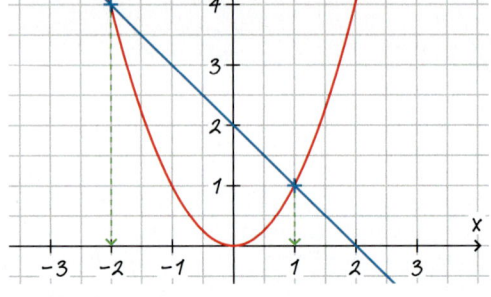

b) *Einsetzen der Lösungen in die Gleichung:*
$1{,}5 \cdot (-2)^2 + 1{,}5 \cdot (-2) = 6 - 3 = 3$ und $1{,}5 \cdot 1^2 + 1{,}5 \cdot 1 = 3$. Beide Lösungen sind richtig.

Aufgaben

1 Die angegebenen Gleichungen wurden mithilfe einer Schablone für Normalparabeln gelöst. Ordne jeder Gleichung (G) einen Graphen (B) und eine Lösungsangabe (L) zu.

Alle Aufgaben können mithilfe eines Funktionenplotters kontrolliert werden.

G1 $x^2 + 0{,}5x = 3$ **G2** $x^2 + x = 6$ **G3** $-x^2 + 0{,}5x = -5$

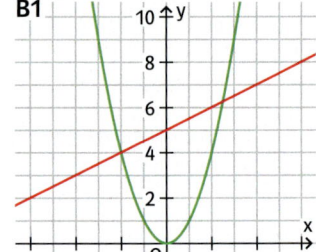 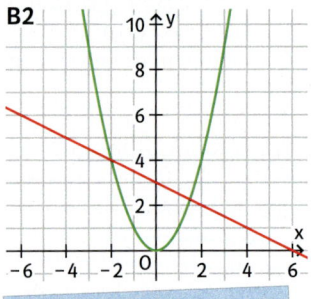 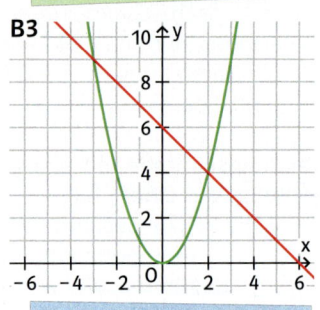

L1 $x_1 = -3$ und $x_2 = 2$ **L2** $x_1 = -2$ und $x_2 = 2{,}5$ **L3** $x_1 = -2$ und $x_2 = 1{,}5$

2 Löse die Gleichung zeichnerisch mithilfe einer Schablone für Normalparabeln. Überprüfe rechnerisch, ob die abgelesenen Lösungen richtig sind.
a) $x^2 = 3x - 2$ b) $x^2 = 1$ c) $x^2 = x + 2$
d) $x^2 + 4x + 3 = 0$ e) $-x^2 - x + 2 = 0$ f) $-x^2 - 4x = 0$

Du findest Hilfe in Beispiel 2, Seite 108.

3 Löse die Gleichung zeichnerisch mithilfe einer Schablone für Normalparabeln. Forme die Gleichung dazu zunächst passend um.
a) $2x^2 - 2x = 4$ b) $-3x^2 + 9x = 6$ c) $4x^2 + 4x = 8$
d) $-1{,}5x^2 = 12 - 9x$ e) $2{,}5x^2 - 15 = -2{,}5x$ f) $2x = 2 + 0{,}5x^2$

4 Bestimme die Lösung der Gleichung mithilfe des Funktionenplotters. Achte auf eine geeignete Fenstereinstellung.
a) $2{,}35x^2 - 11{,}224x + 231{,}2 = 0$ b) $0{,}555x^2 + 20x - 10{,}99 = 0$
c) $\frac{2}{3}x^2 - \frac{4}{7}x + 10 = 12{,}25$ d) $13{,}55x - 0{,}5x^2 = 35{,}444$

5 Die Flugkurve eines Steins soll näherungsweise beschrieben werden durch die Funktion h mit $h(x) = -0{,}05x^2 + 0{,}1x + 1{,}5$. Dabei ist x die horizontale Entfernung des Steins zum Abwurfpunkt und $h(x)$ beschreibt die Höhe des Steins (jeweils in m).
Bestimme, wie weit der Stein ungefähr fliegt.

→ Du findest Hilfe in Beispiel 1, Seite 107.

Teste dich!

→ Lösungen | Seite 263

6 Löse die Gleichung zeichnerisch mithilfe einer Schablone für Normalparabeln.
Überprüfe, ob die abgelesenen Lösungen richtig sind.
a) $x^2 - 5x + 4 = 0$ b) $x^2 + 4x + 4 = 0$ c) $x^2 + 6x = -8$
d) $3x^2 - 18x + 15 = 0$ e) $-x^2 + 7x = 12$ f) $-2{,}5x^2 - 2{,}5x = -5$

7 Der Trainer von Taylan beschreibt die Flugkurve einer Kugel beim Kugelstoßen näherungsweise durch die Funktion h mit $h(x) = -0{,}08x^2 + 0{,}31x + 1{,}6$. Dabei ist x die horizontale Entfernung der Kugel zum Abwurfpunkt und $h(x)$ beschreibt die Höhe der Kugel (jeweils in m). Bestimme, wie weit die Kugel ungefähr fliegt.

8 Sylvia hat die Gleichung $100x^2 - 369x + 338 = 0$ mithilfe einer Normalparabelschablone gelöst. Als Lösung liest sie in ihrer Zeichnung die Werte $x_1 = 1{,}7$ und $x_2 = 2$ ab. Anschließend führt sie die Probe durch und notiert in ihrem Heft: „Die Lösung $x_2 = 2$ ist richtig. Aber bei der Lösung $x_1 = 1{,}7$ habe ich mich irgendwie verrechnet."
a) Führe mit Sylvias Lösungen die Probe durch und kommentiere ihre Aussage.
b) Löse die Gleichung mit einer Normalparabelschablone und vergleiche mit a).

9 Finn behauptet: „Wenn eine quadratische Gleichung die Form $ax^2 + bx + c = d$ hat, sind die Schnittpunkte des Graphen von f mit $f(x) = ax^2 + bx + c$ mit der Geraden von g mit $g(x) = d$ die Lösungen der Gleichung."
a) Beurteile, ob Finn recht hat und erläutere mithilfe einer Skizze.
b) Überprüfe deine Entscheidung aus Teilaufgabe a) an der Gleichung $0{,}5x^2 + 2x + 2{,}5 = 5$.

10 Baseball ist eine der beliebtesten Sportarten der Welt. Beim Wurf erreicht der Ball beispielsweise beim „Fast Ball" Geschwindigkeiten bis zu 160 km/h. Wenn der Schlagmann den Ball trifft, kann die Flugbahn des Balles sehr unterschiedlich sein.
Bob hat für einen seiner Schläge per Videoaufnahme die Flugbahn des Balles untersucht und diese durch die Funktion h mit $h(x) = -0{,}0015x^2 + x + 2$ näherungsweise beschrieben. Der Wert $h(x)$ gibt dabei die Höhe und x den horizontalen Abstand zum Schlagmann jeweils in feet an.

1 foot = 30,48 cm

a) Zeichne die Parabel von h. Begründe, warum sie nach unten geöffnet ist.
b) Bestimme die Höhe, in der der Schlagmann den Ball beim Abschlag trifft.
c) Ein Feldspieler steht 85 feet vom Schlagmann entfernt, als der Ball direkt über ihm ist. Bestimme, in welcher Höhe sich der Ball hier befindet.
d) Ermittle, wie weit der Ball bei diesem Schlag fliegt.
e) Gib an, wie weit der Ball horizontal vom Schlagmann entfernt ist, wenn er 90 feet hoch ist. Gib auch in Metern an.
f) Erläutere, warum es sich bei allen Ergebnissen nur um Näherungswerte handelt.

● 11 **Finde den Fehler!**
Erkläre, was falsch gemacht wurde, und korrigiere die Rechnung im Heft.

Löse die Gleichung $x^2 + 1,5x - 1 = 0$.
$x^2 + 1,5x - 1 = 0 \quad | -1,5x + 1$
$x^2 = 1,5x + 1$

Der Grafik kann man entnehmen, dass $x_1 = -0,5$ und $x_2 = 2$ Lösungen der Gleichung $x^2 + 1,5x - 1 = 0$ sind.

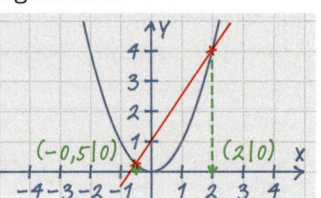

● 12 Die angegebene Gleichung wurde mithilfe einer Schablone für Normalparabeln gelöst. Ordne jeder Gleichung (G) eine Funktionsgleichung in Scheitelpunktform (F), einen Graphen (B) und eine Lösungsangabe (L) zu.

Zur Erinnerung:
$(a + b)^2 = a^2 + 2ab + b^2$
$(a - b)^2 = a^2 - 2ab + b^2$

G1 $x^2 - 4x + 3 = 0$ **G2** $x^2 - 2x = 0$ **G3** $x^2 + 2x - 8 = 0$

F1 $f(x) = (x + 1)^2 - 9$ **F2** $f(x) = (x - 2)^2 - 1$ **F3** $f(x) = (x - 1)^2 - 1$

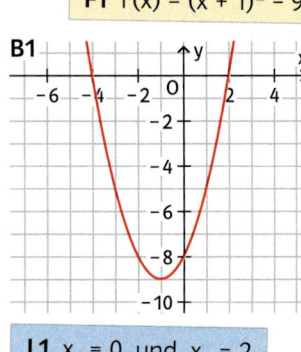
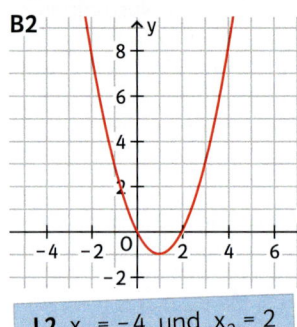
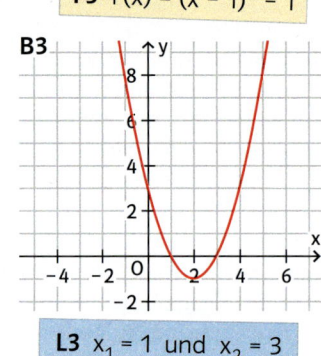

L1 $x_1 = 0$ und $x_2 = 2$ **L2** $x_1 = -4$ und $x_2 = 2$ **L3** $x_1 = 1$ und $x_2 = 3$

● 13 Von einer quadratischen Funktion f sind der Scheitelpunkt S und ein weiterer Punkt P gegeben. Bestimme die Funktionsgleichung in Scheitelpunktform und anschließend die Lösung der Gleichung $f(x) = 10,5$ so genau wie möglich. Der Graph der Funktion f besitzt den Scheitelpunkt $S(1|-8)$ und schneidet die y-Achse im Punkt $P(0|-5)$.

Teste dich! → Lösungen | Seite 26

14 Lina beschreibt die Flugbahn einer Rakete mit einer Parabel, wobei x die horizontale Entfernung zum Startpunkt und f(x) die Flughöhe jeweils in Metern angibt. Die Rakete wird in der Position $P(0|0,5)$ abgeschossen und hat ihren höchsten Punkt in $S(2|280)$.
a) Stelle eine Funktionsgleichung auf, die die Flugbahn näherungsweise beschreibt.
b) Bestimme, in welcher horizontalen Entfernung zum Startpunkt der Körper landet.

● 15 **Gilt immer – gilt nie – es kommt darauf an**
Untersuche, ob die folgenden Aussagen immer gelten, nie stimmen oder nur in bestimmten Fällen richtig sind. Begründe und gib gegebenenfalls die Bedingungen an.
a) Gleichungen der Form $ax^2 + c = 0$ haben keine Lösung.
b) Gleichungen der Form $x^2 + bx = 0$ haben zwei verschiedene Lösungen.

Teste dein Grundwissen! **Prozentwerte berechnen** → **Grundwissen** Seite 232 Lösungen | Seite 26

G 16 Gegeben sind der Prozentsatz p und der Grundwert G. Bestimme den Prozentwert W.
a) $p = 3\%$ und $G = 200\,€$ b) $p = 5\%$ und $G = 360\,€$ c) $p = 120\%$ und $G = 50\,€$

2 Lösen einfacher quadratischer Gleichungen

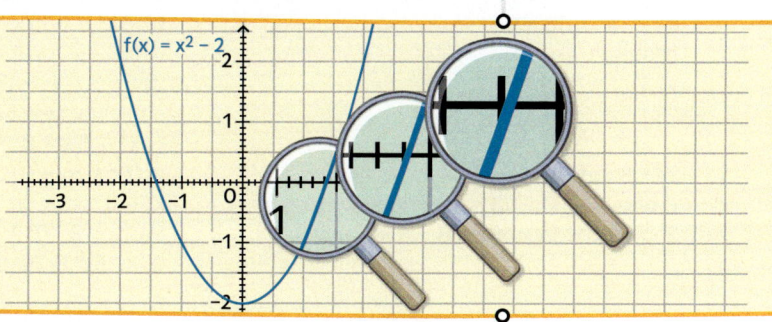

Peter: „Die Vergrößerung reicht noch nicht ganz, um die Nullstelle genau zu bestimmen." Paula: „Dann vergrößere es noch mal."
Nimm Stellung zu den Aussagen.

Quadratische Gleichungen wurden bisher grafisch gelöst. Dies liefert oft nur einen Näherungswert für die Lösung. Die exakten Lösungen kann man rechnerisch ermitteln. Dabei gibt es unterschiedliche Typen von Gleichungen, für deren Lösung es unterschiedliche rechnerische Lösungsverfahren gibt.
Im Folgenden werden zwei Typen quadratischer Gleichungen betrachtet, die von der allgemeinen Gleichung $a \cdot x^2 + b \cdot x + c = 0$ den blau unterlegten Summanden und nur einen der beiden anderen Summanden enthalten. Dadurch sind sie einfacher zu lösen.

Lösen durch Wurzelziehen
Quadratische Gleichungen der Form
$x^2 - 4 = 0$ kann man so umformen, dass x^2 alleine auf einer Seite des Gleichheitszeichens steht. Durch anschließendes Wurzelziehen löst man die Gleichung.
$x^2 - 4 = 0 \quad | + 4$
$x^2 = 4$
Die Gleichung hat zwei Lösungen:
$x_1 = 2$ und $x_2 = -2$
Probe: $2^2 - 4 = 4 - 4 = 0$ (wahr),
$(-2)^2 - 4 = 4 - 4 = 0$ (wahr)

Lösen durch Ausklammern
Quadratische Gleichungen der Form
$x^2 - 3 \cdot x = 0$ kann man durch Ausklammern von x lösen.
$x^2 - 3 \cdot x = 0$, also
$x \cdot (x - 3) = 0$.
Das Produkt $x \cdot (x - 3)$ ist null, wenn $x = 0$ oder $(x - 3) = 0$, also $x = 3$ ist.
Probe: $0^2 - 3 \cdot 0 = 0$ (wahr),
$3^2 - 3 \cdot 3 = 9 - 9 = 0$ (wahr)

Lösen einfacher quadratischer Gleichungen
Quadratische Gleichungen der Form
$x^2 - e = 0$ für $e \geq 0$
kann man durch Umformen lösen.

Aus $x^2 = e$ erhält man durch Wurzelziehen die Lösungen $x_1 = \sqrt{e}$ und $x_2 = -\sqrt{e}$.

Quadratische Gleichungen der Form
$x^2 - d \cdot x = 0$
kann man durch Ausklammern lösen.
Es gilt: $x^2 - d \cdot x = x \cdot (x - d)$.
Aus $x \cdot (x - d) = 0$ erhält man durch Ablesen die Lösungen $x_1 = 0$ und $x_2 = d$.

Um quadratische Gleichungen der Form $a x^2 - c = 0$ (mit $a \neq 0$) zu lösen, kann man die Gleichung durch a dividieren und erhält die Form $x^2 - \frac{c}{a} = 0$. Wenn man diese Form mit der Darstellung $x^2 - e = 0$ vergleicht, entspricht der Summand $\frac{c}{a}$ dem Summanden e.

Um quadratische Gleichungen der Form $a x^2 - b x = 0$ (mit $a \neq 0$) zu lösen, kann man die Gleichung durch a dividieren und erhält die Form $x^2 - \frac{b}{a} x = 0$. Wenn man diese Form mit der Darstellung $x^2 - d x = 0$ vergleicht, entspricht der Faktor $\frac{b}{a}$ dem Faktor d.

Beispiel **Lösen einfacher quadratischer Gleichungen**
Löse die quadratische Gleichung. Führe abschließend die Probe durch.
a) $2 \cdot x^2 - 18 = 0$
b) $3x^2 = -15x$

Lösung

a) $2x^2 - 18 = 0 \quad |:2$
$\quad x^2 - 9 = 0 \quad |+9$
$\quad x^2 = 9$
$x_1 = 3$ oder $x_2 = -3$
Probe: $2 \cdot 3^2 - 18 = 18 - 18 = 0$ (wahr),
$2 \cdot (-3)^2 - 18 = 18 - 18 = 0$ (wahr)

b) $\quad 3x^2 = -15x \quad |:3$
$\quad x^2 = -5x \quad |+5x$
$\quad x^2 + 5x = 0$
$\quad x \cdot (x + 5) = 0$
$x_1 = 0$ oder $x_2 = -5$
Probe: $3 \cdot 0^2 = 0$ und $-15 \cdot 0 = 0$ (wahr),
$3 \cdot (-5)^2 = 75$ und $-15 \cdot (-5) = 75$ (wahr)

Aufgaben

1 Ordne jeder Gleichung (G) die richtigen Lösungen (L) zu.

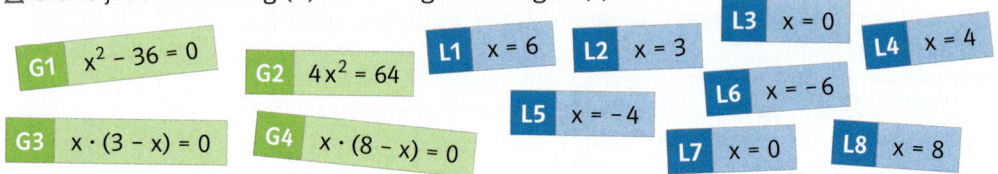

G1 $x^2 - 36 = 0$ G2 $4x^2 = 64$ G3 $x \cdot (3 - x) = 0$ G4 $x \cdot (8 - x) = 0$

L1 $x = 6$ L2 $x = 3$ L3 $x = 0$ L4 $x = 4$ L5 $x = -4$ L6 $x = -6$ L7 $x = 0$ L8 $x = 8$

2 Berechne die Lösungen der quadratischen Gleichungen. Führe die Probe durch. → Du findest Hilfe im Beispiel, Seite 112.
a) $x^2 - 25 = 0$
b) $x^2 - 196 = 0$
c) $x^2 - 81 = 0$
d) $x^2 - 144 = 0$
e) $36 - x^2 = 0$
f) $1{,}44 - x^2 = 0$
g) $1{,}96 - x^2 = 0$
h) $1{,}21 - x^2 = 0$
i) $5x^2 - 80 = 0$
j) $2x^2 - 98 = 0$
k) $24 - 6x^2 = 0$
l) $175 - 7x^2 = 0$

3 Gib die Lösungen der quadratischen Gleichungen an. Klammere dazu zunächst aus. Führe anschließend die Probe durch. → Du findest Hilfe im Beispiel, Seite 112.
a) $x^2 + 3x = 0$
b) $x^2 + 6x = 0$
c) $x^2 - 8x = 0$
d) $x^2 - 14x = 0$
e) $4x^2 + 8x = 0$
f) $1{,}3x^2 - 3{,}9x = 0$
g) $12{,}4x + 2x^2 = 0$
h) $0{,}21x - 3x^2 = 0$
i) $5x^2 = 25x$
j) $-5x = 4x^2$
k) $x^2 = -4x$
l) $0 = -2x^2 + 8x$

4 Gib an, ob die Gleichung durch Wurzelziehen oder Ausklammern gelöst werden kann. Ermittle die Lösungen der quadratischen Gleichungen und führe die Probe durch.
a) $x^2 - 49 = 0$
b) $3x^2 + 6x = 0$
c) $2x^2 - 32 = 0$
d) $4x^2 = 36$
e) $5x^2 = 40x$
f) $2{,}4x - 0{,}6x^2 = 0$
g) $5x^2 - 12 = 113$
h) $5{,}5x = -1{,}1x^2$

5 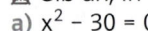 Gib an, in welchen der gefärbten Bereiche die Lösungen der Gleichung liegen.
a) $x^2 - 30 = 0$
b) $4x^2 = 24$
c) $2x^2 - 80 = 0$
d) $20 - x^2 = 0$

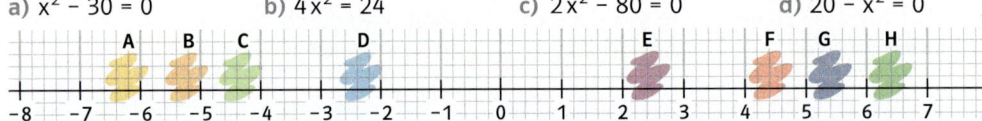

6 Ein Fußball wird vom Elfmeterpunkt direkt in Richtung Tor geschossen. Die Flugbahn des Balles soll durch die quadratische Funktion f mit $f(x) = -0{,}05x^2 + 0{,}56x$ beschrieben werden. Berechne, wie viele Meter hinter der Torlinie der Ball landet, wenn man die Flugbahn mit der gegebenen Funktion beschreiben kann.

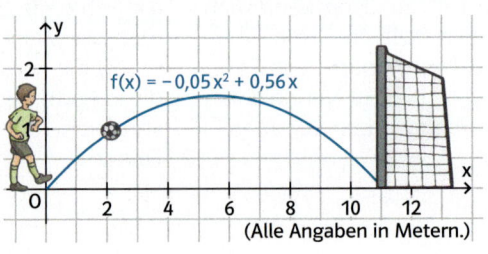

(Alle Angaben in Metern.)

IV Quadratische Gleichungen

Teste dich! → Lösungen | Seite 265

7 Gib an, ob die Gleichung durch Wurzelziehen oder Ausklammern gelöst werden kann. Ermittle die Lösungen der quadratischen Gleichung und führe die Probe durch.
a) $x^2 - 9 = 0$
b) $x^2 - 66x = 0$
c) $2x^2 + 32x = 0$
d) $4x^2 = 484$
e) $4x^2 + 4x = 0$
f) $3x^2 - 300 = 0$

8 Li analysiert die Flugbahn eines Flohs und ermittelt mit einer Videoaufnahme, dass ein Sprung des Flohs durch die Funktion h mit der Gleichung $h(x) = -0{,}08x^2 + 0{,}4x$ modelliert werden kann, wobei mit x die Entfernung zum Startpunkt und mit $h(x)$ die Höhe, jeweils in cm, angegeben wird. Bestimme, wie weit dieser Floh springt.

9 Löse die Gleichung. Führe anschließend die Probe durch.
a) $7x^2 + 3x + 1 = x^2 + 1$
b) $-4x^2 + 6x = 6x - 144$
c) $4x^2 + 7 = 7 + x$
d) $7x + 4 = 10x^2 + 4 + 8x$
e) $50x^2 - 50x = 200 - 50x$
f) $1 + 9x^2 = -225x + 1$

10 Gegeben sind die Lösungen einer quadratischen Gleichung. Gib eine mögliche quadratische Gleichung in der Form $x^2 - e = 0$ oder $x \cdot (x - d) = 0$ an, zu der die Lösungen passen. Überprüfe deine Lösungen mithilfe eines Funktionenplotters.
a) $x_1 = 5$ und $x_2 = -5$
b) $x_1 = 0$ und $x_2 = 3$
c) $x_1 = 1{,}2$ und $x_2 = -1{,}2$

11 Gib je eine Gleichung der Form $f(x) = ax^2$ und eine Geradengleichung der Form $g(x) = mx$ an, sodass die Gleichung $ax^2 = mx$ in der Figur veranschaulicht ist. Löse die Gleichung anschließend rechnerisch. Überprüfe deine Lösungen.

a)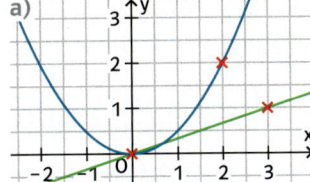
b)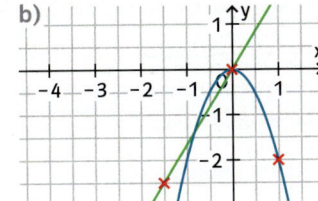
c)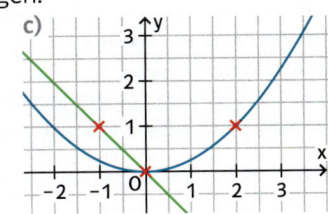

12 Finde den Fehler!
Erkläre, was falsch gemacht wurde, und korrigiere die Rechnung im Heft.

a)
Löse die Gleichung $3x^2 = -3x$.
$3x^2 = -3x \quad | +3x$
$3x^2 + 3x = 0 \quad | \text{Ausklammern}$
$3x \cdot (x + 3) = 0$
$x_1 = 0$ oder $x_2 = -3$.
Die Lösungen sind $x_1 = 0$ und $x_2 = -3$.

b)
Löse die Gleichung $\frac{2}{5}x^2 - 9 = 1$.
$\frac{2}{5}x^2 - 9 = 1 \quad | \cdot 5$
$2x^2 - 9 = 1 \quad | +9$
$2x^2 = 10 \quad | :2$
$x^2 = 5 \quad | \sqrt{}$
$x = \sqrt{5}$. Die Lösung ist $x = \sqrt{5}$.

c)
Bestimme den Scheitelpunkt des Graphen der Funktion f mit $f(x) = 2x^2 + 6x$ mithilfe der Nullstellen.
$2x^2 + 6x = 0 \quad |:2$
$x^2 + 3x = 0$
$x \cdot (x + 3) = 0$, also $x_1 = 0$ oder $x_2 = -3$
x-Wert des Scheitelpunktes liegt zwischen den Nullstellen: $x_{SP} = -1{,}5$.

Berechnung des y-Wertes des Scheitelpunktes:
$f(-1{,}5) = (-1{,}5)^2 + 3 \cdot (-1{,}5) = -2{,}25$
Der Scheitelpunkt liegt in $(-1{,}5 | -2{,}25)$.

13 Bestimme die Nullstellen und den Scheitelpunkt. Skizziere anschließend den Graphen.

a) $f(x) = 2x^2 - 6x$ b) $f(x) = \frac{1}{4}x^2 - x$ c) $f(x) = -\frac{1}{5}x^2 - \frac{8}{5}x$ d) $f(x) = 0{,}5x^2 + 5x$

e) $f(x) = \frac{1}{3}x^2 + x$ f) $f(x) = 2{,}5x^2 + 10x$ g) $f(x) = x^2 - 5x$ h) $f(x) = -3x^2 - 6x$

14 Die Brücke Karmsundbrua in Norwegen verbindet die Insel Karmøy mit dem Festland in Haugesund (Rogaland). Da der Brückenbogen annähernd die Form einer Parabel besitzt, hat Franz zur Beschreibung des Bogens die Funktionsgleichung $f(x) = -0{,}0096x^2 + 1{,}44x$ entwickelt, wobei x und f(x) jeweils in Metern angegeben sind. Der Fluss soll unter der Brücke 116 m breit sein.
Prüfe, ob diese Angabe mithilfe des Modells von Frank bestätigt werden kann.

Teste dich!

15 Bestimme die Nullstellen und den Scheitelpunkt. Skizziere anschließend den Graphen.

a) $f(x) = 2x^2 + 10x$ b) $f(x) = -3x^2 - 1{,}5x$ c) $f(x) = \frac{1}{4}x^2 - \frac{5}{4}x$ d) $f(x) = 0{,}1x^2 - x$

16 Wahr oder falsch?
Gib an, ob die Aussage wahr oder falsch ist. Begründe.
a) Gleichungen der Form $x^2 - e = 0$ haben immer zwei Lösungen.
b) Bei Gleichungen der Form $a \cdot x \cdot (x - b) = 0$ kann man die Lösungen direkt ablesen.

17 Gilt immer – gilt nie – es kommt darauf an
Überprüfe, ob die folgenden Aussagen immer gelten, nie stimmen oder nur in bestimmten Fällen richtig sind. Begründe und gib gegebenenfalls die Bedingungen an.
a) Gleichungen der Form $ax^2 + bx = 0$ haben die Lösung $x = 0$.
b) Gleichungen der Form $ax^2 + bx = 0$ haben eine Lösung, die größer als null ist.
c) Gleichungen der Form $x^2 - bx = 0$ haben für $b \neq 0$ zwei Lösungen.

18 Begründe die Aussage für eine Parabel mit der Gleichung $f(x) = ax^2 + bx$ ($a \neq 0$, $b \neq 0$).
a) Die Parabel verläuft immer durch den Ursprung des Koordinatensystems und hat ihren zweiten Schnittpunkt mit der x-Achse stets an der Stelle $x = -\frac{b}{a}$.
b) Die Parabel hat ihren Scheitelpunkt stets in dem Punkt $\left(\frac{-b}{2a} \mid -\frac{b^2}{4a}\right)$.

Teste dein Grundwissen! — Mit Prozenten rechnen

G 19 Herr Knubert kauft im Ausverkauf, bei dem alles um 20 % reduziert ist, eine Jeans und ein T-Shirt. Für die Jeans zahlt er 60 € und für das T-Shirt 24 €.
a) Berechne den ursprünglichen Preis für die Jeans und für das T-Shirt.
b) Herr Knubert behauptet: „Insgesamt habe ich so 40 % gespart!" Erkläre, welchen Denkfehler er begangen hat.

IV Quadratische Gleichungen

3 Linearfaktorzerlegung

In der nebenstehenden Figur ist eine verschobene Normalparabel abgebildet. Wie lautet die Funktionsgleichung der quadratischen Funktion?

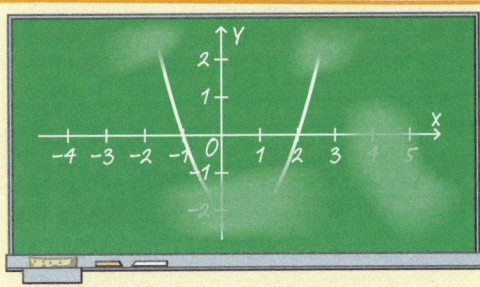

Wenn quadratische Gleichungen in der faktorisierten Form $x \cdot (x - d) = 0$ vorliegen, kann man die Lösungen $x_1 = 0$ und $x_2 = d$ direkt ablesen. Dies gilt auch für Gleichungen der Form $(x - r) \cdot (x - s) = 0$ mit den Lösungen $x_1 = r$ und $x_2 = s$. Ist eine quadratische Gleichung in der Form $x^2 + px + q = 0$ gegeben, kann man sie zunächst in die faktorisierte Form $(x - r) \cdot (x - s) = 0$ überführen, um die Lösungen direkt ablesen zu können. Wie man dabei vorgeht, wird im Folgenden erläutert.

Die Gleichung $(x + 3) \cdot (x + 2) = 0$ hat die Lösungen $x_1 = -3$ und $x_2 = -2$. Wenn man in dieser Gleichung die linke Seite ausmultipliziert, erhält man folgendes Ergebnis:

$(x + 3) \cdot (x + 2) = 0$
$x^2 + 3 \cdot x + 2 \cdot x + 3 \cdot 2 = 0$
$x^2 + (3 + 2) \cdot x + 3 \cdot 2 = 0$ (*)
$x^2 + 5 \cdot x + 6 = 0$ (**)

Da sich die Lösungen durch die obigen Umformungen nicht ändern, hat auch die Gleichung $x^2 + 5x + 6 = 0$ die Lösungen $x_1 = -3$ und $x_2 = -2$.
Ein Vergleich der Gleichungen (*) und (**) ergibt $p = 3 + 2 = 5$ und $q = 3 \cdot 2 = 6$.

Wenn man nun umgekehrt für die Gleichung $x^2 + 5x + 6 = 0$ die Lösungen x_1 und x_2 sucht, muss man Zahlen r und s finden, sodass $r + s = 5$ und $r \cdot s = 6$ ist.

Allgemein gilt: Wenn man für die Gleichung der Form $x^2 + px + q = 0$ zwei Zahlen r und s mit $r + s = p$ und $r \cdot s = q$ findet, kann man die Gleichung in der Form $(x + r) \cdot (x + s) = 0$ notieren. Die Lösungen dieser Gleichung sind dann $x_1 = -r$ und $x_2 = -s$.
Diesen Zusammenhang kann man durch folgende Rechnung zeigen:

$(x + r) \cdot (x + s) = 0$
$x^2 + r \cdot x + s \cdot x + r \cdot s = 0$
$x^2 + (r + s) \cdot x + r \cdot s = 0$ (*)
$x^2 + p \cdot x + q = 0$ (**)

Ein Vergleich der Gleichungen (*) und (**) ergibt $r + s = p$ und $r \cdot s = q$.

Man sagt: Die Summe $x^2 + px + q$ lässt sich in die **Linearfaktoren** $(x + r)$ und $(x + s)$ zerlegen, wenn $x_1 = -r$ und $x_2 = -s$ die Lösungen der Gleichung $x^2 + px + q = 0$ sind.

Linearfaktorzerlegung
Wenn x_1 und x_2 die Lösungen einer quadratischen Gleichung $x^2 + px + q = 0$ sind, gilt
$$x^2 + px + q = (x - x_1) \cdot (x - x_2).$$

Wenn man für die Gleichung der Form $x^2 + px + q = 0$ zwei Zahlen r und s mit $r + s = p$ und $r \cdot s = q$ findet, kann man die Gleichung in der Form $(x + r) \cdot (x + s) = 0$ notieren. Die Lösungen dieser Gleichung sind dann $x_1 = -r$ und $x_2 = -s$.

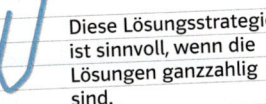

Diese Lösungsstrategie ist sinnvoll, wenn die Lösungen ganzzahlig sind.

Gleichungen der allgemeinen Form $ax^2 + bx + c = 0$ muss man zunächst in die Form $x^2 + px + q = 0$ umformen, um die obigen Überlegungen anwenden zu können.

Beispiel Zerlegen in Linearfaktoren
Gegeben ist die Gleichung $x^2 + 3x - 10 = 0$. Zerlege in Linearfaktoren und bestimme die Lösungen. Führe anschließend die Probe durch.
Lösung
Weil für die Lösungen $x_1 = -r$ und $x_2 = -s$ die Gleichung $r \cdot s = -10$ gelten muss, sucht man zunächst unter den ganzzahligen Teilern von -10 zwei Faktoren r und s, für die gilt: $r \cdot s = -10$ und schaut dann, ob für ein r und s die Gleichung $r + s = 3$ gilt.
Die Teiler von -10 sind $-10, -5, -2, -1, 1, 2, 5$ und 10.

Teiler von -10		$r \cdot s = 10$	$r + s = 3$	Ergebnis
1	-10	$1 \cdot (-10) = -10$	$1 + (-10) = -9$	falsch
2	-5	$2 \cdot (-5) = -10$	$2 + (-5) = -3$	falsch
-1	10	$(-1) \cdot 10 = -10$	$-1 + 10 = 9$	falsch
-2	5	$(-2) \cdot 5 = -10$	$-2 + 5 = 3$	richtig

Daraus folgt $r = -2$ und $s = 5$, also sind die Lösungen $x_1 = -r = 2$ und $x_2 = -s = -5$.
Die Linearfaktorzerlegung lautet $x^2 + 3x - 10 = (x - 2) \cdot (x + 5) = 0$.
Probe: Für $x_1 = 2$ ist $2^2 + 3 \cdot 2 - 10 = 4 + 6 - 10 = 0$ und
für $x_2 = -5$ ist $(-5)^2 + 3 \cdot (-5) - 10 = 25 - 15 - 10 = 0$.

Aufgaben

○ 1 Es gehören jeweils eine Gleichung in Normalform (N), eine Rechnung (R), eine Gleichung in Linearfaktorzerlegung (F) und eine Lösung (L) zusammen. Ordne zu.

N1 $x^2 - x - 12 = 0$ **N2** $x^2 - 8x + 12 = 0$ **N3** $x^2 + 11x - 12 = 0$

R1 $(-2) \cdot (-6) = 12$ und $-2 + (-6) = -8$
R2 $-1 \cdot 12 = -12$ und $-1 + 12 = 11$
R3 $3 \cdot (-4) = -12$ und $3 + (-4) = -1$

F1 $(x + 12) \cdot (x - 1) = 0$ **F2** $(x + 3) \cdot (x - 4) = 0$ **F3** $(x - 2) \cdot (x - 6) = 0$

L1 $x_1 = 2$ oder $x_2 = 6$ **L2** $x_1 = -12$ oder $x_2 = 1$ **L3** $x_1 = -3$ oder $x_2 = 4$

○ 2 Gib eine Gleichung in der Form $x^2 + px + q = 0$ an, wenn x_1 und x_2 ihre Lösungen sind.
a) $x_1 = 2$ und $x_2 = 5$ b) $x_1 = -2$ und $x_2 = -5$ c) $x_1 = 0$ und $x_2 = 7$
d) $x_1 = 1$ und $x_2 = -3$ e) $x_1 = x_2 = -3$ f) $x_1 = 5$ und $x_2 = 3$
g) $x_1 = -4$ und $x_2 = 4$ h) $x_1 = 5$ und $x_2 = -7$ i) $x_1 = x_2 = 9$

○ 3 Zerlege in Linearfaktoren und bestimme die Lösungen. Führe die Probe durch.
a) $x^2 - 9x + 14 = 0$ b) $x^2 - 15x + 26 = 0$ c) $x^2 - 10x + 16 = 0$
d) $x^2 + x - 6 = 0$ e) $x^2 - 3x - 10 = 0$ f) $x^2 + 7x - 18 = 0$
g) $x^2 + 2x - 15 = 0$ h) $x^2 - 5x - 14 = 0$ i) $x^2 - 7x + 12 = 0$

→ Du findest Hilfe im Beispiel, Seite 116.

Teste dich!

→ Lösungen | Seite 266

4 Zerlege in Linearfaktoren und bestimme die Lösungen. Führe die Probe durch.
a) $x^2 + 5x - 6 = 0$ b) $x^2 + 6x + 8 = 0$ c) $x^2 + 12x + 20 = 0$
d) $x^2 - 4x + 3 = 0$ e) $x^2 - 3x + 2 = 0$ f) $x^2 + x - 20 = 0$

5 Finde den Fehler!
Erkläre, was falsch gemacht wurde, und korrigiere die Rechnung im Heft.

a)
Zerlege $x^2 - 5x + 4$ in Linearfaktoren.
$1 \cdot 4 = 4$ und $1 + 4 = 5$
Daraus folgt:
$x^2 - 5x + 4 = (x + 1) \cdot (x + 4)$.

b)
Zerlege $x^2 + 6x + 5$ in Linearfaktoren.
$1 \cdot 5 = 5$ und $1 + 5 = 6$
Daraus folgt:
$x^2 + 6x + 5 = (x - 1) \cdot (x - 5)$.

6
Bestimme die Lösungen der Gleichung. Forme zunächst in die Form $x^2 + px + q = 0$ um.
a) $2x^2 - 10x - 28 = 0$ b) $5x^2 - 35x + 50 = 0$ c) $3x^2 + 15x = 18$

7
Löst alle Gleichungen zunächst alleine im Heft. Wählt dabei jeweils eines der Lösungsverfahren Ausklammern (A), Wurzelziehen (W) oder Linearfaktorzerlegung (L). Vergleicht mit eurem Partner und erläutert eure Wahl des Lösungsverfahrens.
a) $5x^2 = 45$ b) $x^2 - 10{,}5x = 0$ c) $3x^2 + 3x - 6 = 0$
d) $-4x^2 - 2x = 0$ e) $2x^2 - 10x + 12 = 0$ f) $3x \cdot (x - 4) = 0$
g) $x^2 + 2x + \frac{3}{4} = 0$ h) $x^2 - \frac{3}{4}x + \frac{1}{8} = 0$ i) $x^2 - x + \frac{1}{4} = 0$
j) $4x^2 + 10x - 6 = 0$ k) $5x^2 + 0{,}5x = 0$ l) $4x^2 - 4{,}8x + 0{,}8 = 0$

8
Bestimme p bzw. q so, dass die angegebene Zahl x_1 eine Lösung ist. Gib ebenfalls an, wie dann die Lösung x_2 lautet. Skizziere den Graphen der entsprechenden Funktion mit den Nullstellen x_1 und x_2 möglichst genau.
a) $x^2 + px - 21 = 0$; $x_1 = 7$ b) $x^2 + px - 18 = 0$; $x_1 = -9$ c) $x^2 + 11x + q = 0$; $x_1 = -2$
d) $x^2 + px + 4 = 0$; $x_1 = -2$ e) $2x^2 + bx - 1 = 0$; $x_1 = 1$ f) $2x^2 - 4x + c = 0$; $x_1 = 3$
g) $x^2 - 14x + q = 0$; $x_1 = 8$ h) $x^2 - px + 15 = 0$; $x_1 = 5$ i) $x^2 - 6x + q = 0$; $x_1 = 10$

Teste dich! → Lösungen | Seite 266

9
Löse mithilfe einer Linearfaktorzerlegung. Führe die Probe durch.
a) $2x^2 - 18x + 28 = 0$ b) $1{,}5x^2 + 7{,}5x - 9 = 0$ c) $\frac{1}{2}x^2 + 3x + 4 = 0$

10
Eine verschobene und anschließend an der x-Achse gespiegelte Normalparabel schneidet die y-Achse in $P(0|2)$ und die x-Achse bei $x_1 = 4$.
a) Bestimme, in welchem Punkt die Parabel die x-Achse ein zweites Mal schneidet.
b) Ermittle die Gleichung der Parabel. Gib sie auch in der Normalform an.

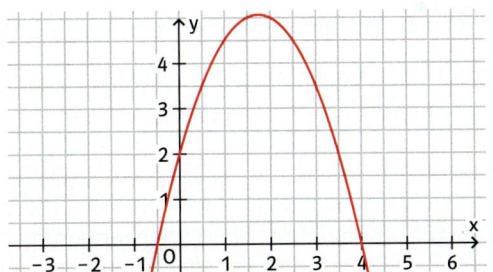

Hier ist es hilfreich bei einem Funktionenplotter mit Schiebereglern zu arbeiten.

11
Paul behauptet: „Hat die Gleichung $x^2 + px + q = 0$ zwei Lösungen x_1 und x_2, so gilt $x_1 + x_2 = -p$ und $x_1 \cdot x_2 = q$." Untersuche, ob diese Aussage wahr ist.

Teste dein Grundwissen! **Mit Prozenten rechnen** → Grundwissen Seite 232 Lösungen | Seite 267

12
Eine Wohnzimmereinrichtung hat einen Nettopreis von 10 000 €. Hinzu kommen 19 % Mehrwertsteuer. Bei Barzahlung werden 3 % vom Bruttopreis abgezogen.
a) Berechne den Preis, der bei Barzahlung gezahlt werden muss.
b) Überprüfe, ob es günstiger wäre, wenn zuerst 3 % vom Nettopreis abgezogen würden und dann die Mehrwertsteuer hinzukäme.

4 Lösungsformel für quadratische Gleichungen

Löse so viele Gleichungen wie möglich. Für welche Gleichungen fehlt dir noch eine Lösungsstrategie?

$3(x-5)^2 + 1 = 49$ $x^2 = 19$ $-x^2 + 3x + 10 = 0$
$x^2 = 9$ $6x \cdot (x-3) = 0$ $x^2 = -5$
$x^2 = 7x$ $2x^2 + 13x - 7 = 0$ $4x^2 + 4x + 1 = 0$

Rechnerisch wurden bisher Gleichungen der Formen $ax^2 + bx = 0$ und $ax^2 - c = 0$ gelöst. Außerdem wurden Gleichungen in der Form $x^2 + px + q = 0$ gelöst, wenn man sie durch Ausprobieren ganzzahliger Lösungen finden kann. Wie man beliebige Gleichungen der allgemeinen Form $ax^2 + bx + c = 0$ lösen kann, die auch nicht-ganzzahlige Lösungen haben, wird im Folgenden gezeigt. Dabei wird das Verfahren der quadratischen Ergänzung verwendet.

Zunächst betrachtet man Gleichungen der Form $x^2 + px + q = 0$. Diese werden mithilfe der quadratischen Ergänzung gelöst.

Beispielrechnung
$x^2 + 5x + 6 = 0 \quad | -6$
$x^2 + 5x = -6$

Addiert man $\left(\frac{5}{2}\right)^2$ auf beiden Seiten der Gleichung, so kann man auf der linken Seite die 1. binomische Formel anwenden.

$x^2 + 5x + \left(\frac{5}{2}\right)^2 = \left(\frac{5}{2}\right)^2 - 6$

$\left(x + \frac{5}{2}\right)^2 = \left(\frac{5}{2}\right)^2 - 6$

Also gilt

$x + \frac{5}{2} = \sqrt{\left(\frac{5}{2}\right)^2 - 6}$ oder $x + \frac{5}{2} = -\sqrt{\left(\frac{5}{2}\right)^2 - 6}$.

Man erhält somit die Lösungen

$x_1 = -\frac{5}{2} + \sqrt{\left(\frac{5}{2}\right)^2 - 6} = -2$ und

$x_2 = -\frac{5}{2} - \sqrt{\left(\frac{5}{2}\right)^2 - 6} = -3$.

Allgemeine Lösung für $x^2 + px + q = 0$
$x^2 + px + q = 0 \quad | -q$
$x^2 + px = -q$

Addiert man $\left(\frac{p}{2}\right)^2$ auf beiden Seiten der Gleichung, so kann man auf der linken Seite die 1. binomische Formel anwenden.

$x^2 + px + \left(\frac{p}{2}\right)^2 = \left(\frac{p}{2}\right)^2 - q$

$\left(x + \frac{p}{2}\right)^2 = \left(\frac{p}{2}\right)^2 - q$

Also gilt

$x + \frac{p}{2} = \sqrt{\left(\frac{p}{2}\right)^2 - q}$ oder $x + \frac{p}{2} = -\sqrt{\left(\frac{p}{2}\right)^2 - q}$.

Man erhält somit die Lösungen

$x_1 = -\frac{p}{2} + \sqrt{\left(\frac{p}{2}\right)^2 - q}$ und

$x_2 = -\frac{p}{2} - \sqrt{\left(\frac{p}{2}\right)^2 - q}$.

Die **Anzahl der Lösungen** von quadratischen Gleichungen der Form $x^2 + px + q = 0$ kann man mithilfe des Terms $\left(\frac{p}{2}\right)^2 - q$ unter der Wurzel untersuchen. Dieser Term heißt **Diskriminante**, weil man mit seiner Hilfe unterscheiden kann, wie viele Lösungen eine quadratische Gleichung besitzt.

discriminare (lat.): unterscheiden

Ist $\left(\frac{p}{2}\right)^2 - q > 0$, liefert die Formel für x_1 und x_2 verschiedene Werte – es gibt **zwei** Lösungen.

Ist $\left(\frac{p}{2}\right)^2 - q = 0$, liefert die Formel für x_1 und x_2 denselben Wert – es gibt demnach nur **eine** Lösung.

Ist $\left(\frac{p}{2}\right)^2 - q < 0$, kann man keine Wurzel ziehen und die Werte für x somit nicht berechnen – es gibt **keine** Lösung.

Quadratische Gleichungen mithilfe der pq-Formel lösen

Die Lösungen einer quadratischen Gleichung in der Form $x^2 + px + q = 0$ kann man mithilfe der **pq-Formel** berechnen. Sie lauten

$x_1 = -\frac{p}{2} + \sqrt{\left(\frac{p}{2}\right)^2 - q}$ und $x_2 = -\frac{p}{2} - \sqrt{\left(\frac{p}{2}\right)^2 - q}$ (kurz: $x_{1/2} = -\frac{p}{2} \pm \sqrt{\left(\frac{p}{2}\right)^2 - q}$).

Die Anzahl der Lösungen hängt von dem Wert der **Diskriminante** $\left(\frac{p}{2}\right)^2 - q$ ab:

keine Lösung, wenn $\left(\frac{p}{2}\right)^2 - q < 0$,

eine Lösung, wenn $\left(\frac{p}{2}\right)^2 - q = 0$,

zwei Lösungen, wenn $\left(\frac{p}{2}\right)^2 - q > 0$.

$x_{1/2}$ wird gelesen als „x eins, zwei" und meint die beiden Lösungen x_1 und x_2.

Um die allgemeine quadratische Gleichung der Form $ax^2 + bx + c = 0$ (mit $a \neq 0$) mithilfe der pq-Formel zu lösen, dividiert man die Gleichung durch a und bringt sie somit in die Form $x^2 + \frac{b}{a}x + \frac{c}{a} = 0$. $\frac{b}{a}$ entspricht nun p und $\frac{c}{a}$ entspricht q.

Beispiel 1 Quadratische Gleichungen rechnerisch lösen

Berechne die Lösungen. Führe in Teilaufgabe a) eine Probe durch.

a) $x^2 - 6x + 5 = 0$

b) $-3x^2 + 12 = -6x$

Lösung

a) In der Gleichung $x^2 - 6x + 5 = 0$ ist der Vorfaktor von x^2 bereits 1. Somit lässt sich die pq-Formel direkt anwenden.

Mit $p = -6$ und $q = 5$ und der Formel
$x_{1/2} = -\frac{p}{2} \pm \sqrt{\left(\frac{p}{2}\right)^2 - q}$ erhält man:

$x_{1/2} = -\frac{-6}{2} \pm \sqrt{\left(\frac{-6}{2}\right)^2 - 5} = 3 \pm \sqrt{3^2 - 5}$

$x_1 = 3 + 2 = 5$
$x_2 = 3 - 2 = 1$

Probe:
$1^2 - 6 \cdot 1 + 5 = 1 - 6 + 5 = 0$
$5^2 - 6 \cdot 5 + 5 = 25 - 30 + 5 = 0$
(wahr)

b) Zunächst muss die Gleichung so umgeformt werden, dass der Vorfaktor von x^2 die Zahl 1 ist:

$-3x^2 + 12 = -6x \quad |:(-3)$
$x^2 - 4 = 2x \quad | -2x$
$x^2 - 2x - 4 = 0$.

Mit $p = -2$ und $q = -4$ und der Formel
$x_{1/2} = -\frac{p}{2} \pm \sqrt{\left(\frac{p}{2}\right)^2 - q}$ erhält man:

$x_{1/2} = -\frac{-2}{2} \pm \sqrt{\left(\frac{-2}{2}\right)^2 - (-4)}$

$= 1 \pm \sqrt{1 + 4}$

$x_1 = 1 + \sqrt{5} \approx 3{,}24$
$x_2 = 1 - \sqrt{5} \approx -1{,}24$

Beispiel 2 Lösungsvielfalt einer quadratischen Gleichung

Untersuche, für welche Werte von k die Gleichung $x^2 + 8x + k = 0$ zwei Lösungen, genau eine Lösung oder keine Lösung hat. Zeichne anschließend für jeden Fall je einen Beispielgraphen.

Lösung

Die Untersuchung kann mithilfe der Diskriminante erfolgen.

Es ist $p = 8$ und $q = k$. Die Diskriminante lautet also $\left(\frac{8}{2}\right)^2 - k = 16 - k$.

1. Fall: Für $16 - k > 0$, also für $k < 16$ gibt es zwei Lösungen.
2. Fall: Für $16 - k = 0$, also für $k = 16$ gibt es eine Lösung.
3. Fall: Für $16 - k < 0$, also für $k > 16$ gibt es keine Lösung.

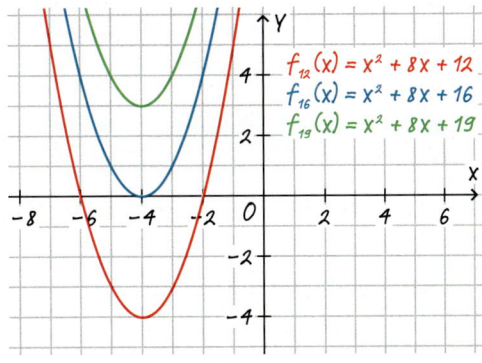

$f_{12}(x) = x^2 + 8x + 12$
$f_{16}(x) = x^2 + 8x + 16$
$f_{19}(x) = x^2 + 8x + 19$

Aufgaben

1 Zu jeder quadratischen Gleichung (G) sind die zugehörigen Werte für die pq-Formel (W), ein Term (T) zur Berechnung der Lösung und die Lösungen (L) angegeben. Ordne zu.

| G1 | $x^2 - 3x + 2 = 0$ | G2 | $x^2 - x - 6 = 0$ | G3 | $x^2 + 4x + 3 = 0$ |

| W1 | p = −1 und q = −6 | W2 | p = −3 und q = 2 | W3 | p = 4 und q = 3 |

| T1 | $-\frac{-1}{2} \pm \sqrt{\left(\frac{-1}{2}\right)^2 - (-6)}$ | T2 | $-\frac{4}{2} \pm \sqrt{\left(\frac{4}{2}\right)^2 - 3}$ | T3 | $-\frac{-3}{2} \pm \sqrt{\left(\frac{-3}{2}\right)^2 - 2}$ |

| L1 | $x_1 = 1$ oder $x_2 = 2$ | L2 | $x_1 = -2$ oder $x_2 = 3$ | L3 | $x_1 = -3$ oder $x_2 = -1$ |

Viele Taschenrechner bieten die Möglichkeit, quadratische Gleichungen direkt zu lösen. So kannst du deine Lösungen kontrollieren.

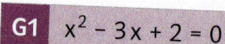

2 Berechne die Lösungen mithilfe der pq-Formel. Führe die Probe durch.
a) $x^2 - 6x + 8 = 0$
b) $x^2 + x - 6 = 0$
c) $x^2 + 4x - 5 = 0$
d) $x^2 - 4x - 12 = 0$
e) $x^2 - 4x + 3 = 0$
f) $x^2 - 7x + 10 = 0$
g) $x^2 + 5x + 6 = 0$
h) $x^2 - 6x - 7 = 0$
i) $x^2 - 2x + 0{,}75 = 0$
j) $x^2 - 2{,}5x + 1 = 0$
k) $x^2 + 0{,}5x - 0{,}5 = 0$
l) $x^2 - 4{,}5x + 2 = 0$

Du findest Hilfe in Beispiel 1, Seite 119.

Lösungen
$x_1 \approx -6{,}4;\ x_2 \approx -0{,}6$
$x_1 \approx -0{,}4;\ x_2 \approx 2{,}3$ **G**
$x_1 \approx -6{,}6;\ x_2 \approx 0{,}6$
$x_1 = 1;\ x_2 = 3$ **S**
$x_1 \approx -0{,}5;\ x_2 \approx 6{,}5$ **T**
$x_1 \approx -17{,}5;\ x_2 \approx -0{,}5$
$x_1 \approx 0{,}6;\ x_2 \approx 6{,}4$ **T**
$x_1 \approx -0{,}7;\ x_2 = 2$
$x_1 \approx -0{,}4;\ x_2 \approx 8{,}4$ **U**

3 Löse die quadratische Gleichung. Die Lösungen sind am Rand abgebildet. Die Buchstaben ergeben in der auftretenden Reihenfolge einen Stadtnamen als Lösungswort.
a) $-2x^2 + 8x - 6 = 0$
b) $3x^2 - 4x - 4 = 0$
c) $3x^2 - 24x - 9 = 0$
d) $2x^2 - 12x - 7 = 0$
e) $2x^2 + 36x + 17 = 0$
f) $6x^2 - 11x - 6 = 0$
g) $-2x^2 - 14x - 8 = 0$
h) $3x^2 + 18x - 12 = 0$
i) $5x^2 - 35x + 20 = 0$

4 Zeige, dass die Gleichung keine Lösung besitzt.
a) $6x^2 - 11x + 6 = 0$
b) $x^2 - 0{,}5x + 6 = 0$
c) $2x^2 - 12x + 19 = 0$
d) $-x^2 + 4x - 5 = 0$
e) $3x^2 + 6x + 5 = 0$
f) $-2x^2 - 4x - 4 = 0$

Teste dich!

Lösungen | Seite 267

5 Löse die quadratische Gleichung. Führe die Probe durch.
a) $x^2 - x - 2 = 0$
b) $4x^2 - 12x - 16 = 0$
c) $-2x^2 + 2x + 24 = 0$

6 Zeige, dass die Gleichung keine Lösung besitzt.
a) $3x^2 - 24x + 49 = 0$
b) $-x^2 - 4x - 7 = 0$
c) $\frac{1}{3}x^2 - \frac{4}{3}x + \frac{5}{3} = 0$

7 Überprüfe, ob es Lösungen gibt. Wenn ja, bestimme diese und führe die Probe durch.
a) $4x^2 = 16x - 12$
b) $x^2 - 8x = 3$
c) $x^2 + 4 = x$
d) $3x^2 + 18 = 15x$
e) $x^2 + 2{,}4x = 0{,}81$
f) $x^2 + 1{,}2x = 0{,}45$
g) $2x^2 = 1{,}6x - 4{,}2$
h) $x^2 + \frac{2}{5}x = \frac{3}{5}$
i) $\frac{14}{3}x = x^2 + \frac{16}{3}$
j) $\frac{3}{11}x^2 + \frac{99}{11} = 3x$
k) $\frac{3}{10}x^2 + \frac{3}{5} = x$
l) $x^2 + \frac{1}{20} = \frac{3}{5}x$

Du findest Hilfe in Beispiel 2, Seite 119.

8 Jan sagt: „Ich verwende zum Lösen von quadratischen Gleichungen immer die pq-Formel. Das ist einfacher und geht schneller!" Beurteile die Aussage, indem du die Gleichung $x^2 - 4 = 0$ mithilfe der pq-Formel sowie mithilfe der Methode des Wurzelziehens löst.

9 Löst alle Gleichungen zunächst alleine im Heft. Wählt dabei jeweils eines der Lösungsverfahren Ausklammern (A), Wurzelziehen (W), Linearfaktorzerlegung (L) oder pq-Formel (F). Vergleicht mit eurem Partner und erläutert eure Wahl des Lösungsverfahrens.
a) $5{,}5x^2 - 11x = 0$
b) $x^2 - 3x + 2 = 0$
c) $6x^2 - 216 = 0$
d) $x^2 + 4{,}6x - 2 = 0$
e) $0{,}25x^2 - 49 = 0$
f) $0{,}1x^2 - 3{,}9x = 0$
g) $2x^2 - 17x + 8 = 0$
h) $x^2 + 4x + 3 = 0$
i) $5x^2 - 49x - 10 = 0$

10 Die Qualität eines Feuerwerks hängt stark von der Höhe ab, in der es explodiert. Beispielsweise wird die Gipfelhöhe (höchster Flugbahnpunkt) der Feuerwerksrakete „Roter Stern" der Firma „Fantastica" mit 300 m angegeben. Die Flugbahn einer Feuerwerksrakete soll mit der Funktion f mit $f(x) = -0{,}488x^2 + 24{,}4x + 0{,}5$ beschrieben werden, wobei f(x) die Höhe und x die horizontale Entfernung zum Abschusspunkt jeweils in Metern angibt.
a) Beurteile, ob die Höhenangabe der Firma richtig ist.
b) Bestimme, in welcher Entfernung zum Startpunkt die Reste der Rakete landen könnten. Ist das Ergebnis realistisch? Begründe.

11 Finde den Fehler!
Erkläre, was falsch gemacht wurde, und korrigiere die Rechnung im Heft.

a)
$$x^2 - x - 2 = 0.$$
$$x_{1/2} = -\tfrac{1}{2} \pm \sqrt{\left(\tfrac{1}{2}\right)^2 + 2} = -\tfrac{1}{2} \pm 1{,}5$$
also $x_1 = -2$ und $x_2 = 1$

b)
$$2x^2 - 6x - 7 = 0.$$
$$x_{1/2} = -\tfrac{-6}{2} \pm \sqrt{\left(\tfrac{-6}{2}\right)^2 + 7} = 3 \pm 4$$
also $x_1 = -1$ und $x_2 = 7$

c)
$$x^2 + 6x - 9 = 0.$$
$$x_{1/2} = -\tfrac{6}{2} \pm \sqrt{-\left(\tfrac{6}{2}\right)^2 + 9} = -\tfrac{1}{2} \pm 0$$
also $x_{1/2} = -\tfrac{1}{2}$

d)
$$2x^2 - 8 = 0.$$
$$x_{1/2} = -1 \pm \sqrt{1 + 8} = -1 \pm 3$$
also $x_1 = -4$ und $x_2 = 2$

12 👥 Überprüfe, ob man den Wert von s so wählen kann, dass die Gleichung zwei, eine oder keine Lösung besitzt. Gib ggf. an, wie der Wert von s jeweils gewählt werden muss. Zeichne für jeden Fall einen Beispielgraphen. Vergleicht eure Ergebnisse untereinander.
a) $4x^2 + 3x + s = 0$ b) $-4x^2 + sx + 8 = 0$ c) $-6x^2 - 11x + s = 0$
d) $-x^2 = sx - 56$ e) $sx^2 + 3x + 5 = 0$ f) $-sx^2 + 3x = 6$

→ Du findest Hilfe in Beispiel 2, Seite 119.

Teste dich!

→ Lösungen | Seite 267

13 Überprüfe, ob es Lösungen gibt. Wenn ja, bestimme diese und führe die Probe durch.
a) $15x^2 + 30x = 30$ b) $x^2 = \tfrac{1}{18} - \tfrac{1}{6}x$ c) $0{,}1x^2 + 0{,}5x = 2{,}4$
d) $3x^2 + 2x = -10$ e) $1{,}25x^2 = 3x - 500$ f) $-3{,}75x^2 + 0{,}5x = 10{,}5$

14 Bestimme, falls möglich, z so, dass die Gleichung eine einzige Lösung hat.
a) $x^2 + (z+1) \cdot x + 1 = 0$ b) $(z+1) \cdot x^2 + x - z = 0$ c) $(z+1) \cdot x^2 + x + z = 0$
d) $(z+1)^2 \cdot x^2 + x - 1 = 0$ e) $(z+1) \cdot x^2 + x - (z-1) = 0$ f) $-3x^2 + x + (z-1)^2 = 0$
g) $(z+1) \cdot x^2 + z \cdot x = (z-1)$ h) $z \cdot x^2 = z \cdot x + (z-1)$ i) $z \cdot x^2 = 4 \cdot z \cdot x + (z-7)$

15 Gilt immer – gilt nie – es kommt darauf an
Überprüfe, ob die folgenden Aussagen immer gelten, nie stimmen oder nur in bestimmten Fällen richtig sind. Begründe jeweils und gib gegebenenfalls die Bedingungen an.
a) Eine Gleichung der Form $x^2 + px + q = 0$ hat zwei Lösungen, wenn q negativ ist.
b) Eine Gleichung der Form $ax^2 + bx + c = 0$ hat zwei Lösungen, wenn a und c verschiedene Vorzeichen haben.
c) Eine Gleichung der Form $ax^2 + bx = 0$ hat zwei Lösungen.
d) Eine Gleichung der Form $ax^2 + s^2 = 0$ (s aus $\mathbb{R}$) hat keine oder zwei Lösungen.

Die Zahl Null hat kein Vorzeichen.

Teste dein Grundwissen! Mit Prozenten rechnen

→ Grundwissen Seite 232
Lösungen | Seite 268

16 Leonie hat 255 € auf ihrem Sparbuch. Der Zinssatz beträgt 3 %. Nach 7 Monaten möchte sie eine Bluetooth-Box für 260 € kaufen. Überprüfe, ob das Geld hierfür reicht.

5 Probleme systematisch lösen

In ein quadratisches Blech werden Löcher gestanzt, die so, wie in der nebenstehenden Figur gezeigt, angeordnet werden. Es sollen insgesamt 265 Löcher werden. Untersucht, wie viele Löcher dann an jeder Quadratseite sind.

Beim Lösen von Problemen, die mithilfe von quadratischen Gleichungen bearbeitet werden können, kann eine systematische Vorgehensweise hilfreich sein. Wie man dabei vorgeht, wird an einem Altersrätsel gezeigt.

Eine Mutter geht mit ihrem Sohn an dessen zwanzigsten Geburtstag zu einer Ausstellung von Picasso (geb. 25.10.1881). Die 44 Jahre alte Mutter bietet an: „Wenn du mir sagen kannst, in wie vielen Jahren das Produkt unserer beiden Alter genauso groß ist wie das Geburtsjahr von Pablo Picasso, lade ich dich zum Essen ein." Dieses Rätsel wird im Folgenden gelöst.

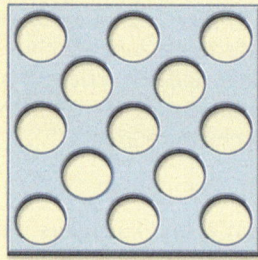

1 Verstehen der Aufgabe
1. Was ist gesucht? — Die Anzahl der Jahre, nach denen das Produkt der beiden Alter dem Geburtsjahr von Picasso entspricht.
2. Was ist gegeben und wichtig? — Picasso ist im Jahr 1881 geboren. Die Mutter ist 44 Jahre und der Sohn 20 Jahre alt.

2 Zerlegen in Teilprobleme
1. Gesuchte Größe mit einer Variable benennen — n = Anzahl der Jahre, bis das Produkt erreicht ist
2. Terme aufstellen — Ziel: alle Alter mit nur einer Variablen ausdrücken
Alter der Mutter in n Jahren: $(44 + n)$
Alter des Sohns in n Jahren: $(20 + n)$
3. Weiteren Rechenweg planen — Das Produkt der beiden Terme berechnen und mit 1881 gleichsetzen. Die sich so ergebende quadratische Gleichung lösen.

3 Rechenweg durchführen
1. Aufstellen der Gleichung
2. Lösen der Gleichung

$(44 + n) \cdot (20 + n) = 1881$
$n^2 + 64n + 880 = 1881$
$n^2 + 64n - 1001 = 0$
$n_{1/2} = -32 \pm 45$, also $n_1 = 13$ und $n_2 = -77$

4 Rückschau und Antwort
1. Kann das Ergebnis richtig sein? — $n_2 = -77$ ist im Kontext nicht sinnvoll. In 13 Jahren ist die Mutter 57 und der Sohn 33 Jahre alt. Es ist $57 \cdot 33 = 1881$. Das Ergebnis stimmt.
2. Antwortsatz notieren — In 13 Jahren ist das Produkt der beiden Alter 1881.

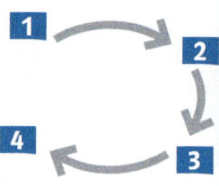

Bei geometrischen Problemen ist unter Punkt 2 häufig das Erstellen einer Skizze hilfreich.

Mögliches Vorgehen beim Lösen von Problemen mit quadratischen Gleichungen

1 Verstehen der Aufgabe
Was ist gesucht? Was ist gegeben und wichtig?

2 Zerlegen in Teilprobleme
Rechenweg planen: gesuchte Größe mit Variable benennen, Terme aufstellen.

3 Rechenweg durchführen
Gleichung aufstellen und lösen.

4 Rückschau und Antwort
Ergebnis überprüfen und Antwort formulieren.

Beispiel Geometrisches Problem mithilfe einer quadratischen Gleichung lösen
Verlängert man die Kanten eines Würfels um 2 cm, so vergrößert sich das Volumen um 152 cm³. Bestimme, wie lang die Kanten des ursprünglichen Würfels sind.

Lösung
1. Gegeben: Vergrößerungen der Kantenlänge um 2 cm und des Volumens um 152 cm³.
   Gesucht: Die Kantenlänge des ursprünglichen Würfels (s. Skizze).
2. *Gesuchte Größe mit Variablen benennen*
   Kantenlänge des ursprünglichen Würfels: k
   Kantenlänge des neuen Würfels: $k + 2$
   Aufstellen eines Terms
   Volumen des ursprünglichen Würfels: $V = k^3$;
   Volumen des neuen Würfels: $V = (k + 2)^3$

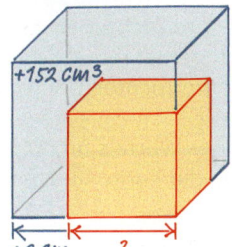

3. *Gleichung aufstellen und lösen*
   Der neue Würfel ist um 152 cm³ größer als der ursprüngliche Würfel, also gilt:
   $(k + 2)^3 = k^3 + 152$
   $(k^2 + 4k + 4) \cdot (k + 2) = k^3 + 152$
   $k^3 + 6k^2 + 12k + 8 = k^3 + 152 \quad | - k^3 - 152 \quad | : 6$
   $k^2 + 2k - 24 = 0$
   Mit $6 + (-4) = 2$ und $6 \cdot (-4) = -24$ ist $k_1 = -6$ und $k_2 = 4$.
4. *Antwortsatz notieren:* Es gibt keine negativen Kantenlängen, daher ist die Lösung $k = -6$ in diesem Zusammenhang nicht sinnvoll. Der Würfel hat die Kantenlänge $k = 4$ cm. Es ist $4^3 + 152 = 64 + 152 = 216 = 6^3$. Das Ergebnis stimmt.

Aufgaben

1 Clara hat die Lösung einer Aufgabe auf Kärtchen geschrieben. Bringe die Kärtchen in die richtige Reihenfolge. Ordne sie den vier Schritten zur Lösung von Problemen zu.

> Aufgabe: Vor 3 Jahren war Harald dreimal so alt wie Tom. Multipliziert man das heutige Alter der beiden, so ergibt sich als Ergebnis 969. Bestimme das heutige Alter von Tom und von Harald.

Start: Gesucht ist das Alter von Tom.

B das Produkt beider Alter: $n \cdot (3 \cdot (n - 3) + 3) = 969$

L Das Produkt der beiden heutigen Alter ist 969.

I $n \cdot (3n - 6) = 969$
$3n^2 - 6n - 969 = 0$
$n^2 - 2n - 323 = 0$

K das heutige Alter von Harald: $3 \cdot (n - 3) + 3$

C $n_{1/2} = 1 \pm \sqrt{1 + 323}$
$= 1 \pm 18$
$n_1 = -17$
$n_2 = 19$

E Harald war vor 3 Jahren 3-mal so alt wie Tom.

G n: das heutige Alter von Tom

F Probe: $19 \cdot 51 = 969$

H Alter von Harald: $3 \cdot (19 - 3) + 3 = 51$

A das Alter von Harald vor 3 Jahren: $3 \cdot (n - 3)$

Ziel: Alter von Tom heute: 19 Jahre.

○ **2** ▨ Ermittle die gesuchten positiven ganzen Zahlen.
   a) Das Produkt einer Zahl x und der um 4 verminderten Zahl ist 21.
   b) Die Summe der Quadrate zweier aufeinanderfolgender ganzer Zahlen x und x + 1 ist um 10 größer als die größere der beiden Zahlen.
   c) Die Summe der Quadrate vier aufeinanderfolgender natürlicher Zahlen x, x + 1, x + 2 und x + 3 ist 446.

○ **3** ▨ Tanja denkt sich eine Zahl x, multipliziert sie mit der Vorgängerzahl x – 1 und addiert 13. Als Ergebnis erhält sie 565. Ermittle, wie Tanjas gedachte Zahl lautet.

Teste dich! ○ → Lösungen | Seite 26

4 ▨ Ermittle die gesuchten positiven ganzen Zahlen.
   a) Multipliziert man eine Zahl x mit der Hälfte dieser Zahl, also $\frac{x}{2}$, so erhält man 162.
   b) Das Produkt zweier aufeinanderfolgender ganzer Zahlen x und x + 1 ist um 55 größer als ihre Summe.

● **5** ▨ Eine Mutter ist 51 Jahre alt, ihre Tochter ist gerade 15 Jahre alt geworden. Die Mutter behauptet: „In n Jahren bin ich genau n-mal so alt wie du dann sein wirst." „Das kann ja zweimal eintreten", antwortet die Tochter. Überprüfe, ob das stimmt.
→ Du findest Hilfe im Lehrtext, Seite 122.

● **6** Vergrößert man die Kanten eines Würfels um 1 cm, so vergrößert sich das Volumen des Würfels um 331 cm³. Bestimme die Kantenlängen des Würfels.
→ Du findest Hilfe im Beispiel, Seite 123.

● **7** Das Produkt der um zwei kleineren Zahl und der um zwei größeren Zahl ist um 50 größer als der dritte Teil des Quadrats der gedachten Zahl. Bestimme die gesuchte Zahl.

● **8** Die abgebildete quaderförmige Blumenvase hat eine Grundfläche von 54 cm². Ihre beiden Grundseiten unterscheiden sich um 3 cm. Ihre Höhe ist das Dreifache der kürzeren Grundseite. Beurteile, ob 1 Liter Wasser in die Vase passt.

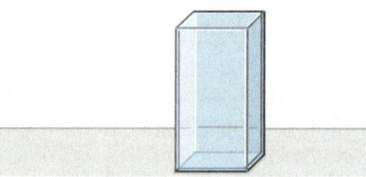

● **9** Eine neue Siedlung ist in quadratische Bauplätze unterteilt. Die Behörde verlangt, dass die Häuser von allen Seiten des jeweiligen Grundstücks mindestens 4,5 m entfernt sind.
   a) Gib die Gleichung der Funktion an, die jeder möglichen Seitenlänge eines Grundstücks die größtmögliche Hausgrundfläche zuordnet.
   b) Berechne dann, welche Seitenlänge ein Grundstück mindestens haben muss, wenn das geplante Haus eine Grundfläche von 100 m² hat.

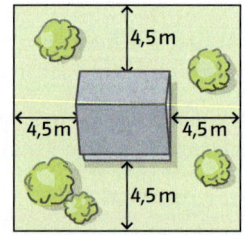

● **10** Das Volumen einer Kugel wird mit nebenstehender Formel berechnet. Vergrößert man den Radius um einen Zentimeter, so vergrößert sich das Volumen der Kugel um $\frac{28}{3} \cdot \pi$ cm³. Bestimme den Radius der ursprünglichen Kugel.

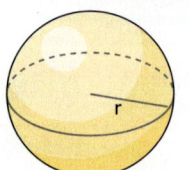

$V = \frac{4}{3} \cdot \pi \cdot r^3$

11 Katrin ist Auszubildende eines Gartenbaubetriebes. Der Meister gibt ihr den Auftrag: „Lege im Park ein rechteckiges Beet an. Wie im Plan skizziert, soll um das Beet herum ein Weg führen, der überall gleich breit ist. Der rechteckige Platz, der für das Beet und den Weg vorgesehen ist, soll zur Hälfte für das Beet und zur Hälfte für den Weg genutzt werden. Bestimme die Breite des Weges." Untersuche, wie Katrin das Beet anlegen soll.

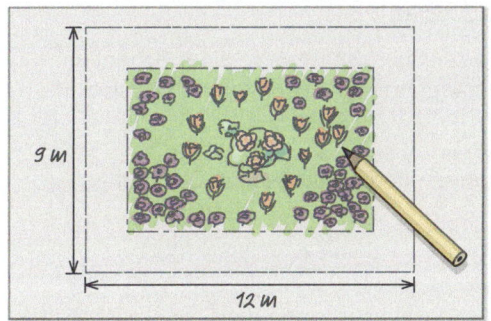

Teste dich!

12 Bei der rechteckigen Pappe werden vier zueinander kongruente gleichschenklige Dreiecke an den Ecken abgeschnitten. Bestimme, wie lang die Schenkel dieser Dreiecke gewählt werden müssen, damit der Flächeninhalt der Pappe 25 % kleiner wird.

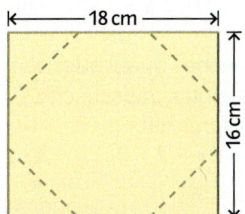

Lösungen | Seite 268

13 Auf einer Landesgartenschau sollte ein Blumenbeet aus 1296 gelben Rosen und 154 blau gefärbten Rosen so gestaltet werden, dass die gelben im Inneren des Beetes ein Rechteck bilden und die blauen Rosen um die gelben Rosen einen Rahmen bilden. Die einzelnen Rosen sollten im Abstand von 15 cm eingepflanzt werden, und die blauen Rosen sollten so gepflanzt werden, dass sie 10 cm vom Rand des Beetes entfernt sind.
Bestimme die Maße des Beetes.

14 a) Berechne die Seitenlängen und die Höhe des gleichschenkligen Dreiecks in Fig. 1, wenn sein Flächeninhalt 48 cm² beträgt.
b) In Fig. 2 ist die Strecke $\overline{DB}$ so lang wie die Seite b, und die Seite c ist 2 cm lang. Bestimme die Länge der Seiten a und b.

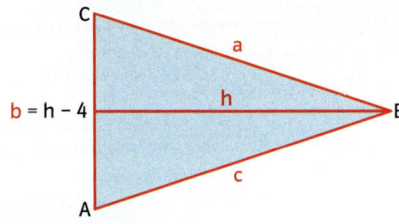
Fig. 1

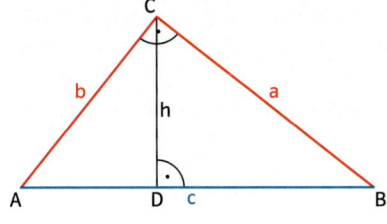
Fig. 2

Teste dein Grundwissen! Zinssatz berechnen

Grundwissen Seite 232
Lösungen | Seite 268

15 Herr Walter hat 9000 € auf dem Sparbuch angelegt. Nach einem Jahr hat er 9225 € auf dem Sparbuch. Berechne den Zinssatz.

Wiederholen – Vertiefen – Vernetzen

Wiederholen und Üben

→ Lösungen | Seite 268

1 Löse die Gleichung zeichnerisch mithilfe einer Schablone für Normalparabeln. Überprüfe rechnerisch, ob die abgelesenen Lösungen richtig sind.
a) $x^2 - 7x = -10$
b) $x^2 - 2x = -1$
c) $-x^2 - 6x = 9$

2 Bestimme die Lösungen der quadratischen Gleichung.
a) $x^2 - 36 = 0$
b) $x^2 - 225 = 0$
c) $2x^2 - 98 = 0$
d) $(x - 3)(x - 4) = 0$
e) $(x - 2)(x + 1) = 0$
f) $x \left(x + \frac{1}{2} \right) = 0$

3 Ermittle zunächst, wie viele Lösungen die Gleichung hat. Wenn es Lösungen gibt, bestimme sie anschließend und mache die Probe.
a) $x^2 + 6x + 9 = 0$
b) $x^2 + 5x - 6 = 0$
c) $5x^2 - 30x + 25 = 0$
d) $-6x + x^2 - 40 = 0$
e) $-8x + 2x^2 = -50$
f) $27 - 18x = -3x^2$

4 Prüfe, welche Lösungen zu welcher quadratischen Gleichung gehören. Stelle für die übrigen Zahlen bzw. Zahlenpaare eine quadratische Gleichung in der Form $x^2 + px + q = 0$ auf, die das Zahlenpaar als Lösung hat.
a) $x^2 - 2x + 1 = 0$
b) $x^2 + 6x - 7 = 0$
c) $2x^2 + 8x + 6 = 0$
d) $x^2 - 2,5x + 1 = 0$

A $x_1 = -7$ und $x_2 = 1$
B $x_1 = -1$ und $x_2 = 2$
C $x_1 = 1$ und $x_2 = 1$
D $x_1 = -1$ und $x_2 = -1$
E $x_1 = -3$ und $x_2 = -1$
F $x_1 = 0,5$ und $x_2 = 2$
G $x_1 = 3$ und $x_2 = 1$
H $x_1 = -1$ und $x_2 = 7$
I $x_1 = -4$ und $x_2 = 2$

5 Übertrage die Tabelle in dein Heft und fülle sie aus. Gegeben ist eine quadratische Gleichung. Zerlege in Linearfaktoren und bestimme anschließend die Lösungen x_1 und x_2.

$x^2 + px + q = 0$	p	q	x_1	x_2
$x^2 - 2x - 8 = 0$				
$x^2 + 8x + 15 = 0$				
$x^2 - 5x - 6 = 0$				

6 Simone hat sich zum Lösen einer quadratischen Gleichung in der Form $x^2 + px + q = 0$ mithilfe einer Linearfaktorzerlegung einen Regelhefteintrag erstellt. Erläutere, wie man mithilfe des Eintrags das Lösungsverfahren erklären kann.

$(x - \bigcirc) \cdot (x - \square) = 0$
$x - (\bigcirc + \square) \cdot x + \bigcirc \cdot \square = 0$
      p   q
mit $x^2 + px + q = 0$.
Wenn es gelingt, p als Summe und q als Produkt zu schreiben, ist man fertig.

Verfahrensübersicht:
$x^2 = e$ und $(x + a)^2 = e$
→ Wurzelziehen
$x(x - b) = 0$ und
$x^2 - bx = 0$
→ Ausklammern und Ablesen
$x^2 + px + q = 0$
→ pq-Formel, Linearfaktorzerlegung oder quadratische Ergänzung

7 🧩 👥 Jeder aus der Gruppe löst die quadratischen Gleichungen des Pakets 1. Jeder entscheidet dabei zunächst, mit welchem Verfahren er rechnen will. Messt die Zeit, wie lang jeder aus der Gruppe zum Lösen benötigt. Kontrolliert anschließend eure Lösungen und vergleicht eure Lösungswege. Habt ihr geschickt gerechnet?
Verfahrt anschließend beim Paket 2 bzw. Paket 3 in ähnlicher Weise.

Paket 1:
$3x^2 + 4x - 6 = 0$
$(x - 5)^2 - 5 = 0$
$8 = 2x^2$
$x^2 - 12x + 10 = 0$
$3x \cdot (x + 5) = 0$
$25,5x = x^2 + 3,2$

Paket 2:
$x^2 - 12x = 0$
$14x + x^2 = 4$
$x^2 + 89x - 12 = 0$
$12,5 - 10 = 2,5x^2$
$66 = (4 + x)^2$
$16x^2 = 80$

Paket 3:
$13x = 4x^2 + 10x$
$x + 5x^2 = 66 + x$
$x^2 - 12 + 3x = x^2$
$x^2 - 12x - 55 = 11$
$3,5 \cdot (x - 44)^2 = 7$
$x^2 - 3x^2 + 6x = 1,5$

Teste dich!

 Kopiervorlage
Check-out
mk94z2

8 Ein Ball wird annähernd senkrecht nach oben geworfen. Seine Höhe kann mit der Funktion h mit $h(t) = -5t^2 + 16t + 1{,}8$ ermittelt werden, wobei $h(t)$ die Höhe des Balles in Metern und t die Zeit in Sekunden nach dem Abwurf beschreiben.
a) Gib die Abwurfhöhe an.
b) Ermittle, wie lange der Ball in der Luft ist. Runde sinnvoll.
c) Ermittle, nach wie vielen Sekunden der Ball ungefähr am höchsten Punkt ist.
d) Bestimme, nach wie vielen Sekunden der Ball ca. eine Höhe von 12,5 m erreicht hat.
e) Untersuche mithilfe eines Funktionenplotters, wie sich die maximale Höhe bzw. die Flugdauer bis zur Landung verändert, wenn man in $h_a(t) = -5t^2 + at + 1{,}8$ den Parameter a verändert. Wähle dazu vier eigene möglichst unterschiedliche Werte für a aus.

Vertiefen und Anwenden

9 Mit jeder Grafik B1 bis B3 wird eine quadratische Gleichung gelöst. Ordner jeder Grafik eine passende Gleichung G1 bis G6 zu. Gib anschließend die Lösung der Gleichung an.

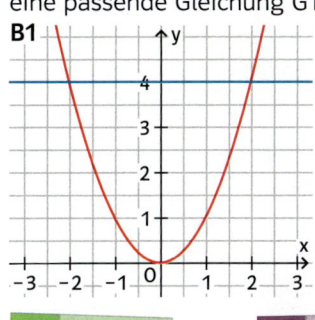
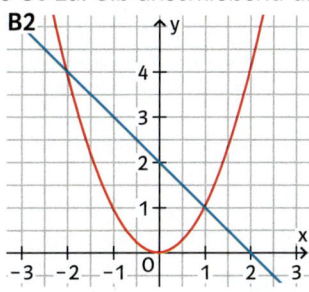
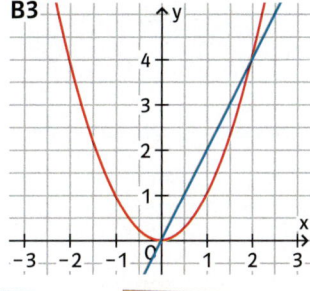

G1 $-x^2 = 2x$ **G2** $2x + 2 = x^2 + 2$ **G3** $2x^2 = 4$ **G4** $2x^2 - 8 = 0$

G5 $-x + 2 + x^2 = 0$ **G6** $2 - x - x^2 = 0$

10 Finde den Fehler!
Es sollen die gegebenen Gleichungen gelöst werden. Erkläre, was falsch gemacht wurde, und bestimme die korrekte Lösung im Heft.

a)
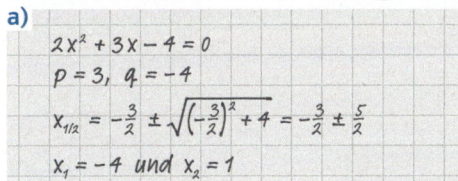

b)
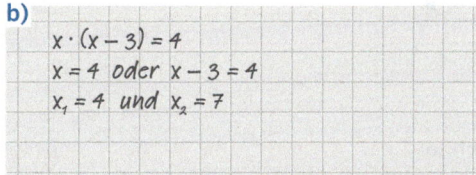

11 Gegeben sind die beiden Graphen der Funktionen f mit $f(x) = 4x^2 + 12x + 6$ und g mit $g(x) = x^2 + 3x + 1{,}5$.
a) Gib an, welcher Graph zu welcher Funktion gehört und begründe.
b) Susanne behauptet: „Mithilfe der beiden Funktionen kann man erkennen, dass sich die Lösungen der Gleichung $4x^2 + 12x + 6 = 0$ durch Umformen dieser Gleichung nicht ändern." Erläutere, was Susanne mit ihrer Aussage meinen könnte.

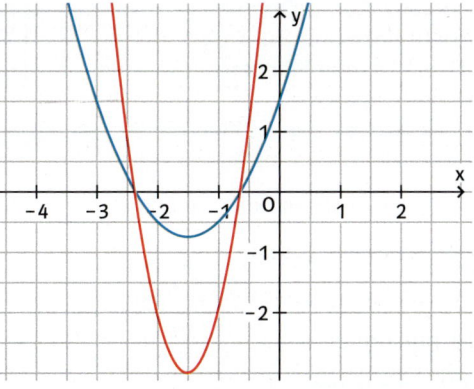

Wiederholen – Vertiefen – Vernetzen

12 Die Seiten a und b des Dreiecks sind gleich lang. Die Höhe h ist halb so lang wie a.
a) Zeige, dass die Länge der Seite c genau $\sqrt{3}$-mal so lang ist wie die Seite a.
b) Gib eine Formel für den Flächeninhalt des Dreiecks in Abhängigkeit von a an.

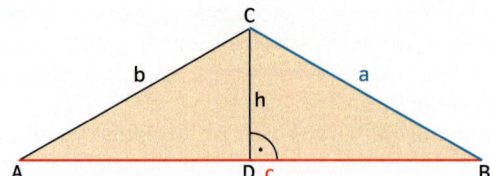

13 Gegeben sind die Funktionsgleichungen der zwei Funktionen f und g und deren Graphen. Begründe, welcher Graph zu welcher Funktion gehört. Berechne anschließend die Schnittpunkte der beiden Parabeln.
a) f mit $f(x) = x^2 - 2$ und
g mit $g(x) = -2 \cdot x^2 + 3$

b) f mit $f(x) = x^2 - 2$ und
g mit $g(x) = -(x - 3) \cdot (x + 3)$

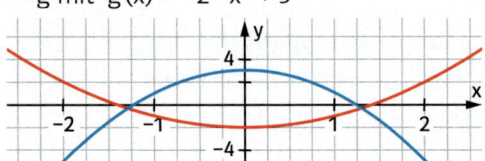
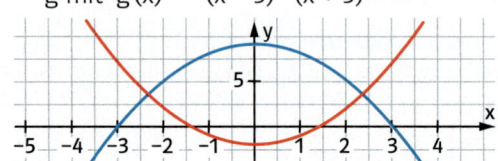

14 Die Parabel hat den Scheitel S. Berechne die Koordinaten der markierten Schnittpunkte.

a)
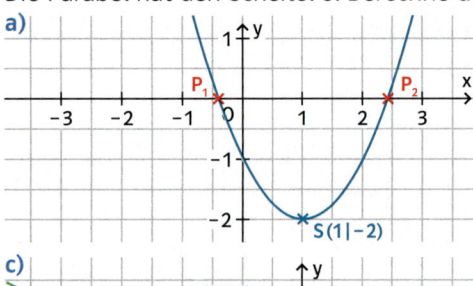

b)
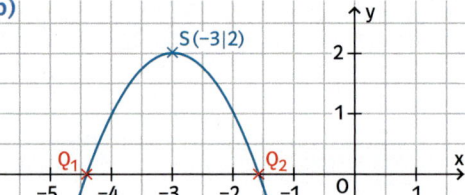

c)
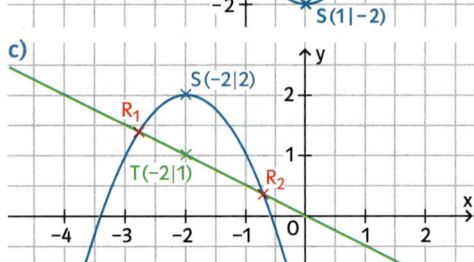

d)
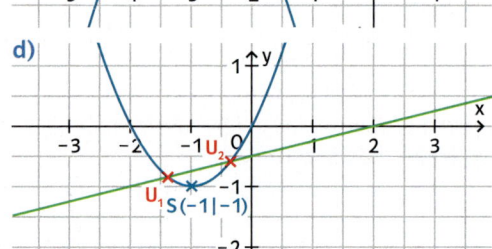

15 **pq-Formel einmal anders**
Im Jahre 800 n. Chr. hat der Gelehrte Al-Chwarizmi in Bagdad aus einer geometrischen Betrachtung heraus die pq-Formel entwickelt. Er zeichnete dazu das unterteilte Quadrat rechts. Dabei hat der Flächeninhalt der blauen Fläche die Größe q.

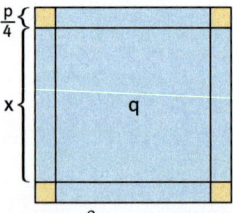

a) Al-Chwarizmi fand zwischen den Größen die Beziehung $q = x^2 + px$. Erläutere anhand des Quadrats, warum die Gleichung korrekt ist.

b) Des Weiteren stellte Al-Chwarizmi die Gleichung $x = \sqrt{q + 4\left(\frac{p}{4}\right)^2} - \frac{p}{2}$ auf. Erläutere auch diese Gleichung anhand des Quadrats.

c) Stelle einen Zusammenhang zwischen Al-Chwarizmis Gleichungen aus den Teilaufgaben a) und b) und der pq-Formel $x_{1/2} = -\frac{p}{2} \pm \sqrt{\left(\frac{p}{2}\right)^2 - q}$ für die Lösungen der quadratischen Gleichung $x^2 + px + q = 0$ her.

Vernetzen und Erforschen

16 a) In der Klasse 9 a wünscht jeder jedem einen „Guten Tag". Der Gruß wird insgesamt 930-mal ausgesprochen. Ermittle, wie viele Schülerinnen und Schüler in der Klasse 9 a sind.
b) Simone hat Geburtstag. Bei ihrer Feier stößt jeder mit jedem an. Es macht insgesamt 55-mal „kling". Bestimme, wie viele Gäste bei Simones Feier sind.

17 In einer Formelsammlung findet man zur Berechnung der Lösungen quadratischer Gleichungen der Form $a \cdot x^2 + b \cdot x + c = 0$ die sogenannten abc-Formeln:
$x_1 = \frac{-b + \sqrt{b^2 - 4ac}}{2a}$; $x_2 = \frac{-b - \sqrt{b^2 - 4ac}}{2a}$.
a) Löse mithilfe dieser Formeln die beiden Gleichungen $9{,}5 x^2 + 5x + 2 = 0$ und $3x^2 + 5{,}2 x = 12$. Löse sie anschließend mithilfe der pq-Formel und vergleiche die beiden Lösungswege.
b) Formuliere für die abc-Formeln eine Regel, wie man die Anzahl der Lösungen bestimmt.
c) Zeige die Gültigkeit der abc-Formeln.

18 Bei einem Computerspiel wird beim Drücken der Taste P zufällig eines der zwei Ergebnisse „Puhh" oder „Plopp" ausgegeben. Dabei lässt sich die Wahrscheinlichkeit p für das Wort „Puhh" in den Einstellungen verändern. Bei einem Spiel gewinnt man, wenn bei zweimaligem Drücken der Taste P genau einmal oder kein einziges Mal „Puhh" erscheint. Bestimme, auf welchen Wert man p einstellen muss, damit die Gewinnwahrscheinlichkeit 50 % beträgt.

19 Auf einem Markt möchte Hansi an einem Glücksspiel teilnehmen. Er überlegt sich, zweimal hintereinander zu spielen. Am Stand hängt ein Schild mit der Aufschrift: „Wer zweimal spielt, gewinnt mit einer Wahrscheinlichkeit von 70 % mindestens einmal." Nun überlegt sich Hansi, dass er dann mit einer Wahrscheinlichkeit von über 50 % schon beim ersten Spieldurchgang gewinnen müsste.
Zeichne ein beschriftetes Baumdiagramm, das die Situation beschreibt, und bestimme die Wahrscheinlichkeit, mit der Hansi beim ersten Spieldurchgang gewinnt. Beurteile, ob er mit seiner Überlegung recht hat.

20 In der Figur soll der Flächeninhalt der gelben Fläche halb so groß sein wie der Flächeninhalt der gesamten Figur. Ermittle, welchen Wert x annehmen muss, wenn y = 10 cm ist. Leite eine Formel für x für einen beliebigen Wert von y her.
a) Quadrat mit einer Seitenlänge y mit einem symmetrischen Kreuz der Breite x
b) Rechtwinkliges, gleichschenkliges Dreieck mit Schenkeln der Länge y

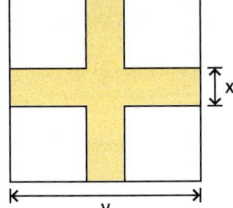
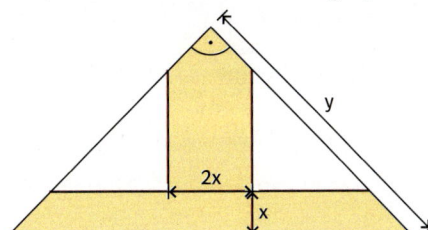

Wiederholen – Vertiefen – Vernetzen

Exkursion

Der Carlyle-Kreis zur Nullstellenbestimmung

Der Carlyle-Kreis ist ein spezieller Kreis, mit dem man die Nullstellen einer quadratischen Funktion mit der Funktionsgleichung $f(x) = x^2 + px + q$ mithilfe einer geometrischen Konstruktion bestimmen kann.

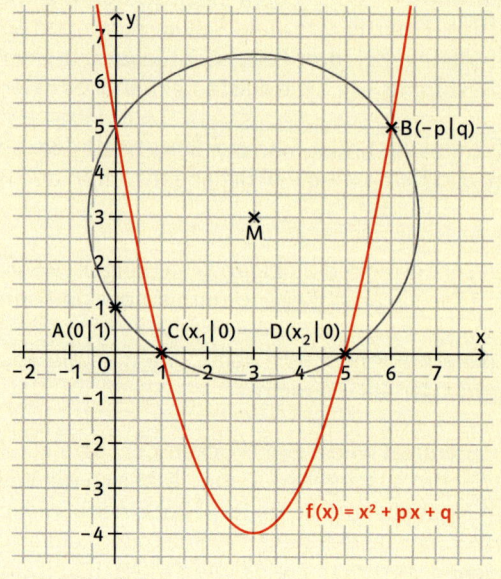

Thomas Carlyle (1795–1881) Schottischer Mathematiker und Lehrer

So wird konstruiert (Vergleiche Fig. 1., in der für die Funktion f die Funktionsgleichung $f(x) = x^2 - 6x + 5$ verwendet wurde.):
Der Punkt $A(0|1)$ ist Punkt des Kreises.
Der Punkt $B(-p|q)$ ist ebenfalls Punkt des Kreises.
Der Mittelpunkt der Strecke $\overline{AB}$ ist Mittelpunkt M des Kreises.
Den Schnittpunkten des Kreises mit der x-Achse $C(x_1|0)$ und $D(x_2|0)$ kann man die Nullstellen x_1 und x_2 der quadratischen Funktion f entnehmen.

Fig. 1

1 Wende das Verfahren bei den gegebenen Funktionen an. Führe im Anschluss an die geometrische Bestimmung der Nullstellen eine rechnerische Kontrolle durch. Wiederhole die Vorgehensweise dann an drei selbst aufgestellten Funktionsgleichungen.
  a) $f(x) = x^2 - 6x + 5$
  b) $f(x) = x^2 - 8x + 7$
  c) $f(x) = x^2 - 5x + 4$
  d) $f(x) = x^2 - 6x + 8$

2 Von einer quadratischen Funktion f mit $f(x) = x^2 + px + q$ sind die Nullstellen x_1 und x_2 bekannt. Zeichne den Carlyle-Kreis und gib die Funktionsgleichung an. Führe das Verfahren anschließend mit eigenen Werten für zwei Nullstellen durch.
  a) $x_1 = -1$ und $x_2 = 4$
  b) $x_1 = -2$ und $x_2 = 3$
  c) $x_1 = 2$ und $x_2 = 3$
  d) $x_1 = 1$ und $x_2 = 6$

3 💻 **Carlyle-Kreis-Dateien erstellen**
  a) Konstruiere den Carlyle-Kreis mithilfe eines dynamischen Geometrieprogramms für die Funktion f mit $f(x) = x^2 - 6x + 5$. Kontrolliere anschließend, ob die Nullstellen richtig angezeigt werden.
  Als Hilfe kann das abgebildete Konstruktionsprotokoll einer möglichen Konstruktion verwendet werden.
  b) Erstelle mithilfe einer dynamischen Geometriesoftware eine Datei, mit der man schnell für eine beliebige quadratische Funktion die Nullstellen mithilfe des Carlyle-Kreises anzeigen lassen kann.

	Name	Beschreibung	Wert	Beschriftung
1	Punkt A		A = (0,1)	A(0|1)
2	Punkt B		B = (6,5)	B(-p|q)
3	Punkt M		M = (3,3)	
4	Funktion f		$f(x) = x^2 - 6x + 5$	
5	Kreis c	Kreis mit Mittelpunkt M und Radius Strecke(M,B)	c: $(x-3)^2 + (y-3)^2 = 13$	
6	Punkt C	Schnittpunkt von c, x-Achse	C = (1,0)	C(x_1|0)
6	Punkt D	Schnittpunkt von c, x-Achse	D = (5,0)	D(x_2|0)

4 Carlyle-Kreis-Beweis I

a) Zeige mithilfe des Carlyle-Kreises, dass die Verhältnisgleichung $\frac{x_1}{1} = \frac{q}{-p - x_1}$ gilt.

Verwende dazu Zusammenhänge, wie den Satz des Thales, Ähnlichkeitsaspekte und Winkelbeziehungen. Erstelle für die Erläuterungen auch eine beschriftete Skizze.

b) Zeige mithilfe der Verhältnisgleichung $\frac{x_1}{1} = \frac{q}{-p - x_1}$, dass die folgende Gleichung gilt: $x_1^2 + p x_1 + q = 0$.

c) Begründe entsprechend, dass auch die Gleichung $x_2^2 + p x_2 + q = 0$ gilt.

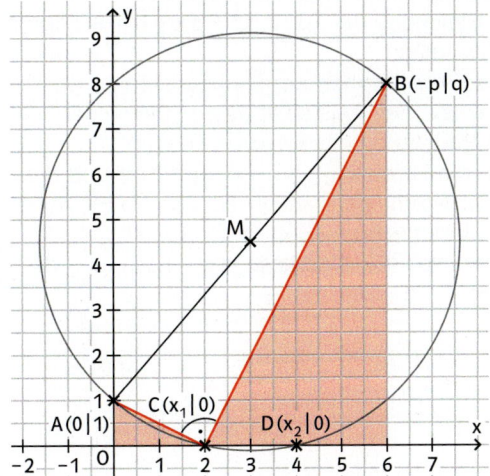

5 Carlyle-Kreis-Beweis II

Die Gültigkeit der Vorgehensweise für die Bestimmung der Nullstellen einer Funktion f mit $x^2 + px + q = 0$ mithilfe des Carlyle-Kreises kann man auch auf den Satz des Pythagoras zurückführen.

a) Der entsprechende Beweis soll zunächst für die Nullstelle x_2 durchgeführt werden. Ordne hierzu die unten abgebildeten Beweisschritte in die richtige Reihenfolge. Erläutere kurz die einzelnen Begründungsschritte bzw. Umformungen. Erläutere auch, warum die Richtigkeit der Vorgehensweise hierdurch bewiesen werden kann.

b) Führe den entsprechenden Beweis auch für die Nullstelle x_1 durch.

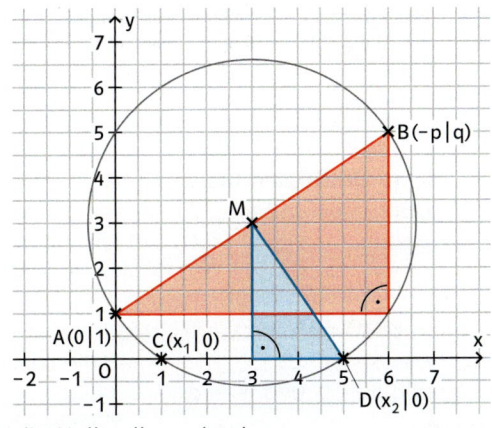

A Der Durchmesser des Kreises ist $d = \sqrt{p^2 + (q-1)^2}$.

B Es gilt nach Gleichungsumformungen $0 = 4x_2^2 + 4x_2 p + 4q$.

C Am blauen Dreieck erkennt man $r^2 = \left(x_2 - \frac{-p}{2}\right)^2 + \left(\frac{q+1}{2}\right)^2$.

D Es gilt $\frac{p^2 + (q-1)^2}{4} = \frac{(2x_2 + p)^2}{4} + \frac{(q+1)^2}{4}$.

E Es gilt $p^2 + q^2 - 2q + 1 = 4x_2^2 + 4x_2 p + p^2 + q^2 + 2q + 1$.

F Der Radius des Kreises ist $r = \frac{\sqrt{p^2 + (q-1)^2}}{2}$.

G Der Mittelpunkt des Kreises ist $M\left(\frac{-p}{2} \mid \frac{q+1}{2}\right)$.

H Es gilt $p^2 + (q-1)^2 = 4x_2^2 + 4x_2 p + p^2 + q^2 + 2q + 1$.

I Es gilt $0 = x_2^2 + x_2 p + q$.

J Insgesamt folgt: Für das blaue Dreieck gilt $\frac{p^2 + (q-1)^2}{4} = \left(x_2 - \frac{-p}{2}\right)^2 + \left(\frac{q+1}{2}\right)^2$.

6 Untersuche, wie der Carlyle-Kreis aussieht, wenn die quadratische Gleichung keine Lösung hat.

Rückblick

Zeichnerisches Lösen quadratischer Gleichungen

Eine quadratische Gleichung der Form $x^2 + px + q = 0$ kann man grafisch lösen, indem man
- die Schnittpunkte des Graphen der Funktion f mit $f(x) = x^2 + px + q$ mit der x-Achse abliest (x-Werte der Schnittpunkte sind die **Nullstellen** der Funktion f) oder
- die Gleichung in die Form $x^2 = -px - q$ umformt und die **Schnittpunkte** der Normalparabel der Funktion h mit $h(x) = x^2$ mit der Geraden g mit $g(x) = -px - q$ bestimmt.

Die x-Werte der Schnittpunkte sind jeweils die Lösungen der quadratischen Gleichung.

Die Gleichung $x^2 - 2x - 3 = 0$ hat die Lösungen $x_1 = -1$ und $x_2 = 3$.
Dies kann man am Graphen der Funktion f mit $f(x) = x^2 - 2x - 3$ ablesen:

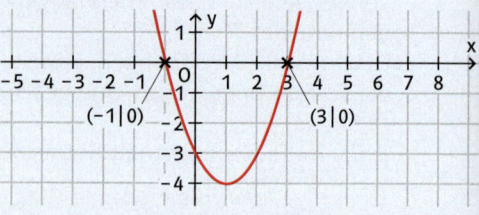

Eine quadratische Gleichung hat entweder zwei Lösungen, eine Lösung oder keine Lösung

Oder als x-Werte der Schnittpunkte der Graphen von f mit $f(x) = x^2$ und $g(x) = 2x + 3$:

zwei Nullstellen – zwei Lösungen
Funktion: zwei Nullstellen
Gleichung: zwei Lösungen

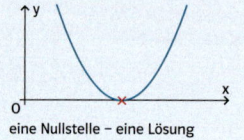
eine Nullstelle – eine Lösung
Funktion: eine Nullstelle
Gleichung: eine Lösung

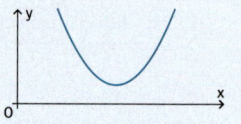
keine Nullstelle – keine Lösung
Funktion: keine Nullstelle
Gleichung: keine Lösung

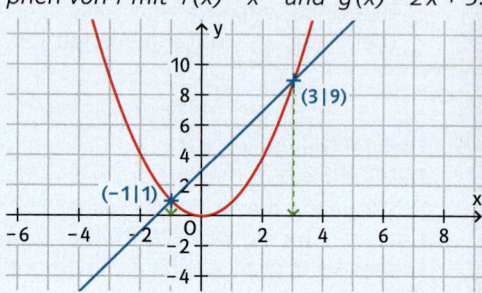

Rechnerisches Lösen von quadratischen Gleichungen

1. $x^2 - e = 0$ — Umformen und anschließendes Wurzelziehen. Man erhält die zwei Lösungen $x_1 = \sqrt{e}$ und $x_2 = -\sqrt{e}$.

   zu 1. $x^2 - 9 = 0 \quad | +9$
   $x^2 = 9$
   $x_1 = 3$ und $x_2 = -3$

2. $x^2 - d \cdot x = 0$ — Ausklammern (Faktorisieren). Aus $x \cdot (x - d) = 0$ erhält man die Lösungen $x_1 = 0$ und $x_2 = d$.

   zu 2. $x^2 - 8x = 0$
   $x \cdot (x - 8) = 0$
   $x_1 = 0$ und $x_2 = 8$

3. $x^2 + px + q = 0$ — Mithilfe der pq-Formel. Man erhält die beiden Lösungen $x_1 = -\frac{p}{2} + \sqrt{\left(\frac{p}{2}\right)^2 - q}$ und $x_2 = -\frac{p}{2} - \sqrt{\left(\frac{p}{2}\right)^2 - q}$.

   Wenn man für die Gleichung der Form $x^2 + px + q = 0$ zwei Zahlen r und s mit $r + s = p$ und $r \cdot s = q$ findet, kann man die Gleichung in der Form $(x + r) \cdot (x + s) = 0$ notieren. Die Lösungen dieser Gleichung sind dann $x_1 = -r$ und $x_2 = -s$.

   zu 3. $x^2 + \frac{8}{3}x + \frac{4}{3} = 0$
   $x_1 = -\frac{4}{3} + \sqrt{\left(\frac{4}{3}\right)^2 - \frac{4}{3}}$ und $x_2 = -\frac{4}{3} - \sqrt{\left(\frac{4}{3}\right)^2 - \frac{4}{3}}$
   $= -\frac{2}{3}$ $\qquad\qquad = -2$

   $x^2 + 3x - 10 = 0$
   Teiler von -10 sind $-10; -5; -2; -1; 1; 2; 5$ und 10.
   Es ist: $-2 + 5 = 3$ und $(-2) \cdot 5 = -10$.
   Also $r = -2$ und $s = 5$, daher sind $x_1 = 2$ und $x_2 = -5$ die Lösungen.

4. $ax^2 + bx + c = 0$ — (mit $a \neq 0$) Man dividiert zunächst durch a und wendet anschließend die pq-Formel oder ein anderes oben genanntes Verfahren an.

   zu 4. $2x^2 - 0{,}3x - 0{,}9 = 0 \quad |:2$
   $x^2 - 0{,}15x - 0{,}45 = 0$
   $x_1 = \frac{0{,}15}{2} + \sqrt{\left(\frac{0{,}15}{2}\right)^2 + 0{,}45} = 0{,}75$
   $x_2 = \frac{0{,}15}{2} - \sqrt{\left(\frac{0{,}15}{2}\right)^2 + 0{,}45} = -0{,}6$

Test

IV Quadratische Gleichungen

Runde 1

→ Lösungen | Seite 273

1 Löse die Gleichung zeichnerisch mithilfe einer Schablone für Normalparabeln. Überprüfe rechnerisch, ob die abgelesenen Lösungen richtig sind.
a) $x^2 + 0{,}5x - 3 = 0$
b) $x^2 + 5x + 6 = 0$
c) $0{,}5x^2 = x + 12$
d) $3x^2 - 3x = 6$

2 Löse rechnerisch. Führe anschließend die Probe durch.
a) $x^2 = 121$
b) $x^2 - 441 = 0$
c) $x^2 - 12x = 0$
d) $x^2 = 2x$
e) $x^2 + 5x - 9{,}75 = 0$
f) $0{,}5x^2 - 3x + 4{,}5 = 0$
g) $\frac{1}{5}x^2 = 2x - 5$
h) $(x - 5)^2 = 1$

3 Shang wirft von einem Felsen einen Stein ins Meer. Die Höhe des Steins über dem Wasserspiegel kann näherungsweise mit der Funktion h mit $h(t) = -0{,}3t^2 + 1{,}8t + 5$ ermittelt werden. Dabei beschreibt h(t) die Höhe des Steins in Metern und t die Zeit in Sekunden nach dem Abwurf.
a) Gib an, aus welcher Höhe Shang den Stein abwirft.
b) Bestimme, nach wie vielen Sekunden der Stein am höchsten Punkt ist. Berechne, wie hoch der Stein dann ist.
c) Berechne, nach wie vielen Sekunden der Stein etwa ins Wasser fällt.

4 Gegeben ist die abgebildete Parabel. Bestimme mithilfe der Angaben in der Figur eine Linearfaktordarstellung der Parabel.

5 Tanja denkt sich eine positive ganze Zahl, multipliziert sie mit der Vorgängerzahl und addiert 13. Als Ergebnis erhält sie 565. Bestimme Tanjas gedachte Zahl.

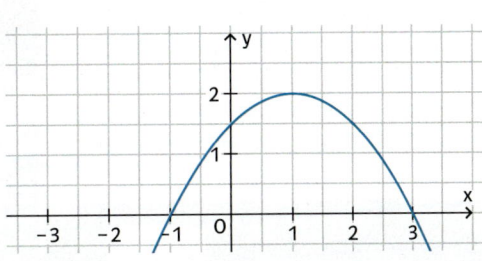

Runde 2

→ Lösungen | Seite 274

1 Bestimme, falls vorhanden, die Lösungen der Gleichung zeichnerisch und rechnerisch.
a) $-0{,}05x^2 + 3x - 2 = 0$
b) $11x^2 - 25x + 16 = 0$
c) $11x - x^2 + 3 = 5x - 4x^2$

2 Gib drei quadratische Gleichungen an, die die Lösungen $x_1 = 2$ und $x_2 = -1$ haben. Begründe auch, warum es unendlich viele quadratische Gleichungen gibt, die diese beiden Lösungen besitzen.

3 Wird eine Kugel mit einer Abwurfgeschwindigkeit von $11 \frac{m}{s}$ senkrecht nach oben geworfen, kann man ihre Höhe h (in m) mit der Gleichung $h = 11t - 5t^2$ näherungsweise berechnen. Hierbei ist t die Zeit seit dem Abwurf (in s).
a) Berechne, nach welcher Zeit die Kugel auf dem Boden landet.
b) Bestimme, wann die Kugel ihre maximale Höhe erreicht und wie hoch sie dann ist.

4 Gilt immer – gilt nie – es kommt darauf an
Überprüfe, ob die folgenden Aussagen immer gelten, nie stimmen oder nur in bestimmten Fällen richtig sind. Begründe und gib gegebenenfalls die Bedingungen an.
a) Wenn bei einer quadratischen Gleichung der Form $x^2 + px + q = 0$ der Wert für p null ist, dann hat die quadratische Gleichung nur eine Lösung.
b) Wenn man bei einer quadratischen Gleichung der Form $x^2 + px + q = 0$ das Vorzeichen von p ändert, dann ändern sich die Lösungen nicht.
c) Wenn bei einer quadratischen Gleichung der Form $x^2 + px + q = 0$ der Wert für p nicht null und q nicht negativ ist, dann hat die quadratische Gleichung zwei Lösungen.

V Potenzen und exponentielles Wachstum

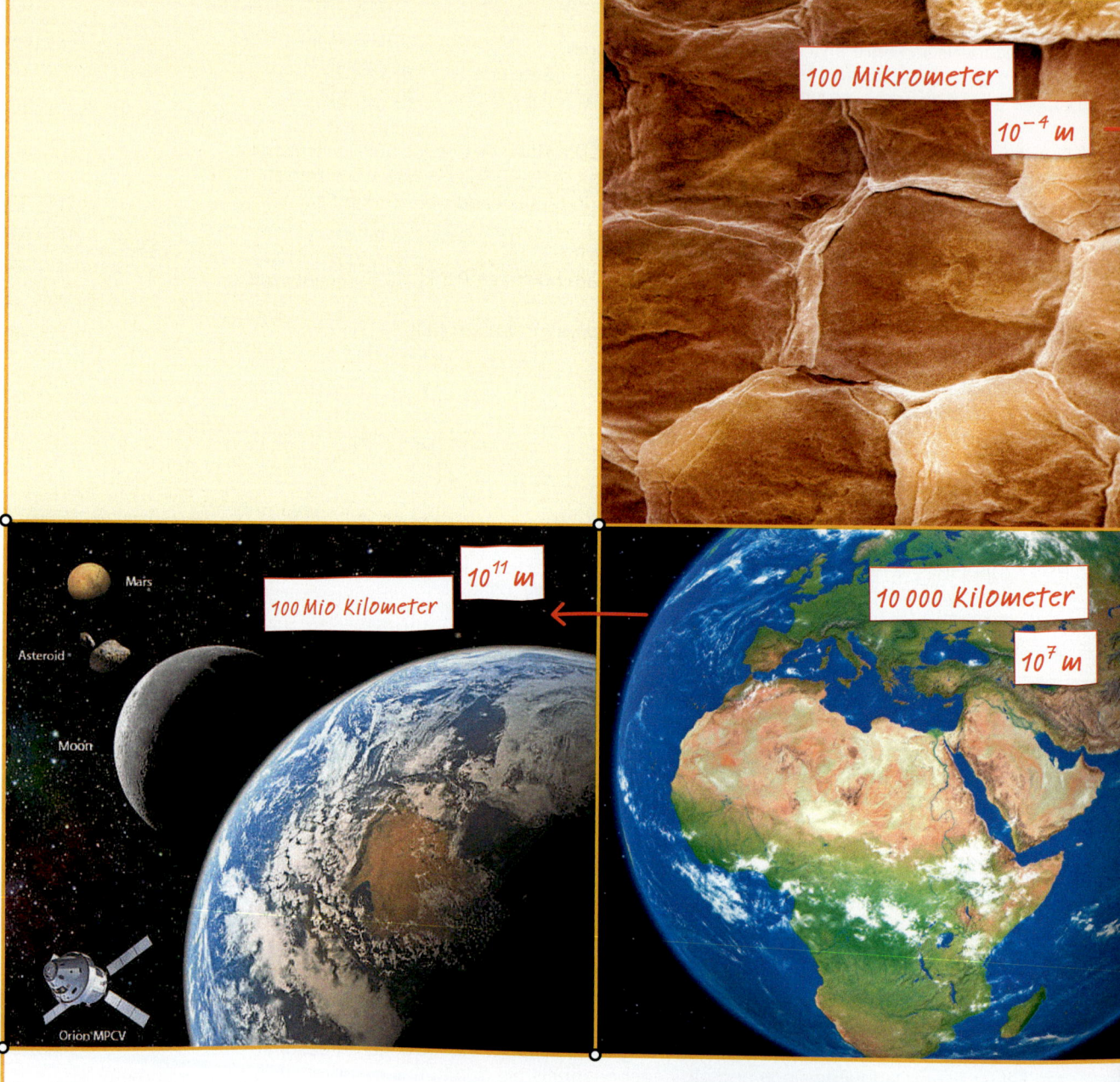

100 Mikrometer
10^{-4} m

100 Mio Kilometer
10^{11} m

10 000 Kilometer
10^{7} m

Das kannst du schon
- Potenzen wie z. B. 2^4 berechnen
- Rechengesetze für Terme anwenden
- Mit Prozenten rechnen
- Zusammenhänge durch lineare und quadratische Funktionen beschreiben

Teste dich!
Check-in zu Kapitel V Seite 226

Das kannst du bald

- Potenzen mit negativen Exponenten berechnen
- Zahlen mithilfe von Zehnerpotenzen darstellen
- Terme mit Potenzen geschickt berechnen
- Zinseszinsen und Wertveränderungen untersuchen
- Exponentielle Wachstumsmodelle untersuchen

Erkundungen

Bekannte Zahlen im neuen „Outfit"

1. Den eigenen Taschenrechner erforschen
Tippt folgende „Endlos-Rechnungen" in eure Taschenrechner. Notiert die einzelnen Ergebnisse und beschreibt, wie sich diese entwickeln.
a) 3 · 10; 33 · 10; 333 · 10; 3333 · 10 usw.
b) 10 : 10; 10 : 10 : 10; 10 : 10 : 10 : 10 usw.
c) 0,01 : 10; 0,0011 : 10; 0,000 111 : 10 usw.
Formuliert eure Beobachtungen. Wann „springt" die Anzeige eurer Taschenrechner in eine andere Darstellung um und wie sieht diese Darstellung auf eurem Taschenrechner aus? Erklärt.

$10^4 = 10 \cdot 10 \cdot 10 \cdot 10$

10^4 — Exponent, Potenz, Basis

$10^3 = 1000$ $\Big\}$: 10
$10^2 = 100$ $\Big\}$: 10
$10^1 = 10$
$10^0 =$
$10^{-1} =$
Wie geht es weiter?

→ Lerneinheit 2, Seite 142

2. Gleiche Zahlen – andere Darstellung
Bearbeitet zu zweit die Aufgaben auf den Karten. Ihr könnt euch aussuchen, in welcher Reihenfolge ihr die Aufgaben bearbeitet.

Verschiedene Taschenrechneranzeigen
Fig. 1 zeigt die Ergebnisse verschiedener Rechnungen mit unterschiedlichen Taschenrechnermodellen. Vergleicht die Anzeigen auf eurem Taschenrechner mit denen aus Fig. 1. Welche Zahlen könnten hier dargestellt sein? Schreibt sie in der gewohnten Dezimaldarstellung mit allen Ziffern auf.

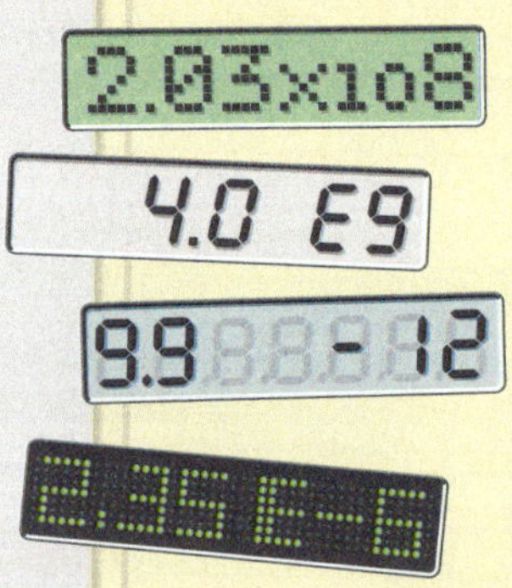

Große und kleine Zahlen
Notiert in der Dezimaldarstellung drei sehr große Zahlen und drei Zahlen, die sehr nah bei null liegen. Lasst euren Partner diese Zahlen in der Schreibweise notieren, die der Taschenrechner verwendet. Überprüft eure Ergebnisse mit dem Taschenrechner.

Darstellung mit Zehnerpotenzen erklären
Die Darstellung $1{,}4 \cdot 10^4$ oder $3{,}8 \cdot 10^{-3}$ nennt man Schreibweise mit Zehnerpotenzen. Formuliert eine Regel, wie man Zahlen von der Dezimaldarstellung in die Schreibweise mit Zehnerpotenzen umwandeln kann und umgekehrt. Stellt sie mit Beispielen der Klasse vor.

2.03×10 8
4.0 E9
9.9888 12
2.35 E-6

Fig. 1

3. Zum Weiterforschen
Recherchiert nach Dingen, für die man Zahlenangaben mit Zehnerpotenzen verwendet. Notiert die Information auf beiden Seiten eines Kärtchens (z. B.: Die Lichtgeschwindigkeit c beträgt ca. $3{,}0 \cdot 10^8 \frac{m}{s}$). Verwendet auf der einen Seite die Dezimaldarstellung und auf der anderen Seite die Schreibweise mit Zehnerpotenzen. Tauscht die Kärtchen aus. Jeder wählt eine Darstellung, wandelt sie in die andere um und überprüft sein Ergebnis.

Warum ist die Schreibweise mit Zehnerpotenzen für den Taschenrechner oder den Computer hilfreich?

V Potenzen und exponentielles Wachstum

Potenzen in der Homöopathie

In der Homöopathie, einer alternativmedizinischen Heilmethode, werden Arzneien mithilfe des sogenannten Potenzierens hergestellt. Potenzieren bedeutet hier, dass die heilenden Substanzen schrittweise mit Alkohol oder destilliertem Wasser verdünnt und geschüttelt werden. Nach Ansicht von Samuel Hahnemann wird bei jedem dieser Schritte die medizinische Wirkung der Substanz verstärkt (potenziert), die Substanz selbst aber wird immer stärker verdünnt.

Samuel Hahnemann (1755–1843) ist der Begründer der Homöopathie.

→ Lerneinheit 2, Seite 142

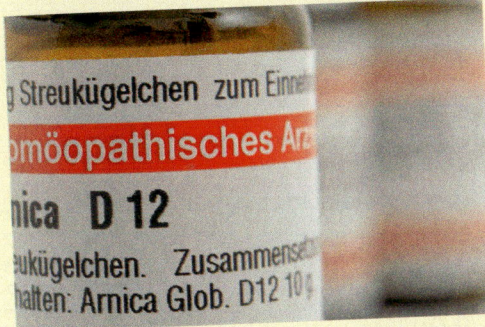
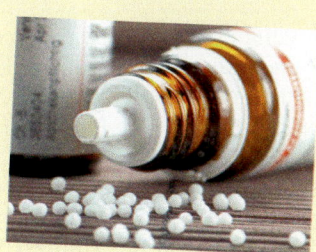

1. In der Homöopathie gibt es z. B. „D-Potenzen". Die Konzentration D1 bedeutet: In 10 Teilen der Arznei ist ein Teil des Wirkstoffs enthalten; bei D2 ist es ein Teil in 100 Teilen usw.
Wie viele Milliliter Belladonna D6 (Tollkirsche) lässt sich aus 1 ml des Wirkstoffs herstellen?
Wie viele Milliliter reines Chelidonium (Schöllkraut) enthalten 50 ml der Arznei Chelidonium D4?

2. Lege folgende Tabelle für die Potenzen D1, D2, D3, D6, D9, D12, D20 und D23 an. Bei der Potenz D1 z. B. beträgt der Wirkstoffanteil $\frac{1}{10}$, das entspricht etwa einem Tropfen Wirkstoff pro 1 ml oder anschaulich einem Tropfen auf eine Menge von der Größe einer Erbse. Fülle die Tabelle aus. Welche anschaulichen Vergleichsmengen kannst du finden?

Potenz	Anteil des Wirkstoffs	Das entspricht	
		einem Tropfen pro …	bzw. einem Tropfen pro …
D1	1:10 = 10^{-1}	1 ml	Erbse
D2	1:100 = 10^{-2}	1 cl	halbem Esslöffel
D3	1:		

10^3 = 1 Tausend
10^6 = 1 Million
10^9 = 1 Milliarde
10^{12} = 1 Billion
10^{15} = 1 Billiarde
10^{18} = 1 Trillion
10^{21} = 1 Trilliarde
…

$\frac{1}{10} = 10^{-1}$

$\frac{1}{100} = \frac{1}{10^{-2}} = 10^{-2}$

3. Die Wirksamkeit der homöopathischen Mittel wird von vielen Naturwissenschaftlern angezweifelt. Welche Gründe könnten sie anführen?

1 Potenzen mit ganzzahligen Exponenten

Robert: „Schade, dass man ein Blatt Papier nur 7-mal falten kann. Selbst wenn das Blatt nur ein Zehntel Millimeter dick wäre, und man es 42-mal falten könnte, dann könnte man sich den Mond ‚von oben' anschauen."
Überprüfe, ob Robert recht hat.

Bisher wurden vor allem Vorgänge betrachtet, die sich durch lineare oder quadratische Funktionen modellieren lassen. In diesem Kapitel werden nun Modelle verwendet, bei denen sich ein Bestand, z.B. ein Kontostand oder die Anzahl von Bakterien, immer um den gleichen Faktor verändert. Hierfür ist die Potenzschreibweise von Produkten hilfreich.

Wenn man z.B. davon ausgeht, dass sich die Größe der von Seerosen bewachsene Fläche in einem Teich jede Woche verdoppelt, dann erhält man die in der Folgewoche bewachsene Fläche durch eine Multiplikation mit der Zahl 2. Für die in zwei oder drei Wochen bewachsene Fläche muss man den aktuell bewachsenen Flächeninhalt zwei bzw. dreimal verdoppeln. Man muss also Produkte berechnen, in denen der Faktor 2 mehrfach enthalten ist. Diese Produkte kann man in der Potenzschreibweise notieren. So kann man z.B. $2 \cdot 2 \cdot 2 = 2^3$ als **Potenz** (gesprochen „2 hoch 3") schreiben. Die Hochzahl 3 in dieser Potenz wird **Exponent**, die Grundzahl 2 wird **Basis** genannt.

Wenn zu Beobachtungsbeginn z.B. eine Fläche von einem Quadratmeter bedeckt ist, dann müsste aufgrund der Annahmen in diesem Modell nach 3 Wochen eine 8 Quadratmeter große Fläche von Seerosen bedeckt sein ($1 \cdot 2^3 = 1 \cdot 2 \cdot 2 \cdot 2 = 8$). Wenn man entsprechend berechnen will, wie groß die bedeckte Fläche ein, zwei, drei ... Wochen zuvor war, muss man mehrfach durch 2 teilen. Für die vor drei Wochen bedeckte Fläche erhält man dann $\frac{1}{2 \cdot 2 \cdot 2} = \frac{1}{2^3} = \frac{1}{8}$ Quadratmeter, weil man dreimal durch 2 teilen muss. Statt $\frac{1}{2^3}$ kann man auch 2^{-3} schreiben. Die folgende Übersicht verdeutlicht, warum diese Schreibweise sinnvoll ist und warum $2^0 = 1$ sein muss.

$$2 \cdot 2 \cdot 2 \rightarrow 2 \cdot 2 \rightarrow 2 \rightarrow 1 \rightarrow \frac{1}{2} \rightarrow \frac{1}{2 \cdot 2} \rightarrow \frac{1}{2 \cdot 2 \cdot 2}$$
$$= \quad :2 \quad = \quad :2 \quad = \quad :2 \quad = \quad :2 \quad = \quad :2 \quad = \quad :2 \quad =$$
$$2^3 \rightarrow 2^2 \rightarrow 2^1 \rightarrow 2^0 \rightarrow 2^{-1} \rightarrow 2^{-2} \rightarrow 2^{-3}$$

> **Potenzen mit ganzzahligen Exponenten**
> Für eine beliebige Zahl $a \neq 0$ und eine natürliche Zahl n definiert man:
> $a^n = \underbrace{a \cdot a \ldots a \cdot a}_{n \text{ Faktoren}}$ (z.B. $2^3 = 2 \cdot 2 \cdot 2 = 8$)
>
> $a^{-n} = \frac{1}{a^n} = \frac{1}{\underbrace{a \cdot a \ldots a \cdot a}_{n \text{ Faktoren}}} = \frac{1}{a^n} = \left(\frac{1}{a}\right)^n = \underbrace{\frac{1}{a} \cdot \frac{1}{a} \cdot \ldots \cdot \frac{1}{a}}_{n \text{ Faktoren}}$ (z.B. $2^{-3} = \frac{1}{2^3} = \frac{1}{2 \cdot 2 \cdot 2} = \frac{1}{8} = \left(\frac{1}{2}\right)^3$)
>
> Außerdem definiert man für alle Zahlen $a \neq 0$, dass **$a^0 = 1$** ist.

Beim linearen Wachstum wird von einem Zeitschritt zum nächsten immer die gleiche Zahl n addiert. Hier wird nun immer mit der gleichen Zahl n multipliziert. Man spricht dann von exponentiellem Wachstum.

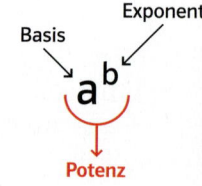

V Potenzen und exponentielles Wachstum

Reihenfolge beim Berechnen von Termen
Beim Berechnen von Termen mit Potenzen muss man beachten, dass das Potenzieren vor der Punkt- bzw. der Strichrechnung durchgeführt wird.
$100 + 3 \cdot 2^4 = 100 + 3 \cdot (2 \cdot 2 \cdot 2 \cdot 2) = 100 + 3 \cdot 16 = 100 + 48 = 148$

$20 - 32 \cdot 4^{-2} = 20 - 32 \cdot \frac{1}{4^2} = 20 - \overset{2}{\cancel{32}} \cdot \frac{1}{\underset{1}{\cancel{16}}} = 20 - 2 = 18$

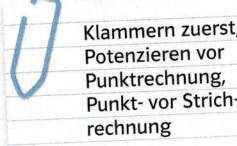
Klammern zuerst, Potenzieren vor Punktrechnung, Punkt- vor Strichrechnung

Beispiel 1 Wert einer Potenz berechnen
Berechne.
a) $(-5)^3$
b) -5^4
c) 5^{-3}
d) $\left(\frac{3}{4}\right)^{-2}$

Lösung
a) $(-5)^3 = (-5) \cdot (-5) \cdot (-5) = -125$
b) $-5^4 = -(5^4) = -(5 \cdot 5 \cdot 5 \cdot 5) = -625$
c) $5^{-3} = \frac{1}{5^3} = \frac{1}{5} \cdot \frac{1}{5} \cdot \frac{1}{5} = \frac{1}{125}$
d) $\left(\frac{3}{4}\right)^{-2} = \frac{1}{\left(\frac{3}{4}\right)^2} = \frac{1}{\frac{3}{4} \cdot \frac{3}{4}} = \frac{1}{\frac{9}{16}} = \frac{16}{9}$

Beispiel 2 Zahlenfolgen mit Potenzen fortsetzen
Notiere die Zahlenfolge 27, 9, 3, 1, ... mit Potenzen, beschreibe die Struktur und gib die nächsten beiden Zahlen der Zahlenfolge an.
Lösung
Alle vier Zahlen lassen sich als Potenz mit der Basis 3 schreiben:
$27 = 3 \cdot 3 \cdot 3 = 3^3$; $9 = 3 \cdot 3 = 3^2$; $3 = 3^1$; $1 = 3^0$
Da der Exponent in der Zahlenfolge 3^3, 3^2, 3^1 und 3^0 stets um 1 kleiner wird, sind die nächsten Zahlen der Zahlenfolge somit $3^{-1} = \frac{1}{3}$ und $3^{-2} = \frac{1}{3^2} = \frac{1}{9}$.

Beispiel 3 Terme mit positiven Exponenten schreiben
Notiere den Term mit positivem Exponenten.
a) $\frac{3^{-4}}{5^7}$
b) $\frac{2^3}{7^{-2}}$
c) $\frac{4^{-5}}{6^{-7}}$

Lösung
a) $\frac{3^{-4}}{5^7} = 3^{-4} \cdot \frac{1}{5^7} = \frac{1}{3^4} \cdot \frac{1}{5^7}$
$= \frac{1}{3^4 \cdot 5^7}$

b) $\frac{2^3}{7^{-2}} = 2^3 \cdot \frac{1}{7^{-2}} = 2^3 \cdot \frac{1}{\frac{1}{7^2}}$
$= 2^3 \cdot \frac{7^2}{1} = 2^3 \cdot 7^2$

c) $\frac{4^{-5}}{6^{-7}} = 4^{-5} \cdot \frac{1}{6^{-7}} = \frac{1}{4^5} \cdot \frac{1}{\frac{1}{6^7}}$
$= \frac{1}{4^5} \cdot \frac{6^7}{1} = \frac{6^7}{4^5}$

Aufgaben

1 Gib an, welche Zahlen auf den Kärtchen gleich sind. Vier Kärtchen bleiben übrig und können zu einem Lösungswort zusammengesetzt werden.

12 A	5^{-2} B	2^5 C	10 D	5^2 E	3^4 F
$\frac{1}{25}$ G	16 H	4^3 I	32 J	4^{-3} K	2^{-5} L	25 M
$\frac{1}{16}$ N	$\frac{1}{32}$ O	$\frac{1}{64}$ P	$\frac{1}{81}$ Q	64 R	3^{-4} S	81 T

2 Berechne.
a) 2^4
b) 4^2
c) $(-3)^4$
d) -4^3
e) 3^{-1}
f) 4^{-2}
g) 3^{-4}
h) 4^{-3}
i) $\left(\frac{3}{4}\right)^3$
j) $\left(\frac{1}{4}\right)^{-3}$
k) $\left(\frac{1}{3}\right)^2$
l) $\left(\frac{1}{3}\right)^{-2}$
m) 7^0
n) $\left(\frac{1}{7}\right)^2$
o) $(-7)^{-2}$
p) $\left(-\frac{3}{7}\right)^{-2}$

→ Du findest Hilfe in Beispiel 1, Seite 139.

1 Potenzen mit ganzzahligen Exponenten

3 Schreibe als Potenz mit negativem Exponenten.
a) $\frac{1}{3^4}$ b) $\frac{1}{5^4}$ c) $\frac{1}{3^8}$ d) $\frac{1}{25}$ e) $\frac{1}{49}$ f) $\frac{1}{64}$ g) $\frac{1}{100}$ h) $\frac{1}{2}$

4 Berechne und sortiere der Größe nach. Beginne mit der kleinsten Zahl. In der richtigen Reihenfolge ergeben die Karten ein Lösungswort.

| 2^0 E | 2^3 N | 8^{-1} P | 9^1 Z | 2^{-1} T | 4^{-1} O |

5 Schreibe die Zahlen aus der Zahlenfolge als Potenz mit derselben Basis und gib die nächsten beiden Zahlen der Zahlenfolge an.
a) 16, 8, 4, 2, …   b) 125, 25, 5, 1, …   c) 1000, 100, 10, 1, …
d) $\frac{1}{49}, \frac{1}{7}, 1, \ldots$ e) $\frac{1}{16}, \frac{1}{4}, 1, \ldots$ f) $\frac{9}{4}, \frac{3}{2}, 1, \ldots$

→ Du findest Hilfe in Beispiel 2, Seite 139.

6 Notiere den Term mit positiven Exponenten.
a) $\frac{2^{-3}}{3^7}$ b) $\frac{4^{-2}}{2^3}$ c) $\frac{2^{-4}}{4^2}$ d) $\frac{2^{-5}}{7^2}$ e) $\frac{4^4}{3^{-7}}$ f) $\frac{3^3}{2^{-2}}$
g) $\frac{5^2}{2^{-5}}$ h) $\frac{4^8}{2^{-7}}$ i) $\frac{5^{-3}}{3^{-7}}$ j) $\frac{4^{-4}}{3^{-3}}$ k) $\frac{8^{-4}}{7^{-3}}$ l) $\frac{3^{-4}}{4^{-5}}$

→ Du findest Hilfe in Beispiel 3, Seite 139.

Teste dich!

→ Lösungen | Seite 275

7 Berechne.
a) 6^2 b) 6^0 c) 6^{-1} d) 6^{-2} e) $\left(\frac{1}{6}\right)^{-1}$ f) $\left(\frac{5}{6}\right)^2$ g) $\left(\frac{5}{6}\right)^{-2}$ h) $\left(\frac{250}{360}\right)^0$

8 Schreibe die Zahlen aus der Zahlenfolge als Potenz mit derselben Basis und gib die nächsten beiden Zahlen der Zahlenfolge an.
a) 36, 6, 1, $\frac{1}{6}$, …   b) $\frac{1}{16}, \frac{1}{8}, \frac{1}{4}, \frac{1}{2}, \ldots$ c) $\frac{125}{27}, \frac{25}{9}, \frac{5}{3}, 1, \ldots$

9 Berechne.
a) $10 + 2^4$ b) $20 - 12 \cdot 3^{-1}$ c) $12 - 8^0$ d) $0 \cdot 10^{-2}$
e) $(-4)^2$ f) -4^2 g) $\left(-\frac{2}{3}\right)^{-4}$ h) $-\left(\frac{2}{3}\right)^{-4}$
i) $\frac{11}{3} - \left(\frac{2}{3}\right)^2$ j) $\frac{1}{16} - \left(\frac{4}{3}\right)^{-2}$ k) $\left(\frac{2}{3} \cdot \frac{3}{4}\right)^{-2}$ l) $\left(\frac{1}{2} + \frac{1}{3}\right)^{-2}$

📎 Klammern zuerst, Potenzieren vor Punktrechnung, Punkt- vor Strichrechnung

10 a) Gib an, bei welchen Termen man das Ergebnis 25 erhält.

A 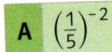 B 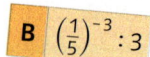 C   D 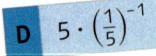 E 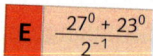 F

b) Gib mindestens fünf verschiedene Terme mit Potenzen an, deren Ergebnis 64 ist.

11 Finde den Fehler!
Erkläre, was falsch gemacht wurde, und korrigiere im Heft.

| a) $3^2 = 3 \cdot 2 = 6$ | b) $-2^4 = 16$ | c) $4^{-2} = -16$ | d) $\left(\frac{1}{3}\right)^{-2} = \frac{1}{9}$ |
| e) $2 \cdot 3^2 = 6^2 = 36$ | f) $(-5)^2 = -25$ | g) $\left(-\frac{2}{3}\right)^{-1} = \frac{3}{2}$ | h) $2 + 2^{-1} = 4^{-1} = \frac{1}{4}$ |

12 Finja behauptet: „Wenn die Hochzahl negativ ist, muss man einfach den Bruch umdrehen und dann von der Hochzahl die Gegenzahl bilden."
a) Erläutere mit eigenen Worten anhand eines Beispiels, was Finja meinen könnte.
b) Formuliere die Aussage mithilfe mathematischer Fachausdrücke.

13 Gilt immer – gilt nie – es kommt darauf an
Überprüfe, ob die folgenden Aussagen immer gelten, nie stimmen oder nur in bestimmten Fällen richtig sind. Begründe jeweils.
a) Wenn man die Basis und den Exponenten vertauscht, erhält man das gleiche Ergebnis.
b) Wenn der Exponent eine gerade Zahl ist, spielt das Vorzeichen der Basis für den Wert des Terms keine Rolle.
c) Potenzen mit negativen Exponenten sind kleiner als 1.

14 Schreibe als Potenz mit einer möglichst kleinen natürlichen Zahl als Basis.
a) $\frac{1}{128}$ b) $\frac{1}{512}$ c) $\frac{1}{625}$ d) $\frac{1}{1000}$ e) $\frac{1}{216}$ f) $\frac{1}{243}$
g) 0,2 h) 0,04 i) 0,01 j) 0,001 k) 0,25 l) 0,125

15
Die Seitenmitten eines gleichseitigen Dreiecks bilden jeweils die Eckpunkte des nächsten Dreiecks. Das äußere Dreieck hat die Seitenlänge 4 cm.
a) Gib die Seitenlänge des 10ten, 100ten bzw. des n-ten Dreiecks an.
b) Bestimme, das wie vielte Dreieck eine Seitenlänge von $\frac{1}{1024}$ cm hat.

Teste dich!

16 Wahr oder falsch
Gib an, ob die Aussage wahr oder falsch ist. Begründe.
a) Potenzen mit negativer Basis sind stets kleiner als 0.
b) Wenn man bei einer Potenz den Kehrwert der Basis bildet und das Vorzeichen des Exponenten ändert, verändert sich das Ergebnis nicht.

17
Ein Blätterteig besteht aus feinen Schichten aus Teig und Butter. Man stellt ihn her, indem man den Teig mit Butter einstreicht und faltet. Dann rollt man den Teig aus und schlägt ihn wieder zusammen. Diesen Vorgang wiederholt man mehrfach, sodass sich die „Butterschichten" immer vervielfachen.

„einfache Tour"

„doppelte Tour"

Ein Blätterteig hat in der Regel um die 500 Schichten.

a) Untersuche, wie viele Butterschichten die folgenden Herstellungsarten I, II und III liefern.
 I: eine einfache Tour, zwei doppelte Touren, eine einfache Tour
 II: drei einfache Touren, eine doppelte Tour, zwei einfache Touren
 III: Teig 1: eine einfache, eine doppelte Tour; Teig 2: zwei einfache, eine doppelte Tour; mit Teig 1 und Teig 2 übereinandergelegt zwei weitere einfache Touren
b) Angenommen man würde den Teig immer nur einmal falten. Untersuche, wie oft man den Vorgang dann durchführen müsste, um genauso viele Schichten zu erhalten wie bei fünf doppelten Touren.

18
Untersuche, für welche natürlichen Zahlen a und n sich a^{-n} als abbrechende Dezimalzahl schreiben lässt. Notiere Beispiele und versuche dann eine Regel zu formulieren.

Teste dein Grundwissen!   Dreiecke konstruieren

G 19 Konstruiere das Dreieck und bestimme die fehlenden Winkelgrößen und Seitenlängen.
a) a = 4 cm; b = 5 cm; c = 3 cm
b) a = 2 cm; b = 4 cm; γ = 45°
c) c = 6 cm; α = 40°; β = 70°
d) c = 3 cm; β = 35°; b = 4 cm

2 Zahlen mit Zehnerpotenzen schreiben

Felizze wundert sich über das Ergebnis der zweiten Rechnung.
Erläutere, was die Taschenrechneranzeige in der letzten Zeile bedeuten könnte.
Überprüfe deine Vermutung, indem du weitere Beispiele mit dem Taschenrechner untersuchst.

```
5^14        6103515625
5^15
            3.051757813E10
```

Wenn man Potenzen berechnet und die Ergebnisse als Dezimalzahl darstellt, dann erhält man zum Teil unübersichtliche Anzeigen. So ist z. B. $20^7 = 1\,280\,000\,000$ und $20^{-7} = 0{,}000\,000\,000\,781\,25$. Da es bei solchen Zahlen umständlich ist, die Anzahl der Stellen vor oder nach dem Komma abzuzählen, verwendet man hierfür häufig eine kürzere „wissenschaftliche" Schreibweise mit Zehnerpotenzen. Diese wird im Folgenden vorgestellt.

$20^7 = 1\,280\,000\,000 = 1{,}28$ *Milliarden* kann man mit Zehnerpotenzen auch als $1{,}28 \cdot 10^9$ schreiben, denn $20^7 = 1\,280\,000\,000 = 1{,}28 \cdot 1\,000\,000\,000 = 1{,}28 \cdot 10^9$.
Man kann der Schreibweise $1{,}28 \cdot 10^9$ entnehmen, dass in der üblichen Dezimalzahldarstellung nach der ersten Stelle noch **neun** weitere Stellen vor dem Komma folgen und braucht diese nicht abzuzählen.

Auch Zahlen mit sehr vielen Nachkommastellen, die nah bei Null liegen, kann man mithilfe von Zehnerpotenzen darstellen. Hierfür verwendet man Zehnerpotenzen mit negativen Exponenten. So lässt sich z. B. $20^{-7} = 0{,}000\,000\,000\,781\,25$ wie folgt schreiben:

$20^{-7} = 0{,}000\,000\,000\,781\,25 = 7{,}8125 \cdot \frac{1}{10\,000\,000\,000} = 7{,}8125 \cdot \frac{1}{10^{10}} = 7{,}8125 \cdot 10^{-10}$.

Die Schreibweise $7{,}8125 \cdot 10^{-10}$ zeigt, dass die Ziffer 7 in der üblichen Dezimalzahldarstellung ohne Zehnerpotenzen an der **10.** Stelle nach dem Komma stehen muss.

...
$10^3 = 1000$
$10^2 = 100$
$10^1 = 10$
$10^0 = 1$
$10^{-1} = \frac{1}{10} = 0{,}1$
$10^{-2} = \frac{1}{100} = 0{,}01$
$10^{-3} = \frac{1}{1000} = 0{,}001$
...

> **Zahlen mit Zehnerpotenzen darstellen**
> Große Zahlen sowie Zahlen, die in der Nähe von Null liegen, werden häufig mithilfe von Zehnerpotenzen dargestellt. Es gilt z. B.
> $2{,}3 \cdot 10^5 = 230\,000$, $\qquad\qquad 7{,}8 \cdot 10^{-5} = 0{,}000\,078$.

$1{,}234 \cdot 10^3$ bedeutet eine Kommaverschiebung um **3** Stellen **nach rechts**:
$1{,}234 \cdot 10^3 = 1234$

Bei $1{,}4 \cdot 10^{-2}$ verschiebt man das Komma um **2** Stellen **nach links**:
$1{,}4 \cdot 10^{-2} = 0{,}014$

In den Naturwissenschaften hat man es häufig mit sehr großen Maßzahlen oder Maßzahlen in der Nähe von Null zu tun. So beträgt z. B. der Durchmesser eines Kohlenstoffatoms $0{,}000\,000\,000\,14$ m. Wenn man dies mithilfe von Zehnerpotenzen darstellt, verwendet man üblicherweise die **wissenschaftliche Schreibweise** (englisch scientific notation, Abkürzung SCI). Hierbei steht vor der Zehnerpotenz stets ein Faktor, der mindestens gleich 1 und kleiner als 10 ist, z. B. $0{,}000\,000\,000\,14\text{ m} = 1{,}4 \cdot 10^{-10}$ m.
Taschenrechner oder Tabellenkalkulationen zeigen Zahlen wie $1{,}4 \cdot 10^{-10}$ z. B. in der Form **1,4 E −10** an. Das E steht hierbei für „Exponent zur Basis 10". **1,4 E −10** bedeutet also „1,4 mal 10 hoch −10".
Die Zahl 10^{20} wird in der wissenschaftlichen Schreibweise in der Form $1{,}0 \cdot 10^{20}$ oder $1 \cdot 10^{20}$ bzw. 1,0 E 20 oder 1 E 20 notiert.

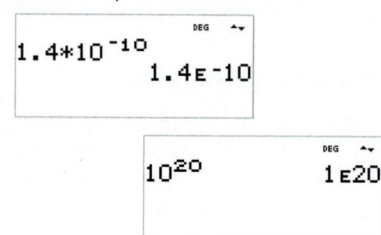

Man verwendet in den Naturwissenschaften häufig auch passende Vorsilben für die Maßeinheit.
(vgl. Aufgabe 11, Seite 144)

V Potenzen und exponentielles Wachstum

Beispiel Wissenschaftliche Schreibweise

a) Notiere die Zahlen mithilfe von Zehnerpotenzen in wissenschaftlicher Schreibweise.
  (1) 5200 (2) 4 000 000
  (3) 0,000 78 (4) 0,000 002

b) Schreibe die Zahlen ohne Verwendung von Zehnerpotenzen.
  (1) $3{,}1 \cdot 10^4$ (2) $6 \cdot 10^5$
  (3) $2{,}1 \cdot 10^{-3}$ (4) $1 \cdot 10^{-6}$

Lösung

a) (1) $5200 = 5{,}2 \cdot 10^3$
  (2) $4\,000\,000 = 4 \cdot 10^6$
  (3) $0{,}000\,78 = 7{,}8 \cdot 10^{-4}$
  (4) $0{,}000\,002 = 2 \cdot 10^{-6}$

b) (1) $3{,}1 \cdot 10^4 = 31\,000$
  (2) $6 \cdot 10^5 = 600\,000$
  (3) $2{,}1 \cdot 10^{-3} = 0{,}0021$
  (4) $1 \cdot 10^{-6} = 0{,}000\,001$

Aufgaben

1 Gib an, welche Karten den gleichen Wert haben.

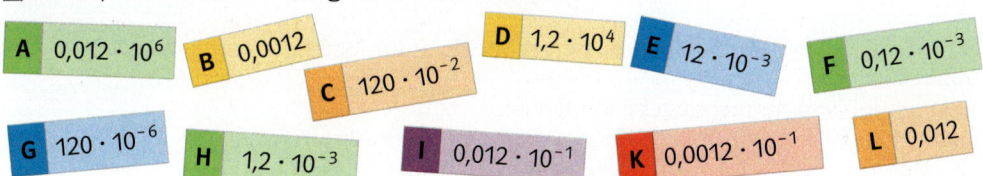

A $0{,}012 \cdot 10^6$ B $0{,}0012$ C $120 \cdot 10^{-2}$ D $1{,}2 \cdot 10^4$ E $12 \cdot 10^{-3}$ F $0{,}12 \cdot 10^{-3}$
G $120 \cdot 10^{-6}$ H $1{,}2 \cdot 10^{-3}$ I $0{,}012 \cdot 10^{-1}$ K $0{,}0012 \cdot 10^{-1}$ L $0{,}012$

2 Notiere die Zahlen in wissenschaftlicher Schreibweise.
  a) 200 000 000 b) 35 400 000 c) 100 000 000 000 d) 700 000 000
  e) 0,000 004 f) 0,000 017 g) 0,000 000 001 h) 0,000 002
  i) 4 300 000 j) 0,000 004 k) 123 456 789 l) 0,000 000 123

→ Du findest Hilfe im Beispiel, Seite 143.

3 Schreibe die Zahlen ohne Verwendung von Zehnerpotenzen.
  a) $3{,}7 \cdot 10^5$ b) $4{,}9 \cdot 10^9$ c) $5 \cdot 10^3$ d) $1 \cdot 10^9$
  e) $2{,}3 \cdot 10^{-4}$ f) $5{,}1 \cdot 10^{-5}$ g) $3{,}88 \cdot 10^{-7}$ h) $8 \cdot 10^{-6}$
  i) $1{,}234 \cdot 10^{-2}$ j) $2{,}45678 \cdot 10^4$ k) $5{,}102\,030\,4 \cdot 10^5$ l) $1{,}05 \cdot 10^1$

→ Du findest Hilfe im Beispiel, Seite 143.

4 Notiere die vom Taschenrechner angezeigte Zahl in der wissenschaftlichen Schreibweise und als Dezimalzahl ohne Verwendung von Zehnerpotenzen.

a)  b)  c)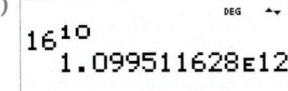

5 Gib die Zahlen der Zahlenfolge in wissenschaftlicher Schreibweise an und notiere die zwei nächsten Zahlen der Zahlenfolge.
  a) 12, 120, 1200, … b) 79, 790, 7900, … c) 60 000, 6000, 600, …
  d) 200, 20, 2, … e) $\frac{1}{10}, \frac{1}{100}, \frac{1}{1000}, \ldots$ f) $\frac{12}{100}, \frac{12}{1000}, \frac{12}{10\,000}, \ldots$

Teste dich! → Lösungen | Seite 276

6 Gib in wissenschaftlicher Schreibweise an.
  a) 420 000 b) 32 000 000 c) 0,000 02 d) 0,000 000 365 e) 0,0001

7 Schreibe die Zahlen ohne Verwendung von Zehnerpotenzen.
  a) $5 \cdot 10^4$ b) $1{,}234 \cdot 10^9$ c) $32 \cdot 10^{-6}$ d) 10^{-4} e) $0{,}234 \cdot 10^{-3}$

8 Gib in wissenschaftlicher Schreibweise an.
a) 5 Millionen
b) 3,2 Milliarden
c) 7,9 Billionen
d) $123 \cdot 10^5$
e) $0{,}003 \cdot 10^{-6}$
f) $13 \cdot 10^{-5}$
g) 100^3
h) 1000^{-2}

9 Berechne die Potenzen der Zahlen in der Zahlenfolge und gib das Ergebnis in wissenschaftlicher Schreibweise an. Gib dann die nächste Zahl der Zahlenfolge an.
a) $20, 20^2, 20^3, 20^4, \ldots$
b) $30, 30^2, 30^3, 30^4, \ldots$
c) $\frac{1}{5}, \left(\frac{1}{5}\right)^2, \left(\frac{1}{5}\right)^3, \left(\frac{1}{5}\right)^4, \ldots$

10 Die Zahlenfolge 100, 400, 1600, … soll fortgesetzt werden. Jule, Farida und Sara notieren die Zahlen dabei in unterschiedlicher Weise.
– Jule schreibt die Zahlen als Potenzen in der Form $100 \cdot 4^n$.
– Farida notiert die Zahlen als Dezimalzahlen in der Form 100, 400, 1600 usw.
– Sara notiert die Zahlen in wissenschaftlicher Schreibweise.
a) Bestimme die ersten 5 Zahlen der Zahlenfolge in den drei Schreibweisen.
b) Erläutere die Vor- und Nachteile der verschiedenen Schreibweisen.

11 Man verwendet in den Naturwissenschaften häufig passende Vorsilben für Maßeinheiten. Einige sind in Fig. 1 abgebildet.
a) Schreibe die Größe in der in Klammern angegebenen Einheit
(1) Länge der Erdbahn: $9{,}4 \cdot 10^8$ km (m)
(2) Durchmesser einer Zelle: 20 µm (m)
(3) Entfernung Erde–Mond: $3{,}84 \cdot 10^5$ km (m)
(4) Wellenlänge des blauen Lichts: 480 nm (m)
(5) Leistung eines Kraftwerks: 1,8 GW (W)
(6) Atomdurchmesser: 0,1 nm (m)
b) Schreibe die Größen in der angegebenen Einheit. Verwende die wissenschaftliche Schreibweise.
(1) Fläche Europas: 10 000 000 km² (m²)
(2) Wasservolumen im Bodensee: 48 000 000 000 m³ (l)
(3) Kohlenstoffatom (Radius): 70 pm (m)
(4) Dicke von Alufolie: 15 µm (m)
(5) Entfernung Sonne–Mars 228 Gm (m)
(6) Gewicht eines Pollenkorns: 0,5 µg (g)

Vorsilben zur Bezeichnung großer Einheiten:
Deka (da): 10
Hekto (h): 10^2
Kilo (k): 10^3
Mega (M): 10^6
Giga (G): 10^9
Tera (T): 10^{12}
Peta (P): 10^{15}

Vorsilben zur Bezeichnung kleiner Einheiten:
Dezi (d): 10^{-1}
Zenti (c): 10^{-2}
Milli (m): 10^{-3}
Mikro (µ): 10^{-6}
Nano (n): 10^{-9}
Piko (p): 10^{-12}

Fig. 1

12 a) Die kleinsten auf Bildschirmen dargestellten Punkte, aus denen ein digitales Bild besteht, nennt man Pixel. Sinas Tablet hat eine Auflösung von 2024 × 1536 Pixel. Bestimme, wie viele Megapixel insgesamt anzeigt werden.
b) Eine Speicherkarte hat eine Speicherkapazität von 8 Gigabyte. Berechne, wie viele Fotos man darauf speichern kann, wenn ein Foto im Durchschnitt 5 Megabyte Speicherplatz benötigt.

Das Dezimalsystem ist das Zehnersystem. Computer rechnen im Zweiersystem. Ein Kilobyte sind nicht 1000 Byte, sondern 1024 Byte, denn $2^{10} = 1024$.

13 a) Das Alter des Universums wird auf $4{,}3 \cdot 10^{17}$ Sekunden geschätzt. Berechne, wie viele Jahre das sind.
b) Die Erde ist von der Sonne ca. 150 Millionen Kilometer entfernt. Gib die Entfernung in wissenschaftlicher Schreibweise an und berechne, wie lang das Licht dafür braucht.
c) Der sonnennächste Stern im Universum ist ca. 4,24 Lichtjahre von der Sonne entfernt. Berechne die Entfernung in Kilometern.

Ein Lichtjahr ist die Strecke, die das Licht in einem Jahr zurücklegt (Lichtgeschwindigkeit: ca. 300 000 $\frac{km}{s}$).

14 Finde den Fehler!
Erkläre, was falsch gemacht wurde, und korrigiere im Heft.

a) $3{,}0 \cdot 10^2 = 3{,}000$ b) $2{,}4 \cdot 10^{-3} = 0{,}00024$ c) $10\,E\,5 = 10^5$

d) $2{,}4 \cdot 10^{-1} = 24$ e) $7\,E\,5 = 7^5$ f) $2 \cdot 10^{-2} = 20^{-2}$

Teste dich!

→ Lösungen | Seite 276

15 Gib in der Einheit an, die in der Klammer steht, und verwende die wissenschaftliche Schreibweise. Hinweise zu Vorsilben von Einheiten findest du in Aufgabe 11 auf Seite 144.
a) Rotes Blutkörperchen: 0,008 mm (in m)   b) Herpesvirus: 180 Nanometer (in m)
c) Entfernung Sonne–Neptun: 45 Tm (in m)   d) Gewicht eines Pottwals: 45 Mg (in g)

16 Florence hat in den Taschenrechner die Zahlen eingegeben, die aus ihrer Sicht die größte und die zweitgrößte Zahl darstellen, die der Taschenrechner anzeigen kann. Untersuche, wie weit die beiden Zahlen auf einem Zahlenstrahl auseinanderliegen, bei dem eine Längeneinheit 1 cm lang ist.

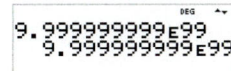 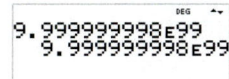

17 Atome haben einen Durchmesser von ca. 10^{-10} m. Der Atomkern hat einen Durchmesser von ca. 10^{-13} m und enthält ca. 99,9 % der Masse des gesamten Atoms.
a) Berechne, um welchen Faktor der Durchmesser des Kerns kleiner ist als der des Atoms.
b) Um die Größenverhältnisse zu veranschaulichen, stellt man sich das Atom als Ballon mit einem Durchmesser von 10 m vor. Eine kleine Kugel im Ballon soll der Atomkern sein. Berechne, wie groß der Durchmesser dieser Kugel sein müsste.
c) Ermittle das Gewicht der Kugel im Ballon, wenn der gesamte Ballon 1 t wiegt.

 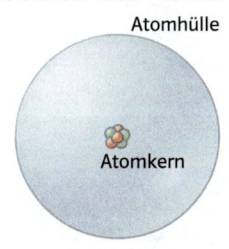

18 In 1 cm³ Wasser sind etwa $3{,}35 \cdot 10^{22}$ Moleküle enthalten. Wie unvorstellbar groß diese Zahl ist, zeigt die folgende Aufgabe.
a) Angenommen, aus einem Flugzeug wird irgendwo über Deutschland 1 l Wasser ausgeschüttet und in diesem Moment würden die Wassermoleküle in Sandkörner (ca. 1 mm Durchmesser) verwandelt und sich gleichmäßig über Deutschland verteilen. Schätze ab, wie hoch Deutschland (Fläche ca. $3{,}5 \cdot 10^5$ km²) etwa mit Sand bedeckt wäre.
b) Man denkt sich die Moleküle von 1 l Wasser „gefärbt" und schüttet diese ins Meer. Nach einigen Jahren, wenn sich das gefärbte Wasser über die Weltmeere verteilt hat, nimmt man Proben von jeweils 1 l. Untersuche, ob man im Durchschnitt in jeder Probe mindestens ein „gefärbtes Molekül" findet (Volumen der Weltmeere ca. $1{,}34 \cdot 10^9$ km³).

Teste dein Grundwissen! Besondere Dreiecke

→ Grundwissen Seite 237
Lösungen | Seite 276

19 Wahr oder falsch?
Gib an, ob die Aussage wahr oder falsch ist. Begründe.
a) Jedes gleichseitige Dreieck ist auch gleichschenklig.
b) Es gibt Dreiecke, die sowohl gleichschenklig als auch rechtwinklig sind.
c) Es gibt Dreiecke, die sowohl gleichseitig als auch rechtwinklig sind.

3 Geschicktes Rechnen mit Potenzen

Moritz: „Die Summe zweier Quadratzahlen ist wieder eine Quadratzahl, denn wegen des Satzes des Pythagoras gilt $3^2 + 4^2 = 5^2$."
Lea: „Das stimmt nicht! Aber das Produkt von Quadratzahlen ist immer eine Quadratzahl."
Untersuche mithilfe von Beispielen, ob die Aussagen stimmen.

Bisher wurden Potenzen als Kurzschreibweise für Produkte sowie für die Darstellung von Zahlen in wissenschaftlicher Schreibweise verwendet. Wenn mehrere Potenzen in einem Term auftreten, lassen sich die Terme manchmal vereinfachen. Wie man dabei vorgehen kann, zeigt sich, wenn man die Potenzen zunächst als Produkte aufschreibt.

Produkte und Quotienten von Potenzen mit gleicher Basis
Die beiden folgenden Beispiele verdeutlichen, dass man Produkte und Quotienten von Potenzen mit gleicher Basis zusammenfassen kann:
$2^3 \cdot 2^4 = (2 \cdot 2 \cdot 2) \cdot (2 \cdot 2 \cdot 2 \cdot 2) = 2 \cdot 2 \cdot 2 \cdot 2 \cdot 2 \cdot 2 \cdot 2 = 2^7 = 2^{3+4}$
$4^5 : 4^3 = \frac{4^5}{4^3} = \frac{4 \cdot 4 \cdot 4 \cdot 4 \cdot 4}{4 \cdot 4 \cdot 4} = \frac{4 \cdot 4}{1} = 4 \cdot 4 = 4^2 = 4^{5-3}$

Beachte: Summen und Differenzen von Potenzen lassen sich nicht in dieser Form zusammenfassen.

Produkte und Quotienten von Potenzen mit gleichem Exponenten
Produkte von Potenzen mit gleichem Exponenten lassen sich ebenfalls zusammenfassen:
$4^2 \cdot 5^2 = (4 \cdot 4) \cdot (5 \cdot 5) = 4 \cdot 5 \cdot 4 \cdot 5 = (4 \cdot 5) \cdot (4 \cdot 5) = (4 \cdot 5)^2$
$6^4 : 3^4 = \frac{6^4}{3^4} = \frac{6 \cdot 6 \cdot 6 \cdot 6}{3 \cdot 3 \cdot 3 \cdot 3} = \frac{6}{3} \cdot \frac{6}{3} \cdot \frac{6}{3} \cdot \frac{6}{3} = \left(\frac{6}{3}\right)^4$

Durch die Anwendung der Potenzgesetze können sich Rechenvorteile ergeben. So ist z.B. $\left(\frac{6}{3}\right)^4 = 2^4$ leichter zu berechnen als $\frac{6^4}{3^4}$.

Potenzen von Potenzen
Auch Potenzen von Potenzen lassen sich vereinfachen:
$(4^2)^3 = (4 \cdot 4)^3 = (4 \cdot 4) \cdot (4 \cdot 4) \cdot (4 \cdot 4) = 4^6 = 4^{2 \cdot 3}$
Diese Rechnungen lassen sich auch für andere Basen und Exponenten durchführen.

Potenzgesetz für Produkte und Quotienten von Potenzen mit gleicher Basis
Beim Multiplizieren bzw. Dividieren von Potenzen mit gleicher Basis $a \neq 0$ kann man die Exponenten addieren bzw. subtrahieren. Die gemeinsame Basis bleibt dann erhalten.

$a^m \cdot a^n = a^{m+n}$

$a^m : a^n = \frac{a^m}{a^n} = a^{(m-n)}$

Potenzgesetz für Produkte und Quotienten von Potenzen mit gleichem Exponenten
Beim Multiplizieren und Dividieren von Potenzen mit gleichen Exponenten kann man die Basen $a \neq 0$ und $b \neq 0$ multiplizieren bzw. dividieren. Der gemeinsame Exponent bleibt dann erhalten.

$a^n \cdot b^n = (a \cdot b)^n$

$a^n : b^n = \frac{a^n}{b^n} = \left(\frac{a}{b}\right)^n$

Potenzgesetz für das Potenzieren von Potenzen
Beim Potenzieren von Potenzen kann man die beiden Exponenten multiplizieren. Die Basis $a \neq 0$ wird dann beibehalten.

$(a^m)^n = a^{m \cdot n}$

Die Potenzgesetze gelten für beliebige Basen a und b ($a \neq 0$ und $b \neq 0$) und für alle ganzzahlige Exponenten. Die Gültigkeit für negative Exponenten wird in Aufgabe 16, Seite 149, thematisiert

Die Potenzgesetze gelten auch für Zehnerpotenzen. Man kann sie z. B. anwenden, wenn man mit Zahlen rechnet, die in wissenschaftlicher Schreibweise gegeben sind. Es gilt z. B.
$\frac{8{,}4 \cdot 10^6}{2{,}1 \cdot 10^4} = \frac{8{,}4}{2{,}1} \cdot \frac{10^6}{10^4} = 4 \cdot 10^{6-4} = 4 \cdot 10^2 = 400$.

Die Summe oder Differenz von Zahlen in Zehnerpotenzschreibweise kann man berechnen, indem man diese mit der gleichen Zehnerpotenz schreibt und dann ausklammert. Es gilt z. B. $4{,}1 \cdot 10^5 + 3{,}2 \cdot 10^6 = 0{,}41 \cdot 10^6 + 3{,}2 \cdot 10^6 = (0{,}41 + 3{,}2) \cdot 10^6 = 3{,}61 \cdot 10^6$.

Beispiel 1 Potenzgesetze anwenden – Terme geschickt berechnen
Vereinfache und gib die Ergebnisse ohne negative Exponenten an.

a) $5^5 \cdot 5^{-6}$ b) $\frac{7^{10}}{7^8}$ c) $2^5 \cdot 5^5$ d) $(10^3)^{-2}$

Lösung
a) $5^5 \cdot 5^{-6}$
$= 5^{5+(-6)}$
$= 5^{-1}$
$= \frac{1}{5^1} = \frac{1}{5}$

b) $\frac{7^{10}}{7^8}$
$= 7^{10-8}$
$= 7^2$
$= 49$

c) $2^5 \cdot 5^5$
$= (2 \cdot 5)^5$
$= 10^5$
$= 100\,000$

d) $(10^3)^{-2}$
$= 10^{3 \cdot (-2)}$
$= 10^{-6} = \frac{1}{10^6}$
$= \frac{1}{1\,000\,000}$

Beispiel 2 In Sachaufgaben geschickt mit Zehnerpotenzen rechnen
Die Entfernung des Neptun von der Sonne beträgt ca. $4{,}5 \cdot 10^9$ km. Die Entfernung der Erde von der Sonne beträgt ca. $1{,}5 \cdot 10^8$ km.
a) Berechne, wie viele Kilometer der Neptun weiter von der Sonne entfernt ist als die Erde.
b) Berechne, um welchen Faktor der Neptun weiter von der Sonne entfernt ist als die Erde.
Lösung
a) $4{,}5 \cdot 10^9 - 1{,}5 \cdot 10^8 = 4{,}5 \cdot 10^9 - 0{,}15 \cdot 10^9 = 4{,}35 \cdot 10^9 = 4\,350\,000\,000$
Der Neptun ist ca. 4,35 Milliarden Kilometer weiter von der Sonne entfernt als die Erde.
b) $\frac{4{,}5 \cdot 10^9}{1{,}5 \cdot 10^8} = \frac{4{,}5}{1{,}5} \cdot \frac{10^9}{10^8} = 3 \cdot 10^{9-8} = 3 \cdot 10^1 = 3 \cdot 10 = 30$
Der Neptun ist ca. 30-mal so weit von der Sonne entfernt wie die Erde.

Aufgaben

1 Gib an, welche Karten den gleichen Wert haben. Du erhältst ein Lösungswort.

Mit dem Taschenrechner kann man die Lösungen dieser Aufgaben schnell überprüfen.

2 Vereinfache die Potenzen mit gleicher Basis. Berechne anschließend.
a) $10^3 \cdot 10^4$ b) $10^2 \cdot 10^4$ c) $2^4 \cdot 2^2$ d) $7^5 \cdot 7^{-4}$
e) $\left(\frac{3}{4}\right)^{-3} \cdot \left(\frac{3}{4}\right)^5$ f) $\frac{11^8}{11^6}$ g) $\frac{10^8}{10^6}$ h) $\frac{7^5}{7^7}$

3 Vereinfache die Potenzen mit gleichem Exponenten. Berechne anschließend.
a) $5^5 \cdot 2^5$ b) $8^4 \cdot \left(\frac{1}{4}\right)^4$ c) $5^3 \cdot 4^3$ d) $20^3 \cdot 5^3$
e) $\left(\frac{1}{7}\right)^4 \cdot 14^4$ f) $\frac{33^4}{11^4}$ g) $\frac{10^7}{5^7}$ h) $\frac{0{,}5^4}{0{,}25^4}$

4 Vereinfache die Potenzen von Potenzen. Berechne anschließend.
a) $(10^3)^2$ b) $(100^2)^3$ c) $(21^7)^0$ d) $(2^2)^2$ e) $\left(\left(\frac{2}{3}\right)^2\right)^2$ f) $\left(\left(\frac{1}{10}\right)^2\right)^3$

5. Vereinfache die Terme und ordne sie ohne Berechnung dem richtigen Topf zu.

a) $5^{15} \cdot 2^{15}$ b) $\dfrac{3^4}{8^4}$ c) $\dfrac{30^7}{2^7}$ d) $(2^3)^3$ e) $9^3 \cdot 9^2$ f) $\dfrac{11^8}{11^3}$

g) $(8^2)^2$ h) $\dfrac{3^4 \cdot 3^7}{3^{11}}$ i) $\dfrac{21^2}{22^2}$ j) $2^2 \cdot 2^6$ k) $\dfrac{22^9}{21^9}$ l) $\dfrac{2^7}{2^{80}}$

> 0 und < 0,5

> 0,5 und < 2

> 2 und < 100 000

> 100 000

6. Berechne mithilfe der Potenzgesetze.

a) $10^4 \cdot 10^5$ b) $5^7 \cdot 5^{-6}$ c) $7^3 \cdot 7^{-3}$ d) $2^8 \cdot 2^{-4}$

e) $\dfrac{10^8}{10^7}$ f) $\dfrac{4^3}{4^4}$ g) $\dfrac{9^5}{9^3}$ h) $\dfrac{11^4}{11^6}$

i) $4^3 \cdot 5^3$ j) $\left(\dfrac{7}{4}\right)^8 \cdot \left(\dfrac{4}{7}\right)^8$ k) $12^4 \cdot \left(\dfrac{1}{6}\right)^4$ l) $\dfrac{9^3}{27^3}$

→ Du findest Hilfe in Beispiel 1, Seite 147.

7. Gib an, welche Karten den Wert 1 000 000 haben. Fünf Karten bleiben übrig und lassen sich zu einem Lösungswort zusammenlegen.

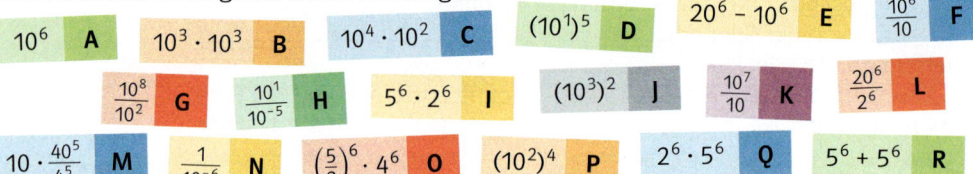

10^6 A $10^3 \cdot 10^3$ B $10^4 \cdot 10^2$ C $(10^1)^5$ D $20^6 - 10^6$ E $\dfrac{10^6}{10}$ F

$\dfrac{10^8}{10^2}$ G $\dfrac{10^1}{10^{-5}}$ H $5^6 \cdot 2^6$ I $(10^3)^2$ J $\dfrac{10^7}{10}$ K $\dfrac{20^6}{2^6}$ L

$10 \cdot \dfrac{40^5}{4^5}$ M $\dfrac{1}{10^{-6}}$ N $\left(\dfrac{5}{2}\right)^6 \cdot 4^6$ O $(10^2)^4$ P $2^6 \cdot 5^6$ Q $5^6 + 5^6$ R

8. Vereinfache und berechne dann.

a) $3 \cdot 10^5 \cdot 4 \cdot 10^5$ b) $2{,}5 \cdot 10^4 \cdot 4 \cdot 10^4$ c) $2 \cdot 10^5 \cdot 4 \cdot 10^{-3}$

d) $\dfrac{5{,}5 \cdot 10^5}{1{,}1 \cdot 10^3}$ e) $\dfrac{7{,}5 \cdot 10^8}{1{,}5 \cdot 10^3}$ f) $\dfrac{2 \cdot 10^{-4}}{4 \cdot 10^8}$

g) $3 \cdot 10^5 + 2 \cdot 10^5$ h) $5 \cdot 10^4 - 2 \cdot 10^4$ i) $2{,}5 \cdot 10^5 - 2 \cdot 10^3$

→ Du findest Hilfe in Beispiel 2, Seite 147.

Teste dich!

→ Lösungen | Seite 276

9. Vereinfache und berechne anschließend.

a) $8^5 \cdot 8^{-4}$ b) $\dfrac{8^7}{8^5}$ c) $(7^8)^0$

d) $\left(\dfrac{7}{3}\right)^4 \cdot \left(\dfrac{6}{7}\right)^4$ e) $8 \cdot 10^{-5} \cdot 5 \cdot 10^6$ f) $9 \cdot 10^8 + 1{,}4 \cdot 10^8$

10. Die Erde ist ca. $1{,}5 \cdot 10^8$ km von der Sonne entfernt, der Neptun ca. $4{,}5 \cdot 10^9$ km. Licht legt in einer Sekunde ca. 300 000 km zurück. Berechne, wie lang das Licht von der Sonne bis zur Erde bzw. von der Sonne bis zum Neptun benötigt.

11. Berechne, um wie viele Kilometer die Planeten näher oder weiter von der Sonne entfernt sind als die Erde.

→ Du findest Hilfe in Beispiel 2, Seite 147.

Planet	Merkur	Venus	Erde	Mars	Jupiter	Saturn	Uranus
Abstand von der Sonne	$5{,}79 \cdot 10^7$ km	$1{,}08 \cdot 10^8$ km	$1{,}50 \cdot 10^8$ km	$2{,}28 \cdot 10^8$ km	$7{,}78 \cdot 10^8$ km	$1{,}43 \cdot 10^9$ km	$2{,}87 \cdot 10^9$ km

12 Finde den Fehler!
Erkläre, was falsch gemacht wurde und korrigiere im Heft.

a) $3^2 \cdot 3^3 = 9^5$
b) $5^3 \cdot 4^3 = 20^6$
c) $(3^2)^4 = 3^6$
d) $\frac{4 \cdot 10^3}{2 \cdot 10^5} = 2 \cdot 10^8$
e) $\frac{5^0}{5^2} = 5^{-2}$
f) $2^{-3} \cdot 2^4 = 2^{-12}$
g) $2^3 + 2^2 = 2^5$
h) $3^2 + 4^2 = 7^2$
i) $4^2 : 2^4 = 2^{-2}$

13 Wer ist schneller? Mit Potenzgesetzen gegen den Taschenrechner
a) Die erste Runde rechnest du geschickt im Kopf, dein Partner gibt die Terme in den Taschenrechner ein. Bei Runde 2 tauscht ihr. Vergleicht die Ergebnisse. Wer war schneller?

Runde 1:
A) $5^{-6} \cdot 4^{13} \cdot 4^{-11} \cdot 5^8$
B) $(-2)^3 \cdot 1^3 \cdot 4^1 \cdot (-0{,}5)^3$
C) $(((-1)^2)^3)^4$
D) $(-(20^2 \cdot 5)^{-2})^0$

Runde 2:
A) $10^{-9} \cdot 2^4 \cdot 10^8 : 2^5$
B) $2{,}5^2 : (-5)^1 : 4^0 : 5^2$
C) $(-(-(-2)^{-2})^2)^{-2}$
D) $(-(10^3 \cdot 0{,}1)^2)^{-2}$

b) Entwerft selbst zwei Runden mit Lösungen und gebt sie einem anderen Paar.

Teste dich!
→ Lösungen | Seite 276

14 Berechne mithilfe der Potenzgesetze.
a) $\frac{10^5 \cdot 10^{-4}}{10^5}$
b) $8^5 \cdot \left(\frac{1}{4}\right)^5 \cdot 5^5 \cdot \left(\frac{1}{10}\right)^5$
c) $25^4 \cdot 4^4$
d) $\left(\frac{2}{3}\right)^5 \cdot \left(\frac{3}{8}\right)^4 + \left(\frac{2}{3}\right)^4 \cdot \left(\frac{3}{8}\right)^5$
e) $\frac{1{,}5 \cdot 10^8 \cdot 6^5}{6^6}$
f) $\frac{8\,000\,000 \cdot 2{,}5 \cdot 10^{23}}{4 \cdot 10^{-11}}$

15 Begründung der Rechenregeln für beliebige Basen und ganzzahlige Exponenten
a) Elif notiert als Begründung dafür, dass die erste Regel aus dem Merkkasten von Seite 146 auch für negative Exponenten gilt folgende Rechnung:
$2^{-3} \cdot 2^{-2} = \frac{1}{2^3} \cdot \frac{1}{2^2} = \frac{1}{2 \cdot 2 \cdot 2} \cdot \frac{1}{2 \cdot 2} = \frac{1}{2^5} = 2^{-5}$. Erläutere die Rechenschritte.
b) Zeige in ähnlicher Weise an selbst gewählten Zahlenbeispielen, dass die anderen Regeln aus dem Merkkasten auch für Beispiele mit negativen Exponenten stimmen.
c) Antonia behauptet: „Zahlenbeispiele sind kein Beweis. Man muss die Regeln für beliebige Basen und beliebige ganzzahlige Exponenten beweisen. Daher muss man Platzhalter wie a, b und n verwenden." Erläutere Antonias Gedankengang mit eigenen Worten und beweise die Rechenregeln aus dem Merkkasten mithilfe von Variablen.

16
a) Setze die Dominosteine zusammen.
b) Entwirf selbst ein solches Domino-Spiel und lass es deinen Partner lösen.

A) $-((-a)^{-2})^{-3}$ | a^6
B) $-a^4$ | $\frac{a^3 \cdot a^{-10}}{a \cdot a^5}$
C) a^{-13} | $((-a)^2)^{-5}$
D) a^8 | $(-a^{-4})^{-1}$
E) a^{-3} | $(-a)^6$
F) $((-a)^{-2})^{-3}$ | $\frac{a^5 \cdot a^{12} \cdot a^{-3}}{a^{-3} \cdot a^5 \cdot a^4}$
G) $-a^5$ | $\frac{-a^6 \cdot a^{-8}}{a^5 \cdot a^3}$
H) $\frac{1}{a^{10}}$ | $-(a^{-5})^{-1}$
I) $-\frac{1}{a^{10}}$ | $\frac{a^4 \cdot a^2}{a^6 \cdot a^3}$

Teste dein Grundwissen! Dreiecke konstruieren
→ Grundwissen Seite 237
Lösungen | Seite 276

17 Eine 4 m lange Leiter wird an eine Wand gelehnt. Sie steht 80 cm von der Wand entfernt.
a) Erstelle eine Zeichnung zu der gegebenen Situation in einem geeigneten Maßstab.
b) Bestimme mithilfe der Zeichnung, wie hoch die Leiter reicht.
c) Bestimme die Größe des Winkels, den die Leiter mit dem Boden bildet.

4 Exponentielles Wachstum – Zinseszinsen

Sonja: „Das ist ungerecht. Meine Schwester bekommt doppelt so viel Taschengeld wie ich."
Sonjas Vater: „Sie ist aber auch 10 Jahre älter. Mama und ich haben aber vereinbart, dass du ab jetzt jedes Jahr 10 % mehr Taschengeld bekommst. Dann hast du in 10 Jahren so viel wie deine Schwester jetzt."
Überprüfe, ob die Überlegung stimmt.

Wenn eine Größe im Verlauf der Zeit zu- oder abnimmt, spricht man in der Mathematik von Wachstumsprozessen. Um Prognosen für den weiteren Verlauf des Wachstums zu machen, versucht man Wachstumsprozesse durch Funktionen zu beschreiben. Im Folgenden wird erläutert, wie man einen Funktionsterm für einen Geldbetrag erhält, der sich jedes Jahr um den gleichen Faktor verändert.

Tabea erhält an ihrem 15. Geburtstag ein Sparbuch mit Sonderkonditionen. Auf dem Sparbuch sind 500 €, für die sie 5 % Zinsen pro Jahr erhält. Ihre Zwillingsschwester Victoria erhält am gleichen Tag eine Gitarre geschenkt, die 900 € Wert ist. Victoria hat gelesen, dass der Wert der Gitarre jedes Jahr um 7 % sinkt. Tabea fragt sich, wann ihr Guthaben höher sein wird als der Wert von Victorias Gitarre.

Entwicklung des Guthabens

Die Zinsen von 5 % verbleiben auf dem Konto. Auf dem Konto sind also in jedem Folgejahr 105 % des Wertes aus dem jeweiligen Vorjahr. Man muss also mit 1,05 multiplizieren, um das Guthaben des Folgejahrs zu berechnen (1,05 = 105 % = 100 % + 5 %).

Die folgende Tabelle zeigt die Entwicklung des Guthabens G(t) nach t Jahren für die nächsten 5 Jahre:

t	0	1	2	3	4	5
G(t)	500	525	551	579	608	638

Man kann auch eine Formel für das Guthaben nach t Jahren bestimmen:
$G(1) = 500 \cdot 1{,}05 = G(0) \cdot 1{,}05^1$
$G(2) = G(1) \cdot 1{,}05 = G(0) \cdot 1{,}05 \cdot 1{,}05$
$\quad\quad = G(0) \cdot 1{,}05^2$
$G(3) = G(2) \cdot 1{,}05 = G(0) \cdot 1{,}05^2 \cdot 1{,}05$
$\quad\quad = G(0) \cdot 1{,}05^3$
...
$G(5) = G(0) \cdot 1{,}05^5 \approx 638$
Allgemein gilt $G(t) = G(0) \cdot 1{,}05^t$.

Entwicklung des Restwerts

Victoria geht davon aus, dass der Restwert der Gitarre jedes Jahr um 7 % sinkt. Sie ist dann in jedem Jahr noch 93 % so viel Wert wie im Vorjahr. Man muss also mit 0,93 multiplizieren, um den Wert im Folgejahr zu bestimmen (0,93 = 93 % = 100 % – 7 %).

Die folgende Tabelle zeigt die Entwicklung des Restwerts R(t) nach t Jahren für die nächsten 5 Jahre:

t	0	1	2	3	4	5
R(t)	900	837	778	724	673	626

Man kann auch eine Formel für den Restwert nach t Jahren bestimmen:
$R(1) = 900 \cdot 0{,}93 = R(0) \cdot 0{,}93^1$
$R(2) = R(1) \cdot 0{,}93 = R(0) \cdot 0{,}93 \cdot 0{,}93$
$\quad\quad = R(0) \cdot 0{,}93^2$
$R(3) = R(2) \cdot 0{,}93 = R(0) \cdot 0{,}93^2 \cdot 0{,}93$
$\quad\quad = R(0) \cdot 0{,}93^3$
...
$R(5) = R(0) \cdot 0{,}93^5 \approx 626$
Allgemein gilt $R(t) = R(0) \cdot 0{,}93^t$.

Die Werte in den Tabellen wurden auf ganze Zahlen gerundet.

Für die Angabe der Zeit (lat. *tempus*, engl. *time*) verwendet man häufig die Variable t.

Tabeas Guthaben wird nach 5 Jahren höher sein als der Wert der Gitarre.

Da bei den Funktionstermen $G(t) = G(0) \cdot 1{,}05^t$ bzw. $R(t) = R(0) \cdot 0{,}93^t$ die Variable jeweils im Exponenten steht, spricht man hier von **exponentiellem Wachstum**. Der Faktor 1,05 bzw. 0,93 wird **Wachstumsfaktor** genannt.

> **Exponentielles Wachstum**
> Wenn sich ein Wert W bei jedem Zeitschritt um denselben **Wachstumsfaktor q** verändert, dann spricht man von exponentiellem Wachstum.
> Mit W(0) bezeichnet man den Anfangswert zum Zeitpunkt t = 0. Den Wert W(t) nach t Zeitschritten kann man mit der Formel $W(t) = W(0) \cdot q^t$ berechnen.
>
> **Exponentielle Zunahme (q > 1)**
> Ein Guthaben von 100 € wächst jedes Jahr um 2 %.
> Startguthaben: G(0) = 100 €
> Wachstumsfaktor: q = 1,02 (= 100 % + 2 %)
> Guthaben in t Jahren: $G(t) = 100 \cdot 1{,}02^t$
>
> **Exponentielle Abnahme (0 < q < 1)**
> Der Wert eines Autos, das aktuell 6000 € Wert ist, sinkt jedes Jahr um 15 %.
> Startwert: W(0) = 6000
> Wachstumsfaktor: q = 0,85 (= 100 % − 15 %)
> Wert in t Jahren: $W(t) = 6000 \cdot 0{,}85^t$

Ein Zeitschritt kann eine beliebige Zeitspanne, z. B. ein Tag, eine Woche, ein Monat, ein Jahr, … sein.

Zinsen und Zinseszinsen
Wenn man Geld über mehrere Jahre zu einem festen Zinssatz anlegt, erhält man auf die Zinsen wiederum Zinsen, sofern die Zinsen auf dem Konto verbleiben. Diese bezeichnet man als **Zinseszinsen**. Ein Guthaben auf einem Konto wächst aufgrund von Zinsen und Zinseszinsen exponentiell.

Zinssatz 2 %: Wachstumsfaktor 1,02 (= 102 %) (100 % + 2 % = 102 %)

Beispiel 1 Zinseszinsen – exponentielle Zunahme
Herr Müller hat auf seinem Konto 5000 € angelegt. Er erhält von der Bank 2 % Zinsen.
a) Gib den Wachstumsfaktor an und bestimme eine Formel, mit der man sein Guthaben nach t Jahren berechnen kann.
b) Berechne, wie viel Geld er nach 1, 2, 3, 4 bzw. 5 Jahren auf dem Konto hat.

Lösung
a) Das Startguthaben beträgt 5000 €. Der Wachstumsfaktor beträgt 1,02 (= 100 % + 2 %). Für das Guthaben G in Euro nach t Jahren gilt also $G(t) = 5000 \cdot 1{,}02^t$.
b) Es gilt $G(1) = 5000 \cdot 1{,}02^1 = 5100$; $G(2) = 5000 \cdot 1{,}02^2 = 5202$; usw.
Man erhält (auf Cent gerundet) folgende Kontostände:

t (in Jahren)	0	1	2	3	4	5
Guthaben G (in Euro)	5000	5100	5202	5306,04	5412,16	5520,40

Das Guthaben auf einem Konto wird oft auch als Kapital bezeichnet und mit K abgekürzt.

Beispiel 2 Wertminderung – exponentielle Abnahme
In einer Autozeitung steht, dass der Wert eines Gebrauchtwagens pro Jahr im Durchschnitt um ca. 15 % abnimmt. Ein Gebrauchtwagen wird zurzeit für 10 000 Euro angeboten.
a) Bestimme aufgrund der obigen Angaben eine Formel, mit der man den erwarteten Wert des Autos nach t Jahren berechnen kann.
b) Berechne den aufgrund der Angaben der Zeitung erwarteten Wert des Autos in 5 Jahren.
c) Berechne, wie viel das Auto aufgrund der Angaben vermutlich vor 2 Jahren Wert war.

Lösung
a) Das Auto ist aktuell (zum Zeitpunkt t = 0) 10 000 € Wert. Der Wachstumsfaktor beträgt 0,85 (= 100 % − 15 %). Für den Wert W des Autos in t Jahren gilt dann:
$W(t) = 10\,000 \cdot 0{,}85^t$
b) $W(5) = 10\,000 \cdot 0{,}85^5 \approx 4437{,}05$
Man erwartet, dass das Auto in 5 Jahren ca. 4400 € Wert ist.
c) $W(-2) = 10\,000 \cdot 0{,}85^{-2} \approx 13\,840{,}83$
Man vermutet, dass das Auto vor 2 Jahren ca. 13 800 € Wert war.

Der tatsächliche Wert von Gebrauchtwagen hängt nicht nur vom Alter ab. Daher können Berechnungen wie in diesem Beispiel nur eine grobe Orientierung liefern.

Aufgaben

1 a) Auf den Kärtchen sind Zinssätze sowie Formeln für die Berechnung eines Guthabens G nach t Jahren (bei einem Startguthaben von 1000 €) abgebildet. Gib an, welche Kärtchen zusammenpassen.

2 % Zinsen   0,2 % Zinsen   1 % Zinsen   0,1 % Zinsen

$G_1(t) = 1000 \cdot 1{,}02^t$ $G_2(t) = 1000 \cdot 1{,}01^t$ $G_3(t) = 1000 \cdot 1{,}002^t$ $G_4(t) = 1000 \cdot 1{,}001^t$

b) Notiere zu den angegebenen Formeln jeweils den Startwert und den Wachstumsfaktor.

2 Gib den Wachstumsfaktor an und bestimme eine Formel, mit der man das Guthaben nach t Jahren berechnen kann. Berechne hiermit das Guthaben nach 5, 10 bzw. 15 Jahren. *(Du findest Hilfe in Beispiel 1, Seite 151.)*
a) Startguthaben: 500 €, Zinssatz: 2 %
b) Startguthaben: 500 €, Zinssatz: 1 %
c) Startguthaben: 500 €, Zinssatz: 0,5 %
d) Startguthaben: 500 €, Zinssatz: 0,1 %
e) Startguthaben: 1000 €, Zinssatz: 5 %
f) Startguthaben: 2000 €, Zinssatz: 5 %
g) Startguthaben: 3000 €, Zinssatz: 5 %
h) Startguthaben: 4000 €, Zinssatz: 5 %

3 Ein Guthaben von 500 € wird jährlich mit einem festen Zinssatz von 2 % verzinst.
a) Stelle die Entwicklung des Guthabens mit Zinsen und Zinseszinsen für die nächsten fünf Jahre in einer Tabelle dar.
b) Berechne, wie hoch das Guthaben nach 10 bzw. 20 Jahren ist.

4 Ein Bankberater behauptet: „Wenn Sie bei der Geburt Ihres Kindes ein Konto mit 1000 € bei uns eröffnen, erhalten Sie 4 % Jahreszinsen. Ihr Kind kann dann zum 18. Geburtstag das Doppelte abheben."
a) Gib eine Formel an, mit der man das Guthaben nach t Jahren berechnen kann.
b) Überprüfe, ob der Bankberater recht hat.

Teste dich!

Lösungen | Seite 277

5 Gib jeweils eine Formel an, mit der man das Guthaben nach t Jahren berechnen kann und berechne hiermit das Guthaben nach 1, 2 bzw. 3 Jahren.
a) Startguthaben: 250 €, Zinssatz: 2 %
b) Startguthaben: 250 €, Zinssatz: 4 %
c) Startguthaben: 3000 €, Zinssatz: 1,5 %
d) Startguthaben: 6000 €, Zinssatz: 1,5 %

6 In einer Zeitung steht, dass die durchschnittlichen Mietpreise in einer Stadt in den letzten Jahren um ca. 3 % pro Jahr gestiegen seien. Der Mietpreis (ohne Nebenkosten) einer kleinen Wohnung beträgt in dieser Stadt zurzeit durchschnittlich 15 € pro Quadratmeter.
a) Gehe davon aus, dass die Mietpreisentwicklung so bleibt. Bestimme damit eine Formel, mit der man den Mietpreis M in Euro pro Quadratmeter nach t Jahren berechnen kann.
b) Berechne aufgrund der Angaben der Zeitung, welchen Mietpreis man in 10 Jahren erwartet, und wie hoch der Mietpreis vor 10 Jahren vermutlich war.

7 Bei einem exponentiellen Wachstum beträgt der Anfangswert W(0) = 200. Gib einen Term an, der den Vorgang beschreibt, und berechne B(6), wenn
a) der Wachstumsfaktor 1,2 ist,
b) die prozentuale Zunahme 25 % ist,
c) die prozentuale Abnahme 15 % beträgt,
d) der Wachstumsfaktor 0,92 beträgt.

8 Jolie behauptet: „Wenn bei einem exponentiellen Wachstum der Wachstumsfaktor für einen Zeitschritt von einer Stunde 1,1 beträgt, dann ist der Wachstumsfaktor für einen Zeitraum von einem Tag $1{,}1^{24}$. Mithilfe der Potenzgesetze erhält man als Wachstumsfaktor für einen Zeitraum von einer Woche $1{,}1^{168}$." Überprüfe, ob Jolie recht hat. Begründe.

9 Finde den Fehler!
Erkläre, was falsch gemacht wurde und korrigiere im Heft.

a) *Für ein Startguthaben von 1000 € erhält man 1,5 % Jahreszinsen. Das Guthaben G in Euro nach t Jahren erhält man mit der Formel $G(t) = 1000 \cdot 1{,}5^t$.*

b) *Bei einem Zinssatz von 1 % verdoppelt sich ein Kapital nach 100 Jahren, weil man jedes Jahr 1 % Zinsen erhält und $100 \cdot 1\% = 100\%$ ist.*

10 Schuldzinsen
Tom möchte sich einen Computer für 800 € kaufen. Er hat jedoch kein Geld. Das Geschäft bietet ihm einen Kredit mit einem Zinssatz von jährlich 7 % für die Finanzierung an.
a) Berechne, wie hoch Toms Schulden bei dem Geschäft sind, wenn er das Angebot annimmt und 5 Jahre lang kein Geld zurückzahlt.
b) Tom vereinbart eine jährliche Zahlung von 200 €. Hiervon werden die Zinsen und ein Teil der Schulden gezahlt. Berechne, wie hoch Toms Schulden nach 1, 2, 3 usw. Jahren sind und wie viele Zinsen er dann insgesamt zahlen muss, bis der Kredit vollständig zurückbezahlt ist. Hierfür kannst du eine Tabellenkalkulation verwenden.
c) 💻 Es gibt viele Menschen, die Schulden aufnehmen und dann Schwierigkeiten mit der Rückzahlung haben. Informiere dich im Internet, wie viele Menschen dies sind, wie es dazu kommen kann und was man beachten sollte, wenn man Schulden aufnimmt.

Teste dich! → Lösungen | Seite 277

11 Wahr oder falsch?
Entscheide, ob die Aussagen wahr oder falsch sind. Begründe
a) Wenn ein Auto jährlich 12,5 % an Wert verliert, dann ist es in 8 Jahren wertlos.
b) Wenn ein Auto jährlich 13,5 % an Wert verliert, war es vor 5 Jahren doppelt so viel wert.
c) Wenn ein Auto jährlich 10 % an Wert verliert, dauert es 5 Jahre, bis sich der Wert halbiert.

12 Gilt immer – gilt nie – es kommt darauf an
Überprüfe, ob die folgende Aussagen immer gelten, nie stimmen oder nur in bestimmten Fällen richtig sind. Begründe jeweils.
a) Wenn man den Zinssatz verdoppelt, dann verdoppeln sich auch die Zinsen und Zinseszinsen, die man nach t Jahren erhält.
b) Bei einem Zinssatz von 0,7 % muss man 100 Jahre warten, bis man 100 000 Euro Zinsen und Zinseszinsen erhalten hat.
c) Die Zeit, bis sich ein Guthaben mit Zinsen und Zinseszinsen vervierfacht, ist viermal so lang wie die Zeit, bis sich ein Guthaben verdoppelt.

13
Bei Tarifverhandlungen für die nächsten drei Jahre stehen sich Gewerkschaften und Arbeitgeber gegenüber. Die Gewerkschaft fordert eine Erhöhung der Gehälter um 4 % jährlich. Die Arbeitgeber bieten eine Einmalzahlung von 7 % des momentanen Monatsgehalts, begleitet von einer jährlichen Gehaltserhöhung von 3 % an.
a) Ein Arbeitnehmer verdient im Monat 3000 € brutto. Berechne sein Einkommen innerhalb der dreijährigen Laufzeit des Tarifvertrags sowie sein Endgehalt nach drei Jahren für beide Modelle.
b) Erläutere, was sich die Arbeitgeberseite vermutlich von diesem Vorschlag verspricht.

Teste dein Grundwissen! **Kongruenz** → Grundwissen Seite 237 Lösungen | Seite 277

14
Zeichne eine Planfigur. Prüfe, ob die Dreiecke ABC und A'B'C' kongruent zueinander sind.
a) b = 5 cm; γ = 70°; a = 4 cm und b' = 5 cm; α' = 70°; c' = 4 cm
b) a = 5 cm; β = 49°; γ = 62° und c' = 5 cm; α' = 49°; γ' = 62°

5 Exponentielle Wachstumsmodelle

Ein Instant-Messenger-Dienst hat festgestellt, dass sich Gerüchte sehr schnell verbreiten. Bisher konnte man eine Nachricht an bis zu 15 Personen weiterleiten.
Im Gespräch ist eine Beschränkung auf maximal 3 oder 4 Personen.
Vergleiche die Vorschläge mit der bisherigen Regelung. Untersuche jeweils die Auswirkungen der Beschränkung.

Bisher wurden Geldentwicklungen untersucht, die sich durch exponentielles Wachstum beschreiben lassen. Es gibt vor allem in den Naturwissenschaften noch viele andere Kontexte, bei denen exponentielle Wachstumsmodelle eine Rolle spielen. Mithilfe der Funktionsgleichungen kann man dann z. B. Prognosen erstellen und vorhersagen, wie lange es dauert, bis voraussichtlich ein bestimmter Wert erreicht wird. Dies wird im Folgenden erläutert.

Zu Beginn eines Beobachtungszeitraums sind bei einem Versuch 2,2 Millionen Bakterien vorhanden. Man geht davon aus, dass die Anzahl der Bakterien pro Stunde um ca. 50 % zunimmt. Um zu berechnen, wie lange es unter dieser Voraussetzung dauert, bis die Anzahl der Bakterien größer als 100 Millionen ist, kann man unterschiedlich vorgehen.

Bei Wachstumsprozessen nennt man die Größe, die sich in Abhängigkeit von der Zeit verändert, häufig **Bestand**.

Systematisches Ausprobieren – Erstellen einer Wertetabelle

Die Bakterienzahl $B(t)$ in Millionen nach t Stunden kann mit der Gleichung der Modellfunktion B mit $B(t) = 2{,}2 \cdot 1{,}5^t$ berechnet werden. Mithilfe einer Wertetabelle erkennt man, dass die Anzahl nach 10 Stunden größer als 100 Millionen ist (vgl. Fig. 1). In diesem Kontext sind aber nicht nur ganzzahlige Werte von Bedeutung. Daher ist es hier sinnvoll, sich für $9 < t < 10$ auch eine Wertetabelle für Zahlen mit einer Nachkommastelle anzusehen (vgl. Fig. 2).

	A	B
1	Zeit (in Stunden)	Bakterien (in Mio.)
2	0	2,20
3	1	3,30
4	…	…
5	9	84,58
6	10	126,86

Fig. 1

	A	B
1	Zeit (in Stunden)	Bakterien (in Mio.)
2	9	84,58
3	9,1	88,08
4	…	…
5	9,4	99,47
6	9,5	103,58

Fig. 2

Man muss beim systematischen Probieren nicht alle Werte in einer Wertetabelle notieren.

Für das Erstellen einer Wertetabelle ist eine Tabellenkalkulation hilfreich. Viele Taschenrechner zeigen aber auch Wertetabellen an.

Den Graphen untersuchen

Wenn man die Graphen von B mit $B(t) = 2{,}2 \cdot 1{,}5^t$ und h mit $h(t) = 100$ zeichnet, kann man den Schnittpunkt ablesen und entnehmen, wann der Wert 100 erreicht wird (vgl. Fig. 3).

Fig. 3

Gleichungslöser verwenden

Wenn man die Gleichung $2{,}2 \cdot 1{,}5^t = 100$ mit einem Gleichungslöser löst, erhält man den Wert, für den $G(t) = 100$ ist (vgl. Fig. 4).

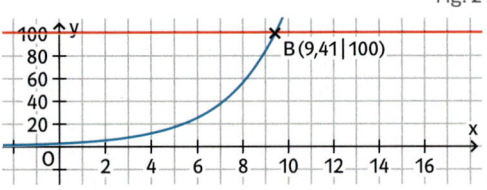

Fig. 4

Beim Gleichungslöser der Taschenrechner wird die Variable meist mit x bezeichnet.

Bei allen drei Vorgehensweisen prognostiziert man aufgrund der Rechnungen mit der Modellfunktion B, dass es ca. 9,41 Stunden (also ca. 9 Stunden und 25 Minuten) dauert, bis die Bakterienzahl größer als 100 Millionen ist.

Exponentielles Wachstum untersuchen

Um zu bestimmen, wie lange es dauert, bis die Funktion W mit $W(t) = W(0) \cdot q^t$ einen bestimmten Wert erreicht, kann man
- systematisch Ausprobieren, d.h. verschiedene Werte für t einsetzen, bis man den gesuchten Wert für t erhält,
- eine Wertetabelle (z.B. mit einer Tabellenkalkulation oder einem GTR) erstellen,
- den zugehörigen Graphen mithilfe eines Funktionenplotters untersuchen,
- einen Gleichungslöser verwenden.

Verdopplungs- und Halbwertszeit

Bei exponentiellen Wachstumsmodellen wird häufig die Verdopplungs- oder Halbwertszeit angegeben, um eine Vorstellung davon zu haben, wie schnell ein Bestand zu- bzw. abnimmt. Die Verdopplungs- oder Halbwertszeit hängt nur vom Wachstumsfaktor und nicht vom Anfangsbestand oder dem Zeitpunkt ab, den man betrachtet.

Exponentielle Zunahme mit $B(t) = 10 \cdot 1{,}7^t$

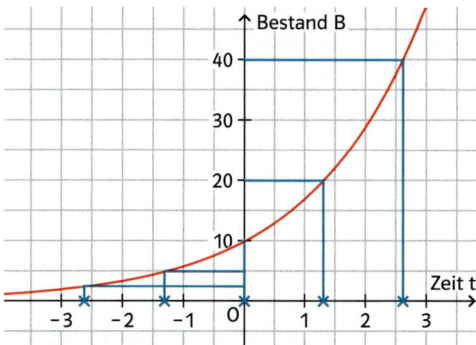

Exponentielle Abnahme mit $B(t) = 10 \cdot 0{,}6^t$

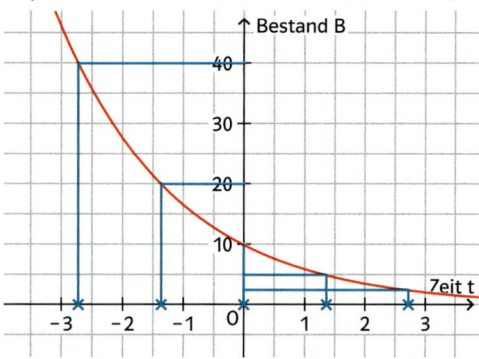

Der Bestand verdoppelt sich jeweils nach ca. 1,31 Zeitschritten.

Der Bestand halbiert sich jeweils nach ca. 1,36 Zeitschritten.

Beispiel Anfangsbestand und Halbwertszeit berechnen

Radioaktive Stoffe zerfallen oft sehr schnell. Bei Polonium-218 zerfällt z.B. jede Minute 20% der vorhandenen Masse. 10 Minuten nach dem Versuchsbeginn wird gemessen, dass noch 0,05 g Polonium-218 vorhanden sind.
a) Berechne, wie viel Polonium-218 zu Versuchsbeginn vorhanden war.
b) Berechne die Halbwertszeit von Polonium-218.

Lösung

a) Der Wachstumsfaktor beträgt q = 0,8 (= 100% − 20%).
Für die Funktionsgleichung gilt dann $B(t) = B(0) \cdot 0{,}8^t$
Außerdem ist $B(10) = B(0) \cdot 0{,}8^{10} = 0{,}05$. Hiermit kann man B(0) berechnen:
$B(0) \cdot 0{,}8^{10} = 0{,}05 \qquad | : 0{,}8^{10}$
$B(0) = \frac{0{,}05}{0{,}8^{10}} \approx 0{,}466$

Zu Beginn des Versuchs waren ca. 0,466 g Polonium-218 vorhanden.

b) Die Lösung der Gleichung $0{,}8^t = 0{,}5$ liefert die Halbwertszeit. Man erhält z.B. mithilfe eines Gleichungslösers (vgl. Fig. 1), dass Polonium-218 eine Halbwertszeit von ca. 3,1 Minuten (also ca. 3 Minuten und 6 Sekunden) hat.

```
Eq: 0.8^x = 1/2
   x=3.10628372
Lft=0.5
Rgt=0.5
```

Fig. 1

Die Halbwertszeit hängt nicht vom Angangsbestand ab, daher löst man hier die Gleichung $0{,}8^t = 0{,}5$.
Die Gleichung kann man auch grafisch oder durch systematisches Ausprobieren lösen (vgl. Seite 154).

Aufgaben

1 Gib an, welche Kärtchen zusammenpassen.

Z1 Jährlicher Zuwachs um 0,7%	Z2 Jährlicher Zuwachs um 3,5%	Z3 Jährlicher Zuwachs um 7%	Z4 Jährlicher Zuwachs um 0,35%
$G_1(t) = 100 \cdot 1{,}07^t$	$G_2(t) = 100 \cdot 1{,}0035^t$	$G_3(t) = 100 \cdot 1{,}035^t$	$G_4(t) = 100 \cdot 1{,}007^t$
B1 Der Bestand verdoppelt sich nach 21 Jahren.	B2 Der Bestand verdoppelt sich nach 11 Jahren.	B3 Der Bestand verdoppelt sich nach 100 Jahren.	B4 Der Bestand verdoppelt sich nach 199 Jahren.

2 a) Ordne den Graphen und Wertetabellen jeweils eine passende Funktionsgleichung zu.

$W_1(t) = 4 \cdot 1{,}5^t$ $W_2(t) = 4 \cdot 2{,}5^t$ $W_3(t) = 4 \cdot 1{,}25^t$ $W_4(t) = 4 \cdot 1{,}1^t$ $W_5(t) = 4 \cdot 1{,}75^t$

(A)

t	W(t)
0	4
1	7
2	12,25
3	21,4375
4	37,515625
5	65,65234375

(B)

t	W(t)
0	4
1	5
2	6,25
3	7,8125
4	9,765625
5	12,20703125

(C)

t	W(t)
0	4
1	6
2	9
3	13,5
4	20,25
5	30,375

(1) (2) (3)

b) Erstelle zu den beiden Funktionsgleichungen, die in Teilaufgabe a) übrig bleiben, jeweils eine Wertetabelle und zeichne im Heft einen zugehörigen Graphen.

3 Nimm an, dass der Bestand einer Bakterienkultur pro Stunde um 40% zunimmt. Berechne, wie lange es dauert, bis 200 Millionen Bakterien vorhanden sind, wenn es zu Beginn
a) 100 Millionen Bakterien waren,
b) 10 Millionen Bakterien waren.

4 Bestimme die Zeit, bis sich ein Bestand bei exponentieller Zunahme verdoppelt, wenn er
a) pro Jahr um 60% zunimmt,
b) pro Monat um 5% zunimmt,
c) pro Tag um 48% zunimmt,
d) pro Stunde um 2% zunimmt,
e) pro Minute um 80% zunimmt,
f) pro Sekunde um 1% zunimmt.

5 Ein Forscherteam hat die Anzahl der auf einer Insel lebenden Pinguine in den letzten Jahren untersucht und schätzt, dass die Population pro Jahr um ca. 5% pro Jahr abnimmt. Das Team vermutet, dass im Moment 5000 Pinguine auf der Insel leben.
a) Bestimme mit diesem Wachstumsmodell eine Funktionsgleichung, mit der man die erwartete Anzahl der Pinguine für die nächsten Jahre berechnen kann.
b) Berechne, wie viele Pinguine man auf der Insel in 2, 4 bzw. 8 Jahren erwartet.
c) Berechne, wie lange es aufgrund der obigen Annahmen dauert, bis man mit einem Bestand rechnet, der kleiner als 2000 ist.

6 Halbwertzeiten
Berechne mithilfe der Angaben die Halbwertszeiten der radioaktiven Substanz.
a) Phosphor-32: Jeden Tag zerfallen 4,7 % der vorhandenen Substanz.
b) Cobalt-58: Jeden Tag zerfallen 1 % der vorhandenen Substanz.
c) Radon-222: Jeden Tag zerfallen 16,5 % der vorhandenen Substanz.
d) Plutonium-239: In 1000 Jahren zerfallen 2,8 % der vorhandenen Substanz.

Du findest Hilfe im Beispiel, Seite 155.

Teste dich!

Lösungen | Seite 277

7 Pro Tag wandeln sich ca. 13 % des radioaktiven Stoffes Radium E in Radium F um. Zu Beginn einer Untersuchung sind 100 mg Radium E vorhanden.
a) Berechne, wie viel Radium E nach 1, 2, 3 bzw. 4 Tagen noch vorhanden ist.
b) Untersuche, wie lange es dauert, bis noch 10 mg Radium E vorhanden sind.

8 Die Funktionen W_1 und W_2 mit $W_1(t) = W_1(0) \cdot \left(\frac{5}{4}\right)^t$ und $W_2(t) = W_2(0) \cdot \left(\frac{4}{5}\right)^t$ werden als Modell für exponentielles Wachstum verwendet.
a) Berechne die Verdopplungszeit von W_1 und die Halbwertszeit von W_2.
b) Zeige, dass die Verdopplungszeit und die Halbwertszeit nicht von $W(0)$ abhängen.
c) Begründe, warum die Verdopplungszeit von W_1 und die Halbwertszeit von W_2 übereinstimmen. Gib weitere Beispiele von Funktionen an, bei denen dies der Fall ist.

9 Man geht davon aus, dass sich in einem See die Helligkeit (Beleuchtungsstärke) je 1 m Wassertiefe um 40 % verringert. In einem Meter Wassertiefe zeigt der Belichtungsmesser 3000 Lux an.
a) Bestimme eine Formel für die Beleuchtungsstärke in t Metern Tiefe.
b) Berechne, in welcher Tiefe die Beleuchtungsstärke nur noch 1500 Lux beträgt.

10 a) Die Tabellen gehören zu einem exponentiellen Wachstumsprozess. Übertrage die Tabellen ins Heft, bestimme den Wachstumsfaktor und ergänze die fehlenden Werte.

(1)
t	0	1	2	3	4
W(t)				30	45

(2)
t	–1	0	1	2	3
W(t)			100	110	

(3)
t	–3	–2	–1	0	1
W(t)	20	22			

(4)
t	0	1	2	3	4
W(t)				40	40,1

b) Untersuche, wie lang es dauert, bis sich der Anfangswert verdoppelt hat.

11 Bestimme den Anfangsbestand B(0) für ein exponentielles Wachstum, wenn
a) B(7) = 7 ist und der Bestand pro Zeitschritt um 7 % zunimmt,
b) B(8) = 8 ist und der Bestand pro Zeitschritt um 8 % abnimmt.

Du findest Hilfe im Beispiel, Seite 155.

12 Finde den Fehler!
Erkläre, was falsch gemacht wurde, und korrigiere im Heft.

a)
Anfangsbestand: B(0) = 100 €
Bestand nach einem Jahr: B(1) = 110 €
$\frac{G(1)}{G(0)} = \frac{110}{100} = 1{,}1$
Der Bestand nimmt um 1,1 % pro Jahr zu.

b)
Anfangsbestand: 10
Zunahme pro Jahr: 2 %
$B(3) = 10 \cdot 1{,}02^3 = 10{,}2^3 \approx 1061{,}21$
Nach drei Jahren ist der Bestand auf über 1000 gestiegen.

13 Mithilfe der C14-Methode (Radiokarbonmethode) kann man bestimmen, seit wann ein Organismus tot ist. Der sehr kleine Anteil an radioaktivem Kohlenstoff C14 ist im Körper lebender Organismen nämlich gleich, weil er ebenso viel C14 aufnimmt wie zerfällt. Im toten Organismus sinkt dieser Anteil pro Jahr um ca. 0,0121%, weil der radioaktive Stoff zerfällt und der Organismus kein C14 mehr aufnimmt.
a) Bestimme die Halbwertszeit des radioaktiven Kohlenstoffs C14.
b) 1991 wurde in den Ötztaler Alpen eine Mumie gefunden, die aufgrund des Fundortes „Ötzi" genannt wird. Man konnte feststellen, dass der Anteil an radioaktiven C14 auf 53% des Anteils im lebenden Organismus gesunken war. Berechne, seit wie vielen Jahren „Ötzi" vermutlich bereits tot war.

14 ⊠ Eine Firma verkauft monatlich 2400 Stück eines Artikels. Prüfe nach, ob die folgende Behauptung wahr ist.
a) Wenn die Verkaufszahlen monatlich um 1,5% steigen, wird auf Dauer mehr verkauft als bei einer monatlichen Zunahme um 40 Stück.
b) Bei einer monatlichen Zunahme um 1% werden die Verkaufszahlen nie das Doppelte des heutigen Absatzes erreichen.
c) Wenn die Verkaufszahlen monatlich um 5% abnehmen, wird in 20 Monaten gar nichts mehr verkauft.

→ Du findest Hilfe im Beispiel, Seite 155.

Teste dich!

→ Lösungen | Seite 277

15 Wahr oder falsch?
Überprüfe, ob die folgenden Aussagen stimmen. Begründe jeweils.
a) Die Halbwertszeit verdoppelt sich, wenn der Wachstumsfaktor halbiert wird.
b) Wenn die prozentuale Zunahme pro Zeitschritt doppelt so hoch ist, dauert es halb so lang, bis sich ein Bestand verdoppelt.
c) Wenn ein Bestand jedes Jahr um 100% wächst, verdoppelt er sich jedes Jahr.

16 a) Cathy meint: „Wenn man möchte, dass die Potenzgesetze weiterhin gelten, muss $a^{\frac{1}{2}} = \sqrt{a}$ sein." Begründe diese Behauptung.
b) Ken meint: „Um den Wachstumsfaktor bei exponentiellem Wachstum zu berechnen, muss man manchmal eine Wurzel ziehen. Erläutere mithilfe von Fig. 1 und mit Zahlenbeispielen, was er damit meinen könnte.
c) Jeanne meint, dass es auch $a^{\frac{1}{3}}$ und $a^{\frac{1}{4}}$ geben muss. Erläutere mithilfe von Fig. 2, welche Bedeutung $a^{\frac{1}{3}}$ und $a^{\frac{1}{4}}$ haben könnten. Überprüfe deine Vermutung mithilfe von Zahlenbeispielen am Taschenrechner.

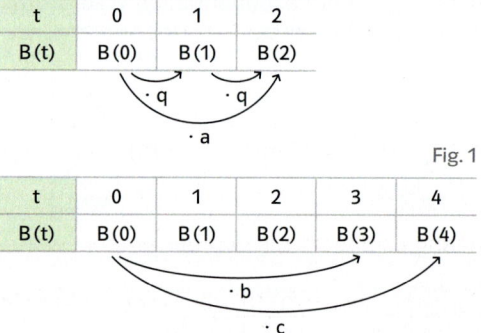

Fig. 1

Fig. 2

17 Ein Autohändler sagt seinem Kunden, dass man davon ausgehen kann, dass ein Jahreswagen innerhalb von 8 Jahren 75% an Wert verliert. Bestimme den Wertverlust pro Jahr.

Teste dein Grundwissen! Nicht konstruierbare Dreiecke

→ **Grundwissen** Seite 237
Lösungen | Seite 277

G 18 Begründe, warum man kein Dreieck mit den folgenden Angaben konstruieren kann.
a) a = 4 cm; b = 7 cm; c = 1 cm
b) α = 92°; b = 17 cm; γ = 89°
c) α = 90°; b = 5 cm; a = 3 cm
d) a = 3 cm; b = 3 cm; α = 102°

Wiederholen – Vertiefen – Vernetzen

V Potenzen und exponentielles Wachstum

Wiederholen und Üben

Lösungen | Seite 277

1 Notiere die Zahlen in wissenschaftlicher Schreibweise und gib die nächsten drei Zahlen der Zahlenfolge an.
a) 2100, 210 000, 21 000 000, ...
b) 5000, 500, 50, ...
c) 32, 32 000, 32 000 000, 32 000 000 000, ...
d) $\frac{7}{10}, \frac{7}{1000}, \frac{7}{100\,000}, \frac{7}{10\,000\,000}, \ldots$

2 Gib an, für welche Zahl ▢ steht.
a) $10^4 \cdot 10^{\square} = 10^3$
b) $10^{\square} \cdot 10^2 = 10^{-2}$
c) $10^4 : 10^{\square} = 10^3$
d) $10^{\square} \cdot 10^4 = 10^6$

3 Ergänze die fehlende Zahl.
a) $6{,}4 \cdot 10^{\square} = 0{,}0064$
b) $0{,}0025 = 2{,}5 \cdot 10^{\square}$
c) $7{,}32 \cdot 10^{\square} = 73\,200$
d) $\square \cdot 10^5 = 23\,410$

4 Schreibe ohne die Verwendung von Zehnerpotenzen.
a) $4 \cdot 10^4$
b) $7{,}96 \cdot 10^3$
c) $55{,}32 \cdot 10^9$
d) $1{,}71 \cdot 10^{-3}$
e) $6{,}85 \cdot 10^{11}$
f) $13{,}87 \cdot 10^6$
g) $765 \cdot 10^{-4}$
h) 10^{-5}
i) $0{,}502 \cdot 10^{-5}$
j) 10^6

5 a) Gib an, welche Kärtchen den Wert 1 haben. Drei Kärtchen bleiben übrig und lassen sich zu einem Lösungswort zusammensetzen.

A: $\frac{10^3}{1000}$ B: $\frac{10^3}{5^3 \cdot 2^3}$ C: 7^0 D: $\frac{(10^2)^5}{10^{10}}$ E: $10^6 - 10^6$ F: $\frac{5^5}{4^5}$

G: $\frac{5^3}{125}$ H: $10^{-5} \cdot 5^5 \cdot 2^5$ I: $\frac{7 \cdot 10^6}{7\,000\,000}$ J: $\frac{(10^3)^2}{10^6}$ K: $\frac{2{,}2 \cdot 10^{-7}}{22 \cdot 10^{-8}}$ L: $\frac{0}{5^0}$

b) Erstelle weitere Karten wie in Teilaufgabe a), die den Wert 1 haben.

6 Gib an, welche Kärtchen das gleiche Ergebnis haben.

$2 \cdot 7^4 \cdot 7^{-2}$ $2 \cdot 7^6$ $\frac{4 \cdot 7^4}{2 \cdot 7^2}$ $2 \cdot (7^2)^3$ $\frac{4 \cdot 7^2}{2 \cdot 7^{-4}}$ $8 \cdot 7^6 \cdot \left(\frac{1}{2 \cdot 7^2}\right)^2$

7 Berechne und vergleiche.
a) $(2^2)^2$; $2^{(2^2)}$
b) $(2^5)^3$; $2^{(5^3)}$
c) $(3^{-1})^4$; $3^{((-1)^4)}$
d) $(4^{-3})^2$; $4^{((-3)^2)}$

8 a) Ordne den Verdopplungszeiten und dem Zinssatz jeweils eine passende Formel zu.

$G(t) = 13 \cdot 1{,}008^t$ Zinssatz 1,7 % $G(t) = 9 \cdot 1{,}013^t$ $G(t) = 17 \cdot 1{,}009^t$

Zinssatz 1,3 % $G(t) = 9 \cdot 1{,}021^t$ $G(t) = 90 \cdot 1{,}017^t$ Zinssatz 0,9 %

Es dauert 54 Jahre, bis doppelt so viel Geld auf dem Konto ist.

Es dauert 42 Jahre, bis doppelt so viel Geld auf dem Konto ist.

Es dauert 78 Jahre, bis doppelt so viel Geld auf dem Konto ist.

b) Bestimme zu den Formeln, die in Teilaufgabe a) übrig bleiben, den Zinssatz und die Verdopplungszeit.

9 Eine Bakteriensorte verdoppelt ihren Bestand unter bestimmten Bedingungen stündlich. Zu Beobachtungsbeginn sind 100 000 Bakterien dieser Sorte vorhanden.
a) Bestimme eine Formel, mit der man den Bestand nach t Stunden berechnen kann.
b) Berechne den nach den Modellannahmen erwarteten Bestand einen Tag, zwei bzw. drei Tage nach Beobachtungsbeginn. Gib die Ergebnisse in wissenschaftlicher Schreibweise an.

Teste dich!

🌐 **Kopiervorlage**
Check-out
mk94z2

Wiederholen – Vertiefen – Vernetzen

10 Ergänze die Werte so, dass ein exponentielles Wachstum vorliegt.

a)
x	0	1	2	3	4	5
y	20	15				

b)
x	0	1	2	3	4	5
y			2,5	3,5		

Vertiefen und Anwenden

11 Der Luftdruck nimmt mit zunehmender Höhe ab. Lässt man den Einfluss der Temperatur außer Acht, so sinkt er pro Kilometer in der Höhe um ca. 11,75 %. Auf Höhe des Meeresspiegels beträgt er ca. 1013 hPa.
a) Berechne den Luftdruck, der in einer Höhe von 10 km (20 km, 40 km) herrscht.
b) Bestimme, bei welchem Höhenunterschied der Luftdruck jeweils auf die Hälfte absinkt.

12 a) Im Körper eines mittelgroßen Menschen fließen ca. 5 Liter Blut. In einem Kubikmillimeter Blut befinden sich ca. $5 \cdot 10^6$ rote Blutkörperchen. Berechne, wie viele rote Blutkörperchen in der gesamten Menge Blut eines Menschen sind.
b) Ein kugelförmiger Wassertropfen von 1 mm Durchmesser besteht aus $1,74 \cdot 10^{19}$ Molekülen. Berechne, wie viele Jahre es dauern würde, diese Moleküle zu zählen, wenn man 5 Moleküle pro Sekunde zählen könnte.

13 Die durch Schall übertragene Energie empfindet man als Lautstärke. Ihre Messwerte liegen weit auseinander; sie unterscheiden sich um mehrere Zehnerpotenzen. Die Dezibelskala (dB) macht diese Werte überschaubarer. Die Angabe 60 dB bedeutet zum Beispiel, dass das Geräusch 10^6-mal so stark auf unser Gehör wirkt wie ein Geräusch, das man gerade noch wahrnehmen kann.
a) Berechne, um welchen Faktor Flüstern (lautes Rufen, ein Motorrad) stärker auf unser Gehör wirkt als Geräusche an der Hörschwelle.
b) Bestimme, welches Geräusch eine Million Mal stärker auf unser Gehör wirkt als Flüstern.
c) Ein Motorrad empfindet man nur wenig lauter als lautes Rufen. Berechne, um welchen Faktor es jedoch stärker auf das Gehör wirkt.

Intensität $\left(\text{in } \frac{W}{m^2}\right)$	Lautstärke (in dB)	
10^{-12}	0	Hörschwelle
10^{-11}	10	Atmen
10^{-10}	20	Taschenuhr
10^{-9}	30	Blättergeräusch
10^{-8}	40	Flüstern
10^{-7}	50	Unterhaltung
10^{-6}	60	Büro
10^{-5}	70	lautes Rufen
10^{-4}	80	Motorrad
10^{-3}	90	laute Fabrikhalle
10^{-2}	100	Disco
10^{-1}	110	Hubschrauber
10^{0}	120	Düsentriebwerk
10^{1}	130	Schmerzgrenze

14 a) Zeige rechnerisch, dass ein Anfangswert sich nach 10 Jahren ungefähr halbiert, wenn er jedes Jahr um 6,6967 % fällt.
b) Untersuche, wie lange es dauert, bis der Bestand auf ungefähr ein Viertel bzw. ein Achtel des Anfangswerts sinkt. Stelle eine Vermutung dafür auf, wann man nur noch ein Sechzehntel des Anfangswerts erhält. Überprüfe deine Vermutung rechnerisch.
c) Zeige mithilfe der Potenzgesetze, dass man die Ergebnisse aus Teilaufgabe b) direkt mithilfe der angegebenen Halbwertszeit berechnen kann.

15 Bei Leas Geburt hat ihre Oma auf einem Sparbuch 1000 € zu 2,8 % angelegt.
  a) Berechne, wie viel Geld sich an Leas 18. Geburtstag auf dem Sparbuch befindet.
  b) Lea möchte das Guthaben so lange auf dem Sparbuch lassen, bis sich der ursprüngliche Betrag verdoppelt hat. Berechne, wie lange sie warten muss.
  c) Bestimme, welche Summe Leas Oma hätte anlegen müssen, damit Lea schon an ihrem 18. Geburtstag 2000 € auf ihrem Sparbuch gehabt hätte.

16 In einem Experiment wurde gemessen, wie die Menge des radioaktiven Elements Jod-131 durch radioaktiven Zerfall abnimmt.
  a) Bestimme mit den Daten aus dem Graphen das Zerfallsgesetz für Jod-131 in der Form $B(t) = B(0) \cdot q^t$ (t in Tagen).
  b) Berechne, wie viel Prozent einer vorhandenen Stoffmenge innerhalb eines Tages zerfällt.

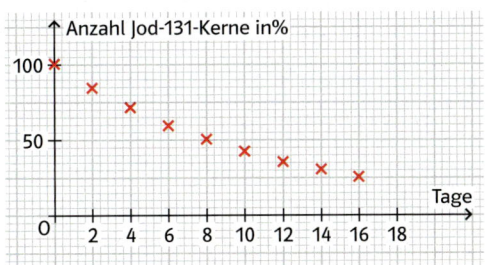

Lineares und exponentielles Wachstum

17 Eine Wohnung kostet neu 150 000 €. Vergleiche den Wert der Wohnung in 15 Jahren unter den folgenden verschiedenen Annahmen.
  a) Der Wert steigt jährlich um 2 %.
  b) Der Wert nimmt jährlich um 2 % ab.
  c) Der Wert steigt jährlich um 4000 €.
  d) Der Wert nimmt jährlich um 0,5 % ab.

18 Gib an, ob es sich um lineares oder exponentielles Wachstum handelt und bestimme eine passende Formel.
  a) Tom bekommt monatlich 20 € Taschengeld. Jedes Jahr soll es um 5 € erhöht werden.
  b) Eine Aushilfe verdient in einem Supermarkt 10 € in der Stunde. Jedes Jahr soll der Stundenlohn um 3,5 % steigen.
  c) Eine 12 cm hohe Kerze wird angezündet. Jede Minute brennt sie um 2 mm herunter.
  d) Ein Notebook kostet 500 €. Jedes Jahr verliert es die Hälfte seines Werts.
  e) Eine Hefekultur mit 5 g Hefe verdreifacht stündlich ihre Masse.
  f) Ein Öltank enthält 800 Liter Öl. Pro Minute werden 200 Liter Öl in den Tank gepumpt.

Vernetzen und Erforschen

19 Zeige mithilfe der Potenzgesetze, dass für alle natürlichen Zahlen n und $a \neq 0$ sowie $b \neq 0$ gilt: $\left(\frac{a}{b}\right)^{-n} = \left(\frac{b}{a}\right)^{n}$.

20 Die Angestellten einer Firma haben 6 Jahre in Folge eine Lohnkürzung von 1,3 % hinnehmen müssen. Im Moment erhalten sie einen monatlichen Bruttolohn von 3568 €.
  a) Bestimme, wie hoch ihr Monatsgehalt vor der ersten Lohnkürzung war.
  b) Die Firma will die jährlichen Lohnkürzungen um 1,3 % fortsetzen. Bestimme, wie viele Jahre es dauern wird, bis die Angestellten monatlich weniger als 3350 € erhalten?

21 Max würfelt mit 60 Würfeln. Er sortiert stets die Sechsen aus und würfelt mit den anderen Würfeln weiter. Sina meint, dass immer $\frac{1}{6}$ der Würfel aussortiert werden, und dass man deshalb damit rechnen kann, dass nach 6 Würfen alle Würfel aussortiert werden.
  a) Erläutere, warum Sinas Überlegungen falsch sind.
  b) Bestimme eine Formel, mit der man die erwartete Anzahl der Würfel, mit denen man nach t Würfen noch weiterwürfelt, bestimmen kann.
  c) Erstellt mit der Formel aus b) eine Wertetabelle für t = 1, ... 10. Führt das Experiment mehrfach durch und vergleicht eure Ergebnisse mit den Werten in der Tabelle.

Für das Würfelexperiment braucht jede Gruppe 60 Würfel. Um es durchführen zu können, müssen also alle in der Klasse genügend Würfel von zu Hause mitbringen.

Exkursion

Die geometrische Verteilung

Warten auf den ersten Erfolg

Um beim „Mensch ärgere dich nicht" eine Figur ins Spiel zu bringen, muss man eine 6 würfeln. Mit welcher Wahrscheinlichkeit kommt ein Spieler schon beim ersten Wurf raus, mit welcher erst beim zweiten, beim dritten Wurf usw.? Wie lange muss man im Mittel auf die erste 6 warten?

Die Wahrscheinlichkeit für einen Erfolg (also eine 6) beim 1. Wurf beträgt $p = \frac{1}{6} \approx 16{,}7\,\%$. Mithilfe eines Baumdiagramms lassen sich die Wahrscheinlichkeiten für spätere erste Treffer berechnen. Ein erster Treffer beim k-ten Wurf bedeutet, dass man (k – 1)-mal eine Niete (mit der Wahrscheinlichkeit q = 1 – p) und dann erst einen Treffer wirft. Die Wahrscheinlichkeit für die erste 6 beim 5. Wurf beträgt dann z. B. $q^4 \cdot p = \left(\frac{5}{6}\right)^4 \cdot \frac{1}{6} \approx 8{,}0\,\%$.

Da die Wahrscheinlichkeiten für einen ersten Treffer sich mit jedem weiteren Wurf immer genau um den Faktor $q = \frac{5}{6}$ verringern, nehmen sie exponentiell ab.

Fig. 2 zeigt das zugehörige Säulendiagramm mit der typischen „Exponentialform". Eine solche Wahrscheinlichkeitsverteilung nennt man **geometrische Verteilung**.

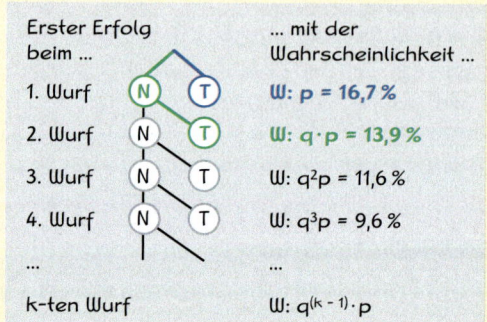

Fig. 1

Erinnerung:
Die Wahrscheinlichkeit eines Pfades im Baumdiagramm erhält man durch Multiplikation der Wahrscheinlichkeiten entlang des Pfades.

Fig. 2

Wie sieht die Wahrscheinlichkeitsverteilung für das „Warten auf die 6" bei diesem Quader aus? (Die Wahrscheinlichkeit für die 6 beträgt 0,11.)

---

1 Du wirfst einen Würfel so lange, bis „Erfolg" erscheint. Bestimme die Wahrscheinlichkeiten, dass du einen, zwei, …, fünf bzw. mehr als fünf Würfe benötigst, wenn als Erfolg gilt:
a) gerade Augenzahl,   b) Primzahl,
c) Zahl ist durch drei teilbar,   d) keine 6.

2 👥 Führt arbeitsteilig zu den Ereignissen der Teilaufgaben a) bis d) aus Aufgabe 1 Zufallsversuche durch. Notiert jeweils die Anzahl der Versuche bis zum ersten Treffer. Wie lange musstet ihr im Mittel auf den ersten Treffer warten? Stellt eure Ergebnisse der Klasse vor und vergleicht sie mit der Angabe zur mittleren Wartezeit in Fig. 3.

Mittlere Wartezeit bei einem Zufallsversuch mit den Ergebnissen Treffer und Niete: $\frac{1}{p}$

Fig. 3

3 Mit einer Tabellenkalkulation werden 10 Zufallszahlen zwischen 0 und 9 erzeugt.
a) Wie groß ist die Wahrscheinlichkeit, dass die erste Null erst beim zehnten Wurf erscheint?
b) Mit welcher Wahrscheinlichkeit taucht die Null in der Zahlenreihe gar nicht auf?
c) Zeichne ein Diagramm der Wartezeitenverteilung.
d) Wie lange muss man im Mittel auf die Null warten?

Der Excel-Befehl für die Erzeugung solcher Zufallszahlen lautet: =GANZZAHL(ZUFALLSZAHL()*10).

4 Mit welcher Wahrscheinlichkeit fällt beim Würfeln mit einem Würfel die erste Sechs genau beim fünften Wurf, spätestens beim fünften Wurf bzw. frühestens beim fünften Wurf?

5 Wirklichkeit oder Fälschung?

Fig. 1 zeigt zwei Tabellen mit je 200 Münzwürfen (1 ist Kopf, 0 ist Zahl). Die eine Tabelle stellt das Ergebnis eines wirklich durchgeführten Zufallsversuchs dar, die andere ist ausgedacht. Findet heraus, welche Tabelle echt ist. Ihr könnt folgendermaßen vorgehen:
1. Untersucht die Wartezeiten immer bis zum nächsten Auftreten von „Kopf". Legt eine Tabelle an und stellt das Ergebnis in einem Säulendiagramm dar.
2. Führt selbst in Arbeitsteilung einen Zufallsversuch mit 200 Münzwürfen durch und haltet die Ergebnisse tabellarisch und grafisch fest.
3. Vergleicht nun die Ergebnisse aus 1. und 2. mit der geometrischen Verteilung für $p = \frac{1}{2}$.

Hier ist das Arbeiten mit einem Tabellenkalkulationsprogramm sinnvoll.

```
1 0 1 0 1 0 0 1 0 0 0 0 1 1 1 0 0 0 0 0      0 1 1 0 0 1 1 1 1 1 1 0 1 0 0 0 1 0 1 1 0
0 1 0 1 0 1 0 0 0 0 0 0 1 1 0 0 0 0 0 0      0 0 0 1 0 0 0 1 1 1 1 0 0 0 0 0 0 0 0 1
0 1 1 1 0 1 0 1 0 1 1 0 0 1 0 0 1 1 0 1      0 1 0 1 0 0 1 0 1 0 1 1 0 1 1 0 1 1 1 0
0 1 0 1 0 0 1 1 0 1 0 0 0 1 1 0 1 0 1 0      1 1 1 0 1 0 1 0 1 1 0 0 1 1 1 1 0 1 0 0
0 1 0 0 1 0 0 0 1 0 0 0 0 0 0 0 0 0 1 0      0 0 1 1 1 1 0 0 0 0 0 0 1 1 0 1 1 0 0 1
1 1 0 0 1 1 0 0 1 1 0 1 0 0 0 0 0 0 1 0      0 1 1 1 0 0 1 1 0 0 0 1 0 1 0 1 1 1 0
0 1 0 1 1 0 1 0 1 1 1 0 0 0 0 0 0 0 0 1      0 0 1 0 0 1 1 0 1 1 1 0 0 0 0 1 1 1 0
1 0 1 1 0 1 0 0 1 1 1 0 1 0 1 1 1 1 0 1      0 1 1 1 0 0 0 0 1 0 0 1 1 1 0 0 1 1 1
1 0 0 1 0 0 0 0 0 1 0 0 1 1 1 0 0 1 1 1      0 1 0 1 1 0 0 0 1 1 0 0 0 0 1 0 0 0 1 1
0 0 1 1 0 0 0 1 0 0 0 0 1 0 0 0 0 0 0 1      1 0 1 0 1 0 0 0 1 0 1 0 0 0 0 1 1 1 0 1
```

Fig. 1

Info

Die geometrische Verteilung als Modell: die Lebensdauer eines Produkts

Bei Qualitätskontrollen wird die Lebensdauer von Produkten untersucht. Fig. 2 zeigt die Verteilung der Lebensdauer von 100 Geräten eines Typs. Es liegt nahe, eine geometrische Verteilung anzunehmen. Für die Wahrscheinlichkeit, dass ein Produkt k Zeiteinheiten „lebt", müsste dann gelten: $p(k) = p \cdot q^{k-1}$;
p bezeichnet dabei die unbekannte Wahrscheinlichkeit, dass ein Produkt ausfällt. Mithilfe der Formel in Fig. 3 auf Seite 162 für den Mittelwert der Lebensdauer kann man einen Schätzwert für p ermitteln: Wegen
$\bar{x} = (19 \cdot 1 + 14 \cdot 2 + \ldots + 1 \cdot 18) : 100 = 5{,}2$
gilt: $p \approx \frac{1}{\bar{x}} = 0{,}192$.
In Fig. 2 erkennt man, dass die Wahrscheinlichkeiten der geometrischen Verteilung die Daten gut widerspiegeln.

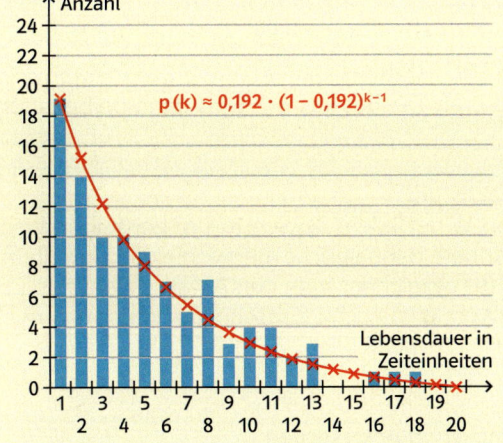

Fig. 2: Die blauen Säulen zeigen die erhobenen Daten, die rote Linie das Modell. (Die Wahrscheinlichkeiten wurden für einen besseren Vergleich mit 100 multipliziert.)

Von 1000 Geräten fielen aus …

Jahr	Anzahl
1	230
2	168
3	130
4	105
5	87
6	63
7	51
8	37
9	31
10	22
11	20
12	13
13	11
14	9
15	8
16	4
17	4
18	4
19	3
20	2

Fig. 3

6
a) Ermittle mithilfe der Tabelle zur Lebensdauer eines Geräts in Fig. 3 den vermuteten Anteil der Geräte, die schon nach einem Jahr defekt sind.
b) Berechne für Geräte mit einer mittleren Lebensdauer von sieben Jahren den vermuteten Anteil der Geräte, die drei, fünf bzw. sieben Jahre halten.
c) Wie groß ist die mittlere Lebensdauer, wenn 8,2 % der Geräte nach genau fünf Jahren unbrauchbar sind?
d) Wie groß ist die mittlere Lebensdauer, wenn 50 % der Geräte spätestens nach fünf Jahren unbrauchbar sind?

Tipp:
Lege zur Bestimmung von q eine Tabelle an.

Rückblick

Potenzen mit ganzzahligen Exponenten
Für eine beliebige Zahl $a \neq 0$ und eine natürliche Zahl n gilt:

$$a^n = \underbrace{a \cdot a \ldots a \cdot a}_{\text{n Faktoren}} \qquad a^{-n} = \frac{1}{a^n} = \frac{1}{\underbrace{a \cdot a \cdot \ldots a \cdot a}_{\text{n Faktoren}}}$$

Außerdem gilt für alle Zahlen $a \neq 0$: $a^0 = 1$

$2^3 = 2 \cdot 2 \cdot 2 = 8$

$2^{-3} = \frac{1}{2^3} = \frac{1}{2 \cdot 2 \cdot 2} = \frac{1}{8}$

$2^0 = 1$

Zahlen mit Zehnerpotenzen darstellen
Große Zahlen sowie Zahlen, die in der Nähe von Null liegen, werden häufig mithilfe von Zehnerpotenzen angegeben.
Bei der **wissenschaftlichen Schreibweise** (englisch *scientific notation*, Abkürzung SCI) steht vor der Zehnerpotenz stets ein Faktor, der mindestens gleich 1 und kleiner als 10 ist.

$23\,000 = 2{,}3 \cdot 10^5$

$0{,}000\,078 = 7{,}8 \cdot 10^{-5}$

Potenzgesetze
Beim Multiplizieren bzw. Dividieren von Potenzen mit gleicher Basis $a \neq 0$ kann man die Exponenten addieren bzw. subtrahieren. Die gemeinsame Basis bleibt dann erhalten.

$a^m \cdot a^n = a^{m+n} \qquad a^m : a^n = \frac{a^m}{a^n} = a^{m-n}$

Beim Multiplizieren und Dividieren von Potenzen mit gleichen Exponenten kann man die Basen $a \neq 0$ und $b \neq 0$ multiplizieren bzw. dividieren. Der gemeinsame Exponent bleibt dann erhalten.

$a^n \cdot b^n = (a \cdot b)^n \qquad a^n : b^n = \frac{a^n}{b^n} = \left(\frac{a}{b}\right)^n$

Beim Potenzieren von Potenzen kann man die Exponenten miteinander multiplizieren. Die Basis $a \neq 0$ wird dann beibehalten.
$(a^m)^n = a^{m \cdot n}$

$3^4 \cdot 3^2 = 3^{4+2} = 3^6$

$3^6 : 3^2 = \frac{3^6}{3^2} = 3^{6-2} = 3^4$

$5^4 \cdot 2^4 = (5 \cdot 2)^4$

$3^5 : 7^5 = \frac{3^5}{7^5} = \left(\frac{3}{7}\right)^5$

$(10^2)^4 = 10^{2 \cdot 4} = 10^8$

Exponentielles Wachstum
Wenn sich ein Wert W bei jedem Zeitschritt um denselben **Wachstumsfaktor q** verändert, dann spricht man von **exponentiellem Wachstum**. Mit W(0) bezeichnet man den Anfangswert zum Zeitpunkt t = 0. Den Wert W(t) nach t Zeitschritten kann man mit der Formel $W(t) = W(0) \cdot q^t$ berechnen.

Exponentielle Zunahme (q > 1)
Ein Guthaben von 100 € wächst jedes Jahr um 1 %:
$G(t) = 100 \cdot 1{,}01^t$
Nach 5 Jahren beträgt das Guthaben 105,10 €, denn
$G(5) = 100 \cdot 1{,}01^5 \approx 105{,}10$

Exponentielles Wachstum untersuchen
Um zu bestimmen, wie lange es dauert, bis $W(t) = W(0) \cdot q^t$ einen bestimmten Wert erreicht, kann man
- systematisch Ausprobieren, d.h. verschiedene Werte für t einsetzen, bis man den gesuchten Wert für t erhält,
- eine Wertetabelle (z.B. mit einer Tabellenkalkulation oder einem GTR) erstellen,
- den zugehörigen Graphen mithilfe eines Funktionenplotters untersuchen,
- einen Gleichungslöser verwenden.

Exponentielle Abnahme (0 < q < 1)
Der Wert eines Autos sinkt von aktuell 6000 € jährlich um 15 %: $W(t) = 6000 \cdot 0{,}85^t$
$W(6) = 6000 \cdot 0{,}85^6 \approx 2262{,}90 > 2000$
$W(7) = 6000 \cdot 0{,}85^7 \approx 1923{,}46 < 2000$
Nach 7 Jahren ist es weniger als 2000 € wert.

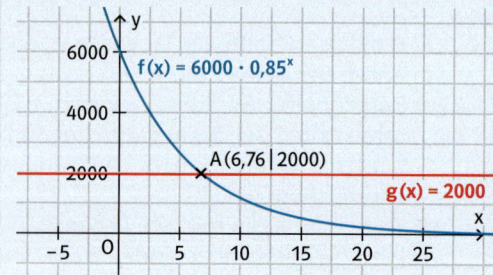

Test

V Potenzen und exponentielles Wachstum

Runde 1

→ Lösungen | Seite 279

1 Berechne möglichst geschickt mithilfe der Potenzgesetze.
  a) $17^5 \cdot 17^{-4}$
  b) $\frac{11^7}{11^5}$
  c) $(123^9)^0$
  d) $\left(\frac{9}{8}\right)^4 \cdot \left(\frac{4}{9}\right)^4$
  e) $25 \cdot 10^{-11} \cdot 8 \cdot 10^{12}$
  f) $9{,}1 \cdot 10^7 + 1{,}4 \cdot 10^8$

2 Notiere in der angegebenen Einheit. Verwende die wissenschaftliche Schreibweise.
  a) 25 300 000 km (m)
  b) 0,000 024 mm (m)
  c) 54 Mikrometer (m)
  d) 7 Millisekunden (s)
  e) 999 000 Hektoliter (l)
  f) 0,005 Nanometer (m)

3 Die Tabellen zeigen exponentielle Wertentwicklungen. Gib einen Term an und fülle die Lücken aus. Skizziere den zugehörigen Graphen.

a)

Jahr	0	1	2	3	4
Wert	5550	5286			

b)

Jahr	0	1	2	4	8
Wert		366	383		

4 Auf einem Konto werden 23 000 € jährlich mit 2,2 % verzinst.
  a) Gib eine Formel an, mit der man das Guthaben nach t Jahren berechnen kann.
  b) Berechne, wie lange es dauert, bis sich das Guthaben verdoppelt hat.

5 a) Für einen Kredit über 24 500 € werden monatlich 0,75 % Zinsen berechnet. Gib jeweils einen Term an, der das Anwachsen der Schuldsumme für t in Monaten, Vierteljahren bzw. Jahren beschreibt.
  b) Berechne die Schuldsumme, die nach 5 Monaten, 15 Monaten bzw. 2 Jahren anfällt.
  c) Berechne, in welchen Zeitabständen die Schuldsumme immer um ca. 3 % wächst.

Runde 2

→ Lösungen | Seite 280

1 Schreibe die Zahlen aus der Zahlenfolge als Potenz mit derselben Basis und gib die nächsten beiden Zahlen der Zahlenfolge an.
  a) 64, 8, 1, …
  b) 10 000, 100, 1, …
  c) $\frac{8}{125}, \frac{4}{25}, \frac{2}{5}, \ldots$

2 Das von der Erde am weitesten entfernte Objekt, das man mit bloßem Auge noch erkennen kann, ist die Andromeda-Galaxie. Sie ist etwa 2,7 Millionen Lichtjahre von uns entfernt; ihr größter Durchmesser beträgt etwa 163 000 Lichtjahre.
Gib Entfernung und Durchmesser in km an. (Ein Lichtjahr ist die Strecke, die das Licht in einem Jahr zurücklegt. Lichtgeschwindigkeit: 300 000 $\frac{km}{s}$)

3 Ein Einfamilienhaus hat zurzeit einen Wert von 400 000 €. Untersuche, wie lang es dauert, bis sich der Wert verdoppelt, wenn der Wert jedes Jahr
  a) um 2 % zunimmt,
  b) um 8000 € zunimmt.

4 Man geht davon aus, dass die Bevölkerungszahl in einem Land jährlich um 2,7 % zunimmt. 2019 lebten in dem Land 14 Millionen Menschen.
  a) Untersuche, welche Bevölkerungszahl man damit für das Jahr 2029 erwartet.
  b) Bestimme, in welchem Jahr die Einwohnerzahl doppelt so hoch wie 2019 sein wird.

5 a) Untersuche, wie oft man eine Zahl verdoppeln muss, um das 1024-Fache zu erhalten.
  b) Zeige mithilfe der Potenzgesetze, dass man doppelt so oft wie in Teilaufgabe a) verdoppeln muss, um das 2^{20}-Fache der Ausgangszahl zu erhalten.

VI Trigonometrie

Das kannst du schon
- Den Satz des Pythagoras anwenden
- Ähnlichkeit von Dreiecken erkennen und begründen
- Mit linearen und quadratischen Funktionen verschiedene Problemstellungen lösen

Teste dich!

Check-in
zu Kapitel VI
Seite 227

Das kannst du bald

- Beziehungen zwischen Winkeln und Seitenlängen in rechtwinkligen Dreiecken beschreiben
- Geometrische Probleme mithilfe von rechtwinkligen Dreiecken lösen und periodische Vorgänge mithilfe einer Sinusfunktion beschreiben

Erkundungen

Rechtwinklige Dreiecke erforschen

Vorbereitung

🖥 Zeichne mit einem dynamischen Geometrieprogramm ein rechtwinkliges Dreieck mit $\beta = 24°$ und $\gamma = 90°$. Wähle die Bezeichnungen für das Dreieck wie in Fig. 1 und gehe dazu folgendermaßen vor:
- Zeichne mit dem Programm zwei Punkte A und C.
- Zeichne einen 90°-Winkel mit dem Scheitelpunkt C und einen Strahl für den zweiten Schenkel des Winkels.
- Der Punkt B des Dreiecks soll auf dem Strahl liegen.
- Zeichne jetzt das Dreieck ABC und lasse alle Winkelgrößen und Seitenlängen anzeigen.

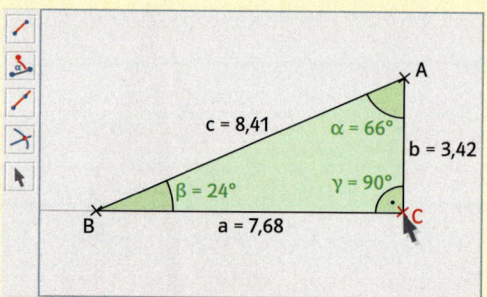

Fig. 1

→ Lerneinheit 1, Seite 170 und Lerneinheit 2, Seite 175

Möglicherweise ergeben sich bei dir andere Werte für die Seitenlängen.

Forschungsauftrag 1
- Berechne die Seitenverhältnisse $\frac{a}{c}$, $\frac{b}{c}$ und $\frac{b}{a}$ für dein Dreieck.
- Bewege nun den Punkt C so, dass alle Winkel gleich groß bleiben und berechne erneut die Seitenverhältnisse für drei Dreiecke.
- Wiederhole dies für mindestens drei andere rechtwinklige Dreiecke (mit anderen Winkelgrößen) und schreibe die Seitenverhältnisse wie in der Tabelle auf. Notiere deine Beobachtungen.

Dreieck mit $\beta = 24°$ und $\gamma = 90°$						
	a	b	c	$\frac{a}{c}$	$\frac{b}{c}$	$\frac{b}{a}$
1. Dreieck						
2. Dreieck						
3. Dreieck						
...						

Forschungsauftrag 2
- 👥 Vergleiche deine Ergebnisse aus Forschungsauftrag 1 mit deinem Partner und fasst eure Vermutungen in einem Satz zusammen.
- Begründet euren Satz mithilfe von Ähnlichkeitsbeziehungen.

Ähnlichkeitsbeziehungen kannst du auf Seite 49 nachschlagen.

Forschungsauftrag 3
- Dein Taschenrechner besitzt die Tasten „sin", „cos" und „tan". Mithilfe dieser Tasten und dem spitzen Winkel aus Forschungsauftrag 1 lassen sich einige Werte der Tabelle aus Forschungsauftrag 1 berechnen. Wie muss man dabei vorgehen?
- Probiere selbst andere Winkel aus und überprüfe die Taschenrechnerwerte mit dem Geometrieprogramm.
- Bestimme mithilfe der sin- und cos-Tasten des Taschenrechners die Kathetenlängen a und b des Dreiecks in Fig. 2. Überprüfe dein Ergebnis näherungsweise, indem du das Dreieck zeichnest und die Seitenlängen nachmisst.

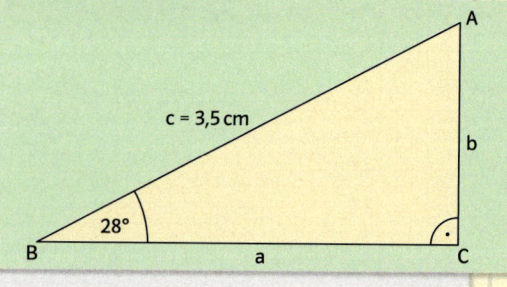

Fig. 2

VI Trigonometrie

Die Sinusfunktion mit Wäscheklammern

Forschungsauftrag 1: 👥👥👥 **Die Sinusfunktion mit Wäscheklammern „bauen"**

1. Klebt die zwei Stifte mit dem Klebeband zusammen. Beschriftet die erste Wäscheklammer auf der einen Seite mit 0° und die zweite Wäscheklammer mit 360°. Wenn ihr die Stifte als Achse vor euch haltet, muss die erste Klammer von rechts an den ersten Stift geklammert sein, die zweite ist am Ende des anderen Stiftes genauso ausgerichtet wie die erste.
2. Es folgen die Klammern für 180° und die Klammern für 90° und 270°. Die Klammer für 180° kommt möglichst genau in die Mitte zwischen die beiden ersten Klammern. Die Gradzahl, mit der die Wäscheklammer beschriftet ist, gibt an, um wie viel Grad die Wäscheklammer im Vergleich zu ihrem Ausgangspunkt (zur 0°-Wäscheklammer) gedreht ist. Überlegt, welche Position die Klammern mit 90° und 270° haben müssen, und steckt sie an die Achse.
3. Beschriftet die restlichen Wäscheklammern entsprechend mit Gradzahlen und steckt sie an die Achse.

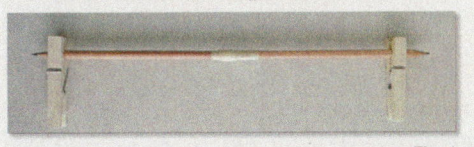
Fig. 1

→ Lerneinheit 4, Seite 184 und Lerneinheit 5, Seite 188

Material für eine Gruppe:
- *2 Fineliner oder gleiche Bleistifte*
- *breites (Krepp-) Klebeband*
- *25 Wäscheklammern (aus Holz)*
- *1 Taschenlampe*

Forschungsauftrag 2: Wäscheklammern als Radius

Seht euch die Wäscheklammern wie in Fig. 2 in Richtung der Achse an. Betrachtet die Stifte als Mittelpunkt eines Kreises und die Wäscheklammern als seinen Radius. Eine Einheit soll hier die Länge der Wäscheklammer sein. Dann kann man zu jedem Punkt auf dem Kreisrand ein rechtwinkliges Dreieck zeichnen (vgl. Fig. 2).

Formuliert verschiedene Aussagen über die rechtwinkligen Dreiecke im Wäscheklammernkreis. Verwendet dazu die Begriffe auf den Kärtchen.

`Kosinus` `Kathete` `Einheitslänge` `Hypotenuse` `Sinus`

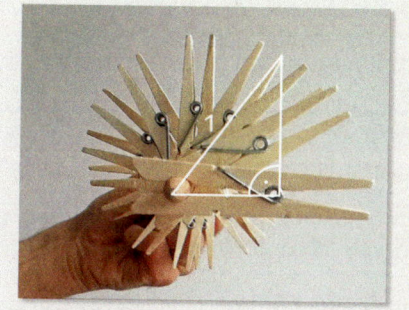
Fig. 2

Forschungsauftrag 3: Der Graph der Sinusfunktion als Schattenbild

Projiziert das Schattenbild eures Wäscheklammern-Sinus mithilfe einer Taschenlampe an die Wand auf ein Blatt, mindestens DIN A3 (vgl. Fig. 3). Achtet darauf, dass euer Schatten nicht verzerrt wird. Zeichnet die Schattenlinie mit einem Bleistift nach. Ergänzt die x- und die y-Achse und markante Stellen. Wählt dazu eine passende Skalierung.

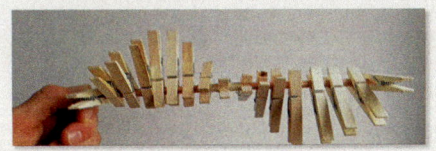
Fig. 3

Weiterführender Forschungsauftrag: Der Kreisbogen als Maß für den Winkel

Stellt beide „Ansichten" (vgl. Fig. 4) in einer gemeinsamen Zeichnung dar. Die y-Achse wird mit der Wäscheklammerneinheit skaliert. Findet eine Skalierung für die x-Achse. Könnt ihr sie durch die Länge des Kreisbogens ausdrücken?

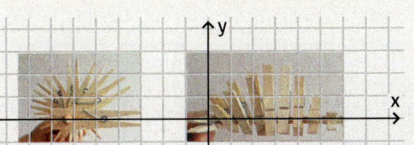
Fig. 4

Erkundungen

1 Sinus und Kosinus

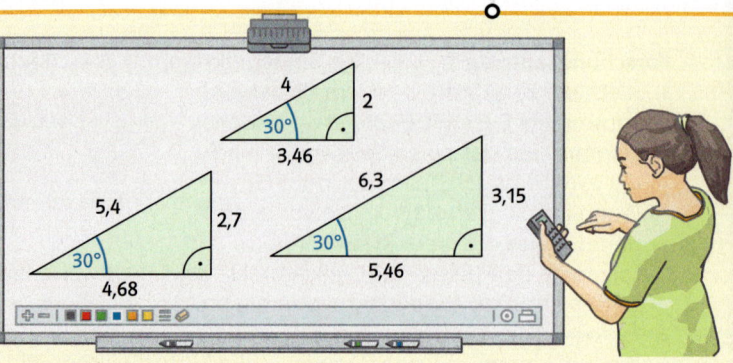

Berechne jeweils sin (30°), sin (60°) und cos (30°) mit dem Taschenrechner. Stelle Zusammenhänge zwischen den von dir ermittelten Werten und den Seitenlängen der gegebenen Dreiecke her. Untersuche auch weitere rechtwinklige Dreiecke und prüfe deine Vermutung.

Der Satz des Pythagoras beschreibt einen Zusammenhang zwischen den Seiten im rechtwinkligen Dreieck. Auch Winkel lassen sich durch Längenmessungen bestimmen oder umgekehrt kann man Seitenlängen mithilfe von Winkeln berechnen. Im Folgenden wird der Zusammenhang zwischen Winkeln und Seitenlängen untersucht. Hierbei helfen Ähnlichkeitsbetrachtungen.

Wenn verschiedene rechtwinklige Dreieck zusätzlich in einem spitzen Winkel übereinstimmen, dann sind sie ähnlich und einander entsprechende Seitenverhältnisse sind gleich groß.
Demgemäß gelten in Fig. 1 die folgenden Beziehungen:
$\frac{b}{c} = \frac{b'}{c'}$ bzw. $\frac{a}{c} = \frac{a'}{c'}$.

Das Seitenverhältnis $\frac{b}{c}$ nennt man **Sinus von 30°** und schreibt $\sin(30°) = \frac{b}{c}$.
Das Seitenverhältnis $\frac{a}{c}$ nennt man **Kosinus von 30°** und schreibt $\cos(30°) = \frac{a}{c}$.

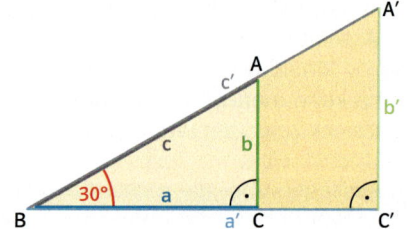

Fig. 1

Zur Erinnerung: Zwei Dreiecke sind genau dann ähnlich, wenn sie in ihren Winkeln übereinstimmen.

In einem rechtwinkligen Dreieck mit dem spitzen Winkel α bezeichnet man die Kathete, die dem Winkel α gegenüberliegt, als **Gegenkathete von α**. Die dem Winkel α anliegende Kathete heißt **Ankathete von α**. Diese Begriffe sind immer auf einen konkreten Winkel bezogen. Betrachtet man den Winkel β, tauschen die Katheten die Rollen (vgl. Fig. 2).

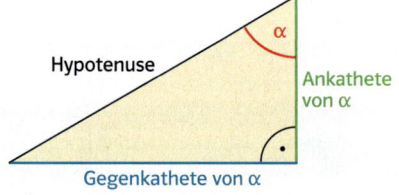 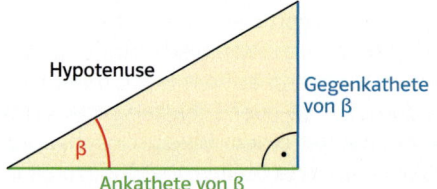

Fig. 2

Sinus und Kosinus
Wenn rechtwinklige Dreiecke in einem weiteren Winkel α übereinstimmen, dann hängen die folgenden Seitenverhältnisse nur vom Winkel α ab.

$\sin(\alpha) = \dfrac{\text{Gegenkathete von } \alpha}{\text{Hypotenuse}}$ $\qquad \cos(\alpha) = \dfrac{\text{Ankathete von } \alpha}{\text{Hypotenuse}}$

Die Werte für sin(α) und cos(α) lassen sich dabei für jeden Winkel α mit dem Taschenrechner bestimmen.
Beispielsweise erhält man sin(40°) ≈ 0,643 und cos(40°) ≈ 0,766 (vgl. Fig. 1).

Wenn man aus gegebenen Seitenlängen eine Winkelgröße berechnen möchte, nutzt man beim Taschenrechner die Eingabe $\sin^{-1}$ bzw. $\cos^{-1}$. Beispielsweise erhält man aus sin(α) = 0,2 die zugehörige Winkelgröße α ≈ 11,5° (vgl. Fig. 2).

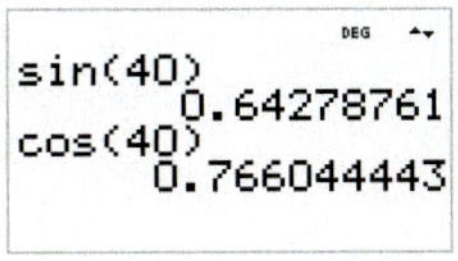

Fig. 1

Fig. 2

Der Taschenrechner muss auf DEG (D, Degree) eingestellt werden.

Der Sinus wird durch den sogenannten Arcussinus umgekehrt. Dies wird bei Rechnern häufig durch $\sin^{-1}$ symbolisiert oder durch arcsin abgekürzt.

Beispiel 1 Berechnungen am rechtwinkligen Dreieck
Gegeben ist das rechtwinklige Dreieck ABC (mit γ = 90°) in der Figur rechts.

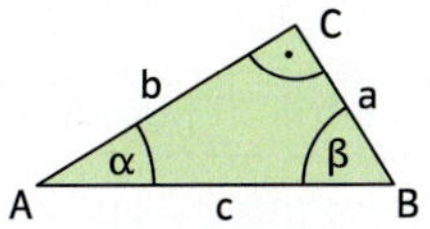

a) Berechne den Winkel β, wenn b = 6,7 cm und c = 7,3 cm lang ist.

b) Berechne die Längen der Seiten b und c, wenn a = 5,8 cm und α = 43° ist.

Lösung

a) Mit der Gegenkathete b und der Hypotenuse c gilt:

$\sin(\beta) = \frac{b}{c} = \frac{6{,}7\,\text{cm}}{7{,}3\,\text{cm}} \approx 0{,}918$.

Der Taschenrechner liefert

$\beta = \sin^{-1}\left(\frac{6{,}7}{7{,}3}\right) \approx 66{,}6°$.

b) c berechnen: $\sin(\alpha) = \frac{a}{c}$ | · c

$c \cdot \sin(\alpha) = a$ | : sin(α)

$c = \frac{a}{\sin(\alpha)} \approx \frac{5{,}8\,\text{cm}}{0{,}682}$

≈ 8,5 cm

b berechnen: $\cos(\alpha) = \frac{b}{c}$ | · c

$c \cdot \cos(\alpha) = b$

$b = c \cdot \cos(\alpha)$

≈ 8,5 cm · 0,731

≈ 6,2 cm.

Beispiel 2 Anwendungen von Sinus und Kosinus
Eine 7,5 m lange Leiter lehnt in 7,2 m Höhe an einer senkrechten Wand.
a) Berechne die Größe des Winkels zwischen Leiter und Boden.
b) Berechne den Abstand des Leiterfußes von der Hauswand auf zwei Arten.

Lösung

a) *Skizziere eine Planfigur und markiere die gegebenen Größen farbig.*
Das Dreieck ABC ist rechtwinklig und es gilt: $\sin(\alpha) = \frac{a}{b} = \frac{7{,}2}{7{,}5}$,

also ist $\alpha = \sin^{-1}\left(\frac{7{,}2}{7{,}5}\right) \approx 73{,}7°$.

Der Anstellwinkel α beträgt etwa 73,7°.

b) 1. Möglichkeit: Nach Pythagoras gilt:
$(7{,}2\,\text{m})^2 + c^2 = (7{,}5\,\text{m})^2$ | − (7,2 m)²
$c^2 = 56{,}25\,\text{m}^2 - 51{,}48\,\text{m}^2$ und

$c = \sqrt{4{,}41\,\text{m}^2} = 2{,}1\,\text{m}$.

2. Möglichkeit:
Im Dreieck ABC gilt: $\cos(\alpha) = \frac{c}{b}$ | · b

$c = b \cdot \cos(\alpha) = 7{,}5\,\text{m} \cdot \cos(73{,}7°) \approx 2{,}1\,\text{m}$.

Der Leiterfuß hat einen Abstand von 2,1 m von der Hauswand.

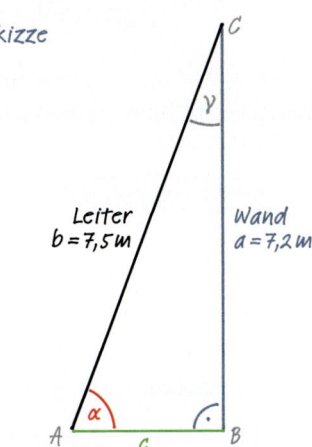

1 Sinus und Kosinus

Aufgaben

1 Erstelle mithilfe der Kärtchen passende Gleichungen. Die Kärtchen, die übrig bleiben, ergeben ein Lösungswort.

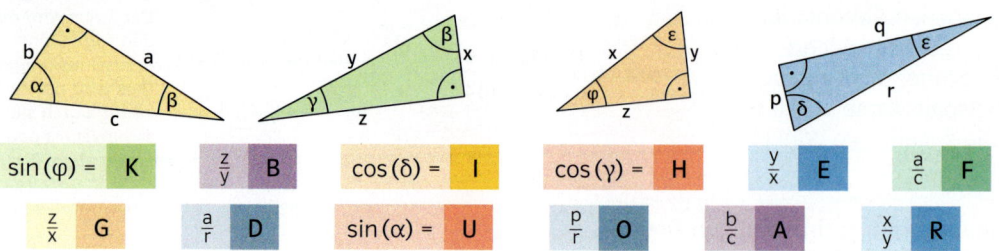

| sin(φ) = | K | | $\frac{z}{y}$ | B | | cos(δ) = | I | | cos(γ) = | H | | $\frac{y}{x}$ | E | | $\frac{a}{c}$ | F |
| $\frac{z}{x}$ | G | | $\frac{a}{r}$ | D | | sin(α) = | U | | $\frac{p}{r}$ | O | | $\frac{b}{c}$ | A | | $\frac{x}{y}$ | R |

2 Konstruiere die Dreiecke. Berechne die fehlenden Seitenlängen und kontrolliere deine Ergebnisse.

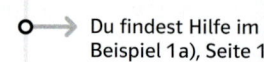 Du findest Hilfe im Beispiel 1a), Seite 171

a) 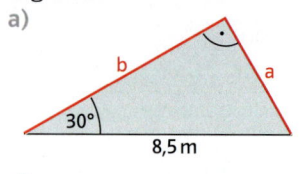   b) 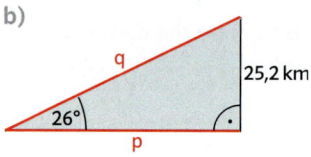   c)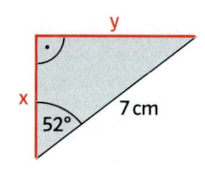

d) 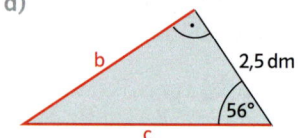   e) 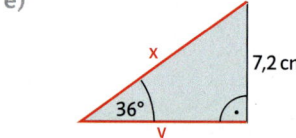   f)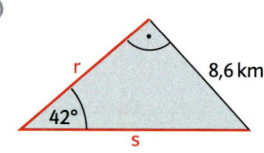

3 Berechne die fehlenden Winkel mithilfe von Sinus oder Kosinus. Kontrolliere deine Ergebnisse mithilfe des Winkelsummensatzes.

Du findest Hilfe im Beispiel 1b), Seite 171

a) 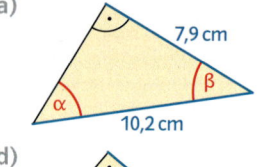   b) 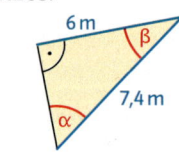   c)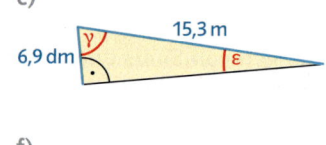

d) 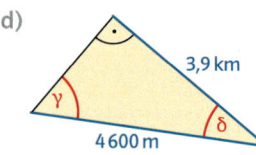   e) 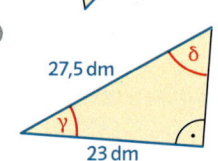   f)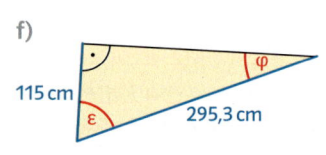

4 a) Das Dreieck ABC soll rechtwinklig sein mit γ = 90°. Fertige eine Zeichnung an und schätze den Sinus des Winkels α mithilfe der Seitenverhältnisse.

Du findest Hilfe in Beispiel 1, Seite 171.

(I) α = 14,5° (II) α = 65° (III) α = 50°

b) Überprüfe deine Schätzung mit dem Taschenrechner.

5 Fertige eine beschriftete Planfigur an und berechne die fehlenden Größen im Dreieck ABC.

	a	b	c	α	β	γ
a)			13 cm	77°		90°
b)	13,9 cm		20,8 cm			90°
c)	17,3 cm				23°	90°

6 Der Giebel eines Daches hat die Höhe h = 4,2 m. Die Dachneigung α beträgt 35° (vgl. Fig. 1). Berechne die Länge der Dachbalken, wenn sie 30 cm überstehen sollen.

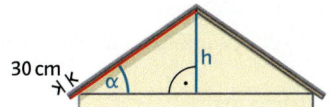

Fig. 1

Teste dich!

7 Fertige eine beschriftete Planfigur an und berechne die fehlenden Größen im Dreieck ABC.

	a	b	c	α	β	γ
a)	4,5 cm		7,6 cm			90°
b)		8,61 dm		26°	90°	
c)		3,6 m	13,2 dm	90°		

8 Die Klappe eines Schränkchens wird von einem Seilzug gehalten.
Die Klappe ist 14 cm hoch und der Seilzug 20 cm lang.
Berechne den Winkel, in dem der Seilzug angebracht werden muss.

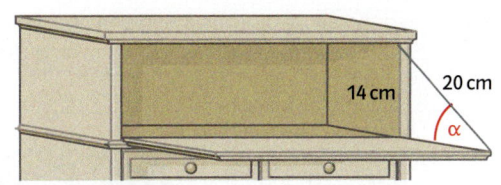

9 Eine 3,70 m hohe Leiter lehnt in einem Anstellwinkel von 75° an einer Hauswand.
a) Ermittle rechnerisch, ob das Ende der Leiter das Fensterbrett in 3 m Höhe erreicht.
b) Berechne die Entfernung des Fußendes der Leiter zur Hauswand.
c) Ermittle, zwischen welchen Höhen sich das Ende der Leiter befindet, wenn ihr Anstellwinkel α zwischen 68° und 83° groß sein soll.
d) Berechne den Anstellwinkel der Leiter, wenn ihr Ende genau 3,50 m hoch reichen soll.

Du findest Hilfe in Beispiel 2, Seite 171.

10 Ein Mast wird mit 20 m langen Stahlseilen gesichert.
a) Berechne, in welcher Höhe die Seile am Mast angebracht werden müssen, wenn die gespannten Seile mit dem Boden einen Neigungswinkel von 65° einschließen sollen.
b) Berechne, welchen Neigungswinkel die Seile haben, wenn sie 11,50 m vom Fußpunkt C des Mastes entfernt am Boden verankert werden. Gib auch an, wie hoch der Befestigungspunkt am Mast liegt.

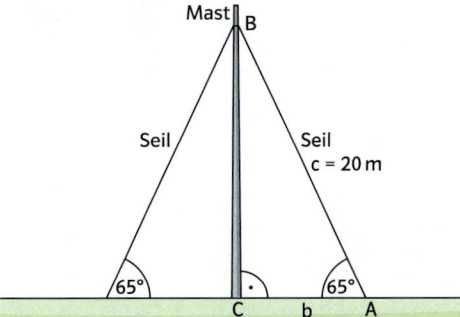

11 Finde den Fehler!
Erkläre, was falsch gemacht wurde und korrigiere im Heft.

a)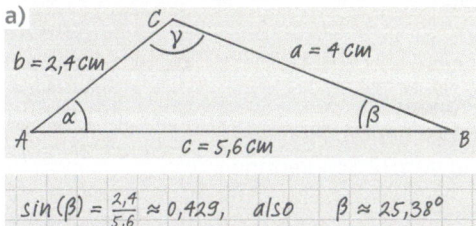
$\sin(\beta) = \frac{2{,}4}{5{,}6} \approx 0{,}429$, also $\beta \approx 25{,}38°$

b)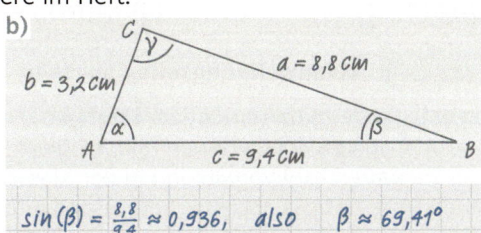
$\sin(\beta) = \frac{8{,}8}{9{,}4} \approx 0{,}936$, also $\beta \approx 69{,}41°$

● 12 **Wahr oder falsch?**
Entscheide, ob die Aussage im rechtwinkligen Dreieck ABC mit γ = 90° wahr oder falsch ist. Begründe.
a) Wenn α < β, dann ist sin(α) < sin(β).
b) Wenn α < β, dann ist cos(α) < cos(β).
c) $\sin^2(\alpha) + \cos^2(\alpha) = 1$.

Teste dich! → Lösungen | Seite 281

13 Die Sonne steht 24,5° über dem Horizont. Berechne, wie lang der Schatten eines
a) 20 m hohen Baumes,
b) 78 m hohen Fernsehturms,
c) 10 cm hohen Maiglöckchens ist.

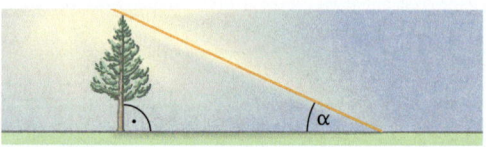

14 Das Seil des Sesselliftes im Dortmunder Westfalenpark hat eine Länge von 500 m. Anni macht die Annahme, dass es geradlinig gespannt ist. Der Sessellift überwindet einen Höhenunterschied von 23 m. Berechne den Neigungswinkel des Sesselliftes zur Horizontalen.

● 15 Katinka bastelt sich einen kegelförmigen Hut. Die Grundfläche des Hutes soll einen Durchmesser von 30 cm haben. Die Mantellinie des Hutes soll in einem 30°-Winkel zu seiner Grundfläche stehen.
a) Zeichne den Querschnitt des Hutes. Berechne dann seine Höhe.
b) Berechne, wie groß der Karton zum Ausschneiden des Hutes mindestens sein muss. Prüfe, ob ein DIN-A3-Karton reicht.
c) Wie hoch ist ein Zauberhut mit einer Grundfläche mit dem Durchmesser 15 cm und einem 85°-Winkel zur Grundfläche? Reicht hier ein DIN-A2-Karton zum Basteln?

● 16 In einem gleichseitigen Dreieck sind alle Höhen gleich lang.
a) Gib eine Gleichung an, die die Höhe h nur in Abhängigkeit der Seite a beschreibt.
b) Zeige mithilfe der rechtwinkligen Teildreiecke im gleichseitigen Dreieck, dass folgende Gleichungen gelten:

(I) $\sin(30°) = \cos(60°) = \frac{1}{2}$ (II) $\sin(60°) = \cos(30°) = \frac{1}{2} \cdot \sqrt{3}$

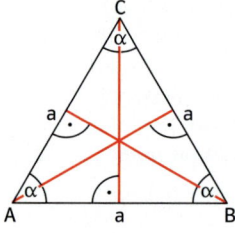

Teste dein Grundwissen! **Relative Häufigkeiten angeben** → **Grundwissen** Seite 240 Lösungen | Seite 281

G 17 Beantworte die gestellte Frage mithilfe relativer Häufigkeiten in Prozent.
In der Klasse 9 a hatten 8 von 28 Schülerinnen und Schülern ihren Taschenrechner vergessen, in der Klasse 9 b waren es 9 von 30 und in der Klasse 9 c 10 von 32 Schülerinnen und Schülern. Welche Klasse hat die höchste „Vergessensquote"?

2 Tangens

Mit einem Gefälle von 78 % ist der Harakiri-Steilhang im österreichischen Skigebiet Mayrhofen außergewöhnlich steil und selbst für geübte Skifahrer eine große Herausforderung. Trotzdem kann das Foto nicht stimmen.
Um wie viel Grad muss das Foto gedreht werden, damit der abgebildete Hang tatsächlich etwa 78 % Steigung besitzt?

Beim Ablesen der Steigung einer Geraden wurden Steigungsdreiecke betrachtet. Diese Steigungsdreiecke sind rechtwinklig und die Steigung wurde als Verhältnis der beiden Katheten abgelesen. Hier wird gezeigt, wie man die Steigung berechnen kann, wenn man nur den (Steigungs-)Winkel kennt.

Alle rechtwinkligen Dreiecke mit dem Winkel α sind ähnlich, deshalb sind alle Seitenverhältnisse gleich und auch das Seitenverhältnis $\frac{\text{Gegenkathete}}{\text{Ankathete}}$ ist nur von α abhängig.

In Fig. 1 gilt $\frac{b}{a} = \frac{b'}{a'}$.
Das Längenverhältnis $\frac{b}{a}$ nennt man **Tangens von 30°** und schreibt $\tan(30°) = \frac{b}{a}$.

Auch die Werte für tan(α) kann man mit dem Taschenrechner bestimmen.

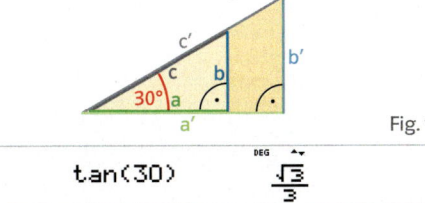

Fig. 1

Der Tangens wird durch den Arcustangens umgekehrt.
Dies wird bei Rechnern häufig durch $\tan^{-1}$ ausgedrückt oder durch arctan abgekürzt.

Tangens
Wenn rechtwinklige Dreiecke in einem weiteren Winkel α übereinstimmen, dann ist das Längenverhältnis der Gegenkathete zur Ankathete immer gleich und heißt Tangens des zugehörigen Winkels.

$\tan(\alpha) = \frac{\text{Gegenkathete von } \alpha}{\text{Ankathete von } \alpha}$

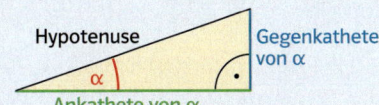

Wenn man das rechtwinklige Dreieck als Steigungsdreieck einer Geraden auffasst, gilt:

$\tan(\alpha) = \frac{\text{Gegenkathete von } \alpha}{\text{Ankathete von } \alpha} = \frac{y_2 - y_1}{x_2 - x_1} = m$.

Der Tangens des Steigungswinkels α ist also die Steigung m der Geraden.

Beispielsweise gilt:

$\tan(26{,}565°) = \frac{1}{2} = 0{,}5 = m$ (vgl. Fig. 2)

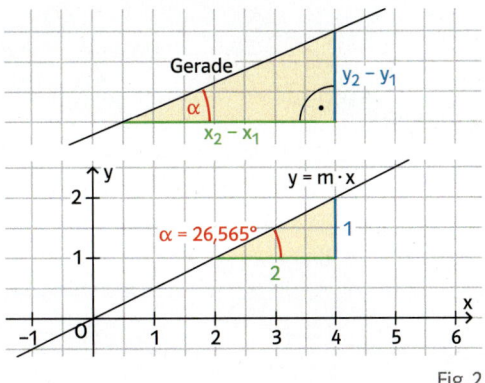

Fig. 2

Beispiel 1 Berechnungen am rechtwinkligen Dreieck

a) Bestimme die Länge der Seite a in Fig. 1 für b = 5,2 cm und α = 62°.

b) Bestimme die Länge der Seite b in Fig. 1 für a = 8,5 cm und α = 27°.

c) Bestimme den Winkel β in Fig. 1 für a = 7,9 cm und b = 12,3 cm.

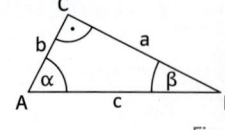

Fig. 1

Lösung

a) $\tan(\alpha) = \frac{a}{b}$ | · b

$b \cdot \tan(\alpha) = a$ | tauschen

$a = b \cdot \tan(\alpha)$ | einsetzen

$a = 5{,}2\,\text{cm} \cdot \tan(62°) \stackrel{TR}{\approx} 9{,}8\,\text{cm}$.

b) $\tan(\alpha) = \frac{a}{b}$ | · b

$a = b \cdot \tan(\alpha)$ | : tan(α)

$b = \frac{a}{\tan(\alpha)}$ | einsetzen

$b = \frac{8{,}5\,\text{cm}}{\tan(27°)} \stackrel{TR}{\approx} 16{,}7\,\text{cm}$.

c) $\tan(\beta) = \frac{b}{a}$ | einsetzen

$\tan(\beta) = \frac{12{,}3\,\text{cm}}{7{,}9\,\text{cm}} = \frac{12{,}3}{7{,}9}$

Der Taschenrechner liefert

$\beta \stackrel{TR}{\approx} \tan^{-1}\left(\frac{12{,}3}{7{,}9}\right) \approx 57{,}3°$

Beispiel 2 Steigung einer Piste

Für einen Skiwettbewerb soll die 58 % steile Piste noch einmal präpariert werden. Laut Hersteller bewältigt die Skiraupe eine Steigung mit einem Steigungswinkel von bis zu 25°. Untersuche, ob die Skiraupe zum Präparieren der Piste eingesetzt werden kann.

Zur Erinnerung:
58 % Steigung bedeutet $m = \frac{58}{100}$.

Lösung

Eine Skizze kann helfen (vgl. Fig. 2).

Es gilt: $\tan(\alpha) = \frac{58}{100} = 0{,}58$, also ist

$\alpha \stackrel{TR}{\approx} \tan^{-1}(0{,}58) \approx 30{,}11°$.

Die Skiraupe kann nicht zum Präparieren der Piste eingesetzt werden.

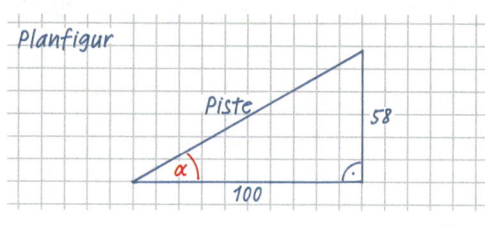

Fig. 2

Aufgaben

1 Erstelle mithilfe der Kärtchen passende Gleichungen. Die Kärtchen, die übrig bleiben, ergeben ein Lösungswort.

→ Du findest Hilfe in Beispiel 1, Seite 176.

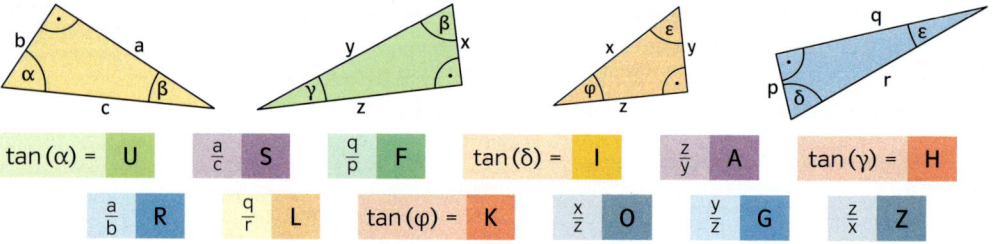

2 Berechne die Länge der Seite x.

→ Du findest Hilfe in Beispiel 1, Seite 176.

a) 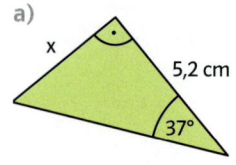 b) 2,7 m, x, 24° c) 17,5 dm, x, 47° d) 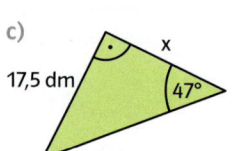 57°, x, 11,3 km

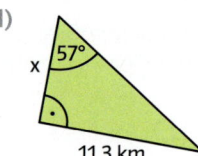

3 Berechne den Winkel α.

a) 9,1 cm, α, 6,9 cm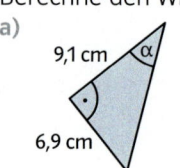

b) 4,4 m, 5,8 m, α c) 7,1 km, 2,9 km, α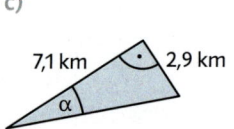

d) 23,6 dm, 1,2 m, α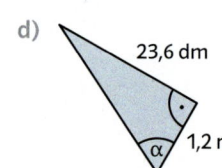

4 Gegeben sind die Geraden f, g und h.
   a) Schätze jeweils ihren Steigungswinkel in Grad.
   b) Lies anschließend die Längen von Gegenkathete und Ankathete eines Steigungsdreiecks ab und prüfe deine Schätzung rechnerisch mithilfe des Tangens.

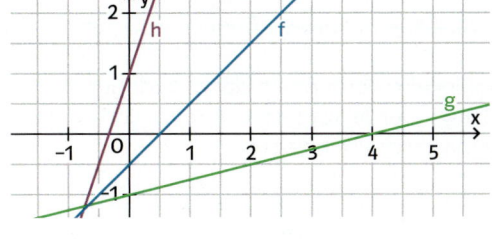

5 Die Steigfähigkeit eines Geländewagens wird mit 80 %, die eines anderen mit 60 % angegeben.
   a) Ermittle rechnerisch, welche maximalen Steigungswinkel die beiden PKW überwinden können.
   b) Gib die Steigungswinkel zu 100 %, 150 % und 300 % Steigung an.

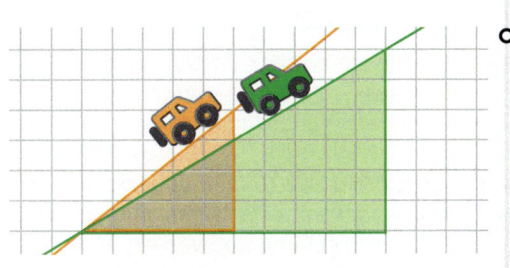

→ Du findest Hilfe in Beispiel 2, Seite 176.

Teste dich!

→ Lösungen | Seite 281

6 Berechne die fehlende Größe.

a) 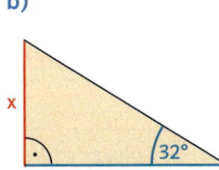   b)   c) 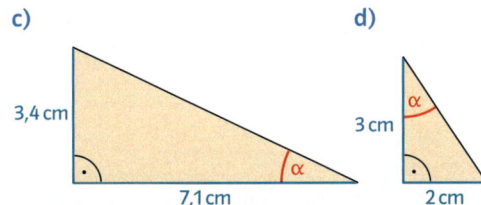   d)

7 Eine Schneeraupe fährt auf einer Skipiste, die einen Steigungswinkel von 23° hat. Die Steigungsfähigkeit der Raupe ist 50 %.
   a) Prüfe, ob die Raupe hier fahren kann.
   b) Bestimme den maximalen Steigungswinkel, den die Raupe überwinden kann.

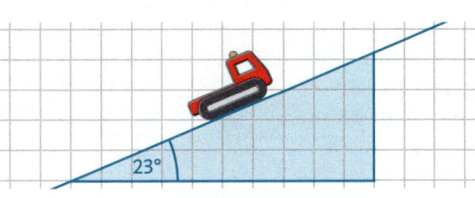

8 Berechne die fehlenden Größen auf zwei verschiedene Arten. Vergleiche deine Lösungswege mit denen deines Partners.

a) 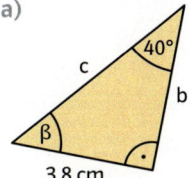   b) 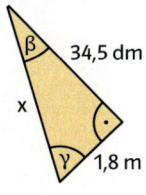   c) 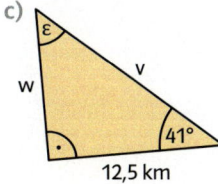   d)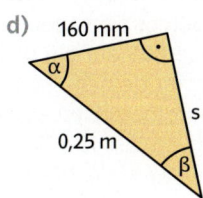

9 Die Gerade g soll durch die Punkte P und Q verlaufen.
   (1) P(0|1), Q(4|4)   (2) P(1|2), Q(2|3,6)   (3) P(0|-1), Q(2|2,5)   (4) P(0|0), Q(1|3,5)
   a) Zeichne P, Q und g in ein Koordinatensystem ein.
   b) Bestimme die Steigung m mithilfe der beiden Punkte und berechne den Steigungswinkel α.
   c) Bestimme zur Kontrolle den Steigungswinkel α mit dem Geodreieck und berechne die Steigung.

● **Vertiefen**
Seite 194, Aufgabe 10.

10 Wahr oder falsch?
Prüfe, ob folgende Aussagen in einem Dreieck ABC mit γ = 90° wahr oder falsch sind. Begründe.
a) Wenn man den Winkel α verdoppelt, dann verdoppelt sich auch tan(α).
b) Wenn man die Länge der Ankathete von α halbiert und die der Gegenkathete verdoppelt, dann vervierfacht sich tan(α).

11 a) Bestimme die Steigungen der folgenden Skischanzen in Prozent.
   (1) Willingen: 35°   (2) Planica: 38,5°   (3) Oberstdorf: 39°   (4) Vikersund: 40,4°
b) Die Letalnica-Schanze in Planica (Slowenien) ist eine der größten Schanzen der Welt. Die Anlauflänge der Schanze beträgt 116,5 m. Berechne, wie viele Höhenmeter ein Skispringer auf dieser Schanze schon in der Anlaufphase überwindet. Begründe, warum der berechnete Wert nur ein Näherungswert ist.

12 a) Nach dem Abheben fliegt ein Flugzeug annähernd geradlinig. Es gewinnt nach 680 m in der Horizontalen 483 m an Höhe. Ermittle, unter welchem Winkel es steigt.
b) Ein Flugzeug fliegt 725 km/h schnell und verliert in 2 Minuten gleichmäßig 4 km Höhe. Ermittle, unter welchem Winkel das Flugzeug sinkt. Gib das Gefälle in Prozent an.

● **Vertiefen**
Seite 194, Aufgabe 9.

Teste dich!

→ Lösungen | Seite 281

13 Finde den Fehler!
Erkläre, was falsch gemacht wurde, und korrigiere im Heft.

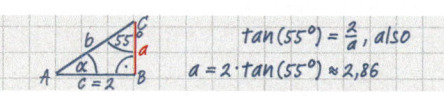

14 Familie Moor hat ein Haus am Hang mit großer Wiese. Diese erstreckt sich von der Straße bis zur Decke der Garage. Die Garageneinfahrt ist 8 m lang, die Decke ist 2,5 m hoch. Familie Moor möchte sich einen handelsüblichen Mähroboter kaufen, der einen Steigungswinkel von 20° bewältigen kann. Berechne, ob er für die Wiese infrage kommt.

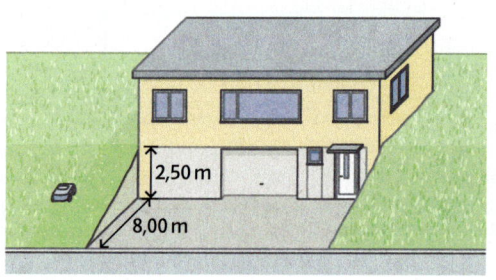

15 a) Bestimme den Schnittwinkel der Geraden in der Figur auf zwei verschiedene Weisen. Vergleiche deine Lösungswege mit denen deines Partners.
b) Zeichne eine Gerade auf ein weißes Papier. Gib das Papier deinem Partner. Er soll nun ein Koordinatensystem auf das Blatt zeichnen, sodass die Gerade die Gleichung y = −0,6x + 4 besitzt.

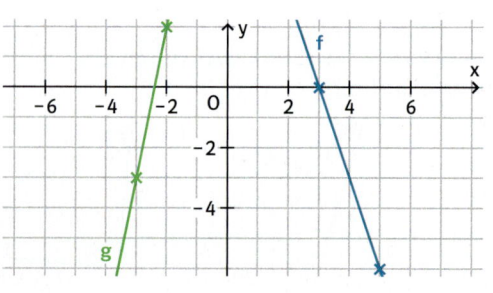

Teste dein Grundwissen!   Relative Häufigkeiten im Kreisdiagramm

→ **Grundwissen**
Seite 240
Lösungen | Seite 281

G 16 Schätze die relativen Häufigkeiten in Prozent und bestimme im Kopf den zugehörigen Winkel im Kreisdiagramm.
a) jeder vierte   b) 2 von 5   c) $\frac{7}{12}$ d) 5 von 18

3 Probleme lösen mit rechtwinkligen Dreiecken

Die Loreley ist ein Schieferfelsen bei Sankt Goarshausen, der aus dem östlichen Ufer des Rheins herausragt.
Die Spitze der Loreley liegt etwa 132 m über dem Rhein. Von dort aus sieht man die beiden Flussufer unter den Tiefenwinkeln α = 31,4° und β = 65,6°.
Bestimme die Breite des Rheins am Felsen.

Fragestellungen zu Beziehungen zwischen Winkeln und Seitenlängen in rechtwinkligen Dreiecken können mit dem Satz des Pythagoras bzw. mithilfe von Sinus, Kosinus und Tangens bearbeitet werden. Häufig ist es beim Problemlösen nützlich, in Figuren rechtwinklige Dreiecke zu suchen. Wie man dabei vorgehen kann, wird hier gezeigt.

1 Verstehen der Aufgabe
Gesucht ist der Flächeninhalt der Raute mit dem Winkel α = 48° und der Seite a = 5 cm in Fig. 1.

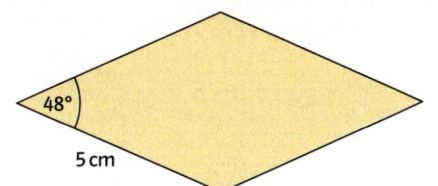

Fig. 1

2 Zerlegen in Teilprobleme
1. Planskizze anfertigen und gesuchte Größen identifizieren
Da der Flächeninhalt der Raute die Hälfte der Fläche des eingezeichneten Rechtecks ist, erhält man als Formel für den Flächeninhalt einer Raute:

$A_{Raute} = \frac{1}{2} \cdot e \cdot f$. (vgl. Fig. 2)

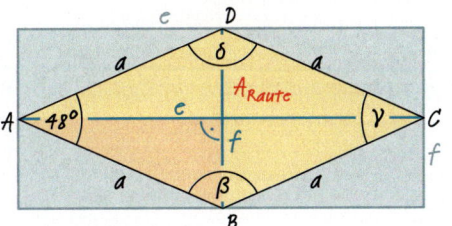

Fig. 2

2. Rechtwinklige Dreiecke suchen
Die Diagonalen einer Raute schneiden sich in einem rechten Winkel, daher kann man ein rechtwinkliges Dreieck innerhalb der Raute zur Berechnung der Diagonalen verwenden (vgl. Fig. 2 und Fig. 3).

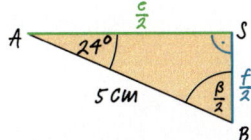

Fig. 3

3 Rechenweg durchführen

– Im rechtwinkligen Dreieck ABS ist die Hypotenuse a = 5 cm und der Winkel $\frac{\alpha}{2}$ = 24°.

– Die Seite $\frac{e}{2}$ ist im Dreieck ABS die Ankathete von 24°, also ist $\cos(24°) = \frac{\frac{e}{2}}{5\,cm}$.

  Daraus ergibt sich $\frac{e}{2}$ = 5 cm · cos(24°) und e = 10 cm · cos(24°).

– Die Seite $\frac{f}{2}$ ist im Dreieck ABS die Gegenkathete von 24°, also ist $\sin(24°) = \frac{\frac{f}{2}}{5\,cm}$.

  Daraus ergibt sich $\frac{f}{2}$ = 5 cm · sin(24°) und f = 10 cm · sin(24°).

4 Rückschau und Antwort
Für den Flächeninhalt der Raute erhält man

$A_{Raute} = \frac{1}{2} \cdot e \cdot f = \frac{1}{2} \cdot 10\,cm \cdot \cos(24°) \cdot 10\,cm \cdot \sin(24°) \approx 18{,}6\,cm^2$.

Schrittweise Lösung von Problemen mit rechtwinkligen Dreiecken

1 Verstehen der Aufgabe
Was ist gesucht? Was ist gegeben und für die Lösung wichtig?

2 Zerlegen in Teilprobleme
1. Planskizze anfertigen und alle gegebenen und gesuchten Größen eintragen
2. Rechtwinklige Teildreiecke suchen und hervorheben.

3 Rechenweg durchführen
Mithilfe von bekannten Eigenschaften, Verhältnissen und Sätzen die gesuchten Größen berechnen.

4 Rückschau und Antwort
Ergebnis prüfen und Antwort formulieren

Beispiel Berechnung einer Dachkonstruktion
Bei einem Dach sind die Dachneigungen und die Länge einer Dachkante bekannt.
a) Berechne die Länge des Trägers und wie weit der Fußpunkt D des Trägers vom Punkt B entfernt ist.
b) Berechne die Länge des längeren Dachsparrens.

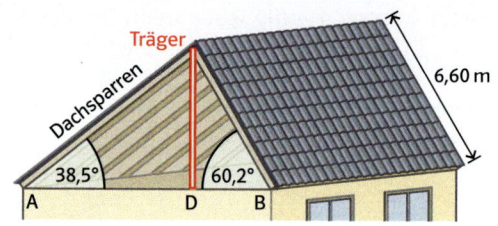

Lösung

a) *1. und 2. Planskizze anfertigen, gesuchte Größen identifizieren und rechtwinklige Dreiecke nutzen*
Im Teildreieck DBC sind außer dem rechten Winkel die Hypotenuse a und der Winkel β bekannt, die Katheten h und p sind gesucht.

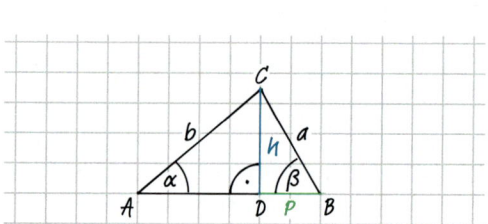

3. Rechenweg durchführen

$\sin(\beta) = \dfrac{h}{a}$ | · a

$a \cdot \sin(\beta) = h$ | vertauschen

$h = a \cdot \sin(\beta)$
$ = 6{,}60\,\text{m} \cdot \sin(60{,}2°) \approx 5{,}73\,\text{m}.$

$\cos(\beta) = \dfrac{p}{a}$ | · a

$a \cdot \cos(\beta) = p$ | vertauschen

$p = a \cdot \cos(\beta)$
$ = 6{,}60\,\text{m} \cdot \cos(60{,}2°) \approx 3{,}28\,\text{m}.$

4. Ergebnis prüfen und Antwort
Mit dem Satz des Pythagoras gilt: $h^2 + p^2 = a^2$.
Mit den berechneten Werten erhält man $(5{,}73\,\text{m})^2 + (3{,}28\,\text{m})^2 \approx 43{,}59\,\text{m}^2$; also ist $\sqrt{43{,}59}\,\text{m} \approx 6{,}6\,\text{m} = a$.
Die Lösung ist innerhalb der gerundeten Genauigkeit richtig.
Der Träger ist etwa 5,73 m lang und der Punkt D ist etwa 3,28 m vom Punkt B entfernt.

b) *1. und 2. Nutze die Skizze aus Teilaufgabe a)*
Im rechtwinkligen Dreieck ADC sind α und h bekannt, die Hypotenuse b ist gesucht.

3. Rechenweg durchführen

$\sin(\alpha) = \dfrac{h}{b}$ | · b | : $\sin(\alpha)$

$b = \dfrac{h}{\sin(\alpha)} \approx \dfrac{5{,}73\,\text{m}}{\sin(38{,}5°)} \approx 9{,}20\,\text{m}.$

4. Rückschau und Antwort
Dieser Wert scheint in Bezug auf die anderen Größen des Daches sinnvoll. Der längere Dachsparren ist also etwa 9,20 m lang.

Aufgaben

1 Gegeben ist das gleichschenklige Dreieck ABC. Identifiziere rechtwinklige Teildreiecke und berechne die fehlenden Seitenlängen und Winkelgrößen sowie den Flächeninhalt.
a) $a = 5{,}9$ cm, $\alpha = 32°$
b) $a = 4{,}5$ cm, $\gamma = 98°$
c) $a = 65{,}4$ m, $c = 54{,}7$ m
d) $b = 6{,}2$ cm, $\beta = 75°$

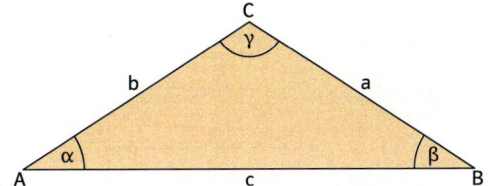

2 Zeichne ein Parallelogramm mit den Seitenlängen $a = 4{,}1$ cm und $b = 3{,}4$ cm jeweils mit dem angegebenen Winkel. Miss die Höhen h_1 und h_2, bevor du ihre Längen berechnest. Berechne auch den Flächeninhalt A.
a) $\alpha = 42°$ b) $\alpha = 115°$

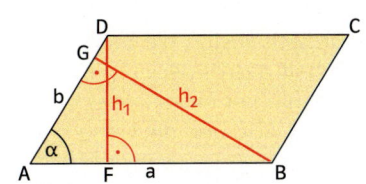

3 Ein Hersteller möchte aus 3 m langen Holmen Leitern mit einem Öffnungswinkel von $\gamma = 30°$ herstellen.
a) Fertige eine beschriftete Skizze an und berechne, in welcher Höhe sich das Leitergelenk G über dem Boden befindet. Gib auch an, wie weit gegenüberliegende Fußpunkte der Leiter voneinander entfernt sind.
b) Ermittle, wie groß der Öffnungswinkel γ höchstens sein kann, wenn die Sperrketten jeweils 1,20 m lang und genau in der Mitte der Leiterholme befestigt sind.

→ Du findest Hilfe im Beispiel, Seite 180.

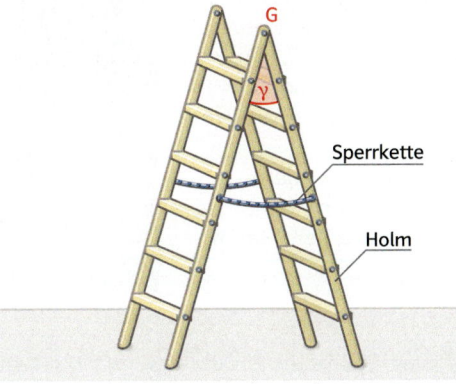

Teste dich!

→ Lösungen | Seite 281

4 Der Giebel eines Daches hat die Breite $b = 8{,}4$ m und die Höhe $h = 5{,}4$ m (s. rechts). Berechne die Dachneigung α und die Länge der Dachkante a.

5 Bei einem Parallelogramm mit den Seitenlängen 12 m und 7,2 m beträgt ein Innenwinkel 30°. Berechne den Flächeninhalt des Parallelogramms.

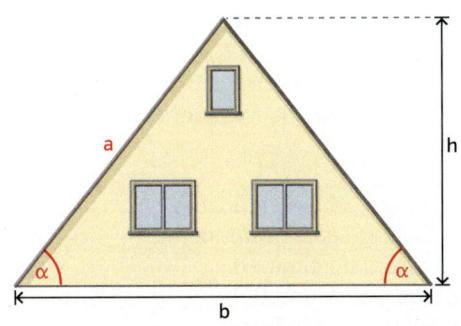

6 Berechne für ein symmetrisches Trapez ABCD die fehlenden Größen.
a) $a = 9{,}2$ cm, $b = 4{,}0$ cm, $\alpha = 40°$
b) $a = 5{,}1$ cm, $h = 3{,}2$ cm, $\gamma = 108°$
c) $b = 7{,}5$ cm, $c = 3{,}4$ cm, $h = 5{,}0$ cm
d) $a = 8{,}5$ cm, $c = 4{,}9$ cm, $\gamma = 116°$

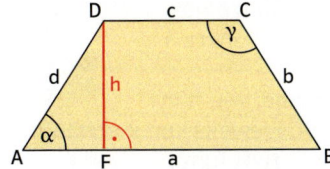

7 Die Kärtchen beziehen sich auf das Dreieck. Ordne die gelben Kärtchen den roten zu.

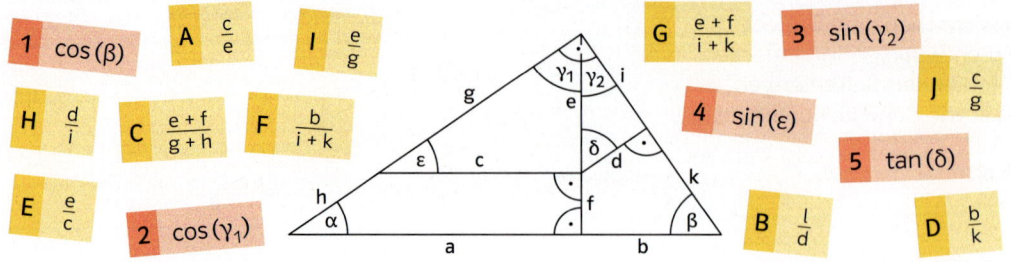

8 a) Ein gleichschenkliges Dreieck besitzt die Basis a = 5,3 cm und den Schenkel b = 7,2 cm. Berechne den Flächeninhalt des Dreiecks.
b) Zeige, dass für den Flächeninhalt eines Dreiecks mit $\gamma \leq 90°$ gilt: $A = \frac{1}{2} \cdot a \cdot b \cdot \sin(\gamma)$. Skizziere hierzu ein Dreieck ABC und die Höhe h auf der Seite a.

9 In einem Park steht ein schief gewachsener Baum.
a) Berechne, welchen Neigungswinkel der Baum zum Boden hat, wenn die Breite des Weges (zwischen A und B) 4,20 m beträgt und der Stamm vom Boden (bei B) bis zur Baumkrone (bei C) 6,20 m lang ist.
b) Ermittle, in welcher Höhe über dem Boden die Baumkrone beginnt. Kann man mit dem Fahrrad unter dem Baum durchfahren?

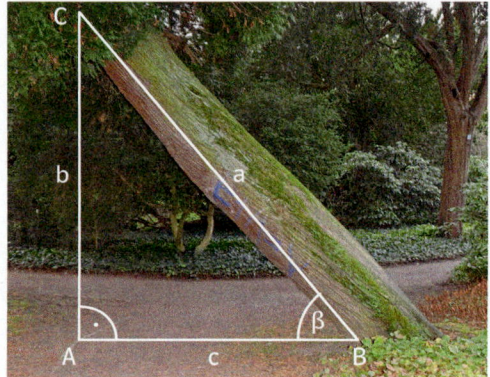

10 Das Seil eines Skiliftes ist insgesamt 540 m lang. Nimm an, dass es geradlinig gespannt ist. Der Lift fährt in der Talstation auf 1385 m Höhe los.
Auf einer Karte mit Maßstab 1:20 000 lässt sich von der Talstation zur Bergstation eine horizontale Entfernung von 2 cm ablesen.
a) Ermittle, wie viel höher die Bergstation im Vergleich zur Talstation ungefähr liegt.
b) Berechne den Neigungswinkel der Piste, wenn man davon ausgeht, dass dieser Winkel dem Neigungswinkel des Seils entspricht.
c) Gib an, wie lange die Liftfahrt dauert, wenn seine Geschwindigkeit 2 Meter pro Sekunde beträgt.

11 Man kann die Entfernung x zu einem unzugänglichen Turm im Gelände auch mithilfe eines Höhenwinkelmessers bestimmen. Man wählt zwei Messpunkte A und B in einer Linie mit dem Fußpunkt des Turms. Anschließend misst man von beiden Punkten aus den Höhenwinkel zur Spitze des Objekts und die Entfernung der Punkte A und B.
a) Beschreibe durch eine Formel wie h in den Dreiecken ACS und BCS jeweils von x abhängt.
b) Berechne die Entfernung x zum Turm.

● **Vertiefen**
Seite 194, Aufgabe 11.

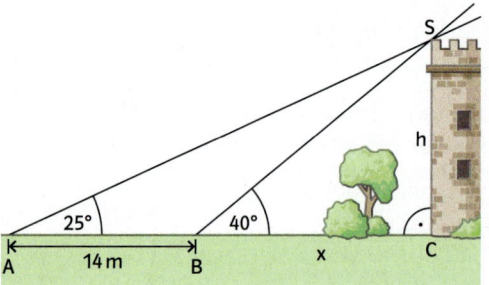

VI Trigonometrie

Teste dich!
Lösungen | Seite 282

12 Die Figur zeigt den Giebel eines Pultdaches, bei dem eine symmetrische Trapezfläche durch eine Dreiecksfläche ergänzt ist.
 a) Berechne die fehlenden Längenangaben a, h_1, h_2, h und d.
 b) Berechne den Flächeninhalt des Pultdachgiebels.

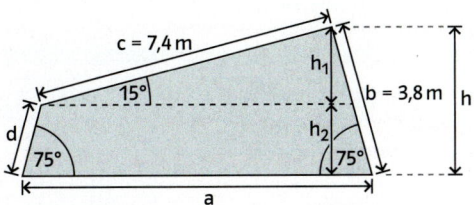

13 Die Figur zeigt einen Würfel mit der Kante a und der Raumdiagonalen e.
 a) Bestimme die Größe des Winkels, den die Raumdiagonale e mit der Grundfläche des Würfels einschließt.
 b) Begründe: Die drei am Punkt A eingezeichneten Winkel, die die Raumdiagonale e mit den Würfelkanten einschließt, sind gleich groß. Bestimme die Größe dieser Winkel.

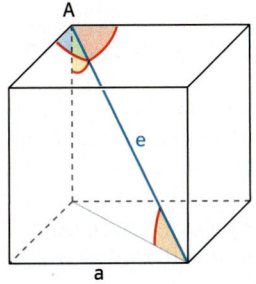

14 Das menschliche Auge kann zwei Gegenstände in weiter Ferne, die sich nebeneinander befinden und vom Auge gleich weit entfernt sind, ab einem Sehwinkel von $1' = \frac{1°}{60}$ nicht mehr getrennt wahrnehmen.

Winkel können in Grad (1°) oder Minuten (1') angegeben werden.

Es gilt: $1' = \frac{1°}{60}$.

 a) Die beiden Kirchturmspitzen eines Domes liegen 10 m auseinander. Berechne, ab welcher Entfernung sie nicht mehr getrennt wahrgenommen werden.
 b) Ein Gedankenexperiment: Der Mond und die Erde sind etwa 384 000 km voneinander entfernt. Prüfe, ob man von einem Raumschiff aus 1,5 Milliarden Kilometern Entfernung zum Mond sowie zur Erde die beiden Himmelskörper noch getrennt sehen kann.

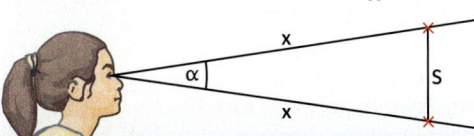

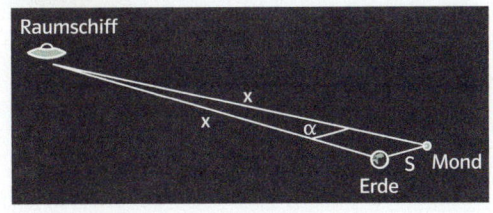

Teste dein Grundwissen! Wahrscheinlichkeiten schätzen

Grundwissen
Seite 240
Lösungen | Seite 282

15 Beim Werfen von Reißnägeln kann man „Kopf" oder „Pin" erhalten. Mina, Ben und Jakob haben je 750-mal geworfen.
 a) Schätze, welche Wahrscheinlichkeiten du jeweils für „Kopf" und „Pin" erwartest.
 b) Notiere sinnvolle Wahrscheinlichkeiten, die Mina, Ben bzw. Jakob nach ihren jeweiligen Versuchsreihen hätten angeben können.
 c) Fasse die Ergebnisse aus Teilaufgabe a) zusammen und notiere eine bessere Schätzung.

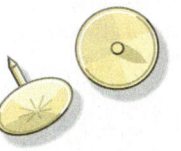

Einmal Kopf und viermal Pin

	Pin	Kopf
Mina	531	219
Ben	508	242
Jakob	466	284

4 Sinus und Kosinus am Einheitskreis

Tom und Lisa fahren mit einem Riesenrad.
Es hat einen Durchmesser von 80 m.
Nach etwa einer Minute sind sie schon 20 m hoch.
Tom meint: „Prima! Dann sind wir in vier Minuten oben!"
Kann Tom recht haben? Begründe.

Bisher wurden Sinus und Kosinus eines Winkels $\alpha < 90°$ als Seitenverhältnis im rechtwinkligen Dreieck definiert. Sinus und Kosinus sind aber auch sehr nützlich, um periodische Vorgänge zu beschreiben: zum Beispiel die Position einer Gondel eines Riesenrades oder die Tageslänge im Jahresverlauf. Dabei kann man sie auch als Koordinaten eines Punktes deuten, der sich auf einem Kreis bewegt. Dies ermöglicht die Erweiterung der Definition von Sinus und Kosinus auf Winkel $\alpha \geq 90°$.

Man betrachtet im Koordinatensystem einen Kreis mit Mittelpunkt (0|0) und Radius 1, den sogenannten **Einheitskreis**, und einen Punkt P auf der Kreislinie (vgl. Fig. 1).
Man stellt sich die Strecke $\overline{OP}$ vor, die sich wie ein Zeiger von der positiven x-Achse ausgehend entlang der Kreislinie gegen den Uhrzeigersinn dreht.
Zu jeder Stellung des Zeigers gehören ein Winkel α und ein rechtwinkliges Dreieck, dessen Hypotenuse die Länge 1 hat.
In diesem Dreieck entspricht der Sinus von α der Länge der Gegenkathete und der Kosinus von α der Länge der Ankathete:

$\sin(\alpha) = \frac{\text{Gegenkathete}}{\text{Hypotenuse}} = \frac{\text{Gegenkathete}}{1}$

$\cos(\alpha) = \frac{\text{Ankathete}}{\text{Hypotenuse}} = \frac{\text{Ankathete}}{1}$

Der Punkt P des Zeigers hat somit die Koordinaten $P(\cos(\alpha) | \sin(\alpha))$.

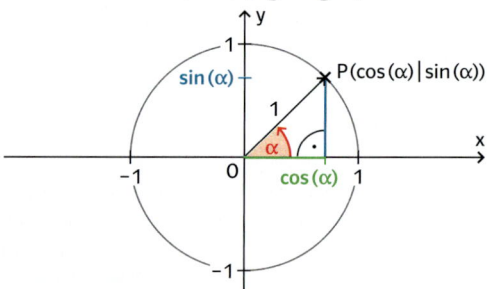

Fig. 1

Für Winkel $\alpha \geq 90°$ legt man Sinus und Kosinus ebenfalls als die Koordinaten von Punkten auf dem Einheitskreis fest (vgl. Fig. 2).
Wegen der Lage des Zeigers in Fig. 2 ist $\cos(\alpha)$ für $90° < \alpha < 180°$ negativ und $\sin(\alpha)$ positiv.

Entsprechende Überlegungen lassen sich auch für $180° < \alpha < 360°$ anstellen:
Für $180° < \alpha < 270°$ sind $\sin(\alpha)$ und $\cos(\alpha)$ negativ (vgl. Fig. 3).
Für $270° < \alpha < 360°$ ist $\sin(\alpha)$ negativ und $\cos(\alpha)$ positiv.

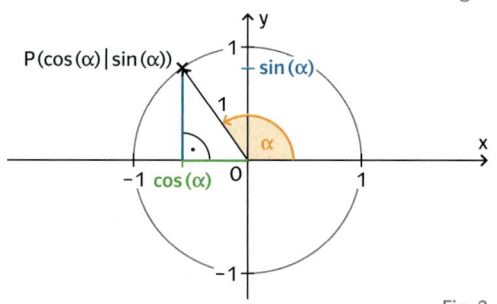

Fig. 2

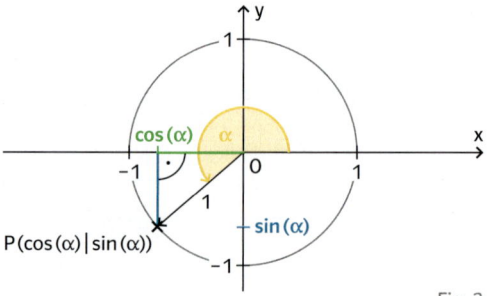

Fig. 3

α	$\sin(\alpha)$
0°	0
90°	1
180°	0
270°	−1
360°	0

Für Winkel $180° < \alpha < 360°$ siehe Aufgabe 6 auf Seite 186.

Sinus und Kosinus

Wenn man den Punkt (1|0) um den Winkel α gegen den Uhrzeigersinn auf dem Einheitskreis dreht, hat er die Koordinaten (cos(α)|sin(α)).
Hierdurch wird die Definition von Sinus und Kosinus auf Winkel a ≥ 90° erweitert.

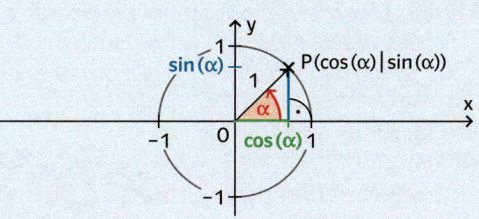

Beispiel Sinus und Kosinus am Einheitskreis

a) Bestimme mithilfe des Einheitskreises Näherungswerte für sin(130°) und für cos(130°). Prüfe deine Ergebnisse mit dem Taschenrechner.

b) Bestimme mithilfe des Einheitskreises zwei Winkel zwischen 0° und 360°, für die sin(α) = 0,5 bzw. für die cos(α) = 0,5 gilt.

Lösung

a)
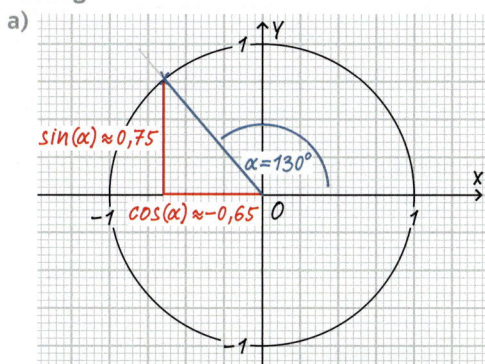

Am Einheitskreis lassen sich die Koordinaten des Punktes P näherungsweise ablesen: sin(130°) ≈ 0,75, cos(130°) ≈ –0,65.
Der Taschenrechner liefert
sin(130°) ≈ 0,766 044 und
cos(130°) ≈ –0,642 787 6.
Die gemessenen Werte sind in der Nähe der berechneten Werte.

b)
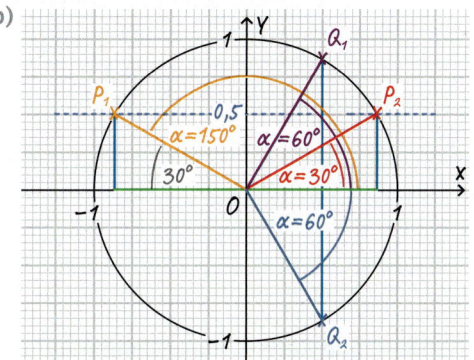

Am Einheitskreis findet man die Punkte P_1 und P_2, deren y-Koordinate 0,5 ist. Die zugehörigen Winkel sind $α_1$ = 30° und $α_2$ = 180° – 30° = 150°.
Die Punkte Q_1 und Q_2 haben die x-Koordinate 0,5.
Die zugehörigen Winkel sind $β_1$ = 60° und $β_2$ = 360° – 60° = 300°.

Aufgaben

1 Ordne die Figuren den Kärtchen passend zu.

(1)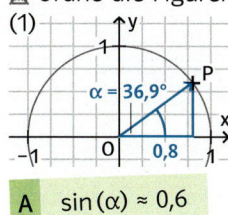
(2)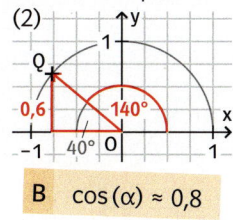
(3)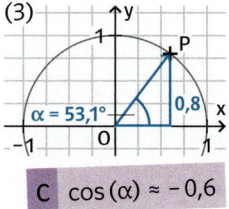
(4)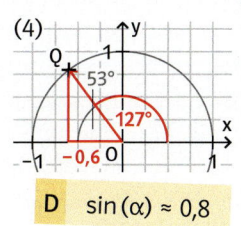

A sin(α) ≈ 0,6   B cos(α) ≈ 0,8   C cos(α) ≈ –0,6   D sin(α) ≈ 0,8

→ Du findest Hilfe im Beispiel a), Seite 185.

2 Zeichne einen Einheitskreis mit einem Radius von 1 dm. Bestimme mithilfe des Einheitskreises Näherungswerte. Überprüfe deine Ergebnisse mit dem Taschenrechner.
a) sin(15°)   b) sin(35°)   c) sin(55°)   d) sin(75°)
e) cos(15°)   f) cos(35°)   g) cos(55°)   h) cos(75°)

Kopiervorlage
Einheitskreis auf Millimeterpapier zum Ausdrucken
mk94z2

3 ⬛ Schätze die Werte für 0° ≤ α ≤ 90° am Einheitskreis auf volle Grad.
a) sin (α) = 0,7   b) cos (α) = 0,7   c) sin (α) = 0,1   d) cos (α) = 0,1
e) sin (α) = 0,37   f) cos (α) = 0,34   g) sin (α) = 0,72   h) cos (α) = 0,95

→ Du findest Hilfe in Beispiel b), Seite 18

4 ⬛ Sortiere die Werte für Sinus und Kosinus jeweils in die passenden „Töpfe".
a) α = 65°   b) α = 120°
c) α = 10°   d) α = 190°
e) α = 320°   f) α = 265°

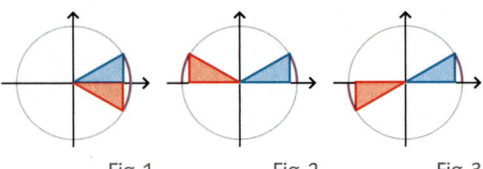

○ **Üben**
Seite 193, Aufgabe 4.

Teste dich!

→ Lösungen | Seite 28

5 a) Zeichne einen Einheitskreis mit Radius 1 dm. Bestimme mithilfe des Einheitskreises Näherungswerte für sin (20°), sin (130°), cos (40°) und cos (160°). Überprüfe deine Ergebnisse mit dem Taschenrechner.
b) ⬛ Schätze die Werte für 0° ≤ α ≤ 90° am Einheitskreis auf volle Grad.
(1) sin (α) = 0,4   (2) cos (α) = 0,4   (3) sin (α) = 0,3   (4) cos (α) = 0,9

6 a) ⬛ In Fig. 1 werden die Gleichungen sin (α) = –sin (360° – α) und cos (α) = cos (360° – α) am Einheitskreis veranschaulicht. Erläutere, welche Zusammenhänge in Fig. 2 und Fig. 3 veranschaulicht werden.
b) Kontrolliere deine Ergebnisse mit dem Taschenrechner.

Fig. 1   Fig. 2   Fig. 3

7 Zeichne einen Einheitskreis mit Radius 1 dm. Bestimme mithilfe des Einheitskreises Näherungswerte. Überprüfe deine Ergebnisse mit dem Taschenrechner.
a) sin (225°)   b) sin (245°)   c) sin (295°)   d) sin (335°)
e) cos (225°)   f) cos (245°)   g) cos (295°)   h) cos (335°)

8 Wahr oder falsch?
Entscheide, ob die Aussage wahr oder falsch ist. Begründe.
a) Für 0° < α < 90° gilt: sin (α) > 0 und cos (α) > 0.
b) Für 90° < α < 270° gilt: sin (α) < 0 und cos (α) < 0.
c) Für 180° < α < 360° gilt: sin (α) < 0 und cos (α) > 0.
d) Es gibt einen Winkel 0° < α < 90° für den sin (α) = –cos (α).

9 Finde den Fehler!
In beiden Teilaufgaben sollen jeweils Näherungswerte für Sinus bzw. Kosinus ermittelt werden. Erkläre, was falsch gemacht wurde und korrigiere im Heft.

a)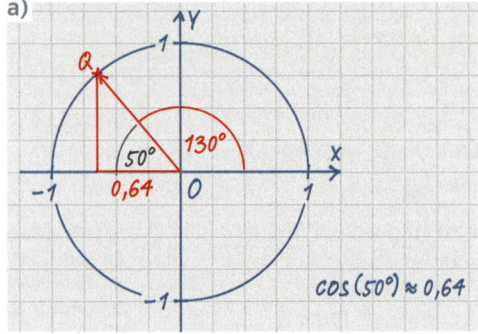

b)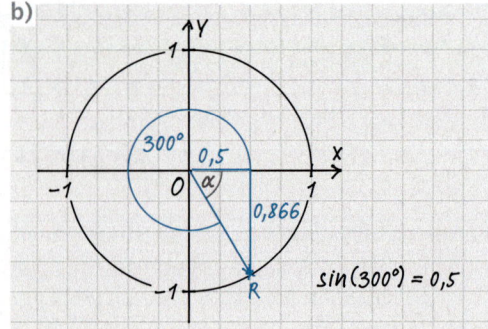

10 Begründe die Werte aus der Tabelle jeweils für den Winkel α. Nutze dazu dein Wissen über rechtwinklige Dreiecke.

α	0°	30°	45°	60°	90°
sin(α)	$\frac{1}{2}\sqrt{0}$	$\frac{1}{2}\sqrt{1}$	$\frac{1}{2}\sqrt{2}$	$\frac{1}{2}\sqrt{3}$	$\frac{1}{2}\sqrt{4}$
cos(α)	$\frac{1}{2}\sqrt{4}$	$\frac{1}{2}\sqrt{3}$	$\frac{1}{2}\sqrt{2}$	$\frac{1}{2}\sqrt{1}$	$\frac{1}{2}\sqrt{0}$

Tipp: Nutze den Satz des Pythagoras.

a) α = 0° und α = 90°
b) α = 30° und α = 60°
c) α = 45°

Teste dich!

→ Lösungen | Seite 282

11 Bestimme ohne Taschenrechner und nur mithilfe der Werte in der Tabelle aus Aufgabe 10 sowie Überlegungen am Einheitskreis die folgenden Werte:
a) sin(150°)   b) sin(330°)   c) cos(120°)   d) cos(135°)

12 Gegeben ist ein gleichseitiges Dreieck im Einheitskreis wie in der Figur.
a) Erläutere, wie du die Werte für sin(60°) und cos(60°) ermitteln kannst.
b) Berechne die Werte für cos(60°) und sin(60°).

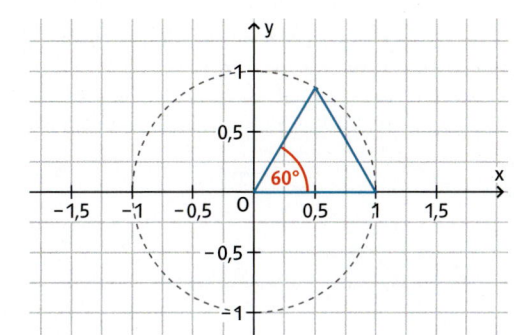

13 Gilt immer – gilt nie – es kommt darauf an
Überprüfe, ob für α die folgenden Aussagen immer gelten, nie stimmen oder nur in bestimmten Fällen richtig sind. Begründe jeweils.

a) $\tan(α) = \frac{\sin(α)}{\cos(α)}$ b) $\sin(α) = \frac{1}{2}\sqrt{5}$ c) $\cos(α) = \sin(α)$

$\sin^2 α$ ist eine geläufige Schreibweise für $(\sin(α))^2$

14 Begründe folgende Gleichungen.
a) sin(90° − α) = cos(α)   b) cos(90° − α) = sin(α)   c) sin(180° − α) = sin(α)

15 Beweise folgende Formeln.
a) $\frac{1}{\cos^2(α)} = 1 + \tan^2(α)$ b) $\frac{1}{\sin^2(α)} = 1 + \tan^2(90° − α)$

● **Erforschen** Seite 195, Aufgabe 14.

Teste dein Grundwissen!   Ein Kreisdiagramm zeichnen

→ **Grundwissen** Seite 240
Lösungen | Seite 283

16 Das Diagramm zeigt die Nettostromerzeugung in Deutschland im ersten Halbjahr 2018. Berechne die Anteile der Energieträger und zeichne das zugehörige Kreisdiagramm.

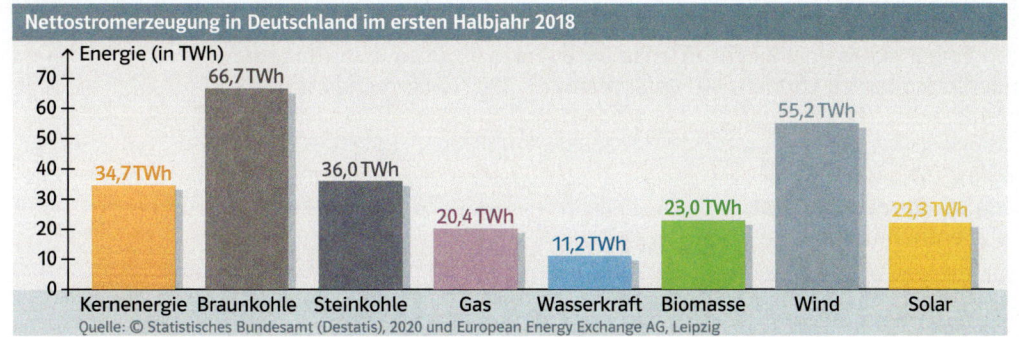

5 Die Sinusfunktion

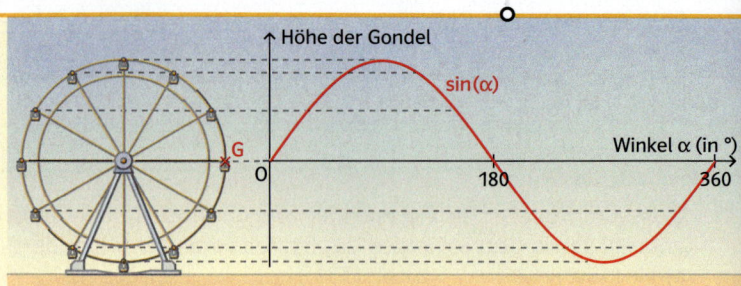

Der rote Graph beschreibt die Drehung eines Riesenrads.
Überlege:
Wie geht der Graph für kleinere und größere α weiter?
Welche Fragen beantwortet der Graph?

Die Ergebnisse zu Sinus und Kosinus am Einheitskreis lassen sich fortführen, indem die Werte für Sinus und Kosinus auch für α > 360° und für α < 0° ermittelt werden.

Das Bewegen des Zeigers entlang des Einheitskreises kann man grafisch veranschaulichen.

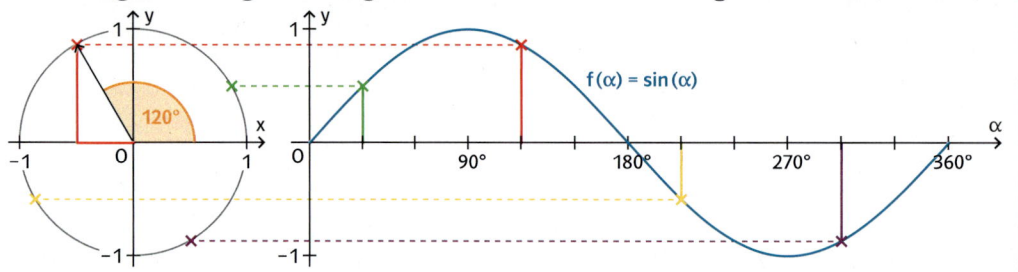

α	sin(α)
0°	0
90°	1
180°	0
270°	−1
360°	0

Fig. 1

Trägt man auf der x-Achse den Winkel α und auf der y-Achse die y-Koordinate des Endpunktes P des zugehörigen Zeigers ab, erhält man den Graphen der **Sinusfunktion**. α ist der zugehörige Winkel in Grad, man spricht daher vom **Gradmaß**.

Zusätzlich ist zum Beispiel beim Riesenrad interessant, welche Strecke die Gondel zurückgelegt hat. Dazu benötigt man die Länge des Kreisbogens.

Die zurückgelegte Strecke des Zeigers auf dem Einheitskreis hängt vom Winkel ab und wird **Bogenmaß** genannt (vgl. Fig. 2). Damit lässt sich der Winkel auch mit dem Bogenmaß angeben.
Für einen ganzen Kreis beträgt das Gradmaß α = 360° und das Bogenmaß x = 2π, da der Umfang des Einheitskreises 2π ist.

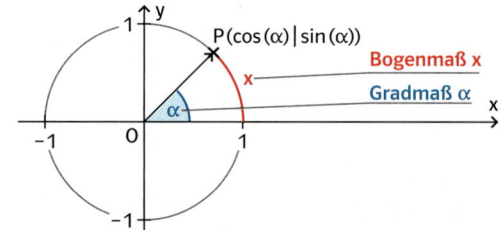

x	sin(x)
0	0
$\frac{\pi}{2}$	1
π	0
$\frac{3\pi}{2}$	−1
2π	0

Fig. 2

Die Orientierung am Einheitskreis ermöglicht es, markante Werte im Grad- bzw. Bogenmaß schnell einander zuordnen zu können: 90° entsprechen $\frac{\pi}{2}$, 180° entsprechen π und 270° entsprechen $\frac{3}{2}\pi$.

Wie sich die Größe eines Winkels α vom Gradmaß ins Bogenmaß umrechnen lässt, kann man der Tabelle entnehmen.
Es gilt:

$x = \alpha \cdot \frac{\pi}{180°}$ bzw. $\alpha = \frac{180°}{\pi} \cdot x$

	Gradmaß	Bogenmaß	
: 360	360°	2π	: 360
· α	1°	$\frac{2\pi}{360°} = \frac{\pi}{180°}$	· α
	α	$\alpha \cdot \frac{\pi}{180°}$	

Will man im Taschenrechner den Sinus von einem Winkel im Bogenmaß oder das Bogenmaß zu einem gegebenen Sinuswert bestimmen, muss man ihn unter *mode* von *degree* (deg oder D) auf *radian* (rad oder R) umstellen.

Das Bogenmaß
Zu jedem Winkel α im Gradmaß gehört das Bogenmaß des Winkels α. Dieses ist die Länge x des zugehörigen Bogens im Einheitskreis. Es gilt $x = \alpha \cdot \frac{\pi}{180°}$ bzw. $\alpha = \frac{180°}{\pi} \cdot x$.

Die Sinusfunktion
Wenn man jedem Winkel den zugehörigen Sinus zuordnet, erhält man die **Sinusfunktion** **f(x) = sin(x)**, wobei x in Grad- oder Bogenmaß angegeben werden kann.

Achte darauf, ob x im Grad- oder im Bogenmaß angegeben wird, denn x kann ein Winkel oder eine Strecke sein.

Durchläuft der Zeiger den Einheitskreis einmal, so entspricht dies dem Gradmaß 360° bzw. dem Bogenmaß 2π.
Es ist aber auch möglich, dass der Zeiger den Einheitskreis mehrfach durchläuft. Wenn er den Einheitskreis z. B. eineinhalbmal durchläuft, entspricht dies einem Gradmaß von 360° + 180° = 540° bzw. einem Bogenmaß von 2π + π = 3π.

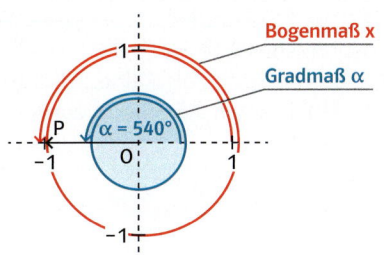

Fig. 1

Da der Zeiger sich wieder an derselben Stelle befindet wie nach einer halben Umdrehung (vgl. Fig. 1), gilt sin(540°) = sin(180°) bzw. sin(3π) = sin(π).
Dies lässt sich auf jeden beliebigen Winkel übertragen. Es gilt allgemein für alle ganzen Zahlen z: sin(α) = sin(α + 360°) = sin(α + z · 360°)
bzw.   sin(x) = sin(x + 2π) = sin(x + z · 2π)
Man sagt: Die Sinusfunktion ist periodisch mit der **Periode 360° bzw. 2π**.
Wegen der Periodizität ergibt sich für die Sinusfunktion f(x) = sin(x) von −5π bis 5π der folgende Graph:

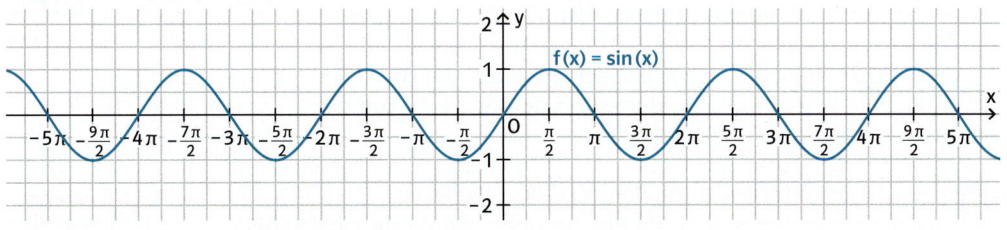

Fig. 2

Analog lässt sich der Graph der Kosinusfunktion veranschaulichen. Vergleiche hierzu Aufgabe 7 auf Seite 191.

Beispiel 1 Winkelmaße umrechnen
Bestimme das jeweils andere Winkelmaß (Gradmaß bzw. Bogenmaß).

a) 45°   b) 110°   c) $\frac{3}{2}\pi$ d) $-\frac{\pi}{6}$

Lösung

a) 45° entsprechen einer Achteldrehung im Einheitskreis
⇒ 45° ≙ $\frac{2\pi}{8}$ = $\frac{1}{4}\pi$

b) $x = 110° \cdot \frac{\pi}{180°}$
   $= 0{,}6\overline{1} \cdot \pi$

c) $\frac{3}{2}\pi$ entspricht einer Dreivierteldrehung im Einheitskreis
⇒ $\frac{3}{2}\pi$ ≙ 270°

d) $\alpha = \frac{180°}{\pi} \cdot \left(-\frac{\pi}{6}\right)$
   $= -\frac{180°}{6}$
   $= -30°$

Beispiel 2 Die Sinusfunktion im Kontext
Die Figur zeigt den Graphen der Funktion, die näherungsweise die Höhe eines Fahrradventils in Zentimetern über dem Boden in Abhängigkeit von der Zeit in Sekunden beschreiben soll.
a) Lies näherungsweise ab, wann das Ventil wieder in der Ausgangsposition ist.
b) Ermittle die Geschwindigkeit des Fahrrades, wenn sich das Rad gleichmäßig so weiterdreht.

Lösung
a) Zum Zeitpunkt t = 0 hat das Ventil eine Höhe von 34 cm über dem Boden.
Man liest am Graphen ab, dass das Ventil nach ca. 1 Sekunde bzw. 2 Sekunden usw. wieder in der Ausgangsposition ist.

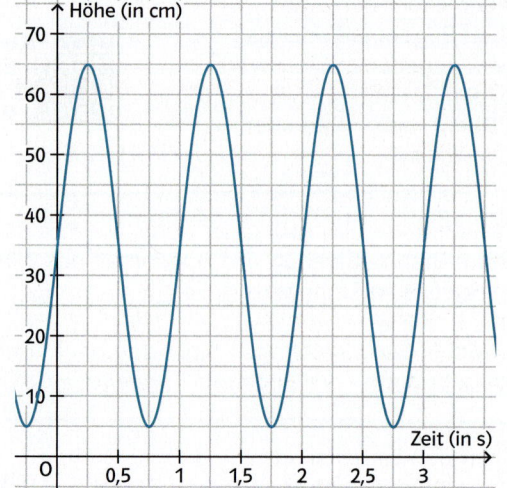

b) Das Rad hat einen Radius von 30 cm, also einen Umfang von U = 2 · π · 30 cm ≈ 188,5 cm. Es legt ca. 189 cm = 1,89 m in etwa 1 Sekunde zurück.
Die Geschwindigkeit beträgt also $\frac{1{,}89\, m}{1\, s}$ = 6804 $\frac{m}{h}$ ≈ 6,8 $\frac{km}{h}$.

Aufgaben

1 ▣ Welche Karten gehören zusammen? Ordne zu.

| 135° | $\frac{\pi}{2}$ | $\frac{\pi}{4}$ | $\frac{9\pi}{4}$ | $\frac{3\pi}{4}$ | 45° | 90° | $-\frac{7\pi}{4}$ |

> Du findest Hilfe in Beispiel 1 und in Fig. 2, Seite 189.

○ **Üben**
Seite 193, Aufgaben 5 und 6.

2 Bestimme das jeweils andere Winkelmaß (Gradmaß bzw. Bogenmaß). Setze die Reihe um jeweils drei Elemente nach links bzw. rechts fort.
a) …, −45°, 0°, 45°, 90°, 135°, …
b) …, $-\frac{\pi}{3}$, $-\frac{\pi}{6}$, 0, $\frac{\pi}{6}$, …

> Du findest Hilfe in Beispiel 1, Seite 189.

3 a) Zeichne den Graphen der Sinusfunktion im Bereich von −720° bis 720°. Lege hierzu zunächst eine geeignete Wertetabelle an.
b) Es gilt: sin(60°) = $\frac{1}{2}$ · $\sqrt{3}$ ≈ 0,87. Bestimme mithilfe des Graphen alle Winkel α mit −720° ≤ α ≤ 720°, für die gilt: sin(α) = $\frac{1}{2}$ · $\sqrt{3}$. Überprüfe deine Lösung mit dem Taschenrechner.

> Du findest Hilfe in Fig. 2, Seite 189.

4 a) Zeichne den Graphen der Sinusfunktion im Bereich von −3π bis 5π.
b) Es gilt: sin($\frac{1}{4}\pi$) = $\frac{1}{2}$ · $\sqrt{2}$ ≈ 0,7. Bestimme mithilfe des Graphen alle Werte x im Bereich von −3π und 5π, für die gilt: sin(x) = $\frac{1}{2}$ · $\sqrt{2}$. Überprüfe deine Lösung mit dem Taschenrechner.

> **Zur Erinnerung:** Denke daran, den Taschenrechner ins Bogenmaß umzustellen.

Teste dich!

> Lösungen | Seite 28?

5 Bestimme das jeweils andere Winkelmaß.
a) 160° b) 235° c) 98° d) −20° e) −125° f) −160°
g) 6π h) 0,3π i) $\frac{5}{3}\pi$ j) −1,5π k) $-\frac{1}{9}\pi$ l) −0,25π

6 ▣ Zeichne den Graphen der Sinusfunktion. Bestimme anhand dessen
a) alle Winkel α, 0° ≤ α ≤ 360°, die die Gleichung sin(α) = −0,5 erfüllen,
b) alle Werte x, −2π ≤ x ≤ 2π, die die Gleichung sin(x) = −0,8 näherungsweise erfüllen.

VI Trigonometrie

7 a) Beschreibe in eigenen Worten die Eigenschaften der Sinusfunktion. Verwende passende Begriffe von den Kärtchen.

> kleinster Wert • positiv • Periode • Nullstellen • größter Wert
> Bogenmaß • periodisch • negativ • Gradmaß • Werte

b) Zeichne den Graphen der Kosinusfunktion mithilfe des Einheitskreises oder einer Wertetabelle und dem Taschenrechner im Bereich von $-2\pi \leq x \leq 2\pi$.

8 Maya und Marlene sind bei der Berechnung eines Wertes für den Sinus von 1 auf unterschiedliche Ergebnisse gekommen. Finde eine Erklärung für die beiden Werte.

Maya: $\sin(1) \approx 0{,}841$

Marlene: $\sin(1) \approx 0{,}017$

Die Sinusfunktion in Kontexten

9 Die Gondel eines Riesenrads mit einem Durchmesser von 60 m startet in Position 1, dreht sich gegen den Uhrzeigersinn und ist nach 9 min am höchsten Punkt (Position 2).

a) Stelle einen Zusammenhang zwischen den Drehungen des Riesenrads und der Sinusfunktion her.
b) Ermittle den Höhenunterschied zu Position 1 nach 6, 15 und 20 Minuten.

10 Die folgende Grafik zeigt durch den grünen Graphen den Verlauf der Gezeiten in einem Hafen. So beträgt die Wasserhöhe an einer Anlegestelle bei Flut gegen 4 Uhr morgens ca. 5 Meter und bei Ebbe gegen 11:30 Uhr ca. 2 Meter.

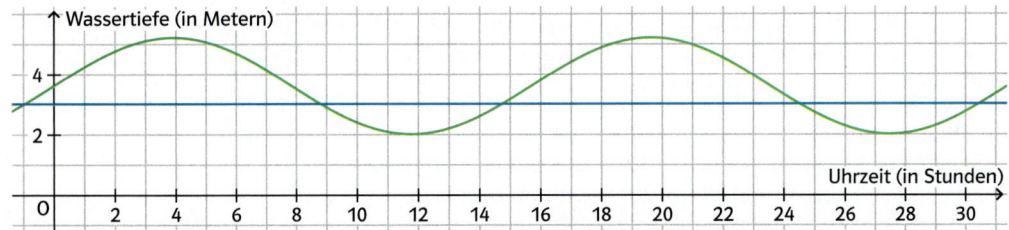

a) Lies die ungefähre Wassertiefe um 8 Uhr morgens sowie um 20 Uhr abends ab.
b) Ein größeres Schiff benötigt mindestens 3 m Wassertiefe, um anlegen zu können. Gib an, zu welchen Zeiten am Nachmittag dies möglich ist.

11 Die Figur zeigt die Auslenkung einer Stimmgabel. Die maximale Auslenkung der Schwingung heißt Amplitude. Eine Auslenkung von 0 mm entspricht der Ruhelage.

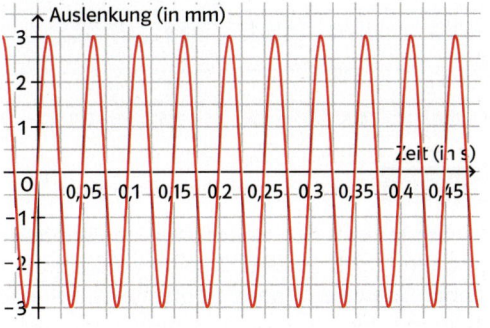

a) Lies die Amplitude der Stimmgabel am Graphen ab.
b) Die Anzahl sich wiederholender Vorgänge pro Sekunde in einem periodischen Signal wird Frequenz genannt und in Hertz (Hz) gemessen. Ermittle, mit wie viel Hertz die Stimmgabel schwingt.

● **Erforschen**
Seite 195, Aufgabe 15.

Der Ton mit dieser Frequenz ist der tiefste Basston, der gerade noch hörbar ist.

Teste dich!

→ Lösungen | Seite 28

12 Ermittle mithilfe von Fig. 1, für welche Werte von $x \in [0; 2\pi]$ gilt:
a) $\sin(x) > 0$ und $\cos(x) > 0$
b) $\sin(x) > 0$ und $\cos(x) < 0$
c) $\sin(x) = 0$ und $\cos(x) = -1$
d) $\sin(x) = \cos(x)$
Übertrage deine Ergebnisse jeweils auf Winkel α im Intervall von 0° bis 360°.

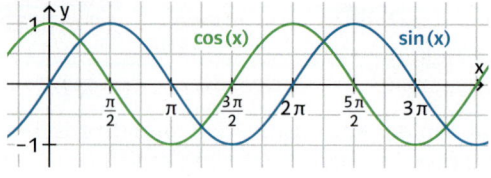
Fig. 1

13 Durch die Funktion f mit $f(t) = 0{,}5 \sin(t)$ soll unter der Annahme, dass nicht gebremst wird, die Schwingung eines Pendels beschrieben werden. Dabei sei t die Zeit (in s) und f(t) die Auslenkung (in m). Bei $t = 0$ schwingt das Pendel von links nach rechts genau durch die Ruhelage.

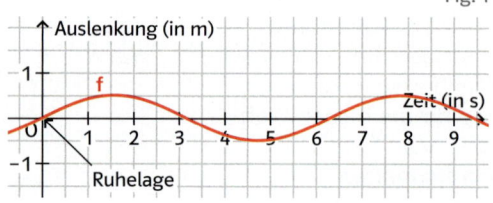
Fig. 2

a) Lies die Amplitude des Pendels am Graphen ab.
b) Ermittle, wie lange das Pendel braucht, bis es erneut von rechts nach links die Ruhelage durchläuft.
c) Ermittle rechnerisch die Auslenkung des Pendels nach einer Minute.

Zur Erinnerung:
Die **Amplitude** ist die maximale Auslenkung einer Schwingung.

14 Die allgemeine Sinusfunktion hat die Gleichung $f(x) = a \cdot \sin(bx)$, dabei sind $a, b > 0$. a heißt Amplitude und $p = \frac{2\pi}{b}$ heißt Periode der Sinusfunktion.

a) Gib die Amplitude und die Periode der Funktion f an. Skizziere den Graphen.
(1) $f(x) = \sin(x)$ (2) $f(x) = 4\sin(x)$ (3) $f(x) = \sin(\pi x)$ (4) $f(x) = 2\sin(0{,}1x)$

b) Gib zu jedem Graphen die Periode, die Amplitude und eine Funktionsgleichung an.

(1) 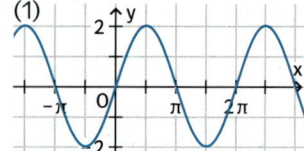 (2) 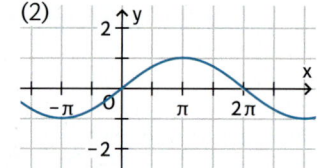 (3)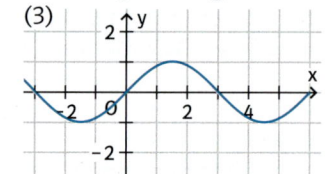

c) Zeichne den Graphen der Funktion $f(x) = a \cdot \sin(bx)$ mit einem Funktionenplotter und erstelle Schieberegler für a und b ($a, b > 0$). Untersuche, wie sich der Graph von f für verschiedene Werte von a bzw. b verändert. Notiere deine Ergebnisse.

15 Gegeben sind Datenreihen von periodischen Vorgängen und Funktionsgleichungen. Begründe, welche Funktionsgleichung welche Datenreihe relativ gut beschreibt.

$f_1(x) = 3{,}5 \cdot \sin(0{,}15 \cdot x)$ $f_2(x) = 2{,}5 \cdot \sin(1{,}2 \cdot x)$ $f_3(x) = 5 \cdot \sin(0{,}523 \cdot x) + 10$

(A)
x	1	2	3	4	8	9	10	14	15	16
f(x)	12,5	14,2	15,0	14,3	5,6	5,0	5,7	14,3	15,0	14,4

(B)
x	0	1	2	3	4	5	6	7	8	9
f(x)	0	2,4	1,7	−1,2	−2,5	−0,8	2,1	2,2	−0,4	−2,6

Teste dein Grundwissen!   Säulen- und Kreisdiagramm

→ **Grundwissen** Seite 240
Lösungen | Seite 28

G 16 In der Klasse 9 a wurde nach den Haarfarben der Schülerinnen und Schüler gefragt: zwei sind blond, elf haben hellbraune und zwölf dunkelbraune Haare. Eine Schülerin hat rote, vier Schüler haben schwarze Haare. Übertrage die Angaben in ein Tabellenkalkulationsblatt und erstelle mit dem Programm je ein Säulen- und ein Kreisdiagramm.

Wiederholen – Vertiefen – Vernetzen

VI Trigonometrie

Wiederholen und Üben

→ Lösungen | Seite 283

1 Berechne die fehlenden Größen. Die Buchstaben zu den übrig gebliebenen Zahlen ergeben einen Namen.

a) b) c)

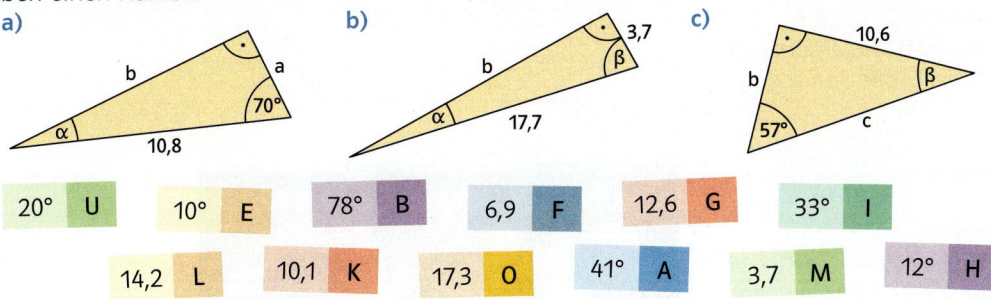

| 20° U | 10° E | 78° B | 6,9 F | 12,6 G | 33° I |
| 14,2 L | 10,1 K | 17,3 O | 41° A | 3,7 M | 12° H |

2 Berechne die Länge der Seite x (alle Maße in cm).

a) 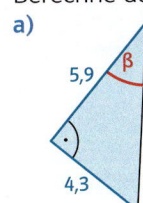 b) 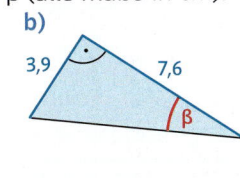 c) 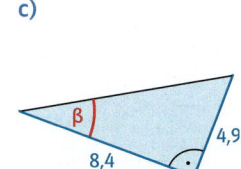 d)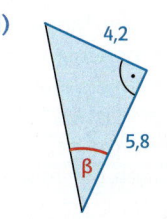

3 Berechne den Winkel β (alle Maße in cm).

a) 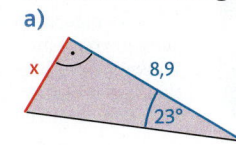 b) 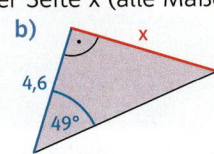 c) 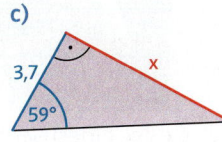 d)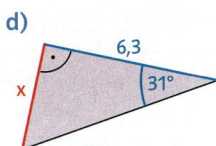

4 Sortiere die Werte für Sinus und Kosinus jeweils in die passenden „Töpfe".
a) $\alpha = 35°$ b) $\alpha = 150°$
c) $\alpha = 77°$ d) $\alpha = 198°$
e) $\alpha = 304°$ f) $\alpha = 282°$

5 Welche Karten gehören zusammen? Ordne zu.

| 30° | π | $\frac{5\pi}{4}$ | 225° | $\frac{\pi}{6}$ | $-\frac{3\pi}{4}$ | 180° | $-\pi$ |

6 Bestimme das jeweils andere Winkelmaß (Gradmaß bzw. Bogenmaß).
a) 210°   b) 125°   c) 85°   d) −20°   e) −75°   f) −160°
g) 3π h) $0,5\pi$ i) $\frac{3}{4}\pi$ j) $-\pi$ k) $-\frac{1}{6}\pi$ l) $-0,25\pi$

7 Durch häufigen Fahrbahnwechsel verlängert sich der Fahrweg.
Berechne die Länge der Strecke c und gib an, um wie viel Prozent sich der Weg durch den Fahrbahnwechsel verlängert.

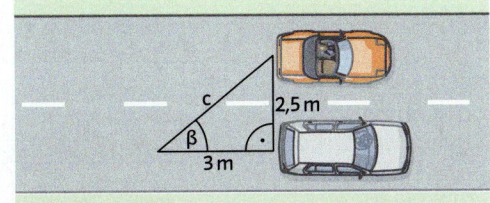

Teste dich!

Kopiervorlage
Check-out
mk94z2

Wiederholen – Vertiefen – Vernetzen

Vertiefen und Anwenden

8 Gib für das Rechteck in Fig. 1 drei Seitenverhältnisse für sin(α) an. Welche Seitenverhältnisse ergeben sich für sin(β)? Zeichne hierzu die Figur ab und ergänze die Winkel, die ebenfalls die Größe von α oder β besitzen.

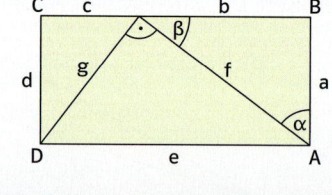

Fig. 1

9 Mithilfe eines Winkelmessers lassen sich Höhen von Bäumen oder Gebäuden näherungsweise bestimmen.
  a) Maria steht 76 m vom Fernsehturm entfernt und sieht diesen unter einem Sehwinkel von 49°. Bestimme die ungefähre Höhe des Fernsehturms.
  b) Den 324 m hohen Eiffelturm sieht Markus unter einem Sehwinkel von 64°. Wie weit ist Markus etwa vom Eiffelturm entfernt?
  c) Bestimmt mithilfe eines Winkelmessers oder eines Geodreiecks die ungefähre Höhe der Schule, eines hohen Baumes und der Kirchen in eurem Stadtteil.

Für eure eigenen Messungen könnt ihr einen Winkelmesser wie im Bild selbst basteln oder eine App benutzen.

Fig. 2

10 Benet behauptet: „Dass der Tangens von α in Fig. 3 durch die grüne Linie veranschaulicht wird, kann man sich leicht mit Steigungsdreiecken klarmachen." Erkläre, was Benet damit meint. Verwende dazu diejenigen der folgenden Kärtchen, die dir geeignet erscheinen.

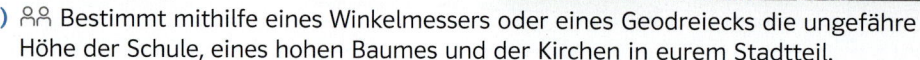

Fig. 3

- m = tan(α)
- Die Steigung m lässt sich an jedem Steigungsdreieck ablesen.
- „eins nach rechts, tan(α) nach oben"
- Die Hypotenuse kann man zu einer Gerade verlängern.
- Die Hypotenuse liegt auf dem Schenkel des Winkels α.
- „cos(α) nach rechts, sin(α) nach oben"
- Die Gerade durch den Punkt P hat die Steigung tan(α).
- $\tan(\alpha) = \frac{\sin(\alpha)}{\cos(\alpha)}$

11 Leopold und Marko stehen vor dem Düsseldorfer Fernsehturm. Leopold sieht die Spitze des Fernsehturms unter einem Winkel von etwa 86° und Marko sieht sie unter einem Winkel von etwa 78°. Leopold und Marko stehen in einer Linie mit dem Fußpunkt des Turmes und sind 34 m voneinander entfernt.
  a) Bestimme die ungefähre Höhe des Fernsehturms.
  b) Wie weit stehen Leopold und Marko vom Fuße des Turms entfernt?
  c) Bestimmt mithilfe der Methode von Leopold und Marko die Höhe eines unzugänglichen Gebäudes.

Für eure eigenen Messungen könnt ihr einen Winkelmesser wie in Fig. 2 selbst basteln oder eine App benutzen.

12 Im Einheitskreis ist wie in Fig. 1 ein Quadrat einbeschrieben.
Weise nach, dass der Flächeninhalt des Quadrats 2 Flächeneinheiten beträgt.

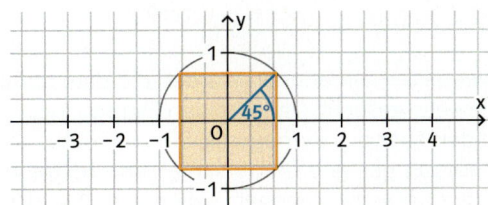
Fig. 1

13 In Fig. 2 soll die Schwingung einer Federfigur dargestellt werden. Dabei sei t die Zeit in Sekunden und f(t) die Auslenkung in Metern. Zum Zeitpunkt t = 0 schwingt die Figur von unten nach oben genau durch die sogenannte Ruhelage.
a) Lies am Graphen näherungsweise ab, wie weit die Figur in Bezug auf die Ruhelage maximal auslenkt.
b) Der Graph der Funktion hat die Gleichung $f(t) = 0{,}05 \sin \cdot (9{,}2t) + 0{,}27$.
Ermittle rechnerisch die Auslenkung der Pendelfigur nach einer Minute, wenn man annimmt, dass die Figur solange gleichmäßig weiterschwingt.

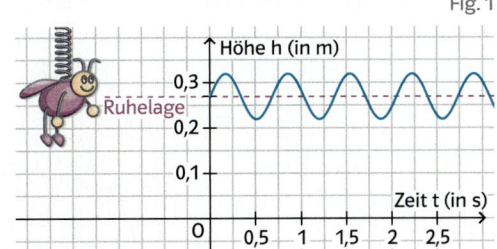
Fig. 2

Vernetzen und Erforschen

14 Gegeben ist ein rechtwinkliges Dreieck wie in der Figur rechts.
Weise nach, dass für den Flächeninhalt A des Dreiecks gilt: $A = \frac{ab}{2} = \frac{a^2}{2} \cdot \tan(\beta)$.

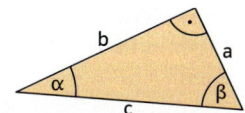

15 💻 Das Riesenrad *London Eye* hat eine Höhe von 135 Metern.
Die Position einer Gondel kann näherungsweise durch die Funktion f mit
$f(x) = 67{,}5 \sin\left(\frac{1}{15}\pi(x - 7{,}5)\right) + 67{,}5$ angegeben werden. Dabei beschreibt x die Zeit in Minuten seit dem Start und f(x) die Höhe über dem Boden in Metern.

a) Zeichne den Graphen von f mithilfe eines Funktionenplotters.
b) Lies am Graphen ab, wann eine Gondel wieder an ihrem Ausgangspunkt ankommt.
c) Beschreibe die Fahrt mit dem Riesenrad mit Bezug zum Funktionsgraphen.
d) Erkläre, wie der Funktionsterm von f aus sin(x) hervorgegangen ist und beschreibe die Bedeutung der Werte in der Gleichung im Sachzusammenhang. Verwende dazu diejenigen der folgenden Kärtchen, die dir geeignet erscheinen.

> Der Graph der Funktion f ist gegenüber sin(x) um 7,5 nach rechts verschoben.

> Der Radius des Riesenrades ist 67,5.

> Die ersten 15 Minuten steigt der Graph von f.

> Der Mittelpunkt des Riesenrads liegt auf einer Höhe von 67,5 m.

> Der Faktor $\frac{1}{15}\pi$ bewirkt eine Periode von 30 Minuten.

> Da die Gondel über dem Boden schwebt, kann es keine negativen Funktionswerte geben.

> Nach der Hälfte der Zeit fällt der Graph.

> Der Graph der Funktion f ist gegenüber sin(x) um 67,5 nach oben verschoben.

Exkursion

Der Sinus- und der Kosinussatz

In den beiden dargestellten Situationen wurden die blau gefärbten Größen gemessen, die rote Größe ist jeweils gesucht. Da in beiden Figuren kein rechtwinkliges Dreieck vorliegt, kann man den Satz des Pythagoras, Sinus, Kosinus und Tangens nicht direkt anwenden. Man muss mit geeigneten Hilfslinien und Teilfiguren arbeiten. Um diese aufwendige Vorgehensweise zu umgehen, sollen auch für nicht-rechtwinklige Dreiecke Beziehungen zwischen Seitenlängen und Winkelgrößen hergeleitet werden.

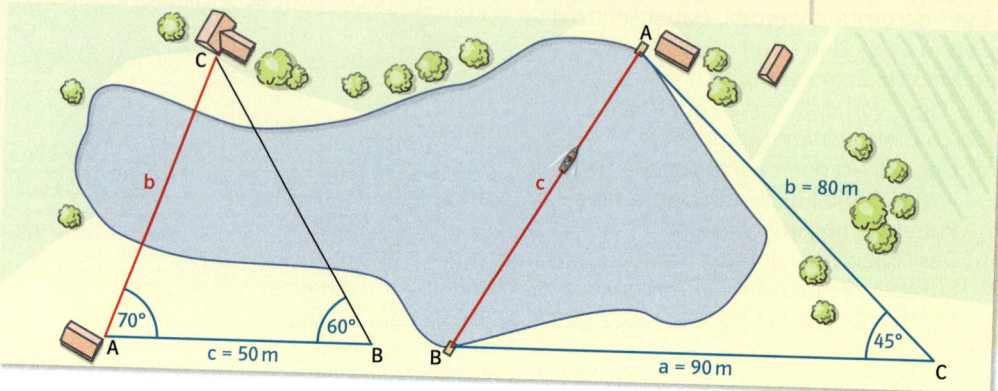

Problem 1
Wie kann man in einem beliebigen Dreieck ABC einen Zusammenhang zwischen zwei Seitenlängen und den Winkelgrößen der gegenüberliegenden Winkel angeben?

Erarbeitung
Gegeben ist das Dreieck ABC. Es soll eine Beziehung zwischen den Seiten b und c sowie den Winkeln β und γ hergeleitet werden. Dazu zerlegt man das Dreieck zuerst mithilfe der Höhe h_a in zwei rechtwinklige Teildreiecke. Dann gilt
im Dreieck ABD: im Dreieck ADC:

$\sin(\beta) = \dfrac{h_a}{c}$ $|\cdot c$ $\sin(\gamma) = \dfrac{h_a}{b}$ $|\cdot b$

$h_a = c \cdot \sin(\beta)$ $h_a = b \cdot \sin(\gamma)$

Daraus folgt $c \cdot \sin(\beta) = b \cdot \sin(\gamma)$ bzw.
$$\dfrac{\sin(\beta)}{\sin(\gamma)} = \dfrac{b}{c}.$$

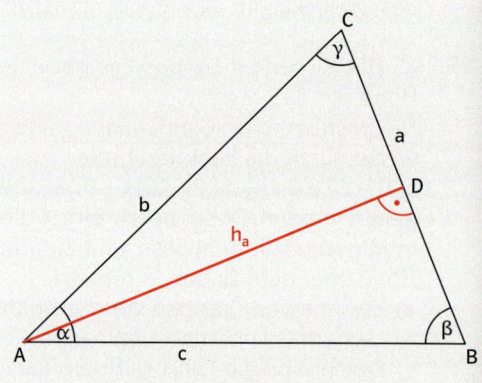

Durch Umformen dieser Gleichung nach b, also $b = \dfrac{\sin(\beta)}{\sin(\gamma)} \cdot c$, kann man im Einstiegsbeispiel die Länge der Strecke b von Haus zu Haus aus den gemessenen Größen berechnen.
Der Zusammenhang $\dfrac{\sin(\beta)}{\sin(\gamma)} = \dfrac{b}{c}$ gilt in entsprechender Weise auch für die anderen beiden Seiten- und Winkelpaare und wird als Sinussatz bezeichnet.

Ergebnis
Sinussatz: In einem beliebigen Dreieck stimmen Seiten- und entsprechende Winkelgrößenverhältnisse überein:
$\dfrac{\sin(\alpha)}{\sin(\beta)} = \dfrac{a}{b}$, $\dfrac{\sin(\alpha)}{\sin(\gamma)} = \dfrac{a}{c}$, $\dfrac{\sin(\beta)}{\sin(\gamma)} = \dfrac{b}{c}$.

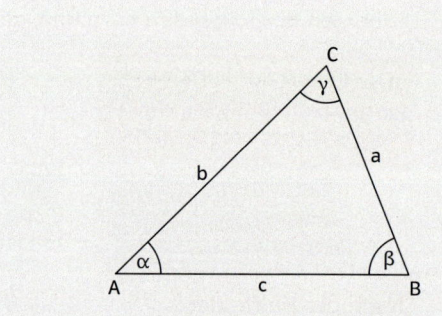

Problem 2
In einem beliebigen Dreieck ABC sind zwei Seiten und der eingeschlossene Winkel gegeben. Wie kann man die fehlende Seitenlänge und die fehlenden Winkelgrößen berechnen?

Erarbeitung
Gegeben ist ein Dreieck ABC. Es soll eine Beziehung zwischen den Seiten a, b und c sowie dem Winkel γ hergeleitet werden.
Idee: Man zerlegt das Dreieck mithilfe der Höhe h_b in zwei rechtwinklige Dreiecke ABD und BCD. Die Seite b wird durch die Höhe h_b in die Strecken b_1 und b_2 unterteilt.
Dann gilt im Dreieck BCD:

$\sin(\gamma) = \dfrac{h_b}{a}$ | · a $\cos(\gamma) = \dfrac{b_1}{a}$ | · a

$h_b = a \cdot \sin(\gamma)$ $b_1 = a \cdot \cos(\gamma)$

Im Dreieck ABD kann man den Satz des Pythagoras anwenden.
Es folgt
$c^2 = h_b^2 + b_2^2$
$ = h_b^2 + (b - b_1)^2$
$ = a^2 \sin^2(\gamma) + b^2 - 2 \cdot ab \cdot \cos(\gamma) + a^2 \cos^2(\gamma)$
$ = a^2 (\sin^2(\gamma) + \cos^2(\gamma)) + b^2 - 2 \cdot ab \cdot \cos(\gamma)$
$ = a^2 + b^2 - 2 \cdot ab \cdot \cos(\gamma)$.

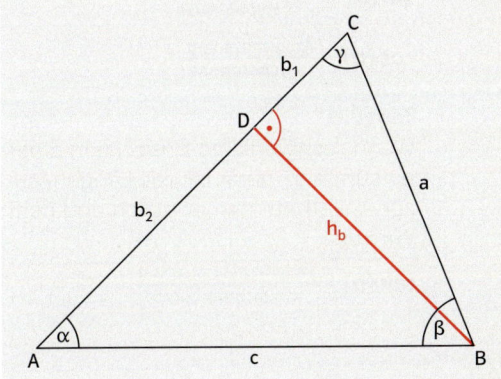

Man kann im Einstiegsbeispiel die Länge der Strecke c aus den gegebenen Daten berechnen. Der Zusammenhang $c^2 = a^2 + b^2 - 2 \cdot ab \cdot \cos(\gamma)$ gilt in entsprechender Weise auch für die anderen beiden Winkel und wird als Kosinussatz bezeichnet. Der Kosinussatz gilt auch in stumpfwinkligen Dreiecken.

Ergebnis
Kosinussatz: In einem beliebigen Dreieck gilt
$a^2 = b^2 + c^2 - 2 \cdot bc \cdot \cos(\alpha)$, $b^2 = a^2 + c^2 - 2 \cdot ac \cdot \cos(\beta)$,
$c^2 = a^2 + b^2 - 2 \cdot ab \cdot \cos(\gamma)$.

---

1 a) Berechne im Einstiegsbeispiel auf Seite 196, wie lang die Strecke b durch den See ist.
  b) Berechne im Einstiegsbeispiel auf Seite 196, wie lang die Strecke c durch den See ist.

2 Bestimme rechnerisch alle Seitenlängen und Winkelgrößen im Dreieck ABC.
  a) (1) a = 4 cm, α = 60°, β = 50°
     (2) a = 5 cm, c = 10 cm, γ = 120°
  b) (1) a = 3,5 m, b = 5 m, γ = 80°
     (2) a = 7 mm, c = 8,3 mm, β = 20°

3 a) Berechne mithilfe der Angaben in Fig. 1 die Länge des Schattens.
  b) In einem Bergwerk zweigen von Punkt A aus zwei geradlinige horizontale Stollen ab (Fig. 2).
     Wie lang ist der Verbindungsstollen von B nach C?

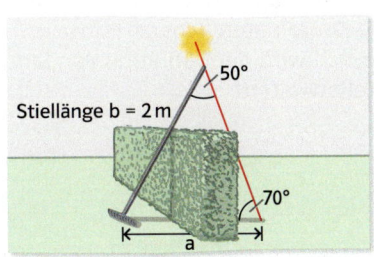

Fig. 1

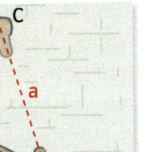

Fig. 2

Rückblick

Sinus und Kosinus
Wenn rechtwinklige Dreiecke in einem weiteren Winkel α übereinstimmen, dann hängen die folgenden Seitenverhältnisse nur vom Winkel α ab.
Die Seitenverhältnisse heißen:

$\sin(\alpha) = \dfrac{\text{Gegenkathete von } \alpha}{\text{Hypotenuse}}$

$\cos(\alpha) = \dfrac{\text{Ankathete von } \alpha}{\text{Hypotenuse}}$

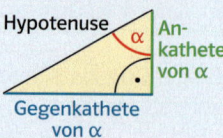

Tangens
Wenn rechtwinklige Dreiecke in einem weiteren Winkel α übereinstimmen, dann ist das Längenverhältnis der Gegenkathete zur Ankathete immer gleich und heißt Tangens des zugehörigen Winkels.

$\tan(\alpha) = \dfrac{\text{Gegenkathete von } \alpha}{\text{Ankathete von } \alpha}$

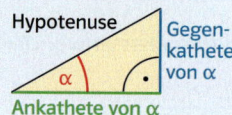

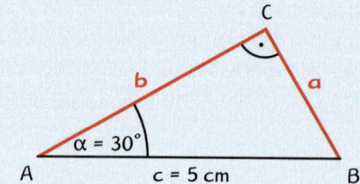

$\sin(\alpha) = \dfrac{a}{c}$, also

$a = c \cdot \sin(\alpha) = 5\,\text{cm} \cdot \sin(30°) = 2{,}5\,\text{cm}$

$\cos(\alpha) = \dfrac{b}{c}$, also

$b = c \cdot \cos(\alpha) = 5\,\text{cm} \cdot \cos(30°) \approx 4{,}33\,\text{cm}$

oder:

$\tan(\alpha) = \dfrac{a}{b}$, also

$b = \dfrac{a}{\tan(\alpha)} = \dfrac{2{,}5\,\text{cm}}{\tan(30°)} \approx 4{,}33\,\text{cm}$

Schrittweises Lösen von Problemen mit rechtwinkligen Dreiecken
1 Verstehen der Aufgabe
Was ist gesucht? Was ist gegeben und wichtig?

2 Zerlegen in Teilprobleme
1. Planskizze anfertigen und alle gegebenen und gesuchten Größen eintragen.
2. Rechtwinklige Teildreiecke suchen und hervorheben.

3 Rechenweg durchführen
Mithilfe von bekannten Eigenschaften, Verhältnissen und Sätzen die gesuchten Größen berechnen.

4 Rückschau und Antwort
Ergebnis prüfen und Antwort formulieren.

Skizze:

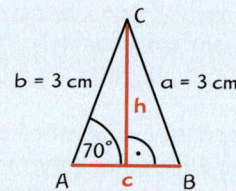

$h = b \cdot \sin(\alpha) = 3\,\text{cm} \cdot \sin(70°) \approx 2{,}8\,\text{cm}$.

$0{,}5\,c = \sqrt{(3\,\text{cm})^2 - (2{,}8\,\text{cm})^2} \approx 1{,}1\,\text{cm}$

$A = 0{,}5 \cdot c \cdot h \approx 1{,}1\,\text{cm} \cdot 2{,}8\,\text{cm} = 3{,}08\,\text{cm}^2$

Sinus und Kosinus am Einheitskreis
Wenn man den Punkt (1|0) um α auf dem Einheitskreis dreht, hat er die Koordinaten (cos(α)|sin(α)).
Hierdurch wird die Definition von Sinus und Kosinus auf beliebige Winkel erweitert.

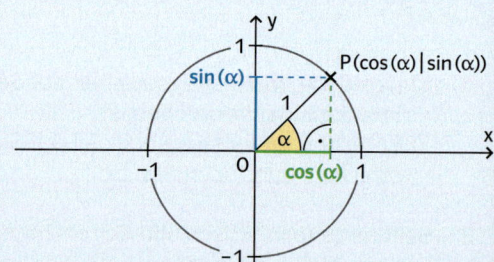

Die Sinusfunktion
Zu jedem Winkel α im Gradmaß gehört das Bogenmaß des Winkels α. Dieses ist die Länge x des zugehörigen Bogens im Einheitskreis. Es gilt: $x = \alpha \cdot \dfrac{\pi}{180°}$ bzw. $\alpha = \dfrac{180°}{\pi} \cdot x$.
Man kann für jeden Wert $x \in \mathbb{R}$ den Sinus berechnen und erhält so die Funktion f mit $f(x) = \sin(x)$. Sie heißt **Sinusfunktion**.

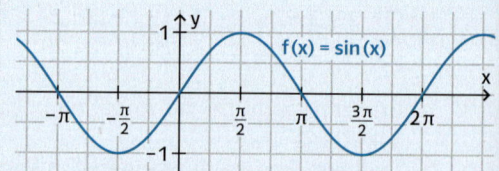

Runde 1

Lösungen | Seite 285

1 Berechne die fehlenden Größen des Dreiecks ABC in jeder Zeile.

α	β	γ	a	b	c
90°		23°		25,72 m	
37°	90°			37,5 km	
		90°	13,2 dm	36 cm	

2 Berechne die farbig markierten Größen.

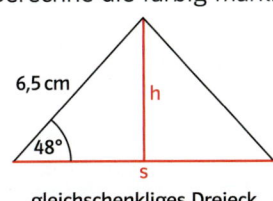
gleichschenkliges Dreieck

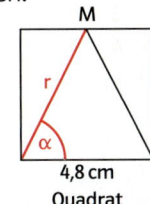
Quadrat

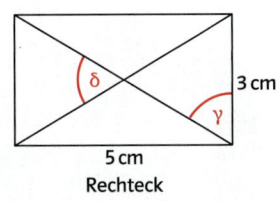
Rechteck

3 Die Grundfläche eines Kegels hat den Radius 25,6 cm. Der Kegel ist 50,9 cm hoch. Ermittle die Größe des Winkels an der Spitze.

4 Die Punkte in der Figur rechts zeigen die monatlichen Durchschnittstemperaturen in Deutschland seit April 2018 (t = 0). Der Temperaturverlauf soll hier durch eine Sinusfunktion angenähert werden.

a) Lies am Graphen ab, um welchen Wert der Graph der grün dargestellten Sinusfunktion rechts gegenüber dem Graphen von sin(t) nach oben verschoben ist.

b) Begründe mithilfe des Graphen, welchen Wert du für die durchschnittliche Temperatur im September 2019 erwartet hättest.

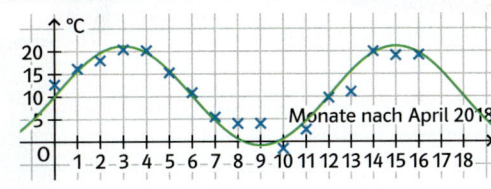

Runde 2

Lösungen | Seite 285

1 Die beiden parallelen Seiten des gleichschenkligen Trapezes in der Figur rechts sind 3,2 cm und 6,8 cm lang. Sie haben den Abstand 2,6 cm. Berechne die Größe des Winkels α und die Länge der Schenkel.

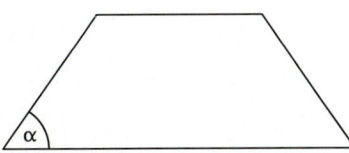

2 Berechne den Flächeninhalt des Parallelogramms ABCD mit $\overline{AB}$ = 8 cm, $\overline{AD}$ = 10 cm und α = 60°. Fertige zunächst eine Skizze an.

3 Um die Höhe eines Berges zu bestimmen, wird der Gipfel von den Endpunkten einer 200 Meter langen, direkt auf den Berg zulaufenden Standlinie aus angepeilt (Fig. 1).

a) Erstelle je eine Formel für h in den Dreiecken ATH und BTH.

b) Berechne die Höhe des Berges, wenn für die Winkel α = 30,11° und β = 35,25° gemessen wurde.

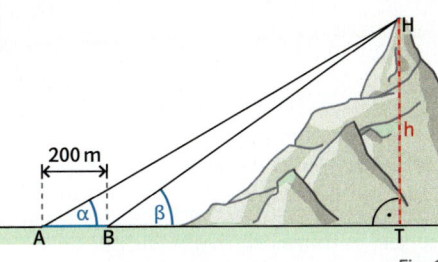
Fig. 1

VII Daten und Zufall

Merkmal	Mädchen	Junge	gesamt
spielt ein Instrument	24		52
spielt kein Instrument		36	
gesamt	66		

Das kannst du schon
- Ergebnisse von Datenerhebungen in Tabellen und Diagrammen darstellen
- Mit Zufallsschwankungen umgehen
- Wahrscheinlichkeiten mithilfe relativer Häufigkeiten schätzen

Teste dich!

→ Check-in zu Kapitel VII Seite 228

Das kannst du bald
- Manipulationen in grafischen Darstellungen erkennen
- Datenerhebungen mit zwei Merkmalen durch Vierfeldertafeln auswerten
- Mit Vierfeldertafeln Chancen und Risiken abschätzen

Erkundungen

Mit Grafiken „Eindruck schinden"

Tabellenkalkulationsprogramme bieten viele Möglichkeiten, Zahlen grafisch zu veranschaulichen. So sollen Informationen in Form von Botschaften „auf einen Blick" ohne die Lektüre von Texten oder Tabellen transportiert werden. Wie Grafiken wirken und wie Grafiken in Medien mitunter bewusst gestaltet werden, um einen gewünschten Eindruck zu verstärken, soll hier erforscht werden.

Wahrnehmungspsychologische Studie

1. Schaut euch die folgenden Grafiken oberflächlich aus einer gewissen Entfernung an, als ob ihr in der Straßenbahn einen Blick in die Zeitung des Nachbarn werfen könntet, ohne die Beschriftung der Koordinatenachsen oder einen Text zu erkennen. Nur die Schlagzeile „Rasantes Wachstum" signalisiert, worum es geht. Jeder aus eurer Klasse sortiert bei diesem flüchtigen Blick für sich alleine, also ohne Austausch mit einem Partner, die sechs Grafiken so, dass diejenige, die den stärksten Eindruck von Wachstum erzeugt, auf Platz 1 und die mit dem schwächsten Eindruck auf Platz 6 landet.

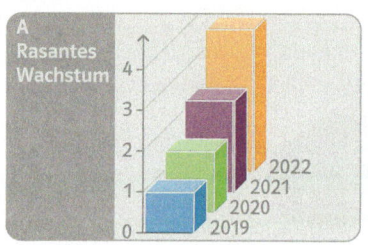 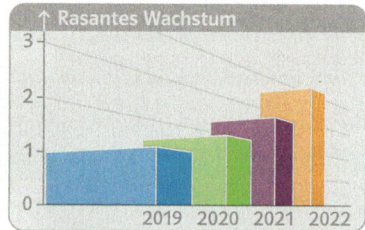 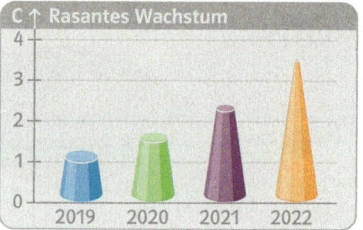
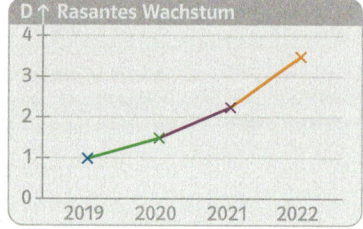 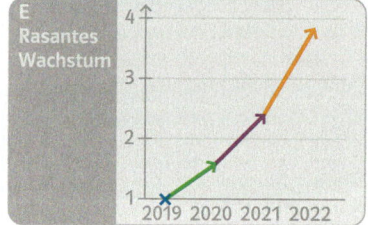 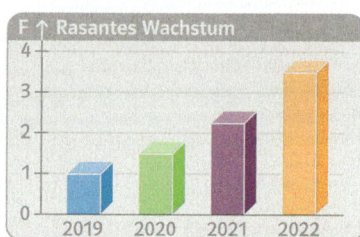

2. 👥 Notiert eure Positionen in einer Tabelle an der Tafel. Bildet für jedes Diagramm den Mittelwert der Positionen und sortiert die Grafiken nach steigender „Eindrucksstärke".

3. 👥 Sammelt Gründe, warum die Grafiken so unterschiedlich wirken, obwohl sie die gleichen Zahlen (Umsatz in Millionen Euro in vier aufeinanderfolgenden Jahren) beschreiben.

4. Zeige, dass alle Diagramme das gleiche exponentielle Wachstum mit dem Wachstumsfaktor 1,5 beschreiben.

5. 💻 Erstellt in eurer Tabellenkalkulation oder einer DGS ähnliche Diagramme zu einem linearen Wachstum oder einem exponentiellen Wachstum mit dem Wachstumsfaktor 0,8 und 2.
Hierzu könnt ihr sowohl zweidimensionale Veranschaulichungen (z. B. mit Säulen oder Flächen) als auch dreidimensionale Darstellungen (z. B. mit Kugeln, Kegeln oder Pyramiden) verwenden.

VII Daten und Zufall

Das Ziegenproblem

1990 sorgte das folgende Problem für große Aufmerksamkeit in den Medien: „Du bist in einer Spielshow und hast die Wahl zwischen drei Toren. Hinter einem der Tore wartet der Hauptgewinn, z. B. ein Mountainbike (MTB). Hinter den anderen beiden Toren stehen die Trostpreise." 1990 waren es zwei Ziegen.
Du wählst ein Tor, z. B. Tor Nummer 1. Der Showmaster, der weiß, was hinter den Toren ist, öffnet ein anderes Tor (z. B. Tor Nummer 3, hinter dem eine Ziege steht). Er fragt dich nun: „Möchtest du, nachdem du weißt, dass hinter Tor 3 ein Trostpreis steht, doch lieber noch zum Tor 2 wechseln?"

Spekulieren und Experimentieren

1. Beantwortet die Frage des Showmasters spontan. Haltet ein Meinungsbild der Klasse fest. Jeder muss sich entscheiden!

2. Spielt die Show in Partnerarbeit mit Spielkarten nach.

Was ist besser?
bleiben: _____ .
wechseln: _____ .
egal: _____ .

Spielanleitung:
- Partner A (der Showmaster) legt ein Ass (das steht für den Hauptgewinn) und zwei Siebenen (die stehen für die Ziegen) verdeckt nebeneinander. Er merkt sich, wo das Ass liegt.
- Partner B (der Kandidat) legt einen Gegenstand auf die Karte, hinter der er das Ass vermutet, z. B. einen Radiergummi.
- Partner A dreht eine Karte mit einer Sieben um – er weiß ja, wo die Siebenen liegen.
- Partner B bleibt bei seiner Wahl oder wechselt (durch Umlegen des Radiergummis) zur anderen nicht aufgedeckten Karte.
- Dann wird nachgeschaut, ob hinter der Karte mit dem Radiergummi der Hauptgewinn steckt.
- Anschließend werden die Rollen so lange getauscht, bis jeder Partner 30-mal getippt hat.

Die Ergebnisse werden in einer Vierfeldertafel festgehalten (Fig. 1). Wenn die Partner für ihre Striche unterschiedliche Farben nutzen, kann man daraus auch einen Wettkampf machen. Alternativ kann ein Partner immer wechseln, der andere immer bleiben. Fasst die Ergebnisse eurer Klasse z. B. mithilfe einer Tabellenkalkulation in einer großen Vierfeldertafel zusammen. Vergleicht mit dem Meinungsbild aus Aufgabe 1.

	MTB	Ziege	Summe
wechseln	// ...	/// ...	
bleiben	//// ...	/ ...	
Summe			60

Fig. 1

Nachdenken und Argumentieren

3. Bestimmt die Wahrscheinlichkeit dafür, dass man den Hauptgewinn erwischt,
   (1) wenn man grundsätzlich bei seinem ersten Tipp bleibt, also nie wechselt,
   (2) wenn man nach dem Öffnen des Tors durch den Showmaster stets wechselt.
   Dabei können Baumdiagramme oder Tabellen helfen. Statt eines eigenen Baumdiagramms kannst du auch die nebenstehenden Skizzen vervollständigen und deine Erläuterungen dazu aufschreiben.

4. Vergleicht die Wahrscheinlichkeiten mit den Versuchsergebnissen aus Aufgabe 2 und erläutert, was an dem Ziegenproblem so überraschend ist, und warum es immer wieder für „mediale Aufmerksamkeit" sorgt.

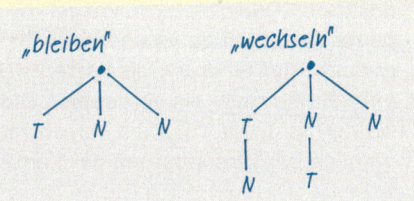

Erkundungen

1 Statistiken verstehen und beurteilen

Micha: „Grafik und Text passen nicht zusammen".
Julia: „Ich meine schon, dass das passt. Zähl mal nach, das stimmt genau!"

Erläutere, was Micha stören könnte und skizziere eine eigene Grafik, die die Aussage des Textes sachgerecht unterstützt.

„Ein Bild sagt mehr als tausend Worte." Deswegen veranschaulicht man die Ergebnisse statistischer Untersuchungen häufig grafisch. Bei interessengeleiteten Veröffentlichungen wie z. B. Werbeanzeigen werden Grafiken aber zum Teil bewusst so gestaltet, dass ein bestimmter gewünschter Eindruck entsteht. Einige Formen solcher „Manipulationen" werden im Folgenden vorgestellt.

Nicht angemessene Skalierung der Achsen
Durch die Wahl von Skalierungen, insbesondere wenn die Zahlenachse nicht bei null beginnt, kann man mit Diagrammen sehr verschiedene Eindrücke erzeugen.
Während Fig. 1 einen dramatischen Mitgliederschwund in einem Verein signalisiert, macht Fig. 2 deutlich, dass der Rückgang eigentlich unbedeutend ist.

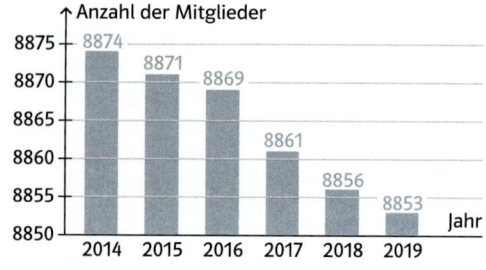

Fig. 1

Fig. 2

Falsche räumliche Darstellungen
Wenn man ein Säulendiagramm (etwa zu jährlich gleichbleibenden Einnahmen, hier 10 Millionen Euro) ohne Beachtung der Perspektive räumlich anordnet, wie in Fig. 3, dann scheinen die hinteren Säulen höher als sie wirklich sind. Wachsende Einnahmen werden vorgetäuscht.

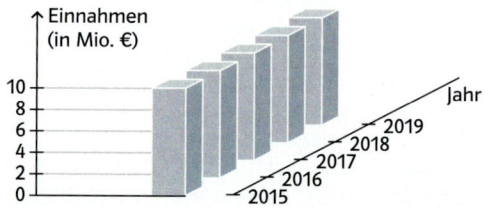

Fig. 3

Noch stärker kann man mit Quadraten bzw. Würfeln manipulieren (vgl. Fig. 4). Wenn sich die Einnahmen verdoppeln – und man das durch Quadrate bzw. Würfel mit doppelter Kantenlänge veranschaulicht – so entsteht der Eindruck, als hätten sich die Einnahmen mehr als verdoppelt. Die Fläche vervierfacht, das Volumen verachtfacht sich nämlich bei Verdoppelung der Kantenlänge.

Fig. 4

Den Zufall ausnutzen – den Stichprobenumfang verschweigen

Die Ergebnisse von Umfragen werden häufig wie in Fig. 1 in Form relativer Häufigkeiten angegeben. Wenn man die gleiche Umfrage mit einer anderen Stichprobe durchführt, erhält man zufallsbedingt andere relative Häufigkeiten.

1 Kundenbewertungen		681 Kundenbewertungen	
★★★★★ 5 von 5		★★★★☆ 4,5 von 5	
100%	5 Sterne	67%	5 Sterne
0%	4 Sterne	19%	4 Sterne
0%	3 Sterne	6%	3 Sterne
0%	2 Sterne	4%	2 Sterne
0%	1 Stern	4%	1 Stern

Fig. 1

Achtung: Manche Firmen manipulieren auch, indem sie Bewertungen „kaufen".

Da die Zufallsschwankungen relativer Häufigkeiten mit wachsendem Stichprobenumfang kleiner werden, schenken wir Umfragen mit großem Stichprobenumfang wie in Fig. 1 auf der rechten Seite mehr Vertrauen als solchen mit kleinem Stichprobenumfang (Fig. 1, linke Seite).
Wenn man in Fig. 1 auf der linken Seite den Stichprobenumfang 1 verschweigt, entsteht beim Kunden der falsche Eindruck eines absolut empfehlenswerten Produkts.
Das Beispiel zeigt, dass man Meinungen und Eindrücke über Grafiken auch dadurch manipulieren kann, dass man
- einen kleinen Stichprobenumfang verschweigt,
- Zufallsschwankungen ausnutzt und aus mehreren Grafiken diejenige auswählt, die eine erwünschte Aussage besonders gut unterstützt.

Sehr kleine Stichprobenumfänge (3, 4, 5, 10) kann man auch an „verdächtigen" Nachkommastellen der relativen Häufigkeiten wie 0,333; 0,250; 0,200; 0,100 … erkennen.
Bei seriösen Meinungsforschungsinstituten sind Stichprobengrößen von ca. 1000 üblich.

Leitfragen zur Bewertung statistischer Grafiken
- Welche Interessen könnte der Auftraggeber der Grafik verfolgen?
- Sind die Achsen gleichmäßig skaliert? Sind die Nullpunkte sichtbar?
- Entsprechen die Daten den abgebildeten Längen, den Flächen oder den Volumina?
- Wird die räumliche Perspektive ausgenutzt?
- Wird neben relativen Häufigkeiten auch der Stichprobenumfang angegeben?
- Aus welcher Quelle stammen die Daten?

Beispiel
Die Abbildung der Radlobby zeigt die Anzahl der Unfallverursacher bei Fahrrad-Unfällen.
a) Prüfe, ob die Zahlen proportional zu den Höhen oder zu den Flächen der abgebildeten Rechtecke sind.
b) Untersuche mithilfe der Leitfragen, ob die Darstellung angemessen ist.

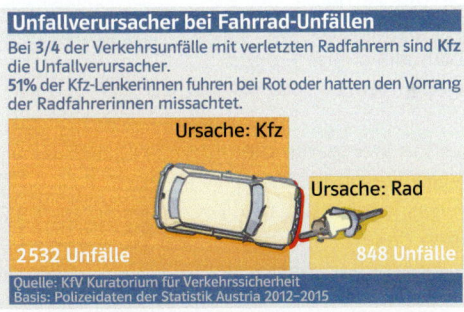

Lösung
a) Da die „Säulen" unterschiedlich breit sind, scheint es sich um ein Flächendiagramm zu handeln. Man kann durch Messen der Seitenlängen und Berechnung des Flächeninhalts feststellen, dass die „KFZ-Fläche" ca. dreimal so groß ist wie die „Rad-Fläche". Mit den angegebenen Zahlen kann man Folgendes ausrechnen.
Die Autofahrer sind mit $\frac{2532}{848} \approx 2{,}98$ auch ca. dreimal häufiger Unfallverursacher. Damit sind die Zahlen proportional zu den Flächen.
b) – „Radlobby" ist als Interessenvertreter ausgewiesen. Daher könnte man vermuten, dass die Fläche für Autos als Unfallverursacher unverhältnismäßig groß dargestellt wurde. Es wurde aber bereits in Teilaufgabe a) gezeigt, dass dies nicht der Fall ist.
– Der „Stichprobenumfang" ist mit n = 2532 + 848 = 3380 Unfällen angegeben.
– Die Datenquelle (Polizeidaten) scheint seriös und macht deutlich, dass es sich hier nicht um eine ausgewählte Zufallsstichprobe handelt.
Damit ist die Grafik sachgerecht gestaltet.

Aufgaben

1 Erläutere, mit welchen Beschriftungen (1. ... 4. Quartal) man die Abbildungen in (A) und (B) versehen könnte, damit die Grafiken zur Tabelle passen.

	Kunden (in Tsd.)
1. Quartal	1
2. Quartal	4
3. Quartal	8
4. Quartal	16

(A)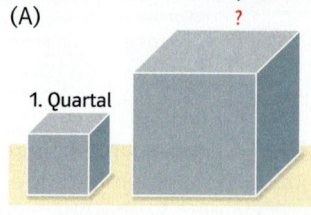

(B)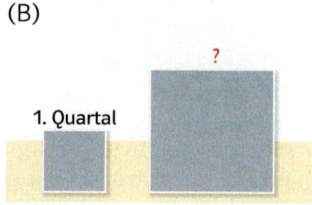

2 a) In Fig. 1 wird die Anzahl der Flüchtlinge veranschaulicht, die in drei aufeinanderfolgenden Jahren über Griechenland nach Deutschland kamen. Prüfe, ob die angegebenen Zahlen zum Durchmesser oder zur Fläche der Kreise proportional sind.
b) Erläutere, dass hier nicht manipuliert wurde.

→ Du findest Hilfe im Beispiel, Seite 205.

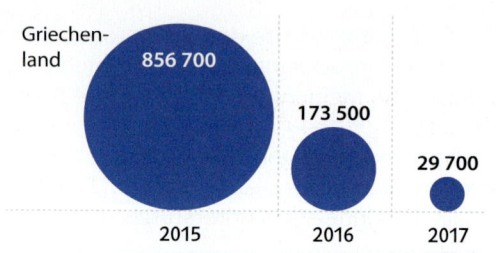

Fig. 1

3 a) In Fig. 2 gibt der Grafiker durch die Fußnote „überhöhte Darstellung" zu erkennen, dass er manipuliert hat. Erläutere, welche der Manipulationsmethoden hier zum Einsatz kam.
b) Zeichne eine Grafik, die die Daten ohne Manipulationen veranschaulicht.

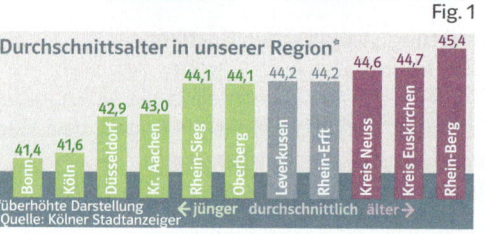

Fig. 2

4 Dani und Tim haben in der Klasse je eine Umfrage zum Wandertag gemacht, die sie präsentieren. Erläutere, warum die Lehrerin skeptisch ist, und formuliere eine Frage, die sie vermutlich stellen wird.

5 a) Fasse die Aussagen in Worte, die die rechtsstehenden Grafiken nahelegen.
b) Erläutere, warum das Internetportal durch Verschweigen des Stichprobenumfangs Kunden manipuliert hätte.

→ Du findest Hilfe im Lehrtext, Seite 205.

Teste dich!

→ Lösungen | Seite 286

6 „Der Schadstoffausstoß hat sich im letzten Jahrzehnt halbiert!"
a) Erläutere, warum die Grafiken in Fig. 3 und 4 nicht zu dieser Zeitungsmeldung passen und benenne die zugehörige Manipulationsmethode.
b) Nenne je eine Schlagzeile, die zu den Grafiken passen würde.

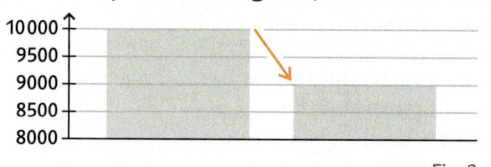

Fig. 3

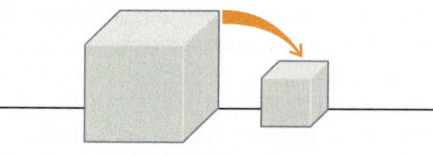

Fig. 4

7 Nico macht ein Praktikum in einer Firma, deren Umsatz in den Jahren 2015 bis 2020 konstant bei 10 Mio. Euro lag. Er hat dies in Fig. 1 durch ein Schrägbild veranschaulicht – und anschließend in Fig. 2 sechs gleich große Bauklötze fotografiert.

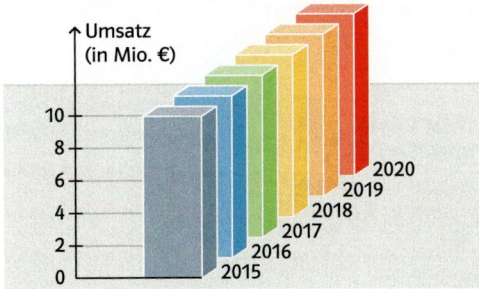

Fig. 1 Fig. 2

a) Beschreibe die Unterschiede in den Grafiken.
b) Miss in Fig. 2 die Längen der Bauklotz-Vorderkanten und berechne, um welchen Faktor die erste Vorderkante im Foto größer ist als die zweite, dritte, …, sechste.
c) Nico verlängert in Fig. 2 mit einem Bildbearbeitungsprogramm den letzten Bauklotz so, dass er, wie in Fig. 1, genauso hoch wird wie der erste. Gib an, welchen Umsatz dieser Bauklotz dann darstellen würde.
d) Erläutere, warum das Diagramm in Fig. 1 eine Manipulation darstellt.
e) Fotografiert selber Bauklötze wie in Fig. 2 aus verschiedenen Perspektiven. Druckt die Fotos aus. Zeichnet drei sich in einem Punkt schneidende Geraden wie in Fig. 2. Beantwortet die Frage aus Teilaufgabe c) für euer Foto.

Statt sie auszudrucken, kann man die Fotos auch in einem Geometrieprogramm analysieren.

8 Nina: „Wenn ich im Netz dringend von einem Produkt abraten möchte, weil es nichts taugt, muss ich einen Stern vergeben. Ich finde, das ist schon Manipulation!"
Erläutere, was Nina meint und nimm Stellung.

9 In einem Becher sind 2000 rote, 1000 gelbe und 1000 grüne Perlen. Hannas Gruppe hat mit verschiedenen Löffeln Stichproben unterschiedlicher Größe n gezogen (s. Tabelle).
a) Berechne die zugehörigen relativen Häufigkeiten in Prozent.
b) Erläutere, welche relativen Häufigkeiten Hanna auswählen („veröffentlichen") sollte, um den Eindruck zu erwecken, dass der Becher
(I) fast nur rote Perlen,
(II) gleich viele rote, gelbe und grüne Perlen enthält.
c) Diskutiert, ob ihr an Hannas Stelle die jeweilige Stichprobengröße mit angeben würdet, um den gewünschten Eindruck zu verstärken.
d) Nina: „Das Experiment hat sehr viel mit Bewertungsportalen im Netz zu tun." Erläutere, was Nina damit meinen könnte.

	rot	gelb	grün	n
Löffel 1	4	1	0	5
Löffel 2	19	16	15	50
Löffel 3	33	21	14	68

10 Führt das Experiment aus Aufgabe 9 mit einem eigenen Becher durch. Sucht dann nach Stichproben, die die in Aufgabe 9b) genannten Eindrücke besonders deutlich verstärken. Überlegt, ob es günstiger ist, kleine oder große Löffel zu nutzen.

● 11 a) Die Grafik aus Fig. 1 wurde kurz nach der Veröffentlichung durch Fig. 2 ersetzt. Untersuche, welche Manipulationsmethoden in Fig. 1 zum Einsatz kamen, und ob Fig. 2 sachgerecht gestaltet wurde.
b) Benenne Interessen, die hinter der Manipulation in Fig. 1 gesteckt haben könnten.

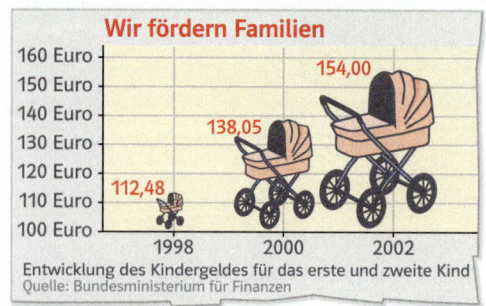

Fig. 1

Fig. 2

Teste dich!

12 a) Notiere die abgebildeten Daten in einer Tabelle und zeige mithilfe einer Dreisatzrechnung, dass der Darstellung eine proportionale Zuordnung zugrunde liegt.
b) Erläutere, durch welchen Trick es dem Grafiker gelungen ist, den Eindruck eines „rasanten" Wachstums zu erzeugen.
c) Der Umsatz eines Unternehmens stieg von 100 000 € im Jahr 1990 jährlich um „bescheidene" 5000 €. Erstelle eine entsprechende Grafik, die ein „rasantes Wachstum" vortäuscht.

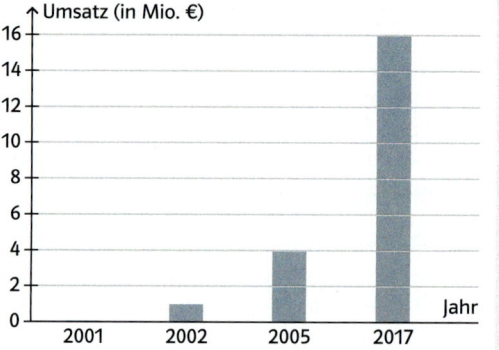

● 13 **Erhebungen durch bewusste Auswahl tunen – Eine Simulation mit Spielwürfeln**
a) Das Waschmittel Reinil wird in der Bevölkerung („Grundgesamtheit") gleich wahrscheinlich mit den Noten 1 bis 6 bewertet. $\frac{1}{3}$ der Kunden ist also zufrieden und bewertet es mit gut oder sehr gut. Erläutere, wie man in dieser Situation eine repräsentative Umfrage mit Spielwürfeln simulieren kann.
b) Herr Smith soll eine Werbekampagne starten. Er erhält vom Firmenchef, Herrn Reinlich, einen Bonus, wenn er im Anschluss eine Stichprobe mit mehr als 50% zufriedenen Kunden vorlegen kann. Herr Smith ist ein „Schlitzohr": Er verzichtet auf die Werbekampagne und macht dafür 10 Umfragen. Er versucht dabei, eine Stichprobe zu erhalten, die er dem Chef vorlegen kann, um den Bonus zu bekommen.
Ihr habt in eurer Gruppe – stellvertretend für Herrn Smith – 10 Versuche, mit Spielwürfeln eine Stichprobe zu würfeln, die euch den Bonus sichert.
Protokolliert eure Versuche mit Strichlisten und berechnet relative Häufigkeiten in Prozent mit zwei Nachkommastellen, auch die erfolglos abgebrochenen. Der Stichprobenumfang ist freigestellt. Wählt die überzeugendste Verteilung aus und begründet die Wahl. Achtet auf „verdächtige" Nachkommastellen, wie …,333% oder …,50%, die Herrn Reinlich vermutlich zu kritischen Nachfragen anregen könnten. Präsentiert die gewählte Verteilung samt Begründung.

Teste dein Grundwissen!   Geradengleichung aufstellen

G 14 Der Graph einer linearen Funktion geht durch P(−2|−1) und Q(1|2). Bestimme die Geradengleichung und die Nullstelle. Kontrolliere dein Ergebnis an einer Zeichnung.

2 Vierfeldertafel

Herr Müller: „Die meisten blonden Kinder in der 9 c sind Jungen."
Frau Schmidt: „Das stimmt nicht, in der 9 c sind die meisten Mädchen blond."

Zeige durch ein Zahlenbeispiel, dass sich die Aussagen nicht widersprechen müssen.

Bei statistischen Erhebungen lassen sich Verteilungen einzelner Merkmale, wie z. B. die Verteilung der Körpergröße, gut in Diagrammen veranschaulichen. Erhebt man zwei Merkmale, z. B. Geschlecht und Kursbelegung gleichzeitig, so kann man zur Veranschaulichung Vierfeldertafeln nutzen. Man kann mit ihrer Hilfe Abhängigkeiten zwischen den Merkmalen untersuchen, von einem Merkmal auf das andere schließen und so Wahrscheinlichkeiten abschätzen. Das wird an einem Beispiel aus der Medizin erläutert.

Vierfeldertafeln
Man versucht häufig, Infektionen oder andere Erkrankungen durch medizinische Tests zu diagnostizieren. Fig. 1 zeigt, wie man die Zusammenhänge zwischen Erkrankung und Testergebnis in Vierfeldertafeln festhalten kann.

Merkmal	Test positiv	Test negativ	Summe
infiziert	70	5	75
nicht infiziert	825	9100	9925
Summe	895	9105	10 000

trügerische Sicherheit → 5
unbegründete Sorge → 825

Fig. 1

Man entnimmt der Tabelle, dass der Test nicht fehlerfrei arbeitet. Er kann positiv ausfallen (eine Infektion signalisieren), obwohl tatsächlich keine Infektion vorliegt. Das passierte in der Untersuchung von Fig. 1 bei 10 000 Untersuchten 825 Mal, also bei 8,25 % aller Untersuchten. Diese Personen sind dann unbegründet in Sorge. Der Test kann aber auch negativ ausfallen, obwohl eine Infektion vorliegt. Dann wiegt man sich trügerischerweise in Sicherheit. Das passierte in Fig. 1 fünfmal, also bei 0,05 % aller Untersuchten. Insgesamt entscheidet der Test in 9170 von 10 000 Fällen (91,7 %) richtig. Da alle Informationen in den vier grau gefärbten Feldern von Fig. 1 stecken, spricht man von Vierfeldertafeln. Die Zahlen am Rand sind die Zeilen- bzw. Spaltensummen.

Man kann die Informationen, die in Vierfeldertafeln stecken, auch in zweistufigen Baumdiagrammen mit vier Pfaden veranschaulichen. Vgl. die Aufgaben 6 und 7 auf Seite 211.

Chancen und Risiken
Ein Patient, der die Vierfeldertafel des Tests kennt, kann nach dem Test die **Chance** dafür abschätzen, dass er trotz eines positiven Testergebnisses gesund ist: Dazu betrachtet man die erste Spalte. Da von 895 positiv getesteten Personen 825 gesund waren, ist die Chance, trotz eines positiven Testergebnisses gesund zu sein, mit $\frac{825}{895} \approx 92{,}2\,\%$ überraschend groß. Man wird also noch nicht in Panik verfallen. Ebenso kann man das **Risiko** dafür abschätzen, dass jemand trotz eines negativen Testergebnisses infiziert ist: Man betrachtet hierzu die zweite Spalte. Da von 9105 negativ getesteten 5 infiziert waren, ist die Chance dafür, trotz eines negativen Testergebnisses krank zu sein, mit $\frac{5}{9105} \approx 0{,}05\,\%$ äußerst gering.

Je größer der zugrunde liegende Stichprobenumfang ist, desto vertrauenswürdiger sind die aufgrund der Vierfeldertafel bestimmten Schätzwerte für Wahrscheinlichkeiten. Die exakten Wahrscheinlichkeiten bleiben unbekannt. Sie lassen sich aus Häufigkeiten nicht genau bestimmen.

> **Vierfeldertafel**
> Wenn man in einer Datenerhebung zwei Merkmale gleichzeitig untersucht, kann man die Ergebnisse (die absoluten oder relativen Häufigkeiten der Merkmalskombinationen) in einer Vierfeldertafel darstellen. Man kann dann durch das Berechnen von Verhältnissen Schätzwerte für Wahrscheinlichkeiten bestimmen.

Beispiel **Chancen und Risiken abschätzen**
Eine Softwarefirma testet einen neuen Virenscanner. Hierzu werden von dem Scanner 1000 Testdateien untersucht (siehe Vierfeldertafel rechts).

Merkmal	Virus	kein Virus	Summe
Alarm		114	
kein Alarm	5		
Summe	15		1000

a) Vervollständige die Vierfeldertafel.
b) Eine Datei wird zufällig ausgewählt. Bestimme einen Schätzwert
   (1) für die Wahrscheinlichkeit, dass der Scanner Alarm schlägt,
   (2) für das Risiko, dass die Datei einen Virus enthält.
c) Der Scanner schlug Alarm. Schätze ab, wie sich dadurch das Risiko dafür, dass die Datei einen Virus enthält, erhöht.
d) Der Virenscanner hat nicht angeschlagen. Berechne einen Schätzwert für die Chance, dass die Datei keinen Virus enthält.
e) Erläutere, welcher der in b) – d) bestimmten Schätzwerte am vertrauenswürdigsten ist.

Lösung
a) *Weil die erste Spaltensumme 15 ist, muss im ersten Feld der Wert 10 (15 − 5) stehen. Daraus erhält man als erste Zeilensumme 124 (10 + 114), als zweite Zeilensumme 876 (1000 − 124) und als Eintrag in der zweiten Zeile 871 (876 − 5).*

Merkmal	Virus	kein Virus	Summe
Alarm	10	114	124
kein Alarm	5	871	876
Summe	15	985	1000

b) (1) Aus der letzten Spalte entnimmt man: Der Scanner schlug bei 124 der 1000 untersuchten Dateien an. Als Schätzwert für die gesuchte Wahrscheinlichkeit verwendet man die relative Häufigkeit $\frac{124}{1000}$ = 12,4 %.
   (2) Aus der letzten Zeile entnimmt man, dass 15 der 1000 untersuchten Dateien Viren enthielten. Daraus ergibt sich $\frac{15}{1000}$ = 1,5 %.
c) Aus der ersten Zeile liest man ab: 10 der 124 Dateien, bei denen der Scanner anschlug, enthielten Viren. Daher erhöht sich durch den Alarm das Risiko von 1,5 % auf $\frac{10}{124}$ ≈ 8 %.
d) Aus der zweiten Zeile ergibt sich der Schätzwert $\frac{871}{876}$ ≈ 99,4 %.
e) Die relativen Häufigkeiten sind als Schätzwerte für Wahrscheinlichkeiten umso vertrauenswürdiger, je größer die Stichprobengröße (1000 bzw. 124 bzw. 876) ist. Die Reihenfolge abnehmender Vertrauenswürdigkeit ist daher: b), d), c).

Aufgaben

○ **1** In den Schulen A und B konnte die Lektüre entweder als Buch oder als eBook bestellt werden. Fig. 1 dokumentiert das Bestellverhalten.
a) Übertrage die Vierfeldertafeln ins Heft und vervollständige sie.
b) Ordne die folgenden Aussagen den Schulen A bzw. B zu:
   (1) Etwa 68 % der eBook-Leser sind weiblich.
   (2) Etwa 59 % der Schüler sind weiblich.
   (3) Etwa 34 % der Mädchen lesen Bücher.

Schule A

	Buch	eBook	
Junge		37	
Mädchen	25	59	
Summe		37	

Schule B

	Buch	eBook	
Junge		43	
Mädchen	29		84
Summe		98	141

Fig. 1

○ **2** ☒ Übertrage die Vierfeldertafel ins Heft und vervollständige sie. In einer Schulklasse mit 32 Kindern haben 12 braune Haare und 9 tragen eine Brille. 5 Kinder tragen eine Brille und haben braune Haare.

	Brille	keine Brille	Summe
braune Haare			
nicht braun			
Summe			

VII Daten und Zufall

3 Während einer Grippewelle enstand in einem Betrieb nebenstehende Vierfeldertafel.

	nicht erkrankt	erkrankt	Summe
geimpft	81	47	128
nicht geimpft	22	55	77
Summe	103	102	205

a) Bestimme einen Schätzwert für die Chance, dass eine geimpfte Person nicht erkrankt.
b) Eine Person ist nicht geimpft. Berechne einen Schätzwert für das Risiko, dass sie erkrankt.

→ Du findest Hilfe im Beispiel, Seite 210.

4 Ein Spamfilter wurde mit unterschiedlichen Stichprobenumfängen getestet.

(1)	aussortiert	durchgelassen	
Spam	57	3	60
kein Spam	2	38	40
Summe	59	41	100

a) Berechne jeweils Schätzwerte für die Wahrscheinlichkeit, dass „Spam" durchgelassen bzw. „kein Spam" aussortiert wird.
b) Bestimme die Schätzwerte, die man erhält, wenn man beide Tabellen zusammenfasst und vergleiche die Schätzwerte bezüglich ihrer Aussagekraft.

(2)	aussortiert	durchgelassen	
Spam	471	129	600
kein Spam	99	301	400
Summe	570	430	1000

Teste dich!

→ Lösungen | Seite 286

5 Zur Leserschaft einer Jugendzeitschrift wurde eine Datenerhebung vorgenommen.

Merkmal	Junge	Mädchen	Summe
jünger als 14		90	
14 oder älter	80		210
Summe			350

a) Vervollständige die Tabelle.
b) Bestimme den Anteil der Mädchen in der Leserschaft, die jünger als 14 sind.
c) Eine Person aus der Leserschaft ist 13 Jahre alt. Bestimme einen Schätzwert für die Wahrscheinlichkeit, dass es sich um ein Mädchen handelt.

6 170 Neuntklässler wurden befragt: Von den 90 Mädchen kommen 55 mit dem Bus. Insgesamt kommen 82 Schülerinnen und Schüler mit dem Rad.
a) Übersetze diese Information in eine Vierfeldertafel mit den Merkmalen Junge/Mädchen und Bus/Rad.
b) Bestimme den Anteil der Neuntklässler, die mit dem Bus zur Schule fahren.
c) Ein Neuntklässler kommt mit dem Bus. Bestimme die Wahrscheinlichkeit, dass es sich um einen Jungen handelt.

7 a) Eine Reihenuntersuchung wird durch den abgebildeten Wahrscheinlichkeitsbaum beschrieben. Übertrage die Tabelle in dein Heft und notiere die absoluten Häufigkeiten, die man bei einer Untersuchung von 1000 Personen erwartet.
b) Erläutere, wie man aus der ausgefüllten Vierfeldertafel auf die im Baumdiagramm notierten Wahrscheinlichkeiten zurückschließen kann.
c) Ein Teilnehmer wurde positiv getestet. Bestimme einen Schätzwert für die Chance, dass er nicht erkrankt ist.

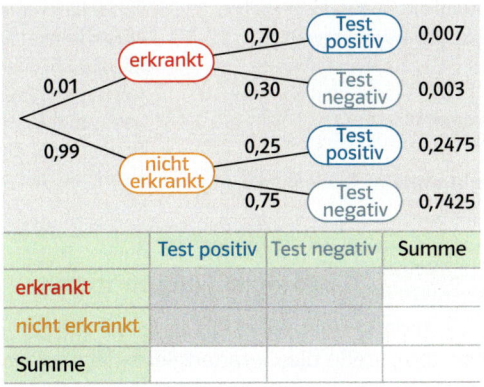

	Test positiv	Test negativ	Summe
erkrankt			
nicht erkrankt			
Summe			

8 Man geht davon aus, dass in Deutschland rund 0,1% der Bevölkerung HIV-infiziert ist. Ein Schnelltest ist bei Infizierten mit einer Wahrscheinlichkeit von 99,9%, bei nicht Infizierten nur mit 0,3% positiv.

a) Vervollständige die Tabelle mit den Häufigkeiten, die man bei einer Untersuchung von 1 000 000 Personen erwartet.

b) Ein Teilnehmer wurde positiv getestet. Bestimme einen Schätzwert für die Chance, dass er trotzdem nicht infiziert ist.

	Test positiv	Test negativ	Summe
infiziert			
nicht infiziert			
Summe			1000000

Teste dich!

9 Der Zollhund Hasso entdeckt 98% aller Rauschgift-Schmuggler. In 3% der Fälle, in denen kein Rauschgift geschmuggelt wurde, schlägt Hasso versehentlich trotzdem an. Nimm an, dass bei 1% sämtlicher Grenzübertritte Rauschgift geschmuggelt wird.

a) Während seiner Dienstzeit untersucht Hasso 10 000 Personen. Stelle diese Informationen in einer geeigneten Vierfeldertafel oder einem Baumdiagramm dar.

b) Eine Person wird kontrolliert. Bestimme die Chance, dass Hasso anschlägt.

c) Hasso schlägt bei einer ankommenden Person an. Bestimme einen Schätzwert für die Wahrscheinlichkeit, dass es sich um einen Rauschgift-Schmuggler handelt.

10 Nina wirft eine Münze. Bei Kopf würfelt sie mit einem Quader, bei Zahl mit einem Würfel. Sie verrät das Ergebnis des Münzwurfs nicht, nennt aber als Ergebnis des Würfelns die Zahl 3, die beim Quader wegen der großen Fläche doppelt so wahrscheinlich auftritt wie beim Würfel.

	Würfel	Quader	
Drei	$\frac{1}{12}$	$\frac{1}{6}$	$\frac{1}{4}$
keine Drei	$\frac{5}{12}$	$\frac{1}{3}$	$\frac{3}{4}$
	$\frac{1}{2}$	$\frac{1}{2}$	1

a) Begründe, dass die Situation durch die Vierfeldertafel beschrieben wird.

b) Bestimme die Wahrscheinlichkeit dafür, dass Nina mit einem Quader gewürfelt hat.

c) Führt das Experiment in der Klasse durch. Überprüft experimentell, ob die Werte in der Vierfeldertafel stimmen. Nehmt einen Legoviere, wenn ihr keinen Quader habt.

11 Zeige, dass den beiden Artikeln dieselben Zahlen zugrunde liegen.

Radfahren ist gefährlich: Über ein Drittel aller verunglückten Kinder waren mit dem Rad unterwegs!
2012 wurden in Deutschland 32 Kinder zwischen 10 und 15 Jahren im Straßenverkehr getötet. Von diesen waren gut 34% mit dem Fahrrad unterwegs. Von den 15 855 Leicht- und Schwerverletzten waren es sogar 47%.

(Quelle: Statistisches Bundesamt; Kinderunfälle im Straßenverkehr, 2012)

Radfahren erhöht die Verkehrssicherheit
Das Statistische Bundesamt in Wiesbaden legte gestern seinen aktuellen Bericht zu Kinderunfällen im Straßenverkehr vor. Demnach sind 15 887 Kinder zwischen 10 und 15 Jahren im Straßenverkehr im Jahr 2012 verunglückt. Etwa 47 Prozent davon waren mit dem Fahrrad unterwegs. Glücklicherweise endeten nur 0,1% dieser Unfälle tödlich. Bei Kindern, die nicht mit dem Rad unterwegs waren, lag der Anteil an tödlichen Unfällen mehr als doppelt so hoch, nämlich bei 0,25%.

Teste dein Grundwissen! Geradengleichung aufstellen

G 12 Eine Gerade geht durch den Punkt P(−2|5) und hat die Steigung $\frac{1}{2}$. Zeichne die Gerade in ein Koordinatensystem, stelle die Geradengleichung auf und mache eine Probe.

Wiederholen – Vertiefen – Vernetzen

VII Daten und Zufall

Wiederholen und Üben

→ Lösungen | Seite 287

1 Untersuche mithilfe der Leitfragen von Seite 205, ob bei der Grafik manipuliert wurde. Wenn ja, benenne die Manipulationsmethode und suche „versteckte Interessen".

a)
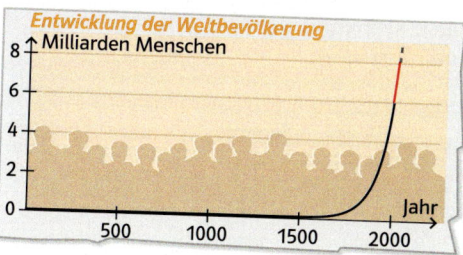

b)
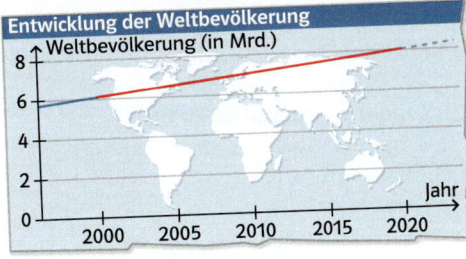

c)

d)
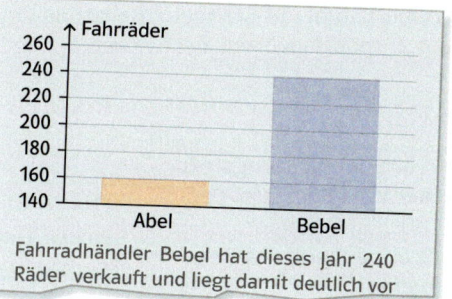

2 Eine Zeitung hat eine Grafik abgedruckt, um den jährlich anfallenden Hausmüll zu verdeutlichen. Insgesamt fallen pro Person laut dieser Zeitung 300 kg Hausmüll im Jahr an.
  a) Zeichne zu der Darstellung der Zeitung ein Säulendiagramm.
  b) Vergleiche das Säulendiagramm mit der Grafik der Zeitung. Beschreibe deinen Eindruck, den die Darstellung in der Zeitung im Vergleich zum Säulendiagramm vermittelt.

3 Johanna ist der Meinung, dass die Grafiken nicht zu den Zahlen passen und dass hier manipuliert wurde. Miss nach und nimm Stellung. Die Leitfragen von Seite 205 können helfen.

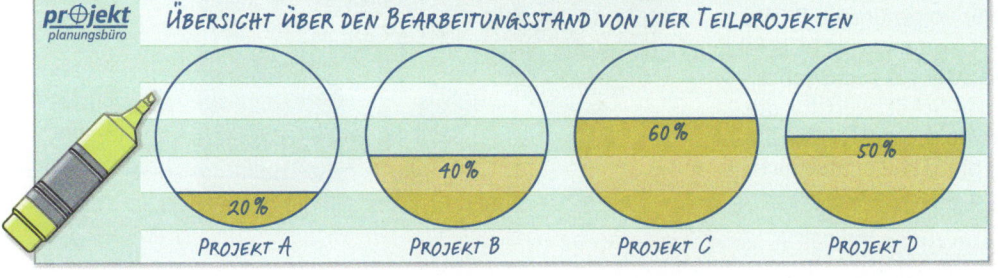

Teste dich!

⊕ **Kopiervorlage**
Check-out
mk94z2

Wiederholen – Vertiefen – Vernetzen

4 Erstelle aus den folgenden Angaben eine vollständig ausgefüllte Vierfeldertafel.
   a) Am Sportunterricht nehmen insgesamt 25 Schülerinnen und Schüler teil, von denen 15 weiblich sind. Genau 15 aller Schülerinnen und Schüler sind gut im Weitsprung. 10 Mädchen sind nicht gut im Weitsprung.
   b) Bei einer Versuchsreihe nehmen 47 Personen teil. 20 von diesen Personen wurden auf Masern positiv getestet. 32 von den Testpersonen sind gegen diese Krankheit geimpft, wobei 15 Personen positiv getestet wurden und nicht dagegen geimpft sind.

5 Eine Schreinerei fertigt täglich 200 Stühle. Die Tabelle zeigt die Mängelstatistik.
   a) Berechne einen Schätzwert für die Chance, dass (1) ein Montagsstuhl (2) ein an den übrigen Wochentagen produzierter Stuhl mängelfrei ist.

Merkmal	Mo	Di–Fr	Summe
ohne Mängel	180	768	948
mit Mängel	20	32	52
Summe	200	800	1000

   b) Erläutere, warum der Schätzwert in (2) mehr Vertrauen verdient als der Schätzwert in (1).
   c) Ein Kunde erhielt einen Stuhl mit Mängeln. Berechne einen Schätzwert für die Wahrscheinlichkeit, dass er montags produziert wurde.

Vertiefen und Anwenden

6 a) Stelle die Angaben aus dem Zeitungstext übersichtlich in einer Vierfeldertafel dar. Arbeite dabei mit absoluten Zahlen.
   b) Wie viele Ehepaare ohne Kinder gab es 2012 in Hessen ungefähr?
   c) 2012 lebten in Hessen außerdem 187 000 Alleinerziehende mit Kindern. Wie viele Haushalte mit Kindern gab es also 2012 in Hessen?

> 2012 lebten in Hessen rund 200 000 Paare ohne Trauschein gemeinsam in einem Haushalt. Dies sind fast 13 % aller Paare. In etwa 27 % dieser Haushalte lebten auch Kinder. Bei den verheirateten Paaren waren das gut 47 %.

7 Ein Schokoriegelautomat ist defekt. Die Wahrscheinlichkeit dafür, dass er den Riegel ausgibt, beträgt 50 %. Das Risiko, dass man keinen Riegel bekommt und das Geld im Automaten bleibt, beträgt 16 %. Dass man seinen Riegel und auch sein Geld zurückbekommt, hat eine Wahrscheinlichkeit von 30 %.
   a) Erstelle eine Vierfeldertafel.
   b) Bestimme die Wahrscheinlichkeit, dass man seinen Riegel erhält und dafür bezahlt.
   c) Bestimme die Wahrscheinlichkeit, dass man keinen Riegel bekommt, aber das Geld zurückerhält.
   d) Bestimme die Chance, dass man sein Geld zurückbekommt.

8 Ein Prüfer beim TÜV hat im letzten Jahr festgestellt, dass 9 % aller Pkw wegen schwerwiegender Mängel fahruntüchtig waren. 60 % dieser Pkw waren älter als sechs Jahre. 15 % der vorgeführten PKW bekamen die TÜV-Plakette, waren also fahrtüchtig, obwohl sie älter als sechs Jahre sind. Bestimme einen Schätzwert für die Wahrscheinlichkeit, dass ein Pkw, der älter als sechs Jahre ist, die TÜV-Plakette nicht bekommt.

VII Daten und Zufall

9 In einer Werkstatt werden täglich 1000 Schalter zusammengebaut. 40 % aller Schalter montiert Frau Gutt. In der Regel funktionieren 90 % der von Frau Gutt zusammengebauten Schalter einwandfrei. Die Werkstatt liefert zu 95 % einwandfreie Schalter. Ein der Produktion zufällig entnommener Schalter wird geprüft und erweist sich als defekt.
Notiere eine Vierfeldertafel mit absoluten Häufigkeiten und bestimme anschließend einen Schätzwert für die Wahrscheinlichkeit, dass Frau Gutt diesen Schalter zusammengebaut hat.

10 Lukas fährt an 80 % seiner 300 Arbeitstage mit der Bahn nach Hause. In zwei Drittel dieser Fälle kommt er pünktlich an. Durchschnittlich ist er an 3 von 5 Arbeitstagen pünktlich.
a) Notiere die Informationen in einer Vierfeldertafel mit absoluten Häufigkeiten.
b) Eines Abends kommt er pünktlich an. Bestimme einen Schätzwert für die Wahrscheinlichkeit dafür, dass er die Bahn benutzt hat.

11 Eine Socke ist mit 10 roten und 20 blauen Chips gefüllt, von denen jeweils wie in Fig. 1 einige markiert sind. Stelle Dir vor, dass Sandra 900-mal (mit Zurücklegen) einen Chip zieht und die Ergebnisse in der Vierfeldertafel festhält.

	markiert	unmarkiert	
rot			
blau			
			900

a) Notiere die Vierfeldertafel, die du am Ende erwartest.
b) Sandra zieht einen markierten Chip. Bestimme die Chance, dass sie einen roten hat.

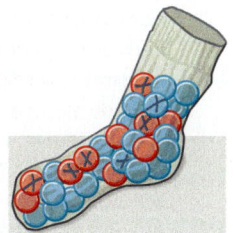

Fig. 1

Vernetzen und Erforschen

12 Versicherungsvertreter: „Von 2018 auf 2019 haben sich die Einbruchszahlen in Ihrem Wohnviertel verdoppelt. Ich würde Ihnen daher empfehlen, eine Hausratsversicherung abzuschließen." Herr Klein erkundigt sich sicherheitshalber: „Ja, 2018 wurden zwei, 2019 vier Einbrüche gemeldet". Erläutere den Grund für Herrn Kleins Überraschung und beantworte, ob hier manipuliert wurde.

13 Die beiden Tabellen entstammen zwei verschiedenen Untersuchungen zur Wirksamkeit des gleichen Impfstoffs.

Merkmal	erkrankt	nicht erkrankt
geimpft	10 %	60 %
nicht geimpft	20 %	10 %

Merkmal	erkrankt	nicht erkrankt
geimpft	995	6021
nicht geimpft	2040	989

a) Schätze mit jeder der beiden Vierfeldertafeln, wie sich das Risiko einer Erkrankung durch Impfen verändert und begründe, warum man ähnliche Ergebnisse erhält.
b) Franziska hält die zweite Tabelle für aussagekräftiger als die erste, obwohl die erste Tabelle viel übersichtlicher ist als die zweite. Erläutere, warum Franziska recht hat.
Tipp: Erfinde mehrere Vierfeldertafeln mit absoluten Häufigkeiten, die zur ersten Tabelle passen.

14 Nina „Wenn in der Vierfeldertafel a_1, a_2, b_1 und b_2 absolute Häufigkeiten sind, rechnet man immer nach einer der Formeln
(1) $\frac{a_1}{z_1}$ oder (2) $\frac{b_1}{z_2}$ oder (3) $\frac{a_1}{s_1}$ oder (4) $\frac{a_2}{s_2}$."

	Beobachtung 1	Beobachtung 2	
Alternative A	a_1	a_2	z_1
Alternative B	b_1	b_2	z_2
	s_1	s_2	n

Erfinde zwei unterschiedliche Anwendungskontexte, indem du angibst, was man sich unter Beobachtung 1, Beobachtung 2, Alternative A und Alternative B vorstellen könnte. Erläutere, welche Fragen in diesen Kontexten durch die Formeln beantwortet werden. Ersetze dabei die Variablen durch ganze Zahlen.

Exkursion

Chance und Risiko – Gewinn besiegt Wahrheit

Oft muss man sich im Leben zwischen Alternativen entscheiden. Wenn mit richtigen Entscheidungen Gewinnchancen und mit falschen Entscheidungen Verlustrisiken verbunden sind, dann kann man in die Zwickmühle geraten. Denn nicht immer lässt die Regel mit den meisten richtigen Entscheidungen auch den größten Gewinn bzw. den kleinsten Verlust erwarten. Diese Zusammenhänge werden an einem Ratespiel erforscht, das durch Gewinne und Verluste zum Gewinnspiel wird – und sich mit etwas Phantasie auf die Wirklichkeit übertragen lässt.

1 Ratespiel
Hannah wählt zufällig einen der Beutel A oder B. Bei A ist die Trefferwahrscheinlichkeit $p = \frac{1}{3}$, bei B ist sie $p = \frac{2}{3}$. Dann zieht sie (mit Zurücklegen und Mischen vor dem nächsten Zug) fünfmal hintereinander aus ihrem Beutel und nennt die Ergebnisse (Treffer T bzw. Niete N), z. B. TNNTT. Ihr Spielpartner muss nun tippen, ob Hannah aus Beutel A oder Beutel B gezogen hat.

Hannah sagt	Anzahl Treffer	Max tippt
TNNTT	3	B
NNTNN	1	A
NNTNN	1	A
TNTTT	4	B
TTTTT	5	B
NNNNT	1	A
TNTNN	2	A

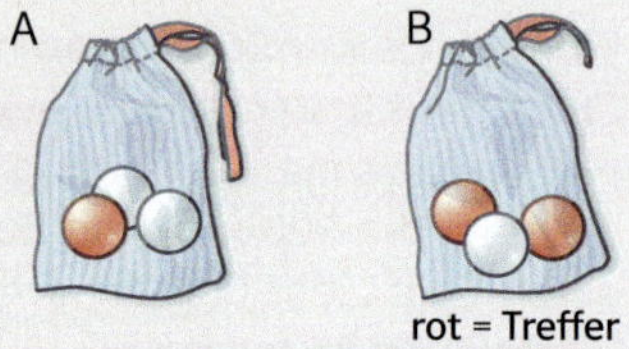

		Tipp Max	
		A	B
Hannah hatte	A	///	/
	B	/	//

Fig. 1

rot = Treffer

Fig. 2

a) Max tippt wie in Fig. 1 immer nach der gleichen Strategie „gesunder Menschenverstand". Erläutert, wie diese Tippstrategie funktioniert.
b) 👥 Bestimmt in Partnerarbeit durch 20-maliges Spielen und Ausfüllen einer Vierfeldertafel wie in Fig. 2 einen Schätzwert für die Wahrscheinlichkeit, dass Max nach den 5 Zügen richtig tippt.
c) 👥 Fasst die Versuchsergebnisse der ganzen Klasse auf einem gemeinsamen Plakat zusammen. Verbessert eure Schätzung. Vergleicht eure Schätzung mit den Ergebnissen aus Fig. 3.

		Tipp Max		
		A	B	
Hannah hatte	A	124	27	151
	B	36	113	149
		160	140	300

Fig. 3

2 👥 Gewinnspiel
Dadurch, dass man richtige Tipps belohnt und falsche bestraft, wird das Rate- zu einem Gewinnspiel (vgl. nebenstehende Gewinnregeln).
a) Schätzt ab, welchen Punktgewinn Max bei Gewinnregel 1 mit seiner Strategie des gesunden Menschenverstandes durchschnittlich pro Spiel erwarten kann. Nutzt die Versuchsergebnisse aus 1 c) bzw. Fig. 3.
b) Die Gewinnregel wird verschärft: Ein Fehltipp auf Beutel A wird richtig teuer. Er kostet nun 10 Punkte (Regel 2). Untersucht, ob man mit Max' Strategie des gesunden Menschenverstandes auf lange Sicht immer noch Gewinn machen kann.
c) Mara: „Es ist bei Regel 2 riskant, zu schnell auf Beutel A zu tippen. Man sollte mit solchen Tipps vorsichtig sein." Erläutert, was Mara meint. Schlagt „vorsichtigere" Tippstrategien vor. Erprobt, ob sie mehr Gewinn versprechen.

> **Gewinnregel 1:**
> Für jeden richtigen Tipp gewinnst du einen Punkt, für jeden falschen Tipp verlierst du einen Punkt.

> **Gewinnregel 2:**
> Für jeden richtigen Tipp gewinnst du einen Punkt, für jeden falschen Tipp auf B verlierst du wieder einen Punkt. Wenn du aber auf A tippst, obwohl Hannah B hatte, also bei einem falschen Tipp auf A, verlierst du 10 Punkte.

3 Computersimulation

In der Tabellenkalkulation (Fig. 1) wird das Gewinnspiel 1000-mal simuliert. Man kann die Punkte, die man verliert, wenn man auf A tippt, obwohl B richtig ist, in Zelle I1 verändern. In Zelle H1 verändert man die Trefferzahl, bis zu der man auf A tippt. In Fig. 1 gilt H1 = 2, es wird also bei höchstens zwei Treffern auf A getippt. Fig. 1 simuliert also die Strategie von Max mit Gewinnregel 2.

	A	B	C	D	E	F	G	H	I
1	Hannas	tippe auf A, falls Trefferzahl ≤						2	−10
2	Beutel	Ergebnisse					Treffer	Tipp	Punkte
3	A	T	N	T	N	N	2	A	1
4	B	T	T	T	T	N	4	B	1
5	A	N	N	N	T	N	1	A	1
6	A	N	T	T	T	N	3	B	−1
7	A	N	N	N	N	N	0	A	1
8	B	N	N	T	N	T	2	A	−10
9	B	T	N	T	N	T	3	B	1
10									

Fig. 1

Interaktives Forschen
Tabellenblatt
mk94z2

a) Bestätige, dass die Einträge in den Spalten H und I stimmen und beantworte die Fragen zum Gewinnspiel in 2 auf der Grundlage einiger Simulationen. Summiere dazu die Punkte in Spalte I.
b) Suche mithilfe der Simulation nach der besten (am wenigsten verlustreichen) Strategie für den Fall, dass die Gewinnregel 2 dadurch noch weiter verschärft wird, dass man bei jedem falschen Tipp auf A 20 Punkte verliert. Wähle dazu I1 = −20 und variiere H1.

4 Theorie (Wahrscheinlichkeit)

a) Fig. 2 zeigt die Wahrscheinlichkeiten, mit denen Hannah bei ihrem fünfmaligen Ziehen aus den Beuteln A bzw. B 0, 1, …, 5 Treffer erhält.
Fasse die Aussagen von Fig. 2 in Worte und erläutere ohne Rechnung, warum die Angaben plausibel sind.

b) Kontrolliere Fig. 2 mithilfe eines fünfstufigen Wahrscheinlichkeitsbaums mit 32 Ästen.

c) Max tippt „bei ≤ 2" Treffern auf A. Vervollständige mit den Angaben aus Fig. 2 den Wahrscheinlichkeitsbaum aus Fig. 3 und bestätige, dass sich die Vierfeldertafel aus Fig. 4 ergibt.

d) Begründe: Max
– tippt zu ca. 79 % richtig,
– rechnet bei Regel 1 durchschnittlich mit 0,580 Punkten Gewinn je Spiel,
– rechnet bei Regel 2 mit seiner Strategie durchschnittlich mit 0,364 Punkten Verlust.

Treffer	0	1	2	3	4	5
A: $p = \frac{1}{3}$	13,17 %	32,92 %	32,92 %	16,46 %	4,12 %	0,41 %
B: $p = \frac{2}{3}$	0,41 %	4,12 %	16,46 %	32,92 %	32,92 %	13,17 %

Fig. 2

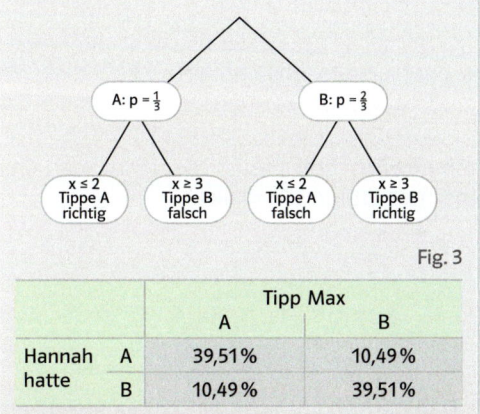

Fig. 3

		Tipp Max	
		A	B
Hannah hatte	A	39,51 %	10,49 %
	B	10,49 %	39,51 %

Fig. 4
Baumdiagramm und Vierfeldertafel zur Strategie:
Tippe bei ≤ 2 Treffern auf A

5 Optimieren der Strategie

a) Bestimme mithilfe von Fig. 2 die Vierfeldertafel, die zur vorsichtigeren Strategie „Tippe bei ≤ 1 Treffern auf A" passt. Zeige, dass bei der vorsichtigeren Strategie die Wahrscheinlichkeit für einen richtigen Tipp auf 70,78 % sinkt, dass man so aber auch bei Gewinnregel 2 langfristig noch Gewinn machen kann.
b) Untersuche, wie sich die Situation ändert, wenn man bei Gewinnregel 2 statt 10 Punkte 20 Punkte verliert und gleichzeitig die Strategie ändert in „Tippe nur bei x = 0 auf A". Erläutere, inwiefern die Überschrift „Gewinn schlägt Wahrheit" das Spiel beschreibt.
c) 👥 Sucht nach alltagsnahen Entscheidungssituationen, in denen Wahrscheinlichkeiten und Kosten von Fehlentscheidungen eine Rolle spielen, und sucht nach Analogien zu obigem Entscheidungsspiel.

Rückblick

Manipulationen in statistischen Grafiken
Bei der Untersuchung statistischer Grafiken auf mögliche Manipulationen helfen folgende Leitfragen:
- Welche Interessen könnte der Auftraggeber der Grafik verfolgen?
- Sind die Achsen gleichmäßig skaliert?
- Sind die Nullpunkte sichtbar?
- Entsprechen die Daten den abgebildeten Längen, den Flächen oder den Volumina?
- Wird die räumliche Perspektive ausgenutzt?
- Wird neben relativen Häufigkeiten auch der Stichprobenumfang angegeben?
- Aus welcher Quelle stammen die Daten?

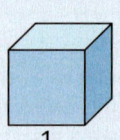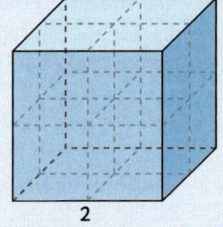

Durch Verdoppelung der Kantenlänge eines Würfels wird in Wirklichkeit eine Verachtfachung des Volumens dargestellt.

Stichprobenumfang
Beim Erhöhen des Stichprobenumfangs nehmen Zufallsschwankungen relativer Häufigkeiten ab. Daher verdienen die Schlüsse, die man aus den Ergebnissen großer Stichproben zieht, mehr Vertrauen und sind aussagekräftiger.
Durch Ausnutzen von Zufallsschwankungen und Auswählen von Daten aus mehreren Erhebungen wird teilweise versucht, einen gewünschten Eindruck zu erwecken. Dies gelingt bei kleinen Stichproben leichter als bei großen Stichproben.
Deswegen sollte man skeptisch werden, wenn der Stichprobenumfang bei einer Veröffentlichung verschwiegen wird.

	Schwimmbad	Zoo
Ninas Gruppe	1	4
alle anderen	18	2

	Schwimmbad	Zoo
Ninas Gruppe	20 %	80 %
alle anderen	76 %	24 %

*Nina möchte am Wandertag in den Zoo. In ihrer Fünfergruppe findet der Vorschlag mit 80 % große Unterstützung.
In der ganzen Klasse mit 25 Kindern sind aber nur 24 % für diesen Vorschlag.
Kleine Stichproben spiegeln Situationen oft unzutreffend wider.*

Chance – Risiko
Wahrscheinlichkeiten **gewünschter** Ereignisse nennt man **Chancen**, diejenigen **unerwünschter** Ereignisse **Risiken**.

Die Wahrscheinlichkeit, dass „Grün" eine Vier würfelt, beträgt $\frac{1}{6}$. Das ist für Rot das Risiko,  *herauszufliegen und für Grün die Chance, den Gegner hinter sich zu lassen.*

Vierfeldertafel
Wenn man in einer Datenerhebung zwei Merkmale gleichzeitig untersucht, kann man die Ergebnisse der Merkmalskombinationen in einer Vierfeldertafel darstellen, in der man die Zeilensummen und die Spaltensummen ergänzt.
Man kann dann durch das Berechnen von Verhältnissen relative Häufigkeiten bestimmen, die man als Schätzwerte für Wahrscheinlichkeiten verwenden kann.

Je nach Fragestellung liest man dazu die Vierfeldertafel zeilenweise oder spaltenweise.

	nicht erkrankt	erkrankt	
geimpft	6500	500	7000
nicht geimpft	1000	2000	3000
	7500	2500	10 000

*Zeilenweise lesen: Von den 3000 nicht Geimpften erkrankten 2000. Die relative Häufigkeit $\frac{2000}{3000} \approx 66,7\%$ ist ein Schätzwert für das Risiko, dass eine nicht geimpfte Person erkrankt. Durch Impfung sinkt das Risiko auf schätzungsweise $\frac{500}{7000} \approx 7,1\%$.
Spaltenweise lesen: Eine Person ist erkrankt. Die relative Häufigkeit $\frac{2000}{2500} \approx 80\%$ ist ein Schätzwert für die Wahrscheinlichkeit, dass sie nicht geimpft war.*

Test

VII Daten und Zufall

Runde 1

Lösungen | Seite 289

1 a) Miss die Grafiken aus und entscheide, ob die Höhe, die Fläche oder das Volumen des Tropfens zur Veranschaulichung der relativen Häufigkeit der Blutgruppe genutzt wurde.
b) Begründe, ob es sich um eine sachgerechte Darstellung handelt.

Blutgruppen nach ihrer Häufigkeit

AB	B	O	A
5%	11%	41%	43%

2 Ein Campingplatz beherbergt 120 weibliche und 222 männliche Gäste. 240 Gäste essen im Restaurant, die anderen sind Selbstversorger. Von den weiblichen Gästen sind 30 Selbstversorger. Notiere diese Informationen in einer Vierfeldertafel.

3 a) Berechne mithilfe der Daten Schätzwerte für die Wahrscheinlichkeit (1) „eine erkrankte Person war geimpft" und (2) „eine geimpfte Person erkrankte".
b) Beurteile die Wirksamkeit der Impfung mithilfe der Vierfeldertafel und einer Rechnung.

	erkrankt	nicht erkrankt	
geimpft	10	110	120
nicht geimpft	40	220	260
	50	330	380

Runde 2

Lösungen | Seite 289

1 Stelle die Entwicklung des Energieverbrauchs in einem Diagramm
a) sachgerecht dar,
b) so dar, dass der Eindruck eines dramatischen Rückganges erzeugt wird.

Jahr	Energieverbrauch
2010	40 000 kWh
2011	39 900 kWh
2019	39 000 kWh

2 a) Erläutere, was an dieser Grafik nicht stimmen kann.
b) Das Waschmittel in der Großpackung soll 50 % günstiger sein als das Waschmittel in der kleinen Packung. Die kleine Packung kostet 1,– Euro. Berechne, wie teuer die Großpackung sein müsste, wenn man
(1) auf die Grafik schaut,
(2) auf die Beschriftung achtet?

3 Die 9 a sollte als Hausaufgabe die Personenzahl in PKW statistisch untersuchen. Bei Hylias Tabelle wird die Lehrerin skeptisch, bei Lisas nicht. Erläutere warum.

	Anzahl der Personen im Pkw				
	1	2	3	4	5
Hylia	50,00 %	25,00 %	25,00 %	0,00 %	0,00 %
Lisa	51,52 %	18,18 %	19,70 %	3,03 %	7,58 %

4 a) Bestimme einen Schätzwert für die Wahrscheinlichkeit, dass (1) eine Person mit positivem Testergebnis tatsächlich erkrankt ist, (2) eine Person mit negativem Testwert tatsächlich gesund ist.
b) Zeichne ein zu den Informationen der Vierfeldertafel passendes Baumdiagramm.

	gesund	krank	
Test positiv	10	90	100
Test negativ	890	10	900
	900	100	1000

Exkursion EXTRA

Nachgehakt und quergedacht

Die folgenden Kärtchen enthalten Denkanstöße zu zentralen Themen der zurückliegenden Jahrgangsstufe. Sie eignen sich, auf Gelerntes zurückzuschauen. So können übergreifende Zusammenhänge entdeckt und gesichert werden. Man kann über die Anstöße alleine nachdenken, um sie dann in kleinen Gruppen miteinander zu diskutieren. Erklärungen werden im Plenum über Vorträge und Diskussionen oder schön gestaltete Plakate miteinander verglichen und gegebenenfalls ergänzt. Auch ein Erklärwettbewerb mit einer Jury kann spannend sein.

Natürlich darfst du beim Argumentieren und Erklären alle Regeln und Beispiele aus diesem Buch nutzen. Durch Nachschlagen im Inhaltsverzeichnis oder im Register kann man herausfinden, wo sich passende Regeln finden könnten.

Wahrscheinlichkeit

 Niclas & Tina

Niclas: Längen kann man mit dem Zollstock messen, Gewichte mit der Waage, Zeiten mit der Uhr. Nur Wahrscheinlichkeiten kann man nicht messen. Die muss man berechnen. Daher kommt der Name Wahrscheinlichkeitsrechnung.

Tina: Wahrscheinlichkeiten kann man oft gar nicht berechnen. Man kann nur Schätzwerte für Wahrscheinlichkeiten bestimmen.

Nimm Stellung zu dem Dialog. Finde Beispiele, die Niclas Position begründen und andere für Tinas Position.

Funktionen-Geraden-Parabeln

 Maike

In der unten stehenden Abbildung wurde eine Fahrt im Thalys zwischen Lüttich und Aachen protokolliert.

Das ist keine Funktion! Es gibt weder eine Wertetabelle noch einen Term und zu viele Zacken.

Erläutert, wie ihr die Achsen beschriften würdet, und nehmt Stellung zu Maikes Aussage.

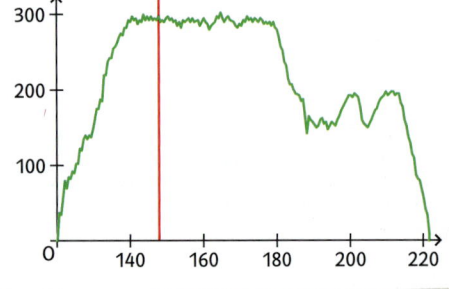

③ **Nico & Sina**

Nico: Parabeln kann man gut strecken und verschieben, denk mal an $f(x) = x^2$, $g(x) = 2 \cdot f(x) = 2x^2$, $h(x) = f(x) + 3 = x^2 + 3$ und $i(x) = f(x + 4) = (x + 4)^2$.

Sina: Das geht nur für Parabeln. Bei Geraden und den Sinuskurven haben wir das nie gemacht.

Erläutere, was Nico meint und untersuche Sinas Aussage.

④ **Thorsten & Thomas, Heike & Sandro**

Thorsten: $f(x) = \frac{1}{2}(x - 1) + 2$ ist die Gleichung einer Geraden durch $P(1|2)$ mit Steigung $\frac{1}{2}$.
Thomas: Dann müsste $g(x) = \frac{1}{2}(x - 1)^2 + 2$ die Gleichung einer Parabel durch $P(1|2)$ mit Steigung $\frac{1}{2}$ sein.
Heike: Das ist leider falsch. Parabeln haben keine Steigung.
Sandro: Heike hat recht, Thomas aber auch. Nur bei Parabeln heißt die Steigung Streckfaktor.

Erläutere an anderen Beispielen, was die Vier meinen könnten, und nimm Stellung.

⑤ **Nikita**

Wenn ich den Graphen von $f(x) = \frac{1}{4}x^2 - x + 1$ plotte, erhalte ich eine Parabel durch $P(0|1)$. Aber wenn ich den Graphen ganz nah an $P(0|1)$ heranzoome, sieht er aus wie die Gerade g mit $g(x) = -x + 1$. Wenn ich ganz weit herauszoome, ähnelt er einer Ursprungsparabel mit $h(x) = \frac{1}{4}x^2$.

Überprüfe Nikitas Aussage und suche nach einer Begründung. Untersuche auch andere Parabeln.

6 Gina

Es gibt quadratische Gleichungen, die man nicht mit der pq-Formel lösen kann: Bei $x^2 - 2 = 0$ fehlt das p, bei $x^2 - 2x = 0$ fehlt das q.

Nimm Stellung zu Ginas Aussage und versuche, eine Erklärung zu finden, die Gina versteht.

7 Simon und Maren

Simon: Mit dynamischen Geometrieprogrammen kann man nicht nur Figuren zentrisch strecken, sondern auch Funktionsgraphen. Das Streckzentrum O und den Streckfaktor k kann man frei wählen. In der Grafik ist das Streckzentrum O(0|0) und k = 2. Es scheint so, als ob aus Geraden wieder Geraden und aus Parabeln wieder Parabeln werden.
Maren: Das stimmt, das kann man an einzelnen Punkten in der Grafik ablesen.

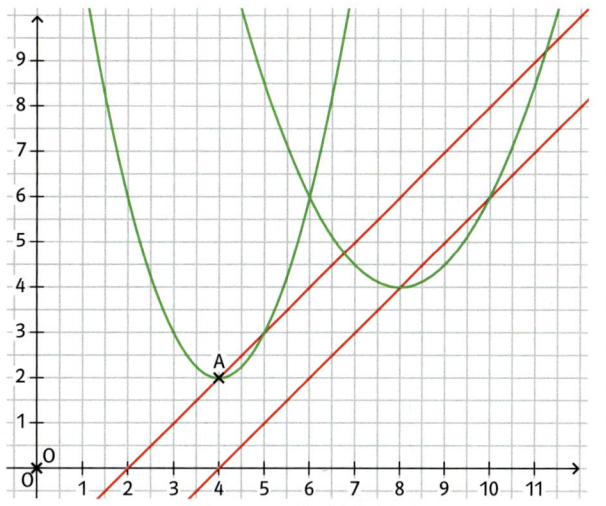

Prüfe Simons Beobachtung mit einem Geometrieprogramm und erläutere, was Maren meinen könnte. Untersuche, wie sich die „Form" der Geraden bzw. der Parabeln beim Strecken verändert.

Lineares – quadratisches – exponentielles Wachstum

8 Simon und Nina

Simon: Bei Wachstumsprozessen startet man zum Zeitpunkt 0 mit einem Anfangsbestand b. Der Graph geht immer durch (0|b). Wenn ich einen Zeitschritt weitergehe, ist beim linearen Wachstum der Zuwachs immer gleich. Den nennt man Steigung.
Beim exponentiellen Wachstum gibt es auch einen Zuwachs. Aber der wird immer größer – und zwar proportional zum Bestand.
Wird aber nicht auch beim quadratischen Wachstum der Zuwachs immer größer?
Nina: Klar! Da ist der Zuwachs aber nicht proportional zum Bestand y, sondern zur verstrichenen Zeit x.

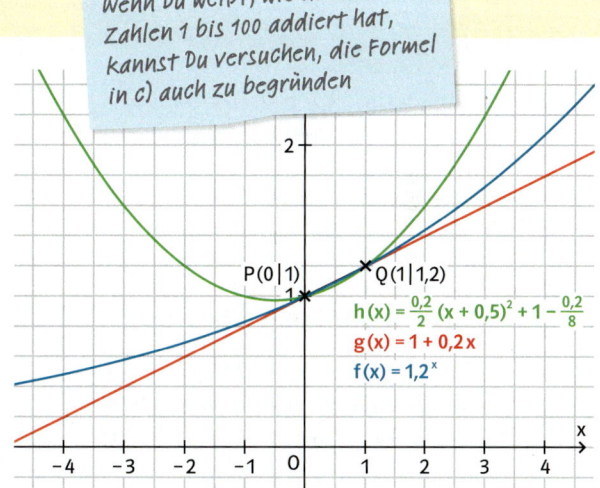

Wenn Du weißt, wie Gauß die Zahlen 1 bis 100 addiert hat, kannst Du versuchen, die Formel in c) auch zu begründen

$h(x) = \frac{0{,}2}{2}(x + 0{,}5)^2 + 1 - \frac{0{,}2}{8}$
$g(x) = 1 + 0{,}2x$
$f(x) = 1{,}2^x$

Lineares, quadratisches und exponentielles Wachstum, bei dem der Bestand innerhalb des ersten Zeitschritts von 1 auf 1,2 anwächst.

a) Erläutere mithilfe einer Skizze und geeigneten Formeln, was Simon meint, und stelle beim exponentiellen Wachstum eine Beziehung zwischen Wachstumsfaktor und seiner Proportionalitätskonstanten her.
b) Prüfe Ninas Aussage anhand der Funktionsgleichungen $f(x) = x^2 + 2$ und $g(x) = k \cdot x^2 + b$.
c) Prüfe nach: Wenn beim quadratischen Wachstum der Zuwachs in der ersten Zeiteinheit k, in der zweiten 2k usw. beträgt, dann wird der Wachstumsprozess beschrieben durch $f(x) = \frac{k}{2}\left(x + \frac{1}{2}\right)^2 + \left(b - \frac{k}{8}\right)$.

Check-in zu Kapitel I

Schätze dich mithilfe der Checkliste ein.

1. Ich kann anhand einer Funktionsgleichung eine Wertetabelle erstellen und den zugehörigen Graphen zeichnen.
2. Ich kann Funktionen in Sachkontexten als Modell verwenden.
3. Ich kann die binomischen Formeln verwenden.
4. Ich kann lineare Gleichungssysteme lösen.

Lerntipps

zu 1. **Grundwissen**, Seite 2
zu 2. **Grundwissen**, Beispi Seite 9
zu 3. **Grundwissen**, Seite
zu 4. **Grundwissen**, Seite

Überprüfe deine Einschätzungen.

1 Wertetabellen erstellen und Graphen zeichnen
Erstelle für die angegebenen x-Werte eine Wertetabelle der Funktion f anhand der gegebenen Funktionsgleichung. Zeichne den zugehörigen Funktionsgraphen.

a) $f(x) = 0{,}25x$
für $x = -4; -3; \ldots; 3; 4$

b) $f(x) = -2x + 2{,}5$
für $x = -4; -3; \ldots; 3; 4$

c) $f(x) = \dfrac{1{,}5}{x}$
für $x = 0{,}5; 1; \ldots; 2{,}5; 3$

2 Funktionen als Modell verwenden
Ein Laserdrucker der Firma A wird für 120 € angeboten, der Toner kostet 80 € für 5000 ausgedruckte Seiten. Ein Laserdrucker der Firma B wird für 80 € angeboten, der Toner kostet 50 € für 2000 ausgedruckte Seiten.

a) Entscheide, welche Gleichung auf den Kärtchen jeweils zu der Funktion *Anzahl x der ausgedruckten Seiten → Gesamtkosten K inklusive Anschaffung (in €)* passt. Begründe.

$K(x) = 0{,}025x + 80$ $K(x) = 0{,}08x + 120$ $K(x) = 0{,}012x + 50$ $K(x) = 0{,}016x + 120$

b) Ermittle mithilfe der Funktionsgleichungen, bei welchem Drucker die Kosten (inklusive Anschaffung) für 10 000 ausgedruckte Seiten günstiger sind.

3 Binomische Formeln anwenden

a) Fülle die Lücken, sodass eine binomische Formel entsteht.
(1) $(2x - y)^2 = 4x^2 + y^2 + \square$
(2) $(2x - 3b)(\square) = 4x^2 - 9b^2$
(3) $(3s\,\square)^2 = 9s^2 + 12s\,\square$

b) Verwandle in eine Summe. Benutze binomische Formeln.
(1) $\left(\dfrac{1}{2}k - 4p\right)^2$
(2) $\left(3c + \dfrac{1}{3}\right)^2$
(3) $(6y + 3x)(3x - 6y)$

c) Verwandle in ein Produkt. Benutze, falls möglich, binomische Formeln.
(1) $16c^2 + 9v^2 - 24cv$
(2) $4f^2 - 5s^2$
(3) $18x^2 + 12xy + 8y^2$
(4) $3z^2 - 3$

4 Lineare Gleichungssysteme lösen
Berechne die Lösung des linearen Gleichungssystems mit dem angegebenen Verfahren.

a) Mit dem Einsetzungsverfahren
I: $x + 2y = 11$
II: $-2x + 5y = -40$

b) Mit dem Additionsverfahren
I: $3x + 4y = 1$
II: $4x + 2y = -12$

→ Lösungen | Seite 289

Check-in zu Kapitel II

Anhang

Schätze dich mithilfe der Checkliste ein.

	😊 😐 ☹
1. Ich kann Winkel an Geradenkreuzungen erkennen und benennen.	☐ ☐ ☐
2. Ich kann kongruente Figuren erkennen.	☐ ☐ ☐
3. Ich kann Dreiecke mithilfe von Kongruenzsätzen konstruieren.	☐ ☐ ☐
4. Ich kann einfache Gleichungen lösen.	☐ ☐ ☐

Lerntipps

zu 1. **Grundwissen**, Seite 237
zu 2. **Grundwissen**, Seite 235
zu 3. **Grundwissen**, Seite 237
zu 4. **Grundwissen**, Seite 233

Überprüfe deine Einschätzungen.

1 Winkel an Geradenkreuzungen
a) Schreibe alle Wechselwinkelpaare, Stufenwinkelpaare und Scheitelwinkelpaare auf, die du in Fig. 1 findest.
b) Welche Winkel in Fig. 2 sind gleich groß? Begründe.
c) Bestimme die Größe aller Winkel in Fig. 3.

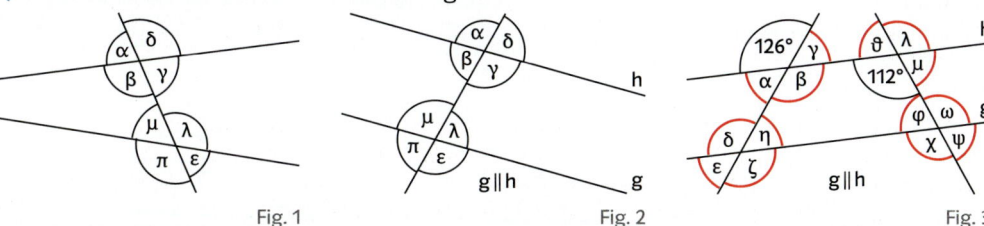

Fig. 1   Fig. 2   Fig. 3

2 Kongruente Figuren
a) Welche Dreiecke sind kongruent? Begründe.

(1)   (2)   (3)

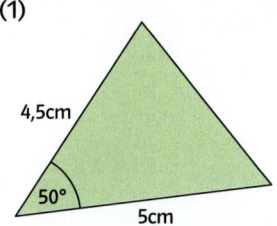
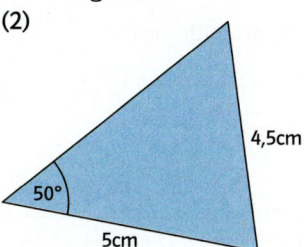
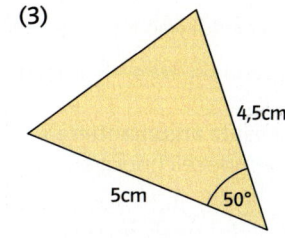

b) Untersuche, ob die Dreiecke ABC und A'B'C' kongruent sind und begründe.
  (1) $c = 3\,cm$, $b = 6\,cm$, $a = 4\,cm$ und $c' = 3\,cm$, $b' = 4\,cm$ und $a' = 6\,cm$.
  (2) $b = 6{,}7\,cm$, $\alpha = 57°$, $\gamma = 45°$ und $c' = 6{,}7\,cm$, $\alpha' = 45°$ und $\gamma' = 57°$

3 Dreieckskonstruktionen
Konstruiere das Dreieck. Fertige zuvor eine Planfigur an und beschreibe die Konstruktion.
a) $b = 6\,cm$, $a = 54\,mm$, $c = 7{,}5\,cm$
b) $b = 6\,cm$, $\alpha = 60°$, $\gamma = 45°$
c) $a = 8{,}3\,cm$, $b = 0{,}05\,m$, $\alpha = 30°$

4 Einfache Bruchgleichungen lösen
Löse die Gleichung.
a) $\dfrac{x}{4} = \dfrac{10}{2}$ b) $\dfrac{x}{9} = \dfrac{3}{1}$ c) $\dfrac{2}{x} = \dfrac{6}{12}$ d) $\dfrac{1}{4} = \dfrac{x}{7}$ e) $\dfrac{4}{6} = \dfrac{3}{x}$

→ Lösungen | Seite 290

Check-in zu Kapitel III

Schätze dich mithilfe der Checkliste ein.

1. Ich kann den Flächeninhalt von Quadraten, Rechtecken und Dreiecken berechnen.
2. Ich kann Formeln nach verschiedenen Variablen umstellen.
3. Ich kann mit dem Winkelsummensatz argumentieren.
4. Ich kann mit Wurzeln rechnen.
5. Ich kann das Netz und das Schrägbild eines Quaders zeichnen
6. Ich kann Volumen und Oberflächeninhalt von Quadern berechnen.

Lerntipps

zu 1. **Grundwissen**, Seite
zu 2. **Grundwissen**, Seite
zu 3. **Grundwissen**, Seite
zu 4. **Grundwissen**, Seite
zu 5. **Grundwissen**, Seite
zu 6. **Grundwissen**, Seite

Überprüfe deine Einschätzungen.

1 Flächeninhalte berechnen
Berechne den Flächeninhalt A der Figur.

a)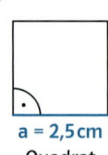
a = 2,5 cm
Quadrat

b)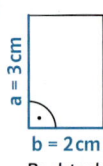
a = 3 cm, b = 2 cm
Rechteck

c)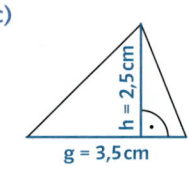
h = 2,5 cm, g = 3,5 cm
Dreieck

d)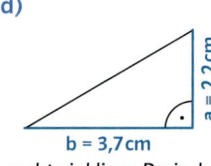
a = 2,2 cm, b = 3,7 cm
rechtwinkliges Dreieck

2 Formeln umstellen
Stelle die angegebene Formel nach den genannten Variablen um.

a) $A = \frac{1}{2} \cdot g \cdot h$ (nach g, h)
b) $a = \frac{V}{b}$ (nach V, b)
c) $U = a + 2 \cdot b$ (nach a, b)

3 Mit dem Winkelsummensatz argumentieren
In einem Dreieck mit den Bezeichnungen wie rechts ist α = 25°. Es gilt a = b.
Bestimme die Winkelgrößen β und γ.

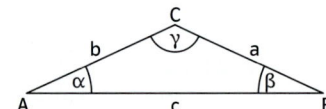

4 Wurzeln berechnen
Berechne.

a) $\sqrt{2 \cdot 72}$
b) $\sqrt{\frac{81}{49}}$
c) $\sqrt{25 + 144}$
d) $\sqrt{289 - 225}$
e) $\sqrt{3} \cdot \sqrt{12}$
f) $\sqrt{98} : \sqrt{2}$
g) $\sqrt{9} + \sqrt{16}$
h) $\sqrt{169} - \sqrt{25}$

5 Netz und Schrägbild eines Quaders zeichnen
a) Zeichne das Netz eines Quaders mit den Seitenlängen a = 4 cm, b = 3 cm und c = 6 cm.
b) Zeichne ein Schrägbild des Quaders aus Teilaufgabe a).

6 Volumen und Oberflächeninhalt eines Quaders berechnen
a) Berechne das Volumen eines Quaders mit a = 7 cm, b = 3 cm und c = 4 cm.
b) Berechne den Oberflächeninhalt eines Quaders mit a = 2 cm, b = 2 cm und c = 5 cm.
c) Berechne die Höhe eines Quaders mit a = 2,5 cm, b = 4 cm und dem Volumen V = 80 cm³.

Lösungen | Seite 291

Check-in zu Kapitel IV

Anhang

Schätze dich mithilfe der Checkliste ein.

	😊	😐	☹
1. Ich kann lineare Gleichungen mit Äquivalenzumformungen lösen.	☐	☐	☐
2. Ich kann Nullstellen von linearen Funktionen berechnen.	☐	☐	☐
3. Ich kann Schnittpunkte von Geraden bestimmen.	☐	☐	☐
4. Ich kann Quadratwurzeln bestimmen.	☐	☐	☐
5. Ich kann quadratische Funktionen grafisch darstellen.	☐	☐	☐
6. Ich kann quadratische Ergänzungen durchführen.	☐	☐	☐

Lerntipps

zu 1. **Grundwissen**, Seite 233
zu 2. **Grundwissen**, Seite 239
zu 3. **Grundwissen**, Seite 239
zu 4. **Grundwissen**, Seite 231
zu 5. **Kapitel 1**, Seite 22
zu 6. **Kapitel 1**, Seite 21

Überprüfe deine Einschätzungen.

1 Lineare Gleichungen lösen
Löse die lineare Gleichung.
a) $8x + 4 = 4x - 4$
b) $-4x + 2 = -16x + 6$
c) $3{,}5x - 0{,}01 = 3x + 0{,}24$
d) $\frac{7}{4}x + 1 = x + \frac{5}{4}$
e) $\frac{5}{8}x + \frac{1}{4} = \frac{3}{4}x - 3$
f) $\frac{2}{3}x + \frac{5}{2} = -x - \frac{15}{6}$

2 Nullstellen von linearen Funktionen berechnen
Bestimme die Nullstelle der linearen Funktion f.
a) $f(x) = 0{,}5x + 1{,}5$
b) $f(x) = -1{,}5x + 15$
c) $f(x) = -2{,}5x + 20$
d) $f(x) = -12x + 36$
e) $f(x) = 5{,}6x$
f) $f(x) = \frac{2}{5}x + 2$

3 Schnittpunkte von Geraden bestimmen
Bestimme die Schnittpunkte der Graphen zu f und g rechnerisch und zeichnerisch.
a) $f(x) = -x + 4$ und $g(x) = 0{,}5x + 1$
b) $f(x) = -0{,}5x + 2{,}5$ und $g(x) = 0{,}25x + 1$
c) $f(x) = -2x - 5$ und $g(x) = 1{,}5x + 2$
d) $f(x) = 2x - 2$ und $g(x) = -4x + 1$

4 Quadratwurzeln
Berechne. Bei einigen Aufgaben kann „nur" teilweise die Wurzel gezogen werden.
a) $\sqrt{121}$
b) $\sqrt{\frac{64}{169}}$
c) $\sqrt{0{,}01}$
d) $\sqrt{2{,}25}$
e) $\sqrt{200}$
f) $\sqrt{\frac{5}{121}}$
g) $\sqrt{3{,}24}$
h) $\sqrt{\frac{144}{47}}$

5 Graphen von quadratischen Funktionen zeichnen
Zeichne den Graphen der quadratischen Funktion f.
a) $f(x) = x^2$
b) $f(x) = (x + 3)^2 + 1$
c) $f(x) = \frac{3}{2}x^2 - 2$

6 Quadratische Ergänzungen durchführen
Forme in die Scheitelpunktform um und gib den Scheitelpunkt der zugehörigen Parabel an. Mache die Probe, indem du die Koordinaten von S in die Normalform einsetzt.
a) $f(x) = x^2 + 8x$
b) $f(x) = x^2 - 6x$
c) $f(x) = x^2 - 4x + 1$
d) $f(x) = x^2 + 8x + 3$
e) $f(x) = 2x^2 + 12x$
f) $f(x) = 3x^2 + 12x + 1$

→ Lösungen | Seite 292

Check-in zu Kapitel V

Schätze dich mithilfe der Checkliste ein.

1. Ich kann Potenzen mit natürlichen Zahlen als Hochzahl berechnen.
2. Ich kann Terme mithilfe der Rechenregeln berechnen.
3. Ich kann Grundaufgaben der Prozentrechnung lösen und Preisveränderungen als prozentuale Zunahme oder Abnahme angeben.
4. Ich kann lineares Wachstum mithilfe einer Funktion beschreiben und den Graphen einer linearen Funktion zu einer gegebenen Funktionsgleichung zeichnen.
5. Ich kann lineare Gleichungen lösen.

Lerntipps

zu 1. **Grundwissen**, Seite 2
zu 2. **Grundwissen**, Seite 2
zu 3. **Grundwissen**, Seite 2
zu 4. **Grundwissen**, Seite 2
zu 5. **Grundwissen**, Seite 2

Überprüfe deine Einschätzungen.

1 Potenzen berechnen
Berechne.
a) 5^2 b) $(-5)^2$ c) 3^4 d) 4^3 e) $(-4)^3$ f) $\left(\frac{2}{3}\right)^2$

2 Terme berechnen
Berechne.
a) $2 + 2 \cdot 5$ b) $3 \cdot (4 + 2^2)$ c) $4 + 2 \cdot 3^3$ d) $(3 + 4) \cdot 10^2$ e) $5 + 4 : 2^2$
f) $1220 + 952 - 2 \cdot 610$ g) $\frac{1}{48} \cdot 142 \cdot 96 \cdot \frac{1}{71}$ h) $3 \cdot 14 + 5 \cdot 14 + 2 \cdot 14$

3 Grundaufgaben der Prozentrechnung
a) Von 50 Personen fahren 20 mit dem Fahrrad zur Arbeit. Bestimme, wie viel Prozent dies sind.
b) Ein Fahrrad kostet im Moment 400 €. Der Preis soll um 15 % gesenkt werden. Berechne den neuen Preis.
c) Auf dem Markt bietet ein Händler eine Schale Erdbeeren für 5 € an. Kurz vor dem Abbau des Markstandes senkt er den Preis und verkauft die Schale nun für 4 €. Berechne, um wie viel Prozent der Preis gesenkt wurde.
d) Der Preis eines Handys wurde um 20 % gesenkt. Das Handy kostet jetzt nach der Preissenkung noch 120 €. Berechne den alten Preis.

4 Mit linearen Funktionen arbeiten
a) Jule hat an ihrem 14. Geburtstag 50 € in ihrem Sparschwein. Jeden Monat erhält sie von ihrem Opa 10 €, die sie ins Sparschwein wirft.
   (1) Gib eine Formel an, mit der man berechnen kann, wie viel Geld x Monate nach dem 14. Geburtstag im Sparschwein ist.
   (2) Berechne, wie viel Geld an Jules 16. Geburtstag im Sparschwein sind.
b) Zeichne die Graphen der Funktionen f und g mit $f(x) = 4x - 3$ und $g(x) = -\frac{1}{2}x + 3$.

5 Lineare Gleichungen lösen
Löse die Gleichung.
a) $4x + 10 = 6x - 6$ b) $-4x + 5 = \frac{1}{2}x - 4$ c) $\frac{1}{3}x + \frac{1}{4} = \frac{1}{2}x$

Lösungen | Seite 293

Check-in zu Kapitel VI

Schätze dich mithilfe der Checkliste ein.

	😊	😐	☹
1. Ich kann den Satz des Pythagoras in rechtwinkligen Dreiecken anwenden.	☐	☐	☐
2. Ich kann bei ähnlichen Dreiecken fehlende Seitenlängen berechnen.	☐	☐	☐
3. Ich kann Kreisumfänge berechnen.	☐	☐	☐
4. Ich kann mithilfe einer Funktionsgleichung Funktionswerte zu einer Stelle x ermitteln.	☐	☐	☐

Lerntipps

zu 1. **Kapitel 3**, Seite 76
zu 2. **Grundwissen**, Seite 237
zu 3. **Grundwissen**, Seite 235
zu 4. **Grundwissen**, Seite 238

Überprüfe deine Einschätzungen.

1 Den Satz des Pythagoras anwenden
Berechne jeweils die Länge der Seite x im angegebenen Dreieck.

a)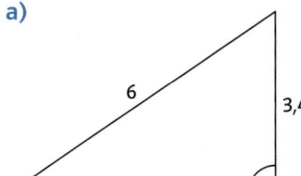
b)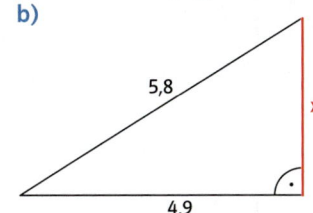
c)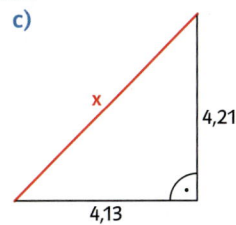

2 Bei ähnlichen Dreiecken fehlende Seitenlängen berechnen
Das Dreieck ABC ist rechtwinklig.
a) Zeige, dass die Dreiecke ADC, DEC, DBE und DBC ähnlich sind.
b) Berechne die fehlenden Längenangaben (Maße in cm).

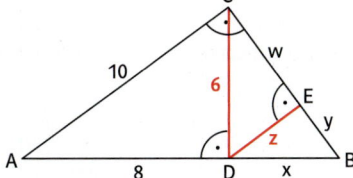

3 Kreisumfänge berechnen
Ein Spinnrad hat einen Durchmesser von 610 mm. Der Faden liegt dauerhaft auf 70 % des Radumfangs an. Gib die Länge des anliegenden Fadenstücks an.

4 Funktionswerte zu einer Stelle ermitteln.
Ordne jedem roten Kärtchen jeweils die Aussagen zu, die gleichbedeutend sind.

a $f(x) = x^2 + 3$	b $f(x) = -2x - 1$	c $f(x) = x + 1$	d $f(x) = x^2$
1 $f(2) = 3$	2 $f(2) = 4$	3 $f(2) = -5$	4 $f(2) = 7$

A Den Funktionswert f(x) erhält man, indem man x mit −2 multipliziert und davon 1 abzieht.

B Einer Zahl x wird der Wert x + 1 zugeordnet.

C Einer Zahl x wird ihr Quadrat zugeordnet.

D Den Funktionswert f(x) erhält man, indem man x quadriert und dazu 3 addiert.

→ Lösungen | Seite 294

Check-in zu Kapitel VII

Schätze dich mithilfe der Checkliste ein.

	😊	😐	🙁
1. Ich kann Anteile berechnen und als relative Häufigkeiten deuten.	☐	☐	☐
2. Ich kann Wahrscheinlichkeiten von relativen Häufigkeiten unterscheiden.	☐	☐	☐
3. Ich kann Wahrscheinlichkeiten schätzen und damit absolute Häufigkeiten vorhersagen.	☐	☐	☐
4. Ich kann mehrstufige Zufallsexperimente durch Baumdiagramme beschreiben und mithilfe der Pfadregel Wahrscheinlichkeiten berechnen.	☐	☐	☐

Lerntipps

zu 1. **Grundwissen**, Seite 2
zu 2. **Grundwissen**, Seite 2
zu 3. **Grundwissen**, Seite 2
zu 4. **Grundwissen**, Seite 2

Überprüfe deine Einschätzungen.

1 Anteile berechnen
Die Grafik zeigt die Stimmungslage in der Klasse 9 a nach einem Test.

a) Gib die absoluten Häufigkeiten der drei Emojis an.
b) Ermittle die relativen Häufigkeiten als Bruch, als Dezimalzahl und in Prozent.

2 Wahrscheinlichkeiten und relative Häufigkeiten untescheiden
Beim Würfeln mit der Aktenklammer aus Fig. 1 sind die vier Ergebnisse 1, 2, 3 und 4 möglich, wobei sich die Augenzahlen auf den Gegenseiten zu 5 summieren.
Hannah hat 20-mal, Ria hat 80-mal gewürfelt.
Ordne den Tabellenzeilen A bis F die Namen der beiden Mädchen zu und gib an, ob es sich in den Zeilen um Wahrscheinlichkeiten, absolute oder relative Häufigkeiten handelt. Begründe jeweils.

	1	2	3	4
A	1	7	11	1
B	8	34	28	10
C	5,0 %	35,0 %	55,0 %	5,0 %
D	10,0 %	42,5 %	35,0 %	12,5 %
E	5 %	45 %	45 %	5 %
F	11 %	39 %	39 %	11 %

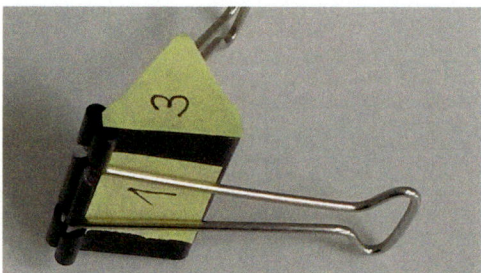

Aktenklammer in Lage 3   Fig. 1

3 Wahrscheinlichkeiten
a) Gib zu dem Experiment aus Aufgabe 2 eine eigene Schätzung der Wahrscheinlichkeiten für die Ergebnisse 1, 2, 3 und 4 an.
b) Die Klammer soll 300-mal gewürfelt werden. Gib an, welche absoluten Häufigkeiten du in etwa erwartest.

4 Mehrstufige Zufallsexperimente
Das Glücksrad wird zweimal gedreht.
a) Beschreibe das Experiment durch ein Baumdiagramm.
b) Berechne die Wahrscheinlichkeiten, dass die Augensumme die Werte 0 bzw. 1 bzw. 2 annimmt, als Bruch und in Prozent.

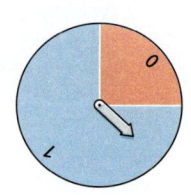

→ Lösungen | Seite 294

Grundwissen

Brüche und Dezimalzahlen

Bruch, Dezimalzahl, Prozent (Aufgabe 1)

Ein Anteil kann durch einen Bruch, eine Dezimalzahl oder in Prozent angegeben werden. Der gefärbte Anteil in dem Bild beträgt daher $\frac{4}{10}$ oder 0,4 oder 40 %.

Brüche in der Prozentschreibweise angeben (Aufgaben 2 bis 5)

Um einen Bruch in der Prozentschreibweise anzugeben, erweitert oder kürzt man ihn so, dass im Nenner 100 steht.

$\frac{24}{200} = \frac{24:2}{200:2} = \frac{12}{100} = 12\%$ ($\frac{24}{200}$ wird mit 2 gekürzt.)

$\frac{5}{8} = \frac{5 \cdot 12,5}{8 \cdot 12,5} = \frac{62,5}{100} = 62,5\%$
($\frac{5}{8}$ wird mit 12,5 erweitert.)

$\frac{9}{15} = \frac{9:3}{15:3} = \frac{3}{5} = \frac{3 \cdot 20}{5 \cdot 20} = \frac{60}{100} = 60\%$
($\frac{9}{15}$ wird mit 3 gekürzt und mit 20 erweitert.)

Brüche als Dezimalzahlen schreiben (Aufgabe 6)

Um einen Bruch in der Dezimalschreibweise anzugeben, erweitert oder kürzt man ihn so, dass im Nenner 10, 100, 1000, … steht, oder man teilt den Zähler durch den Nenner und notiert das Ergebnis als Dezimalzahl. Man erhält dann eine abbrechende oder eine periodische Dezimalzahl.

$\frac{13}{8} = \frac{13 \cdot 125}{8 \cdot 125} = \frac{1625}{1000} = 1,625$; $\frac{7}{11} = 7:11 = 0,\overline{63}$

Dezimalzahlen als Brüche schreiben (Aufgaben 7 und 8)

Um eine Dezimalzahl als Bruch zu schreiben, kann man eine Stellenwerttafel verwenden. Die erste Stelle nach dem Komma gibt die Zehntel, die zweite Stelle die Hundertstel, die dritte Stelle die Tausendstel usw. an.

	Zehner Z	Einer E	,	Zehntel z	Hundertstel h	
0,64		0	,	6	4	$\frac{64}{100}$
25,08	2	5	,	0	8	$25\frac{8}{100}$

$0,64 = \frac{64}{100} = \frac{16}{25}$; $25,08 = \frac{2508}{100} = 25\frac{8}{100} = 25\frac{2}{25}$

Teste dich! 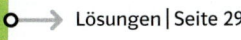 Lösungen | Seite 295

1 Zeichne ein Bild zu dem angegebenen Bruch.
  a) $\frac{3}{5}$ b) $\frac{5}{12}$ c) $\frac{3}{8}$ d) $\frac{7}{11}$

2 Erweitere den Bruch so, dass im Nenner 100 steht, und gib ihn in Prozent an.
  a) $\frac{9}{20}$ b) $\frac{1}{4}$ c) $\frac{3}{8}$ d) $\frac{4}{5}$

3 Gib den Anteil durch Kürzen in der Prozentschreibweise an.
  a) $\frac{36}{200}$ b) $\frac{33}{110}$ c) $\frac{270}{450}$ d) $\frac{164}{820}$

4 Gib den Anteil durch Kürzen und Erweitern in Prozentschreibweise an.
  a) $\frac{12}{15}$ b) $\frac{21}{35}$ c) $\frac{36}{90}$ d) $\frac{56}{64}$

5 Levin möchte den Bruch $\frac{7}{15}$ durch Kürzen und Erweitern in Prozent schreiben: „Auf den genauen Wert komme ich nicht. Vergleiche ich Zähler und Nenner, müssten aber etwas weniger als 50 % rauskommen."
  a) Erläutere Levins Schwierigkeit und begründe seinen Schätzwert.
  b) Gib mit Levins Strategie für die Brüche $\frac{10}{18}$, $\frac{3}{16}$ und $\frac{3}{11}$ einen Näherungswert in Prozent an.

6 Schreibe als Dezimalzahl.
  a) $\frac{1}{4}$ b) $\frac{4}{5}$ c) $\frac{5}{8}$ d) $\frac{7}{12}$
  e) $\frac{3}{8}$ f) $\frac{3}{15}$ g) $\frac{15}{125}$ h) $\frac{5}{9}$

7 Erstelle eine Stellenwerttafel und trage folgende Zahlen entsprechend ein.
  a) 14,1   b) 213,02
  c) 1032,15   d) 304,0050

8 Schreibe als Bruch und kürze, wenn möglich.
  a) 0,9   b) 0,11   c) 0,375   d) 0,0025

Grundwissen

Rechnen mit rationalen und reellen Zahlen

Zahlenbereiche (Aufgabe 1)

Natürliche Zahlen $\mathbb{N}$ $\{0; 1; 2; 3 \ldots\}$
Ganze Zahlen $\mathbb{Z}$ $\{\ldots -3; -2; -1; 0; 1; 2; 3 \ldots\}$
Die Zahlen, die man als Bruch darstellen kann, heißen **rationale Zahlen ($\mathbb{Q}$)**. Jeder Punkt auf der Zahlengerade entspricht einer **reellen Zahl ($\mathbb{R}$)**. Es gibt reelle Zahlen, wie z.B. $\sqrt{2}$ oder π, die sich nicht als Bruch darstellen lassen.

Brüche addieren und subtrahieren (Aufgabe 2)

Man macht die Brüche gleichnamig, addiert bzw. subtrahiert die Zähler und behält den Nenner bei.

$$\frac{1}{6} + \frac{2}{9} = \frac{3}{18} + \frac{2}{18} = \frac{5}{18}$$

$$\frac{5}{8} - \frac{3}{12} = \frac{15}{24} - \frac{6}{24} = \frac{9}{24}$$

Brüche miteinander multiplizieren (Aufgaben 3 bis 5)

Man multipliziert Zähler und Nenner jeweils miteinander. Um mit möglichst kleinen Zahlen zu rechnen, kürzt man ggf. vorher.

$$\frac{2}{5} \cdot \frac{4}{3} = \frac{2 \cdot 4}{5 \cdot 3} = \frac{8}{15}$$

$$\frac{2}{9} \cdot \frac{5}{8} = \frac{\overset{1}{2} \cdot 5}{9 \cdot \underset{4}{8}} = \frac{1 \cdot 5}{9 \cdot 4} = \frac{5}{36}$$

Durch Brüche dividieren (Aufgaben 3 und 5)

Man dividiert durch einen Bruch, indem man mit seinem Kehrwert multipliziert.

$$\frac{5}{8} : \frac{7}{3} = \frac{5}{8} \cdot \frac{3}{7} = \frac{5 \cdot 3}{8 \cdot 7} = \frac{15}{56}$$

Dezimalzahlen miteinander multiplizieren (Aufgabe 6)

Man multipliziert die beiden Dezimalzahlen ohne Berücksichtigung des Kommas und setzt das Komma beim Ergebnis so, dass es genauso viele Nachkommastellen hat wie beide Faktoren zusammen. Für die Berechnung von $0{,}2 \cdot 0{,}5$ rechnet man z.B. $2 \cdot 5 = 10$. Da beide Faktoren zusammen zwei Nachkommastellen haben, gilt $0{,}2 \cdot 0{,}5 = 0{,}10 = 0{,}1$. Auch wenn die Null der 10 beim Endergebnis weggelassen werden kann, muss sie zur Bestimmung der Nachkommastellen berücksichtigt werden.

Durch Dezimalzahlen dividieren (Aufgabe 6)

Beim Dividieren kann man die Kommas der beiden Zahlen um gleich viele Stellen so verschieben, dass man durch eine natürliche Zahl dividieren kann. $8{,}76 : 0{,}4 = 87{,}6 : 4 = 21{,}9$.

Teste dich! 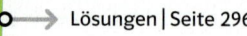 Lösungen | Seite 296

1 Gib zu jeder Zahl an, zu welchen Zahlenbereichen sie gehören (Mehrfachnennung möglich).
a) 4 b) -2 c) $-3{,}3$ d) $\frac{3}{4}$
e) $-\frac{8}{4}$ f) $\sqrt{9}$ g) $\sqrt{11}$ h) $-\sqrt{144}$

2 ☒ Berechne und kürze das Ergebnis vollständig.
a) $\frac{2}{4} + \frac{1}{2}$ b) $\frac{5}{9} + \frac{2}{3}$ c) $\frac{3}{27} + \frac{5}{36}$
d) $\frac{5}{4} - \frac{2}{8}$ e) $\frac{15}{21} - \frac{3}{14}$ f) $\frac{5}{9} - \frac{7}{12}$

3 ☒ Berechne und kürze vor dem Multiplizieren, wenn möglich.
a) $\frac{4}{7} \cdot 3$ b) $\frac{3}{14} \cdot 2$ c) $\frac{2}{9} \cdot 6$
d) $\frac{6}{8} : 3$ e) $\frac{3}{4} : 2$ f) $\frac{9}{40} : 8$

4 Eine Packung Studentenfutter wiegt 225 g. Winston isst $\frac{2}{15}$ davon. Berechne, wie viel Gramm noch in der Tüte sind.

5 ☒ Berechne und kürze vor dem Multiplizieren, falls es möglich ist.
a) $\frac{6}{7} \cdot \frac{2}{5}$ b) $\frac{8}{15} \cdot \frac{5}{2}$ c) $\frac{14}{39} \cdot \frac{9}{21}$
d) $\frac{3}{2} : \frac{2}{5}$ e) $\frac{15}{21} : \frac{25}{14}$ f) $\frac{8}{27} : \frac{22}{9}$

6 ☒ Berechne.
a) $3{,}5 \cdot 2{,}1$ b) $0{,}4 \cdot 5{,}5$ c) $40{,}6 \cdot 0{,}25$
d) $5{,}6 : 0{,}7$ e) $40{,}35 : 1{,}2$ f) $0{,}505 : 0{,}25$

Rechnen mit rationalen und reellen Zahlen

Addieren und Subtrahieren (Aufgaben 7 bis 9)

1. Überlegen, welches Vorzeichen das Ergebnis hat
   $-0,7 + 0,4$

   Das Ergebnis muss negativ sein.

2. Nebenrechnung durchführen
   $0,7 - 0,4 = 0,3$

3. Ergebnis notieren
   $-0,7 + 0,4 = -0,3$

Beachte: Wenn man eine negative Zahl subtrahiert, addiert man ihre Gegenzahl.
$-0,9 - (-0,7) = -0,9 + 0,7 = -0,2$

Multiplizieren und Dividieren (Aufgaben 10 bis 12)

Wenn man zwei Zahlen mit gleichem Vorzeichen multipliziert bzw. dividiert, ist das Ergebnis positiv.
$-5,2 \cdot (-2) = 10,4$
$-8 : (-2) = 4$

Wenn man zwei Zahlen mit unterschiedlichem Vorzeichen multipliziert bzw. dividiert, ist das Ergebnis negativ.
$1,8 \cdot (-2) = -3,6$
$-4,6 : 2 = -2,3$

Potenzen (Aufgaben 13 und 14)

Ein Produkt aus gleichen Faktoren kann als Potenz geschrieben werden:

$\underbrace{4 \cdot 4 \cdot 4}_{\text{3-mal}} = 4^3 = 64$

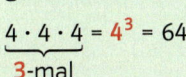

Quadratwurzeln (Aufgabe 15)

Die Quadratwurzel (kurz: Wurzel) aus einer positiven Zahl a ist diejenige positive Zahl, die quadriert a ergibt. Es gilt z. B.: $\sqrt{9} = 3$, denn $3^2 = 9$.

Geschicktes Rechnen mit Wurzeln (Aufgabe 16)

Rechenregeln für Produkte:
$\sqrt{9 \cdot 4} = \sqrt{9} \cdot \sqrt{4} = 3 \cdot 2 = 6$
$\sqrt{2} \cdot \sqrt{32} = \sqrt{2 \cdot 32} = \sqrt{64} = 8$

Rechenregeln für Quotienten:
$\sqrt{9 : 4} = \sqrt{9} : \sqrt{4} = 3 : 2 = 1,5$
$\frac{\sqrt{75}}{\sqrt{3}} = \sqrt{\frac{75}{3}} = \sqrt{25} = 5$

Teste dich! → Lösungen | Seite 296

7 Berechne.
a) $-24 + 17$ b) $2,4 - 17$ c) $23,1 - 17$
d) $-17,2 + 9,4$ e) $-38,4 - 18$ f) $27 - 57,58$

8 Übertrage ins Heft und setze für ☐ die fehlende Zahl ein.
a) $13 + ☐ = 47$ b) $14 - ☐ = 45$
c) $34 + ☐ = 7$ d) $-19 - ☐ = 32$

9 Beschreibe eine Situation, die zu dem Term passt und berechne ihn.
a) $150 - 225 + 75$ b) $-65 - (-15)$

10 Berechne.
a) $-7 \cdot 13$ b) $6 \cdot (-12)$
c) $-5 \cdot (-12)$ d) $-7 \cdot 12,5$
e) $5 : (-5)$ f) $63 : 9$
g) $-36 : (-4)$ h) $-56 : (-7)$

11 Übertrage ins Heft, ergänze für ☐ die fehlende Zahl und führe eine Probe durch.
a) $9 \cdot ☐ = -63$ b) $☐ : 7 = -6$
c) $☐ \cdot (-8) = 24$ d) $-35 : ☐ = -7$

12 Gib an, welche Zahl für ☐ eingesetzt werden muss.
a) $0,123 \cdot ☐ = 12,3$ b) $☐ \cdot 2,5 = 0,25$
c) $500 : ☐ = 0,5$ d) $1,44 : ☐ = -1,2$

13 Notiere den Term mithilfe von Potenzen.
$3 \cdot 4 \cdot 2 \cdot 5 \cdot 3 \cdot 2 \cdot 2$

14 Vereinfache den Term zu einem Produkt aus Potenzen der Grundzahlen 2 und 3.
a) $2 \cdot 3 \cdot 4 \cdot 9$ b) $8 \cdot 243 \cdot 27 \cdot 16$

15 Bestimme die Wurzel. Führe eine Probe durch.
a) $\sqrt{81}$ b) $\sqrt{196}$ c) $\sqrt{25\,600}$
d) $\sqrt{1,44}$ e) $\sqrt{\frac{121}{100}}$ f) $\sqrt{2,25}$

16 Rechne möglichst geschickt.
a) $\sqrt{9 \cdot 16}$ b) $\sqrt{0,01 \cdot 4}$ c) $\sqrt{144 : 81}$
d) $\sqrt{22,5} \cdot \sqrt{10}$ e) $\sqrt{8} : \sqrt{32}$ f) $\sqrt{81} \cdot \sqrt{121}$

Grundwissen

Prozentrechnung

Prozentangaben (Aufgaben 1 und 2)

Anteile schreibt man oft in Prozentschreibweise.
$\frac{1}{100} = 1\%$; $\frac{4}{25} = \frac{16}{100} = 16\%$; $0{,}45 = \frac{45}{100} = 45\%$

Grundwert, Prozentwert und Prozentsatz

In der Prozentrechnung verwendet man die Begriffe Grundwert (G), Prozentwert (W) und Prozentsatz (p).
Der Grundwert ist die Bezugsgröße und entspricht immer 100 %. Der Prozentsatz gibt an, wie viel Prozent der Prozentwert von dem Grundwert ausmacht. Die einzelnen Werte kann man mithilfe eines **Dreisatzes** oder mithilfe entsprechender Formeln berechnen.

Prozentsatz berechnen (Aufgaben 3, 4 und 8)

100 %	125 Bonbons
4 %	5 Bonbons
12 %	15 Bonbons

: 25 (von 100 % auf 4 %), · 3 (von 4 % auf 12 %)

Prozentwert berechnen (Aufgaben 5 und 8)

100 %	320 Autos
5 %	16 Autos
15 %	48 Autos

: 20, · 3

Grundwert berechnen (Aufgaben 6 bis 8)

8 %	26 Kinder
4 %	13 Kinder
100 %	325 Kinder

: 2, · 25

Zinsen – Zinssatz – Guthaben (Aufgabe 9)

In der Zinsrechnung wird wie in der Prozentrechnung gerechnet. Man verwendet allerdings andere Begriffe.

Prozentrechnung	Zinsrechnung
Prozentwert	Zinsen
Prozentsatz	Zinssatz
Grundwert	Startguthaben bzw. Startkapital

Beispiel: Ein Startguthaben von 200 € wird zu einem Zinssatz von 2 % angelegt.
Jahreszinsen: 200 € · 0,02 = 4 €
Guthaben nach einem Jahr: 200 € · 1,02 = 204 €

Teste dich! → Lösungen | Seite 296

1 Gib in Prozentschreibweise an.
a) 0,45 b) $\frac{3}{20}$ c) 1,05 d) $\frac{9}{15}$

2 Schreibe in Prozent und ordne vom kleinsten zum größten Anteil.
a) ein Achtel
b) 0,43
c) $\frac{3}{12}$
d) jeder Sechste

3 Berechne den Prozentsatz.
a) 4 m² von 20 m²
b) 7 cm von 20 cm
c) 50 € von 75 €
d) 12 min von 1 h

4 8 von 32 Gerichten auf der Speisekarte waren vegetarisch. Bestimme den Prozentsatz.

5 Der Eisvogel tauchte 25-mal ins Wasser. Bei 16 % der Versuche fing er einen Fisch. Bestimme den Prozentwert der erfolgreichen Versuche.

6 45 % entsprechen 180 €. Berechne den Grundwert.

7 Ein T-Shirt wird um 25 % reduziert. Es kostet dann nur noch 15 €. Bestimme den ursprünglichen Preis.

8 Berechne die fehlenden Werte in der Tabelle.

	Grundwert	Prozentwert	Prozentsatz
a)	240		9 %
b)		36	4 %
c)	80	72	

9 a) Für 1500 € erhält man nach einem Jahr 7,50 € Zinsen. Berechne den Zinssatz.
b) Nico legt 520 € zu einem Zinssatz von 2 % für ein Jahr fest an. Berechne die Zinsen, die er erhält.
c) Marikas Geldanlage wird mit 0,5 % verzinst. Nach einem Jahr erhält sie 11,50 € Zinsen. Berechne den Betrag, den sie angelegt hat.

Terme und Gleichungen

Terme mit Variablen (Aufgabe 1)

Setzt man in einem Term für die Variable x eine Zahl ein, so erhält man den zu dieser Zahl gehörenden **Wert des Terms**.

x	2 + 5x
−1	2 + 5 · (−1) = 3
0	2 + 5 · 0 = 2
2	2 + 5 · 2 = 12

Vereinfachen von Termen (Aufgabe 2)

Beim Vereinfachen eines Terms sucht man einen gleichwertigen Term, mit dem man Werte einfacher berechnen kann. Dabei geht man häufig in folgenden Schritten vor:
1. Klammern auflösen.
2. Summanden mit und ohne Variable ordnen.
3. Zusammenfassen von Zahlen bzw. von Vielfachen der Variable.

$3 \cdot (2x + 5) - 4 + 2x$
$= 3 \cdot 2x + 3 \cdot 5 - 4 + 2x$
$= 6x + 2x + 15 - 4$
$= 8x + 11$

Gleichungen und ihre Lösungen
(Aufgaben 3 bis 7)

Eine Zahl heißt **Lösung einer Gleichung**, wenn die Terme auf beiden Seiten der Gleichung beim Einsetzen dieser Zahl denselben Wert ergeben.

$2 \cdot (x + 2) = 4x - 2$
3 ist die Lösung dieser Gleichung, da
$2 \cdot (3 + 2) = 4 \cdot 3 - 2$.

Eine Umformung einer Gleichung, bei der alle Lösungen gleich bleiben, heißt **Äquivalenzumformung**.
Wichtige Äquivalenzumformungen sind:
− Auf beiden Seiten dieselbe Zahl oder denselben Term addieren oder subtrahieren.

$2x + 6 = 8x + 3 \quad | -3$
$2x + 3 = 8x \quad\quad | -2x$

− Beide Seiten mit derselben Zahl ≠ 0 multiplizieren oder durch diese dividieren.

$3 = 6x \quad | :3$
$2 = x$

Beim **Lösen linearer Gleichungen** kann man wie folgt vorgehen:
1. Die Terme auf beiden Seiten vereinfachen.
2. Die Gleichung so umformen, dass alle Terme mit Variable auf einer Seite und alle Terme ohne Variable auf der anderen Seite stehen.
3. Beide Seiten der Gleichung durch den Vorfaktor der Variablen dividieren.

Teste dich! → Lösungen | Seite 297

1 ☒ Setze in den Term für die Variable x nacheinander die Zahlen −2, 0, 1, 3 ein.
a) $5x - 3$ b) $5 - 3x$
c) $6 \cdot (-x - 2)$ d) $-(5x + 2)$

2 Vereinfache die Terme so weit wie möglich.
a) $4x + 9 - 2x + 5$ b) $3 \cdot (2{,}5x + 5) - 7$
c) $19 - (3x + 12)$ d) $\frac{2}{5}x \cdot (18 - 3) + \frac{1}{15}x$
e) $4 \cdot (x + 1) - 1 \cdot (-5)x$ f) $\frac{1}{6} \cdot (x + 12) - (2x - 1)$

3 ☒ Überprüfe, ob die angegebene Zahl eine Lösung der Gleichung ist.
a) $6x - 4 = -20$ ▢ −2
b) $6x - 6 = 6$ ▢ 0
c) $3x + 23 = -4(2x - 3)$ ▢ 1
d) $6x - \frac{3}{2} = -4 + 3$ ▢ $\frac{1}{12}$

4 Löse die Gleichung. Führe die Probe durch.
a) $\frac{2}{5}x = 22$ b) $\frac{1}{3}x = -18$
c) $0{,}4x = 1{,}6$ d) $1{,}6x = 1{,}4$

5 ☒ Löse die Gleichung. Führe die Probe durch.
a) $2x + 1 = -x - 2$
b) $4 \cdot (3x + 1) = 4x - 12$
c) $-(2x + 3) = 4 \cdot (2x - 3)$
d) $6 \cdot (3 - 8x) = 2 \cdot (x - 1)$

6 ☒ Löse die Gleichung. Führe die Probe durch.
a) $-\frac{3}{4}x + \frac{3}{4} = \frac{7}{8}$ b) $\frac{1}{5}x + 2 = \frac{1}{15}$
c) $\frac{2}{3}x + \frac{10}{5} = -2x$ d) $0{,}4x + 1{,}5 = 0{,}8x - 0{,}9$
e) $0{,}4x + 0{,}48 = 1{,}28 + 0{,}5x$

7 Gib an, welche Zahl für ▢ eingesetzt werden muss, sodass x = 4 die Lösung der Gleichung ist.
a) $3x = ▢$ b) $6x - ▢ = 8{,}5$
c) $-x - 1 = -x + ▢$ d) $-\frac{1}{4}x - ▢ = -3x + 8$

Grundwissen

Terme und Rechengesetze

Regeln für das Berechnen von Termen
(Aufgabe 1)

Bei der Berechnung von Termen gelten folgende Regeln:
- **Klammern zuerst**
  $4 - (6 - 14) = 4 - (-8) = 4 + 8 = 12$
- **Punkt- vor Strichrechnung**
  $-6 + 8 \cdot (-5) = -6 - 40 = -46$
- **Potenz- vor Punkt- und vor Strichrechnung**
  $-7 + \frac{1}{2} \cdot 6^2 = -7 + \frac{1}{2} \cdot 36 = -7 + 18 = 11$

Rechengesetze (Aufgaben 2 bis 4)

Kommutativgesetz
$a + b = b + a \qquad a \cdot b = b \cdot a$

Assoziativgesetz
$(a + b) + c = a + (b + c) \qquad (a \cdot b) \cdot c = a \cdot (b \cdot c)$

Distributivgesetz
$a \cdot (b + c) = ab + ac \qquad a \cdot (b - c) = ab - ac$

Die Rechengesetze können angewendet werden, um Terme zu vereinfachen oder um vorteilhaft zu rechnen.

Ausklammern (Aufgabe 5)

Man kann das Distributivgesetz verwenden, um eine Zahl oder einen Term auszuklammern.
$\frac{x}{4} - \frac{2}{4} = \frac{1}{4} \cdot x - \frac{1}{4} \cdot 2 = \frac{1}{4} \cdot (x - 2)$

Ausmultiplizieren von Summen (Aufgabe 6)

$(a + b) \cdot (c + d) = a \cdot c + a \cdot d + b \cdot c + b \cdot d$

Beispiel mit negativen Zahlen:
$(x - 2) \cdot (x - 4) = x^2 - 4x - 2x + 8 = x^2 - 6x + 8$

Binomische Formeln (Aufgabe 7)

$(a + b)^2 = a^2 + 2ab + b^2$ (1. binomische Formel)

$(a - b)^2 = a^2 - 2ab + b^2$ (2. binomische Formel)

$(a + b) \cdot (a - b) = a^2 - b^2$ (3. binomische Formel)

Teste dich! → Lösungen | Seite 298

1 Berechne.
a) $\frac{3}{4} - \frac{1}{2} - \frac{3}{8}$
b) $1{,}5 \cdot 4 + 1{,}2 \cdot (-5)$
c) $7 \cdot 4^2 + 6 \cdot (-2)^2$
d) $1{,}25 \cdot 4 : 5 : 2$
e) $(-3{,}7 + (-4{,}3)) : 2 \cdot 1{,}5$

2 Berechne geschickt. Nutze das Kommutativ- und Assoziativgesetz.
a) $-\frac{7}{4} + \frac{1}{3} - 4\frac{1}{4}$
b) $x + 2 + 2 \cdot x$
c) $\frac{2}{5} \cdot \frac{x}{6} \cdot \frac{5}{4}$
d) $\frac{1}{3} \cdot \frac{9}{15} \cdot \left(-\frac{5}{6}\right)$

3 Berechne möglichst geschickt.
a) $1{,}75 + 8{,}3 + 0{,}25$
b) $-1{,}7 + 4{,}5 - 0{,}3$
c) $0{,}125 + 8 - \frac{1}{8}$
d) $2{,}25 \cdot 1{,}3 \cdot (-4)$
e) $-3{,}5 \cdot 4 \cdot (-2{,}5)$
f) $\left(\frac{8}{3}\right) \cdot 0{,}14 \cdot \left(-\frac{9}{7}\right)$
g) $-9 \cdot \left(\frac{1}{3} - \frac{1}{9}\right)$
h) $\left(\frac{1}{4} - \frac{1}{8}\right) \cdot 8$

4 Multipliziere aus und fasse so weit wie möglich zusammen.
a) $2 \cdot \left(\frac{1}{4} \cdot x + \frac{1}{2}\right)$
b) $4 \cdot (2{,}5 \cdot x - 0{,}125 \cdot x)$
c) $x \cdot (5 + 3)$
d) $-2(x + 5)$

5 Klammere aus.
a) $x \cdot 5 + 3 \cdot 5$
b) $-3x + 9 \cdot (-3)$
c) $x \cdot \frac{4}{3} + \frac{4}{3} \cdot 2$
d) $\frac{x}{8} - \frac{3}{8}$

6 Multipliziere aus und fasse so weit wie möglich zusammen.
a) $(x + 4) \cdot (y + 2)$
b) $(x + 5) \cdot (y - 3)$
c) $(x - 8) \cdot (y - 3)$
d) $(2x + 1) \cdot (y + 4)$

7 Schreibe den Term mithilfe der binomischen Formeln als Summe.
a) $(x - 2)^2$
b) $(2x + 3)^2$
c) $(a - 4)(a + 4)$
d) $(3x + 2y)^2$
e) $(a - 3b)^2$
f) $(a - 3)(a + 3)$

Figuren und Flächeninhalte

Flächeneinheiten (Aufgaben 1 bis 3)

Umrechnung in die nächstgrößere Einheit

: 100

$1\,km^2 = 100\,ha$
$1\,ha = 100\,a$
$1\,a = 100\,m^2$
$1\,m^2 = 100\,dm^2$
$1\,dm^2 = 100\,cm^2$
$1\,cm^2 = 100\,mm^2$

· 100

Umrechnung in die nächstkleinere Einheit

Umfang und Flächeninhalt eines Kreises
(Aufgabe 4)

Umfang: $U = 2 \cdot \pi \cdot r = d \cdot \pi$
Flächeninhalt: $A = \pi \cdot r^2$

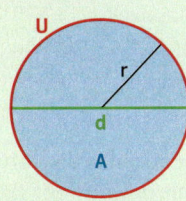

Flächeninhalte von Figuren (Aufgaben 5 bis 8)

Rechteck

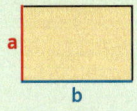

$A_R = a \cdot b$

Dreieck

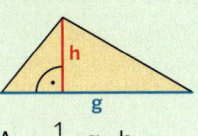

$A_D = \frac{1}{2} \cdot g \cdot h$

Parallelogramm

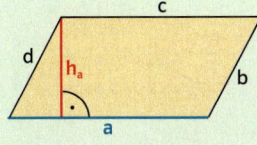

$A_P = a \cdot h_a = b \cdot h_b$

Trapez

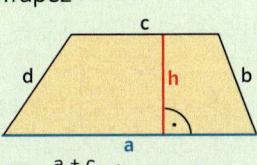

$A_T = \frac{a + c}{2} \cdot h$

Teste dich! → Lösungen | Seite 298

1 Gib in der nächstkleineren und nächstgrößeren Einheit an.
a) $6{,}3\,m^2$ b) $0{,}06\,dm^2$

2 Gib in den Einheiten an, die in den Klammern stehen.
a) $3{,}5\,ha\ (a;\ m^2)$ b) $125{,}5\,m^2\ (mm^2;\ km^2)$

3 Übertrage in dein Heft und ergänze die fehlenden Angaben.
a) $35\,m^2 = 350\,000\ \square$ b) $704\,km^2 = 70\,400\ \square$

4 Übertrage die Tabelle in dein Heft und berechne die fehlenden Größen des Kreises. Runde auf zwei Nachkommastellen.

Radius	2 cm		
Durchmesser		12 cm	
Umfang			25 m
Flächeninhalt			7 dm²

5 Bestimme für ein Rechteck mit dem Flächeninhalt $A = 54\,m^2$ die Länge der Seite a, wenn b doppelt so lang ist wie a.

6 Berechne den Flächeninhalt.
a)   b)

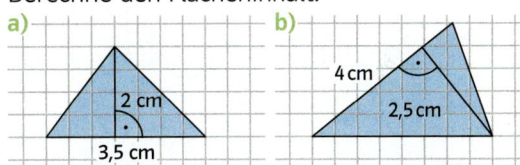

7 Zeichne ein Parallelogramm mit $a = 5\,cm$, $b = 4\,cm$ und $\alpha = 40°$. Miss die Höhen h_a und h_b und berechne den Flächeninhalt des Parallelogramms.

8 Zeichne ein Trapez mit $a = 8\,cm$, $b = 3\,cm$, $\alpha = 40°$, $\beta = 70°$. Miss die Höhe und die Länge der Seite c und berechne den Flächeninhalt des Trapezes.

Grundwissen

Körper und Volumina

Volumeneinheiten (Aufgabe 1)

Umrechnung in die **nächstgrößere** Einheit

: 1000

$1\,m^3 = 1000\,dm^3$
$1\,dm^3 = 1000\,cm^3$
$1\,cm^3 = 1000\,mm^3$

· 1000

Umrechnung in die **nächstkleinere** Einheit

Beachte: $1\,l = 1\,dm^3$; $1\,ml = 1\,cm^3$

Prisma und Zylinder (Aufgaben 2 bis 7)

Prismen sind Körper, die man sich durch Verschieben eines Vielecks im Raum vorstellen kann. Somit ist ein Quader ein Prisma mit rechteckiger Grundfläche.
Wenn man anstelle eines Vielecks einen Kreis betrachtet, erhält man einen **Zylinder**.

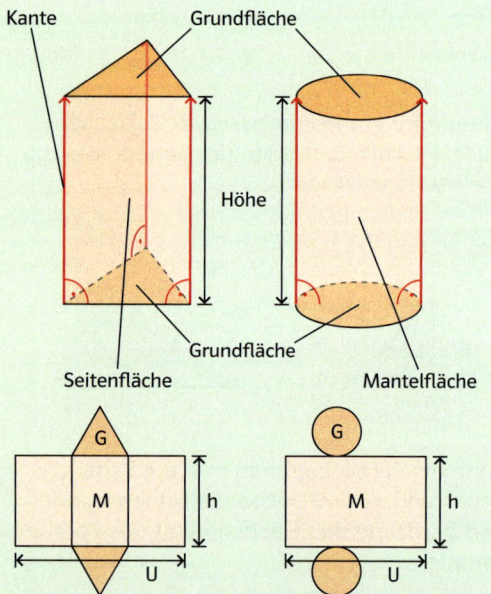

Für den **Mantelflächeninhalt M**, den **Oberflächeninhalt O** und das **Volumen V** von Prismen und Zylindern gilt:

Prisma
$M = U \cdot h$
$O = 2 \cdot G + M$
$V = G \cdot h$

Zylinder
$M = 2\pi r \cdot h$
$O = 2\pi r^2 + 2\pi r h$
$V = \pi r^2 \cdot h$

Teste dich! → Lösungen | Seite 299

1 Gib in der Einheit an, die in den Klammern steht.
a) $25\,m^3$ (dm^3) b) $50\,000\,000\,cm^3$ (mm^3)
c) $2{,}03\,dm^3$ (cm^3) d) $131\,l$ (m^3)

2 Ein Quader ist 5 dm lang, 5 cm breit und 4 cm hoch. Berechne sein Volumen und seinen Oberflächeninhalt.

3 Bestimme die fehlenden Größen für einen Zylinder. Runde die Ergebnisse auf zwei Nachkommastellen.

$r_{\text{Grundfläche}}$	5 cm	3 m	1,9 cm	3,5 m
h_{Zylinder}	4 cm	5 m		
V_{Zylinder}			$92\,cm^3$	$70\,m^3$

4 Bestimme die fehlenden Größen für ein Prisma mit dreieckiger Grundfläche. Runde die Ergebnisse auf zwei Nachkommastellen.

g_{Dreieck}	10 cm	8 m	4 dm	10 dm
$h_{g\,\text{Dreieck}}$	4 cm	3 m		
h_{Prisma}	6 cm		11 dm	14 dm
V_{Prisma}		$75\,m^3$	$88\,dm^3$	$700\,l$

5 ⊠ Bestimme das Volumen und den Oberflächeninhalt des Prismas bzw. des Zylinders. Berechne die Ergebnisse in Teilaufgabe c) näherungsweise mit $\pi \approx 3$.

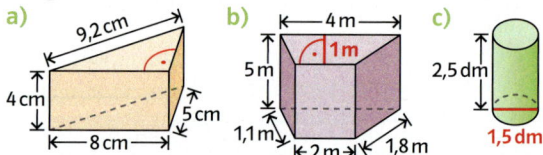

6 Berechne das Volumen und den Oberflächeninhalt des abgebildeten Körpers.

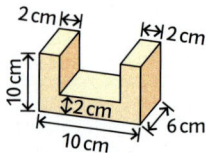

Winkel in Figuren

Nebenwinkel und Scheitelwinkel
(Aufgaben 1 bis 3 und 5)

Wenn zwei Geraden sich schneiden, dann
- ergänzen sich **Nebenwinkel** zu 180° (vgl. Fig 1),
- sind **Scheitelwinkel** gleich groß (vgl. Fig. 2).

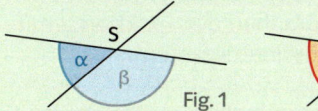
Fig. 1
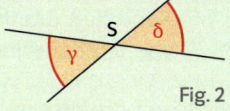
Fig. 2

Stufenwinkel und Wechselwinkel
(Aufgaben 2, 3 und 5)

Wenn zwei parallele Geraden g und h von einer dritten Geraden geschnitten werden,
- dann sind die **Stufenwinkel** α und β gleich groß,
- dann sind die **Wechselwinkel** γ und δ gleich groß.

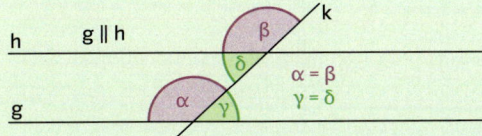

α = β
γ = δ

Winkelsumme im Dreieck (Aufgaben 3 bis 5)

Die Summe der Innenwinkel im Dreieck beträgt 180°.
α + β + γ = 180°

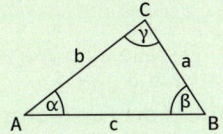

Gleichschenkliges Dreieck (Aufgabe 4)

Ein Dreieck, bei dem zwei Seiten gleich lang sind, heißt gleichschenklig.

Basiswinkelsatz (Aufgaben 3 und 4)

Wenn ein Dreieck gleichschenklig ist, dann sind die Basiswinkel gleich groß.
Ebenso gilt die Umkehrung des Basiswinkelsatzes: Wenn zwei Winkel in einem Dreieck gleich groß sind, dann ist es gleichschenklig.

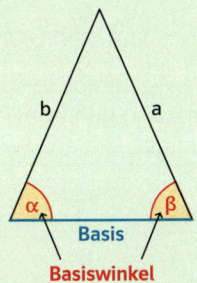
Basis
Basiswinkel

> **Teste dich!** → Lösungen | Seite 299

1 Berechne die fehlenden Winkelgrößen.

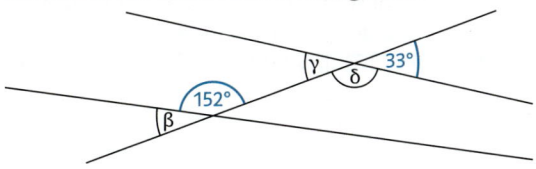

2 Die Geraden g und h sind parallel zueinander. Berechne die fehlenden Winkelgrößen.

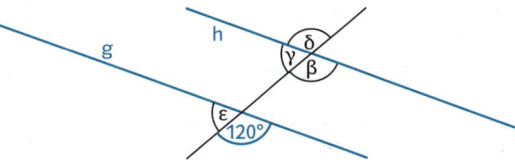

3 Berechne die fehlenden Winkelgrößen. Gib an, welchen Satz du verwendet hast.

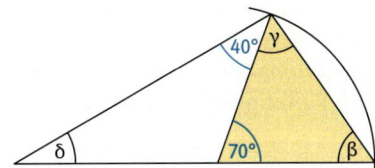

4 Zeige, dass das abgebildete Dreieck ABC gleichschenklig ist.

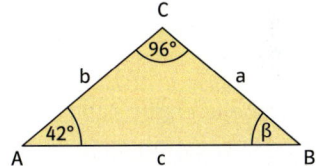

5 Begründe mithilfe der Winkelsätze, dass die Innenwinkelsumme des Dreiecks ABC 180° beträgt.

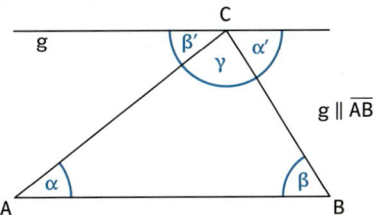

g ∥ $\overline{AB}$

Grundwissen 237

Grundwissen

Funktionen

Funktionen und ihre Darstellungsformen
(Aufgaben 1 bis 5)

Eine eindeutige Zuordnung heißt Funktion.
Wenn eine Funktion f an der **Stelle** 2 den **Wert** 3 annnimmt, schreibt man f(2) = 3.
Der **Punkt** P(2|3) liegt dann auf dem Graphen der Funktion f.
Funktionen kann man
- mithilfe einer Wertetabelle darstellen,
- mithilfe einer Funktionsgleichung beschreiben,
- mithilfe eines Graphen darstellen,
- mit Worten beschreiben.

Proportionale Funktionen (Aufgaben 4 und 5)

Eine Funktion f heißt proportional, wenn sich bei der Verdopplung (Verdreifachung, Halbierung, ...) des x-Wertes auch der y-Wert verdoppelt (verdreifacht, halbiert, ...). Der Graph einer proportionalen Funktion f ist eine Ursprungsgerade. Der Quotient des y-Wertes und des zugehörigen x-Wertes ist für $x \neq 0$ immer gleich.
Er wird als **Poportionalitätsfaktor q** bezeichnet.
Die zugehörige **Funktionsgleichung** lautet:
$f(x) = q \cdot x$.

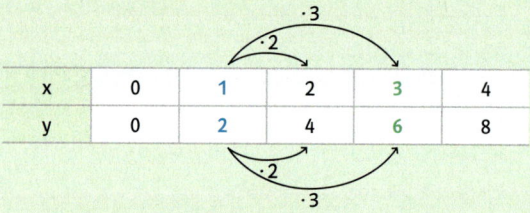

x	0	1	2	3	4
y	0	2	4	6	8

Aus der Wertetabelle ergibt sich
$q = \frac{2}{2} = \frac{4}{2} = \frac{6}{3} = \frac{8}{4} = 2$.
Es gilt also $f(x) = 2 \cdot x$.

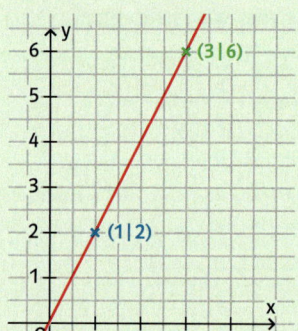

Funktionsgleichung
$f(x) = 2x$

$f(0) = 2 \cdot 0 = 0$
$f(1) = 2 \cdot 1 = 2$
$f(2) = 2 \cdot 2 = 4$
$f(3) = 2 \cdot 3 = 6$
$f(4) = 2 \cdot 4 = 8$

Teste dich! → Lösungen | Seite 300

1 Erstelle für die Funktion f mit f(x) = –0,5x eine Wertetabelle für die x-Werte –2, –1, 0, 1 und 2.

2 Zeichne den Graphen der Funktion f mit f(x) = 1,5x und den Graphen der Funktion g mit g(x) = –2x in ein Koordinatensystem.

3 Überprüfe, ob die Wertetabelle zu einer proportionalen Funktion passt.

x	–2	–1	0	1	2
y	3	1,75	0,5	–1,75	–3

4 Gegeben ist der Graph der Funktion f.

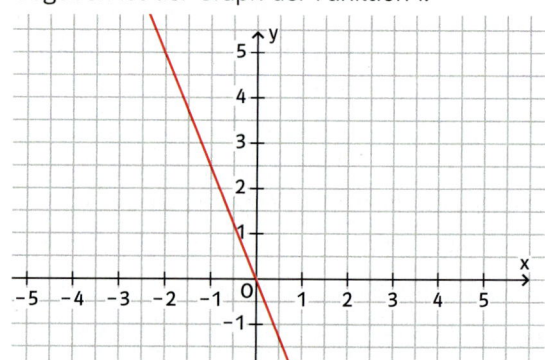

a) Erstelle eine Wertetabelle für die x-Werte –2, –1, 0, 1 und 2.
b) Gib die Funktionsgleichung der Funktion f an.
c) Gib den Funktionswert der Funktion f für x = 144 an

5 Bestimme mithilfe der Wertetabelle die Funktionsgleichung der ihr zugrunde liegenden proportionalen Funktion.

x	–4	–2	1	3	9
y	–32	–16	8	24	72

6 Die Wertetabelle soll zu einer proportionalen Funktion gehören. Ein Wert wurde falsch berechnet. Gib an, welcher es ist und korrigiere ihn.

x	–3	0	2	6	14
y	12	0	–8	–22	–56

Lineare Funktionen

Lineare Funktionen (Aufgaben 1 bis 6)

Eine Funktion f mit der Gleichung $f(x) = m \cdot x + b$ heißt lineare Funktion. Ihr Graph ist eine Gerade mit der Steigung m, d.h., wenn man 1 nach rechts geht, geht man m nach oben. Die Gerade schneidet die y-Achse im Punkt $(0|b)$, wobei man b den y-Achsenabschnitt nennt.

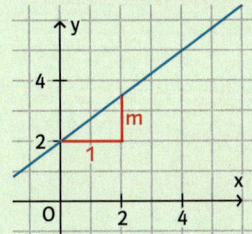

$f(x) = \frac{3}{4}x + 2$

Steigung: $m = \frac{3}{4}$

y-Achsenabschnitt: $b = 2$

Wertetabelle der Funktion f:

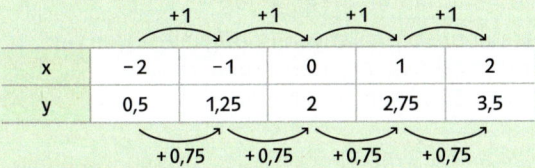

Nullstellen und Schnittpunkte (Aufgabe 7)

Die Funktion f mit $f(x) = \frac{3}{4}x + 2$ hat die **Nullstelle** $x = -\frac{8}{3}$.

$\frac{3}{4}x + 2 = 0 \quad | -2$
$\frac{3}{4}x = -2 \quad | \cdot \frac{4}{3}$
$x = -\frac{8}{3}$

Das heißt, an dieser Stelle schneidet der Graph von f die x-Achse.

Die Geraden g und h mit $g(x) = 4x + 6$ und $h(x) = 2x + 4$ **schneiden sich** im Punkt $S(-1|2)$.

$4x + 6 = 2x + 4 \quad | -2x$
$2x + 6 = 4 \quad | -6$
$2x = -2 \quad | :2$
$x = -1$
$g(-1) = 4 \cdot (-1) + 6 = 2$

Geradengleichung aus zwei gegebenen Punkten aufstellen (Aufgabe 8)

Gerade durch $P(5|5)$ und $Q(7|9)$

- Steigung berechnen: $m = \frac{y_Q - y_P}{x_Q - x_P} = \frac{9-5}{7-5} = \frac{4}{2} = 2$
- y-Achsenschnitt berechnen: $m = 2$ und Koordinaten von P (oder Q) in $y = mx + b$ einsetzen: $2 \cdot 5 + b = 5$
$10 + b = 5 \quad | -10$
$b = -5$

Man erhält $f(x) = 2x - 5$.

Teste dich! → Lösungen | Seite 300

1 Erstelle für die Funktion f mit der Gleichung $f(x) = -0{,}5x + 3$ eine Wertetabelle für die x-Werte $-2, -1, 0, 1$ und 3.

2 Gib an, ob die Geraden g und h mit $g(x) = \frac{2}{5}x + \frac{1}{4}$ und mit $h(x) = 0{,}4x + 1$ parallel sind.

3 Überprüfe, ob der Punkt $P(-2|5)$ auf dem Graphen der Funktion f liegt.

a) $f(x) = 4x + 13$ b) $f(x) = -\frac{3}{2}x + 2$
c) $f(x) = 0{,}7x + 6{,}5$ d) $f(x) = -2x + 5$

4 Bestimme die Funktionsgleichung der linearen Funktion g mithilfe der Wertetabelle.

x	-2	-1	0	1	2
y	14	11	8	5	2

5 Ordne die Geradengleichungen den Geraden zu.

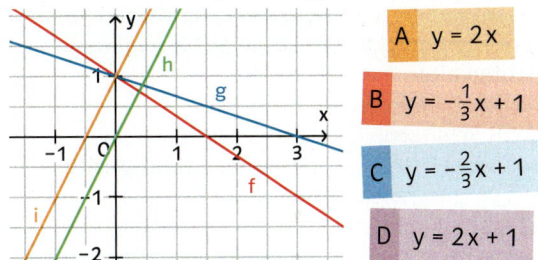

A $y = 2x$
B $y = -\frac{1}{3}x + 1$
C $y = -\frac{2}{3}x + 1$
D $y = 2x + 1$

6 Gib die Gleichung der Geraden an.

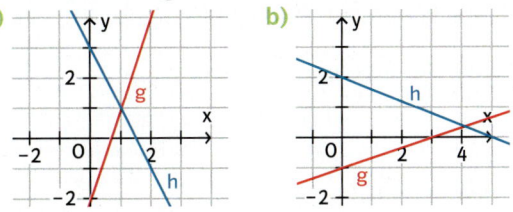

7 🖩 Gegeben sind die beiden Funktionen g mit $g(x) = 42x - 132$ und h mit $h(x) = -12x + 36$. Bestimme rechnerisch die Nullstellen der Funktionen g und h und ihren Schnittpunkt.

8 Bestimme die Gleichung der Geraden g, die durch die Punkte $A(-1|7)$ und $B(2|-5)$ verläuft.

Grundwissen

Daten und Zufall

Absolute und relative Häufigkeiten (Aufgabe 1)

Note	1	2	3	4	5	6	Summe
absolute Häufigkeit	3	7	7	6	4	2	29
relative Häufigkeit	$\frac{3}{29} \approx$ 10%	$\frac{7}{29} \approx$ 24%	$\frac{7}{29} \approx$ 24%	$\frac{6}{29} \approx$ 21%	$\frac{4}{29} \approx$ 14%	$\frac{2}{29} \approx$ 7%	$\frac{29}{29} = 1$ = 100%

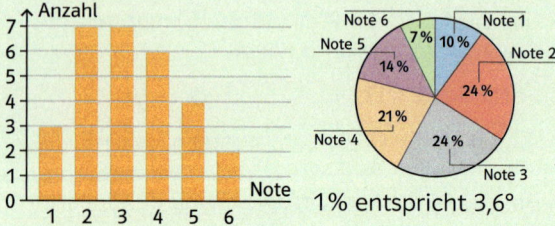

1% entspricht 3,6°

Wahrscheinlichkeiten (Aufgabe 2)

Bei einem Zufallsexperiment kann man die einzelnen **Ergebnisse** nicht vorhersagen. Man kann ihnen aber **Wahrscheinlichkeiten** zuordnen, die zusammen 1 (100%) ergeben. Mit Wahrscheinlichkeiten drückt man aus, welche **relativen Häufigkeiten** man bei mehreren langen Versuchsreihen in etwa erwartet.
Beim **Schätzen** von Wahrscheinlichkeiten orientiert man sich an **relativen Häufigkeiten** aus vergangenen Versuchsreihen – und man beachtet Symmetrien. Je mehr Versuche man gemacht hat, desto vertrauenswürdiger sind die Schätzwerte.

Baumdiagramm – Pfadregel (Aufgabe 3)

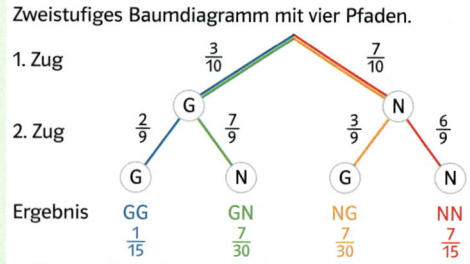

Die Wahrscheinlichkeit für ein Ergebnis des mehrstufigen Experiments erhält man, indem man die Wahrscheinlichkeiten entlang des zugehörigen Pfades multipliziert: Hier gilt
$P(G, G) = \frac{3}{10} \cdot \frac{2}{9} = \frac{7}{30}$.

Teste dich! → Lösungen | Seite 301

1 Auf einer Landstraße wurden 400 vorbeifahrende Kraftfahrzeuge klassifiziert. Insgesamt fuhren 160 Kleinwagen vorbei. SUV und Krafträder waren gleich häufig vertreten. Die restliche Anzahl machten LKW aus. Die Ergebnisse wurden in einem Kreisdiagramm dargestellt.

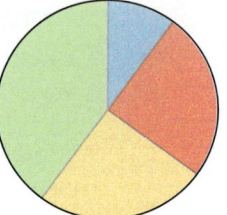

Bestimme die relativen Häufigkeiten der vier verschiedenen Kraftfahrzeuge und stelle sie in einem Säulendiagramm dar.

2 Heiko und Simon haben jeder für sich mit einer einseitig geschwärzten Flügelmutter gewürfelt. Die Ergebnisse wurden in der folgenden Tabelle zusammengefasst:

	schwarz	weiß	Boden
Heiko	20	24	6
Simon	88	95	17

a) Notiere sinnvolle Wahrscheinlichkeiten, die jeder nach seinem Versuch hätte angeben können.
b) Fasse beide Ergebnisse zusammen und notiere einen zugehörigen Schätzwert für die Wahrscheinlichkeiten.

3 Zwei Würfel werden direkt hintereinander geworfen. Bestimme die Wahrscheinlichkeit dafür, dass
a) die Würfel die gleiche Augenzahl zeigen,
b) die Augensumme 3 beträgt,
c) sich die Augenzahlen um 3 unterscheiden,
d) die Augensumme höchstens 6 beträgt.

Lösungen

I Quadratische Funktionen

Seite 10

6

a)
x	−2	−1	0	1	2
f(x)	−2	−1,5	−1	−0,5	0

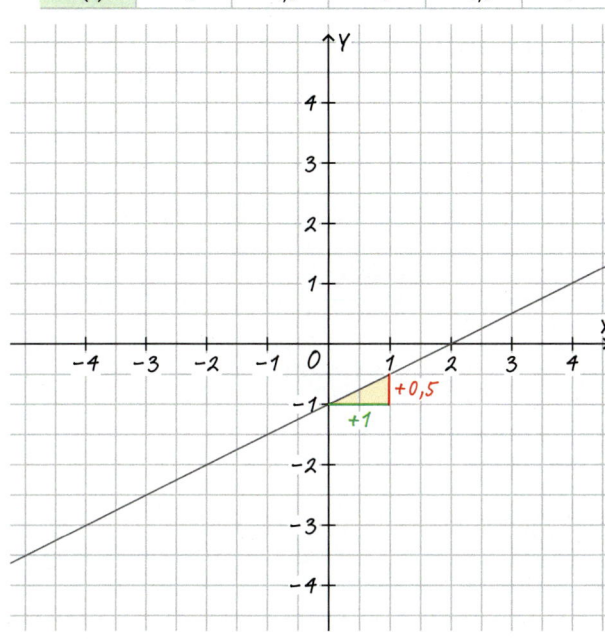

b)
x	−2	−1	0	1	2
f(x)	5,5	3,5	1,5	−0,5	−2,5

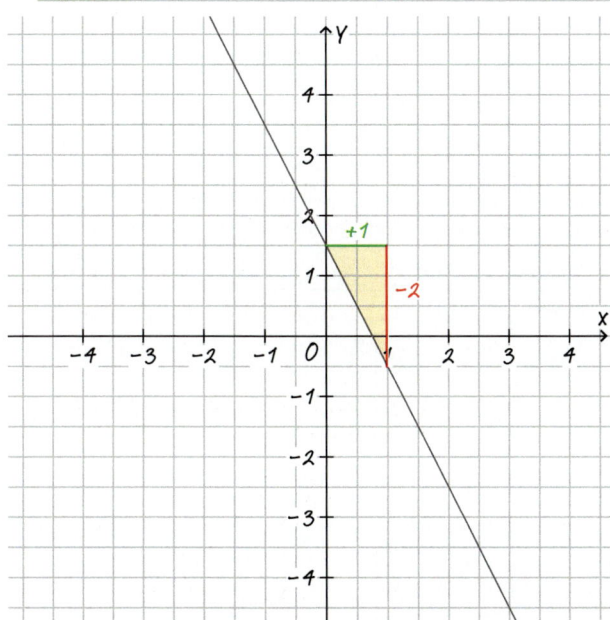

7

Funktion	Steigung	y-Achsenabschnitt	Funktionsgleichung
f	m = −2	b = 1,5	f(x) = −2x + 1,5
g	m = 1,5	b = 2	g(x) = 1,5x + 2
h	m = 2,5	b = −1	h(x) = 2,5x − 1
k	m = 0,5	b = 1	k(x) = 0,5x + 1

Seite 11

13
a) $h(x) = -1{,}2x + 8{,}5$
b) $h(2) = -1{,}2 \cdot 2 + 8{,}5 = 6{,}1$
Nach zweistündiger Brenndauer ist die Kerze noch 6,1 cm hoch.

G 16
a) $a^2 + 2ab + b^2$ b) $x^2 - 6ax + 9a^2$ c) $16y^2 + 16xy + 4x^2$
d) $9e^2 + 12ef + 4f^2$ e) $\frac{1}{4}x^2 + 1xy + y^2$ f) $4a^2 + \frac{4}{3}ab + \frac{1}{9}b^2$

Seite 14

6

a)
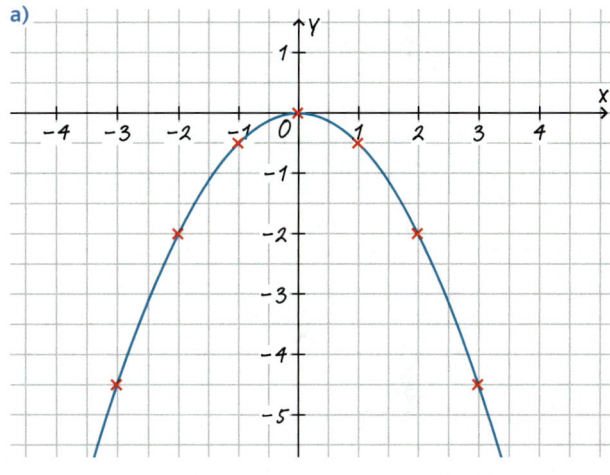

b)
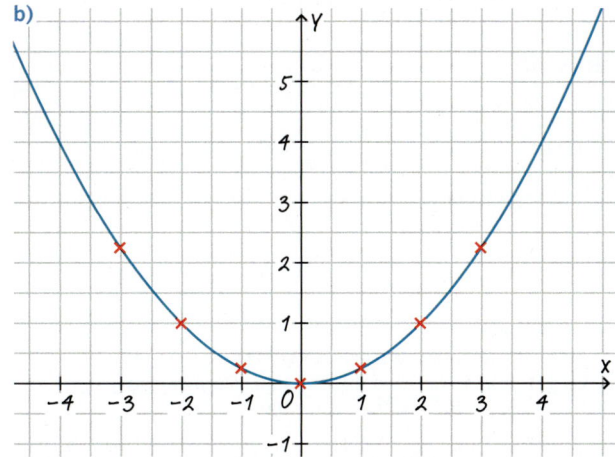

c)

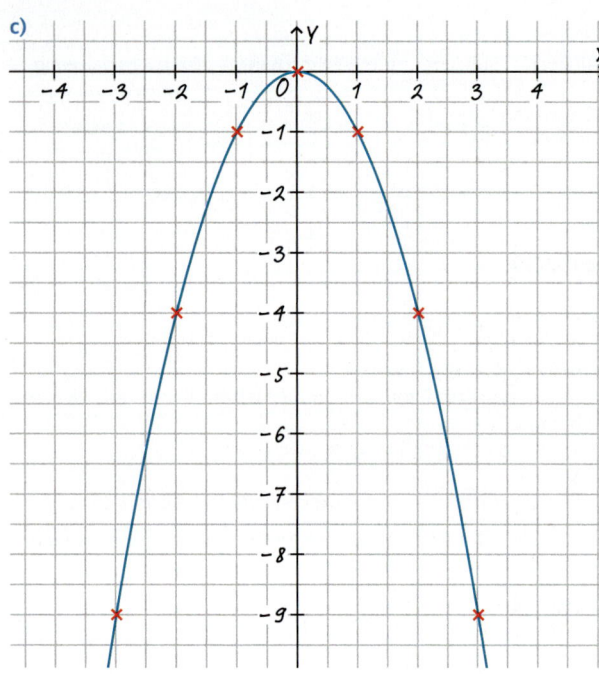

d)

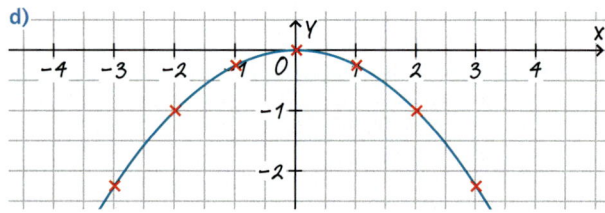

7
a) $f(0{,}1) = -5 \cdot 0{,}1^2 = -0{,}05$
   $P(0{,}1 | -0{,}05)$ liegt auf der Parabel von f.
b) $f(2) = 3 \cdot 2^2 = 12 \neq 36$
   $P(2 | 36)$ liegt nicht auf der Parabel von f.
c) $f(0{,}5) = -0{,}5^2 = -0{,}25 \neq -0{,}5$
   $P(0{,}5 | -0{,}5)$ liegt nicht auf der Parabel von f.
d) $f(2) = -0{,}25 \cdot 2^2 = -1$
   $P(2 | -1)$ liegt auf der Parabel von f.

Seite 15

14
$9 = a \cdot (-1{,}5)^2 = 2{,}25a \qquad | : 2{,}25$
$4 = a$
Funktionsgleichung: $f(x) = 4x^2$

15
a) Es gilt $f(x) = ax^2$ und $f(20) = -10$. Daraus folgt:
   $-10 = a \cdot 20^2 = 400a \qquad | : 400$
   $-0{,}025 = a$
   Also ist die Funktionsgleichung $f(x) = -0{,}025x^2$.
b) Es gilt $f(x) = ax^2$ und $f(10) = -10$. Daraus folgt:
   $-10 = a \cdot 10^2 = 100a \qquad | : 100$
   $-0{,}1 = a$
   Also ist die Funktionsgleichung $f(x) = -0{,}1x^2$.

G 17
a) $a^2 - 2ab + b^2 = (a - b)^2$
b) $x^2 + 4x + 4 = (x + 2)^2$
c) $9x^2 - 6x + 1 = (3x - 1)^2$
d) $0{,}25a^2 + ab + b^2 = (0{,}5a + b)^2$

Seite 19

6
a) Scheitelpunkt: $S(-2 | -2)$
   Wertetabelle:

x	-4	-3	-2	-1	0
f(x)	2	-1	-2	-1	2

Graph:

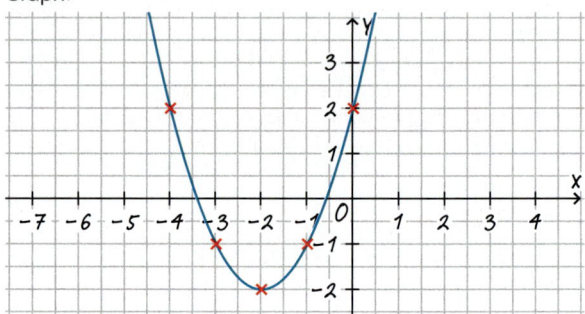

b) Scheitelpunkt: $S(-2 | 0)$
   Wertetabelle:

x	-4	-3	-2	-1	0
f(x)	4	1	0	1	4

Graph:

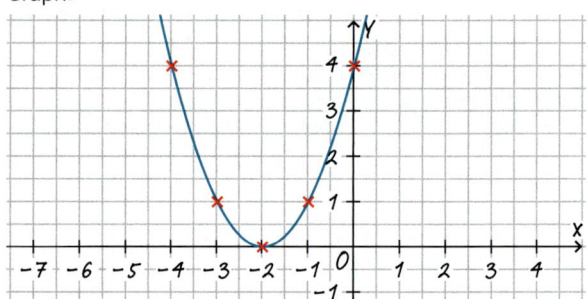

c) Scheitelpunkt: $S(3 | -3)$
   Wertetabelle:

x	1	2	3	4	5
f(x)	1	-2	-3	-2	1

Graph:

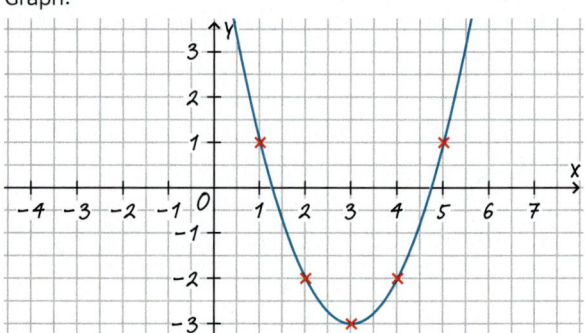

7

a) Die Normalparabel wird um 1 Einheit nach oben verschoben. Der Scheitelpunkt ist S(0|1).
Die Funktionsgleichung lautet: $f(x) = x^2 + 1$.
Probe für S(0|1): $f(1) = 0^2 + 1 = 1$ (wahr)

b) Die Normalparabel wird um $\frac{1}{2}$ Einheit nach rechts verschoben. Der Scheitelpunkt ist $S\left(\frac{1}{2}\middle|0\right)$.
Die Funktionsgleichung lautet: $f(x) = \left(x - \frac{1}{2}\right)^2$.
Probe für $S\left(\frac{1}{2}\middle|0\right)$: $f\left(\frac{1}{2}\right) = \left(\frac{1}{2} - \frac{1}{2}\right)^2 = 0^2 = 0$ (wahr)

c) Die Normalparabel wird um 1,5 Einheiten nach oben verschoben. Der Scheitelpunkt ist S(0|1,5).
Die Funktionsgleichung lautet: $f(x) = x^2 + 1,5$.
Probe für S(0|1,5): $f(0) = 0^2 + 1,5 = 1,5$ (wahr)

d) Die Normalparabel wird um 1,5 Einheiten nach rechts verschoben. Der Scheitelpunkt ist S(1,5|0).
Die Funktionsgleichung lautet: $f(x) = (x - 1,5)^2$.
Probe für S(1,5|0): $f(1,5) = (1,5 - 1,5)^2 = 0^2 = 0$ (wahr)

Seite 20

15

a) Funktionsgleichung: $f(x) = -(x + 3)^2$
$f(-1) = -(-1 + 3)^2 = -2^2 = -4$
P(-1|-4)

b) Funktionsgleichung: $f(x) = 3(x - 1)^2 - 4$
$f(-2) = 3(-2 - 1)^2 - 4 = 3 \cdot (-3)^2 - 4 = 23$
P(-2|23)

c) Funktionsgleichung: $f(x) = 0,25(x + 2)^2 + 1$
$f(2) = 0,25(2 + 2)^2 + 1 = 0,25 \cdot 4^2 + 1 = 5$
P(2|5)

d) Funktionsgleichung: $f(x) = -0,1(x + 2)^2$
$f(-7) = -0,1(-7 + 2)^2 = -0,1 \cdot (-5)^2 = -0,1 \cdot 25 = -2,5$
P(-7|-2,5)

G 19

a) $3(x - 3) - 2$
$= 3x - 9 - 2$
$= 3x - 11$

b) $(a - 3) \cdot (a - 2)$
$= a^2 - 2a - 3a + 6$
$= a^2 - 5a + 6$

c) $1 - 2(4 - 2b)$
$= 1 - 8 + 4b$
$= 4b - 7$

d) $-(y - 2) - 3 \cdot y$
$= -y + 2 - 3y$
$= -4y + 2$

Seite 23

6

a) $f(x) = x^2 + 8x + 16$
$= x^2 + 2 \cdot 4 \cdot x + 4^2 - 4^2 + 16$
$= (x + 4)^2$
$\Rightarrow$ S(-4|0)
Probe:
$f(-4) = (-4)^2 + 8 \cdot (-4) + 16 = 16 - 32 + 16 = 0$ ✓

b) $f(x) = x^2 - 4x$
$= x^2 - 2 \cdot 2 \cdot x + 2^2 - 2^2$
$= (x - 2)^2 - 4$
$\Rightarrow$ S(2|-4)
Probe:
$f(2) = 2^2 - 4 \cdot 2 = 4 - 8 = -4$ ✓

c) $f(x) = x^2 + 6x + 1$
$= x^2 + 2 \cdot 3 \cdot x + 3^2 - 3^2 + 1$
$= (x + 3)^2 - 8$
$\Rightarrow$ S(-3|-8)
Probe:
$f(-3) = (-3)^2 + 6 \cdot (-3) + 1 = 9 - 18 + 1 = -8$ ✓

7

a) $f(x) = (x - 5)^2 - 14$
$= (x^2 - 10x + 25) - 14$
$= x^2 - 10x + 11$

b) $f(x) = 5 \cdot (x + 1)^2$
$= 5 \cdot (x^2 + 2x + 1)$
$= 5x^2 + 10x + 5$

c) $f(x) = -2(x - 3)^2 + 14$
$= -2(x^2 - 6x + 9) + 14$
$= -2x^2 + 12x - 18 + 14 = -2x^2 + 12x - 4$

Seite 25

15

a) $f(x) = x^2 - 2,2x$
$= x^2 - 2 \cdot 1,1x + 1,1^2 - 1,1^2$
$= (x - 1,1)^2 - 1,21$
$\Rightarrow$ S(1,1|-1,21)

b) $f(x) = 2x^2 - 2,8x + 0,6$
$= 2 \cdot (x^2 - 1,4x) + 0,6$
$= 2 \cdot (x - 2 \cdot 0,7x + 0,7^2 - 0,7^2) + 0,6$
$= 2 \cdot [(x - 0,7)^2 - 0,49] + 0,6$
$= 2 \cdot (x - 0,7)^2 - 0,98 + 0,6$
$= 2 \cdot (x - 0,7)^2 - 0,38$
$\Rightarrow$ S(0,7|-0,38)

c) $f(x) = 3x^2 - 12x + 2,5$
$= 3 \cdot (x^2 - 4x) + 2,5$
$= 3 \cdot (x - 2 \cdot 2x + 2^2 - 2^2) + 2,5$
$= 3 \cdot [(x - 2)^2 - 4] + 2,5$
$= 3 \cdot (x - 2)^2 - 12 + 2,5$
$= 3 \cdot (x - 2)^2 - 9,5$
$\Rightarrow$ S(2|-9,5)

16

$P(n) = 300 \cdot n - 0,8 \cdot n^2$
$= -0,8 \cdot (n^2 - 375 \cdot n)$
$= -0,8 \cdot (n^2 - 2 \cdot 187,5 \cdot n + 187,5^2 - 187,5^2)$
$= -0,8 \cdot [(n - 187,5)^2 - 35\,156,25]$
$= -0,8 \cdot (n - 187,5)^2 + 28\,125$

Die zugehörige Parabel ist nach unten geöffnet und hat den Scheitelpunkt S(187,5|28 125).
Daher nimmt die Turbine bei einer Drehzahl von 187,5 ihre maximale Leistung von 28 125 Watt an.

G 20

a) $(3x - 1) \cdot (4x - 3) = 12x^2 - 9x - 4x + 3 = 12x^2 - 13x + 3$

b) $(x - 3) \cdot (1 - x) = x - x^2 - 3 + 3x = -x^2 + 4x - 3$

c) $2 - 4 \cdot (-x + 8) = 4x - 30$

d) $\left(a - \frac{1}{3}\right) \cdot \left(\frac{1}{6} - a\right) = \frac{1}{6}a - a^2 - \frac{1}{18} + \frac{1}{3}a = -a^2 + \frac{1}{2}a - \frac{1}{18}$

e) $4,5 - 0,1 \cdot (b - 4) = 4,5 - 0,1 \cdot b + 0,4 = -0,1 \cdot b + 4,9$

f) $\left(y - \frac{1}{5}\right) \cdot 3 - \frac{1}{3} \cdot y = 3y - \frac{3}{5} - \frac{1}{3} \cdot y = 2\frac{2}{3} \cdot y - \frac{3}{5}$

Lösungen

Seite 28

6

a) $f(x) = a \cdot (x - 1)^2 + 2$
Durch Einsetzen von $P(4|-7)$ erhält man:
$-7 = a \cdot (4 - 1)^2 + 2$
$-7 = 9 \cdot a + 2 \Rightarrow -9 = 9 \cdot a \Rightarrow a = -1$
Funktionsgleichung: $f(x) = -(x - 1)^2 + 2$
Probe für P:
$f(4) = -(4 - 1)^2 + 2 = -9 + 2 = -7$ ✓

b) $f(x) = a \cdot (x + 3)^2 - 5$
Durch Einsetzen von $P(-1|3)$ erhält man:
$3 = a \cdot (-1 + 3)^2 - 5$
$3 = 4 \cdot a - 5 \Rightarrow 8 = 4 \cdot a \Rightarrow a = 2$
Funktionsgleichung: $f(x) = 2 \cdot (x + 3)^2 - 5$
Probe für P:
$f(-1) = 2 \cdot (-1 + 3)^2 - 5 = 2 \cdot 4 - 5 = 8 - 5 = 3$ ✓

c) $f(x) = a \cdot (x + 2)^2 - 3$
Durch Einsetzen von $P(-6|5)$ erhält man:
$5 = a \cdot (-6 + 2)^2 - 3$
$5 = 16 \cdot a - 3 \Rightarrow 8 = 16 \cdot a \Rightarrow a = \frac{1}{2}$
Funktionsgleichung: $f(x) = \frac{1}{2} \cdot (x + 2)^2 - 3$
Probe für P:
$f(-6) = \frac{1}{2} \cdot (-6 + 2)^2 - 3 = \frac{1}{2} \cdot 16 - 3 = 8 - 3 = 5$ ✓

7

a) $f(x) = a \cdot x^2 + b \cdot x + 5$
Durch Einsetzen von $P(1|3)$ und $Q(2|-5)$ erhält man:
I: $a \cdot 1^2 + b \cdot 1 + 5 = 3 \quad | -b - 5$
II: $a \cdot 2^2 + b \cdot 2 + 5 = -5 \quad | -5$

Ia: $a = -2 - b$
IIa: $4a + 2b = -10$

Ia in IIa:
$4 \cdot (-2 - b) + 2 \cdot b = -10$
$-8 - 4b + 2b = -10 \quad | +8$
$-2b = -2 \quad | :(-2)$
$\Rightarrow b = 1$

Einsetzen in I_a: $a = -2 - 1 = -3$
Funktionsgleichung: $f(x) = -3x^2 + x + 5$

Probe für P: $f(1) = -3 \cdot 1^2 + 1 + 5 = -3 + 6 = 3$ ✓
Probe für Q: $f(2) = -3 \cdot 2^2 + 2 + 5 = -12 + 7 = -5$ ✓

b) $f(x) = a \cdot x^2 + b \cdot x + 1$
Durch Einsetzen von $P(1|5)$ und $Q(3|1)$ erhält man:
I: $a \cdot 1^2 + b \cdot 1 + 1 = 5 \quad | -b - 1$
II: $a \cdot 3^2 + b \cdot 3 + 1 = 1 \quad | -1$

Ia: $a = 4 - b$
IIa: $9 \cdot a + 3 \cdot b = 0$

Ia in IIa:
$9 \cdot (4 - b) + 3 \cdot b = 0$
$36 - 9 \cdot b + 3 \cdot b = 0 \quad | -36$
$-6 \cdot b = -36 \quad | :(-6)$
$\Rightarrow b = 6$

Einsetzen in Ia: $a = 4 - 6 = -2$
Funktionsgleichung: $f(x) = -2 \cdot x^2 + 6 \cdot x + 1$

Probe für P: $f(1) = -2 \cdot 1^2 + 6 \cdot 1 + 1 = -2 + 7 = 5$ ✓
Probe für Q: $f(3) = -2 \cdot 3^2 + 6 \cdot 3 + 1 = -18 + 18 + 1 = 1$ ✓

c) $f(x) = a \cdot x^2 + b \cdot x + 8$
Durch Einsetzen von $P(-2|10)$ und $Q(3|-10)$ erhält man:
I: $a \cdot (-2)^2 + b \cdot (-2) + 8 = 10 \quad | -8$
II: $a \cdot 3^2 + b \cdot 3 + 8 = -10 \quad | -8$

Ia: $4 \cdot a - 2 \cdot b = 2$
IIa: $9 \cdot a + 3 \cdot b = -18 \quad | :3$

IIb: $3 \cdot a + b = -6$
IIc: $b = -6 - 3 \cdot a$ in Ia einsetzen:
$4 \cdot a - 2 \cdot (-6 - 3 \cdot a) = 2$
$4 \cdot a + 12 + 6 \cdot a = 2 \quad | -12$
$10 \cdot a = -10 \quad | :10$
$\Rightarrow a = -1$

Einsetzen in IIc: $b = -6 - 3 \cdot (-1) = -6 + 3 = -3$
Funktionsgleichung: $f(x) = -x^2 - 3 \cdot x + 8$

Probe für P: $f(-2) = -(-2)^2 - 3 \cdot (-2) + 8 = -4 + 6 + 8 = 10$ ✓
Probe für Q: $f(3) = -3^2 - 3 \cdot 3 + 8 = -9 - 9 + 8 = -10$ ✓

Seite 30

14

a) Aus den Koordinaten des Scheitelpunkts folgt:
$f(x) = a(x - 1)^2 + 1$
Da der Graph an der Stelle 3 die y-Achse schneidet, gilt:
$3 = f(0) = a(0 - 1)^2 + 1 = a + 1 \quad | -1$
$2 = a$
Insgesamt erhält man die Funktionsgleichung:
$f(x) = 2 \cdot (x - 1)^2 + 1$

b) Wegen des Streckfaktors gilt: $f(x) = 0{,}5 \cdot x^2 + b \cdot x + c$.
Aus der Schnittstelle des Graphen mit der y-Achse erhält man $f(x) = 0{,}5 \cdot x^2 + b \cdot x + 1{,}5$.
Durch Einsetzen des Punktes $(3|0)$ ergibt sich:
$0 = f(3) = 0{,}5 \cdot 3^2 + b \cdot 3 + 1{,}5$
$0 = 4{,}5 + 3 \cdot b + 1{,}5$
$0 = 3 \cdot b + 6 \quad | -6$
$-6 = 3 \cdot b \quad | :3$
$-2 = b$
Insgesamt erhält man die Funktionsgleichung:
$f(x) = 0{,}5x^2 - 2x + 1{,}5$

15

Legt man den Ursprung des Koordinatensystems in die Mitte des Tennisplatzes, so lässt sich die Flugbahn des Tennisballs bis zum Aufschlagen auf dem Boden durch eine Parabel beschreiben, die den Scheitelpunkt $S(0|2)$ hat und durch den Punkt $P(-6{,}4|0{,}5)$ verläuft. Alle Längenangaben werden dabei in Metern angegeben.
Aus den Koordinaten des Scheitelpunkts erhält man für die Funktionsgleichung der zugehörigen quadratischen Funktion f: $f(x) = a \cdot x^2 + 2$. Durch Einsetzen von $P(-6{,}4|0{,}5)$ ergibt sich:
$0{,}5 = a \cdot (-6{,}4)^2 + 2$
$0{,}5 = 40{,}96a + 2 \quad | -2$
$-1{,}5 = 40{,}96a \quad | :40{,}96$
$-\frac{75}{2048} = a$
Die Funktionsgleichung lautet also $f(x) = -\frac{75}{2048}x^2 + 2$.

Die Grundlinie ist 23,77 m : 2 = 11,885 m vom Netz entfernt. Wenn der Funktionswert f(11,885) positiv ist, ist der Ball bis zur Grundlinie noch nicht auf dem Boden aufgetroffen und der Ball landet im Aus. Es gilt:

$f(11,885) = -\frac{75}{2048} \cdot 11,885^2 + 2 \approx -3,17 < 0.$

Somit trifft der Ball bereits vor der Grundlinie auf.

G 18
a) $a^2 - 36 = (a + 6) \cdot (a - 6)$
b) $(4x^2 - 25y^2) = (2x + 5y) \cdot (2x - 5y)$
c) $0,25 - 0,01x^2 = (0,5 + 0,1x) \cdot (0,5 - 0,1x)$

Seite 31

1
Funktionswerte jeweils auf eine Nachkommastelle gerundet
a) Scheitelpunkt: S(0|0)

x	−4	−3	−2	−1	0	1	2	3	4
y	−4,8	−2,7	−1,2	−0,3	0	−0,3	−1,2	−2,7	−4,8

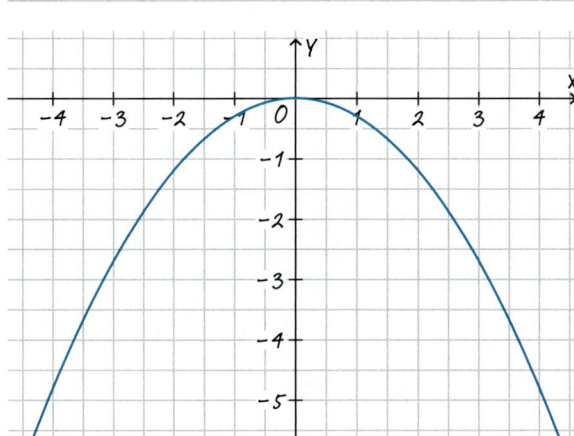

b) Scheitelpunkt: S(1|4)

x	−1,5	−1	−0,5	0	0,5	1	1,5	2	2,5	3	3,5
y	−2,3	0,0	1,8	3,0	3,8	4,0	3,8	3,0	1,8	0,0	−2,3

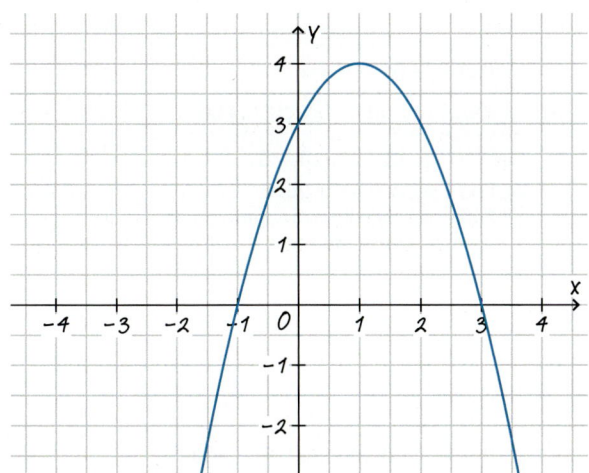

c) Scheitelpunkt: S(0|−8,5)

x	−2,5	−2	−1,5	−1	−0,5	0	0,5	1	1,5	2	2,5
y	4,0	−0,5	−4,0	−6,5	−8,0	−8,5	−8,0	−6,5	−4,0	−0,5	4,0

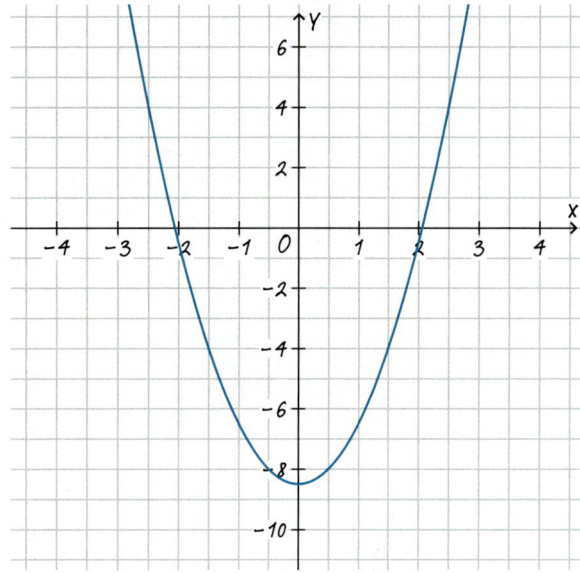

d) Scheitelpunkt: S(−2|0)

x	−7	−6	−5	−4	−3	−2	−1	0	1	2	3
y	10,0	6,4	3,6	1,6	0,4	0,0	0,4	1,6	3,6	6,4	10,0

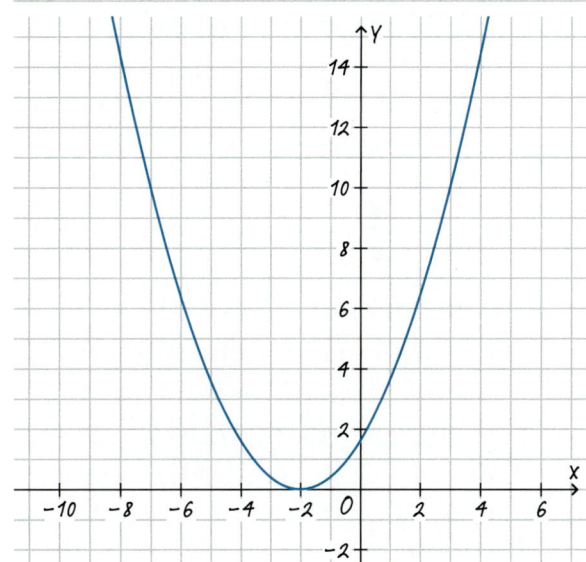

2

x	−3	−2,5	−1	0,5	1	1,5	2	3
y Gregor	8,5	6	1	0,5	1	2,5	4	9
Rechnung	$(-3)^2$ $= 9$	$(-2,5)^2$ $= 6,25$	$(-1)^2$ $= 1$	$0,5^2$ $= 0,25$	1^2 $= 1$	$1,5^2$ $= 2,25$	2^2 $= 4$	3^2 $= 9$
y korrekt	9	6,25	1	0,25	1	2,25	4	9

Lösungen

3

(A) → (1): Der Graph ist eine um 2 Einheiten nach unten verschobene Normalparabel.

(B) → (8): Der Graph ist eine an der x-Achse gespiegelte und anschließend um 2 Einheiten nach unten verschobene Normalparabel

(C) → (5): Der Graph ist eine an der x-Achse gespiegelte und anschließend um eine Einheit nach rechts und 2 Einheiten nach oben verschobene Normalparabel.

(D) → (7): Der Graph ist eine an der x-Achse gespiegelte und anschließend um eine Einheit nach links und 2 Einheiten nach oben verschobene Normalparabel.

(E) → (4): Der Graph ist eine Gerade mit der Steigung 2 und dem y-Achsenabschnitt -2.

(F) → (3): Der Graph ist eine an der x-Achse gespiegelte und anschließend um 2 Einheiten nach oben verschobene Normalparabel.

(G) → (6): Der Graph ist eine Gerade mit der Steigung -2 und dem y-Achsenabschnitt -2.

(H) → (2): Der Graph ist eine Parabel mit dem Streckungsfaktor 2 und dem Scheitelpunkt $S(0|2)$.

4

$g(x) = -f(x) = -5 \cdot (x-3)^2 + 1$; Scheitelpunkt $S(3|1)$
$h(x) = f(x-3) + 4 = 5 \cdot (x-3-3)^2 + 4 - 1 = 5 \cdot (x-6)^2 + 3$;
Scheitelpunkt $S(6|3)$
$k(x) = f(-x) = 5 \cdot (-x-3)^2 - 1 = 5 \cdot (x+3)^2 - 1$;
Scheitelpunkt $S(-3|-1)$

5

a) $f(x) = x^2 - 12x = x^2 - 2 \cdot 6x + 6^2 - 6^2$;
 also $f(x) = (x-6)^2 - 36$; $S(6|-36)$
 Probe: $f(6) = 6^2 - 12 \cdot 6 = 36 - 72 = -36$ ✓

b) $g(x) = x^2 + x + 0{,}25 = x^2 + 2 \cdot 0{,}5x + 0{,}5^2 - 0{,}5^2 + 0{,}25$
 $= (x+0{,}5)^2 - 0{,}25 + 0{,}25$; also $g(x) = (x+0{,}5)^2$; $S(-0{,}5|0)$
 Probe: $g(-0{,}5) = (-0{,}5)^2 - 0{,}5 + 0{,}25 = 0{,}25 - 0{,}25 = 0$ ✓

c) $h(x) = x^2 - 20x + 95 = x^2 - 2 \cdot 10x + 10^2 - 10^2 + 95$
 $= (x-10)^2 - 100 + 95$; also $h(x) = (x-10)^2 - 5$; $S(10|-5)$
 Probe: $h(10) = 10^2 - 20 \cdot 10 + 95 = 100 - 200 + 95 = -5$ ✓

d) $i(x) = 3x^2 - 12x + 1 = 3 \cdot (x^2 - 4x) + 1$
 $= 3 \cdot (x^2 - 2 \cdot 2x + 2^2 - 2^2) + 1 = 3 \cdot [(x-2)^2 - 4] + 1$
 $= 3 \cdot (x-2)^2 - 12 + 1$; also $i(x) = 3 \cdot (x-2)^2 - 11$; $S(2|-11)$
 Probe: $i(2) = 3 \cdot 2^2 - 12 \cdot 2 + 1 = 12 - 24 + 1 = -11$ ✓

e) $j(x) = -2x^2 + x - 4 = -2 \cdot \left(x^2 - \frac{1}{2}x\right) - 4$
 $= -2 \cdot \left(x^2 - 2 \cdot \frac{1}{4}x + \left(\frac{1}{4}\right)^2 - \left(\frac{1}{4}\right)^2\right) - 4$
 $= -2 \cdot \left[\left(x - \frac{1}{4}\right)^2 - \frac{1}{16}\right] - 4 = -2 \cdot \left(x - \frac{1}{4}\right)^2 + \frac{1}{8} - 4$;
 also $j(x) = -2 \cdot \left(x - \frac{1}{4}\right)^2 - 3\frac{7}{8}$; $S\left(\frac{1}{4}\bigg|-3\frac{7}{8}\right)$
 Probe: $j\left(\frac{1}{4}\right) = -2 \cdot \left(\frac{1}{4}\right)^2 + \frac{1}{4} - 4 = -\frac{1}{8} + \frac{1}{4} - 4 = -3\frac{7}{8}$ ✓

f) $k(x) = 4x^2 + 10x + 21 = 4 \cdot \left(x^2 + \frac{5}{2}x\right) + 21$
 $= 4 \cdot \left(x^2 + 2 \cdot \frac{5}{4}x + \left(\frac{5}{4}\right)^2 - \left(\frac{5}{4}\right)^2\right) + 21$
 $= 4 \cdot \left[\left(x + \frac{5}{4}\right)^2 - \frac{25}{16}\right] + 21 = 4 \cdot \left(x + \frac{5}{4}\right)^2 - \frac{25}{4} + \frac{84}{4}$
 $= 4 \cdot \left(x + \frac{5}{4}\right)^2 + \frac{59}{4}$;
 also $k(x) = 4 \cdot \left(x + \frac{5}{4}\right)^2 + 14\frac{3}{4}$; $S\left(-\frac{5}{4}\bigg|14\frac{3}{4}\right)$
 Probe: $k\left(-\frac{5}{4}\right) = 4 \cdot \left(-\frac{5}{4}\right)^2 + 10 \cdot \left(-\frac{5}{4}\right) + 21 = \frac{25}{4} - \frac{50}{4} + \frac{84}{4}$
 $= \frac{59}{4} = 14\frac{3}{4}$ ✓

Seite 32

6

Die beiden Funktionsgleichungen sind äquivalent:
$f(x) = -0{,}011 \cdot (x - 80)^2 + 69{,}3$
$ = -0{,}011 \cdot (x^2 - 160x + 6400) + 69{,}3$
$ = -0{,}011 \cdot x^2 + 1{,}76x - 70{,}4 + 69{,}3$
$ = -0{,}011 \cdot x^2 + 1{,}76x - 1{,}1$
Somit ist dem Verlag kein Fehler unterlaufen.

7

Das Vorgehen ist jeweils identisch:
Man verwendet die allgemeine Scheitelpunktform $f(x) = a \cdot (x - d)^2 + e$. Man liest den Scheitelpunkt $S(d|e)$ ab und verwendet einen zweiten gut ablesbaren Punkt, um den Streckfaktor a zu bestimmen. Den Streckfaktor a erhält man, indem man prüft, wie viele Einheiten man nach oben bzw. unten gehen muss, wenn man vom Scheitelpunkt eine Einheit nach links oder rechts geht und den Graphen wieder erreichen will. Anschließend stellt man die Scheitelpunktform der Funktionsgleichung auf.

(1) $S(-1|-2)$, $a = 1$, $f(x) = (x+1)^2 - 2$
(2) $S(1|1{,}5)$, $a = 1$, $f(x) = (x-1)^2 + 1{,}5$
(3) $S(2{,}5|1)$, $a = -1$, $f(x) = -(x-2{,}5)^2 + 1$
(4) $S(-5|-4)$, $a = 2$, $f(x) = 2 \cdot (x+5)^2 - 4$
(5) $S(2|3)$, $a = -0{,}5$, $f(x) = -0{,}5 \cdot (x-2)^2 + 3$

8

a) Aus den Wertetabellen lässt sich die Symmetrie der Parabel und damit der Scheitelpunkt $(d|e)$ ablesen. Den Streckfaktor kann man ermitteln, indem man den Funktionswert für die x-Werte $d - 1$ und $d + 1$ abliest und mit e vergleicht.
 W_1: $S(-2|1)$, $a = 1$, $f(x) = (x+2)^2 + 1$
 W_2: $S(3|-5)$, $a = 1$, $f(x) = (x-3)^2 - 5$

b) individuelle Lösung

9

a) $f(x) = a \cdot (x+1)^2 + 4$;
 Einsetzen der Koordinaten von $P(3|12)$:
 $a \cdot (3+1)^2 + 4 = 12$
 $16 \cdot a + 4 = 12 \quad | -4$
 $16 \cdot a = 8 \quad | :16$
 $a = \frac{1}{2}$
 $f(x) = \frac{1}{2} \cdot (x+1)^2 + 4$
 Probe mit dem Punkt $P(3|12)$:
 $f(3) = \frac{1}{2} \cdot (3+1)^2 + 4 = \frac{16}{2} + 4 = 8 + 4 = 12$ ✓

b) $f(x) = a \cdot (x-4)^2 + 26$;
 Einsetzen der Koordinaten von $P(-2|10)$:
 $a \cdot (-2-4)^2 + 26 = 10$
 $36 \cdot a + 26 = 10 \quad | -26$
 $36 \cdot a = -16 \quad | :36$
 $a = \frac{-16}{36}$
 $a = \frac{-4}{9}$
 $f(x) = \frac{-4}{9} \cdot (x-4)^2 + 26$
 Probe mit dem Punkt $P(-2|10)$:
 $f(-2) = \frac{-4}{9} \cdot (-2-4)^2 + 26 = \frac{-4 \cdot 36}{9} + 26 = -4 \cdot 4 + 26 = 10$

c) $f(x) = a \cdot (x + 3)^2 + 1{,}5$;
Einsetzen der Koordinaten von $P(2|-1)$:
$a \cdot (2 + 3)^2 + 1{,}5 = -1$ $\quad | -1{,}5$
$\qquad 25 \cdot a = -2{,}5$ $\quad | : 25$
$\qquad\qquad a = \dfrac{-2{,}5}{25}$
$\qquad\qquad a = -0{,}1$
$f(x) = -0{,}1 \cdot (x + 3)^2 + 1{,}5$
Probe mit dem Punkt $P(2|-1)$:
$f(2) = -0{,}1 \cdot (2 + 3)^2 + 1{,}5 = -0{,}1 \cdot 25 + 1{,}5 = -2{,}5 + 1{,}5$
$\qquad = -1$ ✓

d) $f(x) = a \cdot (x - 4)^2 - 3$;
Einsetzen der Koordinaten von $P(1|15)$:
$\quad a \cdot (1 - 4)^2 - 3 = 15$ $\quad | +3$
$\qquad\quad 9 \cdot a = 18$ $\quad | : 9$
$\qquad\qquad a = 2$
$f(x) = 2 \cdot (x - 4)^2 - 3$
Probe mit dem Punkt $P(1|15)$:
$f(1) = 2 \cdot (1 - 4)^2 - 3 = 2 \cdot 9 - 3 = 18 - 3 = 15$ ✓

10
a) I: $a - b = 3$
II: $2a + 5b = -1$
Ia: $a = 3 + b$; in II einsetzen:
$2 \cdot (3 + b) + 5b = -1$
$\quad 6 + 2b + 5b = -1$ $\quad | -6$
$\qquad\quad 7b = -7$
$\qquad\quad b = -1$
Einsetzen in Ia: $a = 3 + (-1) = 2$
Lösung: $a = 2$, $b = -1$
Probe:
I: $2 - (-1) = 2 + 1 = 3$ ✓
II: $2 \cdot 2 + 5 \cdot (-1) = 4 - 5 = -1$ ✓

b) I: $-2a + b = -1$
II: $4a - b = 5$
I + II: $2a = 4$ $\quad | : 2$
$\qquad\quad a = 2$
Einsetzen in I:
$-2 \cdot 2 + b = -1$ $\quad | +4$
$\qquad b = 3$
Lösung: $a = 2$, $b = 3$
Probe:
I: $-2 \cdot 2 + 3 = -4 + 3 = -1$ ✓
II: $4 \cdot 2 - 3 = 8 - 3 = 5$ ✓

c) I: $4a + 3b = 3$
II: $a - 3b = 4{,}5$
I + II: $5a = 7{,}5$ $\quad | : 5$
$\qquad\quad a = 1{,}5$
Einsetzen in II:
$\quad 1{,}5 - 3b = 4{,}5$ $\quad | -1{,}5$
$\qquad -3b = 3$ $\quad | : (-3)$
$\qquad\quad b = -1$
Lösung: $a = 1{,}5$, $b = -1$
Probe:
I: $4 \cdot 1{,}5 + 3 \cdot (-1) = 6 - 3 = 3$ ✓
II: $1{,}5 - 3 \cdot (-1) = 1{,}5 + 3 = 4{,}5$ ✓

d) I: $-6a + 3b = 6$
II: $2a - 3b = 6$
I + II: $-4a = 12$ $\quad | : (-4)$
$\qquad\quad a = -3$
Einsetzen in II:
$2 \cdot (-3) - 3b = 6$ $\quad | +6$
$\qquad -3b = 12$ $\quad | : (-3)$
$\qquad\quad b = -4$
Lösung: $a = -3$, $b = -4$
Probe:
I: $-6 \cdot (-3) + 3 \cdot (-4) = 18 - 12 = 6$ ✓
II: $2 \cdot (-3) - 3 \cdot (-4) = -6 + 12 = 6$ ✓

11
a) $f(x) = a \cdot x^2 + b \cdot x + 9$
$P(-1|14)$ eingesetzt ergibt:
$a \cdot (-1)^2 + b \cdot (-1) + 9 = 14$ $\quad | -9$
$\qquad\qquad a - b = 5$ (I)
$Q(1|-2)$ eingesetzt ergibt:
$a \cdot 1^2 + b \cdot 1 + 9 = -2$ $\quad | -9$
$\qquad\qquad a + b = -11$ (II)
Lineares Gleichungssystem:
I: $a - b = 5$
II: $a + b = -11$
I + II: $2a = -6$ $\quad | : 2$
$\qquad\quad a = -3$
In (I) eingesetzt erhält man:
$-3 - b = 5$ $\quad | +3$
$\quad -b = 8$ (II)
$\quad\; b = -8$
Funktionsgleichung: $f(x) = -3x^2 - 8x + 9$
Probe mit $P(-1|14)$:
$f(-1) = -3 \cdot (-1)^2 - 8 \cdot (-1) + 9 = -3 + 8 + 9 = 14$ ✓
Probe mit $Q(1|-2)$:
$f(1) = -3 \cdot 1^2 - 8 \cdot 1 + 9 = -3 - 8 + 9 = -2$ ✓

b) $f(x) = a \cdot x^2 + b \cdot x + 1$
$P(1|1{,}5)$ eingesetzt ergibt:
$a \cdot 1^2 + b \cdot 1 + 1 = 1{,}5$ $\quad | -1$
$\qquad\quad a + b = 0{,}5$ (I)
$Q(2|-2)$ eingesetzt ergibt:
$a \cdot 2^2 + b \cdot 2 + 1 = -2$ $\quad | -1$
$\qquad\quad 4a + 2b = -3$ (II)
Lineares Gleichungssystem:
I: $a + b = 0{,}5$
II: $4a + 2b = -3$
Ia: $b = -a + 0{,}5$, in II einsetzen:
$4a + 2 \cdot (-a + 0{,}5) = -3$
$\quad 4a - 2a + 1 = -3$ $\quad | -1$
$\qquad\quad 2a = -4$ $\quad | : 2$
$\qquad\quad a = -2$
eingesetzt in (I):
$-2 + b = 0{,}5$ $\quad | +2$
$\quad\; b = 2{,}5$
Funktionsgleichung: $f(x) = -2x^2 + 2{,}5x + 1$
Probe mit $P(1|1{,}5)$:
$f(1) = -2 \cdot 1^2 + 2{,}5 \cdot 1 + 1 = -2 + 2{,}5 + 1 = 1{,}5$ ✓
Probe mit $Q(2|-2)$:
$f(2) = -2 \cdot 2^2 + 2{,}5 \cdot 2 + 1 = -8 + 5 + 1 = -2$ ✓

c) $f(x) = a \cdot x^2 + b \cdot x - 6$
P(−2|8) eingesetzt ergibt:
$a \cdot (-2)^2 + b \cdot (-2) - 6 = 8$ | +6
$\quad\quad\quad\quad 4a - 2b = 14$ | :2
$\quad\quad\quad\quad 2a - b = 7$ (I)
Q(4|10) eingesetzt ergibt:
$a \cdot 4^2 + b \cdot 4 - 6 = 10$ | +6
$\quad\quad\quad\quad 16a + 4b = 16$ | :4
$\quad\quad\quad\quad 4a + b = 4$ (II)
Lineares Gleichungssystem:
I: $2a - b = 7$
II: $4a + b = 4$

Ia: $\quad 8a - 4b = 28$
II: $\quad 16a + 4b = 16$
Ia + II: $\quad 24a = 44$ | :24
$\quad\quad\quad a = \frac{44}{24}$
$\quad\quad\quad a = \frac{11}{6}$

In (I) eingesetzt erhält man:
$2 \cdot \frac{11}{6} - b = 7$ | $-\frac{11}{3}$
$\quad -b = \frac{21-11}{3}$ | :(−1)
$\quad b = -\frac{10}{3}$

Funktionsgleichung: $f(x) = \frac{11}{6}x^2 - \frac{10}{3}x - 6$

Probe mit P(−2|8):
$f(1) = \frac{11}{6} \cdot (-2)^2 - \frac{10}{3} \cdot (-2) - 6 = \frac{44}{6} + \frac{40}{6} - \frac{36}{6} = \frac{48}{6} = 8$ ✓

Probe mit Q(4|10):
$f(4) = \frac{11}{6} \cdot 4^2 - \frac{10}{3} \cdot 4 - 6 = \frac{176}{6} - \frac{80}{6} - \frac{36}{6} = \frac{60}{6} = 10$ ✓

12

a) $f(x) = 2 \cdot (x-3)^2 - 5$
$\Rightarrow f(x) = 2 \cdot (x^2 - 6x + 9) - 5 = 2 \cdot x^2 - 12x + 18 - 5$
$= 2 \cdot x^2 - 12x + 13$
Probe mit S(3|−5):
$f(3) = 2 \cdot 3^2 - 12 \cdot 3 + 13 = 18 - 36 + 13 = -5$ ✓

b) Da Q(0|4) ist c = 4; also $f(x) = a \cdot x^2 - x + 4$
P(1|6) eingesetzt ergibt: $f(1) = a - 1 + 4 = 6 \Rightarrow a = 3$
Damit: $f(x) = 3 \cdot x^2 - x + 4$
Probe mit P(1|6): $f(1) = 3 - 1 + 4 = 6$ ✓

c) $f(x) = a \cdot x^2 + b \cdot x + 5$
P(−1|4) eingesetzt ergibt:
$a - b + 5 = 4$ | −5
$a - b = -1$ (I)
Q(2|−5) eingesetzt ergibt:
$4a + 2b + 5 = -5$ | −5
$4a + 2b = -10$ (II)
Lineares Gleichungssystem:
I: $a - b = -1$
II: $4a + 2b = -10$
Ia: $a = b - 1$ einsetzen in II:
$4(b - 1) + 2b = -10$
$\quad 6b - 4 = -10$ | +4
$\quad 6b = -6$ | :6
$\quad b = -1$
In (Ia) eingesetzt erhält man: $a = -1 - 1 = -2$
Funktionsgleichung: $f(x) = -2x^2 - x + 5$

Probe mit P(−1|4):
$f(1) = -2 \cdot (-1)^2 - (-1) + 5 = -2 + 1 + 5 = 4$ ✓
Probe mit Q(2|−5):
$f(2) = -2 \cdot 2^2 - 2 + 5 = -8 - 2 + 5 = -5$ ✓

d) Da P(0|6) auf dem Graphen liegt, ist c = 6.
$f(x) = a \cdot x^2 + b \cdot x + 6$
Q(−1|−2) eingesetzt ergibt: $f(-1) = a - b + 6 = -2$
$\Rightarrow a - b = -8$ (I)
R(2|10) eingesetzt ergibt: $f(2) = 4a + 2b + 6 = 10$
$\Rightarrow 4a + 2b = 4$ (II)
Aus 2·(I) + (II) erhält man: $6a = -16 + 4 = -12 \Rightarrow a = -2$
In (I) eingesetzt erhält man: $-2 - b = -8 \Rightarrow b = 6$
Funktionsgleichung: $f(x) = -2x^2 + 6x + 6$
Probe mit Q(−1|−2):
$f(-1) = -2 \cdot (-1)^2 + 6 \cdot (-1) + 6 = -2 - 6 + 6 = -2$ ✓
Probe mit R(2|10):
$f(2) = -2 \cdot 2^2 + 6 \cdot 2 + 6 = -8 + 12 + 6 = 10$ ✓

e) Da Q(0|4) auf dem Graphen liegt, ist c = 4.
$f(x) = a \cdot x^2 + b \cdot x + 4$
P(−2|8) eingesetzt ergibt: $f(-2) = 4a - 2b + 4 = 8$
$\Rightarrow 4a - 2b = 4$ (I)
R(1|0,5) eingesetzt ergibt: $f(1) = a + b + 4 = 0,5$
$\Rightarrow a + b = -3,5$ (II)
Aus (I) + 2·(II) erhält man: $6a = 4 - 7 = -3 \Rightarrow a = -0,5$
In (II) eingesetzt erhält man: $-0,5 + b = -3,5 \Rightarrow b = -3$
Funktionsgleichung: $f(x) = -0,5 \cdot x^2 - 3 \cdot x + 4$
Probe mit P(−2|8):
$f(-2) = -0,5 \cdot (-2)^2 - 3 \cdot (-2) + 4 = -2 + 6 + 4 = 8$ ✓
Probe mit R(1|0,5): $f(2) = -0,5 - 3 + 4 = -0,5 + 1 = 0,5$ ✓

Seite 33

13

a) – Ursprung des Koordinatensystems im Punkt A:
$\quad f(x) = (x - 4)^2$.
– Ursprung des Koordinatensystems im Punkt B:
$\quad f(x) = x^2 - 7$.
– Ursprung des Koordinatensystems im Punkt C:
$\quad f(x) = (x + 6)^2 - 5$. (Eine Kästchenlänge wurde als Längeneinheit gewählt.)

b) Der Ursprung würde 2 Längeneinheiten oberhalb vom Punkt A liegen.

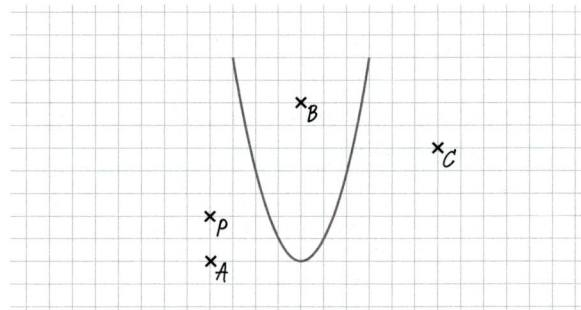

14
Die Funktionsterme können bestimmt werden, indem der Scheitelpunkt und ein weiterer Punkt aus den Zeichnungen abgelesen und die Werte in die Scheitelpunktform $f(x) = a(x - u)^2 + v$ eingesetzt werden.
Sandra: S(80|55), P(0|0)
$f(x) = a(x - 80)^2 + 55$
$f(0) = a(0 - 80)^2 + 55 = 0$, also $a = -\frac{11}{1280} \approx -0{,}009$

Der Funktionsterm lautet also:
$f(x) = -0{,}009(x - 80)^2 + 55$.
Kira: S(0|75), P(-80|20)
$f(x) = a(x - 0)^2 + 75 = ax^2 + 75$
$f(-80) = a(-80)^2 + 75 = 20$, also $a = -\frac{11}{1280} \approx -0{,}009$

Der Funktionsterm lautet also: $f(x) = -0{,}009x^2 + 75$.
Johannes: S(50|45), P(10|30)
$f(x) = a(x - 50)^2 + 45$
$f(10) = a(10 - 50)^2 + 45 = 30$, also $a = -\frac{3}{320} \approx -0{,}009$

Der Funktionsterm lautet also:
$f(x) = -0{,}009(x - 50)^2 + 45$.
Paul: S(0|0), P(60|-30)
$f(x) = a(x - 0)^2 + 0 = ax^2$
$f(60) = a \cdot 60^2 = -30$, also $a = -\frac{1}{120} \approx -0{,}008$

Der Funktionsterm lautet also: $f(x) = -0{,}008x^2$.
Die Graphen der verschiedenen Funktionen gehen durch Verschiebung auseinander hervor. Kleine Ungenauigkeiten ergeben sich dadurch, dass nicht genau abgelesen werden kann.

15
a) Die größte Höhe des Bogens gegenüber der Straße ist an den beiden Pfeilern, wo x = 0 bzw. x = 1991, die kleinste Höhe bei x = 995,5
$f(0) \approx 216$; $f(995{,}5) = 15$. Die größte Höhe beträgt 216 m, die kleinste Höhe 15 m gegenüber der Straße.
b) $f(x) = 0{,}000203 \cdot x^2$

Seite 34

16
a) Es wurde die Rotation des Balls vernachlässigt. Deshalb fliegt er nur in „2" Richtungen und nicht in 3.
b) $-0{,}00625x^2 + 0{,}15x + 2{,}5$
$= -0{,}00625(x^2 - 24x + 12^2 - 12^2) + 2{,}5$
$= -0{,}00625(x - 12)^2 + 0{,}00625 \cdot 12^2 + 2{,}5$
$= -0{,}00625(x - 12)^2 + 3{,}4$
Der Scheitelpunkt liegt demnach bei (12|3,4). Die maximale Höhe des Balls beträgt 3,4 m.
c) Der Fußball müsste einen Bogen machen, um das Tor zu treffen. Die Rotation wurde aber vernachlässigt.

17
a) Die Gleichung von Funktion g gehört nicht zum Graphen in Figur 2, da die Parabel von g nach oben geöffnet wäre. Die Parabel von f ist hingegen nach unten geöffnet und verläuft durch den Punkt (0|0).
Der Graph von h ist eine Parabel mit dem Scheitelpunkt (0|0) und kann folglich nicht die Flugbahn beschreiben.

b) Bestimmung der Scheitelpunktform:
$f(x) = -0{,}007x^2 + 0{,}9x = -0{,}007\left(x^2 - \frac{0{,}9}{0{,}007}x\right)$
$= -0{,}007\left(x^2 - \frac{900}{7}x\right)$
$= -0{,}007\left(x^2 - \frac{900}{7}x + \left(\frac{900}{2 \cdot 7}\right)^2 - \left(\frac{900}{2 \cdot 7}\right)^2\right)$
$= -0{,}007\left(x^2 - \frac{900}{7}x + \left(\frac{900}{14}\right)^2\right) - 0{,}007 \cdot \left(-\left(\frac{900}{2 \cdot 7}\right)^2\right)$
$\approx -0{,}007\left(x - \frac{900}{14}\right)^2 + 28{,}9$.

Der Scheitelpunkt liegt demnach näherungsweise in S(64,3|28,9). Die maximale Höhe beträgt ca. 28,9 m.

c) 1. Lösungsmöglichkeit:
Durch Einsetzen der x-Werte 10 und 20 kann man die y-Werte beider Funktionsgleichungen erhalten.
$f(10) = 8{,}3 < 10{,}3$ und $f(20) = 15{,}2 < 19{,}2$. Demnach verläuft der Graph von f flacher als der Graph, der durch die Punkte P, Q und R verläuft.

2. Lösungsmöglichkeit:
Man bestimmt die Funktionsgleichung, deren Graph durch die Punkte P, Q und R verläuft und zeichnet beide Funktionsgraphen.
Da mit P(0|0) der Schnittpunkt mit der y-Achse gegeben ist, verwendet man als allgemeine Funktionsgleichung die Normalform. Aus P(0|0) erhält man c = 0.
Durch Einsetzen der beiden anderen Punkte in
$f(x) = ax^2 + bx + 0$ erhält man:
aus Q(10|10,3)   I: $10{,}3 = a \cdot 10^2 + b \cdot 10$,
also vereinfacht Ia: $10{,}3 = 100a + 10b$
aus R(20|19,2)   II: $19{,}2 = a \cdot 20^2 + b \cdot 20$,
also   IIa: $19{,}2 = 400a + 20b$
Multiplikation der Gleichung Ia mit 2 ergibt:
Ib = 2 · Ia: 20,6 = 200a + 20b
     IIa: 19,2 = 400a + 20b
Ib - IIa: 1,4 = -200a + 0   ⇒ a = -0,007
Einsetzen von a = -0,007 in Ia:
10,3 = 100 · (-0,007) + 10b, also b = 1,1
Es folgt die Funktionsgleichung $f(x) = -0{,}007x^2 + 1{,}1x$.

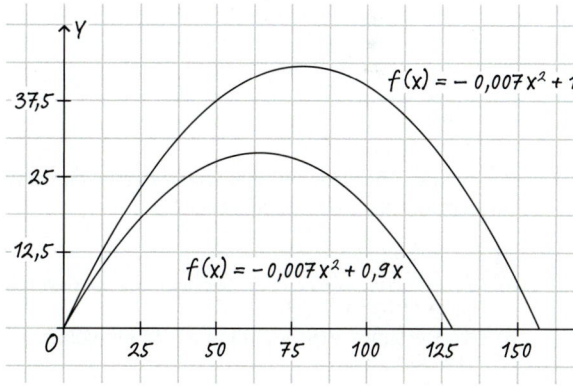

Man erkennt, dass der Graph von f im Vergleich flacher und weniger weit verläuft.

Lösungen

18
Scheitelpunkt der nach unten geöffneten Parabel ist
$S\left(\frac{1250}{13} \mid \frac{105}{52}\right)$.
a) Bei einer Fluggeschwindigkeit von etwa $\frac{1250}{13}$ Meilen ≈ 96 Meilen pro Stunde konnte er mit dem Treibstoff am weitesten fliegen.
b) Charles Lindbergh musste mindestens mit einem Gesamtverbrauch von $3600 : \frac{105}{52}$ Litern ≈ 1783 Litern rechnen.
c) Bei einer Fluggeschwindigkeit von 96 Meilen pro Stunde hätte Lindbergh für die Strecke 37,5 Stunden benötigt. Bei einer so langen Zeit ist die Gefahr groß, dass er einschläft. Er wird daher vermutlich schneller geflogen sein.

19
a) Die Aussage ist äquivalent zu der Gleichung $f(2x) = 4 \cdot f(x)$.
Durch Einsetzen und Umformen erhält man:
$a \cdot (2x)^2 + b \cdot (2x) + c = 4(ax^2 + bx + c)$
$4ax^2 + 2bx + c = 4ax^2 + 4bx + 4c \quad | -4ax^2$
$2bx + c = 4bx + 4c$
Daraus kann man schließen:
Wenn $b = c = 0$ gilt die Aussage für alle x.
Wenn $b = 0$ und $c \neq 0$, ist die Aussage für alle x falsch
Wenn $b \neq 0$, kann man die Gleichung nach x auflösen:
b) Da f eine quadratische Funktion ist, muss $a \neq 0$ sein.
Umformung der Normalform in die Scheitelpunktform:
$ax^2 + bx + c = a\left(x^2 + \frac{b}{a}x + \left(\frac{b}{2a}\right)^2 - \left(\frac{b}{2a}\right)^2\right) + c$
$= a \cdot \left(x + \frac{b}{2a}\right)^2 - a \cdot \left(\frac{b}{2a}\right)^2 + c$

Der Scheitelpunkt liegt genau dann links von der y-Achse, wenn $\frac{b}{2a} > 0$.
Für $b > 0$ ist dies genau für positive a der Fall.
Beispiel:
$f(x) = x^2 + x + 1 \Rightarrow$ Scheitel liegt links von der y-Achse.
$f(x) = -x^2 + x + 1 \Rightarrow$ Scheitel liegt rechts von der y-Achse.

Seite 35

20
Die Höhe des roten Behälters sei h. Dann erhält man für die Volumina der beiden Behälter:
$V_{rot} = (2a)^2 \cdot h = 4a^2 \cdot h$
$V_{blau} = a^2 \cdot 2h = 2a^2 \cdot h$
Daher fasst der blaue Behälter nicht das gesamte Wasser, sondern nur die Hälfte des Wassers.

21
a) Grundfläche: $A = (x-4)^2$; Höhe $h = 2$ (x und h in dm).
Daher $V = A \cdot h = 2 \cdot (x-4)^2$
b) 50 cm = 5 dm; $V(5) = 2$. Man erhält ein Volumen von $2\,dm^3$ = 2 Liter.
2 m = 20 dm; $V(20) = 512$. Man erhält ein Volumen von $512\,dm^3$ = 512 Liter.

22
Für die Länge a und die Breite b der Weide (jeweils in m) gilt $a + 2b = 200$, also $a = 200 - 2b$.
Für den Flächeninhalt A der Weide erhält man:
$A = a \cdot b$
$= (200 - 2b) \cdot b$
$= 200b - 2b^2$
$= -2 \cdot (b^2 - 100b + 50^2 - 50^2)$
$= -2(b - 50)^2 + 5000$
Der Flächeninhalt A wird also bei einer Breite von 50 m maximal. Wegen $a + 2b = 200$ muss die Länge dann 100 m betragen.

23
Für die Seitenlängen a und b des Auslaufs (jeweils in m) gilt $2a + 2b - 6 = 40$. Durch Auflösen der Gleichung nach b erhält man $b = 23 - a$.
Für den Flächeninhalt A des Auslaufs ergibt sich:
$A = a \cdot b$
$= a(23 - a)$
$= -a^2 + 23a$
$= -(a^2 - 23a + 11,5^2 - 11,5^2)$
$= -(a - 11,5)^2 + 132,25$
Der Flächeninhalt A wird also bei einer Länge von 11,5 m maximal.
Wegen $b = 23 - a$ muss die Breite dann ebenfalls 11,5 m betragen.

24
a) Das Dreieck DHG und das Dreieck BFE sind zueinander kongruent, da sie rechtwinklig sind und die Katheten x und 15 − x lang sind (Kongruenzsatz SWS). Daher sind die Seiten $\overline{GH}$ und $\overline{EF}$ des Vierecks EFGH gleich lang. Analog kann man die Kongruenz der Dreiecke AEH und CGF zeigen und schließen, dass die Seiten $\overline{EH}$ und $\overline{FG}$ des Vierecks EFGH gleich lang sind.
Insgesamt folgt, dass das Viereck EFGH ein Parallelogramm ist.
b) Die Restfläche des Rechtecks ABCD setzt sich aus vier Dreiecken zusammen. Für den Inhalt der Restfläche erhält man:
$A = 2 \cdot \frac{1}{2}x \cdot (15 - x) + 2 \cdot \frac{1}{2}x \cdot (10 - x)$
$= 15x - x^2 + 10x - x^2$
$= -2x^2 + 25x$
$= -2\left(x^2 - \frac{25}{2}x + \left(\frac{25}{4}\right)^2 - \left(\frac{25}{4}\right)^2\right)$
$= -2\left(x - \frac{25}{4}\right)^2 + 2 \cdot \left(\frac{25}{4}\right)^2$
$= -2(x - 6,25)^2 + 78,125$
Die Restfläche wird also am größten, wenn $x = 6,25$ (cm) beträgt.

Seite 39

Runde 1

1

x	-7	-6	-5	-4	-3	-2	-1	0	1	2	3
f(x)	5,25	3	1,25	0	-0,75	-1	-0,75	0	1,25	3	5,25

2
$f(x) = 2x^2 - 8x + 19 = 2 \cdot (x^2 - 2 \cdot 2x + 2^2 - 2^2) + 19$
$= 2 \cdot [(x-2)^2 - 4] + 19 = 2 \cdot (x-2)^2 - 8 + 19$
$= 2 \cdot (x-2)^2 + 11$
Scheitelpunkt: $S(2|11)$

3
$f(x) = a \cdot (x-2)^2 + 3$
Mit $f(0) = 1$ erhält man: $a \cdot (0-2)^2 + 3 = 4a + 3 = 1$
$\Rightarrow 4a = -2 \Rightarrow a = -\frac{1}{2}$

Damit erhält man die Scheitelpunktform
$f(x) = -\frac{1}{2} \cdot (x-2)^2 + 3$

Umformung in die Normalform:
$f(x) = -0,5(x^2 - 4x + 4) + 3 = -0,5x^2 + 2x - 2 + 3$
$= -0,5x^2 + 2x + 1$

$g(x) = a \cdot (x+1)^2 - 1$
Mit $g(0) = 1$ erhält man: $a \cdot (0+1)^2 - 1 = a - 1 = 1 \Rightarrow a = 2$
Damit erhält man die Scheitelpunktform $g(x) = 2 \cdot (x+1)^2 - 1$
Umformung in die Normalform:
$g(x) = 2(x^2 + 2x + 1) - 1$
$= 2x^2 + 4x + 2 - 1$
$= 2x^2 + 4x + 1$

$k(x) = a \cdot (x-3)^2 + 1$
Mit $k(2) = 2$ erhält man: $a \cdot (2-3)^2 + 1 = a + 1 = 2 \Rightarrow a = 1$
Damit erhält man die Scheitelpunktform $k(x) = (x-3)^2 + 1$
Umformung in die Normalform:
$k(x) = x^2 - 6x + 9 + 1$
$= x^2 - 6x + 10$

4
$f(x) = a \cdot x^2$
Mit $f(60) = 43$ erhält man:
$a \cdot 3600 = 43 \quad | : 3600$
$a = \frac{43}{3600} \approx 0,01194$
$f(x) = 0,01194 \cdot x^2$
Die Gleichung gilt für $-60 \leq x \leq 60$.

5
Umformung der Normalform in die Scheitelpunktform:
$f(x) = ax^2 + bx + c$
$= a\left(x^2 + \frac{b}{a}x\right) + c$
$= a\left(x^2 + \frac{b}{a}x + \frac{b^2}{4a^2} - \frac{b^2}{4a^2}\right) + c$
$= a\left(x + \frac{b}{2a}\right)^2 + c - \frac{b^2}{4a}$

Wenn $a > 0$ und $c < 0$, dann ist die Parabel nach oben geöffnet und die y-Koordinate $c - \frac{b^2}{a}$ des Scheitelpunkts ist negativ, denn von der negativen Zahl c wird die Zahl $\frac{b^2}{a} \geq 0$ subtrahiert.
Eine nach oben geöffnete Parabel, deren Scheitelpunkt unterhalb der x-Achse liegt, hat zwei Schnittpunkte mit der x-Achse. Daher ist die Aussage in diesem Fall richtig.
Wenn $a < 0$ und $c > 0$, dann ist die Parabel nach unten geöffnet und die y-Koordinate $c - \frac{b^2}{a}$ des Scheitelpunkts ist positiv, denn von der positiven Zahl c wird die Zahl $\frac{b^2}{a} \leq 0$ subtrahiert.
Eine nach unten geöffnete Parabel, deren Scheitelpunkt oberhalb der x-Achse liegt, hat zwei Schnittpunkte mit der x-Achse. Daher ist die Aussage auch in diesem Fall richtig.
Mehr Fälle gibt es nicht.

Runde 2

1
$f(1) = -(1+2)^2 + 6 = -9 + 6 = -3$
$f(-3) = -(-3+2)^2 + 6 = -1 + 6 = 5$
$f(8) = -(8+2)^2 + 6 = -100 + 6 = -94$
Damit: $P(1|-3)$; $Q(-3|5)$ und $R(8|-94)$

2
Zuordnung: $G_1(A)$, $G_2(C)$, $G_3(D)$, $G_4(B)$
Begründung:
Zu G_1 gehört die Funktionsgleichung (A). (B) und (C) sind falsch, weil deren Graphen nach oben geöffnet sind. (D) scheidet aus, da deren Scheitel nach links verschoben ist.
Zu G_2 gehört die Funktionsgleichung (C). Wegen der Öffnung des Graphen nach oben käme auch die Funktionsgleichung (B) infrage. Da es sich aber nicht um die Normalparabel handelt, passt diese Funktionsgleichung nicht zu G_2.
Zu G_3 gehört die Funktionsgleichung (D). Wegen der Öffnung des Graphen nach unten, käme nur die Funktionsgleichung (A) infrage. Da der Scheitel von G_3 nach links und der von (A) nach rechts verschoben ist, passt die Funktionsgleichung (A) nicht.
Zu G_4 gehört die Funktionsgleichung (B), da deren Graph der Normalparabel entspricht.

3

$f(x) = ax^2 + bx - 2$

Einsetzen von $(-1|10)$:

$a \cdot (-1)^2 + b \cdot (-1) - 2 = 10 \quad | +2$

$\quad\quad\quad\quad a - b = 12$

Einsetzen von $(2|-11)$:

$a \cdot 2^2 + b \cdot 2 - 2 = -11 \quad | +2$

$\quad\quad\quad 4a + 2b = -9$

Lineares Gleichungssystem:

I: $\quad a - b = 12 \quad\quad\quad | +b$

II: $4a + 2b = -9$

Ia: $a = 12 + b$ einsetzen in II:

$4(12 + b) + 2b = -9$

$48 + 4b + 2b = -9 \quad | -48$

$6b = -57 \quad | :6$

$b = -\frac{19}{2}$

Einsetzen in Ia:

$a = 12 + \left(-\frac{19}{2}\right) = \frac{24}{2} - \frac{19}{2} = \frac{5}{2}$

Funktionsgleichung:

$f(x) = \frac{5}{2}x^2 - \frac{19}{2}x - 2$

4

a) Der Wert 1,5 gibt an, dass Rico den Stein in einer Höhe von 1,5 Metern abwirft.

b) Der Stein hat seine maximale Höhe am höchsten Punkt des Graphen, also am Scheitelpunkt, erreicht.
Umformung der Normalform in die Scheitelpunktform:

$h(t) = -0,4 \cdot t^2 + 2 \cdot t + 1,5 = -0,4 \cdot (t^2 - 5 \cdot t) + 1,5$

$\quad\quad = -0,4 \cdot (t^2 - 2 \cdot 2,5 \cdot t + 2,5^2 - 2,5^2) + 1,5$

$\quad\quad = -0,4 \cdot [(t - 2,5)^2 - 6,25] + 1,5$

$\quad\quad = -0,4 \cdot (t - 2,5)^2 + 2,5 + 1,5$

Scheitelpunktform: $h(t) = -0,4 \cdot (t - 2,5)^2 + 4$; $S(2,5|4)$.
Nach 2,5 Sekunden hat der Stein seine maximale Höhe von 4 m erreicht.

II Ähnlichkeit

Seite 46

7

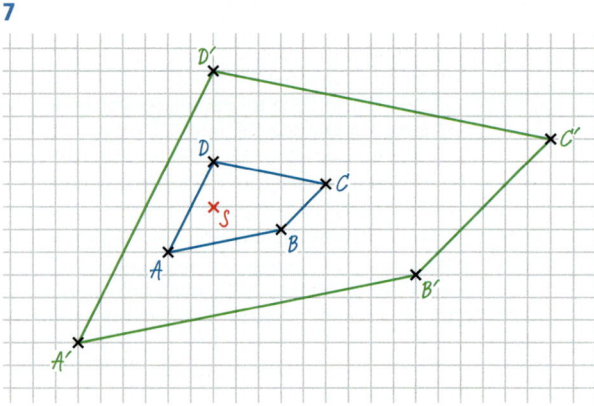

8

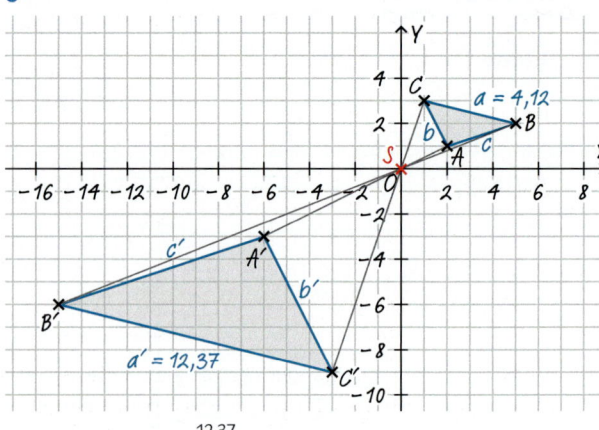

Streckfaktor k: $k = \frac{12,37}{4,12} \approx 3$

Seite 48

16

a)

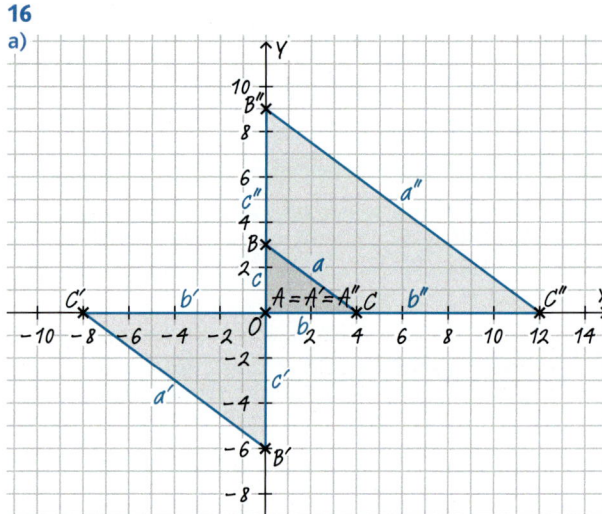

b) Der gesuchte Streckfaktor ist $k = (-2) \cdot (-1,5) = 3$

17

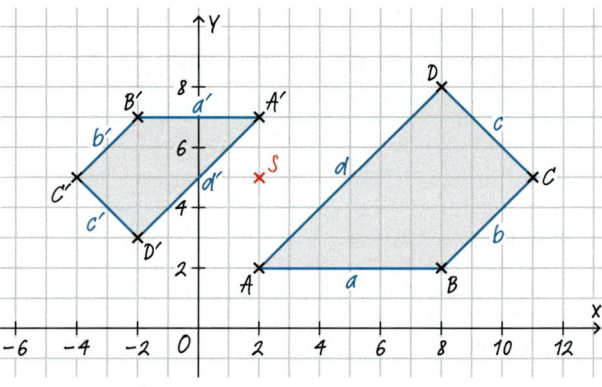

$k = -\frac{2}{3}$

G 20

Radius r	5 cm	1,5 cm	$\frac{8}{3}$ cm = $2\frac{2}{3}$ cm
Durchmesser d	10 cm	3 cm	$\frac{16}{3}$ cm = $5\frac{1}{3}$ cm
Umfang U	30 cm	9 cm	16 cm

G 20
a) U = 9,424 78 cm;   A = 7,068 58 cm²
b) U = 12,5664 m;   A = 12,5664 m²
c) U = 21,9911 m;   A = 38,4845 m²
d) U = 3,141 59 km;   A = 0,785 398 km²

Seite 52

6
Die Figuren sind nicht zueinander ähnlich, da die Seitenverhältnisse nicht gleich sind: $\frac{4}{6} \neq \frac{1}{2}$.

7
Die Dreiecke sind zueinander ähnlich, da die Seitenverhältnisse gleich sind: $\frac{3}{4,5} = \frac{4}{6} = \frac{5}{7,5} = \frac{2}{3}$ und entsprechende Winkel gleich groß sind.

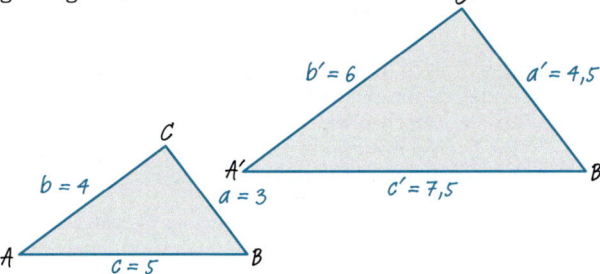

Seite 58

7
$\frac{1{,}5}{3{,}2} = \frac{b}{2{,}4}$

b = 1,125

$\frac{3{,}2}{1{,}5} = \frac{2{,}8 + a}{a}$

2,13 · a = 2,8 + a

a ≈ 2,477 88

8
$\frac{f}{d} = \frac{e}{g}$

$\frac{f}{0{,}018 \text{ m}} = \frac{2600 \text{ m}}{0{,}64 \text{ m}}$

f ≈ 73 m

Die Höhe des Fernsehturms beträgt 73 m.

Seite 59

14
x = 3 cm   y = 0,8 cm   z = 0,75 cm

G 16
a) U ≈ 13,4248 cm   A ≈ 9,4248 cm²
b) U ≈ 6,283 19 cm   A ≈ 3,141 59 cm²
c) U ≈ 6,283 19 cm   A ≈ 14,283 19 cm²

Seite 54

15
Die Dreiecke ABC und BDA stimmen im Winkel β überein.
Da das Dreieck BDA gleichschenklig ist, gilt: β = δ
Da das Dreieck ABC gleichschenklig ist, gilt: β = α und somit α = δ
Es gilt weiterhin: γ = 180° − (α + β) = 180° − 2 · β
Außerdem gilt: ε = 180° − (δ + β) = 180° − 2 · β ⇒ γ = ε
Da die entsprechenden Winkel in den beiden Dreiecken gleich groß sind, sind die beiden Dreiecke ähnlich zueinander.

Für die Seitenverhältnisse gilt: $\frac{AC}{AB} = \frac{4{,}1 \text{ cm}}{2{,}9 \text{ cm}} \approx 1{,}41$

Also gilt: a_1 = 2,9 cm : 1,41 ≈ 2,06 cm

16
Das Dreieck A'B'C' wurde mit dem Faktor 2 gestreckt.

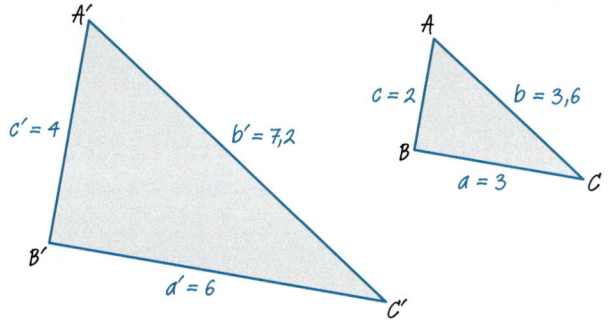

Seite 60

1
Durch Messen erhält man als Vergrößerungsfaktor ca. 2,2.

2
a)

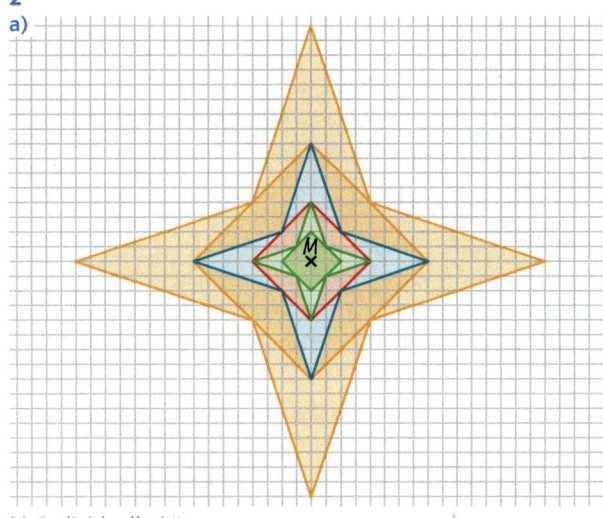

b) individuelle Lösung

Lösungen

3
a) Das Längenverhältnis der kurzen parallelen Viereckseiten ist $\frac{2\,\text{Karos}}{3\,\text{Karos}} = \frac{2}{3}$.
Das Längenverhältnis der langen parallelen Viereckseiten ist $\frac{4\,\text{Karos}}{5\,\text{Karos}} = \frac{4}{5}$.
Da die Längenverhältnisse entsprechender Seiten nicht übereinstimmen, hat Lilo nicht recht. Die Vierecke (I) und (II) sind nicht ähnlich.

b) An den Karos ist zu erkennen, dass bei Dreieck (IV) ein Winkel an der längsten Seite die Weite 45° hat. Bei Dreieck (III) ist dies nicht der Fall. Die Dreiecke sind nicht ähnlich.

4
Dreieck I: B, C
Dreieck II: A, D

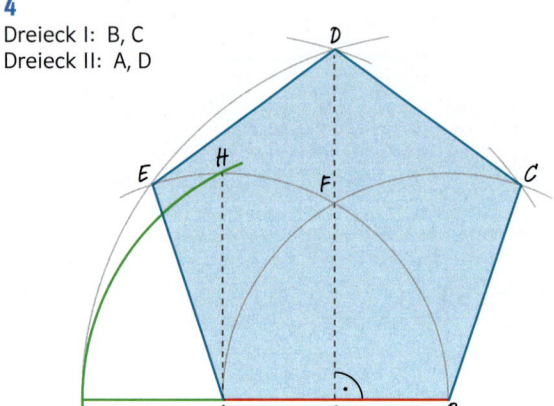

5
$\gamma = 180° - 55° - 30° = 95°$
a) Das Dreieck ist nicht zu dem gegebenen Dreieck ähnlich, da die Winkelgrößen nicht gleich sind.
b) Das Dreieck ist zu dem gegebenen Dreieck ähnlich, da die Winkelgrößen gleich sind.
c) Das Dreieck ist nicht zu dem gegebenen Dreieck ähnlich, da die Winkelgrößen nicht gleich sind.

6
a) $\frac{6}{4} = \frac{x}{3}$
$x = 4{,}5$

b) $\frac{y}{3} = \frac{9}{6}$
$y = 4{,}5$
damit: $\frac{4{,}5}{3} = \frac{2+x}{x}$
$x = 4$

c) $\frac{x+4{,}4}{4{,}4} = \frac{7}{3}$
$x \approx 5{,}87$
$\frac{y+3{,}2}{3{,}2} = \frac{7}{3}$
$y = 4{,}27$

Seite 61

7
Die Dreiecke TSR und TPQ sind ähnlich zueinander, da sie im Winkel STR und im Stufenwinkel α übereinstimmen.
$\frac{\overline{TR} + 86\,\text{m}}{\overline{TR}} = \frac{95\,\text{m}}{58\,\text{m}}$
$(\overline{TR} + 86\,\text{m}) \cdot 58\,\text{m} = \overline{TR} \cdot 95\,\text{m}$
$(\overline{TR} + 86\,\text{m}) \cdot 58\,\text{m} = \overline{TR} \cdot 95\,\text{m}$
$4988\,\text{m} = \overline{TR} \cdot 37$
$\overline{TR} \approx 134{,}811\,\text{m}$
Die Länge der Strecke über dem See beträgt ca. 135 m.

8
a) individuelle Lösung
b) Hier sind einige Beispiele eingezeichnet:

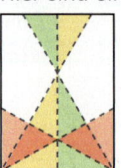

9

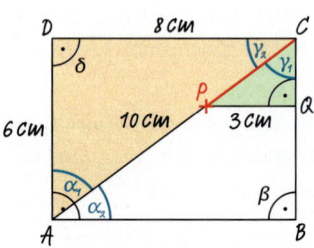

a) Das Dreieck ACD und das Dreieck PQC sind ähnlich zueinander, da für die beiden rechtwinkligen Dreiecke gilt: $\alpha_1 = \gamma_1$ (Wechselwinkel).
Die Dreiecke stimmen somit in zwei Winkelgrößen überein und sind damit ähnlich zueinander.

b) $\frac{\overline{PC}}{\overline{AC}} = \frac{3\,\text{cm}}{8\,\text{cm}}$
$\frac{\overline{PC}}{10\,\text{cm}} = \frac{3\,\text{cm}}{8\,\text{cm}}$
$\overline{PC} = 3{,}75\,\text{cm}$

10

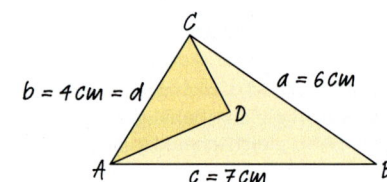

Der Vergrößerungsfaktor ist $k = \frac{4}{7}$.
Der neue Flächeninhalt ergibt sich aus: $A_{\text{neu}} = A_{\text{alt}} \cdot \left(\frac{4}{7}\right)^2$

11
(A)

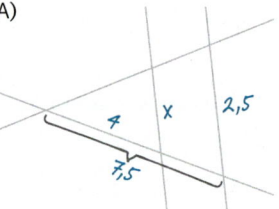 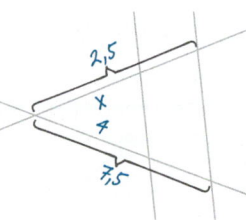

(B)

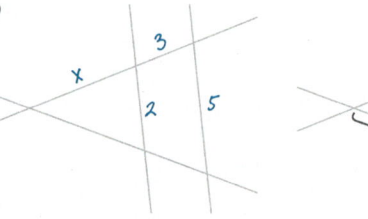 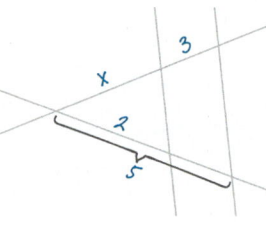

12
a) Bei dem Försterdreieck ist eine Strahlensatzfigur erkennbar, bei der die Strecke b annähernd parallel zum Baum ist.

b) $\frac{d}{b} = \frac{c+e}{c}$

$\frac{d}{2} = \frac{2024}{24}$

$d \approx 168{,}67$

Der Baum ist ca. 169 m + 1,6 m = 170,6 m hoch.

13
$\frac{s'}{s} = \frac{d'}{d}$

$\frac{s'}{2\,cm} = \frac{2{,}4\,cm}{3\,cm}$

$s' = 1{,}6\,cm$

Seite 62

14
a) $\frac{x}{2} = \frac{8}{2}$ $\quad | \cdot 2$

$\Leftrightarrow x = 8$

Die Streife kann einen Streifen von $2 \cdot 8\,m = 16\,m$ überblicken.

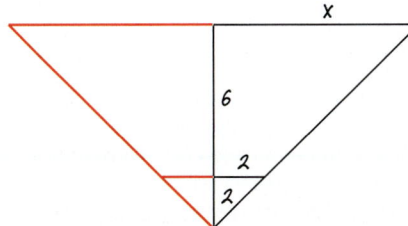

b) $\frac{x_1}{3} = \frac{8}{2}$ $\quad | \cdot 3$

$\Leftrightarrow x_1 = 12$

$\frac{x_2}{1} = \frac{8}{2}$

$\Leftrightarrow x_2 = 4$

Auch jetzt kann die Streife insgesamt 4 m + 12 m = 16 m überblicken.

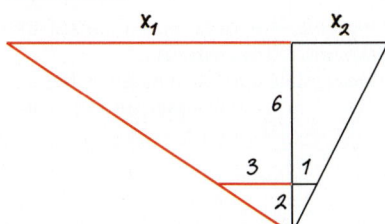

15
Strahlensatzfigur:

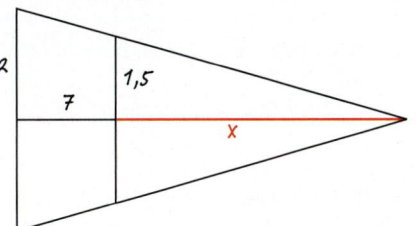

Ansatz: $\frac{x}{x+7} = \frac{1{,}5}{2}$ $\quad |\cdot(x+7);\ \cdot 2$

$\Leftrightarrow \quad 2x = 1{,}5(x+7)$ $\quad | T$
$\Leftrightarrow \quad 2x = 1{,}5x + 10{,}5$ $\quad | -1{,}5x$
$\Leftrightarrow \quad 0{,}5x = 10{,}5$ $\quad |\cdot 2$
$\Leftrightarrow \quad x = 21$ $\quad |\cdot 2$

Der Betrachter steht 21 m entfernt.
Anmerkung: Das Ergebnis stimmt nur näherungsweise, da der Augenabstand des Betrachters nicht berücksichtigt wurde. Nimmt man einen Augenabstand von 6 cm = 0,06 m an, folgt:

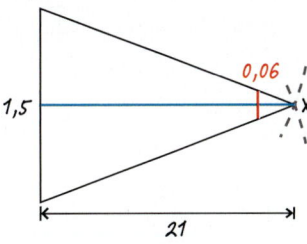

Ansatz: $\frac{21-x}{21} = \frac{0{,}06}{1{,}5}$ $\quad |\cdot 21;\ \cdot 1{,}5$

$\Leftrightarrow \quad 21 - x = 0{,}84$ $\quad |-x;\ +21$
$\Leftrightarrow \quad 20{,}16 = x$

Bei einem Augenabstand von 6 cm hat der Betrachter einen Abstand von ca. 20,16 m.

16
a) Ansatz: $\frac{e}{l} = \frac{z}{a}$

Mit Ankes Werten in cm ergibt sich:

$\frac{e}{58} = \frac{140\,000}{6}$ $\quad |\cdot 58$

$\Leftrightarrow \quad e \approx 1\,353\,333{,}3$

$1\,353\,333{,}3\,cm \approx 13{,}53\,km$

Die Armlänge von Anke kann man für die ungefähre Gesamtentfernung vernachlässigen, Anke ist somit ca. 13,53 km vom Dorf entfernt.

b) individuelle Lösung

17
a) d: Durchmesser des Mondes in mm.
Aufgrund des 2. Strahlensatzes gilt:

$\frac{d}{6} = \frac{384\,000\,000\,000}{660} \Rightarrow d = \frac{384\,000\,000\,000}{110} \Rightarrow d \approx 3\,490\,909\,091$

Der Monddurchmesser beträgt ca.
3 490 909 091 mm ≈ 3500 km

b)
$$\frac{e_M + x}{x} = \frac{d_M}{\text{Schatten Mond}}$$

$$\frac{384\,000 + x}{x} = \frac{3500}{245}$$

$(384\,000 + x) \cdot 245 = 3500 \cdot x$
$94\,080\,000 = 3255 \cdot x$
$x \approx 28\,903$

$$\frac{e_s + x}{e_M + x} = \frac{d_s}{d_M}$$

$$\frac{e_s + 28\,903}{412\,903} = \frac{1\,392\,000}{3500}$$

$e_s = 1{,}64189 \cdot 10^8$

Die Entfernung der Sonne von der Erde beträgt ca. $1{,}64189 \cdot 10^8$ km.

18
Die beiden Strecken a und c sind parallel zueinander. Die Diagonalen bilden eine Geradenkreuzung, sodass man den Strahlensatz anwenden kann. Es gilt:
$$\frac{\overline{AE}}{\overline{EC}} = \frac{\overline{BE}}{\overline{DE}} = \frac{a}{c}$$

Seite 63

19
I: $\frac{h}{0,6} = \frac{x}{0,8} \Rightarrow x = \frac{h}{0,6} \cdot 0{,}8 \Rightarrow x = \frac{4}{3} \cdot h$

II: $\frac{48 + x}{0,8} = \frac{h}{0,3}$

I in II einsetzen $\frac{48 + \frac{4}{3} \cdot h}{0,8} = \frac{h}{0,3}$

$\left(48 + \frac{4}{3} \cdot h\right) \cdot 0{,}3 = 0{,}8 \cdot h$
$14{,}4 + 0{,}4 \cdot h = 0{,}8 \cdot h$
$14{,}4 = 0{,}4 \cdot h$
$h = 36$

Der Baum ist 36 m hoch.

20
a) individuelle Lösung
b) In der Zeichnung erkennt man eine Strahlensatzfigur.
c) Die Methode ist leicht handhabbar, aber nicht ganz so genau.

21
a) individuelle Lösung
b) Bei dem Pantographen wird ein Punkt O festgehalten. Er bildet das Streckzentrum. Es muss gelten $\overline{OE} = \overline{EA}$ und $\overline{OD} = \overline{DB} = \overline{EC}$. Das Viereck DBCE ist ein Parallelogramm. Da die Dreiecke OBD und OAE aufgrund der gleichen Winkelgrößen ähnlich zueinander sind, führt der Pantograph eine zentrische Streckung durch.

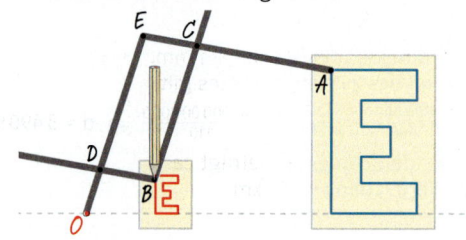

Seite 67

Runde 1

1

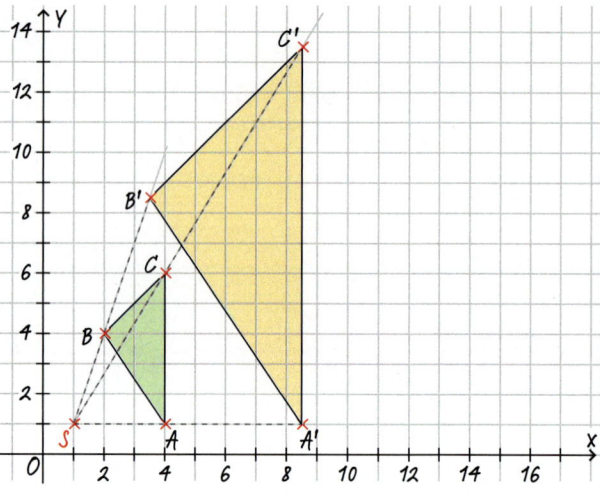

2
$\frac{x}{3} = \frac{6}{4,5} \Leftrightarrow x = 4$
$\frac{y}{1,5} = \frac{6}{4,5} \Leftrightarrow y = 2$

3
a) Die Dreiecke stimmen in allen drei Winkeln überein.
Begründung:
Die Winkel AED und CDE sind gleich groß (Stufenwinkel).
Die Dreiecke AED und DEC sind damit ähnlich.
Die Winkel DCE und CEB sind gleich groß (Stufenwinkel).
Die Dreiecke DEC und EBC sind damit ähnlich.
Das Dreieck DEC ist also zu den beiden anderen ähnlich.
Daher sind alle drei Dreiecke ähnlich.
b) w = 3,75 cm; x = 6,25 cm; y = 3 cm; z = 2,25 cm

4
a) $\frac{h}{12\,\text{m}} = \frac{2{,}300\,\text{m}}{100\,\text{m}}$. Hieraus folgt h = 276 m.
b) 100 % Steigung bedeutet, dass die Straße auf 100 m ebener Strecke um 100 m ansteigt.
c) Die Straße überwindet auf 100 m einen Höhenunterschied von 285 m : 38 = 7,5 m. Das Gefälle beträgt also 7,5 %.

Runde 2

1
a) siehe rotes Dreieck
b) siehe grünes Dreieck, k' = −1

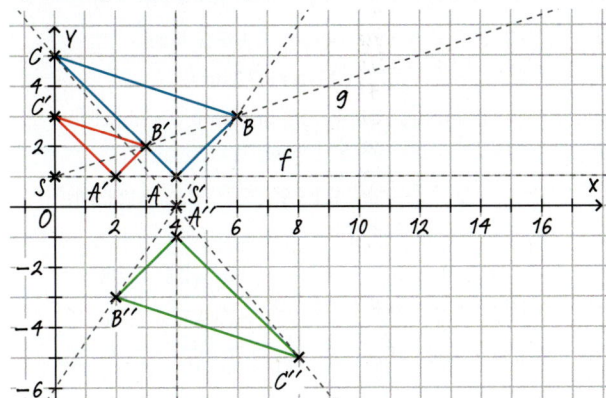

2
$\frac{h}{12} = \frac{2,5}{0,5} \Rightarrow h = 60$. Das Hochhaus ist 60 m hoch.

3
Die Dreiecke DAE, ABE, BCF, CDF, ABC und BCD sind ähnlich zueinander, da alle Dreiecke in dem rechten Winkel und in einem weiteren Winkel übereinstimmen (Wechselwinkelsatz).

4
a) $\frac{x}{3} = \frac{6}{4} \Leftrightarrow x = \frac{18}{4} = \frac{9}{2} = 4,5$
b) $\frac{x}{15} = \frac{4}{6} \Leftrightarrow x = 10$

III Formeln für Figuren und Körper

Seite 74

7
a)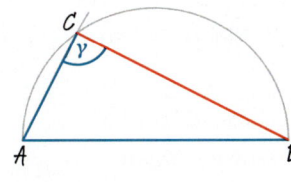
Maßstab 1:2,14

b)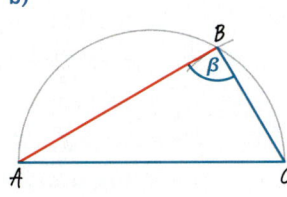
Maßstab 1:1,71

c)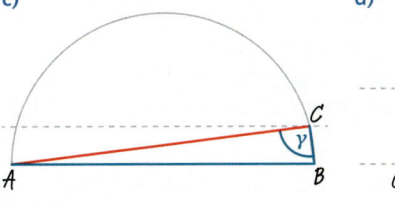
Maßstab 1:2

d)
Maßstab 1:2

8
$\delta = 180° - 50° = 130°$; $\beta = \frac{180° - 50°}{2} = 65°$; $\alpha = 90° - 65° = 25°$.

Seite 75

13
$\alpha = 180° - 90° - 48° = 42°$ (Winkelsummen im Dreieck ABQ)
$\varepsilon = 42°$ (Gleichschenkliges Dreieck AMQ)
$\beta = 180° - 42° = 138°$ (Nebenwinkel)
$\delta = (180° - 138°) : 2 = 21°$

14
Mögliche Lösung: Zeichnet man um den Verbindungspunkt der beiden Holzleisten einen Kreis mit einem Radius, der halb so lang wie eine Leiste ist, so liegen alle Leistenenden auf dem Kreis. Damit bilden nach dem Satz von Thales jeweils drei Leistenenden ein rechtwinkliges Dreieck. Das durch die Schnur gebildete Viereck hat somit vier rechte Winkel und ist ein Rechteck.

G 17
a) 80   b) 0,3   c) $\frac{12}{7}$ d) 1,6

Seite 78

7
Es ist $x = \sqrt{89^2 - 39^2} = \sqrt{6400} = 80$.
Ergebnis: x = 80 km

8
Es ist $a^2 + c^2 = 100 + 64 = 164$ und $b^2 = 169$.
Ergebnis: Das Dreieck ist nicht rechtwinklig.

9
$d = \sqrt{(32\,cm)^2 + (48\,cm)^2} \approx 57,7\,cm$

Seite 79

15
$h = \sqrt{(310\,cm)^2 - (70\,cm)^2} \approx 302,0\,cm$

16
a) $d = \sqrt{(8-6)^2 + (4-2)^2} \approx 2,83$
b) $d = \sqrt{(5-3)^2 + (9-2)^2} \approx 7,28$

G 18
a) 24   b) 36   c) 1,5   d) 14

Lösungen

Seite 83

7

Für die Seitenlänge s erhält man:
$s = \sqrt{3^2 + 2^2} = \sqrt{13} \approx 3{,}61$

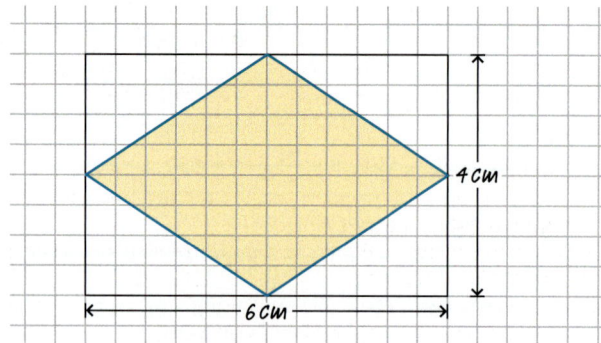

8

a)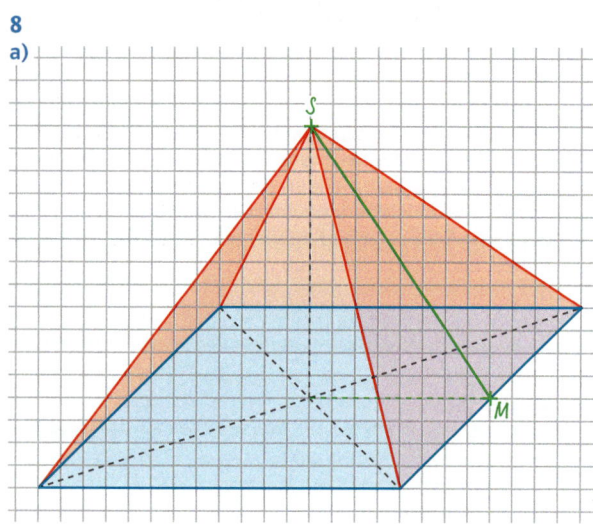

b) $\overline{MS} = \sqrt{(4\,\text{cm})^2 + (6\,\text{cm})^2} \approx 7{,}21\,\text{cm}$

c) $s = \sqrt{(4\,\text{cm})^2 + (7{,}21\,\text{cm})^2} \approx 8{,}25\,\text{cm}$

Seite 84

16

a) Für die Höhe h_s im Seitendreieck erhält man

$h_s = \sqrt{(6\,\text{m})^2 - (3\,\text{m})^2} = \sqrt{27}\,\text{m} \approx 5{,}2\,\text{m}$

Damit erhält man für die Höhe h_B des Balkens:
$h_B = \sqrt{\left(\sqrt{27}\,\text{m}\right)^2 - \left(\frac{9\,\text{m} - 7\,\text{m}}{2}\right)^2} = \sqrt{26}\,\text{m} \approx 5{,}1\,\text{m}$.

Für die Länge der Stahlseile berechnet man zunächst die Strecke l zwischen dem Balkenfuß und der vorderen rechten Ecke:

$l = \sqrt{(3\,\text{m})^2 + (8\,\text{m})^2} = \sqrt{73}\,\text{m} \approx 8{,}5\,\text{m}$.

Damit erhält man die Länge des Stahlseils l_s:
$l_s = \sqrt{\left(\sqrt{73}\,\text{m}\right)^2 + \left(\sqrt{26}\,\text{m}\right)^2} = \sqrt{99}\,\text{m} \approx 9{,}9\,\text{m}$.

b) Für die beiden Dreiecksflächen erhält man:

$F_{\text{Dreieck}} = \frac{6\,\text{m} \cdot \sqrt{27}\,\text{m}}{2} \approx 15{,}6\,\text{m}^2$.

Für die Höhe h_T des Trapezes gilt:
$h_T = \sqrt{\left(\sqrt{26}\,\text{m}\right)^2 + (3\,\text{m})^2} = \sqrt{35}\,\text{m} \approx 5{,}9\,\text{m}$.

Für die Fläche der beiden Trapeze folgt:
$F_{\text{Trapez}} = \frac{9\,\text{m} + 7\,\text{m}}{2} \cdot \sqrt{35}\,\text{m} \approx 47{,}3\,\text{m}^2$.

Damit erhält man für die gesamte Dachfläche:
$F_{\text{ges}} = 2 \cdot F_{\text{Dreieck}} + 2 \cdot F_{\text{Trapez}}$

$= 2 \cdot \frac{6\,\text{m} \cdot \sqrt{27}\,\text{m}}{2} + 2 \cdot \frac{9\,\text{m} + 7\,\text{m}}{2} \cdot \sqrt{35} \approx 125{,}8\,\text{m}^2$.

G 19

a) $-\sqrt{2} \approx -1{,}41$ (A)   b) $\sqrt{2{,}5} \approx 1{,}58$ (B)

c) $\sqrt{50} \approx 7{,}07$ (E)   d) $\sqrt{19} \approx 4{,}36$ (D)

e) $\sqrt{75} \approx 8{,}66$ (F)   f) $\sqrt{\frac{16}{3}} \approx 2{,}31$ (C)

Seite 88

8

Kegel:
$r^2 = (5{,}4\,\text{cm})^2 - (3\,\text{cm})^2 = 20{,}16\,\text{cm}^2 \Rightarrow r = \sqrt{20{,}16}\,\text{cm} \approx 4{,}49\,\text{cm}$

$V = \frac{1}{3}\pi \cdot r^2 \cdot h = \frac{1}{3}\pi \cdot 20{,}16\,\text{cm}^2 \cdot 3\,\text{cm} \approx 63{,}33\,\text{cm}^3$

$O = \pi \cdot r^2 + M = \pi \cdot r^2 + r \cdot s \cdot \pi$
$\approx \pi \cdot 20{,}16\,\text{cm}^2 + \pi \cdot 4{,}49\,\text{cm} \cdot 5{,}4\,\text{cm} \approx 139{,}5\,\text{cm}^2$

Pyramide:
$V = \frac{1}{3} \cdot 6\,\text{cm} \cdot 6\,\text{cm} \cdot 5\,\text{cm} = 60\,\text{cm}^3$

Oberfläche: Mit $h_s = \sqrt{(5\,\text{cm})^2 + (3\,\text{cm})^2} = \sqrt{34}\,\text{cm} \approx 5{,}8\,\text{cm}$

erhält man: $F_{\text{Dreieck}} = \frac{6\,\text{cm} \cdot \sqrt{34}\,\text{cm}}{2} \approx 17{,}5\,\text{cm}^2$

und somit
$F_{\text{ges}} = 4 \cdot F_{\text{Dreieck}} + F_{\text{Quadrat}} = 4 \cdot \frac{6\,\text{cm} \cdot \sqrt{34}\,\text{m}}{2} + (6\,\text{cm})^2 \approx 106{,}0\,\text{cm}^2$

Seite 89

14

a) $V = \pi \cdot (10\,\text{cm})^2 \cdot 20\,\text{cm} + \frac{1}{3} \cdot \pi \cdot (10\,\text{cm})^2 \cdot 20\,\text{cm} \approx 8377{,}6\,\text{cm}^3$,

$O = \pi \cdot (10\,\text{cm})^2 + 2 \cdot \pi \cdot 10\,\text{cm} \cdot 20\,\text{cm}$
$+ \pi \cdot 10\,\text{cm} \cdot \sqrt{(20\,\text{cm})^2 + (10\,\text{cm})^2} \approx 2273{,}3\,\text{cm}^2$.

b) $V = \frac{1}{3} \cdot \pi \cdot (10\,\text{cm})^2 \cdot 40\,\text{cm} + \frac{20\,\text{cm} \cdot 40\,\text{cm}}{2} \cdot (80\,\text{cm} - 20\,\text{cm})$
$\approx 28\,188{,}8\,\text{cm}^3$,

$O = \pi \cdot (10\,\text{cm})^2 + 20\,\text{cm} \cdot (80\,\text{cm} - 20\,\text{cm})$
$+ \sqrt{(40\,\text{cm})^2 + (10\,\text{cm})^2} \cdot (80\,\text{cm} - 20\,\text{cm})$
$+ \pi \cdot 10\,\text{cm} \cdot \sqrt{(40\,\text{cm})^2 + (10\,\text{cm})^2} \approx 5283{,}3\,\text{cm}^2$

c) $V = 20\,\text{cm} \cdot 30\,\text{cm} \cdot 20\,\text{cm} + \frac{1}{3} \cdot 20\,\text{cm} \cdot 30\,\text{cm} \cdot 40\,\text{cm}$
$\approx 20\,000\,\text{cm}^3$,

$O = 20\,\text{cm} \cdot 30\,\text{cm} + 2 \cdot 20\,\text{cm} \cdot 30\,\text{cm} + 2 \cdot 20\,\text{cm} \cdot 20\,\text{cm}$
$+ 2 \cdot \frac{30\,\text{cm} \cdot \sqrt{(10\,\text{cm})^2 + (40\,\text{cm})^2}}{2} + 2 \cdot \frac{20\,\text{cm} \cdot \sqrt{(15\,\text{cm})^2 + (40\,\text{cm})^2}}{2}$
$\approx 4691{,}3\,\text{cm}^2$

G 17

a) $\frac{5}{9}$ und $-\frac{5}{9}$ b) $\frac{2}{5}$ und $-\frac{2}{5}$

c) 0,1 und −0,1   d) 8 und −8

Seite 92

8

a) $V = \frac{4}{3}\pi \cdot 8^3 \approx 2144{,}7$; $V \approx 2144{,}7\,dm^3$

b) $O = 4 \cdot \pi \cdot 16^2 \approx 3217{,}0$; $O \approx 3217{,}0\,m^2$

c) $r = \sqrt[3]{\frac{3}{4} \cdot \frac{5000}{\pi}} \approx 10{,}6$; $r \approx 10{,}6\,dm$

d) $r = \sqrt{\frac{440}{4\pi}} \approx 5{,}9$; $r \approx 5{,}9\,cm$

Seite 93

15

a) $V = \frac{1}{2} \cdot \frac{4}{3}\pi \cdot (3\,m)^3 + \pi \cdot (3\,m)^2 \cdot 5\,m \approx 197{,}9\,m^3$

$O = \frac{1}{2} \cdot 4\pi \cdot (3\,m)^2 + 2\pi \cdot 3\,m \cdot 5\,m + \pi \cdot (3\,m)^2 \approx 179{,}1\,m^2$

b) $V = \frac{1}{2} \cdot \frac{4}{3}\pi \cdot (3\,cm)^3 + \frac{1}{3}\pi \cdot (3\,cm)^2 \cdot 8\,cm \approx 131{,}9\,cm^3$

$O = \frac{1}{2} \cdot 4\pi \cdot (3\,cm)^2 + \pi \cdot 3\,cm \cdot \sqrt{8^2 + 3^2}\,m \approx 137{,}1\,cm^2$

c) $V = \frac{1}{2} \cdot \frac{4}{3}\pi \cdot (0{,}5\,mm)^3 \approx 0{,}26\,mm^3$

$O = \frac{1}{2} \cdot 4\pi \cdot (0{,}5\,mm)^2 + \pi \cdot (0{,}5\,mm)^2 \approx 2{,}36\,mm^2$

d) $V = \frac{1}{2} \cdot \frac{4}{3}\pi \cdot (4{,}5\,dm)^3 + \pi \cdot (1{,}5\,dm)^2 \cdot 3\,dm \approx 212{,}06\,dm^3$

$O = \frac{1}{2} \cdot 4\pi \cdot (4{,}5\,dm)^2 + 2\pi \cdot 1{,}5\,dm \cdot 3\,dm + \pi \cdot (4{,}5\,dm)^2$

$\approx 219{,}13\,dm^2$

G 19

a) Mögliche Lösungen: $-\frac{13}{2}$ oder −10,1

b) Mögliche Lösungen: −8 oder −10,1

c) Mögliche Lösungen: $-\sqrt{6}$ oder $-\sqrt{7}$

d) Mögliche Lösungen: $\frac{9}{2}$ oder 12,7

Seite 94

1

(Lösungsvorschläge ohne Zeichnung)
Vorschlag 1: Man zeichnet die Diagonale $\overline{AC}$ der Länge 6 cm mit dem zugehörigen Thaleskreis. Dann zeichnet man einen Kreis um A mit dem Radius 5 cm und erhält beim Schnittpunkt mit dem Thaleskreis die Ecke B des Rechtecks. Auf die gleiche Art kann man mit einem gleich großen Kreis um den Punkt C den noch fehlenden Eckpunkt D konstruieren.
Vorschlag 2: Man beginnt wie bei Vorschlag 1 und erhält die Eckpunkte A, B und C. Dann spiegelt man den Punkt B am Mittelpunkt der Diagonalen $\overline{AC}$ und erhält den Eckpunkt D.
Vorschlag 3: Man beginnt mit einem Kreis mit dem Radius 3 cm um den (späteren) Mittelpunkt M des Rechtecks. Dann bestimmt man zwei Punkte A und B auf dem Kreis mit dem Abstand 5 cm. Die zu den Punkten gehörenden Durchmesser des Kreises sind die Diagonalen des gesuchten Rechtecks.

2

Aus den Angaben kann man ablesen:
Das Dreieck ABC ist gleichschenklig, der Kreis ist der Thaleskreis zu $\overline{AB}$:
Der Winkelsummensatz im Dreieck ABC liefert
$\alpha + \beta = 180° − 48° = 132°$.

Da die Basiswinkel α und β gleich groß sind, gilt $\alpha = \beta = 66°$.
Der Winkelsummensatz im oberen Teildreieck liefert $\alpha_2 = 42°$.
Damit erhält man $\alpha_1 = \alpha − \alpha_2 = 66° − 42° = 24°$.

3

Mögliche Lösung:
Das Dreieck AMC ist gleichschenklig. Nach dem Basiswinkelsatz muss demnach $\gamma = \alpha$ sein.
In dem Dreieck ACB gilt mit dem Innenwinkelsummensatz für Dreiecke demnach:

$\alpha + \alpha + \gamma + 90° = 180°$ | − 90°
$2\alpha + \gamma = 180° − 90°$ | $\gamma = \alpha$
$3\alpha = 90°$ | : 3
$\alpha = 30°$

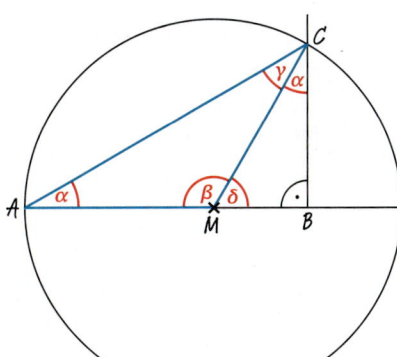

4

$\beta = 62°$ (Gleichschenkliges Dreieck CMB)
$\gamma = 180° − 2 \cdot 62° = 56°$ (Winkelsumme im Dreieck CMB)
$\alpha = 180° − 90° − 62° = 28°$ (Winkelsumme im Dreieck ABC)
$\delta = 180° − 56° = 124°$ (Nebenwinkel)

5

a) blau: $\sqrt{1{,}75^2 + 2{,}1^2}\,cm \approx 2{,}73\,cm$

gelb: $\sqrt{1{,}75 + 2{,}6}\,cm \approx 3{,}1\,cm$

lila: $\sqrt{0{,}9 + 2{,}65}\,cm \approx 2{,}8\,cm$

orange: $\sqrt{0{,}7 + 3{,}3}\,cm \approx 3{,}4\,cm$

grün: $\sqrt{1{,}4 + 1{,}45}\,cm \approx 2{,}0\,cm$

b) individuelle Lösung

Lösungen

6

a) $a^2 = (5\,dm)^2 + (2,5\,dm)^2 = 31,25\,dm^2$
   $a \approx 5,6\,dm$

b) $h^2 = 6^2\,cm^2 - 5^2\,cm^2 = 11\,cm^2$
   $h \approx 3,3\,cm$

c) $c = \sqrt{(5\,cm)^2 + (1\,cm)^2} = \sqrt{26\,cm^2} \approx 5,1\,cm$

d) $f = \sqrt{(3\,cm)^2 - (2\,cm)^2} + \sqrt{(6\,cm)^2 - (2\,cm)^2}$
   $= \sqrt{5}\,cm + \sqrt{32}\,cm \approx 7,9\,cm$

7

a) $U = 2 \cdot \pi \cdot 120\,cm \approx 754,0\,cm$, $O = 4\pi \cdot (1,2\,m)^2 \approx 18,1\,m^2$,
   $V = \frac{4}{3}\pi \cdot (1,2\,m)^3 \approx 7,2\,m^3$.

b) Der Umfang würde sich verdoppeln, die Oberfläche vervierfachen und das Volumen verachtfachen.

Seite 95

8

Diagonale des Mauselochs mit Pythagoras:
$d = \sqrt{16,6^2 + 20,1^2} \approx 26,07$
Da die Diagonale des Mauselochs mit 26,07 mm größer ist als der Durchmesser des Geldstücks, kann sie es hindurchtransportieren.

9

Skizze:

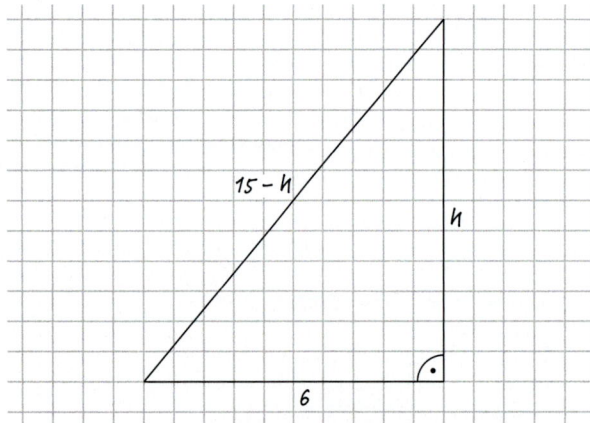

Pythagoras: $(15 - h)^2 = h^2 + 6^2$ | T
$\Leftrightarrow 225 - 30h + h^2 = h^2 + 36$ | $-h^2$
$\Leftrightarrow 225 - 30h = 36$ | -225
$\Leftrightarrow -30h = -189$ | $:(-30)$
$\Leftrightarrow h = 6,3$

Der Baum ist in einer Höhe von 6,3 m umgeknickt.

10

Skizze:

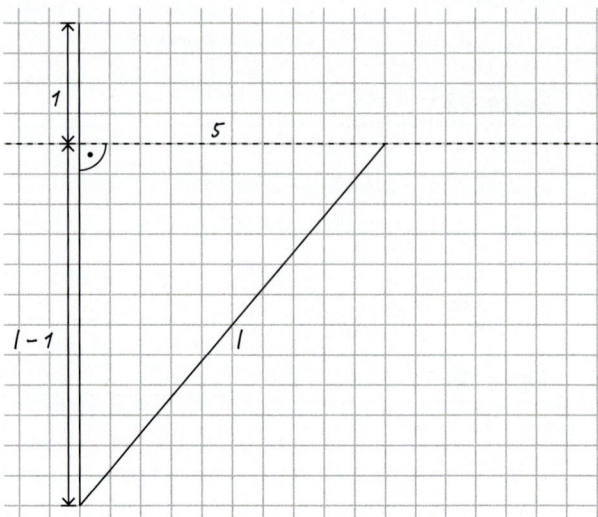

Pythagoras: $l^2 = (l - 1)^2 + 5^2$
$\Leftrightarrow l^2 = l^2 - 2l + 1 + 25$ | $-l^2$
$\Leftrightarrow 0 = -2l + 26$ | $+2l$
$\Leftrightarrow 2l = 26$ | $:2$
$\Leftrightarrow l = 13$

Das Schilfrohr ist 13 Fuß (3,96 m) lang.

11

a) Für die Diagonale d der quadratischen Grundfläche gilt:
   $d^2 = (35\,m)^2 + (35\,m)^2 = 2450\,m^2$
   $d \approx 49,497\,m$
   Für die Länge der Kante k gilt dann:
   $k^2 = \left(\frac{d}{2}\right)^2 + (21,65\,m)^2 = \left(\frac{\sqrt{2450}}{2}\,m\right)^2 + (21,65\,m)^2$
   $= 1081,2225\,m^2$
   $k \approx 32,88\,m$

b) Berechnung der Höhe h in einer der dreieckigen Glasfläche:
   $h^2 = k^2 - \left(\frac{35\,m}{2}\right)^2 = 774,9725\,m^2$
   $h \approx 27,84\,m$
   $A_{Dreieck} = \frac{1}{2} \cdot 35\,m \cdot h \approx 487,17\,m^2$
   $A_{Glasfläche} = 4 \cdot A_{Dreieck} \approx 1948,68\,m^2$

12

a) $V = \frac{17}{8}\,m^3 = 2,125\,m^3$; $O = \left(11,5 + \frac{\sqrt{34}}{4}\right)m^2 \approx 12,96\,m^2$

b) $V = \frac{1}{2} \cdot (1,5a \cdot a) \cdot 2,5a + \frac{1}{3} \cdot \frac{1}{2} \cdot (1,5a \cdot a) \cdot a = \frac{17}{8}a^3$
   $O = 1,5a \cdot 2,5a + \sqrt{(0,75a)^2 + a^2} \cdot 2,5a \cdot 2$
   $+ 2 \cdot \left(\frac{1,5a \cdot a}{2}\right) + 2 \cdot \frac{1}{2} \cdot a\sqrt{2} \cdot \frac{a}{4}\sqrt{17}$
   $= \left(11,5 + \frac{\sqrt{34}}{4}\right)a^2 \approx 12,96\,m^2$

c) $a = \sqrt[3]{\frac{64}{17}} \approx 1,56\,m$

13
Volumen der gesamten Pyramide:

$V = \frac{1}{3} \cdot (12\,\text{cm})^2 \cdot 12\,\text{cm} = 576\,\text{cm}^3$

Das Wasser bildet eine Pyramide der Höhe h = 8 cm und mit der Grundfläche 8 cm · 8 cm = 64 cm². Dies kann mit Hilfe von Ähnlichkeit gezeigt werden.
Somit gilt:

$V_{\text{Wasser}} = \frac{1}{3} \cdot (8\,\text{cm})^2 \cdot 8\,\text{cm}$

$\quad = 170{,}\overline{6}\,\text{cm}^3$

$V_{\text{Luft}} \approx 576\,\text{cm}^3 - 170{,}6\,\text{cm}^3$

$\quad = 405{,}3\,\text{cm}^3$

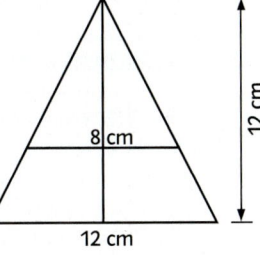

Nach dem Umdrehen bildet die Luft eine Pyramide mit Höhe a und der quadratischen Grundfläche mit Seitenlänge a, also

$405{,}3\,\text{cm}^3 = \frac{1}{3} a^3$

$\sqrt[3]{1216\,\text{cm}^3} = a$

$a \approx 10{,}67\,\text{cm}$

Das Wasser steht folglich ca. 1,33 cm (12 cm − 10,67 cm) hoch, nachdem die Pyramide umgedreht wurde.

14

$V = \frac{4}{3}\pi \cdot r^3,\ O = 4\pi r^2,\ U = 2\pi r \Leftrightarrow r = \frac{U}{2\pi}$

Für U = 68 cm: $r = \frac{68}{2\pi} \approx 10{,}82$

$V = \frac{4}{3}\pi \cdot 10{,}82^3 \approx 5306{,}04 \qquad O = 4\pi \cdot 10{,}82^2 = 1471{,}18$

Für U = 70 cm: $r = \frac{70}{2\pi} \approx 11{,}14$

$V = \frac{4}{3}\pi \cdot 11{,}14^3 \approx 5790{,}87 \qquad O = 4\pi \cdot 11{,}14^2 = 1559{,}48$

Das Volumen darf zwischen 5306,04 cm³ und 5790,87 cm³ schwanken. Der Oberflächeninhalt darf zwischen 1471,18 cm² und 1559,48 cm² schwanken.

Seite 96

15
individuelle Lösung

16
a) $l_a = \sqrt{(3 \cdot 6{,}6\,\text{cm})^2 + (2\pi \cdot 3{,}3\,\text{cm})^2} \approx 28{,}67\,\text{cm}$

b) Bei zwei Wicklungen

$l_{b2} = 2 \cdot \sqrt{(1{,}5 \cdot 6{,}6\,\text{cm})^2 + (2\pi \cdot 3{,}3\,\text{cm})^2} \approx 45{,}95\,\text{cm}$

Bei drei Wicklungen

$l_{b3} = 3 \cdot \sqrt{(6{,}6\,\text{cm})^2 + (2\pi \cdot 3{,}3\,\text{cm})^2} \approx 65{,}28\,\text{cm}$

Bei n Wicklungen $l_{bn} = n \cdot \sqrt{\left(\frac{19{,}8}{n}\right)^2 + (6{,}6 \cdot \pi)^2}\,\text{cm}$

c) $l_{cn} = \sqrt{(n \cdot 6{,}6)^2 + (6{,}6 \cdot \pi)^2}\,\text{cm} = 6{,}6 \cdot \sqrt{n^2 + \pi^2}\,\text{cm}$

d) $\frac{V_{\text{Dose}} - V_{\text{Bälle}}}{V_{\text{Dose}}} = \frac{\pi \cdot (3{,}3\,\text{cm})^2 \cdot 19{,}8\,\text{cm} - 3 \cdot \frac{4}{3} \cdot \pi \cdot (3{,}3\,\text{cm})^3}{\pi \cdot (3{,}3\,\text{cm})^2 \cdot 19{,}8\,\text{cm}} = \frac{1}{3} \approx 33{,}33\,\%$

17

a) Man zeichnet unten ein Quadrat (als Stamm des Baumes). Über dieses Quadrat wird ein rechtwinkliges Dreieck gezeichnet, so dass die Seite des Quadrats die Hypotenuse dieses Dreiecks ist. An die Katheten des Dreiecks zeichnet man dann Quadrate und führt das Verfahren fort. Die Dreiecke und Quadrate werden nach oben immer kleiner.

b)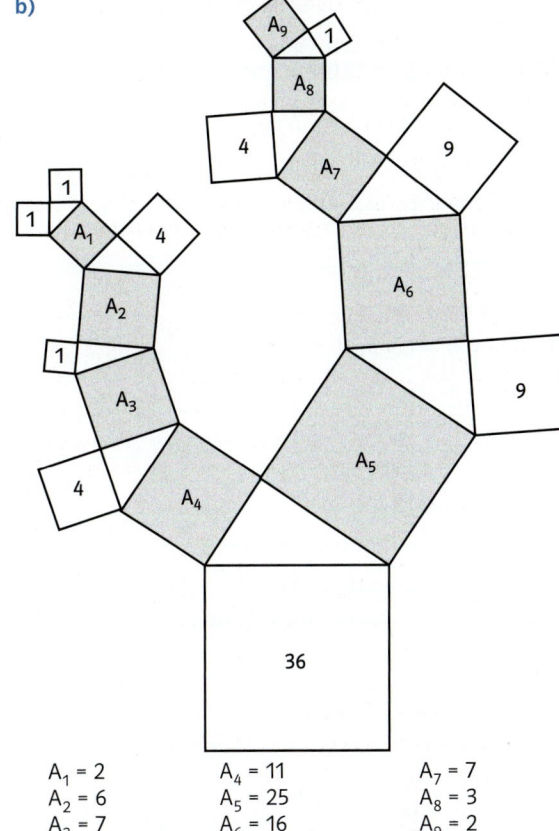

$A_1 = 2 \qquad A_4 = 11 \qquad A_7 = 7$
$A_2 = 6 \qquad A_5 = 25 \qquad A_8 = 3$
$A_3 = 7 \qquad A_6 = 16 \qquad A_9 = 2$

c) Der rote Kreis ist ein Thales-Kreis, deshalb ist das blaue Dreieck rechtwinklig (Satz des Thales), unabhängig davon, wo genau der Eckpunkt auf dem Thales-Kreis gewählt wird. Die Katheten des Dreiecks bilden dann die Seiten von zwei neuen Quadraten, auf die erneut Thales-Kreise gezeichnet werden usw.

d) individuelle Lösung

Seite 97

18

a) Da die beiden Dreiecke kongruent und rechtwinklig sind, beträgt die Summe der beiden kleineren Winkel 90°. Damit beträgt der Ergänzungswinkel im blau dargestellten Dreieck bei R auch 90°. Weiter entsprechen die beiden Katheten des blauen Dreiecks der Hypotenuse der gelben Dreiecke und sind somit gleich lang. Das blaue Dreieck ist rechtwinklig und gleichschenklig.

Lösungen

b) Wegen der rechten Winkel bei S und T sind die Strecken $\overline{SP}$ und $\overline{TQ}$ parallel und das Viereck PSTQ ein Trapez. Für den Flächeninhalt erhält man $A_T = \frac{a+b}{2} \cdot (a+b) = \frac{(a+b)^2}{2}$
Der Flächeninhalt des gelben Dreiecks beträgt $A_{gD} = \frac{a \cdot b}{2}$, der des blauen Dreiecks $A_{bD} = \frac{c^2}{2}$.

c) Mit $A_T = 2 \cdot A_{gD} + A_{bD}$ erhält man

$$\frac{(a+b)^2}{2} = 2 \cdot \frac{a \cdot b}{2} + \frac{c^2}{2} \quad | \cdot 2$$
$$(a+b)^2 = 2ab + c^2$$
$$a^2 + 2ab + b^2 = 2ab + c^2 \quad | - 2ab$$
$$a^2 + b^2 = c^2$$

19

a) Seitenlänge der Grundfläche $a = \sqrt{144\,cm^2} = 12\,cm$
Diagonale der Grundfläche:
$d^2 = a^2 + a^2$
$d = \sqrt{2a^2} \approx 16{,}97\,cm$

Höhe der Pyramide:
$h^2 + \left(\frac{d}{2}\right)^2 = (19\,cm)^2$
$h^2 = (19\,cm)^2 - \left(\frac{d}{2}\right)^2$
$h^2 = 289\,cm^2$
$h = \sqrt{289}\,cm = 17\,cm$

Volumen der Pyramide:
$V = \frac{1}{3} \cdot 144\,cm^2 \cdot 17\,cm = 816\,cm^3$

b) Höhe einer dreieckigen Fläche:
$h_1^2 = h^2 + \left(\frac{a}{2}\right)^2 = (17\,cm)^2 + (6\,cm)^2$
$h_1 = \sqrt{325\,cm^2} \approx 18{,}03\,cm$

$O = 4 \cdot A_{Dreieck} + A_{Boden}$
$\approx 4 \cdot \frac{1}{2} \cdot 12\,cm \cdot 18{,}03\,cm + 12\,cm \cdot 12\,cm$
$= 576{,}72\,cm^2$

c) $V_{Bonbon} = \frac{4}{3} \cdot \pi \cdot (0{,}5\,cm)^3 \approx 0{,}5236\,cm^3$
$300 \cdot V_{Bonbon} \approx 157{,}08\,cm^3$

$\frac{157{,}08\,cm^3}{816\,cm^3} \approx 19{,}25\,\%$
$100\,\% - 19{,}25\,\% = 80{,}75\,\%$
Es bleiben etwa 80,75 % der Packung leer.

d) $V_{Tetraeder} = \frac{a^3}{12}\sqrt{2} = \frac{(7\,cm)^3}{12} \cdot \sqrt{2} \approx 40{,}42\,cm^3$
$20 \cdot V_{Bonbon} \approx 10{,}47\,cm^3$

$\frac{10{,}47\,cm^3}{40{,}42\,cm^3} \approx 25{,}9\,\%$
$100\,\% - 25{,}9\,\% = 74{,}1\,\%$
Es sind etwa 74,1 % mit Luft gefüllt.

e) Für das Volumen der Maxi-Packung gilt
$V = \frac{(14\,cm)^3}{12} \cdot \sqrt{2} \approx 323{,}38\,cm^3$

Das Volumen der Maxi-Packung ist achtmal so groß wie das der Mini-Packung, also müssen achtmal so viele Bonbons in der Packung sein, damit der Anteil an Luft in der Packung gleich bleibt.

Probe: $160 \cdot \frac{V_{Bonbon}}{323{,}38\,cm^3} = \frac{83{,}776\,cm^3}{323{,}38\,cm^3} \approx 25{,}9$

20

a) $m = 0{,}05\frac{g}{cm^3} \cdot 14 \cdot \frac{4}{3}\pi \cdot (5\,cm)^3 \approx 366{,}52\,g$

b) $h = \sqrt{(20\,cm)^2 - \frac{(20\,cm)^2}{2}} + 2 \cdot 5\,cm \approx 24{,}14\,cm$

21

$V = V_{Pyramidenstumpf} + V_{Pyramide}$
$V = \frac{1}{3} \cdot (12\,m - 9\,m) \cdot ((5\,m)^2 + 5\,m \cdot 3\,m + (3\,m)^2)$
$\quad + \frac{1}{3} \cdot 9\,m \cdot 3\,m \cdot 3\,m$
$V = \frac{1}{3} \cdot 3\,m \cdot 49\,m^2 + 27\,m^3$
$= 49\,m^3 + 27\,m^3 = 76\,m^3$

Seite 101

Runde 1

1

a)

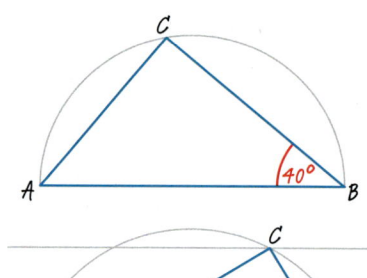

b)

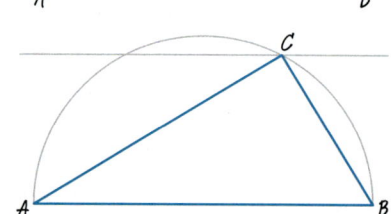

2

a) $h^2 = (8{,}5\,cm)^2 - (6{,}8\,cm)^2 = 26{,}01\,cm^2$
$h = \sqrt{26{,}01}\,cm = 5{,}1\,cm$
$x^2 = (5{,}1\,cm)^2 + (3{,}2\,cm)^2 = 36{,}25\,cm^2$
$x = \sqrt{36{,}25}\,cm \approx 6{,}02\,cm$

b) $h^2 = (7{,}2\,cm)^2 - (4{,}1\,cm)^2 = 35{,}03\,cm^2$
$h = \sqrt{35{,}03}\,cm \approx 5{,}92\,cm$
$x^2 = h^2 + (4{,}1\,cm + 3{,}6\,cm)^2 = 94{,}32\,cm^2$
$x = \sqrt{94{,}32}\,cm \approx 9{,}71\,cm$

3
a)

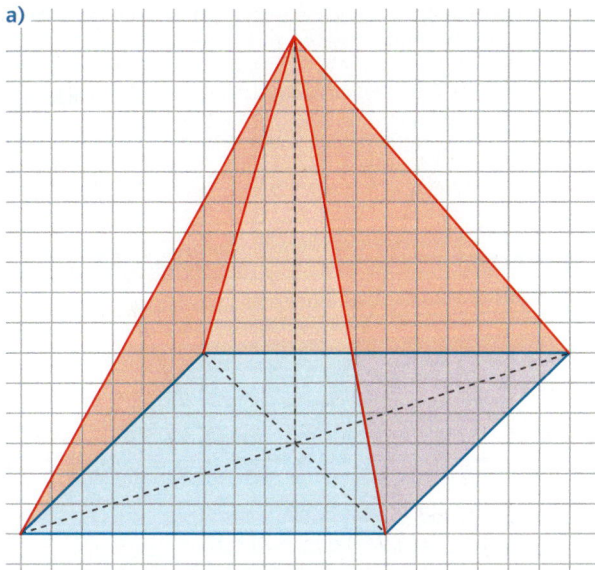

b) $V = \frac{1}{3} \cdot 36{,}6\,\text{m}^2 \cdot 6{,}8\,\text{m} = 82{,}96\,\text{m}^3$

4

$O = \frac{1}{2} \cdot 4 \cdot \pi \cdot (25\,\text{cm})^2 + \frac{1}{2} \cdot 4 \cdot \pi \cdot (15\,\text{cm})^2$
$\quad + \pi \cdot [(25\,\text{cm})^2 - (15\,\text{cm})^2] \approx 6597\,\text{cm}^2$

$V = \frac{1}{2} \cdot \frac{4}{3} \cdot \pi \cdot (25\,\text{cm})^3 - \frac{1}{2} \cdot \frac{4}{3} \cdot \pi \cdot (15\,\text{cm})^3 \approx 25\,656\,\text{cm}^3$.

Runde 2

1
a) Da das rote Dreieck gleichseitig ist, betragen die drei Innenwinkel jeweils 60°. Mithilfe des Innenwinkelsatzes und des Satzes von Thales erhält man
$\alpha = 180° - 90° - 60° = 30°$.
Den Winkel β erhält man als Ergänzungswinkel:
$\beta = 60° - 30° = 30°$

b) $A = \frac{1}{2} \cdot 5\,\text{cm} \cdot \sqrt{(5\,\text{cm})^2 - (2{,}5\,\text{cm})^2}$
$\quad = 10{,}83\,\text{cm}^2$

2
Für die maximale Länge des Stabes gilt:
$l = \sqrt{(2\,\text{m})^2 + (3{,}5\,\text{m})^2 + (0{,}5\,\text{m})^2} \approx 4{,}06\,\text{m}$.
Ein Stab mit der Länge 4,1 m lässt sich somit nicht in dem Schrank verstauen.

3
a) Mithilfe des Strahlensatzes erhält man für den Radius des Flüssigkeitskegel:
$r = \frac{4 \cdot 4}{5}\,\text{cm} = 3{,}2\,\text{cm}$.

Damit erhält man für das Flüssigkeitsvolumen:
$V_a = \frac{1}{3} \cdot \pi \cdot (3{,}2\,\text{cm})^2 \cdot 4\,\text{cm} \approx 42{,}9\,\text{cm}^3$.

b) Mit $V_b = \frac{V_{ges}}{2} = \frac{1}{2} \cdot \frac{1}{3} \cdot \pi \cdot (4\,\text{cm})^2 \cdot 5\,\text{cm}$ erhält man
$\frac{1}{3} \cdot \pi \cdot r_b^2 \cdot h_b = \frac{1}{2} \cdot \frac{1}{3} \cdot \pi \cdot (4\,\text{cm})^2 \cdot 5\,\text{cm}$.
Weiter gilt mit dem Strahlensatz $r_b = \frac{4}{5} \cdot h_b$ und so
$\frac{1}{3} \cdot \pi \cdot (\frac{4}{5} \cdot h_b)^2 \cdot h_b = \frac{1}{2} \cdot \frac{1}{3} \cdot \pi \cdot (4\,\text{cm})^2 \cdot 5\,\text{cm}$.
Für die gesuchte Höhe erhält man
$h_b = 5 \cdot \sqrt[3]{\frac{1}{2}} = \sqrt[3]{62{,}5} \approx 3{,}97\,\text{cm}$.

4

a) $m = \frac{4}{3}\pi \cdot (2\,\text{cm})^3 \cdot 1{,}38\,\frac{g}{cm^3} \approx 46{,}24\,g$

b) Mit $46{,}24\,g - 2{,}7\,g = \frac{4}{3}\pi \cdot r^3 \cdot 1{,}38\,\frac{g}{cm^3}$ erhält man
$r \approx 1{,}96\,\text{cm}$ für die Hohlraumkugel.
Die Wandstärke beträgt damit etwa 0,4 mm.

IV Quadratische Gleichungen

Seite 109

6
a) $x^2 = 5x - 4$, also $f(x) = x^2$ und $g(x) = 5x - 4$
Mit der Schablone lässt sich nur der untere Teil zeichnen, hier wurde eine andere Skalierung gewählt, um beide Schnittpunkte zu sehen.

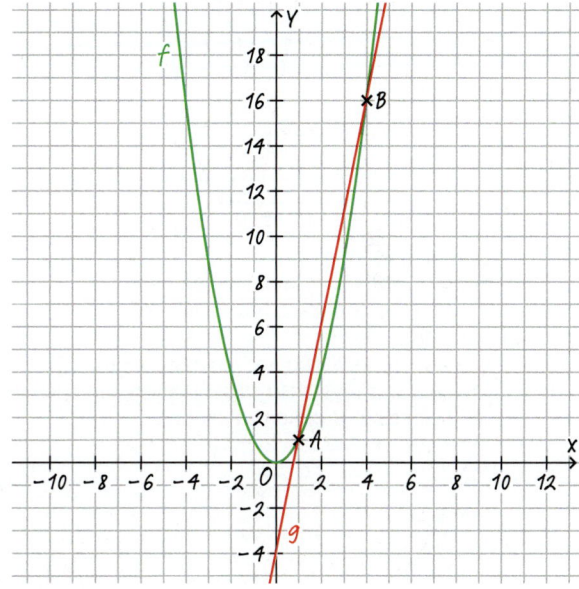

$x_1 = 1$ und $x_2 = 4$
Probe:
$1^2 - 5 \cdot 1 + 4 = 1 - 5 + 4 = 0$
$4^2 - 5 \cdot 4 + 4 = 16 - 20 + 4 = 0$

Lösungen

b) $x^2 = -4x - 4$, also $f(x) = x^2$ und $g(x) = -4x - 4$

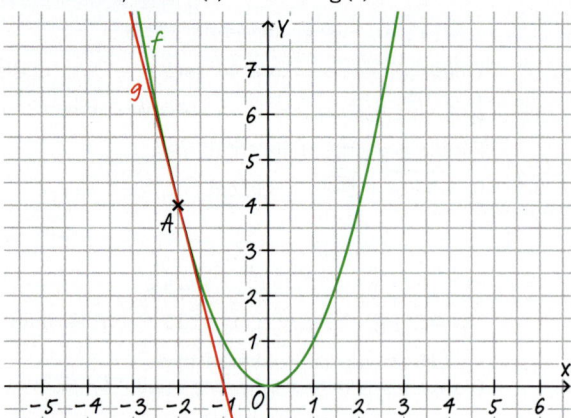

$x = -2$
Probe: $(-2)^2 + 4 \cdot (-2) + 4 = 4 - 8 + 4 = 0$

c) $x^2 = -6x - 8$, also $f(x) = x^2$ und $g(x) = -6x - 8$
Wie in Teilaufgabe a) wurden die Achsen anders skaliert und nicht die Schablone benutzt.

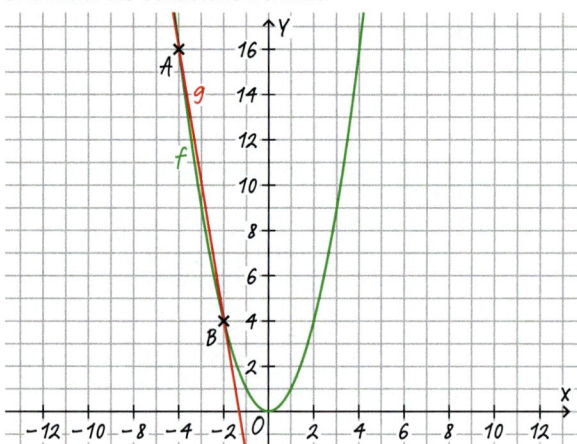

$x_1 = -4$ und $x_2 = -2$
Probe: $(-4)^2 + 6 \cdot (-4) = 16 - 24 = -8$
$(-2)^2 + 6 \cdot (-2) = 4 - 12 = -8$

d) $3x^2 = 18x - 15$ $\quad |:3$
$x^2 = 6x - 5$, also $f(x) = x^2$ und $g(x) = 6x - 5$
Hier wurde die y-Achse enger skaliert, um auch den zweiten Schnittpunkt sehen zu können.

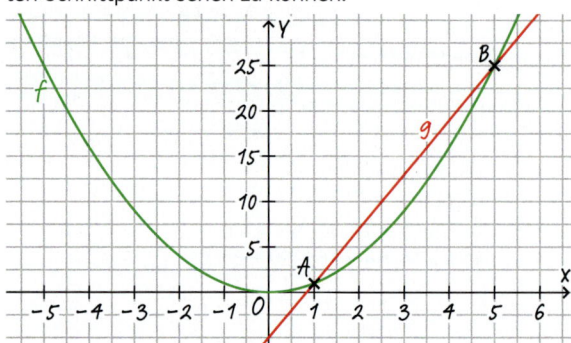

$x_1 = 1$ und $x_2 = 5$
Probe: $3 \cdot 1^2 - 18 \cdot 1 + 15 = 3 - 18 + 15 = 0$
$3 \cdot 5^2 - 18 \cdot 5 + 15 = 75 - 90 + 15 = 0$

e) $x^2 = 7x - 12$, also $f(x) = x^2$ und $g(x) = 7x - 12$
Hier wurde die y-Achse enger skaliert, um auch den zweiten Schnittpunkt sehen zu können.

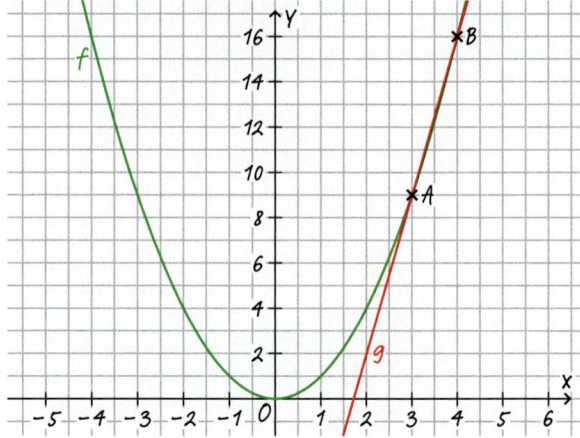

$x_1 = 3$ und $x_2 = 4$
Probe: $-3^2 + 7 \cdot 3 = -9 + 21 = 12$
$-4^2 + 7 \cdot 4 = -16 + 28 = 12$

f) $2,5x^2 = -2,5x + 5$ $\quad |:2,5$
$x^2 = -x + 2$, also $f(x) = x^2$ und $g(x) = -x + 2$

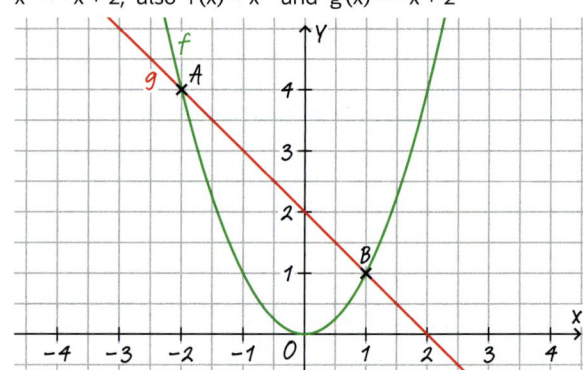

$x_1 = -2$ und $x_2 = 1$
Probe: $-2,5 \cdot (-2)^2 - 2,5 \cdot (-2) = -10 + 5 = -5$
$-2,5 \cdot 1^2 - 2,5 \cdot 1 = -2,5 - 2,5 = -5$

7

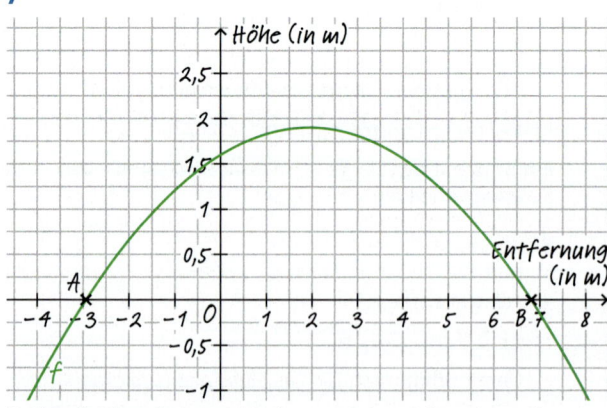

Nullstelle liegt bei $x \approx 6,8$ ($x \approx -2,9$ ist nicht relevant).
Die Kugel fliegt ca. 6,8 m weit.

Seite 110

14

a) $f(x) = a(x-d)^2 + e$. Mit dem Scheitelpunkt $S(2|280)$
   erhält man: $f(x) = a(x-2)^2 + 280$.
   Einsetzen von $P(0|0,5)$:
   $0,5 = a \cdot (0-2)^2 + 280$
   $0,5 = 4 \cdot a + 280 \quad | -280$
   $-279,5 = 4 \cdot a$
   $-69,875 = a$
   $\Rightarrow f(x) = -69,875 \cdot (x-2)^2 + 280$

b)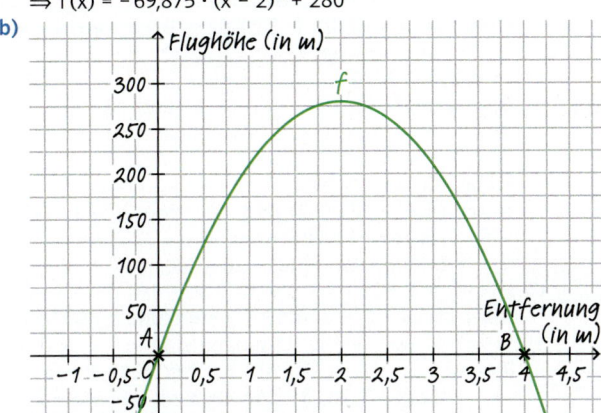

$x_1 \approx -0,002$ und $x_2 \approx 4,002$
Der Feuerwerkskörper landet in einer horizontalen Entfernung zum Startpunkt von ca. 4 m.

G 16

a) $W = \frac{3}{100} \cdot 200\,€ = 6\,€$

b) $W = \frac{5}{100} \cdot 360\,€ = 18\,€$

c) $W = \frac{120}{100} \cdot 50\,€ = 60\,€$

Seite 113

7

a) Wurzelziehen: $x^2 = 9$, also $x_1 = 3$ und $x_2 = -3$
   Probe: $3^2 - 9 = 0$ und $(-3)^2 - 9 = 0$
b) Ausklammern: $x \cdot (x-66) = 0$, also $x_1 = 0$ und $x_2 = 66$
   Probe: $0^2 - 66 \cdot 0 = 0$ und $66^2 - 66 \cdot 66 = 0$
c) Ausklammern: $2x \cdot (x+16) = 0$, also $x_1 = 0$ und $x_2 = -16$
   Probe: $2 \cdot 0^2 + 32 \cdot 0 = 0$ und
   $2 \cdot (-16)^2 + 32 \cdot (-16) = 512 - 512 = 0$
d) Wurzelziehen: $x^2 = 121$, also $x_1 = 11$ und $x_2 = -11$
   Probe: $4 \cdot (11)^2 = 484$ und $4 \cdot (-11)^2 = 484$
e) Ausklammern: $4x \cdot (x+1) = 0$, also $x_1 = 0$ und $x_2 = -1$
   Probe: $4 \cdot 0^2 + 4 \cdot 0 = 0$ und $4 \cdot (-1)^2 + 4 \cdot (-1) = 0$
f) Wurzelziehen: $x^2 = 100$, also $x_1 = 10$ und $x_2 = -10$
   Probe: $3 \cdot 10^2 - 300 = 0$ und $3 \cdot (-10)^2 - 300 = 0$

8

Bestimmung der Nullstellen durch Ausklammern:
$-0,08 \cdot x^2 + 0,4 \cdot x = 0$
$-0,08 \cdot x \cdot (x-5) = 0$, also $x_1 = 0$ und $x_2 = 5$
Wenn der Floh bei $x = 0$ abspringt, landet er bei $x = 5$.
Er springt nach diesem Modell 5 cm weit.

Seite 114

15

a) $2x^2 + 10x = 0$
   $2x \cdot (x+5) = 0$, also $x_1 = 0$ und $x_2 = -5$
   Scheitelpunkt: x-Wert bei $x = -2,5$
   $f(-2,5) = -12,5$
   $\Rightarrow S(-2,5|-12,5)$

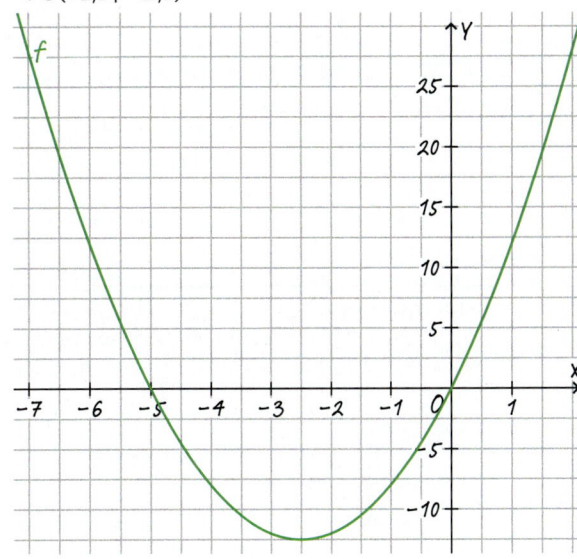

b) $-3x^2 - 1,5 \cdot x = 0$
   $-3x \cdot (x+0,5) = 0$, also $x_1 = 0$ und $x_2 = -0,5$
   Scheitelpunkt: x-Wert bei $x = -0,25$
   $f(-0,25) = 0,1875$
   $\Rightarrow S(-0,25|0,1875)$

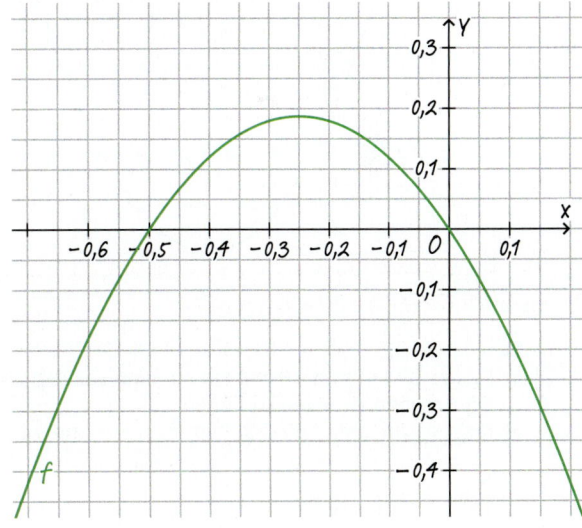

c) $\frac{1}{4}x^2 - \frac{5}{4}x = 0$
$\frac{1}{4}x \cdot (x - 5) = 0$, also $x_1 = 0$ und $x_2 = 5$
Scheitelpunkt: x-Wert bei $x = 2{,}5$
$f(2{,}5) = -1{,}5625$
$\Rightarrow S(2{,}5 \mid -1{,}5625)$

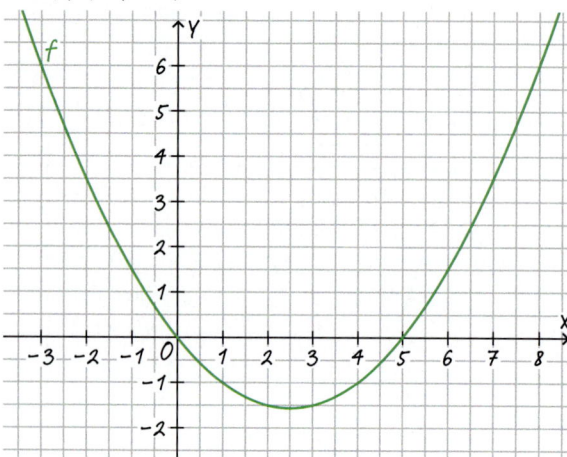

d) $0{,}1 \cdot x^2 - x = 0$
$0{,}1x \cdot (x - 10) = 0$, also $x_1 = 0$ und $x_2 = 10$
Scheitelpunkt: x-Wert bei $x = 5$
$f(5) = -2{,}5$
$\Rightarrow S(5 \mid -2{,}5)$

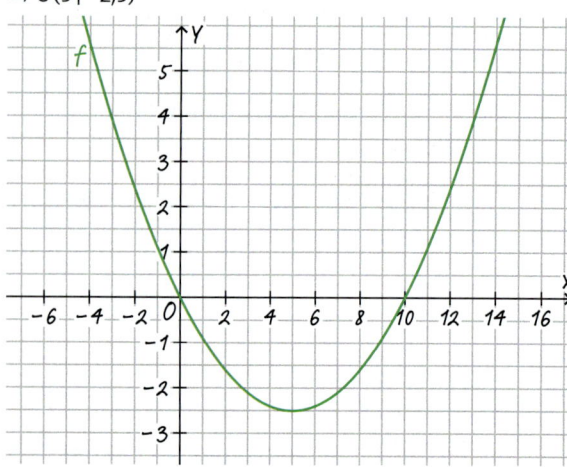

16
a) Falsch. Denn für $e = 0$ hat sie nur eine Lösung, und für $e < 0$ haben sie keine Lösungen.
b) Richtig. Die Lösungen sind immer $x_1 = 0$ und $x_2 = b$.

G 19
a) $100\% - 20\% = 80\%$
$80\% \triangleq 60\,€$ $80\% \triangleq 24\,€$
$10\% \triangleq 7{,}50\,€$ $10\% \triangleq 3\,€$
$100\% \triangleq 75\,€$ $100\% \triangleq 30\,€$
Die Jeans kostete ursprünglich 75 € und das T-Shirt 30 €.
b) Herr Knubert berechnet fälschlicherweise $2 \cdot 20\% = 40\%$ Erspartes. Tatsächlich spart er aber insgesamt nur 20 % von 105 € (= 21 €).

Seite 116

4
a) $x^2 + 5x - 6 = 0$
Teiler von -6: -1; $6 \Rightarrow -1 + 6 = 5$ und $(-1) \cdot 6 = -6$
$\Rightarrow (x - 1) \cdot (x + 6) = 0$, Lösungen sind $x_1 = 1$ und $x_2 = -6$
Probe: für $x = 1$ ist $(1)^2 + 5 \cdot 1 - 6 = 1 + 5 - 6 = 0$ und
für $x = -6$ ist $(-6)^2 + 5 \cdot (-6) - 6 = 36 - 30 - 6 = 0$

b) $x^2 + 6x + 8 = 0$
Teiler von 8: 4; $2 \Rightarrow 4 + 2 = 6$ und $4 \cdot 2 = 8$
$\Rightarrow (x + 2) \cdot (x + 4) = 0$, Lösungen sind $x_1 = -2$ und $x_2 = -4$
Probe: für $x = -2$ ist $(-2)^2 + 6 \cdot (-2) + 8 = 4 - 12 + 8 = 0$ und
für $x = -4$ ist $(-4)^2 + 6 \cdot (-4) + 8 = 16 - 24 + 8 = 0$

c) $x^2 + 12x + 20 = 0$
Teiler von 20: 10; $2 \Rightarrow 10 + 2 = 12$ und $10 \cdot 2 = 20$
$\Rightarrow (x + 2) \cdot (x + 10) = 0$, Lösungen sind $x_1 = -2$ und $x_2 = -10$
Probe: für $x = -2$ ist
$(-2)^2 + 12 \cdot (-2) + 20 = 4 - 24 + 20 = 0$ und
für $x = -10$ ist
$(-10)^2 + 12 \cdot (-10) + 20 = 100 - 120 + 20 = 0$

d) $x^2 - 4x + 3 = 0$
Teiler von 3: -1; $-3 \Rightarrow -1 - 3 = -4$ und $(-1) \cdot (-3) = 4$
$\Rightarrow (x - 1) \cdot (x - 3) = 0$, Lösungen sind $x_1 = 1$ und $x_2 = 3$
Probe: für $x = 1$ ist $1^2 - 4 \cdot 1 + 3 = 1 - 4 + 3 = 0$ und
für $x = 3$ ist $3^2 - 4 \cdot 3 + 3 = 9 - 12 + 3 = 0$

e) $x^2 - 3x + 2 = 0$
Teiler von 2: -1; $-2 \Rightarrow -1 - 2 = -3$ und $(-1) \cdot (-2) = 2$
$\Rightarrow (x - 1) \cdot (x - 2) = 0$, Lösungen sind $x_1 = 1$ und $x_2 = 2$
Probe: für $x = 1$ ist $1^2 - 3 \cdot 1 + 2 = 1 - 3 + 2 = 0$ und
für $x = 2$ ist $2^2 - 3 \cdot 2 + 2 = 4 - 6 + 2 = 0$

f) $x^2 + x - 20 = 0$
Teiler von -20: -4; $5 \Rightarrow -4 + 5 = 1$ und $(-4) \cdot 5 = -20$
$\Rightarrow (x - 4) \cdot (x + 5) = 0$, Lösungen sind $x_1 = 4$ und $x_2 = -5$
Probe: für $x = 4$ ist $4^2 + 4 - 20 = 16 + 4 - 20 = 0$ und
für $x = -5$ ist $(-5)^2 - 5 - 20 = 25 - 5 - 20 = 0$

Seite 117

9
a) $2x^2 - 18x + 28 = 0$ $| : 2$
$x^2 - 9x + 14 = 0$
Teiler von 14: -2; $-7 \Rightarrow -2 - 7 = -9$ und $(-2) \cdot (-7) = 14$
$\Rightarrow 2 \cdot (x - 2) \cdot (x - 7) = 0$, Lösungen sind $x_1 = 2$ und $x_2 = 7$
Probe: für $x = 2$ ist $2 \cdot 2^2 - 18 \cdot 2 + 28 = 8 - 36 + 28 = 0$
für $x = 7$ ist $2 \cdot 7^2 - 18 \cdot 7 + 28 = 98 - 126 + 28 = 0$

b) $1{,}5x^2 + 7{,}5x - 9 = 0$ $| : 1{,}5$
$x^2 + 5x - 6 = 0$
Teiler von -6: -1; $6 \Rightarrow -1 + 6 = 5$ und $(-1) \cdot 6 = -6$
$\Rightarrow 1{,}5 \cdot (x - 1) \cdot (x + 6) = 0$,
Lösungen sind $x_1 = 1$ und $x_2 = -6$
Probe: für $x = 1$ ist $1{,}5 \cdot 1^2 + 7{,}5 \cdot 1 - 9 = 1{,}5 + 7{,}5 - 9 = 0$
für $x = -6$ ist $1{,}5 \cdot (-6)^2 + 7{,}5 \cdot (-6) - 9$
$= 54 - 45 - 9 = 0$

c) $\frac{1}{2}x^2 + 3x + 4 = 0$ $\qquad |\cdot 2$
$\quad x^2 + 6x + 8 = 0$
Teiler von 8: 2; 4 $\Rightarrow$ 2 + 4 = 6 und 2 $\cdot$ 4 = 8
$\Rightarrow \frac{1}{2}(x+2)\cdot(x+4) = 0$, Lösungen sind $x_1 = -2$ und $x_2 = -4$
Probe: für $x = -2$ ist $\frac{1}{2}\cdot(-2)^2 + 3\cdot(-2) + 4 = 2 - 6 + 4 = 0$
$\qquad$ für $x = -4$ ist $\frac{1}{2}\cdot(-4)^2 + 3\cdot(-4) + 4 = 8 - 12 + 4 = 0$

G 12
a) 10 000 € $\cdot$ 1,19 = 11 900 €
100 % – 3 % = 97 % = 0,97
11 900 € $\cdot$ 0,97 = 11 543 €
Man muss bei Barzahlung 11 543 € zahlen.
b) 10 000 € $\cdot$ 0,97 = 9 700 €
9 700 € $\cdot$ 1,19 = 11 543 €
Wenn zuerst 3 % abgezogen würden und dann die 19 % Mehrwertsteuer hinzukäme, müsste man denselben Betrag bezahlen wie bei Teilaufgabe a).

Seite 120

5
a) $x^2 - x - 2 = 0 \Rightarrow p = -1; q = -2$
$x_{1/2} = -\frac{-1}{2} \pm \sqrt{\left(\frac{1}{2}\right)^2 - (-2)} = \frac{1}{2} \pm \sqrt{\frac{1}{4} + \frac{8}{4}} = \frac{1}{2} \pm \sqrt{\frac{9}{4}}$
$x_1 = \frac{1}{2} + \frac{3}{2} = 2$ und $x_2 = \frac{1}{2} - \frac{3}{2} = -1$
Probe: $2^2 - 2 - 2 = 0$
$(-1)^2 - (-1) - 2 = 1 + 1 - 2 = 0$
b) $4x^2 - 12x - 16 = 0$ $\qquad |:4$
$x^2 - 3x - 4 = 0 \Rightarrow p = -3; q = -4$
$x_{1/2} = \frac{3}{2} \pm \sqrt{\left(\frac{3}{2}\right)^2 - (-4)} = \frac{3}{2} \pm \sqrt{\frac{9}{4} + \frac{16}{4}} = \frac{3}{2} \pm \sqrt{\frac{25}{4}} = \frac{3}{2} \pm \frac{5}{2}$
$x_1 = \frac{3}{2} + \frac{5}{2} = 4$ und $x_2 = \frac{3}{2} - \frac{5}{2} = -1$
Probe: $4 \cdot 4^2 - 12 \cdot 4 - 16 = 64 - 48 - 16 = 0$
$4 \cdot (-1)^2 - 12 \cdot (-1) - 16 = 4 + 12 - 16 = 0$
c) $-2x^2 + 2x + 24 = 0$ $\qquad |:(-2)$
$x^2 - x - 12 = 0 \Rightarrow p = -1; q = -12$
$x_{1/2} = \frac{1}{2} \pm \sqrt{\left(\frac{1}{2}\right)^2 - (-12)} = \frac{1}{2} \pm \sqrt{\frac{1}{4} + \frac{48}{4}} = \frac{1}{2} \pm \sqrt{\frac{49}{4}} = \frac{1}{2} \pm \frac{7}{2}$
$x_1 = \frac{1}{2} + \frac{7}{2} = 4$ und $x_2 = \frac{1}{2} - \frac{7}{2} = -3$
Probe: $-2 \cdot 4^2 + 2 \cdot 4 + 24 = -32 + 8 + 24 = 0$
$-2 \cdot (-3)^2 + 2 \cdot (-3) + 24 = -18 - 6 - 24 = 0$

6
a) $3x^2 - 24x + 49 = 0$ $\qquad |:3$
$x^2 - 8x + 16\frac{1}{3} = 0 \Rightarrow p = -8$ und $q = 16\frac{1}{3}$
Diskriminante: $(-4)^2 - 16\frac{1}{3} = -\frac{1}{3} < 0$
$\Rightarrow$ Die Gleichung hat keine Lösung.
b) $-x^2 - 4x - 7 = 0$ $\qquad |:(-1)$
$x^2 + 4x + 7 = 0 \Rightarrow p = 4$ und $q = 7$
Diskriminante: $2^2 - 7 = -3 < 0$
$\Rightarrow$ Die Gleichung hat keine Lösung.

c) $\frac{1}{3}x^2 - \frac{4}{3}x + \frac{5}{3} = 0$ $\qquad |\cdot 3$
$x^2 - 4x + 5 = 0 \Rightarrow p = -4$ und $q = 5$
Diskriminante: $(-2)^2 - 5 = -1 < 0$
$\Rightarrow$ Die Gleichung hat keine Lösung.

Seite 121

13
a) $15x^2 + 30x - 30 = 0$ $\qquad |:15$
$x^2 + 2x - 2 = 0 \Rightarrow p = 2$ und $q = -2$
$x_{1/2} = -1 \pm \sqrt{1^2 - (-2)} = -1 \pm \sqrt{3}$
$x_1 = -1 + \sqrt{3}$ und $x_2 = -1 - \sqrt{3}$
Probe: für $x_1 = -1 + \sqrt{3}$:
$15 \cdot (-1 + \sqrt{3})^2 + 30 \cdot (-1 + \sqrt{3})$
$= 15 \cdot (1 - 2\sqrt{3} + 3) - 30 + 30 \cdot \sqrt{3}$
$= 15 \cdot 4 - 15 \cdot 2 \cdot \sqrt{3} - 30 + 30 \cdot \sqrt{3}$
$= 60 - 30 - 30 \cdot \sqrt{3} + 30 \cdot \sqrt{3} = 30$
für $x_1 = -1 - \sqrt{3}$:
$15 \cdot (-1 - \sqrt{3})^2 + 30 \cdot (-1 - \sqrt{3})$
$= 15 \cdot (1 + 2\sqrt{3} + 3) - 30 - 30 \cdot \sqrt{3}$
$= 15 \cdot 4 + 15 \cdot 2 \cdot \sqrt{3} - 30 - 30 \cdot \sqrt{3}$
$= 60 - 30 + 30 \cdot \sqrt{3} - 30 \cdot \sqrt{3} = 30$
b) $x^2 + \frac{1}{6}x - \frac{1}{18} = 0 \Rightarrow p = \frac{1}{6}$ und $q = -\frac{1}{18}$
$x_{1/2} = -\frac{1}{12} \pm \sqrt{\left(\frac{1}{12}\right)^2 - \left(-\frac{1}{18}\right)} = -\frac{1}{12} \pm \sqrt{\frac{1}{144} + \frac{8}{144}} = -\frac{1}{12} \pm \sqrt{\frac{9}{12}}$
$= -\frac{1}{12} \pm \frac{3}{12}$
$x_1 = -\frac{1}{12} + \frac{3}{12} = \frac{1}{6}$ und $x_2 = -\frac{1}{12} - \frac{3}{12} = -\frac{1}{3}$
Probe: für $x = \frac{1}{6}$:
$\left(\frac{1}{6}\right)^2 = \frac{1}{36}$ $\qquad \frac{1}{18} - \frac{1}{6}\cdot\frac{1}{6} = \frac{2}{36} - \frac{1}{36} = \frac{1}{36}$
für $x = -\frac{1}{3}$:
$\left(-\frac{1}{3}\right)^2 = \frac{1}{9}$ $\qquad \frac{1}{18} - \frac{1}{6}\cdot\left(-\frac{1}{3}\right) = \frac{1}{18} + \frac{1}{18} = \frac{2}{18} = \frac{1}{9}$
c) $0,1x^2 + 0,5x - 2,4 = 0$ $\qquad |\cdot 10$
$x^2 + 5x - 24 = 0 \Rightarrow p = 5$ und $q = -24$
$x_{1/2} = -2,5 \pm \sqrt{2,5^2 - (-24)} = -2,5 \pm \sqrt{6,25 + 24} = -2,5 \pm 5,5$
$x_1 = -2,5 + 5,5 = 3$ und $x_2 = -2,5 - 5,5 = -8$
Probe: für $x_1 = 3$:
$0,1 \cdot 3^2 + 0,5 \cdot 3 = 0,9 + 1,5 = 2,4$
für $x_2 = -8$
$0,1 \cdot (-8)^2 + 0,5 \cdot (-8) = 6,4 - 4 = 2,4$
d) $3x^2 + 2x + 10 = 0$ $\qquad |:3$
$x^2 + \frac{2}{3}x + \frac{10}{3} = 0 \Rightarrow p = \frac{2}{3}$ und $q = \frac{10}{3}$
Diskriminante: $\left(\frac{1}{3}\right)^2 - \frac{10}{3} = \frac{1}{9} - \frac{30}{9} = -\frac{29}{9} < 0$
$\Rightarrow$ die Gleichung hat keine Lösung.
e) $1,25x^2 - 3x + 500 = 0$ $\qquad |:1,25$
$x^2 - 2,4x + 400 = 0 \Rightarrow p = -2,4$ und $q = 400$
Diskriminante: $(-1,2)^2 - 400 = 1,44 - 400 = -398,56 < 0$
$\Rightarrow$ die Gleichung hat keine Lösung.

Lösungen

f) $-3{,}75x^2 + 0{,}5x - 10{,}5 = 0 \quad |:(-3{,}75)$
$x^2 - 0{,}1\overline{3}x + 2{,}8 = 0 \Rightarrow p = -0{,}1\overline{3}$ und $q = 2{,}8$
Diskriminante: $(0{,}0\overline{6})^2 - 2{,}8 = 0{,}00\overline{4} - 2{,}8 = -2{,}79\overline{5} < 0$
$\Rightarrow$ die Gleichung hat keine Lösung.

G 16
Zinsen für 12 Monate mit 3 % = 0,03:
255 € · 0,03 = 7,65 €; für 7 Monate, also $\frac{7}{12}$ · 7,65 € = 4,46 €;
255 € + 4,46 € = 259,46 €
Das Geld reicht nicht.

Seite 124

4
a) x: unbekannte Zahl
$x \cdot \frac{x}{2} = 162 \qquad |\cdot 2$
$x^2 = 324 \Rightarrow x_1 = 18$ und $x_2 = -18$.
Die gesuchte positive Zahl ist 18.
b) x: unbekannte Zahl
$x \cdot (x + 1) = x + x + 1 + 55$
$x^2 + x = 2x + 56$
$x^2 - x - 56 = 0 \Rightarrow p = -1$ und $q = -56$
$x_{1/2} = \frac{1}{2} \pm \sqrt{\frac{1}{4} + \frac{224}{4}} = \frac{1}{2} \pm \sqrt{\frac{225}{4}} = \frac{1}{2} \pm \frac{15}{2}$
$x_1 = \frac{1}{2} + \frac{15}{2} = 8$ und $x_2 = \frac{1}{2} - \frac{15}{2} = -7$

Die gesuchten zwei aufeinanderfolgenden positiven ganzen Zahlen sind 8 und 9.

Seite 125

12

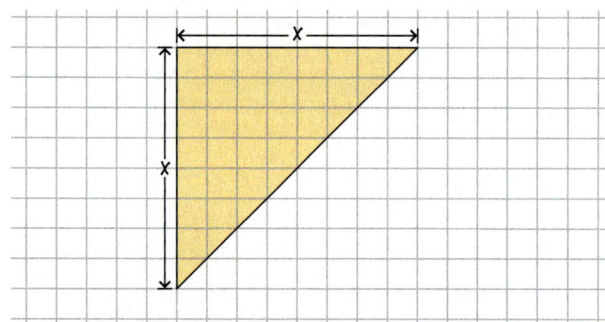

Flächeninhalt eines Dreiecks $\frac{x^2}{2}$. Flächeninhalt aller 4 Dreiecke $4 \cdot \frac{x^2}{2} = 2 \cdot x^2$.
Flächeninhalt der vier Dreiecke mit 25 % = 0,25:
$0{,}25 \cdot 18\,\text{cm} \cdot 16\,\text{cm} = 72\,\text{cm}^2 \Rightarrow 2 \cdot x^2 = 72 \Rightarrow x^2 = 36$
$\Rightarrow x_1 = 6$ und $x_2 = -6$.
Da es keine negativen Längen gibt, beträgt die Seitenlänge der Schenkel der Dreiecke 6 cm.

G 15
$\frac{9225}{9000} = 1{,}025 = 102{,}5\,\%$
Der Zinssatz beträgt 2,5 %.

Seite 126

1
a) $x^2 = 7x - 10$,
also $f(x) = x^2$ und $g(x) = 7x - 10$

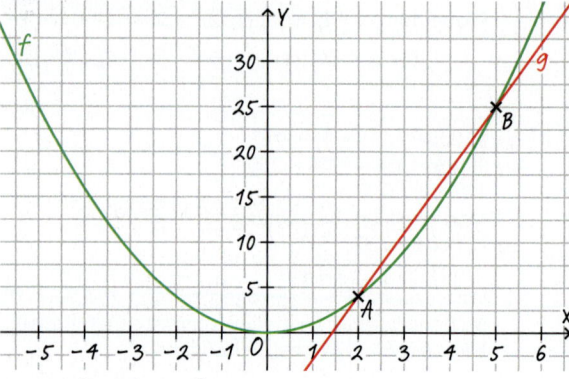

$\Rightarrow x_1 = 2$ und $x_2 = 5$
Probe:
$2^2 = 4$ und $7 \cdot 2 - 10 = 14 - 10 = 4$
$5^2 = 25$ und $7 \cdot 5 - 10 = 35 - 10 = 25$.

b) $x^2 = 2x - 1$,
also $f(x) = x^2$ und $g(x) = 2x - 1$

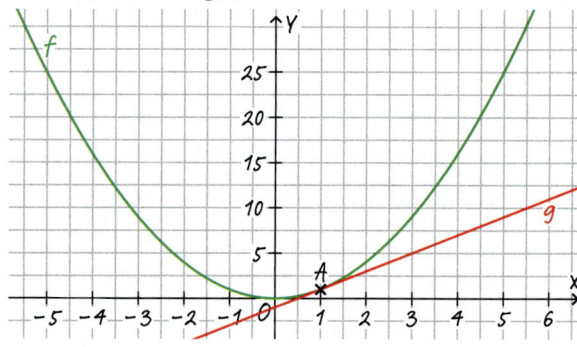

$\Rightarrow x = 1$
Probe:
$1^2 = 1$ und $2 \cdot 1 - 1 = 1$

c) $x^2 = -6x - 9$,
also $f(x) = x^2$ und $g(x) = -6x - 9$

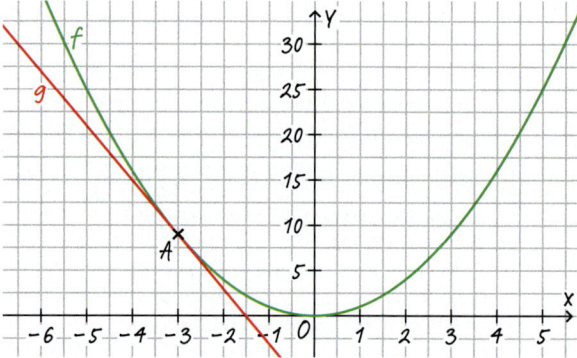

$\Rightarrow x = -3$
Probe:
$(-3)^2 = 9$ und $-6 \cdot (-3) - 9 = 18 - 9 = 9$

2
a) $x^2 = 36 \Rightarrow x_1 = 6$ und $x_2 = -6$
b) $x^2 = 225 \Rightarrow x_1 = 15$ und $x_2 = -15$
c) $2x^2 = 98 \quad |:2$
   $x^2 = 49 \Rightarrow x_1 = 7$ und $x_2 = -7$
d) $(x-3) \cdot (x-4) = 0 \Rightarrow x_1 = 3$ und $x_2 = 4$
e) $(x-2) \cdot (x+1) = 0 \Rightarrow x_1 = 2$ und $x_2 = -1$
f) $x \cdot \left(x + \frac{1}{2}\right) = 0 \Rightarrow x_1 = 0$ und $x_2 = -\frac{1}{2}$

3
a) $x^2 + 6x + 9 = 0 \Rightarrow p = 6$ und $q = 9$
   Diskriminante: $3^2 - 9 = 0$
   $\Rightarrow$ es gibt eine Lösung bei $x = -3$.
   Probe: $(-3)^2 + 6 \cdot (-3) + 9 = 9 - 18 + 9 = 0$
b) $x^2 + 5x - 6 = 0 \Rightarrow p = 5$ und $q = -6$
   Diskriminante: $(2,5)^2 - (-6) = 12,25 > 0$
   $\Rightarrow$ es gibt zwei Lösungen.
   $x_{1/2} = -2,5 \pm \sqrt{12,25} = -2,5 \pm 3,5$
   $x_1 = -2,5 + 3,5 = 1$ und $x_2 = -2,5 - 3,5 = -6$
   Probe:
   $(1)^2 + 5 \cdot 1 - 6 = 6 - 6 = 0$
   $(-6)^2 + 5 \cdot (-6) - 6 = 36 - 30 - 6 = 0$
c) $5x^2 - 30x + 25 = 0 \quad |:5$
   $x^2 - 6x + 5 = 0 \Rightarrow p = -6$ und $q = 5$
   Diskriminante: $(-3)^2 - 5 = 9 - 5 = 4 > 0$
   $\Rightarrow$ es gibt zwei Lösungen.
   $x_{1/2} = 3 \pm \sqrt{4} = 3 \pm 2$
   $x_1 = 3 + 2 = 5$ und $x_2 = 3 - 2 = 1$
   Probe:
   $5 \cdot 5^2 - 30 \cdot 5 + 25 = 125 - 150 + 25 = 0$
   $5 \cdot 1^2 - 30 \cdot 1 + 25 = 5 - 30 + 25 = 0$
d) $x^2 - 6x - 40 = 0 \Rightarrow p = -6$ und $q = -40$
   Diskriminante: $(-3)^2 - (-40) = 9 + 40 = 9 > 0$
   $\Rightarrow$ es gibt zwei Lösungen.
   $x_{1/2} = 3 \pm \sqrt{49} = 3 \pm 7$
   $x_1 = 3 + 7 = 10$ und $x_2 = 3 - 7 = -4$
   Probe:
   $-6 \cdot 10 + 10^2 - 40 = -60 + 100 - 40 = 0$
   $-6 \cdot (-4) + (-4)^2 - 40 = 24 + 16 - 40 = 0$
e) $2x^2 - 8x + 50 = 0 \quad |:2$
   $x^2 - 4x + 25 = 0 \Rightarrow p = -4$ und $q = 25$
   Diskriminante: $(-2)^2 - 25 = 4 - 25 = -21 < 0$
   $\Rightarrow$ es gibt keine Lösung.
f) $3x^2 - 18x + 27 = 0 \quad |:3$
   $x^2 - 6x + 9 = 0 \Rightarrow p = -6$ und $q = 9$
   Diskriminante: $(-3)^2 - 9 = 9 - 9 = 0$
   $\Rightarrow$ es gibt eine Lösung: $x = 3$
   Probe: $27 - 18 \cdot 3 = -27$ und $-3 \cdot (-3)^2 = -27$

4
a) Lösung: C, denn $1 + 1 = 2 = -p$ und $1 \cdot 1 = 1 = q$
b) Lösung: A, denn $1 - 7 = -6 = -p$ und $1 \cdot (-7) = -7 = q$
c) $2x^2 + 8x + 6 = 0 \quad |:2$
   $x^2 + 4x + 3 = 0$
   Lösung: E, denn $-3 - 1 = -4 = -p$ und $(-3) \cdot (-1) = 3 = q$
d) Lösung: F, denn $0,5 + 2 = 2,5 = -p$ und $0,5 \cdot 2 = 1 = q$
   Zu (B): $-1 + 2 = 1 = -p$ und $(-1) \cdot 2 = -2 = q$
   $\Rightarrow x^2 - x - 2 = 0$
   Zu (D): $-1 - 1 = -2 = -p$ und $(-1) \cdot (-1) = 1 = q$
   $\Rightarrow x^2 + 2x + 1 = 0$
   Zu (G): $3 + 1 = 4 = -p$ und $3 \cdot 1 = 3 = q$
   $\Rightarrow x^2 - 4x + 3 = 0$
   Zu (H): $-1 + 7 = 6 = -p$ und $(-1) \cdot 7 = -7 = q$
   $\Rightarrow x^2 - 6x - 7 = 0$
   Zu (I): $-4 + 2 = -2 = -p$ und $(-4) \cdot 2 = -8 = q$
   $\Rightarrow x^2 + 2x - 8 = 0$
   Anmerkung: auch Vielfache der Gleichungen oder Umformungen führen zu denselben Lösungen.

5

$x^2 + px + q = 0$	p	q	x_1	x_2
$x^2 - 2x - 8 = 0$	-2	-8	-2	4
$x^2 + 8x + 15 = 0$	8	15	-5	-3
$x^2 - 5x - 6 = 0$	-5	-6	-1	6

$x^2 - 2x - 8 = (x + 2) \cdot (x - 4) = 0$
$x^2 + 8x + 15 = (x + 5) \cdot (x + 3) = 0$
$x^2 - 5x - 6 = (x + 1) \cdot (x - 6) = 0$

6
Wenn man die Linearfaktorzerlegung ausmultipliziert, ergibt sich:
$(x - \bigcirc) \cdot (x - \blacksquare) = x \cdot x - \bigcirc \cdot x - \blacksquare \cdot x + \bigcirc \cdot \blacksquare$
$= x^2 - (\bigcirc + \blacksquare) \cdot x + \bigcirc \cdot \blacksquare$,
womit die Gleichung bewiesen ist.
Hierbei ist $p = -(\bigcirc + \blacksquare)$ und $q = \bigcirc \cdot \blacksquare$.
Damit entspricht p der „Summe" $-(\bigcirc + \blacksquare)$ und q dem Produkt $\bigcirc \cdot \blacksquare$.

7
Paket 1:
$3x^2 + 4x - 6 = 0$ → $x_1 \approx -2,2$ und $x_2 \approx 0,9$
$(x - 5)^2 + 5 = 0$ → keine Lösungen
$8 = 2x^2$ → $x_1 = 2$ und $x_2 = -2$
$x^2 - 12x + 10 = 0$ → $x_1 \approx 0,9$ und $x_2 \approx 11,1$
$3x \cdot (x + 5) = 0$ → $x_1 = 0$ und $x_2 = -5$
$25,5x = x^2 + 3,2$ → $x_1 \approx 0,1$ und $x_2 \approx 25,4$

Paket 2:
$x^2 - 12x = 0$ → $x_1 = 0$ und $x_2 = 12$
$14x + x^2 = 4$ → $x_1 \approx -14,3$ und $x_2 \approx 0,3$
$x^2 + 89x - 12 = 0$ → $x_1 \approx -89,1$ und $x_2 \approx 0,1$
$12,5x - 10 = 2,5x^2$ → $x_1 = 1$ und $x_2 = 4$
$66 = (4 + x)^2$ → $x_1 \approx -12,1$ und $x_2 \approx 4,1$
$16x^2 = 80$ → $x_1 \approx -2,2$ und $x_2 \approx 2,2$

Paket 3:
$13x = 4x^2 + 10x$ → $x_1 = 0$ und $x_2 = 0,75$
$x - 5x^2 = 66 + x$ → keine Lösungen
$x^2 - 12 + 3x = x^2$ → $x_1 = 4$
$3,5x^2 - 10x - 2,1 = 1$ → $x_1 \approx -0,3$ und $x_2 \approx 3,1$
$x^2 - 12x - 55 = 11$ → $x_1 \approx -4$ und $x_2 \approx 16$
$x^2 - 3x^2 + 6x = 1,5$ → $x_1 \approx 0,3$ und $x_2 \approx 2,7$

Seite 127

8
a) Die Abwurfhöhe liegt bei 1,8 m (h(0) = 1,8)
b) Bestimmung der Nullstellen:
$-5t^2 + 16t + 1,8 = 0 \quad |:(-5)$
$t^2 - 3,2t - 0,36 = 0$
$\Rightarrow t_1 \approx -0,11$ und $t_2 \approx 3,31$
Der Ball fliegt ca. 3,3 Sekunden.
c) Aus Teilaufgabe b): $(3,31 + 0,11) : 2 = 1,71$
$3,31 - 1,71 = 1,6$
Der höchste Punkt (Scheitelpunkt) wird nach ca. 1,6 Sekunden erreicht.
d) Lösen der Gleichung h(t) = 12,5
$-5t^2 + 16t + 1,8 = 12,5$
$-5t^2 + 16t - 10,7 = 0 \quad |:(-5)$
$t^2 - 3,2t + 2,14 = 0$
$\Rightarrow t_1 \approx 0,95$ und $t_2 \approx 2,25$
Nach ca. 0,95 Sekunden und 2,25 Sekunden ist der Ball in einer Höhe von 12,5 m.
e) $a = 19 \Rightarrow SP(1,9|19,85)$
$a = 10 \Rightarrow SP(1|6,8)$
$a = 0 \Rightarrow SP(0|1,8)$
$a = -10 \Rightarrow SP(-1|6,8)$
$a = -19 \Rightarrow SP(-1,9|19,85)$

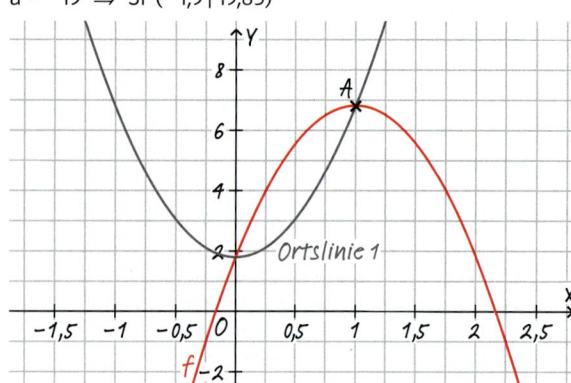

Für negative Werte für a bewegt sich der Flug überwiegend in der Vergangenheit. Für a = 0 ist der höchste Punkt bei t = 0. Für positive Werte für a findet der Flug in der Zukunft statt. Die höchsten Punkte (Scheitelpunkte A) bewegen sich auf einer Parabel (siehe Ortslinie 1).

9
B1 → G4   Lösungen: $x_1 = -2$ und $x_2 = 2$
B2 → G6   Lösungen: $x_1 = -2$ und $x_2 = 1$
B3 → G2   Lösungen: $x_1 = 0$ und $x_2 = 2$

10
a) Die Gleichung wurde vor der Anwendung der Lösungsformel nicht in die Normalform $x^2 + p \cdot x + q = 0$ umgeformt.
$2x^2 + 3x - 4 = 0 \quad |:2$
$x^2 + \frac{3}{2}x - 2 = 0.$ Damit erhält man:
$x_{1/2} = -\frac{3}{4} \pm \sqrt{\frac{9}{16} + \frac{32}{16}} = -\frac{3}{4} \pm \sqrt{\frac{41}{16}}$
$x_1 = \frac{-3 + \sqrt{41}}{4}$ und $x_2 = \frac{-3 - \sqrt{41}}{4}$

b) Die Methode „Ablesen" kann man nur bei der Form $x \cdot (x - b) = 0$ anwenden.
$\Rightarrow x \cdot (x - 3) = 4$
$x^2 - 3x - 4 = 0 \Rightarrow p = -3$ und $q = -4$
$x_{1/2} = +1,5 \pm \sqrt{2,25 + 4} = 1,5 \pm 2,5$
$\Rightarrow x_1 = 4$ und $x_2 = -1$

11
a) Der rote Graph gehört zu f, weil der Graph gestreckter ist: $a = 4 > a = 1$, (oder: für x = 0 ist f(0) = 6 und g(0) = 1,5).
b) Beide Graphen haben dieselben Schnittpunkte mit der x-Achse (Nullstellen der Funktionen). Der Funktionsterm von g geht aus Umformungen des Funktionsterms von f hervor:
$4x^2 + 12x + 6 = 0 \quad |:4$
$x^2 + 3x + 1,5 = 0$
Also haben beide Gleichungen dieselben Lösungen.

Seite 128

12
a) Nach dem Satz des Pythagoras gilt:
$a^2 = h^2 + \left(\frac{1}{2}c\right)^2$, mit $h = \frac{1}{2}a$ folgt:
$a^2 = \left(\frac{1}{2}a\right)^2 + \left(\frac{1}{2}c\right)^2$
$a^2 = \frac{1}{4}a^2 + \frac{1}{4}c^2 \quad |-\frac{1}{4}c^2$
$\frac{3}{4}a^2 = \frac{1}{4}c^2 \quad |\cdot 4$
$3a^2 = c^2 \quad |\sqrt{}$
$\sqrt{3} \cdot a = c$

b) $A = \frac{1}{2}c \cdot h$ mit $h = \frac{1}{2}a$ und $c = \sqrt{3} \cdot a$ folgt:
$= \frac{1}{2} \cdot \sqrt{3} \cdot a \cdot \frac{1}{2}a = \frac{\sqrt{3}}{4} \cdot a^2$

13
a) Der Funktionsgleichung $y = x^2 - 2$ kann man entnehmen, dass der Graph der entsprechenden Funktion nach oben geöffnet ist und dass der y-Achsenabschnitt -2 beträgt. Demnach gehört zur Funktion f der rote Graph. Der blaue Graph gehört demnach zur Funktion g.
Die x-Werte der Schnittpunkte ermittelt man durch Gleichsetzen der beiden Funktionsgleichungen:
$x^2 - 2 = -2 \cdot x^2 + 3$. Durch Umformen erhält man $3x^2 = 5$, also $x_{1/2} = \pm\sqrt{\frac{5}{3}}$.
Die entsprechenden y-Werte erhält man durch Einsetzen der x-Werte in die Funktionsgleichungen:
$S_1\left(\sqrt{\frac{5}{3}}\middle|-\frac{1}{3}\right)$ und $S_2\left(-\sqrt{\frac{5}{3}}\middle|-\frac{1}{3}\right)$.

b) Auch hier gehört der rote Graph zur Funktion f (siehe Begründung aus a)) und der blaue Graph zu g.
$x^2 - 2 = -(x - 3) \cdot (x + 3) = -x^2 + 9$. Durch Umformen erhält man $2x^2 = 11$, also $x_{1/2} = \pm\sqrt{\frac{11}{2}}$.
Die entsprechenden y-Werte erhält man durch Einsetzen der x-Werte in die Funktionsgleichungen:
$S_1\left(\sqrt{\frac{11}{2}}\middle|3,5\right)$ und $S_2\left(-\sqrt{\frac{11}{2}}\middle|3,5\right)$.

14
Bei allen Parabeln handelt es sich um verschobene Normalparabeln.
a) Die Gleichung der Parabel lautet $y = x^2 - 2x - 1$. Die Schnittpunkte P_1 und P_2 sind die Schnittpunkte mit der x-Achse, also die Nullstellen. Mit dem Verfahren der quadratischen Ergänzung ergibt sich für die x-Werte der Schnittpunkte:
$$x^2 - 2x - 1 = 0$$
$$(x^2 - 2x + 1 - 1) - 1 = 0$$
$$(x^2 - 2x + 1) - 2 = 0$$
$$(x - 1)^2 = 2$$
$$x - 1 = \pm\sqrt{2}$$
$x_{1/2} = \pm\sqrt{2} + 1$, also $x_1 = 1 + \sqrt{2}$ und $x_2 = 1 - \sqrt{2}$
Es ergeben sich die Punkte $P_1(1 + \sqrt{2} \mid 0)$ und $P_2(1 - \sqrt{2} \mid 0)$.

b) Die Gleichung der Parabel lautet $y = -x^2 - 6x - 7$. Die Schnittpunkte Q_1 und Q_2 sind die Schnittpunkte mit der x-Achse, also die Nullstellen. Man sucht demnach die Lösungen der Gleichung $-x^2 - 6x - 7 = 0$ bzw. $x^2 + 6x + 7 = 0$. Mithilfe der pq-Formel erhält man $x_1 = -3 - \sqrt{2}$ und $x_2 = -3 + \sqrt{2}$.
Es ergeben sich die Punkte $Q_1(-3 + \sqrt{2} \mid 0)$ und $P_2(-3 - \sqrt{2} \mid 0)$.

c) Die Gleichung der Parabel lautet $y = -x^2 - 4x - 2$. Die Gleichung der Geraden lautet $y = -0.5x$. Die x-Werte der Schnittpunkte erhält man durch Gleichsetzen der beiden Funktionsgleichungen: $-x^2 - 4x - 2 = -0.5x$. Durch Umformen erhält man: $x^2 + 3.5x + 2 = 0$. Mit dem Verfahren der quadratischen Ergänzung ergibt sich:
$$x^2 + 3.5x + 2 = 0$$
$$(x^2 + 3.5x + 1.75^2 - 1.75^2) + 2 = 0$$
$$(x^2 + 3.5x + 1.75^2) - 1.0625 = 0$$
$$(x + 1.75)^2 = 1.0625 \quad | \sqrt{}$$
$$x + 1.75 = \pm\sqrt{1.0625}$$
$x_{1/2} = \pm\sqrt{1.0625} - 1.75$, also $x_1 \approx -2.78$ und $x_2 \approx -0.72$.
Es ergeben sich näherungsweise die Punkte $R_1(-2.78 \mid 1.39)$ und $P_2(-0.72 \mid 0.36)$.

d) Die Gleichung der Parabel lautet $y = x^2 + 2x$. Die Gleichung der Geraden lautet $y = 0.25x - 0.5$. Die x-Werte der Schnittpunkte erhält man durch Gleichsetzen der beiden Funktionsgleichungen: $x^2 + 2x = 0.25x - 0.5$. Durch Umformen erhält man: $x^2 + 1.75x + 0.5 = 0$. Mithilfe der pq-Formel ergibt sich näherungsweise $x_1 \approx -1.4$ und $x_2 \approx -0.4$.
Es ergeben sich näherungsweise die Punkte $U_1(-1.4 \mid -0.85)$ und $U_2(-0.4 \mid -0.6)$.

15
a) Die blaue Fläche q besteht aus dem mittleren Quadrat (x^2) und den vier Rechtecken an den Seiten. Eine Seite dieser Rechtecke hat die Länge x und die Breite $\frac{p}{4}$. Wenn man die vier Rechtecke aneinander legt, haben sie die Breite von $4 \cdot \frac{p}{4} = p$. Also ist die gesamte blaue Fläche zusammengesetzt durch $x^2 + px$.

b) Unter der Wurzel steht der Term $q + 4\left(\frac{p}{4}\right)^2$. q beschreibt die ganze blaue Fläche und $\left(\frac{p}{4}\right)^2$ beschreibt ein Eckquadrat; $4 \cdot \left(\frac{p}{4}\right)^2$ beschreibt damit alle vier Eckquadrate. Der Term $q + 4\left(\frac{p}{4}\right)^2$ beschreibt somit den ganzen Flächeninhalt. Wenn nun die Wurzel gezogen wird, erhält man die Länge einer Seite des Quadrates. Wenn man hiervon nun noch zweimal die Seitenlänge der Eckquadrate $2 \cdot \frac{p}{4}$ abzieht, erhält man die Länge x. Also: $x = \sqrt{q + 4\left(\frac{p}{4}\right)^2} - \frac{p}{2}$.

c) Die letzte Gleichung kann man umformen:
$$x + \frac{p}{2} = \sqrt{q + \frac{p^2}{4}} = \frac{1}{2}\sqrt{4q + p^2}.$$
Beim Vergleichen der Flächen sieht man:
$$\left(x + \frac{p}{2}\right)^2 = \frac{1}{4}(4q + p^2).$$
Hieraus folgt:
$$x + \frac{p}{2} = (\pm)\frac{1}{2}\sqrt{p^2 + 4q}$$
$$x = -\frac{p}{2} (\pm) \frac{1}{2}\sqrt{p^2 + 4q}.$$
Jetzt stimmt nur das Vorzeichen vor 4q noch nicht. Aber x löst ja die Gleichung aus a):
$x^2 + px = q$ oder $x^2 + px - q = 0$.

Seite 129

16
Das „Anstoßproblem" kann mit der Formel $n \cdot (n - 1) : 2$ gelöst werden.

Personenzahl	1	2	3	4	5	6	7	8
Stöße	0x	1x	3x	6x	10x	15x	21x	28x

+1 +2 +3 +4 +5 +6 +7

Man berechnet also die Summe:
$1 + 2 + \ldots (n - 2) + (n - 1)$, wenn es n Personen sind.
$2 + (n - 2) = n$
$1 + (n - 1) = n$

Man hat $\frac{n-1}{2}$-mal die Summe n, wenn n ungerade ist.
Also sind es $n \cdot (n - 1) : 2$ Stöße.

Wenn n gerade ist, hat man $\frac{n-2}{2}$-mal die Summe n und zusätzlich noch die mittlere Zahl $\frac{n}{2}$. Also sind es
$\frac{n-2}{2} \cdot n + \frac{n}{2} = \frac{n-1-1}{2} \cdot n + \frac{n}{2} = \frac{n-1}{2} \cdot n - \frac{n}{2} + \frac{n}{2} = \frac{n-1}{2} \cdot n$
Stöße bzw. ebenfalls $n \cdot (n - 1) : 2$ Stöße.

a) $n = 930 : 2 = 465$, da bei jedem Zusammentreffen zweimal „Guten Tag" gesagt wird.
$$\Rightarrow \frac{n \cdot (n-1)}{2} = 465$$
$$n \cdot (n - 1) = 930$$
$$n^2 - n - 930 = 0$$
$\Rightarrow n_1 = -30$ und $n_2 = 31$
Negative Ergebnisse geben im Sachkontext keinen Sinn. In der Klasse 9 a sind demnach 31 Schüler.

b) $n = 55$
$$\Rightarrow \frac{n \cdot (n-1)}{2} = 55$$
$$n^2 - n - 110 = 0$$
$\Rightarrow n_1 = -10$ und $n_2 = 11$
Negative Ergebnisse geben im Sachkontext keinen Sinn. Es sind daher insgesamt 11 Personen bei der Geburtstagsfeier. Simone hat also $11 - 1 = 10$ Gäste eingeladen.

17

a) $9,5x^2 + 5x + 2 = 0$: Hier ist $a = 9,5$; $b = 5$ und $c = 2$. Man erkennt, dass die Diskriminante mit $b^2 - 4ac = -51 < 0$ ist und somit kann man die Lösungen nicht bestimmen; die Gleichung hat keine Lösung.
Ähnliche Gedanken hat man bei der Verwendung der pq-Formel, nur dass man die Gleichung zunächst durch 9,5 dividieren muss, um die Normalform zu erhalten.
$3x^2 + 5,2x = 12$, also $3x^2 + 5,2x - 12 = 0$: Hier ist $a = 3$; $b = 5,2$ und $c = -12$. Durch Einsetzen in die Formeln erhält man $x_1 \approx -3$ und $x_2 \approx 1,3$.
Die gleiche Lösung erhält man bei der Verwendung der pq-Formel, nur dass man die Gleichung zunächst durch 3 dividieren muss, um die Normalform zu erhalten.

b) Wenn die Diskriminante $b^2 - 4ac > 0$ ist, dann gibt es zwei Lösungen.
Wenn die Diskriminante $b^2 - 4ac = 0$ ist, dann gibt es eine Lösung.
Wenn die Diskriminante $b^2 - 4ac < 0$ ist, dann gibt es keine Lösung.

c) $ax^2 + bx + c = 0 \quad |:a$
$x^2 + \frac{b}{a} \cdot x + \frac{c}{a} = 0$, Anwendung der pq-Formel: $p = \frac{b}{a}$ und $q = \frac{c}{a}$
$\Rightarrow x_{1/2} = -\frac{b}{2a} \pm \sqrt{\frac{b^2}{4a^2} - \frac{c}{a}}$
$x_{1/2} = -\frac{b}{2a} \pm \sqrt{\frac{b^2 - 4ac}{4a^2}}$
$x_{1/2} = -\frac{b}{2a} \pm \frac{\sqrt{b^2 - 4ac}}{2a}$
$x_{1/2} = \frac{-b \pm \sqrt{b^2 - 4ac}}{2a}$

18

Die Situation kann man mithilfe eines Baumdiagramms vereinfachen:

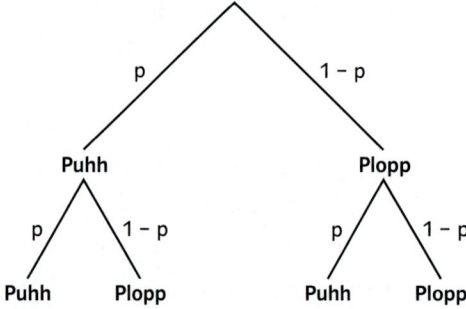

Ergebnisse
Puhh|Puhh Puhh|Plopp Plopp|Puh Plopp|Plopp

Hierbei gibt p die Wahrscheinlichkeit für das Ergebnis „Puhh" an. Die Wahrscheinlichkeit $(1 - p)$ gibt dann die Wahrscheinlichkeit an, mit der das Ergebnis „Plopp" auftritt.
Zur Wahrscheinlichkeit, dass einmal oder kein einziges Mal „Puhh" erscheint, gehören die letzten drei Pfade. Mithilfe der Summenregel und der Pfadregel berechnet man:

P(einmal oder kein einziges Mal „Puhh")
= P(Puhh|Plopp) + P(Plopp|Puhh) + P(Plopp|Plopp)
= $p \cdot (1 - p) + (1 - p) \cdot p + (1 - p)^2$
= $p - p^2 + p - p^2 + 1 - 2p + p^2 = -p^2 + 1 = 0,5$,
da die Gesamtgewinnwahrscheinlichkeit 50% betragen soll.
$-p^2 + 1 = 0,5$
$\quad p^2 = 0,5$, also
$\quad p_{1/2} = \pm\sqrt{0,5} \approx \pm 0,707$.
Da nur positive Prozentangaben in diesem Sachzusammenhang sinnvoll sind, ist die positive Lösung richtig: Die Wahrscheinlichkeit für das Ergebnis „Puhh" muss 70,7% betragen, damit die Gesamtgewinnwahrscheinlichkeit 50% beträgt.

19

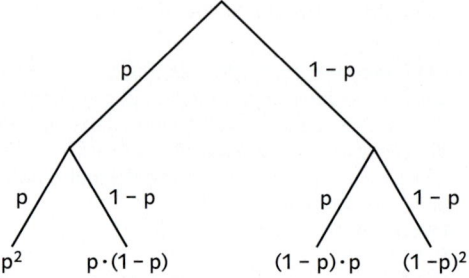

p ist die Gewinnwahrscheinlichkeit, wenn man einmal zieht, und $1 - p$ ist dann die entsprechende Verlierwahrscheinlichkeit.
Die Gesamtgewinnwahrscheinlichkeit ergibt sich aus den ersten drei mittels der Pfadregel berechneten Gewinnwahrscheinlichkeiten bei zwei Durchgängen:
$p^2 + p \cdot (1 - p) + (1 - p) \cdot p$.
Diese soll 70% betragen, also 0,70. Um die Gewinnwahrscheinlichkeit p für einen Durchgang zu ermitteln, muss man die Gleichung $p^2 + p \cdot (1 - p) + (1 - p) \cdot p = 0,7$ lösen.
$p^2 + p \cdot (1 - p) + (1 - p) \cdot p = 0,7$
$p^2 + 2 \cdot (p - p^2) - 0,7 = 0$
$-p^2 + 2p - 0,7 = 0$
Mit der pq-Formel folgt:
$p_1 \approx 1,55$ und $p_2 \approx 0,45$ $\left(p_{1/2} = 1 \pm \sqrt{0,3}\right)$.

Da die Gewinnwahrscheinlichkeit nicht über 1 = 100% sein kann, ist p_2 die Lösung. Sie beträgt also 45%. Hansi hat demnach nicht recht.

20

a) Gleichung: $2xy - x^2 = 0,5y^2$ bzw. $x^2 - 2yx + 0,5y^2 = 0$
Für $y = 10$ hat die Gleichung die Lösungen $x_1 \approx 17,07$; $x_2 \approx 2,93$.
Ergebnis: Da $x < y$ sein muss, muss x ungefähr den Wert 2,93 cm annehmen.
Allgemeine Lösung der Gleichung:
$x_1 = \left(1 + \frac{\sqrt{2}}{2}\right) \cdot y$; $x_2 = \left(1 - \frac{\sqrt{2}}{2}\right) \cdot y$
Ergebnis: Da $x < y$ sein muss, muss x ungefähr den Wert $\left(1 - \frac{\sqrt{2}}{2}\right) \cdot y$ annehmen.

b) Gleichung: $-4x^2 + 4 \cdot \sqrt{\frac{1}{2}} yx = 0{,}25 y^2$ bzw.
$-4x^2 + \sqrt{8} yx - 0{,}25 y^2 = 0$

Für $y = 10$ hat die Gleichung die Lösungen $x_1 \approx 1{,}04$; $x_2 \approx 6{,}04$.
Ergebnis: Da $x < 0{,}5y$ sein muss, muss x ungefähr den Wert 1,04 cm annehmen.
Allgemeine Lösung der Gleichung:
$x_1 = \left(\frac{\sqrt{8}}{8} + \frac{1}{4}\right) \cdot y \approx 0{,}604 \cdot y$; $x_2 = \left(\frac{\sqrt{8}}{8} - \frac{1}{4}\right) \cdot y \approx 0{,}104 \cdot y$

Ergebnis: Da $x < 0{,}5y$ sein muss, muss x ungefähr den Wert $\left(\frac{\sqrt{8}}{8} - \frac{1}{4}\right) \cdot y$ annehmen.

Seite 133

Runde 1

1
a) $x^2 = -0{,}5x + 3$, also $f(x) = x^2$ und $g(x) = -0{,}5x + 3$

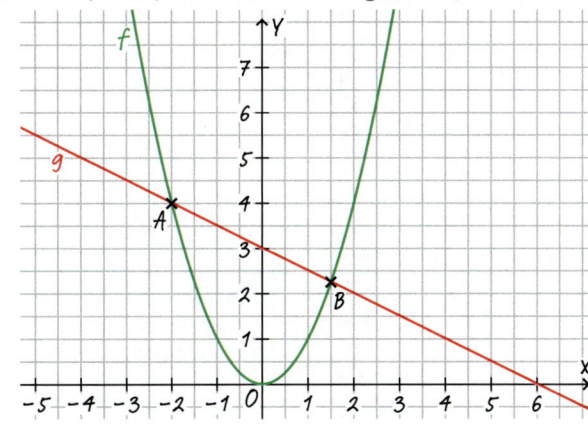

$x_1 = -2$ und $x_2 = 1{,}5$
Probe: $(-2)^2 + 0{,}5 \cdot (-2) - 3 = 4 - 1 - 3 = 0$
$1{,}5^2 + 0{,}5 \cdot 1{,}5 - 3 = 2{,}25 + 0{,}75 - 3 = 0$

b) $x^2 = -5x - 6$, also $f(x) = x^2$ und $g(x) = -5x - 6$

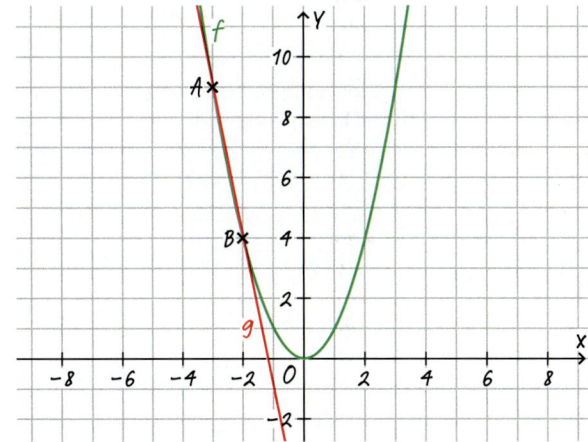

$x_1 = -3$ und $x_2 = -2$
Probe: $(-3)^2 + 5 \cdot (-3) + 6 = 9 - 15 + 6 = 0$
$(-2)^2 + 5 \cdot (-2) + 6 = 4 - 10 + 6 = 0$

c) $x^2 = 2x + 24$, also $f(x) = x^2$ und $g(x) = 2x + 24$

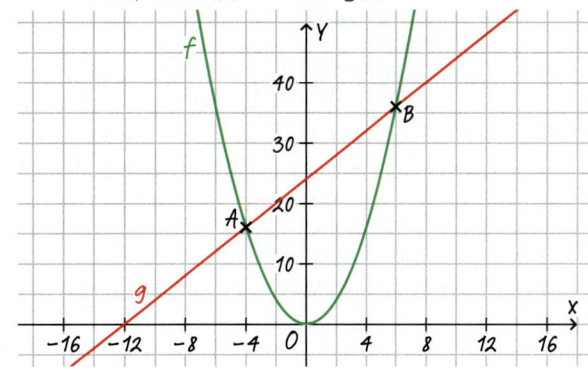

$x_1 = -4$ und $x_2 = 6$
Probe: $0{,}5 \cdot (-4)^2 = 8 \quad\quad -4 + 12 = 8$
$0{,}5 \cdot 6^2 = 18 \quad\quad 6 + 12 = 18$

d) $x^2 = x + 2$, also $f(x) = x^2$ und $g(x) = x + 2$

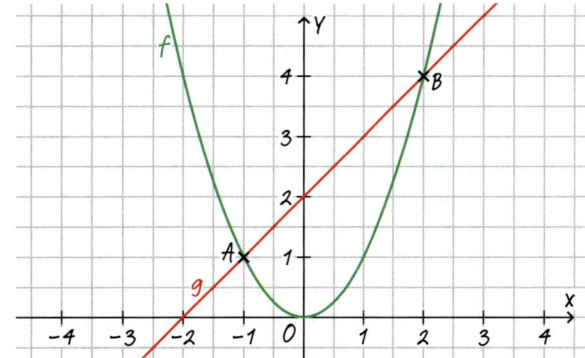

$x_1 = -1$ und $x_2 = 2$
Probe: $3 \cdot (-1)^2 - 3 \cdot (-1) = 3 + 3 = 6$
$3 \cdot 2^2 - 3 \cdot 2 = 12 - 6 = 6$

2
a) $x^2 = 121$
$x_1 = 11$ und $x_2 = -11$
Probe: $11^2 = 121$ und $(-11)^2 = 121$

b) $x^2 = 441$
$x_1 = 21$ und $x_2 = -21$
Probe: $21^2 = 441$ und $(-21)^2 = 441$

c) $x \cdot (x - 12) = 0$
$x_1 = 0$ und $x_2 = 12$
Probe: $0^2 - 12 \cdot 0 = 0$ und $12^2 - 12 \cdot 12 = 0$

d) $x \cdot (x - 2) = 0$
$x_1 = 0$ und $x_2 = 2$
Probe: $0^2 = 2 \cdot 0$ und $2^2 = 2 \cdot 2$

e) $x^2 + 5x - 9{,}75 = 0 \Rightarrow p = 5$ und $q = -9{,}75$
$x_{1/2} = -2{,}5 \pm \sqrt{6{,}25 + 9{,}75} = -2{,}5 \pm 4$
$x_1 = -6{,}5$ und $x_2 = 1{,}5$
Probe: $(-6{,}5)^2 + 5 \cdot (-6{,}5) - 9{,}75 = 42{,}25 - 32{,}5 - 9{,}75 = 0$
$1{,}5^2 + 5 \cdot 1{,}5 - 9{,}75 = 2{,}25 + 7{,}5 - 9{,}75 = 0$

f) $x^2 - 6x + 9 = 0 \Rightarrow p = -6$ und $q = 9$
$x_{1/2} = 3 \pm \sqrt{9 - 9} = 3$
Probe: $0{,}5 \cdot 3^2 - 3 \cdot 3 + 4{,}5 = 4{,}5 - 9 + 4{,}5 = 0$

g) $x^2 - 10x + 25 \Rightarrow p = -10$ und $q = 25$
$x_{1/2} = 5 \pm \sqrt{25 - 25} = 5$
Probe: $\frac{1}{5} \cdot 5^2 = 5$ und $2 \cdot 5 - 5 = 5$

Lösungen

h) $(x-5)^2 = 1$
   $x - 5 = 1$ oder $x - 5 = -1$
   $x_1 = 6$ und $x_2 = 4$
   Probe: $(6-5)^2 = 1^2 = 1$
   $(4-5)^2 = (-1)^2 = 1$

3

a) $h(0) = 5$
   Shang wirft den Stein aus 5 m Höhe ab.
b) $h(t) = -0{,}3t^2 + 1{,}8t + 5$
   $h(0) = 5$; wir berechnen nach welcher Zeit der Stein wieder eine Höhe von 5 m hat. Der t-Wert des Scheitelpunktes ist dann der Mittelwert der beiden Werte.
   $h(t) = 5 = -0{,}3t^2 + 1{,}8t + 5 \quad | -5$
   $0 = -0{,}3t^2 + 1{,}8t \quad | : (-0{,}3)$
   $0 = t^2 - 6t$
   $0 = t \cdot (t-6)$
   $\Rightarrow t = 0$ oder $t = 6$
   $\Rightarrow$ der t-Wert des Scheitelpunktes liegt bei
   $t_{SP} = (0+6) : 2 = 3$
   $\Rightarrow h(3) = 7{,}7$
   Nach 3 Sekunden ist der Stein am höchsten. Er hat dann eine Höhe von 7,7 m.
c) $h(t) = 0 = -0{,}3t^2 + 1{,}8t + 5$
   $\Rightarrow t_1 \approx -2{,}07$ und $t_2 \approx 8{,}07$
   Der Stein landet nach ca. 8 sec im Meer.

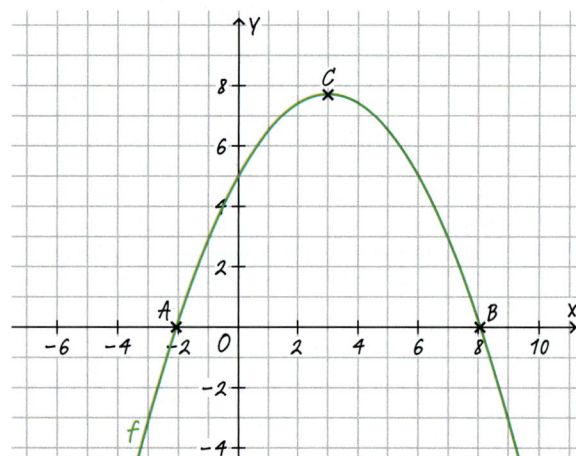

4

Nullstellen sind $x_1 = -1$ und $x_2 = 3$.
Die Parabel hat somit eine Gleichung der Form
$y = a \cdot (x+1)(x-3)$.
Punktprobe mit $P(1|2)$: $2 = a \cdot (1+1)(1-3) = a \cdot 2 \cdot (-2) = -4a$.
$\Rightarrow a = -\frac{1}{2}$ und damit $y = -\frac{1}{2}(x+1)(x-3)$

5

Sei z die gedachte Zahl. Dann gilt:
$z \cdot (z-1) + 13 = 565$, also $z^2 - z - 552 = 0$. Mit $p = -1$ und $q = -552$ erhält man:
$z_{1/2} = \frac{1}{2} \pm \sqrt{\frac{1}{4} + 552} = \frac{1}{2} \pm \sqrt{\frac{2209}{4}} = \frac{1}{2} \pm \frac{47}{2}$
$z_1 = 24$ und $z_2 = -23$.
Da die Zahl positiv sein soll, hat sich Tanja 24 ausgedacht.

Runde 2

1

a)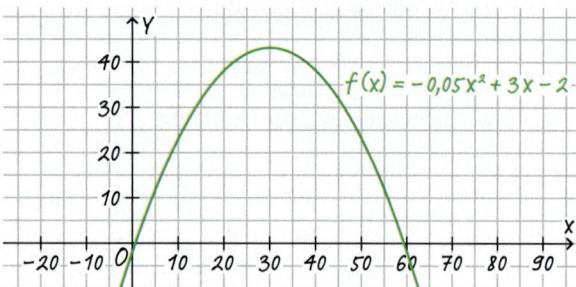

Die Lösungen sind $x_1 \approx 0{,}5$ und $x_2 \approx 60$
Rechnerische Lösung:
$-0{,}05x^2 + 3x - 2 = 0$; die Normalform lautet:
$x^2 - 60x + 40 = 0$ (hier ist $p = -60$ und $q = 40$).
Mithilfe der pq-Formel erhält man
$x_1 = 30 + \sqrt{(30^2 - 40)} \approx 59{,}32$ und
$x_2 = 30 - \sqrt{(30^2 - 40)} \approx 0{,}67$.
Die Lösungen sind damit $x_1 \approx 0{,}67$ und $x_2 \approx 59{,}33$.

b)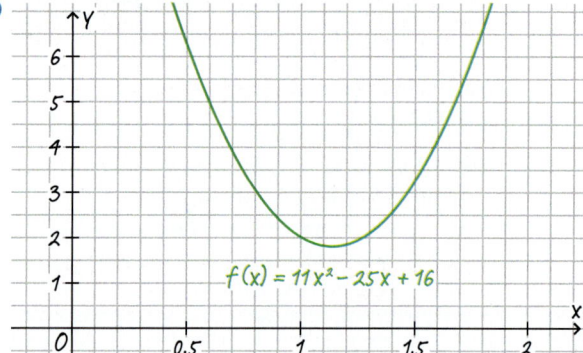

Die Gleichung hat anscheinend keine Lösung.
Rechnerische Lösung:
$11x^2 - 25x + 16 = 0 \quad | : 11$
$x^2 - \frac{25}{11}x + \frac{16}{11} = 0 \Rightarrow p = -\frac{25}{11}$ und $q = \frac{16}{11}$
Diskriminante: $\left(\frac{25}{22}\right)^2 - \frac{16}{11} = \frac{625}{484} - \frac{16 \cdot 44}{11 \cdot 44} = \frac{625}{484} - \frac{704}{484} < 0$,
also hat die Gleichung keine Lösung.

c) Die umgeformte Gleichung lautet $3x^2 + 6x + 3 = 0$

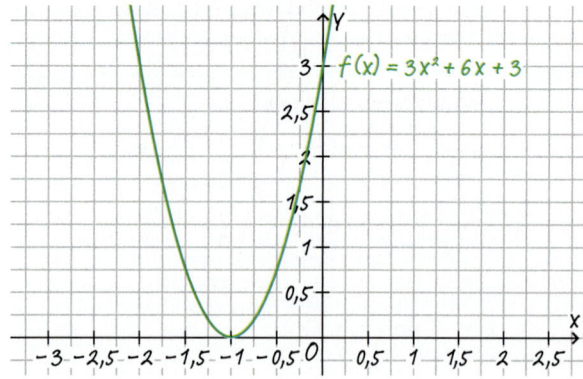

Die Gleichung hat nur eine Lösung: x ≈ −1
Rechnerische Gleichung:
$3x^2 + 6x + 3 = 0$ | :3
$x^2 + 2x + 1 = 0 \Rightarrow p = 2$ und $q = 1$
$x_{1/2} = -1 \pm \sqrt{1^2 - 1} = -1$

2
Die Zahlen $x_1 = 2$ und $x_2 = -1$ sollen die Lösung einer quadratischen Gleichung sein. Damit ergibt sich der Term
$(x - 2)(x + 1)$. Wenn man x_1 oder x_2 in diesen Term einsetzt, ergibt er den Wert 0. Damit hat die quadratische Gleichung $(x - 2)(x + 1) = 0$ die geforderten Lösungen. Auch die umgeformte Gleichung $x^2 - x - 2 = 0$ oder $x^2 = x + 2$ oder $2x^2 - 2x = 4$ erfüllen die Bedingungen.
Es gibt unendlich viele quadratische Gleichungen, weil man die Gleichung $(x - 2)(x + 1) = 0$ mit jeder reellen Zahl multiplizieren kann, wodurch sich die Lösungen der Gleichung nicht verändern. (Allgemein: $k \cdot (x - 2)(x + 1) = 0$)

3
a) Berechnung der Nullstellen:
$11t - 5t^2 = 0$
$(11 - 5t) \cdot t = 0$
$\Rightarrow t_1 = 0$ oder $11 - 5t = 0$, also $t_2 = 2,2$
Die Kugel landet nach 2,2 Sekunden auf dem Boden.
b) Der t-Wert des Scheitelpunktes ist der Mittelwert der beiden Nullstellen aus Teilaufgabe a).
$t_{SP} = (0 + 2,2) : 2 = 1,1$
$h(1,1) = 6,05$
Nach 1,1 Sekunden ist die Kugel an ihrem höchsten Punkt und dann 6,05 m hoch.

4
a) $p = 0 \Rightarrow x^2 + q = 0$
$q = 0 \Rightarrow$ eine Lösung
$q < 0 \Rightarrow$ zwei Lösungen
$q > 0 \Rightarrow$ keine Lösung

b) Lösungsformel: $x_{1/2} = -\frac{p}{2} \pm \sqrt{\frac{p^2}{4} - q}$
Für $p \neq 0$:
Es ändert sich ausschließlich des Vorzeichens des Summanden $-\frac{p}{2}$. Dadurch ändern sich bei den Lösungen die Vorzeichen.
Beispiel: $x^2 - 6x + 8 = 0 \Rightarrow x_1 = 2$ und $x_2 = 4$
$x^2 + 6x + 8 = 0 \Rightarrow x_1 = -2$ und $x_2 = -4$
Für $p = 0$:
$x_{1/2} = \sqrt{-q}$ ist unabhängig von p, also ändert sich die Lösung nicht.

c) $p \neq 0$ und $q \geq 0$:
Diskriminante: $\left(\frac{p}{2}\right)^2 - q$
$\left(\frac{p}{2}\right)^2 = q \Rightarrow$ es gibt nur eine Lösung
$\left(\frac{p}{2}\right)^2 > q \Rightarrow$ es gibt zwei Lösungen
$\left(\frac{p}{2}\right)^2 < q \Rightarrow$ es gibt keine Lösung

V Potenzen und exponentielles Wachstum

Seite 140

7
a) $6^2 = 36$
b) $6^0 = 1$
c) $6^{-1} = \frac{1}{6^1} = \frac{1}{6}$
d) $6^{-2} = \frac{1}{6^2} = \frac{1}{36}$
e) $\left(\frac{1}{6}\right)^{-1} = \frac{1}{\left(\frac{1}{6}\right)^1} = \frac{1}{\frac{1}{6}} = 6$
f) $\left(\frac{5}{6}\right)^2 = \frac{25}{36}$
g) $\left(\frac{5}{6}\right)^{-2} = \frac{1}{\left(\frac{5}{6}\right)^2} = \frac{1}{\frac{25}{36}} = \frac{36}{25}$
h) $\left(\frac{250}{360}\right)^0 = 1$

8
a) $6^2;\ 6^1;\ 6^0;\ 6^{-1};\ 6^{-2};\ 6^{-3};\ \ldots$
b) $2^{-4};\ 2^{-3};\ 2^{-2};\ 2^{-1};\ 2^0;\ 2^1;\ \ldots$
c) $\left(\frac{5}{3}\right)^3;\ \left(\frac{5}{3}\right)^2;\ \left(\frac{5}{3}\right)^1;\ \left(\frac{5}{3}\right)^0;\ \left(\frac{5}{3}\right)^{-1};\ \left(\frac{5}{3}\right)^{-2};\ \ldots$

Seite 141

16
a) Die Aussage ist falsch, denn es gilt z. B.
$(-2)^2 = (-2) \cdot (-2) = 4$
b) Die Aussage ist wahr, denn
$\left(\frac{a}{b}\right)^n = \underbrace{\frac{a}{b} \cdot \frac{a}{b} \cdot \ldots \cdot \frac{a}{b}}_{n\text{-mal}} = \frac{a^n}{b^n}$ und $\left(\frac{b}{a}\right)^{-n} = \frac{1}{\left(\frac{b}{a}\right)^n} = \frac{1}{\underbrace{\frac{b}{a} \cdot \frac{b}{a} \cdot \ldots \cdot \frac{b}{a}}_{n\text{-mal}}} = \frac{1}{\frac{b^n}{a^n}} = \frac{a^n}{b^n}$

G 19
a)
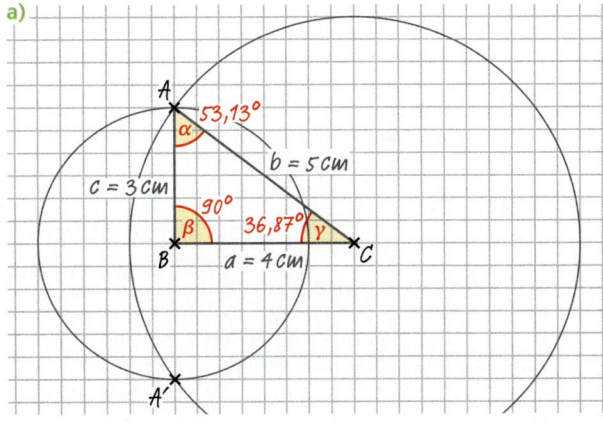

b)
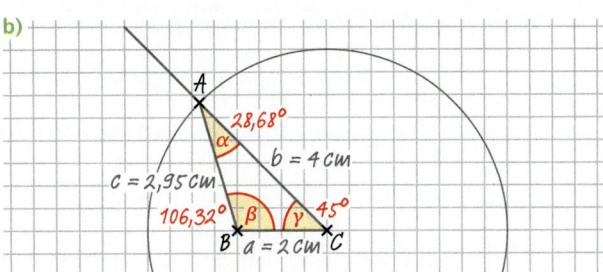

c)

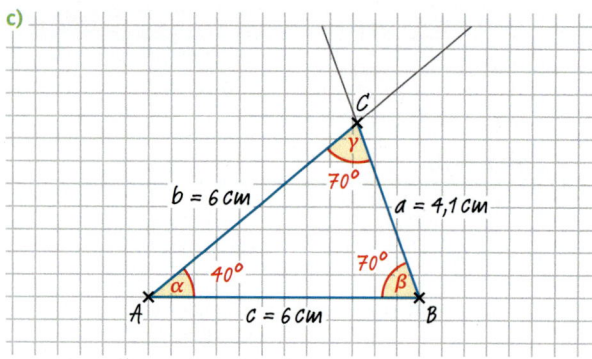

d)

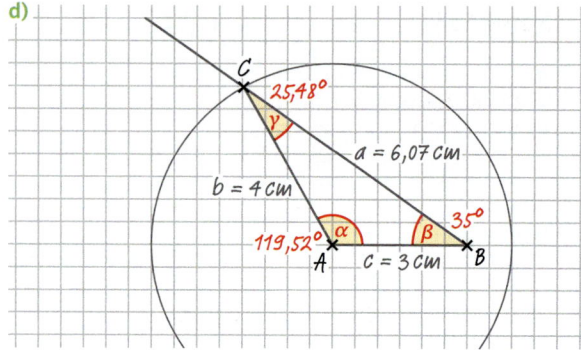

Seite 143

6
a) $420\,000 = 4{,}2 \cdot 10^5$
b) $32\,000\,000 = 3{,}2 \cdot 10^7$
c) $0{,}000\,02 = 2{,}0 \cdot 10^{-5}$
d) $0{,}000\,000\,365 = 3{,}65 \cdot 10^{-7}$
e) $0{,}0001 = 1{,}0 \cdot 10^{-4}$

7
a) $5 \cdot 10^4 = 50\,000$
b) $1{,}234 \cdot 10^9 = 1\,234\,000\,000$
c) $32 \cdot 10^{-6} = 0{,}000\,032$
d) $10^{-4} = 0{,}0001$
e) $0{,}234 \cdot 10^{-3} = 0{,}000\,234$

Seite 145

15
a) $0{,}008\,\text{mm} = 0{,}000\,008\,\text{m} = 8 \cdot 10^{-6}\,\text{m}$
b) $180\,\text{nm} = 180 \cdot 10^{-9}\,\text{m} = 1{,}8 \cdot 10^{-7}\,\text{m}$
c) $45\,\text{Tm} = 45 \cdot 10^{12}\,\text{m} = 4{,}5 \cdot 10^{13}\,\text{m}$
d) $45\,\text{Mg} = 45 \cdot 10^6\,\text{g} = 4{,}5 \cdot 10^7\,\text{g}$

G 19
a) Die Aussage ist richtig, denn bei einem gleichseitigen Dreieck sind alle Seiten gleich lang. Somit sind auch zwei Seiten gleich lang, was die Voraussetzung dafür ist, dass ein Dreieck gleichschenklig ist.
b) Die Aussage ist richtig. In diesem Fall müssen die Basiswinkel 45° groß sein, z.B. α = 45°, β = 45° und γ = 90°.

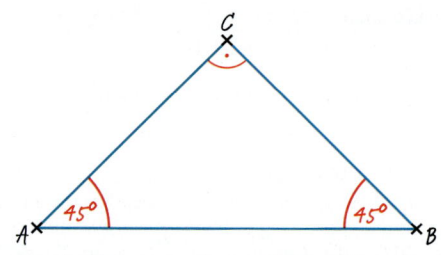

c) Die Aussage ist falsch. In einem gleichseitigen Dreieck sind alle Seiten gleich lang und alle Winkel gleich groß. Somit gilt in einem gleichseitigen Dreieck α = β = γ = 60°.

Seite 148

9
a) $8^5 \cdot 8^{-4} = 8^{5-4} = 8^1 = 8$
b) $\frac{8^7}{8^5} = 8^{7-5} = 8^2 = 64$
c) $(7^8)^0 = 7^{8 \cdot 0} = 7^0 = 1$
d) $\left(\frac{7}{3}\right)^4 \cdot \left(\frac{6}{7}\right)^4 = \left(\frac{7}{3} \cdot \frac{6}{7}\right)^4 = 2^4 = 16$
e) $8 \cdot 10^{-5} \cdot 5 \cdot 10^6 = 8 \cdot 5 \cdot 10^{-5+6} = 40 \cdot 10^1 = 400$
f) $9 \cdot 10^8 + 1{,}4 \cdot 10^8 = (9 + 1{,}4) \cdot 10^8 = 10{,}4 \cdot 10^8 = 1{,}04 \cdot 10^9$

Seite 149

14
a) $\frac{10^5 \cdot 10^{-4}}{10^5} = 10^{5-4-5} = 10^{-4} = \frac{1}{10^4}$
b) $8^5 \cdot \left(\frac{1}{4}\right)^5 \cdot 5^5 \cdot \left(\frac{1}{10}\right)^5 = \left(8 \cdot \frac{1}{4} \cdot 5 \cdot \frac{1}{10}\right)^5 = \left(2 \cdot \frac{1}{2}\right)^5 = 1^5 = 1$
c) $25^4 \cdot 4^4 = (25 \cdot 4)^4 = 100^4 = 100\,000\,000$
d) $\left(\frac{2}{3}\right)^5 \cdot \left(\frac{3}{8}\right)^4 + \left(\frac{2}{3}\right)^4 \cdot \left(\frac{3}{8}\right)^5 = \left(\frac{2}{3}\right)^4 \cdot \left(\frac{3}{8}\right)^4 \cdot \left(\frac{2}{3} + \frac{3}{8}\right)$
$= \left(\frac{2}{3} \cdot \frac{3}{8}\right)^4 \cdot \left(\frac{2}{3} + \frac{3}{8}\right) = \left(\frac{1}{4}\right)^4 \cdot \left(\frac{16}{24} + \frac{9}{24}\right) = \frac{1}{4^4} \cdot \frac{25}{24} = \frac{1}{256} \cdot \frac{25}{24} = \frac{25}{6144}$
e) $\frac{1{,}5 \cdot 10^8 \cdot 6^5}{6^6} = \frac{1{,}5 \cdot 10^8}{6} = \frac{1}{4} \cdot 10^8 = 0{,}25 \cdot 10^8 = 2{,}5 \cdot 10^7$
f) $\frac{8\,000\,000 \cdot 2{,}5 \cdot 10^{23}}{4 \cdot 10^{-11}} = \frac{8 \cdot 10^6 \cdot 2{,}5 \cdot 10^{23}}{4 \cdot 10^{-11}} = 8 \cdot 2{,}5 \cdot \frac{1}{4} \cdot 10^{6+23+11}$
$= 5 \cdot 10^{40}$

G 17
a)

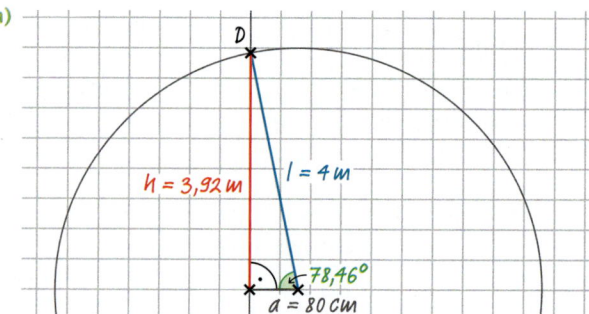

b) Die Leiter reicht ca. 3,92 m hoch.
c) Der Winkel, den die Leiter mit dem Boden bildet, ist ca. 78,46° groß.

Seite 152

5

	Formel	nach 1 Jahr	nach 2 Jahren	nach 3 Jahren
a)	G(t) = 250 € · 1,02^t	255 €	260,10 €	265,30 €
b)	G(t) = 250 € · 1,04^t	260 €	270,40 €	281,22 €
c)	G(t) = 3000 € · 1,015^t	3045 €	3090,68 €	3137,04 €
d)	G(t) = 6000 € · 1,015^t	6090 €	6181,35 €	6274,07 €

Seite 153

11
a) Die Aussage ist falsch, denn es gilt:
W(t) = W(0) · (1 − 0,125)^t und somit
W(8) = W(0) · 0,875^8 ≈ W(0) · 0,3436
Das Auto ist danach noch ca. 34 % des ursprünglichen Wertes wert.
b) Die Aussage ist wahr, denn W(t) = W(0) · (1 − 0,135)^t und somit W(−5) = W(0) · 0,865^{-5} ≈ W(0) · 2,065
Das Auto wäre vor 5 Jahren, aufgrund der Modellannahme, etwas mehr als doppelt so viel wert gewesen als heute.
c) Die Aussage ist falsch, denn W(t) = W(0) · (1 − 0,1)^t und somit W(5) = W(0) · 0,9^5 = W(0) · 0,59049
Das Auto ist bei dieser Modellannahme in 5 Jahren noch ca. 59 % des ursprünglichen Wertes wert.

G 14
a)

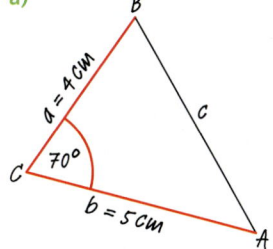 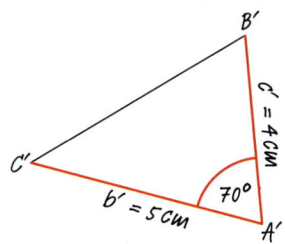

Die Dreiecke sind aufgrund des Kongruenzsatzes sws kongruent zueinander.

b)

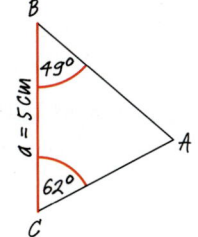 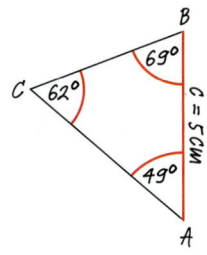

Die Dreiecke sind nicht kongruent zueinander.

Seite 157

7
a) B(t) = 100 · 0,87^t; B(1) = 87; B(2) = 75,69; B(3) ≈ 65,85; B(4) ≈ 57,29
Nach einem Tag sind noch 87 mg, nach 2 Tagen 75,69 mg, nach drei Tagen ca. 65,85 mg und nach 4 Tagen noch ca. 57,29 mg vorhanden.
b) Durch systematisches Probieren erhält man z. B.
B(16) ≈ 10,77 und B(17) ≈ 9,37
Nach 17 Tagen ist also die Menge auf unter 10 mg gesunken. Mit einem Gleichungslöser kann man berechnen, dass B(t) = 10 für t ≈ 16,5342 gilt.

Seite 158

15
a) Die Aussage ist falsch.
Gegenbeispiel:
Wachstumsfaktor 0,8: Halbwertszeit ca. 3,106, denn
$0,8^{3,106} ≈ \frac{1}{2}$
Wachstumsfaktor 0,4: Halbwertszeit ca. 0,7564, denn
$0,4^{0,7564} ≈ \frac{1}{2}$
b) Die Aussage ist falsch.
Gegenbeispiel:
Zunahme um 50 %: Verdopplungszeit ca. 1,7095, denn
$1,5^{1,7095} ≈ 2$
Zunahme um 100 %: Verdopplungszeit ist genau 1, denn
$2^1 = 2$
c) Die Aussage ist wahr, denn eine Zunahme von 100 % pro Zeitschritt führt zu einem Wachstumsfaktor 2.

G 18
a) Die Summe der beiden kürzeren Seiten ist kleiner als die längste Seite (4 cm + 1 cm < 7 cm). Daher kann man kein solches Dreieck konstruieren.
b) Die Summe der beiden gegebenen Winkel ist größer als 180° (α + γ = 181°). Die Summer der Innenwinkel im Dreieck beträgt aber nur 180°. Daher kann man kein solches Dreieck konstruieren.
c) Das Dreieck ist rechtwinklig. Die dem rechten Winkel gegenüberliegende Seite a ist jedoch kleiner als b. Daher kann man ein solches Dreieck nicht konstruieren.
d) Das Dreieck soll gleichschenklig sein mit a = b = 3 cm. Im gleichschenkligen Dreieck sind die Basiswinkel gleich groß, also muss auch α = β = 102° sein. Dann wäre die Summe aus α und β bereits größer als 180°. Daher kann man ein solches Dreieck nicht konstruieren.

Seite 159

1
a) 2,1 · 10^3; 2,1 · 10^5; 2,1 · 10^7; 2,1 · 10^9; 2,1 · 10^{11}
b) 5 · 10^3; 5 · 10^2; 5 · 10^1; 5 · 10^0; 5 · 10^{-1}
c) 3,2 · 10^1; 3,2 · 10^4; 3,2 · 10^7; 3,2 · 10^{10}; 3,2 · 10^{13}; 3,2 · 10^{16}
d) 7 · 10^{-1}; 7 · 10^{-3}; 7 · 10^{-5}; 7 · 10^{-7}; 7 · 10^{-9}; 7 · 10^{-11}

2
a) 10^4 · 10^{-1} = 10^3
b) 10^{-4} · 10^2 = 10^{-2}
c) 10^4 : 10^1 = 10^3
d) 10^2 · 10^4 = 10^6

Lösungen

3
a) $6{,}4 \cdot 10^{-3} = 0{,}0064$
b) $0{,}0025 = 2{,}5 \cdot 10^{-3}$
c) $7{,}32 \cdot 10^4 = 73\,200$
d) $0{,}2341 \cdot 10^5 = 23\,410$

4
a) 40 000
b) 7960
c) 55 320 000 000
d) 0,00171
e) 685 000 000 000
f) 13 870 000
g) 0,0765
h) 0,000 01
i) 0,000 005 02
j) 1 000 000

5
a) Alle Karten außer E, F und L haben den Wert 1. Lösungswort: ELF
b) individuelle Lösung

6
– Das Ergebnis beim lila, beim grünen und beim roten Kärtchen ist jeweils $2 \cdot 7^2$.
– Das Ergebnis beim orangen, beim gelben und beim blauen Kärtchen ist jeweils $2 \cdot 7^6$.

7
a) $(2^2)^2 = 4^2 = 16;\ 2^{(2^2)} = 2^4 = 16$
b) $(2^5)^3 = 2^{15};\ 2^{(5^3)} = 2^{125}$
c) $(3^{-1})^4 = 3^{-4};\ 3^{((-1)^4)} = 3^1$
d) $(4^{-3})^2 = 4^{-6};\ 4^{((-3)^2)} = 4^9$
Nur bei Teilaufgabe a) erhält man das gleiche Ergebnis. Die Klammern beim Potenzieren können also nicht beliebig gesetzt oder weggelassen werden.

8
a) $G(t) = 9 \cdot 1{,}013^t$ → Zinssatz 1,3 %
→ Verdopplung nach 54 Jahren
$G(t) = 17 \cdot 1{,}009^t$ → Zinssatz 0,9 %
→ Verdopplung nach 78 Jahren
$G(t) = 90 \cdot 1{,}017^t$ → Zinssatz 1,7 %
→ Verdopplung nach 42 Jahren
b) $G(t) = 13 \cdot 1{,}008^t$ → Zinssatz 0,8 %
→ Verdopplung nach 87 Jahren
$G(t) = 9 \cdot 1{,}021^t$ → Zinssatz 2,1 %
→ Verdopplung nach 34 Jahren

9
a) $B(t) = 100\,000 \cdot 2^t$
b) $B(24) = 100\,000 \cdot 2^{24} \approx 1{,}68 \cdot 10^{12}$
$B(48) = 100\,000 \cdot 2^{48} \approx 2{,}81 \cdot 10^{19}$
$B(72) = 100\,000 \cdot 2^{72} \approx 4{,}72 \cdot 10^{26}$

Seite 160

10
a) Wachstumsfaktor $q = \frac{15}{20} = 0{,}75$

x	0	1	2	3	4	5
y	20	15	11,25	≈ 8,44	≈ 6,33	≈ 4,75

b) Wachstumsfaktor $q = \frac{3{,}5}{2{,}5} = 1{,}4$

x	0	1	2	3	4	5
y	≈ 1,28	≈ 1,79	2,5	3,5	4,9	6,86

11
a) $p(h) = 1013 \cdot 0{,}8825^h$
$p(10) \approx 290{,}24;\ p(20) \approx 83{,}16;\ p(40) \approx 6{,}83$
Der Luftdruck beträgt aufgrund der Annahme aus der Aufgabenstellung in 10 km Höhe ca. 290,24 hPa, in 20 km Höhe ca. 83,16 hPa und in 40 km Höhe ca. 6,83 hPa.

b) Es gilt: $0{,}8825^{5{,}55} \approx \frac{1}{2}$
Der Luftdruck fällt bei einem Höhenunterschied von 5,55 km etwa auf die Hälfte ab.

12
a) $5\,l = 5\,dm^3 = 5000\,cm^3 = 5\,000\,000\,mm^3 = 5 \cdot 10^6\,mm^3$
$5 \cdot 10^6 \cdot 5 \cdot 10^6 = 25 \cdot 10^{12} = 2{,}5 \cdot 10^{13}$
In 5 Liter Blut sind ca. $2{,}5 \cdot 10^{13}$ rote Blutkörperchen.
b) $1{,}74 \cdot 10^{19} : 5 = 3{,}48 \cdot 10^{18}$
$3{,}48 \cdot 10^{18}\,s = 5{,}8 \cdot 10^{16}\,min = 9{,}\overline{6} \cdot 10^{14}\,h = 4{,}02\overline{7} \cdot 10^{13}\,d$
$\approx 1{,}1 \cdot 10^{11}$ Jahre
Es würde etwa $1{,}1 \cdot 10^{11}$ (= 110 000 000 000) Jahre, das sind 110 Milliarden Jahre, dauern, die Moleküle zu zählen. (Das wäre ca. 24-mal länger als die Erde alt ist.)

13
a) $\frac{10^{-8}}{10^{-12}} = 10^4;\ \frac{10^{-5}}{10^{-12}} = 10^7;\ \frac{10^{-4}}{10^{-12}} = 10^8$

Flüstern wirkt ca. 10^4-mal stärker auf unser Gehör als ein Geräusch, was man gerade noch wahrnehmen kann; lautes Rufen 10^7-mal so viel und ein Motorrad 10^8-mal so viel.

b) $\frac{10^{-2}}{10^{-8}} = 10^6 = 1\,000\,000$

Die Disco (sehr laute Musik) wirkt ca. 1 Million-mal stärker auf das Gehör als Flüstern.

c) $\frac{10^{-4}}{10^{-5}} = 10$. Das Motorrad wirkt um den Faktor 10 stärker auf das Gehör als lautes Rufen.

14
a) $(1 - 0{,}066\,967)^{10} = 0{,}933\,033^{10} \approx \frac{1}{2}$

b) $0{,}933\,033^{20} \approx \frac{1}{4};\ 0{,}933\,033^{30} \approx \frac{1}{8};\ 0{,}933\,033^{40} \approx \frac{1}{16}$

Alle 10 Jahre halbiert sich der Bestand, daher sind nach 20 Jahren noch $\frac{1}{4}$ (die Hälfte der Hälfte), nach 30 Jahren $\frac{1}{8}$ (die Hälfte von $\frac{1}{4}$) usw. vorhanden.

c) $(0{,}933\,033^{10})^2 \approx \left(\frac{1}{2}\right)^2 = \frac{1}{4}$ bzw. $(0{,}933\,033^{10})^2 = 0{,}933\,033^{20}$; entsprechend

$(0{,}933\,033^{10})^3 \approx \left(\frac{1}{2}\right)^3 = \frac{1}{8}$ bzw. $(0{,}933\,033^{10})^3 = 0{,}933\,033^{30}$

Seite 161

15
a) $G(t) = 1000 \cdot 1{,}028^t$
$G(18) = 1000 \cdot 1{,}028^{18} \approx 1643{,}90$
Es befinden sich nach 18 Jahren 1643,90 € auf dem Sparbuch.
b) $G(24) = 1000 \cdot 1{,}028^{24} \approx 1940{,}15$
$G(25) = 1000 \cdot 1{,}028^{25} \approx 1994{,}47$
$G(26) = 1000 \cdot 1{,}028^{26} \approx 2050{,}32$
Lea muss nach ihrem 18. Geburtstag noch 8 (= 26 − 18) Jahre warten, bis sich der ursprüngliche Betrag verdoppelt hat.
c) $x \cdot 1{,}028^{18} = 2000$ | $: 1{,}028^{18}$
$x = 2000 : 1{,}028^{18} \approx 1216{,}62$
Leas Oma hätte 1216,62 € anlegen müssen.

16
a) Es gilt $B(0) = 100$ und $B(2) \approx 84$
Somit gilt $B(2) = 100 \cdot q^2 = 84$ | $: 100$
$q^2 = 0{,}84 \Rightarrow q = \sqrt{0{,}84} \approx 0{,}917$
b) $100\,\% - 91{,}7\,\% = 8{,}3\,\%$
Es zerfallen ca. 8,3 % der vorhandenen Stoffmenge pro Tag.

17
a) Wert nach 15 Jahren: $150\,000\,€ \cdot 1{,}02^{15} \approx 201\,880\,€$
b) Wert nach 15 Jahren: $150\,000\,€ \cdot 0{,}98^{15} \approx 110\,785\,€$
c) Wert nach 15 Jahren: $150\,000\,€ + 15 \cdot 4000\,€$
$= 150\,000\,€ + 60\,000\,€ = 210\,000\,€$
d) Wert nach 15 Jahren: $150\,000\,€ \cdot 0{,}995^{15} \approx 139\,135\,€$

18
a) Lineares Wachstum: $G(t) = 20 + 5 \cdot t$
($G(t)$ in €, t in Jahren)
b) Exponentielles Wachstum: $G(t) = 10 \cdot 1{,}035^t$
($G(t)$ in €, t in Jahren)
c) Lineares Wachstum: $H(t) = 12 - 0{,}2 \cdot t$
($H(t)$ in cm, t in Minuten)
d) Exponentielles Wachstum: $W(t) = 500 \cdot 0{,}5^t$
($W(t)$ in €, t in Jahren)
e) Exponentielles Wachstum: $M(t) = 5 \cdot 3^t$
($M(t)$ in g, t in Stunden)
f) Lineares Wachstum: $V(t) = 800 + 200 \cdot t$
($V(t)$ in l, t in Minuten)

19
$\left(\frac{a}{b}\right)^{-n} = \frac{1}{\left(\frac{a}{b}\right)^n} = \frac{1}{\frac{a^n}{b^n}} = 1 : \frac{a^n}{b^n} = 1 \cdot \frac{b^n}{a^n} = \frac{b^n}{a^n} = \left(\frac{b}{a}\right)^n$

20
a) $3568\,€ \cdot 0{,}987^{-6} \approx 3859{,}42\,€$
Der Lohn betrug 6 Jahre zuvor ca. 3860 €.
b) Es gilt: $3568 \cdot 0{,}987^4 \approx 3386{,}05 > 3350$
$3568 \cdot 0{,}987^5 \approx 3342{,}03 < 3350$
In 5 Jahren wird der Lohn auf weniger als 3350 € gesunken sein.

21
a) Man erwartet, dass bei jedem Wurf ca. ein Sechstel der vorhandenen Würfel weggenommen werden. Sina geht aber fälschlicherweise davon aus, dass stets ein Sechstel der ursprünglich vorhandenen Würfel weggenommen werden, also jedes Mal ca. 10 Würfel.
b) Anzahl an zu erwartenden Würfeln W nach t Würfen:
$W(t) = 60 \cdot \left(\frac{5}{6}\right)^t$

c)
t	0	1	2	3	4	5
W(t)	60	50	≈ 41,67	≈ 34,72	≈ 28,94	≈ 24,11

t	6	7	8	9	10
W(t)	≈ 20,09	≈ 16,74	≈ 13,95	≈ 11,63	≈ 9,69

Würfelergebnisse und Vergleich: individuelle Lösung

Seite 165

Runde 1

1
a) $17^5 \cdot 17^{-4} = 17^{5-4} = 17$
b) $\frac{11^7}{11^5} = 11^{7-5} = 11^2 = 121$
c) $(123^9)^0 = 123^{9 \cdot 0} = 123^0 = 1$
d) $\left(\frac{9}{8}\right)^4 \cdot \left(\frac{4}{9}\right)^4 = \left(\frac{9}{8} \cdot \frac{4}{9}\right)^4 = \left(\frac{1}{2}\right)^4 = \frac{1}{16}$
e) $25 \cdot 10^{-11} \cdot 8 \cdot 10^{12} = 25 \cdot 8 \cdot 10^{-11} \cdot 10^{12} = 200 \cdot 10^{-11+12}$
$= 200 \cdot 10^1 = 2000$
f) $9{,}1 \cdot 10^7 + 1{,}4 \cdot 10^8 = 9{,}1 \cdot 10^7 + 14 \cdot 10^7 = (9{,}1 + 14) \cdot 10^7$
$= 23{,}1 \cdot 10^7 = 2{,}31 \cdot 10^8$

2
a) $25\,300\,000\,\text{km} = 2{,}53 \cdot 10^7\,\text{km} = 2{,}53 \cdot 10^{10}\,\text{m}$
b) $0{,}000\,024\,\text{mm} = 2{,}4 \cdot 10^{-5}\,\text{mm} = 2{,}4 \cdot 10^{-8}\,\text{m}$
c) $54\,\text{Mikrometer} = 54 \cdot 10^{-6}\,\text{m} = 5{,}4 \cdot 10^{-5}\,\text{m}$
d) $7\,\text{ms} = 7 \cdot 10^{-3}\,\text{s}$
e) $999\,000\,\text{Hektoliter} = 999\,000 \cdot 10^2\,\text{l} = 9{,}99 \cdot 10^7\,\text{l}$
f) $0{,}005\,\text{nm} = 0{,}005 \cdot 10^{-9}\,\text{m} = 5 \cdot 10^{-12}\,\text{m}$

3
a) $q = 5286 : 5550 \approx 0{,}952$, also $B(t) = 5550 \cdot 0{,}952^t$.

t	0	1	2	3	4
B(t)	5550	5284	5030	4789	4559

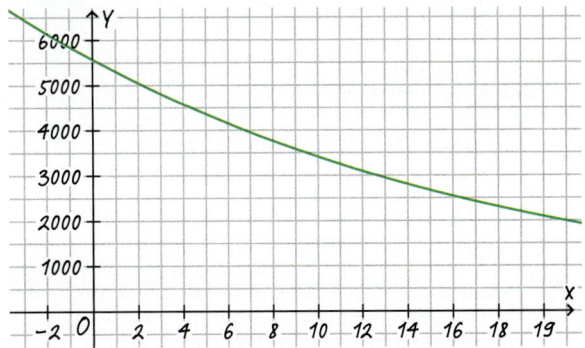

b) q = 383 : 366 ≈ 1,046, also
B(0) = B(1) : 1,046 = 366 : 1,046 ≈ 350.
Damit gilt: B(t) = 350 · 1,046^t.

t	0	1	2	4	8
B(t)	350	366	383	419	502

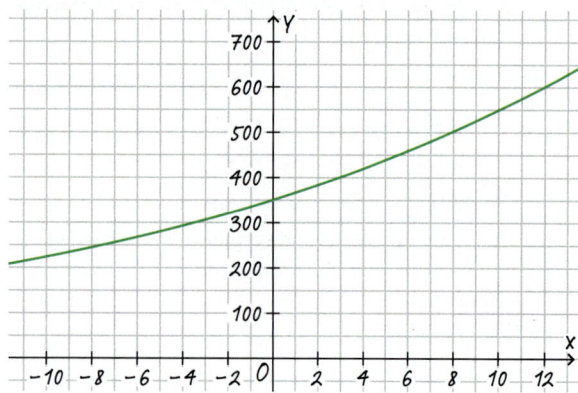

4
a) G(t) = 23 000 · 1,022^t
b) G(31) ≈ 45 154,97 < 46 000; G(32) ≈ 46 148,38 > 46 000
Es dauert 32 Jahre, bis sich das Guthaben verdoppelt hat.

5
a) t in Monaten: B_M(t) = 24 500 · 1,0075^t;
t in Vierteljahren: B_V(t) = 24 500 · 1,0227^t;
t in Jahren: B_J(t) = 24 500 · 1,0938^t
b) Schuldsumme nach 5 Monaten:
B_M(5) = 24 500 · 1,0075^5 = 25 432,63;
Schuldsumme nach 15 Monaten:
B_V(5) = 24 500 · 1,0227^5 = 27 409,89 bzw.
B_M(15) = 24 500 · 1,0075^{15} = 27 405,76;
Schuldsumme nach 2 Jahren:
B_J(2) = 24 500 · 1,0938^2 = 29 311,76 bzw.
B_M(24) = 24 500 · 1,0075^{24} = 29 312,13
c) Ansatz: 1,0075^t = 1,03; gesucht ist t
Eine Einschachtelung bzw. Wertetabelle liefert:

t	2	3	4
B(t)	≈ 1,0151	≈ 1,0227	≈ 1,0303

Die Schuldsumme wächst alle 4 Monate um ca. 3 % an.

Runde 2

1
a) 8^2; 8^1; 8^0; 8^{-1}; 8^{-2}
b) 100^2; 100^1; 100^0; 100^{-1}; 100^{-2} (Anmerkung: auch eine Darstellung mit der Basis 10 ist möglich)
c) $\left(\frac{2}{5}\right)^3$; $\left(\frac{2}{5}\right)^2$; $\left(\frac{2}{5}\right)^1$; $\left(\frac{2}{5}\right)^0$; $\left(\frac{2}{5}\right)^{-1}$

2
Ein Jahr hat 3,1536 · 10^7 Sekunden. Das Licht legt also in einem Jahr 9,4608 · 10^{12} km zurück. Der Andromedanebel ist somit 2,554 416 · 10^{19} km entfernt.
Der Durchmesser beträgt 1,542 1104 · 10^{18} km.

3
a) W(t) = 400 000 · 1,02^t
W(34) ≈ 784 270 < 2 · 400 000
W(35) ≈ 799 956 < 2 · 400 000
W(36) ≈ 815 955 > 2 · 400 000
Nach etwas mehr als 35 Jahren hat sich der Wert bei dieser Modellannahme verdoppelt.
b) W(t) = 400 000 + 8000 · t
400 000 + 8000 · t = 800 000
8000 · t = 400 000
t = 50
Bei dieser Modellannahme dauert es 50 Jahre, bis sich der Wert verdoppelt.

4
a) B(t) = 14 · 1,027^t (B(t) in Millionen, t in Jahren nach 2019)
B(10) = 14 · 1,027^{10} ≈ 18,3
Man erwartet 2029 ca. 18,3 Millionen Einwohner.
b) B(26) ≈ 27,987 < 2 · 14
B(27) ≈ 28,743 > 2 · 14
Aufgrund des Modells erwartet man, dass die Einwohnerzahl 2046 erstmals doppelt so hoch ist wie 2019.

5
a) Es gilt 2^{10} = 1024
Daher muss man eine Zahl 10-mal verdoppeln, um das 1024-fache dieser Zahl zu erhalten.
b) Es gilt (2^{10})^2 = 2$^{10 · 2}$ = 2^{20} bzw. (2^{10})^2 = 2^{10} · 2^{10}
Um das 2^{20}-fache der Ausgangszahl zu erhalten, muss man also doppelt so oft verdoppeln wie in Teilaufgabe a), nämlich 20-mal.

VI Trigonometrie

Seite 173

7
a) sin(α) = $\frac{a}{c}$ = $\frac{4,5\,cm}{7,6\,cm}$ ≈ 0,592;
α = sin$^{-1}\left(\frac{4,5}{7,6}\right)$ ≈ 36,3°
β ≈ 180° − 90° − 36,3° = 53,7°
b = cos(α) · c
≈ cos(36,3°) · 7,6 cm
≈ 6,1 cm

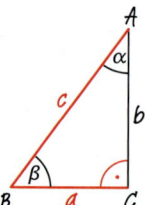

b)

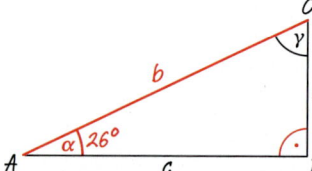

sin(α) = $\frac{a}{b}$; a = b · sin(α) = 8,61 dm · sin(26°) ≈ 3,77 dm
cos(α) = $\frac{c}{b}$; c = b · cos(α) = 8,61 dm · cos(26°) ≈ 7,74 dm
γ = 90° − α = 64°

c)

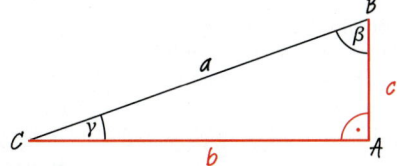

Nach Pythagoras: $a^2 = b^2 + c^2 = (36\,dm)^2 + (13{,}2\,dm)^2$
$= 1470{,}24\,dm^2$;
$a = \sqrt{1470{,}24\,dm^2} \approx 38{,}34\,dm$
$\sin(\gamma) = \frac{c}{a} = \frac{13{,}2\,dm}{38{,}34\,dm} \approx 0{,}344$; $\gamma = \sin^{-1}(0{,}344) \approx 20{,}14°$
$\beta = 90° - \gamma \approx 90° - 20{,}14° = 69{,}86°$

8

Planskizze:

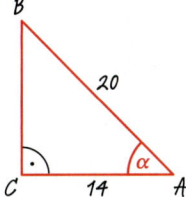

$\cos(\alpha) = \frac{14\,cm}{20\,cm} = 0{,}7$; $\alpha = \cos^{-1}(0{,}7) \approx 45{,}6°$

Der Seilzug muss in einem Winkel von ca. 45,6° an der Klappe angebracht werden.

Seite 174

13

a) Länge des Sonnenstrahls s Baumspitze – Boden:
$s = \frac{20\,m}{\sin(24{,}5°)} \approx 48{,}23\,m$

Länge des l Schattens:
$l = s \cdot \cos(24{,}5°) \approx 48{,}23\,m \cdot \cos(24{,}5°) \approx 43{,}89\,m$

b) Länge des Sonnenstrahls s Spitze Fernsehturm – Boden:
$s = \frac{78\,m}{\sin(24{,}5°)} \approx 188{,}09\,m$

Länge des l Schattens:
$l = s \cdot \cos(24{,}5°) \approx 188{,}09\,m \cdot \cos(24{,}5°) \approx 171{,}16\,m$

c) Länge des Sonnenstrahls s Spitze Maiglöckchen – Boden:
$s = \frac{10\,cm}{\sin(24{,}5°)} \approx 24{,}11\,cm$

Länge des l Schattens:
$l = s \cdot \cos(24{,}5°) \approx 24{,}11\,cm \cdot \cos(24{,}5°) \approx 21{,}94\,cm$

14

$\alpha = \sin^{-1}\left(\frac{23}{500}\right) \approx 2{,}6°$

Der Neigungswinkel zur Horizontalen des Seils des Sesselliftes beträgt ca. 2,6°.

G 17

Vergessensquote in 9 a: $\frac{8}{28} \approx 28{,}57\,\%$

Vergessensquote in 9 b: $\frac{9}{30} = 30\,\%$

Vergessensquote in 9 c: $\frac{10}{32} = 31{,}25\,\%$

Die Vergessensquote war in der Klassen 9 c am höchsten.

Seite 177

6

a) $x = \frac{4\,cm}{\tan(44°)} \approx 4{,}14\,cm$

b) $x = 4{,}8\,cm \cdot \tan(32°) \approx 3{,}00\,cm$

c) $\alpha = \tan^{-1}\left(\frac{3{,}4\,cm}{7{,}1\,cm}\right) \approx 25{,}6°$

d) $\alpha = \tan^{-1}\left(\frac{2\,cm}{3\,cm}\right) \approx 33{,}7°$

7

a) $\tan(23°) \approx 42{,}45$. Die Piste hat eine Steigung von ca. 42,45 %; die Raupe kann die Piste befahren.

b) $\tan^{-1}\left(\frac{50}{100}\right) = \tan^{-1}(0{,}5) \approx 26{,}57°$.

Die Raupe kann maximal eine Piste mit einem Steigungswinkel von ca. 26,57° befahren.

Seite 178

13

Die Formel $\tan(55°) = \frac{2}{a}$ wurde falsch umgeformt.

Richtig: $a = \frac{2}{\tan(55°)} \approx 1{,}40$

14

Steigungswinkel der Wiese:
$\alpha = \tan^{-1}\left(\frac{2{,}5\,m}{8\,m}\right) = \tan^{-1}(0{,}3125) \approx 17{,}35°$

Der Mähroboter kann die Wiese bewältigen.

G 16

a) „jeder vierte": 25 %; Winkel im Kreisdiagramm 90°.

b) „2 von 5": $\frac{2}{5} = 0{,}4 = 40\,\%$; Winkel im Kreisdiagramm 144°.

c) $\frac{7}{12} \approx 60\,\%$; Winkel im Kreisdiagramm
$\frac{7}{12} \cdot 360° = 7 \cdot 30° = 210°$

d) „5 von 18": $\frac{5}{18} \approx 30\,\%$; Winkel im Kreisdiagramm
$\frac{5}{18} \cdot 360° = 5 \cdot 20° = 100°$

Seite 181

4

Es gilt: $\tan(\alpha) = \frac{h}{\frac{b}{2}} = \frac{5{,}4\,m}{4{,}2\,m}$; $\alpha = \tan^{-1}\left(\frac{5{,}4\,m}{4{,}2\,m}\right) \approx 52{,}1°$

$\sin(\alpha) = \frac{h}{a}$; also $a = \frac{h}{\sin(\alpha)} \approx \frac{5{,}4\,m}{\sin(52{,}1°)} \approx 6{,}84\,m$

Die Dachneigung beträgt ca. 52,1°; die Dachkante ist ca. 6,84 m lang.

5

Für die Höhe h des Parallelogramms gilt:
$\sin(30°) = \frac{h}{7{,}2\,m}$; damit $h = 7{,}2\,m \cdot \sin(30°) = 3{,}6\,m$

Der Flächeninhalt A beträgt damit:
$A = h \cdot 12\,m = 3{,}6\,m \cdot 12\,m = 43{,}2\,m^2$

Lösungen

Seite 183

12

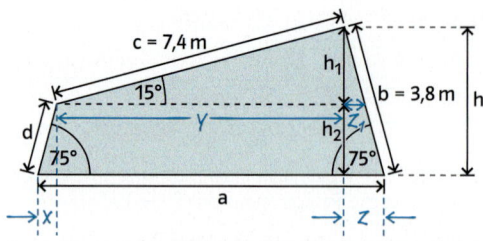

a) $\sin(75°) = \frac{h}{3{,}8\,m}$; daraus folgt $h = 3{,}8\,m \cdot \sin(75°) \approx 3{,}67\,m$

$\sin(15°) = \frac{h_1}{7{,}4\,m}$; daraus folgt $h_1 = 7{,}4\,m \cdot \sin(15°) \approx 1{,}92\,m$

$h_2 = h - h_1 \approx 3{,}67\,m - 1{,}92\,m = 1{,}75\,m$

$\sin(75°) = \frac{h_2}{d} = \frac{1{,}75\,m}{d}$; daraus folgt $d = \frac{1{,}75\,m}{\sin(75°)} \approx 1{,}81\,m$

$\cos(75°) = \frac{x}{d}$; daraus folgt $x = d \cdot \cos(75°) \approx 1{,}81\,m \cdot \cos(75°) \approx 0{,}47\,m$

$\cos(15°) = \frac{y}{7{,}4\,m}$; daraus folgt $y = 7{,}4\,m \cdot \cos(15°) \approx 7{,}15\,m$

$\cos(75°) = \frac{z}{b}$; daraus folgt

$z = b \cdot \cos(75°) = 3{,}8\,m \cdot \cos(75°) \approx 0{,}98\,m$

$a = x + y + z \approx 0{,}47\,m + 7{,}15\,m + 0{,}98\,m = 8{,}60\,m$

b) $\tan(75°) = \frac{h_1}{z_1}$; daraus folgt $z_1 = \frac{h_1}{\tan(75°)} \approx \frac{1{,}92\,m}{\tan(75°)} \approx 0{,}51\,m$

Flächeninhalt A_1 der Dreiecksfläche:

$A_1 = \frac{1}{2} \cdot (y + z_1) \cdot h_1 = \frac{1}{2} \cdot (7{,}15\,m + 0{,}51\,m) \cdot 1{,}92\,m \approx 7{,}4\,m^2$

Flächeninhalt A_2 der Trapezfläche:

$A_2 = \frac{1}{2} \cdot (a + y + z_1) \cdot h_2 = \frac{1}{2} \cdot (8{,}60\,m + 7{,}15\,m + 0{,}51\,m) \cdot 1{,}75\,m$

$\approx 14{,}2\,m^2$

Anmerkung: da das Trapez symmetrisch ist, kann man A_2 auch berechnen mit

$A_2 = \frac{1}{2} \cdot (2 \cdot a - 2 \cdot x) \cdot h_2 = (a - x) \cdot h_2$.

Der Pultdachgiebel hat damit eine Gesamtfläche von ca. $7{,}4\,m^2 + 14{,}2\,m^2 = 21{,}6\,m^2$.

13

a) Länge der Flächendiagonalen: $\sqrt{2} \cdot a$; Länge der Raumdiagonalen: $\sqrt{3} \cdot a$

Für die Größe des Winkels α zwischen Raumdiagonale und Grundfläche gilt:

$\sin(\alpha) = \frac{a}{\sqrt{3} \cdot a} = \frac{1}{\sqrt{3}}$; und damit $\alpha = \sin^{-1}\left(\frac{1}{\sqrt{3}}\right) \approx 35{,}3°$

(Die Berechnung kann auch mit dem Kosinus oder Tangens erfolgen.)

b) Die Gleichheit der Winkel ergibt sich aus der Symmetrie des Würfels. Die entsprechenden Dreiecke sind kongruent. Die Größe der Winkel β der Raumdiagonalen mit den Würfelkanten ergibt sich mithilfe des Winkels α aus Teilaufgabe a), siehe Figur im Schülerbuch:

$\beta = 90° - \alpha \approx 54{,}7°$.

G 15

a) individuelle Lösung; man könnte z. B. annehmen, dass die Wahrscheinlichkeiten für „Kopf" und „Pin" gleiche sind. Das Foto legt dagegen nahe, dass die Wahrscheinlichkeit für „Pin" viermal größer ist als für „Kopf".

b)

	Relative Häufigkeit für „Pin"	Mögliche sinnvolle Wahrscheinlichkeit für „Pin"
Mina	$\frac{531}{750} \approx 71\,\%$	70 %
Ben	$\frac{508}{750} \approx 67\,\%$	65 %
Jakob	$\frac{466}{750} \approx 62\,\%$	60 %

c) Aufgrund der Ergebnisse der Versuchsreihen, wird man die Wahrscheinlichkeit für „Pin" auf ca. 65 % schätzen, auf jeden Fall höher als die Wahrscheinlichkeit für „Kopf".

Seite 186

5

a)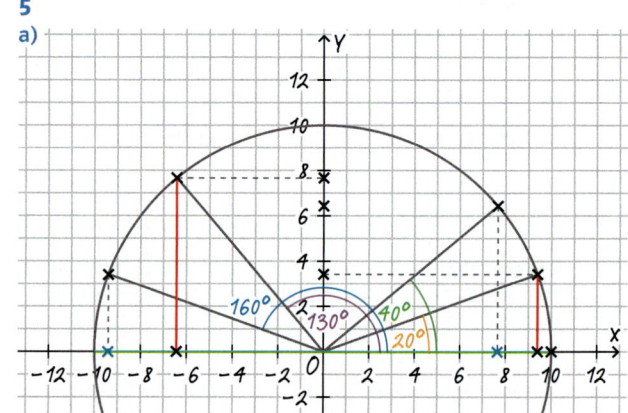

Man liest ab:

$\sin(20°) = 0{,}34$ (TR: $\approx 0{,}342$); $\sin(130°) = 0{,}77$ (TR: $\approx 0{,}766$);
$\cos(40°) = 0{,}77$ (TR: $\approx 0{,}7660$); $\cos(160°) = -0{,}94$ (TR: $\approx -0{,}940$)

b) (1) $a \approx 24°$ (2) $a \approx 66°$ (3) $a \approx 17°$ (4) $a \approx 26°$

Seite 187

11

a) $\sin(150°) = \sin(30°) = \frac{1}{2}$

b) $\sin(330°) = -\sin(30) = -\frac{1}{2}$

c) $\cos(120°) = -\cos(60°) = -\frac{1}{2}$

d) $\cos(135°) = -\cos(45°) = -\frac{1}{2} \cdot \sqrt{2}$

12

a) $\sin(60°)$ entspricht der Länge der Höhe des gleichseitigen Dreiecks; $\cos(60°)$ entspricht der halben Seitenlänge des gleichseitigen Dreiecks.

b) Das gleichseitige Dreieck hat die Seitenlängen 1. Aufgrund der Überlegungen aus Teilaufgabe a) ergibt sich damit $\cos(60°) = \frac{1}{2} \cdot 1 = \frac{1}{2}$:

$\sin(60°) = \sqrt{1^2 - \left(\frac{1}{2}\right)^2} = \sqrt{1 - \frac{1}{4}} = \sqrt{\frac{4-1}{4}} = \sqrt{\frac{3}{4}} = \frac{1}{2} \cdot \sqrt{3}$

G 16
Die Gesamt-Nettostromerzeugung im 1. Halbjahr 2018 betrug 269,5 TWh.
Damit ergeben sich die einzelnen Anteile der einzelnen Energieträger an der Gesamtmenge; z.B. für die Kernenergie: $\frac{34{,}7\,\text{THh}}{269{,}5\,\text{TWh}} \approx 13\%$; die Werte der anderen Energieträger berechnen sich entsprechend.

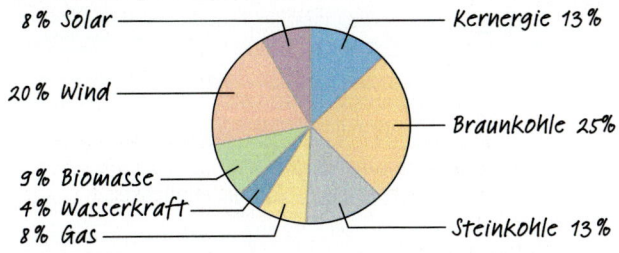

Seite 190

5
a) $160° \triangleq \frac{8}{9} \cdot \pi$
b) $235° = \frac{47}{36} \cdot \pi \approx 1{,}31 \cdot \pi$
c) $98° \triangleq \frac{49}{90} \cdot \pi \approx 0{,}54 \cdot \pi$
d) $-20° \triangleq -\frac{1}{9} \cdot \pi$
e) $-125° \triangleq -\frac{25}{36} \cdot \pi \approx -0{,}69 \cdot \pi$
f) $-160° \triangleq -\frac{8}{9} \cdot \pi$
g) $6 \cdot \pi \triangleq 1080°$
h) $0{,}3 \cdot \pi \triangleq 54°$
i) $\frac{5}{3} \cdot \pi \triangleq 300°$
j) $-1{,}5 \cdot \pi \triangleq -270°$
k) $-\frac{1}{9} \cdot \pi \triangleq -20°$
l) $-0{,}25 \cdot \pi \triangleq -45°$

6
a)
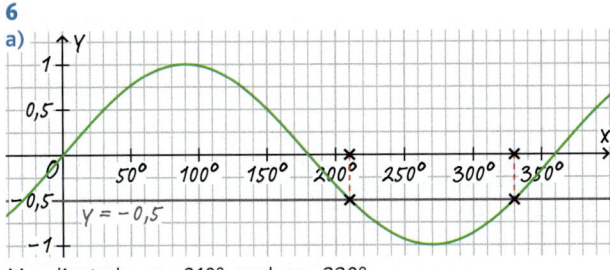

Man liest ab: $\alpha = 210°$ und $\alpha = 330°$

b)
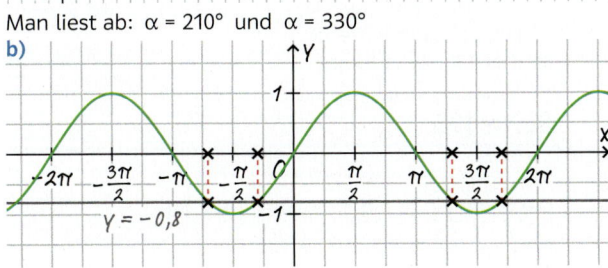

Man liest ab: $x \approx -0{,}7 \cdot \pi$; $x \approx -0{,}3 \cdot \pi$; $x \approx 1{,}3 \cdot \pi$; $x \approx 1{,}7 \cdot \pi$

Seite 192

12
a) $\sin(x) > 0$ und $\cos(x) > 0$ ist im Intervall $[0; 2\pi]$ erfüllt für $0 < x < \frac{\pi}{2}$
(Übertragung auf Winkel 0° bis 360°: $0 < \alpha < 90°$)

b) $\sin(x) > 0$ und $\cos(x) < 0$ ist im Intervall $[0; 2\pi]$ erfüllt für $\frac{\pi}{2} < x < \pi$
(Übertragung auf Winkel 0° bis 360°: $90° < \alpha < 180°$)

c) $\sin(x) = 0$ und $\cos(x) = -1$ ist im Intervall $[0; 2\pi]$ erfüllt für $x = \pi$
(Übertragung auf Winkel 0° bis 360°: $\alpha = 180°$)

d) $\sin(x) = \cos(x)$ ist im Intervall $[0; 2\pi]$ erfüllt für $x = \frac{\pi}{4}$ und $x = \frac{5 \cdot \pi}{4}$
(Übertragung auf Winkel 0° bis 360°: $\alpha = 45°$ und $\alpha = 225°$)

13
a) Amplitude des Pendels: 0,5 m
b) Der erste Durchlauf nach dem Beginn der Messung durch die Ruhelage (von rechts nach links) ist nach 3 Sekunden (erste Nullstelle von f nach Beginn der Messung).
c) Auslenkung des Pendels nach einer Minute:
$f(60) = 0{,}5 \cdot \sin(60) \approx -0{,}15$
Das Pendel ist nach einer Minute ca. 15 cm nach links ausgelenkt.

G 16

Haarfarbe	Anzahl
blond	2
hellbraun	11
dunkelbraun	12
rot	1
schwarz	4

Kreisdiagramm:

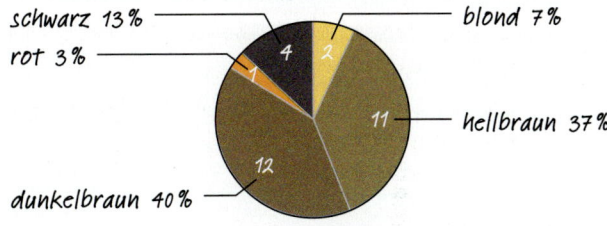

Säulendiagramm:

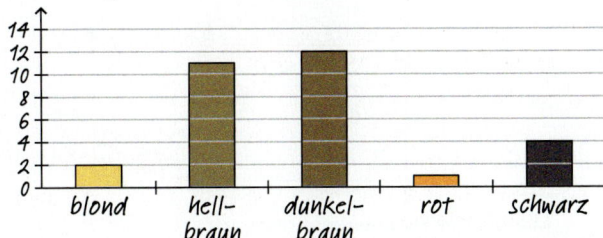

Seite 193

1
a) $\alpha = 90° - 70° = 20°$; $a = 10{,}8 \cdot \sin(20°) \approx 3{,}7$;
$b = 10{,}8 \cdot \sin(70°) \approx 10{,}1$
b) $\alpha = \tan^{-1}\left(\frac{3{,}7}{17{,}7}\right) \approx 12°$; $\beta \approx 90° - 12° = 78°$;
$b = 17{,}7 \cdot \sin(78°) \approx 17{,}3$

Lösungen

c) $\beta = 90° - 57° = 33°$; $b = \frac{10,6}{\tan(57°)} \approx 6,9$; $c = \frac{10,6}{\cos(33°)} \approx 12,6$

Name aus dem übriggebliebenen Buchstaben: LEA

2
a) $x = 8,9\,cm \cdot \tan(23°) \approx 3,8\,cm$
b) $x = 4,6\,cm \cdot \tan(49°) \approx 5,3\,cm$
c) $x = 3,7\,cm \cdot \tan(59°) \approx 6,2\,cm$
d) $x = 6,3\,cm \cdot \tan(31°) \approx 3,8\,cm$

3
a) $\beta = \tan^{-1}\left(\frac{4,3\,cm}{5,9\,cm}\right) \approx 36,1°$
b) $\beta = \tan^{-1}\left(\frac{3,9\,cm}{7,6\,cm}\right) \approx 27,2°$
c) $\beta = \tan^{-1}\left(\frac{4,9\,cm}{8,4\,cm}\right) \approx 30,3°$
d) $\beta = \tan^{-1}\left(\frac{4,2\,cm}{5,8\,cm}\right) \approx 35,9°$

4
a) roter Topf
b) grüner Topf
c) roter Topf
d) blauer Topf
e) orangener Topf
f) orangener Topf

5
$30° \triangleq \frac{\pi}{6}$; $180° \triangleq \pi$; $225° \triangleq \frac{5\pi}{4}$

6
a) $\frac{7 \cdot \pi}{6}$
b) $\frac{25 \cdot \pi}{36} \approx 0,69 \cdot \pi$
c) $\frac{17 \cdot \pi}{36} \approx 0,47 \cdot \pi$
d) $-\frac{\pi}{9}$
e) $-\frac{5 \cdot \pi}{12}$
f) $-\frac{8 \cdot \pi}{9}$
g) 540°
h) 90°
i) 135°
j) −180°
k) −30°
l) −45°

7
$c = \frac{2,5}{\sin(40°)} \approx 3,9$
Wegstrecke a ohne Fahrbahnwechsel
$a = \frac{2,5}{\tan(40°)} \approx 3,0$.
Prozentuale Verlängerung: $\frac{3,9}{3} = 1,3$; der Weg verlängert sich beim Fahrbahnwechsel um ca. 30 %.

Seite 194

8
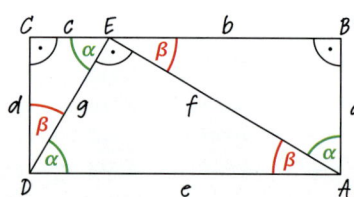

Mithilfe der Figur erkennt man:
$\sin(\alpha) = \frac{b}{f} = \frac{d}{g} = \frac{f}{e}$
$\sin(\beta) = \frac{a}{f} = \frac{c}{g} = \frac{g}{e}$

9
a) Es gilt: $x = 76\,m \cdot \tan(49°) \approx 87,43\,m$.
Wir nehmen an, Maria ist etwa 1,65 m groß, dann ist der Fernsehturm etwa $h \approx 87,43\,m + 1,65\,m = 89,08\,m$ hoch.
b) Wir nehmen an, Markus ist etwa 1,75 m groß, dann gilt:
$x = \frac{324\,m - 1,75\,m}{\tan(64°)} \approx 157,17\,m$. Er steht also etwa 157,17 m vom Eiffelturm entfernt.
c) individuelle Lösungen

10
Die Hypotenuse liegt auf dem Schenkel des Winkels α. Die Hypotenuse kann man zu einer Geraden verlängern. Die Gerade durch den Punkt P hat die Steigung $\tan(\alpha)$. Die Steigung m lässt sich an jedem Steigungsdreieck ablesen. Speziell am Dreieck: „eins nach rechts, $\tan(\alpha)$ nach oben".

11
a) Skizze:

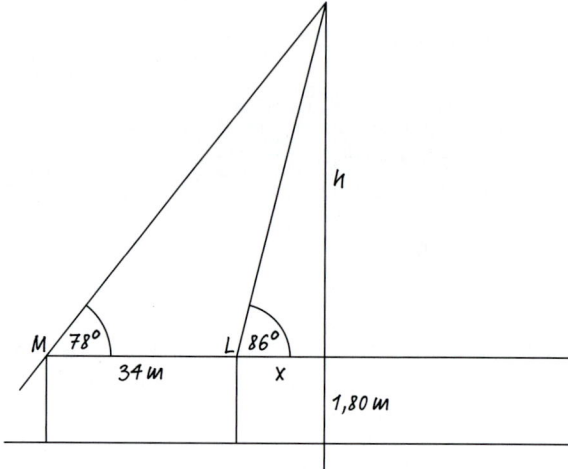

Es gilt: I: $x = \frac{h}{\tan(86°)}$ und

II: $x + 34\,m = \frac{h}{\tan(78°)}$ bzw. $x = \frac{h}{\tan(78°)} - 34\,m$

Also gilt: $\frac{h}{\tan(86°)} = \frac{h}{\tan(78°)} - 34\,m$

$h = \frac{-34\,m}{\frac{1}{\tan(86°)} - \frac{1}{\tan(78°)}} \approx 238,40\,m$

Wenn Marko und Leopold eine Augenhöhe von ca. 1,70 m haben, dann ist der Düsseldorfer Fernsehturm etwa $238,40\,m + 1,70\,m \approx 240\,m$ hoch.

b) $x = \frac{238,40\,m}{\tan(86°)} \approx 16,67\,m$; $34\,m + 16,67\,m = 50,67\,m$

Leopold steht etwa 16,67 m und Marko etwa 50,67 m vom Fernsehturm entfernt.

c) individuelle Lösung

Seite 195

12
Die Seitenlänge a des Quadrats beträgt
$a = 2 \cdot \sin(45°) = 2 \cdot \frac{1}{2}\sqrt{2} = \sqrt{2}$.
Flächeninhalt $A = a^2 = \left(\sqrt{2}\right)^2 = 2$ (FE).

13
a) Die Figur lenkt aus der Ruhelage maximal 0,05 m = 5 cm nach oben und 5 cm nach unten ab.
b) $f(60) = 0,05 \cdot \sin(9,2 \cdot 60) + 0,27 = 0,05 \cdot \sin(552) + 0,27$
$\approx -0,04 + 0,27 = 0,23$
Nach einer Minute ist die Figur ca. 23 cm ausgelenkt (sie befindet sich dann 4 cm unter der Ruhelage).

14

Es gilt $\tan(\beta) = \frac{b}{a}$; also $b = a \cdot \tan(\beta)$.

Für den Flächeninhalt A des Dreiecks gilt dann:

$A = \frac{1}{2} a \cdot b = \frac{1}{2} a \cdot a \cdot \tan(\beta) = \frac{1}{2} \cdot a^2 \cdot \tan(\beta) = \frac{a^2}{2} \cdot \tan(\beta)$

15

a)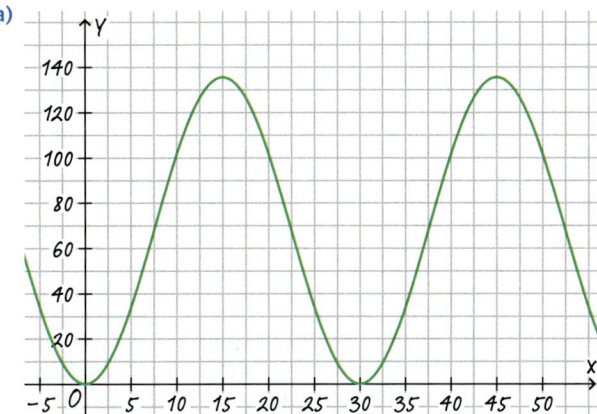

b) Nach 30 Sekunden ist die Gondel wieder an ihrem Ausgangspunkt angelangt: $f(0) = f(30) = 0$.

c) Beschreibung der Gondelfahrt: Die ersten 15 Minuten steigt die Gondel von 0 Meter über dem Boden auf 135 Meter (steigender Graph). Nach 15 Minuten hat sie dann ihren höchsten Punkt erreicht. Dann sinkt die Gondel wieder in den nächsten 15 Minuten (abnehmender Graph), bis sie nach 30 Minuten wieder ihre Ausgangslage erreicht hat.

d) Der Graph von f geht aus dem Graphen der Sinusfunktion wie folgt hervor:
 – Streckung in y-Richtung mit dem Faktor 67,5
 – Streckung in x-Richtung mit dem Faktor $\frac{15}{\pi}$
 – Verschiebung in x-Richtung um 7,5
 – Verschiebung in y-Richtung um 67,5
Die Bedeutung der Werte wird durch die Kärtchen richtig beschrieben.

Seite 199

Runde 1

1

α	β	γ
90°	67°	23°
37°	90°	53°
90° − 15,3° = **74,7°**	$\tan^{-1}\left(\frac{3,6}{13,2}\right) \approx$ **15,3°**	90°

a	b	c
$\frac{25,72\,m}{\sin(67°)} \approx$ **27,94 m**	25,72 m	$25,72 \cdot \tan(23°) \approx$ **10,92 m**
$37,5\,km \cdot \sin(37°) \approx$ **22,6 km**	37,5 km	$37,5\,km \cdot \cos(37°) \approx$ **29,9 km**
13,2 dm	36 cm	$\frac{3,6\,dm}{\sin(15,3°)} \approx$ **13,6 dm**

2

Linke Figur:

$\sin(48°) = \frac{h}{6,5\,cm} \Rightarrow h = 6,5\,cm \cdot \sin(48°) \approx 4,8\,cm$

$\cos(48°) = \frac{\frac{s}{2}}{6,5\,cm} \Rightarrow \frac{s}{2} = 6,5\,cm \cdot \cos(48°) \approx 4,35\,cm$

$\Rightarrow s \approx 2 \cdot 4,35\,cm = 8,7\,cm$

Mittlere Figur:

$\tan(90° - \alpha) = \frac{2,4\,cm}{4,8\,cm} = 0,5 \Rightarrow 90° - \alpha \approx 26,6° \Rightarrow \alpha \approx 63,4°$

$\sin(\alpha) = \frac{4,8\,cm}{r} \Rightarrow r = \frac{4,8\,cm}{\sin(\alpha)} \approx \frac{4,8\,cm}{\sin(63,4°)} \approx 5,4\,cm$

Rechte Figur:

$\tan(\gamma) = \frac{5\,cm}{3\,cm} \Rightarrow \gamma = \tan^{-1}\left(\frac{5}{3}\right) \approx 59,0°$

$\delta = 180° - 2 \cdot \gamma \approx 62,0°$

3

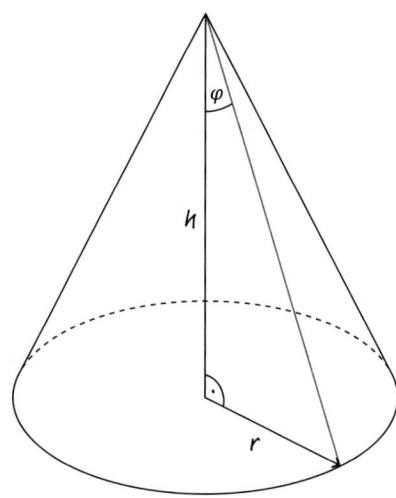

Für den halben Öffnungswinkel φ des Kegels gilt:

$\tan(\varphi) = \frac{25,6\,cm}{50,9\,cm} \Rightarrow \varphi = \tan^{-1}\left(\frac{25,6}{50,9}\right) \Rightarrow \varphi \approx 26,7°$

Der Öffnungswinkel beträgt damit $2 \cdot \varphi \approx 53,4°$

4

a) Das Maximum ist ca. 21 °C, das Minimum ca. −1 °C. Der Graph ist daher $\frac{1}{2} \cdot (21 - 1) = 10$ gegenüber sin(t) nach oben verschoben.

b) September 2019 entspricht dem Wert $t = 12 + 5 = 17$. Am Graphen liest man für diesen Wert 15 °C ab. Man hätte aufgrund der Modellierung für September 2019 eine durchschnittliche Temperatur von 15 °C erwartet.

Runde 2

1

$\tan(\alpha) = \frac{2,6\,cm}{\frac{1}{2} \cdot (6,8\,cm - 3,2\,cm)} = \frac{2,6}{1,8} \Rightarrow \alpha \approx 55,3°$

$\sin(\alpha) = \frac{2,6\,cm}{s} \Rightarrow s = \frac{2,6\,cm}{\sin(\alpha)} \approx \frac{2,6\,cm}{\sin(55,3°)} \approx 3,2\,cm$

2

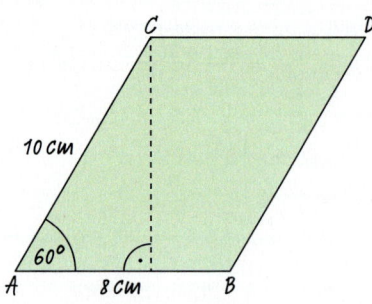

$\sin(60°) = \frac{h}{10\,cm} \Rightarrow h = 10\,cm \cdot \sin(60°) = 5\,cm \cdot \sqrt{3} \approx 8{,}7\,cm$

Flächeninhalt: $A = 8\,cm \cdot h \approx 69{,}6\,cm^2$

3

a) Sei x die Länge der Strecke $\overline{BT}$.
Dann gilt: $\tan(\alpha) = \frac{h}{(200+x)}$ und $\tan(\beta) = \frac{h}{x}$.

b) Beide Gleichungen aus Teilaufgabe a) nach x aufgelöst ergibt:

(I) $x = \frac{h}{\tan(\alpha)} - 200$ und (II) $x = \frac{h}{\tan(\beta)}$

(I) und (II) gleichsetzen ergibt:

$\frac{h}{\tan(\alpha)} - 200 = \frac{h}{\tan(\beta)} \Rightarrow \frac{h}{\tan(\alpha)} - \frac{h}{\tan(\beta)} = 200$

$\Rightarrow h \cdot \left(\frac{1}{\tan(\alpha)} - \frac{1}{\tan(\beta)}\right) = 200 \Rightarrow h = \frac{200}{\frac{1}{\tan(\alpha)} - \frac{1}{\tan(\beta)}}$

α und β einsetzen ergibt:

$\Rightarrow h = \frac{200}{\frac{1}{\tan(30{,}11°)} - \frac{1}{\tan(35{,}25°)}} \approx 646{,}4$

Der Berg ist also ca. 646,4 m hoch.

VII Daten und Zufall

Seite 206

6

a) Zu Figur 3: Der Schadstoffausstoß ist von 10 000 auf 8800, also um den Faktor $\frac{8800}{10\,000} = 0{,}88$ gesunken und nicht um den Faktor 0,5.
Die „Manipulation" besteht darin, dass die Achsenskalierung nicht angemessen ist (an der senkrechten Achse wurde der Teil 0 – 8800 abgeschnitten; dadurch entsteht ein falscher Eindruck).
Zu Figur 4: Die „Manipulation" besteht darin, dass die räumliche Darstellung nicht zum genannten Sachverhalt passt. Die Kantenlänge wurde zwar halbiert aber der Schadstoffausstoß ist von 8 Volumeneinheiten auf 1 Volumeneinheit, also um den Faktor $\frac{1}{8} = 0{,}125$ gesunken und nicht um die Hälfte.

b) Zu Figur 3: „Der Schadstoffausstoß hat sich um 12% reduziert".
Zu Figur 4: „Der Schadstoffausstoß hat sich um $\frac{7}{8} = 87{,}5\%$ reduziert".

Seite 208

12

a)

Jahr	Spanne	Bestand
2001	0	0
2002	1	1
2005	4	4
2017	16	16

Jedes Jahr wächst der Bestand um eine Einheit. Die Zuordnung f: Zeitspanne ↦ Bestand ist proportional mit dem Proportionalitätsfaktor 1: $f(x) = x$

b) Die Rechtsachse wurde ungleichmäßig skaliert.

c)

Jahr	Umsatz	Basiswert
1990	100 000	0
1991	105 000	5
1995	125 000	25
2020	200 000	100

Man stellt die Säulen mit den Höhen 0; 5; 25; 100 in gleichen Abständen nebeneinander. Dadurch, dass die Hochachse nicht bei 0 € sondern bei 100 000 € beginnt, und die Rechtsachse nicht gleichmäßig unterteilt wird, hat man doppelt „manipuliert".

G 14

Allgemeine Geradengleichung: $y = m \cdot x + c$. Von P nach Q geht man 3 Einheiten nach rechts und 3 Einheiten nach oben. Die Steigung m ist also 1. In $y = x + c$ setzt man nun z. B. den Punkt Q ein und erhält $2 = 1 + c$ und damit $c = 1$. Die Geradengleichung lautet also $y = x + 1$.

Seite 211

5

a)

Merkmal	Junge	Mädchen	gesamt
jünger als 14	**50**	90	**140**
14 oder älter	80	**130**	210
gesamt	**130**	**220**	350

b) $\frac{90}{350} \approx 26\%$

c) $\frac{90}{140} \approx 64\%$

Seite 212

9

a)
	Hund bellt	bellt nicht	Summe
Rauschgift	98	2	100
kein Rauschgift	297	9603	9900
Summe	395	9605	10000

b) p(Hund bellt) = $\frac{395}{10000}$ = 0,0395 = 3,95 %

c) p(Rauschgift, wenn der Hund bellt) = $\frac{98}{395}$ ≈ 0,248 = 24,8 %

Nur ca. 25 % der Personen, bei denen der Hund bellt, schmuggeln Rauschgift.

G 12

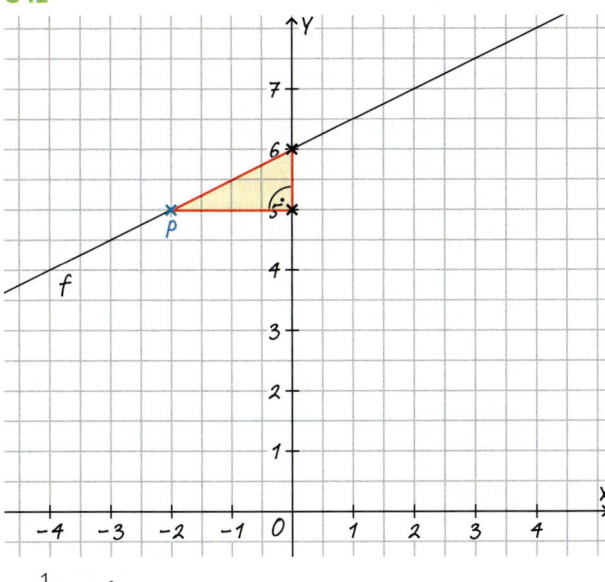

$y = \frac{1}{2} \cdot x + 6$

Probe mit dem Punkt P(−2|5): $\frac{1}{2} \cdot (-2) + 6 = -1 + 6 = 5$ ✓

Seite 213

1
a) Die Achsen sind gleichmäßig skaliert. Der Nullpunkt ist sichtbar. Die Grafik stellt korrekt die Entwicklung der Weltbevölkerung seit Christigeburt dar.
b) Durch Ausblenden des Ursprungs wird in der Grafik eine verharmlosende Wirkung erzielt. Die dramatische Zunahme der Weltbevölkerung wird dadurch unterschlagen.
c) Die Kantenlänge wurde verdoppelt. Da sich der Betrachter an der Fläche orientiert, entsteht der Eindruck einer Vervierfachung. Die Grafik ist also „manipuliert".
d) „Manipulation" durch unangemessene Skalierung der Hochachse.

2

a)
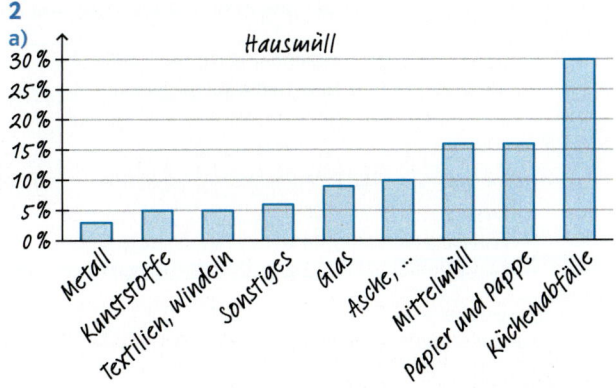

b) Die räumliche Darstellung durch die Mülltonnen erweckt einen falschen Eindruck von den Relationen der Müllsorten untereinander. Z. B. ist der Anteil der Küchenabfälle tatsächlich nur etwa doppelt so groß wie der von Papier und Pappe. Die Veranschaulichung durch die Mülltonnen vermittelt aber einen wesentlichen höheren Faktor.

3

Die angegebenen Prozentzahlen entsprechen den Höhen der Kreisteile. Das Auge nimmt aber Flächen wahr. Die Fläche in Teilprojekt B ist mehr als doppelt so groß wie die von Teilprojekt A. Dadurch wird ein zu großer Projektfortschritt suggeriert.

Seite 214

4

a)
Merkmal	Mädchen	Junge	gesamt
gut im Weitsprung	5	10	15
nicht gut im Weitsprung	10	0	10
gesamt	15	10	25

b)
Merkmal	positiv getestet	negativ getestet	gesamt
geimpft	5	27	32
nicht geimpft	15	0	15
gesamt	20	27	47

5

a) (1) Montagsstuhl mängelfrei: $\frac{180}{200}$ = 90 %

(2) Sonstiger Stuhl mängelfrei: $\frac{768}{800}$ = 96 %

b) Der Stichprobenumfang ist bei (2) größer als bei (1).

c) $\frac{20}{52}$ ≈ 38,5 %

6

a)
Paare	Kinder	keine Kinder	Summe
verheiratet	629077	709385	1338462
unverheiratet	54000	146000	200000
Summe	683077	855385	1538462

Lösungen

b) 2012 gab es in Hessen ungefähr 709 385 Ehepaare ohne Kinder.
c) 629 077 + 54 000 + 187 000 = 870 077
Es gab ca. 870 077 Haushalte mit Kindern.

7

a)

Merkmal	Geld im Automaten	Geld zurück	gesamt
Riegel	20 %	30 %	50 %
kein Riegel	16 %	34 %	50 %
gesamt	36 %	64 %	100 %

b) P(Riegel und Geld zurück) = 20 % = 0,2
c) P(kein Riegel und Geld zurück) = 34 % = 0,34
d) P(Geld zurück) = 64 % = 0,64

8

Merkmal	TÜV-Plakette	keine TÜV-Plakette	gesamt
sechs Jahre oder jünger	0,91 – 0,15 = 0,76	0,09 – 0,054 = 0,036	0,76 + 0,036 = 0,796
älter als sechs Jahre	0,15	0,6 · 0,09 = 0,054	0,15 + 0,054 = 0,204
gesamt	1 – 0,09 = 0,91	0,09	1

$P_{\text{älter als sechs Jahre}}(\text{keine TÜV-Plakette}) = \frac{0,054}{0,204} \approx 0,265$

Seite 215

9

Merkmal	von Frau Gutt montiert	nicht von Frau Gutt montiert	gesamt
einwandfrei	36 %	59 %	95 %
defekt	4 %	1 %	5 %
gesamt	40 %	60 %	100 %

$P_{\text{defekt}}(\text{von Frau Gutt montiert}) = \frac{4}{5} = 0,8$

10

a)

Merkmal	Bahn	nicht Bahn	gesamt
pünktlich	160	20	180
unpünktlich	80	40	120
gesamt	240	60	300

b) $P_{\text{pünktlich}}(\text{Bahn}) = \frac{160}{180} \approx 88,9\,\%$

11

a)

Merkmal	markiert	nicht markiert	gesamt
rote Chips	150	150	300
blaue Chips	60	540	600
gesamt	210	690	900

b) $P_{\text{markiert}}(\text{roter Chip}) = \frac{150}{210} \approx 71,4\,\%$

12

Durch Verschweigen des Stichprobenumfangs wird manipuliert. Da es nur sehr wenige Einbrüche gibt, führt ein zusätzlicher Einbruch zu einer großen relativen Erhöhung. Außerdem haben Zufallsschwankungen hier einen sehr bedeutsamen Einfluss auf den erweckten Eindruck.

13

a) Obere Tabelle:
Risiko einer Erkrankung bei nicht Geimpften:

$\frac{20\,\%}{30\,\%} = \frac{2}{3} \approx 66\,\%$

Risiko einer Erkrankung bei Geimpften: $\frac{10\,\%}{70\,\%} = \frac{1}{7} \approx 14\,\%$

Untere Tabelle:

Risiko einer Erkrankung bei nicht Geimpften: $\frac{2040}{3029} \approx 67\,\%$

Risiko einer Erkrankung bei Geimpften: $\frac{995}{7016} \approx 14\,\%$

Das Verhältnis der Zahlen ist in beiden Tabellen nahezu gleich.

b) Absolute Zahlen, vor allem, wenn sie groß sind, sind eindrucksvoller als relative. Bei großen Zahlen sind die Zufallseinflüsse auf die Prozentangaben sehr klein. Mögliche andere Tabellen, die zur oberen Tabelle passen:

Merkmal	erkrankt	nicht erkrankt	gesamt
geimpft	1	6	7
nicht geimpft	2	1	3
gesamt	3	7	10

Merkmal	erkrankt	nicht erkrankt	gesamt
geimpft	1000	6000	7000
nicht geimpft	2000	1000	3000
gesamt	3000	7000	10 000

14

Ein Anwendungskontext ergibt sich z. B. aus Aufgabe 13, ein anderer aus Aufgabe 5.
Bei der Verwendung des Kontextes aus Aufgabe 13 und der unteren Tabelle ergibt sich:

$\frac{a_1}{z_1} = \frac{995}{7016} \approx 14\,\%$: Wahrscheinlichkeit, dass man trotz Impfung erkrankt.

$\frac{b_1}{z_2} = \frac{2040}{3029} \approx 67\,\%$: Wahrscheinlichkeit, dass ein nicht Geimpfter erkrankt.

$\frac{a_1}{s_1} = \frac{995}{3035} \approx 33\,\%$: Wahrscheinlichkeit, dass ein Erkrankter geimpft war.

$\frac{a_2}{s_2} = \frac{6021}{7010} \approx 86\,\%$: Wahrscheinlichkeit, dass ein nicht Erkrankter geimpft war.

Bei der Verwendung des Kontextes aus Aufgabe 5 ergibt sich:

$\frac{a_1}{z_1} = \frac{180}{948} \approx 19\,\%$: Wahrscheinlichkeit, dass ein Stuhl ohne Mängel am Montag gefertigt wurde.

$\frac{b_1}{z_2} = \frac{20}{52} \approx 38\,\%$: Wahrscheinlichkeit, dass ein mangelhafter Stuhl am Montag gefertigt wurde.

$\frac{a_1}{s_1} = \frac{180}{200} = 90\,\%$: Wahrscheinlichkeit, dass ein am Montag gefertigter Stuhl ohne Mängel war.

$\frac{a_2}{s_2} = \frac{768}{800} = 96\,\%$: Wahrscheinlichkeit, dass ein Stuhl, der nicht am Montag gefertigt wurde, ohne Mängel war.

Seite 219

Runde 1

1
a) Der zweite Tropfen ist etwa doppelt, der dritte und vierte etwa achtmal so hoch wie der erste Tropfen. Damit werden die relativen Häufigkeiten durch die Höhen veranschaulicht.
b) Da die Tropfen als räumliches Gebilde, wie z. B. Quader, wahrgenommen werden, deren Breite/Tiefe sich um den gleichen Faktor vergrößert, ist die Darstellung nicht angemessen.

2

Merkmal	Restaurant	Selbstversorger	gesamt
männlich	150	72	222
weiblich	90	30	120
gesamt	240	102	342

3
a) (1) $\frac{10}{50} = 20\,\%$ (2) $\frac{10}{120} \approx 8{,}3\,\%$

b) Die Wahrscheinlichkeit, dass eine geimpfte Person erkrankt: $\frac{10}{120} \approx 8{,}3\,\%$

Die Wahrscheinlichkeit, dass eine nicht geimpfte Person erkrankt: $\frac{40}{260} \approx 15{,}4\,\%$

Damit wird durch die Impfung das Risiko zu erkranken beinahe halbiert. Sie ist also wirksam.

Runde 2

1
a)
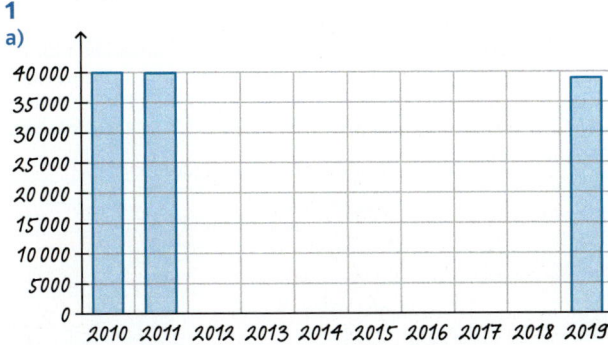

b)
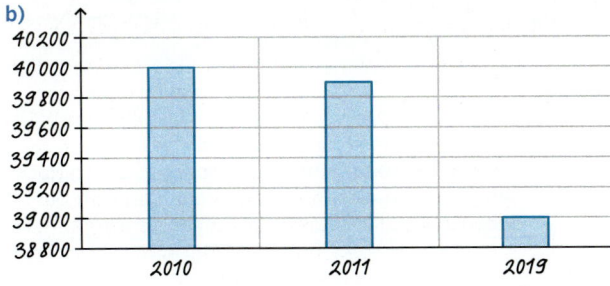

2
a) Das große Paket hat das achtfache Volumen der kleinen Packung, soll aber nur doppelt so viel Waschpulver enthalten.
b) (1) Ohne Vergünstigung müsste die Großpackung 8 € kosten, bei 50 % Vergünstigung dann 4 € billiger, also 4 €.
(2) Die Großpackung müsste ohne Vergünstigung 2 € kosten, mit 50 % Vergünstigung also auch 1 €.

3
Wegen der glatten Prozentwerte könnte man vermuten, dass Hyla nur 4 Autos untersucht hat.

4
a) (1) 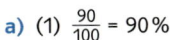 $\frac{90}{100} = 90\,\%$ (2) 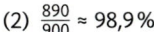 $\frac{890}{900} \approx 98{,}9\,\%$

b)
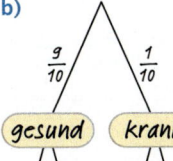 oder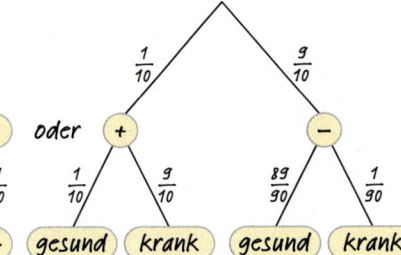

Check-in

Seite 222

Check-in zu Kapitel I

1
a) Wertetabelle:

x	−4	−3	−2	−1	0	1	2	3	4
y	−1	−0,75	−0,5	−0,25	0	0,25	0,5	0,75	1

b) Wertetabelle:

x	−4	−3	−2	−1	0	1	2	3	4
y	10,5	8,5	6,5	4,5	2,5	0,5	−1,5	−3,5	−5,5

c) Wertetabelle:

x	0,5	1	1,5	2	2,5	3
y	3	1,5	1	0,75	0,6	0,5

Funktionsgraphen: siehe Abbildung

Lösungen

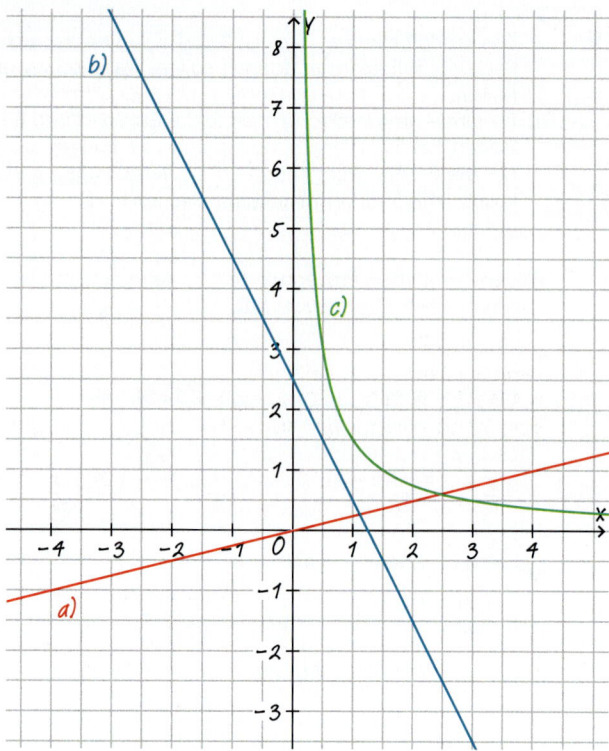

2
a) Drucker der Firma A: $K(x) = 0{,}016x + 120$
   Drucker der Firma B: $K(x) = 0{,}025x + 80$
   Begründung: Der Preis pro ausgedruckter Seite beträgt beim Drucker der Firma A $\frac{80\,€}{5000} = 0{,}016\,€$ und beim Drucker der Firma B $\frac{50\,€}{2000} = 0{,}025\,€$. Dieser Preis (in €) muss mit der Anzahl x der ausgedruckten Seiten multipliziert werden. Die Anschaffungskosten (in €) werden jeweils addiert.
b) Für den Drucker der Firma A erhält man:
   $K(10\,000) = 0{,}016 \cdot 10\,000 + 120 = 160 + 120 = 280$
   Für den Drucker der Firma B erhält man:
   $K(10\,000) = 0{,}025 \cdot 10\,000 + 80 = 250 + 80 = 330$
   Daher ist der Drucker der Firma A bei 10 000 ausgedruckten Seiten günstiger als der Drucker der Firma B.

3
a) (1) $(2x - y)^2 = 4x^2 + y^2 + (-4xy)$ (2. binomische Formel)
   (2) $(2x - 3b)(2x + 3b) = 4x^2 - 9b^2$ (3. binomische Formel)
   (3) $(3s + 2)^2 = 9s^2 + 12s + 4$ (1. binomische Formel)
b) (1) $\frac{1}{4}k^2 - 4kp + 16p^2$ (2) $9c^2 + 2c + \frac{1}{9}$
   (3) $9x^2 - 36y^2$
c) (1) $16c^2 + 9v^2 - 24cv = (4c)^2 - 2 \cdot 4c \cdot 3v + (3v)^2$
      $= (4c - 3v)^2$
   (2) $(2f + \sqrt{5}\,s)(2f - \sqrt{5}\,s)$
   (3) $18x^2 + 12xy + 8y^2 = 2 \cdot (9x^2 + 6xy + 4y^2)$; Klammer ist nicht weiter zerlegbar, da keine binomische Formel passt.
   (4) $3(z^2 - 1) = 3(z + 1)(z - 1)$

4
a) I: $x + 2y = 11$ $|\,-2y$
   II: $-2x + 5y = -40$
   Ia: $x = 11 - 2y$ in II einsetzen:
   $-2(11 - 2y) + 5y = -40$
   $-22 + 4y + 5y = -40$ $|\,+22$
   $9y = -18$
   $y = -2$
   Einsetzen in Ia: $x = 11 - 2(-2) = 15$
   Probe: $(15\,|\,-2)$ in I: $15 + 2 \cdot (-2) = 11$
                                $15 - 4 = 11$ (wahr)
   $(15\,|\,-2)$ in II: $-2 \cdot 15 + 5 \cdot (-2) = -40$
                                $-30 - 10 = -40$ (wahr)
   Lösung: $x = 15$, $y = -2$
b) I: $3x + 4y = 1$
   II: $4x + 2y = -12$ $|\,\cdot(-2)$
   I: $3x + 4y = 1$
   IIa: $-8x - 4y = 24 = 24$
   I + IIa: $-5x = 25$ $|\,:(-5)$
   $x = -5$
   Einsetzen, z.B. in I: $3 \cdot (-5) + 4y = 1$ $|\,+15$
   $4y = 16$ $|\,:4$
   $y = 4$
   Probe: $(-5\,|\,4)$ in I: $3 \cdot (-5) + 4 \cdot 4 = 1$
                              $-15 + 16 = 1$ (wahr)
   $(-5\,|\,4)$ in II: $4 \cdot (-5) + 2 \cdot 4 = -12$
                              $-20 + 8 = -12$ (wahr)
   Lösung: $x = -5$, $y = 4$

Seite 223

Check-in zu Kapitel II

1
a) Es gibt keine Stufen- und keine Wechselwinkel, da die Geraden nicht parallel verlaufen.
   Scheitelwinkel: α und γ; β und δ; μ und ε; π und λ
b) α und μ; β und π; γ und ε; δ und λ (Stufenwinkel)
   α und ε; β und λ; γ und μ; δ und π (Wechselwinkel)
   α und γ; β und δ; μ und ε; π und λ (Scheitelwinkel)
c)

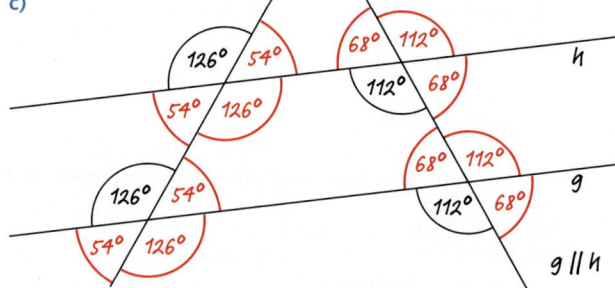

2
a) (1) und (3) sind kongruent (sws).
   (2) ist nicht kongruent zu den anderen. Durch Nachmessen (oder genaues Hinsehen) stellt man fest: Der zweite Schenkel des 50°-Winkels ist länger als 4,5 cm.

b) (1) kongruent (sss)

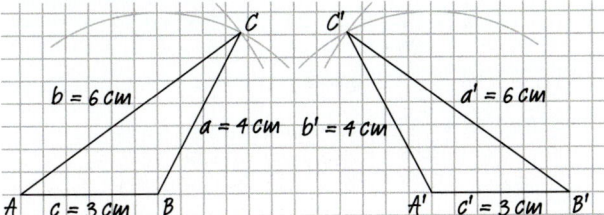

(2) nicht kongruent.
Begründung:
Zeichnerisch: Das zweite Dreieck ist kleiner als das erste (siehe Skizze).

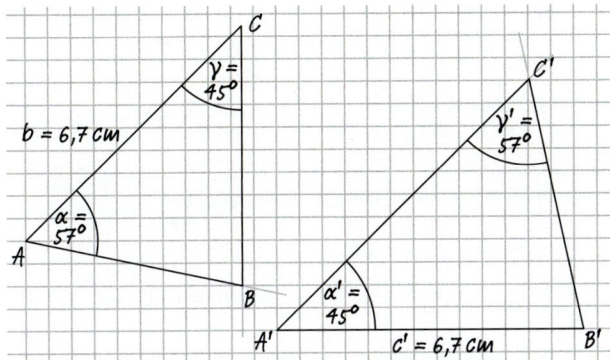

Begründung ohne Skizze:
Nur, wenn die von den Winkeln eingeschlossenen Seiten in beiden Dreiecken gleich lang sind, sind die Dreiecke kongruent. Die gegebenen Dreiecke haben drei verschieden große Winkel, also auch drei verschieden lange Seiten. Die von den gegebenen Winkeln eingeschlossene Seite des Dreiecks A'B'C' ist daher nicht 6,7 cm lang. Die Dreiecke sind nicht kongruent.

3
a) sss

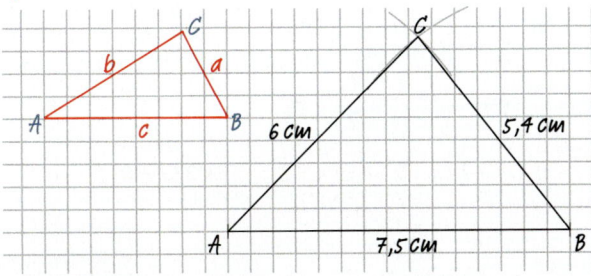

Beschreibung:
Seite c = 7,5 cm → A und B
Kreis um A mit r = 6 cm und Kreis um B mit r = 5,4 cm → C
C mit A und B verbinden.

b) wsw

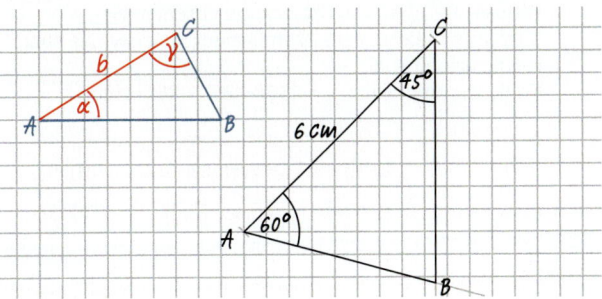

Beschreibung:
Seite b = 6 cm → A und C
In A Winkel α = 60°; in C Winkel γ = 45°.
Freie Schenkel schneiden sich in B.

c) Ssw

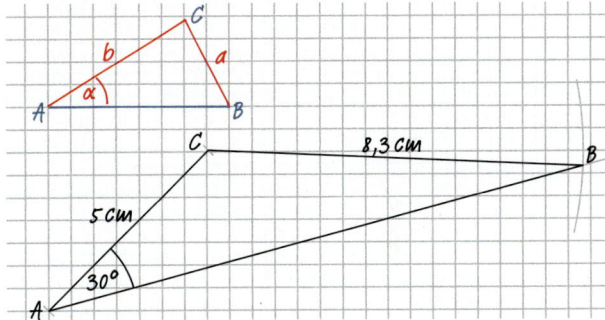

Beschreibung:
Seite b = 5 cm → A und C
In A Winkel α = 30°
Kreis um C mit r = 8,3 cm schneidet freien Schenkel in B.
B mit C verbinden.

4
a) $x = \frac{10}{2} \cdot 4 = 20$ b) $x = \frac{3}{1} \cdot 9 = 27$ c) $x = \frac{12}{6} \cdot 2 = 4$
d) $x = \frac{1}{4} \cdot 7 = 1{,}75$ e) $x = \frac{6}{4} \cdot 3 = 4{,}5$

Seite 224

Check-in zu Kapitel III

1
a) $A = a^2$, also $A = 6{,}25\,\text{cm}^2$
b) $A = a \cdot b$, also $A = 6\,\text{cm}^2$
c) $A = \frac{1}{2} \cdot g \cdot h$, also $A = 4{,}375\,\text{cm}^2$
d) $A = \frac{1}{2} \cdot b \cdot a$, also $A = 4{,}07\,\text{cm}^2$

2
a) $g = \frac{2 \cdot A}{h}$ $h = \frac{2 \cdot A}{g}$
b) $V = a \cdot b$ $b = \frac{V}{a}$
c) $a = U - 2 \cdot b$ $b = \frac{1}{2} \cdot (U - a)$

Lösungen

3
Wegen a = b ist das Dreieck gleichschenklig.
Satz vom gleichschenkligen Dreieck (Basiswinkelsatz):
α = β, also β = 25°.
Winkelsummensatz: γ = 180° − 25° − 25° = 130°

4
a) 12 b) $\frac{9}{7}$ c) 13 d) 8
e) 6 f) 7 g) 7 h) 8

5

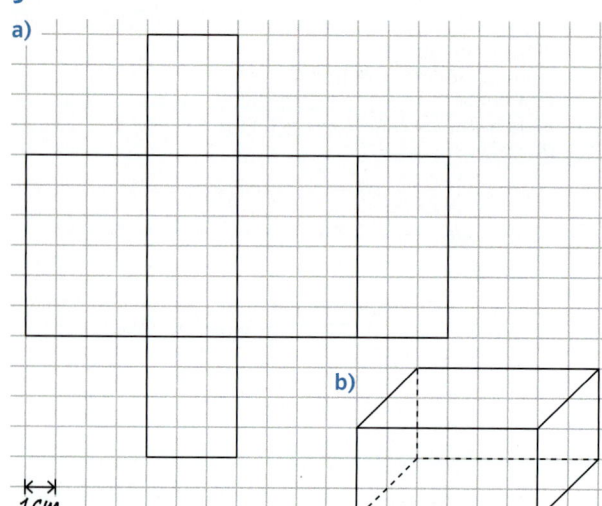

a)
b)

6
a) V = 7 · 3 · 4 = 84, V = 84 cm³
b) O = 2 · (2 · 5 + 2 · 5 + 2 · 2) = 48, O = 48 cm²
c) h = $\frac{80}{2,5 \cdot 4}$ = 8, h = 8 cm

Seite 225

Check-in zu Kapitel IV

1
a) $\quad 8 \cdot x + 4 = 4 \cdot x - 4 \quad | -4 \cdot x - 4$
$\quad\quad\quad 4 \cdot x = -8 \quad\quad\quad | : 4$
$\quad\quad\quad\quad x = -2$

b) $\quad -4 \cdot x + 2 = -16 \cdot x + 6 \quad | +16 \cdot x - 2$
$\quad\quad\quad 12 \cdot x = 4 \quad\quad\quad | : 12$
$\quad\quad\quad\quad x = \frac{1}{3}$

c) $\quad 3,5 \cdot x - 0,01 = 3 \cdot x + 0,24 \quad | -3 \cdot x + 0,01$
$\quad\quad\quad 0,5 \cdot x = 0,25 \quad\quad\quad | \cdot 2$
$\quad\quad\quad\quad x = 0,5$

d) $\quad \frac{7}{4} \cdot x + 1 = x + \frac{5}{4} \quad | \cdot 4$
$\quad\quad\quad 7 \cdot x + 4 = 4 \cdot x + 5 \quad | -4 \cdot x - 4$
$\quad\quad\quad 3 \cdot x = 1 \quad\quad\quad | : 3$
$\quad\quad\quad\quad x = \frac{1}{3}$

e) $\quad \frac{5}{8} \cdot x + \frac{1}{4} = \frac{3}{4} \cdot x - 3 \quad | \cdot 8$
$\quad\quad\quad 5 \cdot x + 2 = 6 \cdot x - 24 \quad | -5 \cdot x + 24$
$\quad\quad\quad 26 = x$

f) $\quad \frac{2}{3} \cdot x + \frac{5}{2} = -x - \frac{15}{6} \quad | \cdot 6$
$\quad\quad\quad 4 \cdot x + 15 = -6 \cdot x - 15 \quad | +6 \cdot x - 15$
$\quad\quad\quad 10 \cdot x = -30 \quad\quad\quad | : 10$
$\quad\quad\quad\quad x = -3$

2
a) $\quad 0,5 \cdot x + 1,5 = 0 \quad | -1,5$
$\quad\quad\quad 0,5 \cdot x = -1,5 \quad | \cdot 2$
$\quad\quad\quad\quad x = -3$

b) $\quad -1,5 \cdot x + 15 = 0 \quad | -15$
$\quad\quad\quad -1,5 \cdot x = -15 \quad | : (-1,5)$
$\quad\quad\quad\quad x = 10$

c) $\quad -2,5 \cdot x + 20 = 0 \quad | -20$
$\quad\quad\quad -2,5 \cdot x = -20 \quad | : (-2,5)$
$\quad\quad\quad\quad x = 8$

d) $\quad -12 \cdot x + 36 = 0 \quad | -36$
$\quad\quad\quad -12 \cdot x = -36 \quad | : (-12)$
$\quad\quad\quad\quad x = 3$

e) $\quad 5,6 \cdot x = 0 \quad | : 5,6$
$\quad\quad\quad\quad x = 0$

f) $\quad \frac{2}{5} \cdot x + 2 = 0 \quad | -2$
$\quad\quad\quad \frac{2}{5} \cdot x = -2 \quad | \cdot \frac{5}{2}$
$\quad\quad\quad\quad x = -5$

3
a) $\quad -x + 4 = 0,5 \cdot x + 1 \quad | +x - 1$
$\quad\quad\quad 3 = 1,5 \cdot x \quad | : 1,5$
$\quad\quad\quad 2 = x$
f(2) = −2 + 4 = 2
⇒ SP(2 | 2)

b) $\quad -0,5 \cdot x + 2,5 = 0,25 \cdot x + 1 \quad | +0,5 \cdot x - 1$
$\quad\quad\quad 1,5 = 0,75 \cdot x \quad | : 0,75$
$\quad\quad\quad 2 = x$
f(2) = −0,5 · 2 + 2,5 = 1,5
⇒ SP(2 | 1,5)

c) $\quad -2 \cdot x - 5 = 1,5 \cdot x + 2 \quad | +2 \cdot x - 2$
$\quad\quad\quad -7 = 3,5 \cdot x \quad | : 3,5$
$\quad\quad\quad -2 = x$
f(−2) = −2 · (−2) − 5 = −1
⇒ SP(−2 | −1)

d) $\quad 2 \cdot x - 2 = -4 \cdot x + 1 \quad | +4 \cdot x + 2$
$\quad\quad\quad 6 \cdot x = 3 \quad | : 6$
$\quad\quad\quad x = 0,5$
f(0,5) = 2 · 0,5 − 2 = −1
⇒ SP(0,5 | −1)

4
a) 11
b) $\frac{8}{13}$
c) 0,1
d) 1,5
e) $\sqrt{2 \cdot 100} = 10 \cdot \sqrt{2}$
f) $\frac{\sqrt{5}}{11}$
g) 1,8
h) $\frac{12}{\sqrt{47}}$

5
a)
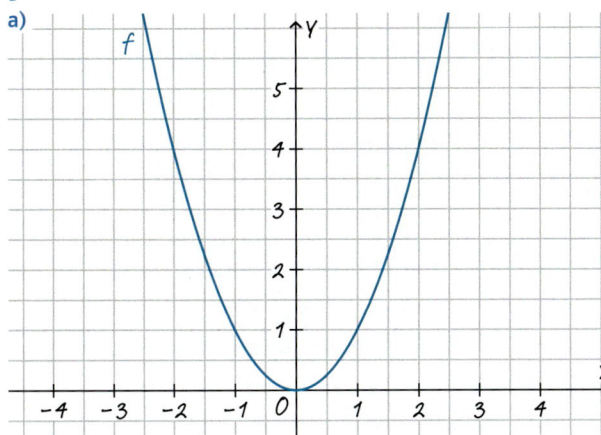

b)

c)
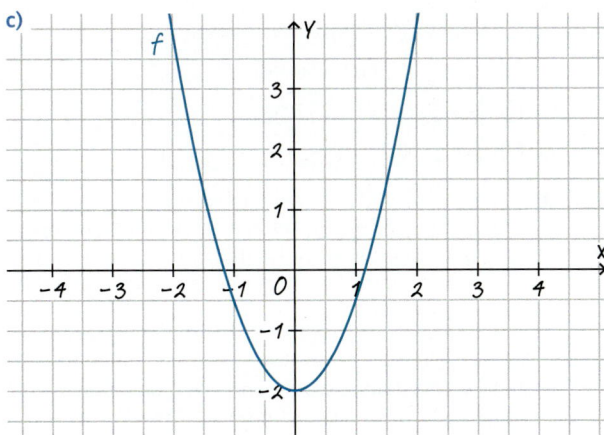

6
a) $f(x) = x^2 + 8x$
$= x^2 + 8x + 4^2 - 4^2$
$= (x+4)^2 - 16$
$\Rightarrow S(-4|-16)$
Probe: $f(-4) = (-4)^2 + 8 \cdot (-4) = 16 - 32 = -16$

b) $f(x) = x^2 - 6x$
$= x^2 - 6x + 3^2 - 3^2$
$= (x-3)^2 - 9$
$\Rightarrow S(3|-9)$
Probe: $f(3) = 3^2 - 6 \cdot 3 = 9 - 18 = -9$

c) $f(x) = x^2 - 4x + 1$
$= x^2 - 4x + 2^2 - 2^2 + 1$
$= (x-2)^2 - 4 + 1 = (x-2)^2 - 3$
$\Rightarrow S(2|-3)$
Probe: $f(2) = 2^2 - 4 \cdot 2 + 1 = 4 - 8 + 1 = -3$

d) $f(x) = x^2 + 8x + 3$
$= x^2 + 8x + 4^2 - 4^2 + 3$
$= (x+4)^2 - 16 + 3 = (x+4)^2 - 13$
$\Rightarrow S(-4|-13)$
Probe: $f(-4) = (-4)^2 + 8 \cdot (-4) + 3 = 16 - 32 + 3 = -13$

e) $f(x) = 2x^2 + 12x$
$= 2 \cdot (x^2 + 6x + 3^2 - 3^2)$
$= 2 \cdot (x+3)^2 - 2 \cdot 3^2 = 2 \cdot (x+3)^2 - 18$
$\Rightarrow S(-3|-18)$
Probe: $f(-3) = 2 \cdot (-3)^2 + 12 \cdot (-3) = 2 \cdot 9 - 36 = -18$

f) $f(x) = 3x^2 + 12x + 1$
$= 3 \cdot (x^2 + 4x + 2^2 - 2^2) + 1$
$= 3 \cdot (x+2)^2 - 3 \cdot 2^2 + 1 = 3 \cdot (x+2)^2 - 11$
$\Rightarrow S(-2|-11)$
Probe: $f(-2) = 3 \cdot (-2)^2 + 12 \cdot (-2) + 1 = 12 - 24 + 1 = -11$

Seite 226

Check-in zu Kapitel V

1
a) $5^2 = 25$
b) $(-5)^2 = 25$
c) $3^4 = 81$
d) $4^3 = 64$
e) $(-4)^3 = -64$
f) $\left(\frac{2}{3}\right)^2 = \frac{4}{9}$

2
a) $2 + 2 \cdot 5 = 2 + 10 = 12$
b) $3 \cdot (4 + 2^2) = 3 \cdot (4 + 4) = 3 \cdot 8 = 24$
c) $4 + 2 \cdot 3^3 = 4 + 2 \cdot 27 = 4 + 54 = 58$
d) $(3 + 4) \cdot 10^2 = 7 \cdot 100 = 700$
e) $5 + 4 : 2^2 = 5 + 4 : 4 = 5 + 1 = 6$
f) $1220 + 952 - 2 \cdot 610 = 1220 + 952 - 1220$
$= 1220 - 1220 + 952 = 952$
g) $\frac{1}{48} \cdot 142 \cdot 96 \cdot \frac{1}{71} = \frac{1}{48} \cdot 96 \cdot 142 \cdot \frac{1}{71} = 2 \cdot 2 = 4$
h) $3 \cdot 14 + 5 \cdot 14 + 2 \cdot 14 = (3 + 5 + 2) \cdot 14 = 10 \cdot 14 = 140$

3
a) $p = \frac{W}{G} = \frac{20}{50} = \frac{40}{100} = 40\%$
40 % der Personen nehmen das Fahrrad.
b) $W = p \cdot G = 0,15 \cdot 400\,€ = 60\,€$; $400\,€ - 60\,€ = 340\,€$
Der Preis wurde um 60 € gesenkt, das Fahrrad kostet noch 340 €.

Lösungen

c) $p = \frac{W}{G} = \frac{4€}{5€} = 0{,}8 = 80\,\%$

Die Erdbeeren kosten dann 80 % des alten Preises, dieser wurde somit um 20 % gesenkt.

d) Man rechnet mit W = 120 € und p = 80 %, weil der neue Preis 80 % des alten Preises entspricht.

$G = \frac{W}{p} = \frac{120€}{0{,}8} = \frac{120€}{\frac{8}{10}} = 120€ \cdot \frac{10}{8} = 120€ \cdot \frac{5}{4} = 150€$

Das Handy hat vorher 150 € gekostet.

4

a) (1) Formel: $y = 50€ + x \cdot 10€$ (x in Monaten)
   (2) Für $x = 24$ erhält man: $y = 50€ + 24 \cdot 10€ = 290€$
   2 Jahre später hat sie 290 € im Sparschwein.

b)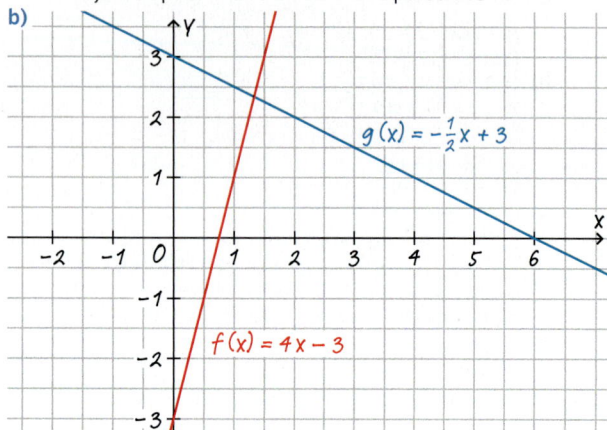

5

a) $4x + 10 = 6x - 6 \quad | -4x$
$10 = 2x - 6 \quad | +6$
$16 = 2x \quad | :2$
$8 = x$

b) $-4x + 5 = \frac{1}{2}x - 4 \quad | +4x$
$5 = \frac{9}{2}x - 4 \quad | +4$
$9 = \frac{9}{2}x \quad | \cdot \frac{2}{9}$
$2 = x$

c) $\frac{1}{3}x + \frac{1}{4} = \frac{1}{2}x \quad | -\frac{1}{3}x$
$\frac{1}{4} = \frac{1}{2}x - \frac{1}{3}x$
$\frac{1}{4} = \frac{3}{6}x - \frac{2}{6}x$
$\frac{1}{4} = \frac{1}{6}x \quad | \cdot 6$
$\frac{3}{2} = x$

Seite 227

Check-in zu Kapitel VI

1

a) $36 - (3{,}4)^2 = 24{,}44 = x^2$; also $x \approx 4{,}9$
b) $(5{,}8)^2 - (4{,}9)^2 = 9{,}63 = x^2$; also $x \approx 3{,}1$
c) $(4{,}13)^2 + (4{,}21)^2 = 34{,}781 = x^2$; also $x \approx 5{,}90$

2

a)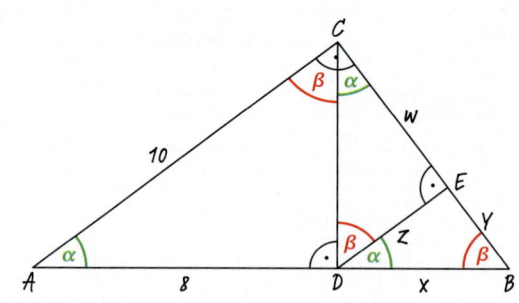

Die Dreiecke stimmen in allen drei Winkeln überein.
Begründung:
Alle vier Dreiecke sind rechtwinklig. Außerdem sind $\overline{AC}$ und $\overline{DE}$ parallel. Daher sind die Stufenwinkel (β) gleich groß. Beim Scheitelpunkt C gilt: 90° − β = α, ebenso in den Dreiecken ADC, DEC und DBE (Innenwinkelsatz für Dreiecke). Alle Dreiecke sind also ähnlich.

b) $\frac{6}{z} = \frac{10}{6} \Rightarrow 36 = 10 \cdot z \Rightarrow z = 3{,}6$

$\frac{6}{w} = \frac{10}{8} \Rightarrow 48 = 10 \cdot w \Rightarrow w = 4{,}8$

$\frac{x}{z} = \frac{6}{w} \Rightarrow w \cdot x = 6 \cdot z \Rightarrow 4{,}8 \cdot x = 6 \cdot 3{,}6 \Rightarrow 4{,}8 \cdot x = 21{,}6$
$\Rightarrow x = 4{,}5$

$\frac{y}{x} = \frac{z}{6} \Rightarrow 6 \cdot y = x \cdot z \Rightarrow 6 \cdot y = 4{,}5 \cdot 3{,}6 \Rightarrow 6 \cdot y = 16{,}2$
$\Rightarrow y = 2{,}7$

3

r = 610 mm : 2 = 305 mm
U = 2 · π · 305 mm ≈ 1916 mm
1916 mm · 0,7 ≈ 1341 mm
Das anliegende Fadenstück ist ca. 1341 mm = 1,34 m lang.

4

a − 4 − D; b − 3 − A; c − 1 − B; d − 2 − C

Seite 228

Check-in zu Kapitel VII

1

a) ☺: 14-mal; 😐: 10-mal; ☹: 6-mal

b) ☺: $\frac{14}{30} = \frac{7}{15} \approx 0{,}467 = 46{,}7\,\%$;
😐: $\frac{10}{30} = \frac{1}{3} \approx 0{,}333 = 33{,}3\,\%$;
☹: $\frac{6}{30} = \frac{1}{5} = 0{,}2 = 20\,\%$

2

a) A, C und E gehören zu Hannah. In A und B stehen absolute, in C und D relative Häufigkeiten. Da in E und F die Symmetrien berücksichtigt sind, zeigen diese Zeilen Wahrscheinlichkeiten.

b) Die relativen Häufigkeiten (Zeile C und D) entstehen aus den absoluten Häufigkeiten, indem durch 20 bzw. 80 geteilt wurde. Zeile E wurde an Zeile C und Zeile F an Zeile D angepasst. Die Zeilensummen sind jeweils 100 % (= 1).

3
a) Man fasst beide Experimente aus Aufgabe 2 zusammen und erhält die relativen Häufigkeiten „1": 9%; „2": 41%; „3": 39%; „4": 11%. Hierzu würden die folgenden Wahrscheinlichkeiten passen: „1" und „4": je 10%; „2" und „3": je 40%.
b) Man erwartet für „1" und „4" absolute Häufigkeiten in der Nähe von jeweils 30 und für „2" und „3" in der Nähe von jeweils 120.

4
a)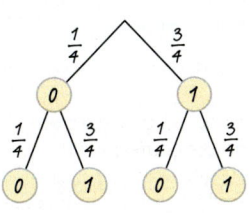

b) $P(\text{Augensumme } 0) = \frac{1}{4} \cdot \frac{1}{4} = \frac{1}{16} = 0{,}0625 = 6{,}25\%$

$P(\text{Augensumme } 1) = \frac{1}{4} \cdot \frac{3}{4} + \frac{3}{4} \cdot \frac{1}{4} = \frac{6}{16} = \frac{3}{8} = 0{,}375 = 37{,}5\%$

$P(\text{Augensumme } 2) = \frac{3}{4} \cdot \frac{3}{4} = \frac{9}{16} = 0{,}5625 = 56{,}25\%$

$6{,}25\% + 37{,}5\% + 56{,}25\% = 100\%$

Grundwissen

Seite 229

1
a) $\frac{3}{5}$; zum Beispiel:
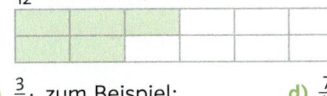

b) $\frac{5}{12}$; zum Beispiel:

c) $\frac{3}{8}$; zum Beispiel: d) $\frac{7}{11}$; zum Beispiel:
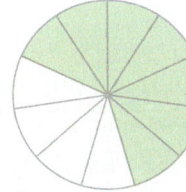

2
a) $\frac{9}{20} = \frac{9 \cdot 5}{20 \cdot 5} = \frac{45}{100} = 45\%$ b) $\frac{1}{4} = \frac{1 \cdot 25}{4 \cdot 25} = \frac{25}{100} = 25\%$
c) $\frac{3}{8} = \frac{3 \cdot 12{,}5}{8 \cdot 12{,}5} = \frac{37{,}5}{100} = 37{,}5\%$ d) $\frac{4}{5} = \frac{4 \cdot 20}{5 \cdot 20} = \frac{80}{100} = 80\%$

3
a) $\frac{36}{200} = \frac{36:2}{200:2} = \frac{18}{100} = 18\%$
b) $\frac{33}{110} = \frac{33:11}{110:11} = \frac{3}{10} = \frac{30}{100} = 30\%$
c) $\frac{270}{450} = \frac{270:45}{450:45} = \frac{6}{10} = \frac{60}{100} = 60\%$
d) $\frac{164}{820} = \frac{164:82}{820:82} = \frac{2}{10} = \frac{20}{100} = 20\%$

4
a) $\frac{12}{15} = \frac{12:3}{15:3} = \frac{4}{5} = \frac{4 \cdot 20}{5 \cdot 20} = \frac{80}{100} = 80\%$
b) $\frac{21}{35} = \frac{21:7}{35:7} = \frac{3}{5} = \frac{3 \cdot 20}{5 \cdot 20} = \frac{6}{10} = 60\%$
c) $\frac{36}{90} = \frac{36 \cdot 10}{90 \cdot 10} = \frac{360}{900} = \frac{360:9}{900:9} = \frac{40}{100} = 40\%$
d) $\frac{56}{64} = \frac{56:8}{64:8} = \frac{7}{8} = \frac{7 \cdot 125}{8 \cdot 125} = \frac{875}{1000} = \frac{875:10}{1000:10} = \frac{87{,}5}{100} = 87{,}5\%$

5
a) $\frac{7}{15}$ lässt sich nicht ganzzahlig kürzen und 100 ist kein Vielfaches von 15, daher fällt es Levin schwer, die Zahl in Prozent umzurechnen. Da 7 aber etwas weniger als die Hälfte von 15 ist, beträgt der Prozentsatz fast 50%.
b) $\frac{10}{18} \approx \frac{9}{18} = 50\%$; $\frac{3}{16} \approx \frac{3}{15} = \frac{1}{5} = 20\%$; $\frac{3}{11} \approx \frac{3}{12} = \frac{1}{4} = 25\%$

6
a) $\frac{1}{4} = \frac{1 \cdot 25}{4 \cdot 25} = \frac{25}{100} = 0{,}25$
b) $\frac{4}{5} = \frac{4 \cdot 20}{5 \cdot 20} = \frac{80}{100} = 0{,}8$
c) $\frac{5}{8} = \frac{5 \cdot 125}{8 \cdot 125} = \frac{625}{1000} = 0{,}625$
d) $\frac{7}{12} = 7 : 12 = 0{,}58\overline{3}$
e) $\frac{3}{8} = \frac{3 \cdot 125}{8 \cdot 125} = \frac{375}{1000} = 0{,}375$
f) $\frac{3}{15} = \frac{1}{5} = \frac{1 \cdot 20}{5 \cdot 20} = \frac{20}{100} = 0{,}2$
g) $\frac{15}{125} = \frac{3}{25} = \frac{3 \cdot 4}{25 \cdot 4} = \frac{12}{100} = 0{,}12$
h) $\frac{5}{9} = 5 : 9 = 0{,}\overline{5}$

7

	Tausender T	Hunderter H	Zehner Z	Einer E	,	Zehntel z	Hundertstel h	Tausendstel t	Zehntausendstel zt
a)			1	4	,	1			
b)		2	1	3	,	0	2		
c)	1	0	3	2	,	1	5		
d)		3	0	4	,	0	0	5	0

8
a) $0{,}9 = \frac{9}{10}$ b) $0{,}11 = \frac{11}{100}$
c) $0{,}375 = \frac{375}{1000} = \frac{3}{8}$ d) $0{,}0025 = \frac{25}{10\,000} = \frac{1}{400}$

Lösungen

Seite 230

1
a) $4 \in \mathbb{N}, \mathbb{Z}, \mathbb{Q}, \mathbb{R}$
b) $-2 \in \mathbb{Z}, \mathbb{Q}, \mathbb{R}$
c) $-3,3 \in \mathbb{Q}, \mathbb{R}$
d) $\frac{3}{4} \in \mathbb{Q}, \mathbb{R}$
e) $-\frac{8}{4} = -2 \in \mathbb{Z}, \mathbb{Q}, \mathbb{R}$
f) $\sqrt{9} = 3 \in \mathbb{N}, \mathbb{Z}, \mathbb{Q}, \mathbb{R}$
g) $\sqrt{11} \in \mathbb{R}$
h) $-\sqrt{144} = -12 \in \mathbb{Z}, \mathbb{Q}, \mathbb{R}$

2
a) $\frac{2}{4} + \frac{1}{2} = \frac{1}{2} + \frac{1}{2} = 1$
b) $\frac{5}{9} + \frac{2}{3} = \frac{5}{9} + \frac{6}{9} = \frac{11}{9} = 1\frac{2}{9}$
c) $\frac{3}{27} + \frac{5}{36} = \frac{1}{9} + \frac{5}{36} = \frac{4}{36} + \frac{5}{36} = \frac{9}{36} = \frac{1}{4}$
d) $\frac{5}{4} - \frac{2}{8} = \frac{10}{8} - \frac{2}{8} = \frac{8}{8} = 1$
e) $\frac{15}{21} - \frac{3}{14} = \frac{5}{7} - \frac{3}{14} = \frac{10}{14} - \frac{3}{14} = \frac{7}{14} = \frac{1}{2}$
f) $\frac{5}{9} - \frac{7}{12} = \frac{60}{108} - \frac{63}{108} = -\frac{3}{108} = -\frac{1}{36}$

3
a) $\frac{4}{7} \cdot 3 = \frac{12}{7} = 1\frac{5}{7}$
b) $\frac{3}{14} \cdot 2 = \frac{3 \cdot 2}{14} = \frac{3}{7}$
c) $\frac{2}{9} \cdot 6 = \frac{2 \cdot 6}{9} = \frac{2 \cdot 2}{3} = \frac{4}{3} = 1\frac{1}{3}$
d) $\frac{6}{8} : 3 = \frac{3}{4} \cdot \frac{1}{3} = \frac{1}{4}$
e) $\frac{3}{4} : 2 = \frac{3}{4} \cdot \frac{1}{2} = \frac{3}{8}$
f) $\frac{9}{40} : 8 = \frac{9}{40} \cdot \frac{1}{8} = \frac{9}{320}$

4
$225\,g \cdot \frac{2}{15} = 30\,g$; $225\,g - 30\,g = 195\,g$

Alternativ: $225\,g \cdot \frac{13}{15} = 195\,g$

In der Tüte sind noch 195 g.

5
a) $\frac{6}{7} \cdot \frac{2}{5} = \frac{12}{35}$
b) $\frac{8}{15} \cdot \frac{5}{2} = \frac{4}{3} \cdot \frac{1}{1} = 1\frac{1}{3}$
c) $\frac{14}{39} \cdot \frac{9}{21} = \frac{2}{13} \cdot \frac{3}{3} = \frac{2}{13}$
d) $\frac{3}{2} : \frac{2}{5} = \frac{3}{2} \cdot \frac{5}{2} = \frac{15}{4}$
e) $\frac{15}{21} : \frac{25}{14} = \frac{15}{21} \cdot \frac{14}{25} = \frac{3}{3} \cdot \frac{2}{5} = \frac{2}{5}$
f) $\frac{8}{27} : \frac{22}{9} = \frac{8}{27} \cdot \frac{9}{22} = \frac{4}{3} \cdot \frac{1}{11} = \frac{4}{33}$

6
a) $3,5 \cdot 2,1 = 7,35$, da $35 \cdot 21 = 735$ und zwei Nachkommastellen
b) $0,4 \cdot 5,5 = 2,2$, da $4 \cdot 55 = 220$ und zwei Nachkommastellen
c) $40,6 \cdot 0,25 = 10,15$, da $406 \cdot 25 = 10150$ und drei Nachkommastellen
d) $5,6 : 0,7 = 56 : 7 = 8$
e) $40,35 : 1,2 = 4035 : 120 = 33,625$
f) $0,505 : 0,25 = 505 : 250 = 2,02$

Seite 231

7
a) $-24 + 17 = -7$
b) $2,4 - 17 = -14,6$
c) $23,1 - 17 = 6,1$
d) $-17,2 + 9,4 = -7,8$
e) $-38,4 - 18 = -56,4$
f) $27 - 57,58 = -30,58$

8
a) $13 + \mathbf{34} = 47$
b) $14 - (\mathbf{-31}) = 45$
c) $34 + (\mathbf{-27}) = 7$
d) $-19 - (\mathbf{-51}) = 32$

9
individuelle Lösung, zum Beispiel:
a) Auf einem Konto habe ich 150 € gespart. Ich hebe 225 € ab und zahle erneut 75 € auf das Konto. Wie viel Geld habe ich auf dem Konto? $150 - 225 + 75 = 0$
b) Auf einem Konto habe ich 65 € Schulden. Mit der nächsten Transaktion habe ich 15 € weniger Schulden. Wie viel Geld habe ich auf dem Konto? $-65 - (-15) = -50$

10
a) $-7 \cdot 13 = -91$
b) $6 \cdot (-12) = -72$
c) $-5 \cdot (-12) = 60$
d) $-7 \cdot 12,5 = -87,5$
e) $5 : (-5) = -1$
f) $63 : 9 = 7$
g) $-36 : (-4) = 9$
h) $-56 : (-7) = 8$

11
a) $9 \cdot (\mathbf{-7}) = -63$
b) $\mathbf{-42} : 7 = -6$
c) $(\mathbf{-3}) \cdot (-8) = 24$
d) $-35 : \mathbf{5} = -7$

12
a) $0,123 \cdot \mathbf{100} = 12,3$
b) $\mathbf{0,1} \cdot 2,5 = 0,25$
c) $500 : \mathbf{1000} = 0,5$
d) $1,44 : (\mathbf{-1,2}) = -1,2$

13
$3 \cdot 4 \cdot 2 \cdot 5 \cdot 3 \cdot 2 \cdot 2 = 2^3 \cdot 3^2 \cdot 4 \cdot 5$

14
a) $2 \cdot 3 \cdot 4 \cdot 9 = 2 \cdot 2^2 \cdot 3 \cdot 3^2 = 2^3 \cdot 3^3$
b) $8 \cdot 243 \cdot 27 \cdot 16 = 2^3 \cdot 3^5 \cdot 3^3 \cdot 2^4 = 2^7 \cdot 3^8$

15
a) $\sqrt{81} = 9$, denn $9 \cdot 9 = 81$
b) $\sqrt{196} = 14$, denn $14 \cdot 14 = 196$
c) $\sqrt{25\,600} = 160$, denn $160 \cdot 160 = 25\,600$
d) $\sqrt{1,44} = 1,2$, denn $1,2 \cdot 1,2 = 1,44$
e) $\sqrt{\frac{121}{100}} = \sqrt{1,21} = 1,1$, denn $1,1 \cdot 1,1 = 1,21$
f) $\sqrt{2,25} = 1,5$, denn $1,5 \cdot 1,5 = 2,25$

16
a) $\sqrt{9 \cdot 16} = \sqrt{9} \cdot \sqrt{16} = 3 \cdot 4 = 12$
b) $\sqrt{0,01 \cdot 4} = \sqrt{0,01} \cdot \sqrt{4} = 0,1 \cdot 2 = 0,2$
c) $\sqrt{144 : 81} = \sqrt{144} : \sqrt{81} = 12 : 9 = 1\frac{1}{3}$
d) $\sqrt{22,5} \cdot \sqrt{10} = \sqrt{22,5 \cdot 10} = \sqrt{225} = 15$
e) $\sqrt{8} : \sqrt{32} = \sqrt{\frac{8}{32}} = \sqrt{\frac{1}{4}} = \frac{\sqrt{1}}{\sqrt{4}} = \frac{1}{2}$
f) $\sqrt{81} \cdot \sqrt{121} = 9 \cdot 11 = 99$

Seite 232

1
a) $0,45 = 45\,\%$
b) $\frac{3}{20} = \frac{15}{100} = 15\,\%$
c) $1,05 = 105\,\%$
d) $\frac{9}{15} = \frac{3}{5} = \frac{60}{100} = 60\,\%$

2
a) „ein Achtel": $\frac{1}{8} = \frac{125}{1000} = 12,5\%$
b) $0,43 = 43\%$
c) $\frac{3}{12} = \frac{1}{4} = \frac{25}{100} = 25\%$
d) „jeder Sechste": $\frac{1}{6} = 1 : 6 = 0,1\overline{6} = 16,\overline{6}\%$
Reihenfolge: „ein Achtel" < „jeder Sechste" < $\frac{3}{12}$ < 0,43

3
a) $\frac{4\,m^2}{20\,m^2} = \frac{1}{5} = 20\%$ b) $\frac{7\,cm}{20\,cm} = \frac{7}{20} = 35\%$ c) $\frac{50\,€}{75\,€} = 66,\overline{6}\%$
d) $1\,h = 60\,min$, also $\frac{12\,min}{60\,min} = \frac{1}{5} = 20\%$

4
$\frac{8}{32} = \frac{1}{4} = 25\%$

5
$25 \cdot 16\% = 4$
Der Eisvogel hat 4 Fische gefangen.
$\frac{4}{25} = \frac{16}{100} = 16\%$

6

:45 ↓	45%	180 €	↓ :45
	1%	4 €	
·100 ↓	100%	400 €	↓ ·100

7

:75 ↓	75%	15 €	↓ :75
	1%	0,2 €	
·100 ↓	100%	20 €	↓ ·100

8

	Grundwert	Prozentwert	Prozentsatz
a)	240	**21,6**	9%
b)	**900**	36	4%
c)	80	72	**90%**

9
a) $\frac{7,50\,€}{1500\,€} = 0,5\%$
b) $520\,€ \cdot 2\% = 520\,€ \cdot 0,02 = 10,4\,€$
c)

0,5%	11,50 €
1%	23 €
100%	2300 €

Seite 233

1
a)

x-Wert	-2	0	1	3
5x − 3	−13	−3	2	12

b)

x-Wert	-2	0	1	3
5 − 3 · x	11	5	2	−4

c)

x-Wert	-2	0	1	3
6 · (−x − 2)	6 · (−(−2) − 2) = 6 · 0 = 0	−12	−18	−30

d)

x-Wert	-2	0	1	3
−(5x + 2)	−(5 · (−2) + 2) = −(−10 + 2) = 8	−2	−7	−17

2
a) $4x + 9 - 2x + 5 = 2x + 14$
b) $3 \cdot (2,5x + 5) - 7 = 7,5x + 15 - 7 = 7,5x + 8$
c) $19 - (3x + 12) = 19 - 3x - 12 = 7 - 3x$
d) $\frac{2}{5}x \cdot (18 - 3) + \frac{1}{15}x = \frac{2}{5}x \cdot 15 + \frac{1}{15}x = 6x + \frac{1}{15}x = 6\frac{1}{15}x$
e) $4 \cdot (x + 1) - 1 \cdot (-5) = 4x + 4 + 5x = 9x + 4$
f) $\frac{1}{6} \cdot (x + 12) - (2x - 1) = \frac{1}{6}x + 2 - 2x + 1 = 3 - 1\frac{5}{6}x$

3
a) $6 \cdot (-2) - 4 = -16 \Rightarrow -2$ ist keine Lösung der Gleichung
b) $6 \cdot 0 - 6 = -6 \Rightarrow 0$ ist keine Lösung der Gleichung
c) $3 \cdot 1 + 23 = 26$ und $-4 \cdot (2 \cdot 1 - 3) = 4 \Rightarrow 1$ ist keine Lösung der Gleichung
d) $6 \cdot \frac{1}{12} - \frac{3}{2} = \frac{1}{2} - \frac{3}{2} = -1$ und $-4 + 3 = -1 \Rightarrow \frac{1}{12}$ ist die Lösung der Gleichung

4
a) $\frac{2}{5}x = 22$ $\qquad | \cdot \frac{5}{2}$
$x = 55$
Probe: $\frac{2}{5} \cdot 55 = 2 \cdot 11 = 22$ ✓
b) $\frac{1}{3}x = -18$ $\qquad | \cdot 3$
$x = -54$
Probe: $\frac{1}{3} \cdot (-54) = -18$ ✓
c) $0,4x = 1,6$ $\qquad | : 0,4$
$x = 4$
Probe: $0,4 \cdot 4 = 1,6$ ✓
d) $1,6 \cdot x = 1,4$ $\qquad | : 1,6$
$x = \frac{7}{8}$
Probe: $1,6 \cdot \frac{7}{8} = \frac{16}{10} \cdot \frac{7}{8} = \frac{2}{10} \cdot \frac{7}{1} = \frac{14}{10} = 1,4$ ✓

5
a) $2x + 1 = -x - 2 \Rightarrow 3x = -3 \Rightarrow x = -1$
Probe: $2 \cdot (-1) + 1 = -1$ und $-(-1) - 2 = -1$ ✓
b) $4 \cdot (3x + 1) = 4x - 12$ $\qquad |$ vereinfachen
$12x + 4 = 4x - 12$ $\qquad | - 4x - 4$
$8x = -16 \Rightarrow x = -2$
Probe: $4 \cdot (3 \cdot (-2) + 1) = -20$ und $4 \cdot (-2) - 12 = -20$ ✓
c) $-(2x + 3) = 4 \cdot (2x - 3)$ $\qquad |$ vereinfachen
$-2x - 3 = 8x - 12$ $\qquad | - 8x + 3$
$-10x = -9 \Rightarrow x = 0,9$
Probe: $-(2 \cdot 0,9 + 3) = -4,8$ und $4 \cdot (2 \cdot 0,9 - 3) = 4 \cdot (-1,2) = -4,8$ ✓
d) $6 \cdot (3 - 8x) = 2 \cdot (x - 1)$ $\qquad |$ vereinfachen
$18 - 48x = 2x - 2$ $\qquad | - 2x - 18$
$-50x = -20 \Rightarrow x = 0,4$
Probe: $6 \cdot (3 - 8 \cdot 0,4) = -1,2$ und $2 \cdot (0,4 - 1) = -1,2$ ✓

Lösungen

6

a) $-\frac{3}{4}x + \frac{3}{4} = \frac{7}{8}$ $\qquad |-\frac{3}{4}$

$-\frac{3}{4}x = \frac{7}{8} - \frac{3}{4} = \frac{7}{8} - \frac{6}{8} = \frac{1}{8}$ $\qquad |\cdot(-\frac{4}{3})$

$x = \frac{1}{8} \cdot (-\frac{4}{3}) = -\frac{1}{6}$

Probe: $-\frac{3}{4} \cdot (-\frac{1}{6}) + \frac{3}{4} = \frac{1}{8} + \frac{3}{4} = \frac{1}{8} + \frac{6}{8} = \frac{7}{8}$ ✓

b) $\frac{1}{5}x + 2 = \frac{1}{15}$ $\qquad |-2$

$\frac{1}{5}x = \frac{1}{15} - 2 = \frac{1}{15} - \frac{30}{15} = -\frac{29}{15}$ $\qquad |\cdot 5$

$x = -\frac{29 \cdot 5}{15} = -\frac{29}{3} = -9\frac{2}{3}$

Probe: $\frac{1}{5} \cdot (-\frac{29}{3}) + 2 = -\frac{29}{15} + \frac{30}{15} = \frac{1}{15}$ ✓

c) $\frac{2}{3}x + \frac{10}{5} = -2x$ $\qquad |+2x - \frac{10}{5}$

$\frac{2}{3}x + 2x = -\frac{10}{5} \Rightarrow \frac{2}{3}x + \frac{6}{3}x = -\frac{10}{5} = -2$

$\frac{8}{3}x = -2 \Rightarrow x = -\frac{2 \cdot 3}{8} = -\frac{3}{4}$

Probe: $\frac{2}{3} \cdot (-\frac{3}{4}) + \frac{10}{5} = -0{,}5 + 2 = 1{,}5$ und
$-2 \cdot (-\frac{3}{4}) = 2 \cdot 0{,}75 = 1{,}5$ ✓

d) $0{,}4x + 1{,}5 = 0{,}8x - 0{,}9$ $\qquad |-0{,}4x + 0{,}9$

$1{,}5 + 0{,}9 = 0{,}8x - 0{,}4x \Rightarrow 2{,}4 = 0{,}4x \Rightarrow x = \frac{2{,}4}{0{,}4} = 6$

Probe: $0{,}4 \cdot 6 + 1{,}5 = 3{,}9$ und $0{,}8 \cdot 6 - 0{,}9 = 3{,}9$ ✓

e) $0{,}4x + 0{,}48 = 1{,}28 + 0{,}5x$ $\qquad |-0{,}5x - 0{,}48$

$-0{,}1x = 1{,}28 - 0{,}48 = 0{,}8 \Rightarrow x = -\frac{0{,}8}{0{,}1} = -8$

Probe: $0{,}4 \cdot (-8) + 0{,}48 = -2{,}72$ und
$1{,}28 + 0{,}5 \cdot (-8) = -2{,}72$ ✓

7

a) 12, denn $3 \cdot 4 = \mathbf{12}$
b) 15,5, denn $6 \cdot 4 - \mathbf{15{,}5} = 8{,}5$
c) -1, denn $-4 - 1 = -4 - \mathbf{1}$
d) 3, denn $-\frac{1}{4} \cdot 4 - \mathbf{3} = -3 \cdot 4 + 8$

Seite 234

1

a) $\frac{3}{4} - \frac{1}{2} - \frac{3}{8} = \frac{6}{8} - \frac{4}{8} - \frac{3}{8} = -\frac{1}{8}$
b) $1{,}5 \cdot 4 + 1{,}2 \cdot (-5) = 6 - 6 = 0$
c) $7 \cdot 4^2 + 6 \cdot (-2)^2 = 7 \cdot 16 + 6 \cdot 4 = 112 + 24 = 136$
d) $1{,}25 \cdot 4 : 5 : 2 = 5 : 5 : 2 = 1 : 2 = 0{,}5$
e) $(-3{,}7 + (-4{,}3)) : 2 \cdot 1{,}5 = (-8) : 2 \cdot 1{,}5 = (-4) \cdot 1{,}5 = -6$

2

a) $-\frac{7}{4} + \frac{1}{3} - 4\frac{1}{4} = -\frac{7}{4} - 4\frac{1}{4} + \frac{1}{3} = -\frac{7}{4} - \frac{17}{4} + \frac{1}{3} = -\frac{24}{4} + \frac{1}{3} = -6 + \frac{1}{3}$
$= -5\frac{2}{3}$

b) $x + 2 + 2x = x + 2x + 2 = 3x + 2$

c) $\frac{2}{5} \cdot \frac{x}{6} \cdot \frac{5}{4} = \frac{2}{5} \cdot \frac{5}{4} \cdot \frac{x}{6} = \frac{1}{2} \cdot \frac{x}{6} = \frac{x}{12}$

d) $\frac{1}{3} \cdot \frac{9}{15} \cdot (-\frac{5}{6}) = \frac{1}{3} \cdot (\frac{9}{15} \cdot (-\frac{5}{6})) = \frac{1}{3} \cdot (\frac{3}{3} \cdot (-\frac{1}{2})) = \frac{1}{3} \cdot (-\frac{1}{2}) = -\frac{1}{6}$

3

a) $1{,}75 + 8{,}3 + 0{,}25 = 1{,}75 + 0{,}25 + 8{,}3 = 2 + 8{,}3 = 10{,}3$
b) $-1{,}7 + 4{,}5 - 0{,}3 = -1{,}7 - 0{,}3 + 4{,}5 = -2 + 4{,}5 = 2{,}5$
c) $0{,}125 + 8 - \frac{1}{8} = 0{,}125 - \frac{1}{8} + 8 = 8$
d) $2{,}25 \cdot 1{,}3 \cdot (-4) = 2{,}25 \cdot (-4) \cdot 1{,}3 = -9 \cdot 1{,}3 = -11{,}7$
e) $-3{,}5 \cdot 4 \cdot (-2{,}5) = -3{,}5 \cdot (4 \cdot (-2{,}5)) = -3{,}5 \cdot (-10) = 35$
f) $(\frac{8}{3}) \cdot 0{,}14 \cdot (-\frac{9}{7}) = (\frac{8}{3}) \cdot \frac{14}{100} \cdot (-\frac{9}{7}) = -\frac{4}{3} \cdot \frac{2}{50} \cdot \frac{9}{1}$
$= -\frac{4}{3} \cdot \frac{1}{25} \cdot 9 = -\frac{4}{3} \cdot 9 \cdot \frac{1}{25} = -\frac{12}{25}$
g) $-9 \cdot (\frac{1}{3} - \frac{1}{9}) = -\frac{9}{3} + \frac{9}{9} = -3 + 1 = -2$
h) $(\frac{1}{4} - \frac{1}{8}) \cdot 8 = \frac{8}{4} - \frac{8}{8} = 2 - 1 = 1$

4

a) $2 \cdot (\frac{1}{4}x + \frac{1}{2}) = \frac{1}{2}x + 1$
b) $4 \cdot (2{,}5x - 0{,}125x) = 10x - 0{,}5x = 9{,}5x$
c) $x \cdot (5 + 3) = 5x + 3x = 8x$
d) $-2 \cdot (x + 5) = -2x - 10$

5

a) $x \cdot 5 + 3 \cdot 5 = 5 \cdot (x + 3)$
b) $-3 \cdot x + 9 \cdot (-3) = -3 \cdot (x + 9)$
c) $x \cdot \frac{4}{3} + \frac{4}{3} \cdot 2 = \frac{4}{3} \cdot (x + 2)$
d) $\frac{x}{8} - \frac{3}{8} = \frac{1}{8} \cdot (x - 3)$

6

a) $(x + 4) \cdot (y + 2) = x \cdot y + 2x + 4y + 8$
b) $(x + 5) \cdot (y - 3) = x \cdot y - 3x + 5y - 15$
c) $(x - 8) \cdot (y - 3) = x \cdot y - 3x - 8y + 24$
d) $(2x + 1) \cdot (y + 4) = 2x \cdot y + 8x + y + 4$

7

a) $(x - 2)^2 = x^2 - 4x + 4$
b) $(2x + 3)^2 = (2x)^2 + 2 \cdot 2x \cdot 3 + 3^2 = 4x^2 + 12x + 9$
c) $(a - 4) \cdot (a + 4) = a^2 - 16$
d) $(3x + 2y)^2 = 9x^2 + 12x \cdot y + 4y^2$
e) $(a - 3b)^2 = a^2 - 6a \cdot b + 9b^2$
f) $(a - 3) \cdot (a + 3) = a^2 - 9$

Seite 235

1

a) $6{,}3\,m^2 = 630\,dm^2 = 0{,}063\,a$
b) $0{,}06\,dm^2 = 6\,cm^2 = 0{,}0006\,m^2$

2

a) $3{,}5\,ha = 350\,a = 35\,000\,m^2$
b) $125{,}5\,m^2 = 125\,500\,000\,mm^2 = 0{,}000\,125\,5\,km^2$

3

a) $35\,m^2 = 350\,000\,cm^2$ 　　b) $704\,km^2 = 70\,400\,ha$

4

Radius	2 cm	6 cm	3,98 m	1,49 dm
Durchmesser	4 cm	12 cm	7,96 m	2,98 dm
Umfang	12,57 cm	37,70 cm	25 m	9,36 dm
Flächeninhalt	12,57 cm²	113,10 cm²	49,76 m²	7 dm²

5
$A = a \cdot b = a \cdot 2a = 2a^2 = 54\,m^2 \Rightarrow a^2 = 27\,m^2$
$\Rightarrow a = 3 \cdot \sqrt{3} \approx 5{,}20\,m$

6
a) $A = \frac{1}{2} \cdot 3{,}5\,cm \cdot 2\,cm = 3{,}5\,cm^2$
b) $A = \frac{1}{2} \cdot 4\,cm \cdot 2{,}5\,cm = 5\,cm^2$

7

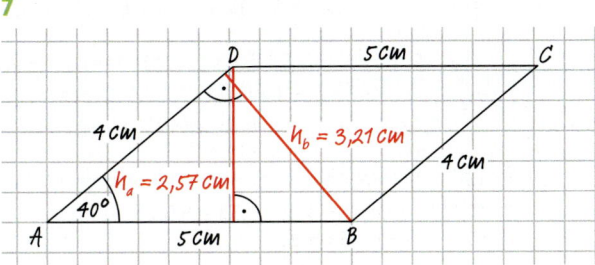

$A = 5\,cm \cdot 2{,}57\,cm = 12{,}85\,cm^2$

8

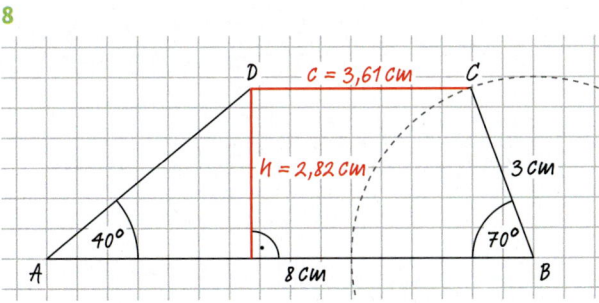

$A = \frac{1}{2} \cdot (8\,cm + 3{,}61\,cm) \cdot 2{,}82\,cm \approx 16{,}37\,cm^2$

Seite 236

1
a) $25\,m^3 = 25\,000\,dm^3$
b) $50\,000\,000\,cm^3 = 50\,000\,000\,000\,mm^3$
c) $2{,}03\,dm^3 = 2030\,cm^3$
d) $131\,l = 131\,dm^3 = 0{,}131\,m^3$

2
$A = 5\,dm \cdot 5\,cm \cdot 4\,cm = 50\,cm \cdot 5\,cm \cdot 4\,cm = 1000\,cm^3 = 1\,dm^3$
$O = 2 \cdot (5\,dm \cdot 5\,cm + 5\,dm \cdot 4\,cm + 5\,cm \cdot 4\,cm)$
$= 2 \cdot (250\,cm^2 + 200\,cm^2 + 20\,cm^2) = 940\,cm^2$

3

$r_{Grundfläche}$	5 cm	3 m	1,9 cm	3,5 m
$h_{Zylinder}$	4 cm	5 m	**8,11 cm**	**1,82 m**
$V_{Zylinder}$	**314,16 cm³**	**141,37 m³**	92 cm³	70 m³

4

$g_{Dreieck}$	10 cm	8 m	4 dm	10 dm
$h_{g\,Dreieck}$	4 cm	3 m	**4 dm**	**10 dm**
h_{Prisma}	5 cm	**6,25 m**	11 dm	14 dm
V_{Prisma}	**120 cm³**	75 m³	88 dm³	700 l

5
a) $V = \frac{1}{2} \cdot (8\,cm \cdot 5\,cm) \cdot 4\,cm = 80\,cm^3$
   $O = 4\,cm \cdot (8\,cm + 5\,cm + 9{,}2\,cm) + 2 \cdot \frac{1}{2} \cdot (8\,cm \cdot 5\,cm)$
   $= 128{,}8\,cm^2$
b) $V = \frac{1}{2} \cdot (4\,m + 2\,m) \cdot 1\,m \cdot 5\,m = 15\,m^3$
   $O = 2 \cdot \frac{1}{2} \cdot (4\,m + 2\,m) \cdot 1\,m + 5\,m \cdot (1{,}1\,m + 2\,m + 1{,}8\,m + 4\,m)$
   $= 50{,}5\,m^2$
c) $V = 3 \cdot (0{,}75\,dm)^2 \cdot 2{,}5\,dm = 4{,}21875\,dm^3 \approx 4219\,cm^3$
   $O = 2 \cdot 3 \cdot (0{,}75\,dm)^2 + 2 \cdot 3 \cdot 0{,}75\,dm \cdot 2{,}5\,dm = 14{,}625\,dm^2$

6
$V = 10\,cm \cdot 10\,cm \cdot 6\,cm - 6\,cm \cdot 6\,cm \cdot 8\,cm = 312\,cm^3$
Oberfläche:
vordere Fläche $O_v = 10\,cm \cdot 10\,cm - 6\,cm \cdot 8\,cm = 52\,cm^2$
untere Fläche $O_u = 10\,cm \cdot 6\,cm = 60\,cm^2$
Seitenfläche $O_s = 10\,cm \cdot 6\,cm = 60\,cm^2$
obere Fläche $O_o = 10\,cm \cdot 6\,cm = 60\,cm^2$
innere Seitenfläche $O_i = 8\,cm \cdot 6\,cm = 48\,cm^2$
Gesamtoberfläche $O = 2 \cdot O_v + O_u + 2 \cdot O_s + O_o + 2 \cdot O_i$
                  $= 440\,cm^2$
(Anmerkung: auch andere Rechenwege sind möglich)

Seite 237

1
$\gamma = 33°$; $\delta = 180° - 33° = 147°$; $\beta = 180° - 152° = 28°$

2
$\varepsilon = 180° - 120° = 60°$; $\beta = 120°$ (Stufenwinkel);
$\gamma = 180° - 120° = 60°$; $\delta = \beta = 120°$ (Scheitelwinkel)

3
$\gamma = \beta$ (Basiswinkelsatz)
$2 \cdot \beta + 70° = 180° \Rightarrow \beta = 55°$
$\delta + \beta + (40° + \gamma) = 180°$ (Winkelsumme im Dreieck)
$\delta = 180° - 55° - 40° - 55° = 30°$

4
$42° + 96° + \beta = 180°$ (Winkelsumme im Dreieck)
$\Rightarrow \beta = 42°$.
Da $\beta = \alpha = 42°$, folgt aus dem Basiswinkelsatz, dass das Dreieck ABC gleichschenklig ist.

5
$\beta' + \gamma + \alpha' = 180°$ (gestreckter Winkel)
$\beta = \alpha'$ (Wechselwinkel)
$\alpha = \beta'$ (Wechselwinkel)
Aus $\beta' + \gamma + \alpha' = 180°$ folgt $\alpha + \beta + \gamma = 180°$

Seite 238

1

x	−2	−1	0	1	2
f(x)	1	0,5	0	−0,5	−1

2

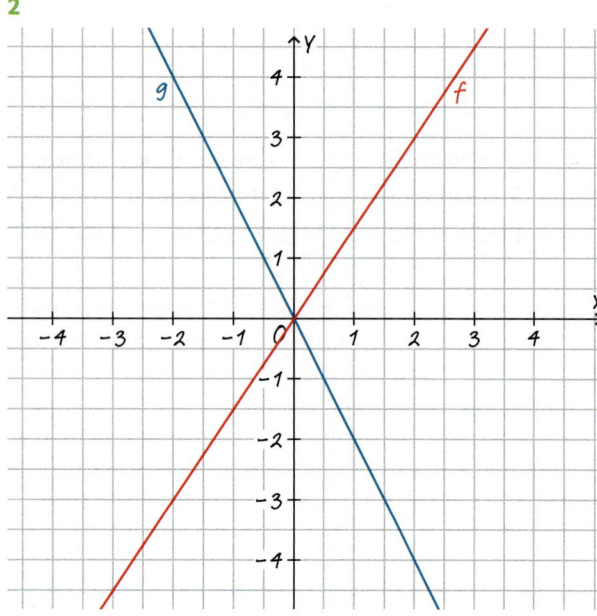

3

Für x = 0 ist f(0) = 0,5. Daher geht der Graph nicht durch den Ursprung und folglich passt die Wertetabelle nicht zu einer proportionalen Funktion.

4

a)

x	−2	−1	0	1	2
f(x)	5	2,5	0	−2,5	−5

b) $f(x) = -2,5 \cdot x$
c) $f(144) = -2,5 \cdot 144 = -360$

5

$q = \frac{-32}{-4} = 8 \Rightarrow f(x) = 8 \cdot x$

6

$q_1 = \frac{12}{-3} = -4$; $q_3 = \frac{-8}{2} = -4$; $q_4 = \frac{-22}{6} = -3,\overline{6}$; $q_5 = \frac{-56}{14} = -4$

Wenn man an der Stelle x = 6 den y-Wert in −24 korrigiert, ist der Proportionalitätsfaktor überall −4.

Seite 239

1

x	−2	−1	0	1	3
f(x)	4	3,5	3	2,5	1,5

2

g und h sind (echt) parallel, wenn die Steigungen der Geraden gleich und die Geraden nicht identisch sind.

$m_g = \frac{2}{5} = 0,4 = m_h \Rightarrow$ Steigungen sind gleich.

Die y-Achsenabschnitte sind unterschiedlich; daher sind g und h parallel zueinander.

3

a) $f(-2) = 4 \cdot (-2) + 13 = -8 + 13 = 5 \Rightarrow P(-2|5)$ liegt auf der Geraden.
b) $f(-2) = -\frac{3}{2} \cdot (-2) + 2 = 3 + 2 = 5 \Rightarrow P(-2|5)$ liegt auf der Geraden.
c) $f(-2) = 0,7 \cdot (-2) + 6,5 = 5,1 \Rightarrow P(-2|5)$ liegt nicht auf der Geraden.
d) $f(-2) = -2 \cdot (-2) + 5 = 9 \Rightarrow P(-2|5)$ liegt nicht auf der Geraden.

4

$f(x) = -3 \cdot x + 8$

5

f → C; g → B; h → A; i → D

6

a) $g(x) = 3 \cdot x - 2$; $h(x) = -2 \cdot x + 3$
b) $g(x) = \frac{1}{3}x - 1$; $h(x) = -\frac{2}{5}x + 2$

7

Nullstellen:

$g(x) = 0 \Rightarrow 42x - 132 = 0 \Rightarrow x = \frac{132}{42} = \frac{22}{7} = 3\frac{1}{7}$

$h(x) = 0 \Rightarrow -12x + 36 = 0 \Rightarrow x = \frac{-36}{-12} = 3$

Schnittpunkt:
$g(x) = h(x)$
$42x - 132 = -12x + 36$ | $+ 12x + 132$
$54x = 168 \Rightarrow x = \frac{168}{54} = \frac{28}{9} = 3\frac{1}{9}$

$g\left(3\frac{1}{9}\right) = 42 \cdot \frac{28}{9} - 132 = \frac{392}{3} - \frac{396}{3} = -\frac{4}{3} = -1\frac{1}{3} \Rightarrow S\left(3\frac{1}{9}\big|-1\frac{1}{3}\right)$

8

$m = \frac{-5 - 7}{2 - (-1)} = -\frac{12}{3} = -4$

Somit $f(x) = -4x + b$.
A(−1|7) eingesetzt ergibt:
$f(-1) = -4 \cdot (-1) + b = 7 \Rightarrow 4 + b = 7$, also $b = 3$
$\Rightarrow f(x) = -4 \cdot x + 3$

Seite 240

1

Kraftfahrzeug	abs. Häufigkeit	rel. Häufigkeit
Kleinwagen	160	0,4
SUV	100	0,25
Kraftrad	100	0,25
LKW	40	0,1
Insgesamt	400	1

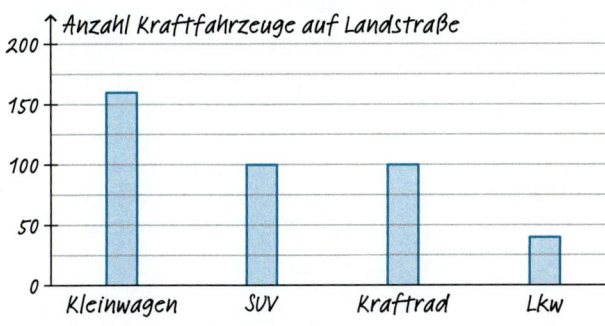

2

a)

	Würfe insgesamt	schwarz	weiß	Boden
Heiko	50	40 %	50 %	10 %
Simon	200	45 %	47 %	8 %

b) Insgesamt wurde zusammen 250-mal geworfen.

	schwarz	weiß	Boden
zusammen	108	119	23
Wahrscheinlichkeit	43 %	48 %	9 %

Alternativ kann auch argumentiert werden, dass die Seiten schwarz und weiß wegen ihrer Symmetrie gleich wahrscheinlich sind. Im realen Versuch kann das Gewicht der schwarzen Farbe allerdings eine Rolle spielen.

3
Es gibt 36 mögliche Würfelpaare beim zweimaligen Würfeln. Alle Würfelpaare sind gleichwahrscheinlich mit der Wahrscheinlichkeit $\frac{1}{36}$.

a) Es gibt 6 mögliche Würfelpaare: (1; 1), (2; 2), (3; 3), (4; 4), (5; 5), (6; 6).

P(gleiche Augenzahl) = $6 \cdot \frac{1}{36} = \frac{1}{6}$

b) Es gibt 2 mögliche Würfelpaare: (1; 2) und (2; 1).

P(Augensumme 3) = P(1; 2) + P(2; 1) = $\frac{1}{36} + \frac{1}{36} = \frac{1}{18}$

c) Es gibt 6 mögliche Würfelpaare: (1; 4), (2; 5), (3; 6), (4; 1), (5; 2), (6; 3)

P(Augenzahlen unterscheiden sich um 3) = $6 \cdot \frac{1}{36} = \frac{1}{6}$

d) Es gibt 15 mögliche Würfelpaare:
(1; 1), (1; 2), (1; 3), (1; 4), (1; 5)
(2; 1), (2; 2), (2; 3), (2; 4)
(3; 1), (3; 2), (3; 3)
(4; 1), (4; 2)
(5; 1)

P(Augensumme höchstens 6) = $15 \cdot \frac{1}{36} = \frac{5}{12}$

Register

A
Abnahme, exponentielle 151, 164
absolute Häufigkeit 240
ähnlich 49, 66
Ähnlichkeitssätze für Dreiecke 50, 66
Ankathete 170
Anzahl der Lösungen von quadratischen Gleichungen 118
Äquivalenzumformung 233
Aufstellen von Gleichungen quadratischer Funktionen 27
Ausgleichsgerade 36
Ausgleichskurve 36
Ausklammern 234
Ausmultiplizieren 234

B
Basis 138
Basiswinkelsatz 237
Baumdiagramm 240
Bewertung statistischer Grafiken 205
Bildpunkt 44
binomische Formeln 234
Bogenmaß 188
Brüche 229

C
Carlyle-Kreis 130
Chance 209, 216, 218

D
Dezimalzahl 229
Diskriminante 118

E
Einheitskreis 184, 198
Ergebnis 240
Exponent 138
exponentielle Abnahme 151, 164
exponentielles Wachstum 150, 151, 164
exponentielle Wachstumsmodelle 154
exponentielle Zunahme 151, 164

F
Flächeneinheiten 235
Flächeninhalt des Kreises 235
Funktionen 238
Funktionsgleichung 238
Funktionsgraph 8

G
ganze Zahlen 230
Gegenkathete 170
geometrische Verteilung 162
Geradengleichung 239
gestauchte Parabel 13, 38
gestreckte Parabel 13, 38
Gleichung 233
Goldener Schnitt 64
Goldenes Rechteck 65
Gradmaß 188
grafisches Lösen der Gleichung 106
Grundwert 232

H
Halbwertszeit 155
Häufigkeit, absolute 240
Häufigkeit, relative 240
Hypotenuse 76

K
Kathete 76
Kegel 80, 85, 100
Kegel, Mantelflächeninhalt 86, 100
Kegel, Mantellinie 85, 100
Kegel, Oberflächeninhalt 86
Kegel, Volumen 86, 100
Kosinus 170, 198
Kosinussatz 196
Kreis, Flächeninhalt 235
Kreis, Umfang 235
Kugel 90, 100
Kugel, Oberflächeninhalt 90, 100
Kugel, Querschnittsflächeninhalt 90, 100
Kugel, Umfang 90, 100
Kugel, Volumen 90, 99, 100

L
lineare Funktion 8, 239
lineare Gleichung 233
Linearfaktoren 115
Linearfaktorzerlegung 115
Lösen von Problemen mit quadratischen Gleichungen 123
Lösen von Problemen mit rechtwinkligen Dreiecken 198
Lösungen der Gleichung 106
Lösungsvielfalt 119

M
Manipulationen 204
Manipulationen in statistischen Grafiken 218
Mantelflächeninhalt des Prismas 236
Mantelflächeninhalt des Kegels 86, 100
Mantellinie des Kegels 85, 100
Modell 27

N
natürliche Zahlen 230
Nebenwinkel 237
Normalform einer quadratischen Funktion 21, 27, 38
Normalparabel 13, 38
Nullstellen 107, 132, 239
Nullstellenbestimmung 130

O
Oberflächeninhalt der Kugel 90, 100
Oberflächeninhalt des Kegels 86
Oberflächeninhalt des Prismas 236

P
Parabel 12, 38
Parabel, gestauchte 13, 38
Parabel, gestreckte 13, 38
Periode 189
periodisch 189
Pfadregel 240
Potenzen 138, 164
Potenzgesetze 146, 164
pq-Formel 119
Prisma, Mantelflächeninhalt 236
Prisma, Oberflächeninhalt 236
Prisma, Volumen 236
Probleme lösen 179, 198
proportionale Funktion 238
Proportionalitätsfaktor 238
Prozentsatz 232
Prozentschreibweise 229
Prozentwert 232
Pyramide 80, 85, 100
Pyramide, Volumen 86, 99, 100
Pythagoras in Figuren und Körpern 80, 100

Q

quadratische Ergänzung 21, 38
quadratische Funktion 13, 27, 38
quadratische Gleichung 106
quadratische Gleichungen rechnerisch lösen 132
quadratische Gleichungen zeichnerisch lösen 132
quadratische Gleichungen durch Ausklammern lösen 111
quadratische Gleichungen durch Wurzelziehen lösen 111
Quadratwurzeln 231
Querschnittsflächeninhalt der Kugel 90, 100

R

rationale Zahlen 230
Raumdiagonale 80
Rechengesetze 234
reelle Zahlen 230
relative Häufigkeit 240
Risiko 209, 216, 218

S

Satz des Pythagoras 76, 100
Satz des Thales 72, 100
Satz von Cavalieri 98
Scheitelpunkt 12, 38
Scheitelpunktform einer quadratischen Funktion 16, 17, 21, 27, 38
Scheitelwinkel 237
schiefe Pyramide 80
schiefer Kegel 80
Schnittpunkte 106, 132, 239
Sinus 170, 198

Sinusfunktion 188, 198
Sinussatz 196
Skalierung der Achsen 204
Spitze 85
statistische Grafiken, Bewertung 205
statistische Grafiken, Manipulation 218
Steigung 8
Stelle 238
Stichprobenumfang 205, 218
Strahlensätze 55, 56, 66
Strahlensätze, Erweiterung 56
Strahlensatzfiguren 55
Streckfaktor 44, 66
Streckfaktor der Parabel 13
Streckzentrum 44, 66
Stufenwinkel 237

T

Tabellenkalkulationsprogramm 36
Tangens 175, 198
Term 233
Thaleskreis 72

U

Umfang der Kugel 90, 100
Umkehrung des Satzes des Pythagoras 77, 100
Umkehrung des Satzes des Thales 73, 100

V

Variable 233
Verdopplungszeit 155
Verschiebung der Normalparabel 16
Vierfeldertafel 209, 218

Volumen der Kugel 90, 99, 100
Volumen des Prismas 236
Volumen der Pyramide 86, 99, 100
Volumen des Kegels 86, 100
Volumeneinheiten 236
Volumen zusammengesetzter Körper 91

W

Wachstumsfaktor 151, 164
Wachstum, exponentielles 150, 151, 164
Wahrscheinlichkeit 240
Wechselwinkel 237
Wert 238
Wertetabelle 8
Winkelsumme 237
wissenschaftliche Schreibweise 142, 164

Y

y-Achsenabschnitt 8

Z

Zahlen, ganze 230
Zahlen, natürliche 230
Zahlen, rationale 230
Zahlen, reelle 230
Zehnerpotenz 142, 164
zentrische Streckung 44, 66
Zerlegen in Teilprobleme 180
Zinsen 232
Zinseszins 150
Zinssatz 232
Zunahme, exponentielle 151, 164
zusammengesetzte Körper, Volumen 91
Zylinder 236

Text- und Bildquellen

Textquellen
40 Immanuael Kant †1804

Bildquellen
imago images (PanoramiC), Berlin; stock.adobe.com (FS-Stock), Dublin; Getty Images Plus (iStock/GoodLifeStudio), München; **U1.1** Mauritius Images (Alamy/Angelo Cavalli), Mittenwald; **U1.2** Mauritius Images (masterfile), Mittenwald; **2.1** ShutterStock.com RF (Racheal Grazias), New York, NY; **2.2** Picture-Alliance (Arco Images GmbH/TUNS), Frankfurt; **2.3** Getty Images (David Gray/Bloomberg), München; **2.4** iStockphoto (Jia He), Calgary, Alberta; **3.1** Getty Images Plus (iStock/Kameel), München; **3.2** stock.adobe.com (Alex Stemmer), Dublin; **3.3** iStockphoto (majo1122331), Calgary, Alberta; **4.1** ShutterStock.com RF (Racheal Grazias), New York, NY; **4.2** laif (Wayne Lynch/Arcticphoto), Köln; **5.1** Getty Images (Photolibrary/Allan Baxter), München; **5.2** Fotolia.com (M. Schuppich), New York; **7.1** Getty Images Plus (E+/LordHenriVoton), München; **7.2** Getty Images Plus (E+/LordHenriVoton), München; **7.3** ShutterStock.com RF (STILLFX), New York, NY; **8.1** stock.adobe.com (bluedesign), Dublin; **11.2** stock.adobe.com (olalalala), Dublin; **12.1** ShutterStock.com RF (Yauhen_D), New York, NY; **22.1** stock.adobe.com (Gabriele Maltinti), Dublin; **24.3** iStockphoto (ROMAOSLO), Calgary, Alberta; **25.1** Getty Images Plus (DigitalVision/RunPhoto), München; **26.1** Mauritius Images (Alamy/Maria Galan), Mittenwald; **29.1** ShutterStock.com RF (Alexander Chaikin), New York, NY; **29.2** iStockphoto (Lokibaho), Calgary, Alberta; **29.4** Thinkstock (Hemera/Christopher Meder), München; **30.2** MEV Verlag GmbH, Augsburg; **32.1** Alamy stock photo (Werner Otto), Abingdon, Oxon; **33.6** Picture-Alliance (dpa/AFP), Frankfurt; **34.1** imago images, Berlin; **34.3** Getty Images (Bettmann), München; **40.1** Picture-Alliance (Arco Images GmbH/TUNS), Frankfurt; **40.2** Picture-Alliance (Arco Images GmbH/TUNS), Frankfurt; **40.3** Getty Images (Stone/Gregor Schuster), München; **41.1** iStockphoto (RF/Lavrenov), Calgary, Alberta; **41.2** FOCUS (Volker Roloff), Hamburg; **44.1** Blühdorn GmbH, Fellbach; **49.1** M.C. Escher's "Path of Life I" © 2020 The M.C. Escher Company-The Netherlands. All rights reserved. www.mcescher.com; **60.1** Klett-Archiv (Aribert Jung), Stuttgart; **60.2** Klett-Archiv (Aribert Jung), Stuttgart; **64.1** imago images (imagebroker/Michael Nitzschke), Berlin; **64.2** Corbis RF (MedioImages/RF), Berlin; **64.3** Getty Images Plus (iStock/Vaara), München; **65.1** Corbis RF (MedioImages/RF), Berlin; **65.2** stock.adobe.com (losgar), Dublin; **65.3** Bridgemanimages.com, Berlin; **65.4** Die Bildstelle (imagebroker.com), Hamburg; **68.1** Getty Images (Rubberball), München; **69.1** stock.adobe.com (ErnstPieber), Dublin; **69.2** ShutterStock.com RF (kaguyan), New York, NY; **69.4** ShutterStock.com RF (TakB), New York, NY; **72** BPK, Berlin; **76.1** Schmitt-Hartmann, Reinhard, Freiburg; **76.5** Thinkstock (Photos.com), München; **83.2** Thinkstock (iStock/piccaya), München; **88.3** stock.adobe.com (photofranz56), Dublin; **89.7** stock.adobe.com (ErnstPieber), Dublin; **91.2** stock.adobe.com (arianarama), Dublin; **92.1** Fotolia.com (embeki), New York; **93.10** stock.adobe.com (ivan kmit), Dublin; **93.11** stock.adobe.com (underworld), Dublin; **94** Getty Images (David Gray/Bloomberg), München; **95.4** iStockphoto (JLGutierrez), Calgary, Alberta; **95.7** ShutterStock.com RF (Billion Photos), New York, NY; **96.1** Picture-Alliance (dpa - Fotoreport/Rainer Jensen), Frankfurt; **98.8** Getty Images Plus (Photodisc/Fraser Hall), München; **101.3** Alamy stock photo (imageBROKER/Movementway), Abingdon, Oxon; **101.7** Getty Images Plus (iStock/Evgen_Prozhyrko), München; **102.1** Getty Images Plus (E+/RBFried), München; **103** iStockphoto (Jia He), Calgary, Alberta; **103.1** stock.adobe.com (totojang1977), Dublin; **104.1** Getty Images Plus (iStock/technotr), München; **104.2** ShutterStock.com RF (Wagner Carmo), New York, NY; **104.3** ShutterStock.com RF (Jamie Roach), New York, NY; **104.4** Getty Images Plus (iStock/basti_90), München; **104.5** Getty Images Plus (Image Source), München; **104.6** iStockphoto (Andrew Penner), Calgary, Alberta; **109.1** DigitalVision, Maintal-Dörnigheim; **113.2** ShutterStock.com RF (Mi St), New York, NY; **114.1** By J. Ådnanes - Own work, CC BY-SA 2.5, https://commons.wikimedia.org/w/index.php?curid=2875584 (J. Ådnanes), siehe *3; **114.2** stock.adobe.com (Dmitry Vereshchagin), Dublin; **122.2** Getty Images (Ralph Gatti/AFP), München; **130.2** Alamy stock photo (Pictorial Press Ltd), Abingdon, Oxon; **134.1** Getty Images (Science Photo Library), München; **134.2** NASA, Washington, D.C.; **134.3** dreamstime.com (Sonsam), Brentwood, TN; **135.1** Getty Images Plus (iStock/Kameel), München; **135.2** Getty Images Plus (iStock/Kameel), München; **135.3** Mauritius Images (Westend61/David Köhler), Mittenwald; **137.1** Alamy stock photo (The History Collection), Abingdon, Oxon; **137.2** Fotolia.com (womue), New York; **137.3** stock.adobe.com (Björn Wylezich), Dublin; **141.2** Bechtel, Jürg, Basel; **141.3** Bechtel, Jürg, Basel; **144.1** stock.adobe.com (Riccardo Piccinini), Dublin; **145.4** ShutterStock.com RF (Mike Tan), New York, NY; **148.5** iStockphoto (narvikk), Calgary, Alberta; **150.1** stock.adobe.com (Africa Studio), Dublin; **154.1** Getty Images Plus (E+/skynesher), München; **156.4** Fotolia.com (Bernard Breton), New York; **157.1** stock.adobe.com (sdubrov), Dublin; **160.1** Getty Images (Corbis Documentary/Staffan Widstrand), München; **162.1** stock.adobe.com (Daniela Stärk), Dublin; **162.2** Riemer, Dr. Wolfgang, Pulheim; **162.4** Riemer, Dr. Wolfgang, Pulheim; **166.1** iStockphoto (Buxton), Calgary, Alberta; **166.2** iStockphoto (jtyler), Calgary, Alberta; **166.2** stock.adobe.com (Alex Stemmer), Dublin; **166.3** dreamstime.com (Joe Sohm), Brentwood, TN; **169.1** Heike Spielmans, Köln; **169.2** Heike Spielmans, Köln; **169.3** Heike Spielmans, Köln; **169.4** Heike Spielmans, Köln; **169.5** Heike Spielmans, Köln; **174.3** Giersemehl, Inga, Köln; **175.1** Picture-Alliance (Image Source/Holger Thalmann), Frankfurt; **179.1** iStockphoto (Mark22), Calgary, Alberta; **182.2** Rainer Messerschmidt, Düsseldorf; **184.1** iStockphoto (Jan Tyler), Calgary, Alberta; **191.1** ShutterStock.com RF (Vadim Petrakov), New York, NY; **194.2** Giersemehl, Inga, Köln; **194.2** Fotolia.com (Kurt Hochrainer), New York; **195.4** ShutterStock.com RF (James Jones Jr), New York, NY; **200.1** stock.adobe.com (Monkey Business), Dublin; **200.2** Alamy stock photo (Georg Stelzner), Abingdon, Oxon; **201** iStockphoto (majo1122331), Calgary, Alberta; **203.1** Mauritius Images (Photo Alto), Mittenwald; **207.3** Riemer, Dr. Wolfgang, Pulheim; **212.2** Picture-Alliance (dpa/ZB/Hendrik Schmidt), Frankfurt; **214.1** 123rf Germany, c/o Inmagine GmbH (Luca Bertolli), Nidderau; **218.2** stock.adobe.com (Karola Warsinsky), Dublin; **227.5** Getty Images Plus (iStock/Joe Travers), München; **228.1** Riemer, Dr. Wolfgang, Pulheim

*3 Lizenzbestimmungen zu CC-BY-SA-4.0 siehe: http://creativecommons.org/licenses/by-sa/4.0/legalcode

Sollte es in einem Einzelfall nicht gelungen sein, den korrekten Rechteinhaber ausfindig zu machen, so werden berechtigte Ansprüche selbstverständlich im Rahmen der üblichen Regelungen abgegolten.